EINFÜHRUNG IN DIE MECHANIK, AKUSTIK UND WÄRMELEHRE

VON

ROBERT WICHARD POHL

O. Ö. PROFESSOR DER PHYSIK AN DER
UNIVERSITÄT GÖTTINGEN

NEUNTE
VERBESSERTE UND ERGÄNZTE AUFLAGE

MIT 547 ABBILDUNGEN
DARUNTER 8 ENTLEHNTEN

Springer-Verlag
Berlin Heidelberg GmbH
1947

©SPRINGER-VERLAG BERLIN HEIDELBERG 1930, 1931, 1941, 1942, AND 1944
URSPRÜNGLICH ERSCHIENEN BEI SPRINGER-VERLAG OHG, IN BERLIN 1944
SOFTCOVER REPRINT OF THE HARDCOVER 9TH EDITION 1944

ISBN 978-3-662-27332-6   ISBN 978-3-662-28819-1 (eBook)
DOI 10.1007/978-3-662-28819-1

7. 1947
Druck von Hubert & Co. in Göttingen

MEINER LIEBEN FRAU

TUSSA POHL

GEB. MADELUNG

Aus dem Vorwort zur ersten Auflage.

Dies Buch enthält den ersten Teil meiner Vorlesung über Experimental-physik. Die Darstellung befleißigt sich großer Einfachheit. Diese Einfach-heit soll das Buch außer für Studierende und Lehrer auch für weitere physikalisch interessierte Kreise brauchbar machen.

Der Inhalt weicht nicht unerheblich vom herkömmlichen Bestande unserer „Lehrbücher" ab. Gar manches ist fortgelassen worden, und zwar nicht nur die Unterteilung des Meters in 1000 Millimeter, die Kolbenpumpe, das Aussehen eines Grammophons und ähnliches mehr. Auch weiter-gehende Streichungen waren unerläßlich. Nur so konnte Platz für wichtigere Dinge gewonnen werden, etwa für das unentbehrliche Hilfsmittel des Impuls-vektors oder für den allgemeinen Formalismus der Wellenausbreitung.

Die grundlegenden Experimente stehen im Vordergrund der Darstellung. Sie sollen vor allem der Klärung der Begriffe dienen und einen Überblick über die Größenordnungen vermitteln. Quantitative Einzelheiten treten zurück.

Eine ganze Reihe von Versuchen erfordert einen größeren Platz. Im Göttinger Hörsaal steht eine glatte Parkettfläche von 12×15 m^2 zur Ver-fügung. Das lästige Hindernis in älteren Hörsälen, der große, unbeweglich eingebaute Experimentiertisch, ist schon seit Jahren beseitigt. Statt seiner werden je nach Bedarf kleine Tische aufgestellt, aber ebensowenig wie die Möbel eines Wohnraumes in den Fußboden eingemauert. Durch diese handlichen Tische gewinnt die Übersichtlichkeit und Zugänglichkeit der einzelnen Versuchsanordnungen erheblich. Die meisten Tische sind um ihre vertikale Achse schwenkbar und rasch in der Höhe verstellbar. Man kann so die störenden perspektivischen Überschneidungen verschiedener Anordnungen verhindern. Man kann die jeweils benutzte Anordnung hervor-heben und sie durch Schwenken für jeden Hörer in bequemer Aufsicht sichtbar machen.

Die benutzten Apparate sind einfach und wenig zahlreich. Manche von ihnen werden hier zum ersten Male beschrieben. Sie können, ebenso wie die übrigen Hilfsmittel der Vorlesung, von der Firma Spindler & Hoyer G.m.b.H. in Göttingen bezogen werden.

Der Mehrzahl der Abbildungen liegen photographische Aufnahmen zugrunde. Sie sind von Herrn Mechanikermeister W. Sperber hergestellt worden. Viele Bilder sind wieder als Schattenrisse gebracht. Diese Bild-form eignet sich gut für den Buchdruck, ferner gibt sie meist Anhalts-punkte für die benutzten Abmessungen. Endlich erweist ein Schattenriß die Brauchbarkeit eines Versuches auch in großen Sälen. Denn diese ver-langen in erster Linie klare Umrisse, nirgends unterbrochen durch neben-sächliches Beiwerk, wie Stativmaterial und dgl.

Aus dem Vorwort zur dritten und vierten Auflage.

Dies Buch ist zwei Jahre lang vergriffen gewesen. Es ist gegenüber der letzten Auflage erheblich verändert worden. Die Wärmelehre fehlte bisher ganz; durch ihre Hinzunahme erklärt sich allein die Vermehrung des Umfánges. In der Mechanik, sind die grundlegenden Abschnitte neu verfaßt und die Kapiteleinteilung geändert worden. In der Wärmelehre werden die in der physikalischen Chemie behandelten Dinge zurückgestellt und statt dessen einiges aus der Technik herangezogen. Ein Enthalpie-Entropie-Diagramm muß heute auch einem Physiker bekannt sein. Die Zustandsgröße Entropie wird als Maß der Nichtumkehrbarkeit eingeführt und nicht im Anschluß an umkehrbare Vorgänge hergeleitet. — Die Gleichungen der Wärmelehre werden dimensionsrichtig geschrieben; das geschieht ja leider keineswegs allgemein. Die Namen der meisten Einheiten, z. B. Kilokalorie, werden ausgeschrieben. Jedes Streben nach Kürze des Textes ist zwar löblich. Das Ziel .läßt sich aber mit wirksameren Mitteln erreichen als durch die Benutzung nur Eingeweihten verständlicher Buchstaben (z. B. As statt Amperesekunden).

Die Benutzung des gleichen Wortes Kilogramm für zwei völlig wesensverschiedene Dinge, nämlich für die Einheit der Kraft und für die Einheit der Masse, wird von allen Seiten als unzulässig anerkannt. In den früheren Auflagen habe ich stets kg-Kraft und kg-Masse unterschieden. Inzwischen hat jedoch die Physikalisch-Technische Reichsanstalt die Unterscheidung Kilopond = Krafteinheit und Kilogramm = Masseneinheit im eigenen Betriebe eingeführt und zur allgemeinen Annahme in Vorschlag gebracht. Ich bin diesem Vorschlag gefolgt und habe im Unterricht die besten Erfahrungen damit gemacht. Deswegen wird jetzt auch in diesem Buche die praktische Krafteinheit nicht mehr kg-Kraft, sondern Kilopond genannt.

Vorwort zur .neunten Auflage.

Die Bogen 1 bis 15 sind bereits 1944 gedruckt worden. Die Bogen 16 bis 21 sind zuerst 1946 als Sonderdruck erschienen. Die jetzige Fassung bringt Änderungen vor allem in den §§ 143, 146, 169, 185, 188.

Göttingen, Dezember 1946.

R. W. POHL

Inhaltsverzeichnis.

A. Mechanik.

B. Akustik.

C. Wärmelehre.

Über die Verwendung von Frakturbuchstaben in den Gleichungen.

Viele physikalische Größen sind ihrer Natur nach Vektoren. Der Vektorcharakter soll oft besonders betont werden: Dann wenden wir für die Größen sowohl in den Zeichnungen als auch in den Gleichungen Frakturbuchstaben an. Das geschieht z. B. immer bei der Kraft und bei den Feldvektoren der Elektrizitätslehre, gelegentlich bei Geschwindigkeit, Beschleunigung usw.

Trotz des häufigen Gebrauches von Frakturbuchstaben sollen die Gleichungen dieses Buches, und zwar aller drei Bände, normalerweise als Betragsgleichungen gelesen werden. Dabei sind nur zwei Punkte zu beachten: $+$- oder $-$-Zeichen zwischen Frakturbuchstaben bedeuten die geometrische Summe gemäß S. 13; auf entgegengesetzte Richtungen von Vektoren wird auch in Betragsgleichungen durch $-$-Zeichen verwiesen. Als Beispiel sei genannt die Gleichung für die zum Kreismittelpunkt hin gerichtete Radialbeschleunigung $b_r = -u^2/r$. Sie ist zur Einführung weniger bedenklich als die Vektorgleichung mit dem Betrage des Radius im Nenner und seinem Einheitsvektor im Zähler.

Viele Gleichungen werden auch den an die Vektorschreibweise gewöhnten fortgeschrittenen Leser zufriedenstellen. So ist z. B. das äußere Vektorprodukt stillschweigend durch ein schräges Kreuz eingeführt worden. Dadurch umfassen die Gleichungen mehr als nur die im Text behandelten Sonderfälle. Der mit der Vektorschreibweise noch nicht Vertraute wird das Kreuz nur als „Malzeichen" lesen und nicht weiter beachten.

Jede das Gesamtgebiet der Physik umfassende Darstellung hat mit einer äußeren Schwierigkeit zu kämpfen, nämlich der geringen Zahl der verfügbaren Buchstaben. In den drei Bänden dieser Einführung ist der Bedeutungswechsel der einzelnen Buchstaben weitgehend eingeschränkt. Das ließ sich aber nur durch einen Verzicht erreichen: es konnte nicht der Betrag jedes Vektors einheitlich durch einen Antiquabuchstaben wiedergegeben werden. Doch ist das kein Unglück. Jede allzu weit getriebene Einheitlichkeit erschwert die Übersicht: man denke an die Anwendung eines Frakturbuchstabens für die Erdbeschleunigung oder die Winkelgeschwindigkeit.

A. Mechanik.

I. Einführung, Längen- und Zeitmessung.

§ 1. Einführung. Die physikalischen Erkenntnisse lassen sich nicht wie die Perlen einer Kette in einer einzigen Reihe anordnen, sie fügen sich zu einem ausgedehnten Netzwerk zusammen. Die Einteilung des Stoffes und die Reihenfolge seiner Darstellung läßt sich daher in mannigfacher Weise verändern. — Die hergebrachte Einteilung der Physik unterscheidet Mechanik, Akustik, Wärmelehre, Optik und Elektrizitätslehre. In jedem dieser Gebiete ist man in den Bereich der Moleküle und der Atome vorgedrungen. Dabei ließen sich die herkömmlichen Grenzen nicht innehalten; die auf verschiedenen Gebieten gewonnenen Erkenntnisse greifen ineinander. Trotzdem braucht man im allgemeinen die Atomphysik nicht als ein sechstes, selbständiges Teilgebiet abzusondern.

Die Physik ist eine Erfahrungswissenschaft. Ihre Grundlage bilden Beobachtungen, und zwar gelegentlich zufällige, meist aber planvoll angestellte. — Beobachten will gelernt sein, der Ungeübte kann leicht getäuscht werden. Wir geben einige Beispiele:

a) **Die farbigen Schatten.** In Abb. 1 sehen wir eine weiße Wand W, eine Gasglühlichtlampe und eine elektrische Glühlampe. P ist ein beliebiger undurchsichtiger Körper, etwa eine Papptafel. — Zunächst wird nur die elektrische Lampe

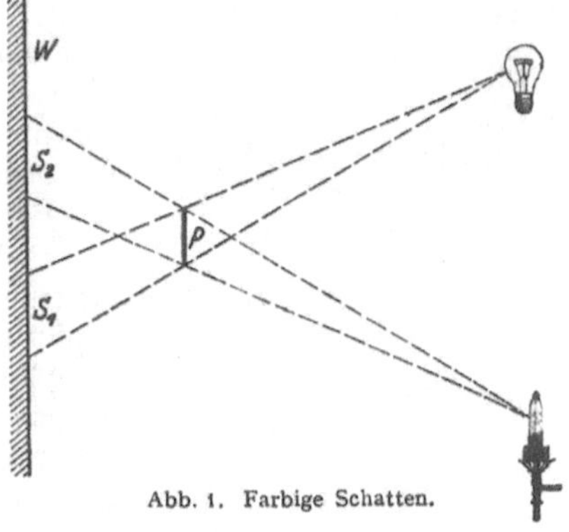

Abb. 1. Farbige Schatten.

eingeschaltet. Sie beleuchtet die weiße Wand mit Ausnahme des Schattenbereiches S_1. Dieser wird irgendwie markiert, etwa mit einem angehefteten Papierschnitzel. — Darauf wird allein die Gaslampe angezündet. Wieder erscheint die Wand weiß, diesmal einschließlich des markierten Bereiches S_1. Ein schwarzer Schatten der Papptafel liegt jetzt bei S_2. — Nun kommt der eigentliche Versuch: Während die Gaslampe brennt, wird die elektrische Lampe eingeschaltet. Dadurch ändert sich im Bereiche S_1 physikalisch oder objektiv nicht das geringste. Trotzdem hat sich für unser Auge das Bild von Grund auf gewandelt. Wir sehen bei S_1 einen lebhaft olivgrünen Schatten. Er unterscheidet sich stark von dem (jetzt rotbraunen!) Schatten S_2. Dabei gelangt von S_1 nach wie vor nur Licht der Gaslampe in unser Auge. Der Bereich S_1 ist lediglich durch einen hellen Rahmen eingefaßt worden, herrührend vom Lichte der elektrischen Lampe. Dieser Rahmen allein vermag die Farbe des Bereiches S_1 so auffallend zu ändern!

Der Versuch ist für jeden Anfänger lehrreich: Farben sind kein Gegenstand der Physik, sondern der Psychologie bzw. der Physiologie! Nichtbeachtung dieser Tatsache hat vielerlei unnütze Arbeit verursacht.

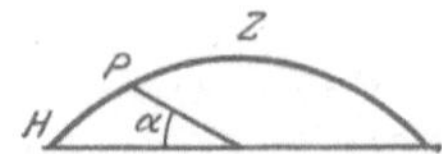

Abb 2 Gestalt der Himmelskuppel fur einen Beobachter auf freiem Feld

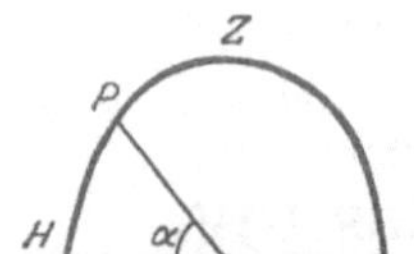

Abb 3. Gestalt der Himmelskuppel fur einen Beobachter am Fuß eines hohen Turmes

Abb 4. Bei schneller Drehung dieser Scheibe entsteht das in Abb 6 photographierte Bild.

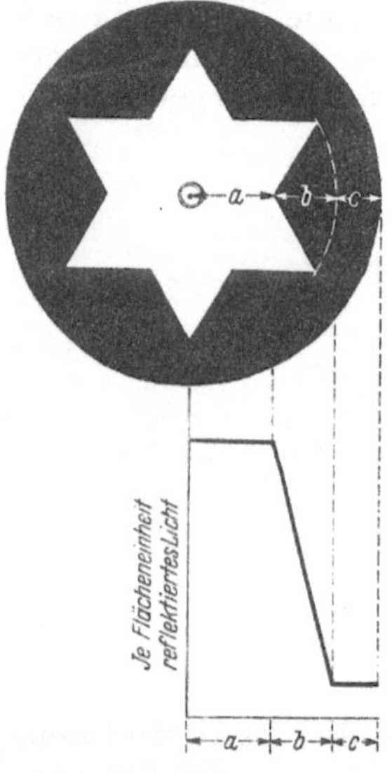

Abb 5 Zur Entstehung der Machschen Streifen.

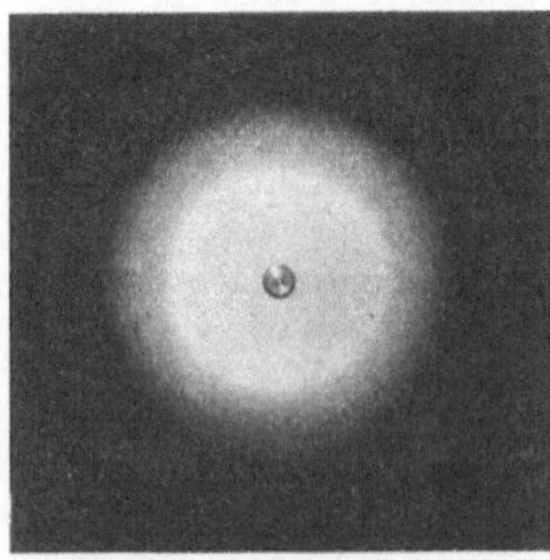

Abb. 6. Machsche Streifen an den Grenzen von Weiß und Grau und Grau und Schwarz.

b) Die scheinbare Gestalt des Himmelsgewölbes. Auf freiem Felde stehend sehen wir das Himmelsgewölbe als flache Glocke, im Schnitt etwa nach Art der Abb. 2. Das ist eine alltägliche, von Wetterlage und Tageszeit weitgehend unabhängige Beobachtung. Man lasse eine Reihe verschiedener Beobachter mit einem Arm oder Spazierstock auf einen Punkt P am Himmelsgewölbe zeigen, der ihnen gleich weit vom Zenit Z wie vom Horizont H entfernt erscheint. Die Beobachter sollen den Himmelsbogen zu halbieren suchen. Mit überraschender Übereinstimmung heben alle Beobachter den Arm oder Stock nur um einen Winkel α zwischen 20 und 30° über die Waagerechte. Nie findet sich der Winkel 45°. Kein Mensch sieht den Himmel als Halbkugel.

Dann stellen wir dieselben Beobachter mit dem Rücken an einen hochragenden Turm, etwa einer funkentelegraphischen Sendestation. Jetzt geben die Messungen ein ganz anderes Bild. Arm oder Stock werden um etwa 50° über die Waagerechte erhoben. Der Himmel erscheint nach Einschaltung der lotrechten Leitlinie wie ein Spitzgewölbe nach oben ausgezogen, etwa nach Art der Abb. 3. Die Einschaltung der Leitlinie hat also das Bild ganz wesentlich umgestaltet. Die ganze Erscheinung gehört wiederum nicht ins Gebiet der Physik, sondern der Psychologie.

c) Die Machschen Streifen. In Abb. 4 ist auf eine dunkle Pappscheibe ein Stern aus weißem Papier geklebt. Diese Scheibe wird von Tages- oder Lampenlicht beleuchtet und von einem beliebigen Motor in rasche Drehung versetzt. Dadurch werden dem Auge drei verschiedene Kreiszonen dargeboten. Die innere sendet je Flächeneinheit am meisten, die äußere am wenigsten Licht in unser Auge; die Mittelzone ergibt einen kontinuierlichen Übergang. Das wird in Abb. 5 zeichnerisch dargestellt.

Wir sehen aber — und zwar sowohl auf der rotierenden Scheibe wie auf ihrem Lichtbild, Abb. 6 — eine ganz andere als die wirklich vorhandene Verteilung. Wir sehen den inneren hellen Kreis außen von einem noch helleren Saum eingefaßt. Wir sehen den dunklen Ring innen von einem noch dunkleren Saum begrenzt. Nach dem zwingenden Eindruck scheint von dem hellen Saum je Flächeneinheit am meisten, von dem dunklen Saum am wenigsten Licht in unser Auge zu gelangen. Jeder Unbefangene muß irrtümlicherweise in den Ringen die größte bzw. die kleinste Reflexion des Lichts annehmen.

Die in Abb. 5 skizzierte Lichtverteilung tritt bei vielen Anordnungen und Versuchen auf. Daher haben die „Machschen Streifen" bei physikalischen Beobachtungen mancherlei Unheil angerichtet.

Trotzdem soll man sie aber ja nicht voreilig als eine „Augentäuschung" abtun. Die Erscheinung der Machschen Streifen ist für unser ganzes Sehen von größter Wichtigkeit.

Man denke beispielsweise an das Lesen von schwarzer Druckschrift auf weißem Papier. Die Linse unseres Auges zeichnet keineswegs vollkommen. Die Umrisse der Buchstaben auf dem Augenhintergrund, der Netzhaut, sind nicht scharf. Der Übergang vom Dunkel der Buchstaben zum Hell des Papiers ist verwaschen, wie bei einer unscharf eingestellten Photographie. Aber unser Lichtsinn weiß diesen Fehler mit Hilfe der Machschen Streifen auszugleichen. Das Auge zieht, in übertragenem Sinne gesprochen, im Bilde der Druckschrift an der Grenze des hellen Papiers einen weißen, an den Rändern der dunklen Buchstaben einen schwarzen Strich. So vermittelt es uns trotz der Unschärfe des Netzhautbildes den Eindruck scharfer Umrisse.

d) **Die Spiraltäuschung.** Jedermann sieht in Abb. 7 ein System von Spiralen mit gemeinsamem Mittelpunkt. Trotzdem handelt es sich in Wirklichkeit um konzentrische Kreise. Davon kann man sich sofort durch Umfahren einer Kreisbahn mit der Bleistiftspitze überzeugen.

Abb. 7. Spiraltäuschung.

Solche und vielerlei andere durch unsere Sinnesorgane bedingte Erscheinungen bereiten geübten Beobachtern nur selten Schwierigkeiten. Aber sie mahnen doch zur Vorsicht. Wie mancher andere uns heute noch unbekannte subjektive Einfluß mag noch in unserer physikalischen Naturbeobachtung stecken! Verdächtig sind vor allem die allgemeinsten, im Laufe uralter Erfahrung gebildeten Begriffe, wie Raum, Zeit, Kraft usw. Die Physik hat hier ohne Zweifel noch mit manchem Vorurteil und mancher Fehldeutung aufzuräumen.

§ 2. Messung von Längen. Echte Längenmessung. Ohne Zweifel haben Experiment und Beobachtung auch bei nur qualitativer Ausführung neue Erkenntnisse, oft sogar von großer Tragweite, erschlossen. Trotzdem erreichen Experiment und Beobachtung erst dann ihren vollen Wert, wenn sie Größen in Zahl und Maß erfassen. Messungen spielen in der Physik eine wichtige Rolle. Die physikalische Meßkunst ist hoch entwickelt, die Zahl ihrer Verfahren groß und Gegenstand eines umfangreichen Sonderschrifttums.

Unter der Mannigfaltigkeit physikalischer Messungen finden sich mit besonderer Häufigkeit Messungen von Längen und Zeiten, oft allein, oft zusammen mit der Messung anderer Größen. Man beginnt daher zweckmäßig mit der Messung von Längen und Zeiten, und zwar einer Klarlegung ihrer Grundlagen, nicht der technischen Einzelheiten ihrer Ausführung.

Jede wirkliche oder echte Längenmessung beruht auf dem Anlegen und Abtragen eines Maßstabes. Dieser Satz erscheint zwar im ersten Augenblick trivial. Trotzdem ist die in ihm ausgedrückte Erkenntnis recht jungen Datums. Ohne ihre folgerichtige Anwendung spotten etliche der berühmtesten physikalischen Entdeckungen jedes Deutungsversuchs.

Mit dem Vorgang der Messung selbst, hier also mit dem Abtragen des Maßstabes, ist es nicht getan. Es muß die Festlegung einer Einheit hinzukommen. —

Jede Festlegung von physikalischen Einheiten ist vollständig willkürlich. Das wichtigste Erfordernis ist stets eine möglichst weitreichende internationale Vereinbarung. Erwünscht sind ferner leichte Reproduzierbarkeit und bequeme Zahlengrößen bei den häufigsten Messungen des täglichen Lebens.

In der Elektrizitätslehre sind die beiden Grundeinheiten Ampere und Volt vollständig international eingebürgert. Überall auf der Welt mißt und rechnet man mit Ampere und Volt. Nur ein kleiner Kreis von Physikern benutzt noch Einheiten älterer Maßsysteme. Bei den Einheiten der Längenmessung ist das Umgekehrte der Fall. Im allgemeinen findet sich ein geradezu trostloses Durcheinander einer Unzahl verschiedener Längeneinheiten. Hier macht das physikalische Schrifttum eine rühmliche Ausnahme. Die Physik legt ihren Längenmessungen mit überwältigender Mehrheit ein und dieselbe Längeneinheit zugrunde, das Pariser Normalmeter[1].

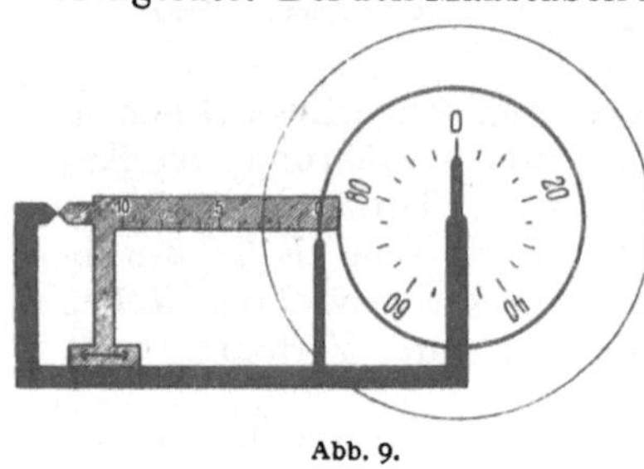

Abb. 8. Profil des Pariser Normalmeters. Höhe etwa 2 cm.

Das Normalmeter ist durch einen bei Paris im „Bureau des Poids et Mesures" aufbewahrten Maßstab festgelegt. Es ist ein Metallstab aus einer Legierung von 90% Platin und 10% Iridium. Der Stab hat einen eigentümlichen x-förmigen Querschnitt gemäß Abb. 8. Auf der mit N bezeichneten Fläche sind zwei Marken eingeritzt. Ihr Abstand (bei einer Temperatur von 0°!) wird als das Meter definiert. Durch den x-förmigen Querschnitt wird der Abstand der Marken von unvermeidlichen Durchbiegungen des Stabes unabhängig („neutrale Faser", vgl. S. 110). Von diesem Normalmeterstab sind 31 Kopien hergestellt und an die am internationalen Meterabkommen beteiligten Staaten durch das Los verteilt worden.

Für Eichzwecke werden Längen-Normale in den Handel gebracht. Sie werden als „Endmaßstabe" ausgeführt: Das sind kistenformige Stahlkötze mit planparallelen, auf Hochglanz polierten Endflachen. Zusammengesetzt haften sie aneinander (vgl S. 128). Mit ihnen kann man Langen innerhalb 10^{-3} mm $= 1\,\mu$, sprich Mikron, reproduzieren.

Zur praktischen Längenmessung dienen geteilte Maßstäbe und mancherlei Meßgeräte. Bei den Maßstäben soll die Länge der Teilstriche gleich dem $2^{1}/_{2}$fachen ihres Abstandes sein. Dann schätzt man die Bruchteile am sichersten.

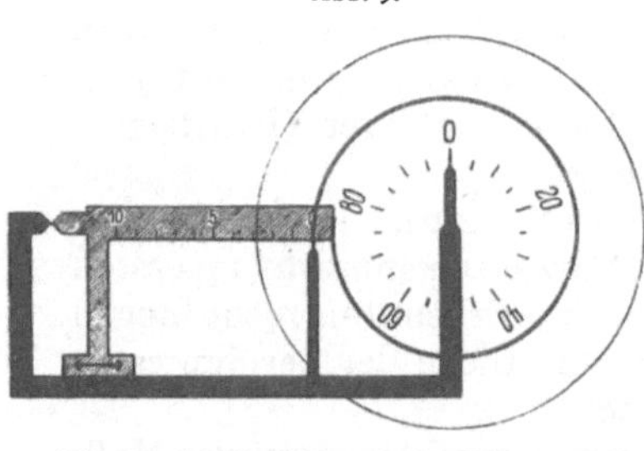

Abb. 9.

Bei den Längen-Meßgeräten wird das Ablesen der Bruchteile durch mechanische oder optische Hilfseinrichtungen erleichtert. Die mechanischen benutzen irgendwelche Übersetzungen mit Hebeln, mit Schrauben („Schraubenmikrometer"), mit Zahnrädern („Meßuhren") oder mit Spiralen.

Die Abb. 9 und 10 zeigen das Modell eines Spiralmikrometers. Der Maßstab ist in der Richtung des Doppelpfeiles verschiebbar. Unter ihm steht ein Zeiger. Unmittelbar vor dem Maßstab und dem Zeiger ist eine kreisrunde Glasscheibe drehbar angeordnet. Auf ihr befindet sich, als Doppellinie ausgefuhrt, eine Archimedische Spirale. Ihre Ganghohe ist gleich dem Abstand zweier Teilstriche des Maßstabes. Außer der Spirale trägt die drehbare Glasscheibe noch eine Kreisteilung. Für sie ist der rechte Zeiger bestimmt. — Aus der Abb. 9 ist die Nullstellung ersichtlich: Das eine Ende der Spirale steht auf dem Nullstrich, der Nullpunkt der Kreisteilung liegt vor dem rechten Zeiger. Die

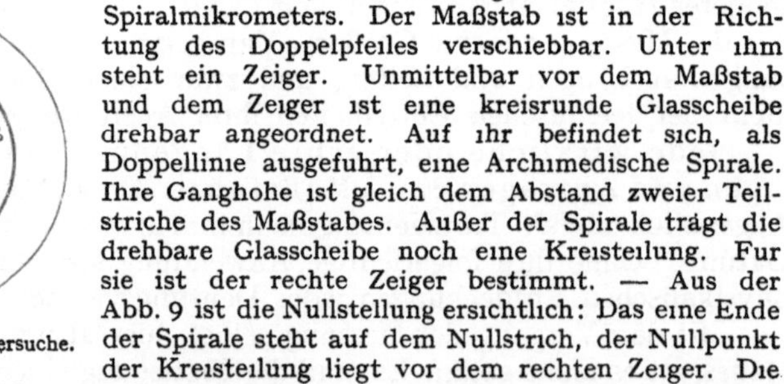

Abb. 10. Spiralmikrometer fur Schauversuche.

Abb. 10 gibt das Beispiel einer Messung: Der Maßstab ist um ungefahr 2,7 Skalenteile nach rechts geschoben. Der Teilstrich 2 ist von der Doppellinie der Spirale eingegrenzt worden.

---

[1] An der schlechten Einburgerung des Meters ist selbstverstandlich die unglückliche Länge dieser Einheit schuld. Für die Bedurfnisse des taglichen Lebens ist das Meter zu groß, sein Tausendstel, das Millimeter, zu klein. Zum Schatzen der zehntel Millimeter ist die Strichteilung der handelsüblichen Maßstäbe zu grob. Eine technisch brauchbare Einheit in der ungefahren Größe von Elle oder Fuß, eingeteilt in 100 Teile, hätte sich unzweifelhaft international in der Praxis durchgesetzt.

Zu diesem Zweck mußte die Kreisscheibe um $^{77}/_{100}$ eines Umlaufes gedreht werden (rechter Zeiger vor 77). Folglich ist die Verschiebung des Maßstabes gleich 2,77 Skalenteile.

Unter den optischen Hilfseinrichtungen steht die Beobachtung mit dem Mikroskop an erster Stelle. Dabei handelt es sich noch durchaus um echte Längenmessungen. Als Beispiel messen wir vor einem großen Hörerkreis die Dicke eines Haares.

Mittels eines einfachen Mikroskopes wird ein Bild des Haares auf einen Schirm geworfen. Auf diesem Bild wird die Dicke des Haares durch zwei Pfeilspitzen eingegrenzt, Abb. 11a. Dann wird das Haar entfernt und durch einen kleinen auf Glas geritzten Maßstab (Objektmikrometer) ersetzt, etwa ein Millimeter geteilt in 100 Teile. Das Gesichtsfeld zeigt jetzt das Bild der Abb. 11b. Wir lesen zwischen den Pfeilspitzen 4 Skalenteile ab. Die Dicke des Haares beträgt also $4 \cdot 10^{-2}$ mm oder $40\,\mu$.

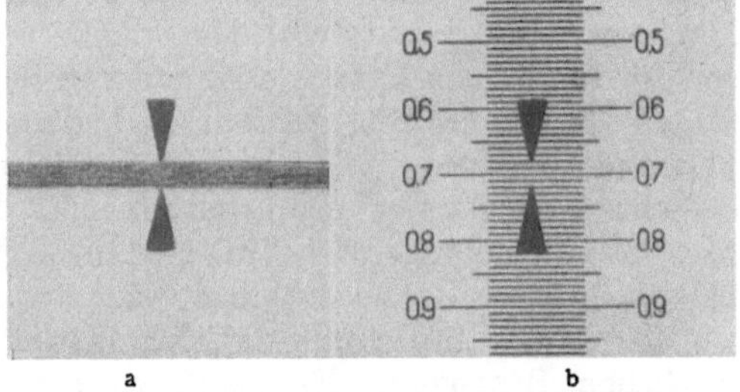

a   b

Abb 11 a u. b. Langenmessung unter dem Mikroskop

Die Fehlergrenze der Langenmessung kann mit optischen Hilfsmitteln bis auf etwa $\pm 0{,}1\,\mu$ herabgesetzt werden. Mechanische Hilfsmittel führen bis auf $\pm 1\,\mu$. Das unbewaffnete Auge muß sich mit ± 50 bis $30\,\mu$ (d. h. Haaresbreite!) begnugen

§ 3. Erhaltung der Längeneinheit.

Für echte Längenmessungen kann man Maßstäbe mit äußerst feiner, selbst für das bewaffnete Auge nicht mehr erkennbarer Teilung benutzen. Das soll mit Abb. 12 erläutert werden. — An dem festen und an dem verschiebbaren Teile einer „Schublehre" ist je ein Maßstab befestigt. Beide Maßstäbe bestehen aus gitterförmig geteilten Glasplatten. Sie sind, vom Beschauer aus gesehen, hintereinander angeordnet, und daher überdecken sie sich in einem großen Bereich. Die schwarzen Striche und die klaren Lücken sind gleich breit (in Wirklichkeit z. B. je $^{1}/_{20}$ mm).

In der Nullstellung mögen die Striche des einen Maßstabes auf die Lücken des anderen fallen. Dann ist der Überdeckungsbereich undurchsichtig, er erscheint dunkel. Darauf wird der Taster b mit seinem

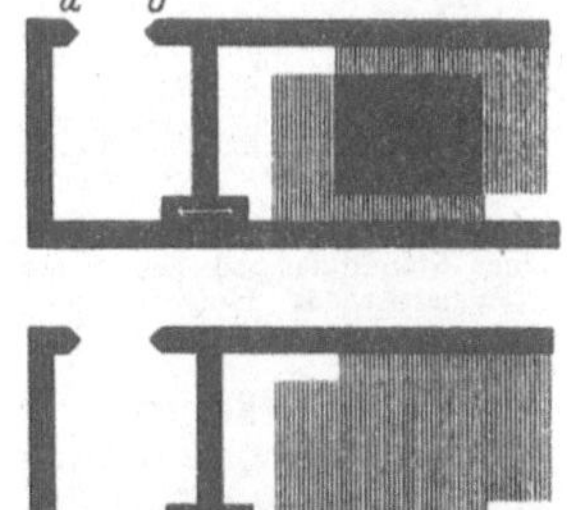

Abb. 12. Fur Schauversuche vergrobertes Interferenzmikrometer

Maßstab langsam nach rechts gezogen: Währenddessen wird der Überdeckungsbereich periodisch aufgehellt und wieder verdunkelt. Jede neue Verdunklung bedeutet eine Vergrößerung des Abstandes a—b um einen Teilstrichabstand (im Beispiel also $^{1}/_{10}$ mm). Folglich kann man durch Abzählen der Verdunklungen mit der unsichtbar feinen Teilung eine echte Längenmessung ausführen. Es handelt sich, kurz gesagt, um eine Längenmessung mit geometrischer „Interferenz".

Zu dieser Interferenz-Längenmessung gibt es ein optisches Analogon: In der Optik kann man die von Menschenhand hergestellten Teilungen durch eine von der Natur gegebene ersetzen. Als solche benutzt man die Wellen einer bestimmten, von leuchtendem Cd-Dampf ausgesandten Spektrallinie. Ihre Wellenlängen („Teilung") hat man mit dem Pariser Normalmeterstab verglichen. Im Jahre 1913 war der Abstand der Metermarken gleich 1553164,13 dieser Wellenlängen ($\lambda = 0{,}6438\,\mu$, bei normalem Luftdruck und $15\,°$ C).

Auf diese Weise hofft man, den Sinn des Wortes Meter auch späteren Geschlechtern erhalten zu können. Der Normalmeterstab ist trotz aller erdenklichen Sorgfalt bei seiner Behandlung ein unbeständiges Gebilde. Im Laufe langer Zeiten ändern sich alle Maßstäbe. Das ist eine Folge innerer Umwandlungen im mikrokristallinen Gefüge aller festen Körper.

§ 4. Unechte Längenmessung bei sehr großen Längen. Standlinienverfahren, Stereogrammetrie. Sehr große Strecken sind oft nicht mehr der echten Längenmessung zugänglich. Man denke an den Abstand zweier Berggipfel oder den Abstand eines Himmelskörpers von der Erde. Man muß dann zu einer unechten Längenmessung greifen, z. B. dem bekannten, in Abb. 13 angedeuteten Verfahren der Standlinie. Die Länge BC der Standlinie wird nach Möglichkeit in echter Längenmessung ermittelt und dann die Winkel β und γ gemessen. Aus Standlinienlänge und Winkeln läßt sich dann der gesuchte Abstand x durch Zeichnung oder Rechnung ermitteln.

Dies aus dem Schulunterricht geläufige Verfahren ist nicht frei von grundsätzlichen Bedenken. Es identifiziert die bei der Winkelmessung benutzten Lichtstrahlen ohne weiteres mit den geraden Linien der Euklidischen Geometrie. Das ist aber eine Voraussetzung, und über die Zulässigkeit dieser Voraussetzung kann letzten Endes nur die Erfahrung entscheiden. — Zum Glück brauchen uns derartige Bedenken bei den normalen physikalischen Messungen auf der Erde nicht zu beschweren. Sie entstehen erst in Sonderfällen, z. B. bei den Riesenentfernungen der Astronomie. Trotzdem muß schon der Anfänger von diesen Schwierigkeiten hören. Denn er sieht in der Längenmessung keinerlei Problem und hält sie für die einfachste aller physikalischen Messungen. Diese Auffassung trifft aber nur für die echte Längenmessung zu, das Anlegen und Abtragen eines Maßstabes.

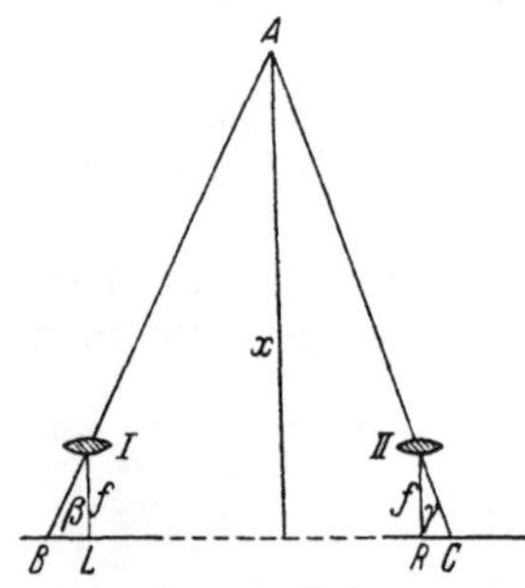

Abb. 13. Zur Längenmessung mit einer Standlinie und zur stereogrammetrischen Längenmessung.

Zum Abschluß der knappen Darlegungen über Längenmessungen sei noch eine elegante technische Ausführungsform der Standlinien-Längenmessung erwähnt, die sog. Stereogrammetrie. Sie dient in der Praxis vorzugsweise der Geländevermessung, insbesondere in Gebirgen. In der Physik braucht man sie u. a. zur Ermittelung verwickelter räumlicher Bahnen, z. B. der von Blitzen.

In Abb. 13 wurden die Winkel β und γ mit irgendeinem Winkelmesser (z. B. Fernrohr auf Teilkreis) bestimmt. Die Stereogrammetrie ersetzt die beiden Winkelmesser an den Enden der Standlinie durch zwei photographische Apparate. Ihre Objektive sind mit I und II angedeutet. Die Bilder B und C desselben Gegenstandes A sind gegen die Plattenmitten um die Abstände BL bzw. CR verschoben. Aus BL oder CR einerseits und dem Gesamtabstand BC andererseits läßt sich die gesuchte Entfernung x des Gegenstandes A berechnen. Das ist geometrisch einfach zu übersehen. Für eine gegebene Standlinie $I—II$ und gegebenen Linsenabstand f läßt sich eine Eichtabelle zusammenstellen.

Soweit böte das Verfahren nichts irgendwie Bemerkenswertes. Erst jetzt kommt eine ernstliche Schwierigkeit: Es wäre zeitraubend und oft unmöglich, beispielsweise für den verschlungenen Weg eines Blitzes die einander entsprechenden Bilder B und C der einzelnen Wegabschnitte herauszufinden. Diese Schwierigkeit läßt sich vermeiden. Man vereinigt die beiden photographischen Aufnahmen in bekannter Weise in einem Stereoskop zu einem räumlich erscheinenden Gesichtsfeld. Man sieht in Abb. 14 die beiden einzelnen photographischen Aufnahmen in ein Stereoskop eingesetzt. Und nun kommt der entscheidende Kunstgriff, die Anwendung einer „wandernden Marke".

Die wandernde Marke erhält man mit Hilfe zweier gleichartiger Zeiger 1 und 2. Sie können in Höhe und Breite gemeinsam über die Bildflächen hin verschoben werden. Die Beträge dieser Verschiebungen werden an den Skalen S_1 und S_2 abgelesen. Außerdem läßt sich der gegenseitige Abstand der beiden Zeiger in meßbarer Weise (S_3 mit Skalentrommel) verändern.

Ins Stereoskop blickend, sehen wir diese beiden Zeiger zu einem vereinigt, frei im Gesichtsraume schweben. Verändern wir den Abstand der beiden Zeiger (S_3), so wandert die Marke im Gesichtsraum auf uns zu oder von uns fort. Man kann die Marke bei Benutzung aller drei Verschiebungsmöglichkeiten (S_1, S_2, S_3) auf

Abb. 14. Stereoskop mit wandernder Marke. Auf den Bildern verastelte Blitzbahnen.

jeden beliebigen Punkt im Gesichtsraum einstellen, also auf eine Bergspitze, auf eine beliebige Stelle einer verschlungenen Blitzbahn usw. Es ist ein außerordentlich eindrucksvoller Versuch. Aus den Skalenablesungen liefert uns dann eine Eichtabelle bequem die den Punkt festlegenden Längen in Tiefe, Breite und Höhe. (Seine drei Koordinaten.)

Das Verständnis des Versuches wird gelegentlich durch eine Äußerlichkeit erschwert: Nach Abb. 13 erwartet man bei einer Abstandsvergrößerung der Zeiger ein Heranwandern der Marke in den Vordergrund. Tatsächlich wandert jedoch die Marke nach hinten. Das hat einen einfachen Grund. In jedem Stereoskop muß man die linke und die rechte Photographie miteinander vertauschen. Den näheren Gegenstanden entspricht bei den ins Stereoskop eingelegten Photographien der kleinere Abstand zwischen ihren Einzelbildern. Nur so können die Photographien auf unseren Netzhäuten in den gleichen Lagen abgebildet werden, als ob wir die Gegenstande selbst, ohne Stereoskop besahen, also I und II unsere Augenlinsen waren.

§ 5. Zeitmessung. Echte Zeitmessung.

Die Grundlage jeder Zeitmessung sind gleichmäßig wiederkehrende Bewegungen, und diese lassen sich stets auf eine gleichförmige Drehung zurückführen. Dabei läßt sich „gleichförmig" zunächst nur gefühlsmäßig definieren. Denn die strenge Definition „gleiche Winkel in gleichen Zeiten" setzt bereits den Besitz einer Zeitmessung voraus.

Als Zeiteinheit dient der Sterntag. Der Sterntag ist definiert als die Zeit, die am Beobachtungsort zwischen zwei aufeinanderfolgenden Meridiandurchgängen des gleichen Fixsternes verstreicht.

Der Sterntag wird eingeteilt in $24 \times 60 \times 60 = 86\,400$ Sternzeitsekunden Aus der Sternzeitsekunde wird die mittlere Sonnenzeitsekunde durch Multiplikation mit 366,25/365,25 hergeleitet. Dieser Sonnentag ist länger als der Sterntag. Denn die Sonne bewegt sich zwischen zwei Meridiandurchgängen gegenüber den Fixsternen rückwärts von West nach Ost. Ein Jahr besteht aus 366,25 Sterntagen, aber nur 365,25 Sonnentagen.

Die physikalische Literatur benutzt, ebenso wie die Technik und das tägliche Leben, als „Sekunde" nur die mittlere Sonnenzeitsekunde.

Die zur praktischen Zeitmessung benutzten Uhren können als bekannt gelten. Die Gleichförmigkeit ihres Ganges wird durch mechanische Schwingungsvorgänge erzielt. Entweder schwingt ein hängendes Pendel im Schwerefeld

(z. B. Wanduhren) oder ein Drehpendel an einer elastischen Schneckenfeder (z. B. „Unruhe" unserer Taschenuhren). Es bleibt zu zeigen, daß sich die Schwingungen dieser Pendel auf gleichförmige Drehung zurückführen lassen:

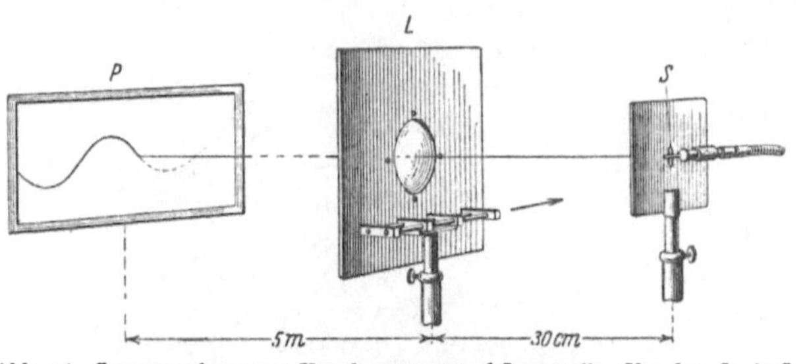

Abb. 15. Zusammenhang von Kreisbewegung und Sinuswelle. Vor dem Spalt S sitzt ein auf den Beschauer zu gerichteter Stift auf dem Rand eines sich drehenden Zylinders. Zum Antrieb des letzteren wird eine biegsame Welle benutzt.

Eine Pendelbewegung verläuft, kurz gesagt, wie eine von der Seite betrachtete Kreisbewegung. In der Ebene der Kreisbahn blickend, sehen wir einen umlaufenden Körper nur Hin- und Herbewegungen ausführen. Ihr zeitlicher Ablauf ist genau der gleiche wie der der Pendelbewegung. Das zeigt besonders anschaulich eine photographische Registrierung. Sie verwandelt das zeitliche Nacheinander in ein räumliches Nebeneinander und stellt uns die Bewegung durch einen Kurvenzug dar.

Zur Photographie dieses Kurvenzuges dient die in Abb. 15 erläuterte Anordnung: Ein Spalt S wird mittels der Linse L auf dem Schirm P abgebildet. Die den Spalt beleuchtende Lichtquelle (Bogenlampe) ist nicht mitgezeichnet worden. Die Linse L wird während der Belichtung auf einem Schlitten gleichförmig in Richtung des Pfeiles bewegt. Dadurch läuft das Bild des Spaltes über den Schirm P hinweg. Der Schirm ist mit einem phosphoreszierenden Kristallpulver überzogen. Ein solches Pulver vermag nach kurzer Lichteinstrahlung längere Zeit nachzuleuchten (Optik § 158).

Vor den Spalt S setzen wir nacheinander

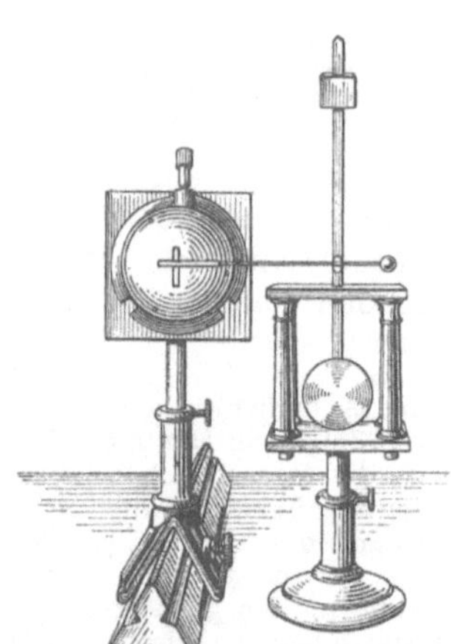

Abb. 16. Ein mit einem Metronompendel verbundener Metallstift vor einem Spalt. Diese Anordnung wird an Stelle von S in Abb 15 eingesetzt.

1. einen eine Kreisbahn durchlaufenden Metallstift (vgl. Abb. 15) und
2. einen seitlich an einem Schwerependel befestigten Draht (vgl. Abb. 16, Metronompendel).

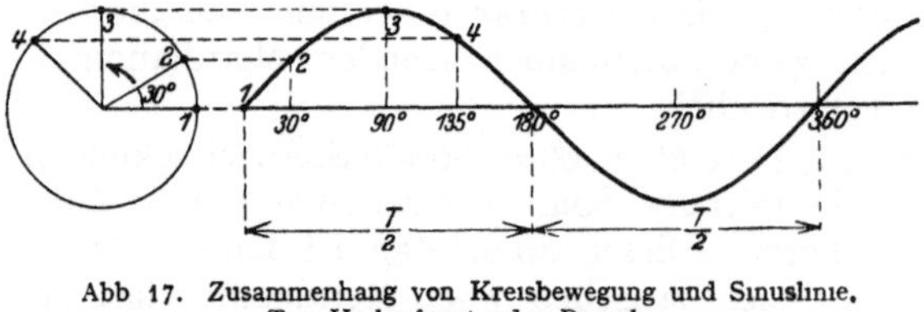

In beiden Fällen erhalten wir tiefschwarz auf hellgrün leuchtendem Grunde den gleichen Kurvenzug: das Bild der Sinuslinie.

Dieser innige Zusammenhang von Kreisbewegung, Pendelbewegung und Sinuslinie spielt in den verschiedensten Gebieten der Physik eine wichtige Rolle. Mathematisch formal folgt der Zusammenhang aus der in Abb. 17 ersichtlichen Skizze. Bei der großen Wichtigkeit dieses Zusammenhanges dürfte jedoch der obige, sehr anschauliche Versuch nicht überflüssig sein. Er liefert uns zugleich ein einfaches Beispiel für eine Bewegungsanalyse mit photographischer Registrierung.

Abb 17. Zusammenhang von Kreisbewegung und Sinuslinie.
T = Umlaufszeit oder Periode

§ 6. Moderne Uhren; persönliche Gleichung. Einzelheiten im Bau moderner Uhren sind für uns ohne Belang. Die Technik liefert heute sehr bequeme Stoppuhren für direkte Ablesung von $^1/_{50}$ oder gar $^1/_{100}$ Sekunde. Abb. 18 zeigt eine derartige Uhr. Ihr Zeiger macht in einer Sekunde einen vollen Umlauf. — Beim Lauf einer solchen Uhr ist man jedesmal von neuem von der großen Länge einer Sekunde überrascht!

Eine solche Uhr soll uns zur Messung einer oft wichtigen Größe dienen, der sog. „persönlichen Gleichung". Wir bringen auf dem Uhrglas eine Marke an, etwa einen Papierstreifen in Sektorform. Dann versuchen wir den Zeiger abzustoppen, wenn wir ihn gerade hinter der Marke herauskommen sehen. Regelmäßig läuft dabei der Zeiger erheblich über die Marke heraus, meist um ca. $^1/_{10}$ Sekunde. Diese Zeitspanne heißt die „persönliche Gleichung". Ihre Bedeutung ist leicht zu übersehen: Das optische Signal unseres Auges muß ins Gehirn geleitet werden. Das Gehirn muß via Rückenmark die Fingermuskeln verständigen. Beide Vorgänge zusammen brauchen eine endliche Zeit, eben die „persönliche Gleichung".

Beim Abstoppen von Zeitdauern soll man Anfang und Schluß mit dem gleichen Sinnesorgan beobachten. Dann ist die persönliche Gleichung in beiden Fällen praktisch die gleiche; sie fällt daher im Endergebnis heraus.

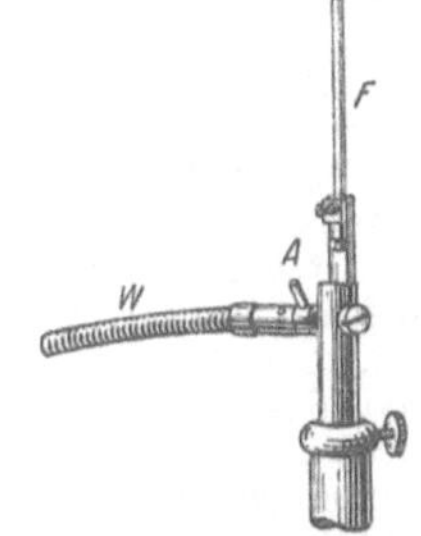

Abb. 18. Taschenstoppuhr mit $^1/_{100}$ Sekunden-Teilung. Ein Umlauf gleich 1 Sekunde.

§ 7. Stroboskopische Zeitmessung. Eine häufig auftauchende Sonderaufgabe ist die Messung einer sehr kurzen, aber periodisch wiederkehrenden Zeitdauer. Für sie benutzt man die stroboskopische Zeitmessung. Man erläutert sie am besten an einem Beispiel:

Abb. 19 zeigt uns eine Blattfeder. Wir lassen sie je Sekunde 50mal hin und her schwingen (Abb. 357). Diese Blattfeder wird mit intermittierendem Licht, einer gleichmäßigen Folge einzelner Lichtblitze, an die Wand geworfen. Eine solche Beleuchtung erzielt man am einfachsten mit einer Drehscheibe mit beispielsweise 10 Schlitzöffnungen. Sie wird an geeigneter Stelle in den Strahlengang des Lichtes eingeschaltet.

Wir beginnen mit hoher Drehzahl der Scheibe und verkleinern die Drehzahl allmählich. Bei einer bestimmten Beleuchtungsfolge (n je Sekunde) trifft jeder der einander folgenden Lichtblitze die Blattfeder an beliebiger, aber stets gleicher Stelle ihrer Bahn. Dann sehen wir die Blattfeder an dieser Stelle (und zwar nur an dieser!) stillstehen, und ihre gesuchte Schwingungsdauer ist gleich $^1/_n$ Sekunde. Man kann auch den zeitlichen Abstand zweier Lichtblitze. etwas größer oder kleiner als die Schwingungsdauer der Blattfeder machen. Dann wird die Blattfeder nacheinander

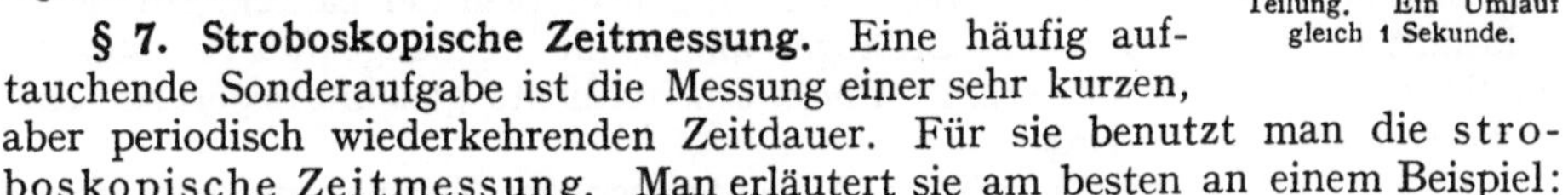

Abb. 19 Eine Blattfeder F zur Vorführung der stroboskopischen Zeitmessung Schwingungsbild dieser Blattfeder in Abb 357a. Zum Antrieb dient eine biegsame Welle und eine durch den Stift A einseitig belastete Achse Näheres in § 107 unter „erzwungene Schwingungen"

nicht an dem gleichen, sondern an jeweils eng benachbarten Punkten ihrer Bahn beleuchtet. Infolgedessen sehen wir das Bild der Blattfeder langsam im einen oder anderen Sinne vorrücken. Die Blattfeder führt scheinbar stark verlangsamte Schwingungen aus. Das Auftreten dieser langsamen Schwingungen und ihr allmählicher Übergang zu völligem Stillstand erleichtert die Anwendung der stroboskopischen Zeitmessung.

§ 8. Grundsätzliche Schwierigkeiten unserer heutigen Zeitmessung. Statt der heutigen echten, auf gleichförmiger Drehung beruhenden Zeitmessung

brauchte man früher unechte Zeitmessungen, z. B. mit Wasser- oder Sand-
uhren. Diese sind uns heute noch in der Kümmerform der Eieruhren erhalten.
Die antike Technik hat sich viel um die Meßgenauigkeit der Wasseruhren be-
müht. Man suchte die Gleichförmigkeit des Wasserausflusses durch besonders
sorgfältig konstruierte Ausflußdüsen, z. B.
durchbohrte Edelsteine, zu steigern. Auto-
matische Pfeifsignale mahnten den Besitzer
der Uhr zum rechtzeitigen Nachfüllen des
Wassers usw. Wir sind leicht geneigt, diese
Bemühungen früherer Zeiten zu belächeln.
Doch sollen wir bescheiden sein. Auch unsere
heutige Zeitmessung ist keineswegs vollkommen. Mit der Festlegung unserer Zeiteinheit
ist es im Grunde nicht besser bestellt als mit
der Festlegung der Längeneinheit durch einen

Abb. 20. Gestaltsänderungen bewirken Änderung
der Drehgeschwindigkeit.

im Laufe der Jahrtausende vergänglichen Normalmeterstab. Das erläutert der
folgende Versuch. Abb. 20 zeigt uns einen Menschen auf einem Drehschemel
sitzend. Durch einen Anstoß wird er in Drehung versetzt. Jede Näherung der
Arme an den Körper erhöht, jede Entfernung vom Körper erniedrigt die Drehgeschwindigkeit (näheres später S. 95). Entsprechendes gilt für die Drehung
unserer Erdkugel um ihre Achse. Jede größere Verlagerung von Gesteinen,
z. B. die Entstehung eines Gebirges oder ein Schrumpfen der ganzen Erdkugel,
beeinflußt die Umlaufszeit der Erdkugel und somit die Länge des Sterntages.
Der Gang der besten technischen Uhren scheint heute gleichförmiger zu sein
als die Umdrehung der Erde.

Schwierigkeiten grundsätzlicher Art entstehen der Zeitmessung im Gebiet
großer, mit der des Lichtes vergleichbarer Geschwindigkeiten. Die als Relativitätsprinzip zusammengefaßten Erfahrungstatsachen stellen die Zeitmessung
vor ganz neue Aufgaben. Man vgl. § 160 des Elektrizitätsbandes.

Zum Schluß noch eine nicht unwichtige Bemerkung: Wir haben die Zeit nur gemessen, aber nicht zuvor qualitativ definiert Die qualitative Definition des Begriffes
Zeit ist eine mißliche Sache; die Physik kann eigentlich nur folgendes sagen: Jede physikalische Messung verlangt mindestens zwei ,,Ablesungen"; bei der Längenmessung muß
Anfang und Ende ,,abgelesen" werden, bei elektrischen Meßinstrumenten Nullpunkt und
Ausschlag usw Zwischen der ersten und zweiten Ablesung schlägt unser Herz oder tickt
eine Uhr Alle Beobachtungen lassen sich einer von zwei Gruppen zuteilen. In der ersten
Gruppe ist das Meßergebnis davon abhängig, wie oft zwischen der ersten und der
zweiten Ablesung das Herz geschlagen oder die Uhr getickt hat, in der zweiten Gruppe
hingegen ist das für das Meßergebnis gleichgültig Dann heißt es: die zur ersten Gruppe
gehörigen Vorgänge hängen von einer Größe ab, die wir Zeit nennen und durch Abzählen
der Schläge oder des Tickens messen Damit ist ja nicht gerade viel gesagt, aber es ist
wenigstens kein leerer Wortkram.

II. Darstellung von Bewegungen, Kinematik.

§ 9. Definition von Bewegung. Bezugssystem. Als Bewegung bezeichnet man die Änderung des Ortes mit der Zeit, beurteilt von einem festen, starren Körper („Bezugssystem") aus. Der Zusatz ist durchaus wesentlich. Das zeigt ein beliebig herausgegriffenes Beispiel: Der Radfahrer sieht vom Sattel seines Fahrrades aus seine Fußspitzen Kreisbahnen beschreiben. Der auf dem Bürgersteig stehende Beobachter sieht ein ganz anderes Bild. Für ihn durchlaufen die Fußspitzen des Radfahrers eine wellenartige Bahn, nämlich die in Abb. 21 skizzierte Trochoide.

Abb 21. Bahn eines Fahrradpedales fur einen ruhenden Beobachter

Der feste starre Körper, von dem aus wir die Bewegungsvorgänge in Zukunft betrachten wollen, ist die Erde oder der Fußboden unseres Hörsaales. Dabei lassen wir die tägliche Umdrehung der Erde bewußt außer acht. (In Wirklichkeit treiben wir Physik auf einem großen Karussell. Auch ist die Erde nicht starr, sondern verformbar.)

Später werden wir gelegentlich unsern Beobachtungsstandpunkt oder unser Bezugssystem wechseln. Wir werden in manchen Zusammenhängen die Erdumdrehung berücksichtigen. Auch werden wir gelegentlich Verformungen der Erde in Rechnung setzen. Das alles wird dann aber jedesmal ganz ausdrücklich betont werden. Sonst gibt es, insbesondere bei den Drehbewegungen, eine heillose Verwirrung.

Zur Darstellung oder Beschreibung aller Bewegungen gehören Messungen von Längen und Zeiten. Diese Messungen erlauben die Definition der beiden Begriffe Geschwindigkeit und Beschleunigung. Mit ihnen beginnen wir.

§ 10. Definition von Geschwindigkeit. Beispiel einer Geschwindigkeitsmessung. Ein Körper rücke innerhalb des Zeitabschnittes $\varDelta t$ um die Wegstrecke $\varDelta s$ vor. Dann definiert man das Verhältnis

$$u_m = \frac{\text{Wegzuwachs } \varDelta s}{\text{Zeitzuwachs } \varDelta t} \tag{1}$$

als mittlere Geschwindigkeit längs des Wegzuwachses $\varDelta s$. Dies Verhältnis ändert sich im allgemeinen, wenn man den Wegzuwachs $\varDelta s$ mehr und mehr verkleinert. Allmählich aber sinken die Änderungen unter die Grenze der Meßgenauigkeit. Den dann gemessenen, nur noch vom Ausgangspunkt abhängigen Wert von u_m bezeichnet man als Geschwindigkeit u im Ausgangspunkt. Mathematisch erhält man also die Geschwindigkeit u als Grenzwert von u_m durch den Grenzübergang $\varDelta t \rightarrow 0$ Man ersetzt das Symbol $\varDelta$ durch ein d und erhält so als Geschwindigkeit

$$\boxed{u = \frac{ds}{dt}\,,} \tag{1a}$$

d. h. den Differentialquotienten des Weges nach der Zeit.

Diese Definition verlangt in vielen Fällen die Messung recht kleiner Zeiten. Als Beispiel soll die **Mündungsgeschwindigkeit** einer Pistolenkugel gemessen werden.

Die Abb. 22 zeigt eine geeignete Meßanordnung. Der Wegabschnitt Δs wird durch zwei dünne Pappscheiben begrenzt, seine Länge beträgt beispielsweise 22,5 cm. Die Zeitmessung wird in durchsichtiger Weise auf die Grundlage aller Zeitmessung, auf gleichförmige Drehung, zurückgeführt. Die Zeitmarken

Abb. 22. Messung einer Pistolenkugelgeschwindigkeit mit einem einfachen „Zeitschreiber' („Chronographen").

werden automatisch aufgezeichnet („Chronograph"). Zu diesem Zweck versetzt ein Elektromotor die Pappscheiben auf gemeinsamer Achse in gleichförmige, rasche Umdrehung. Ihre Drehzahl n je Zeiteinheit, auch Frequenz genannt, wird an einem technischen Frequenzmesser abgelesen, z. B. zu $n = 50 \ \mathrm{sec}^{-1}$.

Die Kugel durchschlägt erst die linke Scheibe, das Schußloch ist unsere erste Zeitmarke. Während sie den 22,5 cm langen Weg zur zweiten Pappscheibe durchfliegt, rückt die „Uhr" oder der „Chronograph" weiter. Das Schußloch oder die Zeitmarke auf der zweiten Scheibe ist gegen das der ersten um einen gewissen Winkel versetzt. Wir messen ihn nach Anhalten der Scheibe zu ca. 18 Bogengrad oder $^1/_{20}$ Kreisumfang.

Durch Einstecken einer Drahtstange durch beide Schußlocher machen wir die Winkelversetzung im Schattenbild weithin sichtbar.

Die Flugzeit Δt hat also $\dfrac{1}{50} \cdot \dfrac{1}{20} = \dfrac{1}{1000}$ Sekunden betragen. Die Geschwindigkeit u ergibt sich zu

$$\frac{0,225}{^1/_{1000}} \frac{\text{Meter}}{\text{Sekunden}} = 225 \frac{\text{Meter}}{\text{Sekunden}}.$$

Der Versuch wird mit einem kleineren Flugweg Δs von nur 15 cm Länge wiederholt. Das Endergebnis wird dasselbe. Also war schon der erste Flugweg klein genug gewählt. Schon er hat uns die gesuchte Mündungsgeschwindigkeit geliefert und nicht einen kleineren Mittelwert über eine längere Flugbahn.

Nur bei Bewegungen mit konstanter oder gleichformiger Geschwindigkeit darf man sich die Größen von Δs (Meßweg) und Δt (Meßzeit) allein nach Maßgabe meßtechnischer Bequemlichkeit aussuchen. Man schreibt dann kurz $u = s/t$.

Die Angabe $\dfrac{\text{Meter}}{\text{Sekunde}}$ nennt man die „Dimension" der Geschwindigkeit. Die Wahl dieses Wortes läßt sich beanstanden, der Begriff Dimension aber ist sehr nützlich. Man kann einer Dimension das benutzte Meßverfahren entnehmen und mit ihrer Hilfe die Zahlenwerte bequem auf andere Einheiten umrechnen. So ist z. B. 1 Meter $= 10^{-3}$ km und 1 Sekunde $= \dfrac{1}{3600}$ Stunden. Folglich ist $225 \dfrac{\text{Meter}}{\text{Sekunde}}$ $= 225 \dfrac{10^{-3}}{1/3600} \dfrac{\text{km}}{\text{Std}} = 810 \dfrac{\text{km}}{\text{Std}}.$

Man kann eine Dimension auch ohne Nennung der Einheit angeben Dann schreibt man fur die Langeneinheit l, fur die Zeiteinheit t, fur die später einzuführenden Einheiten von Masse und Temperatur m und T usw. Nach diesem Gebrauch wird die Dimension der Geschwindigkeit $[l t^{-1}]$.

Im täglichen Leben begnügt man sich zur Kennzeichnung einer Geschwindigkeit mit der Angabe ihres Betrages, etwa in m/sec. In der Physik ist dieser Betrag aber nur eines der beiden Bestimmungsstücke einer Geschwindigkeit. Als zweites muß die Angabe der Richtung hinzukommen. In der Physik ist die Geschwindigkeit stets eine gerichtete Größe, ihr Symbol ist der Vektor oder der Pfeil. Das zeigt sich am deutlichsten in der auch dem Laien geläufigen Addition zweier Geschwindigkeiten oder „der Zusammensetzung einer Geschwindigkeit aus 2 Komponenten". In Abb. 23 werden die große Geschwindigkeit u_1 (z. B. Eigengeschwindigkeit des Flugzeuges) und die kleine,

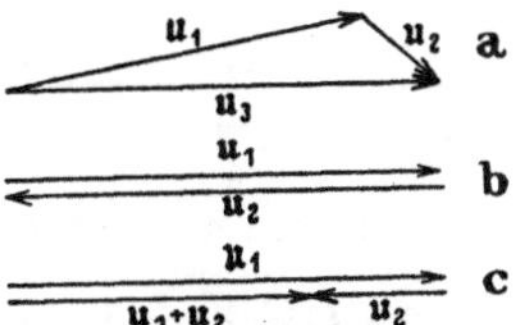

Abb 23. Zur geometrischen Addition von Vektoren, z. B. von Geschwindigkeiten.

anders gerichtete Geschwindigkeit u_2 (z. B. Windgeschwindigkeit) zu einer „resultierenden" Geschwindigkeit u_3 (Reisegeschwindigkeit des Flugzeuges) zusammengesetzt.

Vektoren entgegengesetzter Richtung unterscheidet man durch ihre Vorzeichen; z. B. beschreibt man die Abb. 23 b durch die Gleichung $u_1 = -u_2$ oder $u_1 + u_2 = 0$. — Demgemäß bedeutet $u_1 + u_2$ in Abb. 23 c die geometrische Addition oder Zusammensetzung der beiden einander entgegengesetzten Vektoren u_1 und u_2. Der resultierende Vektor hat den Betrag (Pfeillänge) $|u_1 + u_2| = |u_1| - |u_2|$. Man bezeichnet also hier die Beträge durch seitliche Striche.

§ 11. Definition von Beschleunigung. Die beiden Grenzfälle.

Bewegungen mit konstanter Geschwindigkeit sind selten. Im allgemeinen ändert sich längs der Bahn Größe und Richtung der Geschwindigkeit.

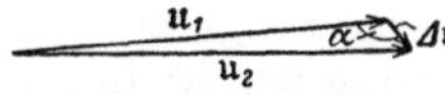

In Abb. 24 bedeutet der Pfeil u_1 die Geschwindigkeit eines Körpers zu Beginn eines Zeitabschnittes Δt. Während des Zeitabschnittes erhalte der Körper eine Zusatzgeschwindigkeit Δu beliebiger Richtung, dargestellt durch den kurzen zweiten Pfeil. Am Schluß des Zeitabschnittes Δt hat der Körper die Geschwindigkeit u_2. Sie wird in Abb. 24 zeichnerisch als Pfeil u_2 ermittelt.

Abb. 24. Zur allgemeinen Definition von Beschleunigung.

Dann definiert man das Verhältnis

$$b_m = \frac{\text{Geschwindigkeitzuwachs } \Delta u}{\text{Zeitzuwachs } \Delta t} \tag{2}$$

als mittlere Beschleunigung. Der Zeitabschnitt Δt wird so gewählt, daß sich das Verhältnis bei weiterer Verkleinerung von Δt nicht mehr meßbar ändert. Man vollzieht mathematisch den Grenzübergang $\Delta t \to 0$, ersetzt das Symbol Δ durch d und erhält so als Beschleunigung

$$b = \frac{du}{dt} = \frac{d^2 s}{d t^2} . \tag{2a}$$

Ebenso wie die Geschwindigkeit ist auch die Beschleunigung ein Vektor. Die Richtung dieses Vektors fällt mit der des Geschwindigkeitzuwachses Δu zusammen (Abb. 24).

In Abb. 24 war der Winkel α zwischen Geschwindigkeitzuwachs Δu und Ausgangsgeschwindigkeit u_1 beliebig. Wir unterscheiden zwei Grenzfälle:

1. $\alpha = 0$ bzw. $180°$, Abb. 25a u. b. Der Geschwindigkeitzuwachs liegt in der Richtung der ursprünglichen Geschwindigkeit. Es wird nur der Betrag, nicht aber die Richtung der Geschwindigkeit geändert. In diesem Falle nennt man die Beschleunigung du/dt die **Bahnbeschleunigung** b.

2. $\alpha = 90°$, Abb. 26. Der Geschwindigkeitzuwachs steht senkrecht zur ursprünglichen Geschwindigkeit u. Es wird nicht der Betrag, sondern nur die Rich-

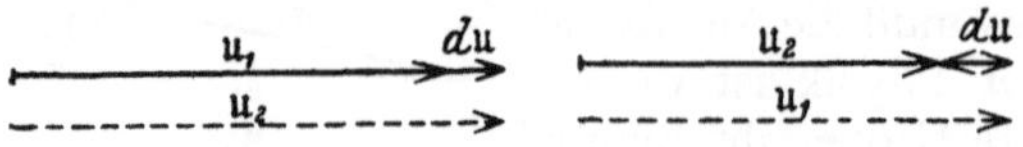

Abb. 25a u. b. Zur Definition der Bahnbeschleunigung.

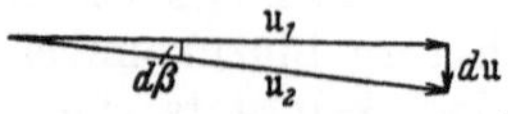

Abb. 26. Zur Definition der Radialbeschleunigung.

tung der Geschwindigkeit geändert, und zwar im Zeitabschnitt dt um den kleinen Winkel $d\beta$. In diesem Fall nennt man du/dt die **Radialbeschleunigung** b_r. Man entnimmt der Abb. 26 sogleich die Beziehung

$$d\beta = \frac{du}{u} \quad \text{oder} \quad du = u \cdot d\beta,$$

$$\frac{du}{dt} = u \frac{d\beta}{dt}.$$

Das Verhältnis $\dfrac{d\beta}{dt}$ wird als Winkelgeschwindigkeit ω bezeichnet, also wird

$$b_r = \omega \cdot u. \tag{3}$$

Das Wort Beschleunigung wird nach obigen Definitionen in der Physik in ganz anderem Sinn gebraucht als in der Gemeinsprache. Erstens versteht man im täglichen Leben unter beschleunigter Bewegung meist nur eine Bewegung mit hoher Geschwindigkeit, z. B. beschleunigter Umlauf eines Aktenstückes. — Zweitens läßt das Wort Beschleunigung der Gemeinsprache Richtungsanderungen völlig außer acht.

Bei der Mehrzahl aller Bewegungen sind Bahnbeschleunigungen b und Radialbeschleunigungen b_r gleichzeitig vorhanden, längs der Bahn wechseln sowohl Betrag wie Richtung der Geschwindigkeit. Trotzdem beschränken wir uns bis auf weiteres auf die Grenzfälle reiner Bahnbeschleunigung (gerade Bahn) und reiner Radialbeschleunigung (Kreisbahn).

§ 12. Bahnbeschleunigung, gerade Bahn. (G. GALILEI, 1564—1642.) Die Bahnbeschleunigung ändert nur den Betrag, nicht die Richtung der Geschwindigkeit. Infolgedessen erfolgt die Bewegung auf gerader Bahn.

Eine Bahnbeschleunigung ist im Prinzip einfach zu messen. Man ermittelt in zwei im Abstand Δt aufeinanderfolgenden Zeitabschnitten die Geschwindigkeiten u_1 und u_2; man berechnet $\Delta u = (u_2 - u_1)$ (positiv oder negativ) und bildet das Verhältnis $\dfrac{\Delta u}{\Delta t} = b$.

Δt muß, wie schon bekannt, hinreichend klein gewählt werden. Das Meßergebnis darf sich bei einer weiteren Verkleinerung von Δt nicht mehr ändern. Praktisch bedeutet diese Forderung meist die Anwendung recht kleiner Zeitabschnitte Δt. Diese mißt man mit irgendeinem „Registrierverfahren". D. h. man läßt den Verlauf der Bewegung zunächst einmal automatisch aufzeichnen und wertet die Aufzeichnungen dann hinterher in Ruhe aus. Bequem ist ein Kinematograph (Zeitlupe). Aber es geht auch viel einfacher. Man kann z. B. von einer Uhr Zeitmarken auf den bewegten Körper drucken lassen. Nur darf selbstverständlich der Druckvorgang die Bewegung des Körpers nicht stören. Wir geben ein praktisches Beispiel. Es soll die Beschleunigung eines frei fallenden Holzstabes ermittelt werden. Die Abb. 27 zeigt eine geeignete Anordnung. Sie läßt sich sinngemäß auf zahlreiche andere Beschleunigungsmessungen übertragen.

Der wesentliche Teil ist ein feiner in einer waagerechten Ebene kreisender Tintenstrahl. Der Strahl spritzt aus der seitlichen Düse D eines sich drehenden Tintenfasses heraus (Elektromotor, Achse lotrecht). Die Frequenz, z. B. $n = 50\,\text{sec}^{-1}$, wird mit einem technischen Frequenzmesser ermittelt. Auch hier ist wiederum

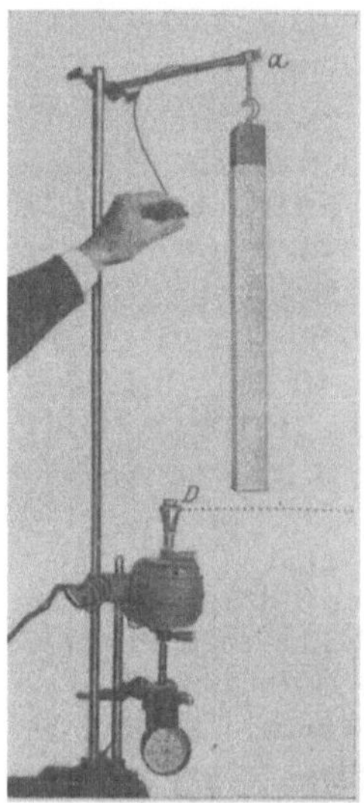

Abb. 27. Messung der Beschleunigung eines frei fallenden Körpers.

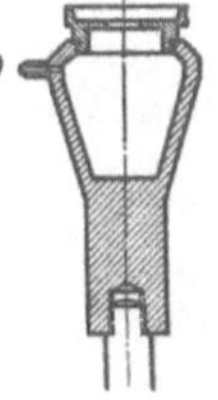

Abb. 28. Der in Abb. 27 benutzte Tintenspritzer in halber natürlicher Größe.

Geschwindigkeit $u = \dfrac{\Delta s}{\Delta t}$	Geschwindigkeits-zuwachs Δu in je $^1/_{50}$ Sekunde	Beschleunigung b
cm/sec	cm/sec	m/sec²
285,50		
	22,50	11,25
263,00		
	17,50	8,75
245,50		
	18,00	9,00
227,50		
	21,25	10,63
206,25		
	21,25	10,63
185,00		
	18,50	9,25
166,50		
	19,00	9,50
147,50		
	18,00	9,00
129,50		
	19,50	9,75
110,00		
Mittel:	19,50 cm/sec	9,8 m/sec²

Abb 29. Fallkörper mit Zeitmarken und deren Auswertung mit den üblichen Versuchs- und Ablesungsfehlern. Dieser Versuch soll vor allem zeigen, daß die Messung eines zweiten Differentialquotienten stets eine mißliche Sache ist.

die Zeitmessung auf gleichförmige Drehung zurückgeführt.

Der Stab wird mit einem Mantel aus weißem Papier umkleidet und bei a aufgehängt. Ein Drahtauslöser gibt ihn zu passender Zeit frei. Der Stab fällt dann durch den kreisenden Tintenstrahl zu Boden. — Abb. 29 zeigt den Erfolg, eine saubere Folge einzelner Zeitmarken in je $^1/_{50}$ Sekunde Abstand.

Der Körper fällt weiter, während der Tintenstrahl vorbeihuscht. Daher rührt die Krümmung der Zeitmarken.

Schon der Augenschein läßt die Bewegung als beschleunigt erkennen. Der Abstand der Zeitmarken, d. h. der in je $\Delta t = {}^1/_{50}$ Sekunde durchfallene Weg Δs nimmt dauernd zu. Die ausgerechneten Werte der Geschwindigkeit $u = \dfrac{\Delta s}{\Delta t}$ sind jeweils daneben geschrieben. Die Geschwindigkeit wächst in je $^1/_{50}$ Sekunde um den gleichen Betrag, nämlich um $\Delta u = 19{,}5\ \text{cm/sec}$. Dabei lassen wir die unvermeidlichen Fehler der Einzelwerte außer acht. Wir haben hier beim freien Fall eines der seltenen Beispiele einer konstanten oder gleichförmigen Beschleunigung. Als Größe dieser konstanten Beschleunigung berechnen wir

$$b = 9{,}8 \text{ m/sec}^2.$$

Auch hier soll an einem Beispiel die Umrechnung auf andere Einheiten gezeigt werden, und zwar auf engl. Fuß und Minuten. Es ist $1\text{ m} = 3{,}28\text{ Fuß}$, $1\text{ sec} = \frac{1}{60}\text{ min}$.
Also $b = 9{,}8 \cdot \dfrac{3{,}28\text{ Fuß}}{(\frac{1}{60}\text{ min})^2} = 1{,}08 \cdot 10^5\text{ Fuß/min}^2$.

Bei Wiederholung des Versuches mit einem Körper aus anderem Stoff, etwa einem Messingrohr statt des Holzstabes, ergibt sich der gleiche Zahlenwert. Die konstante Beschleunigung b beim freien Fall ist für alle

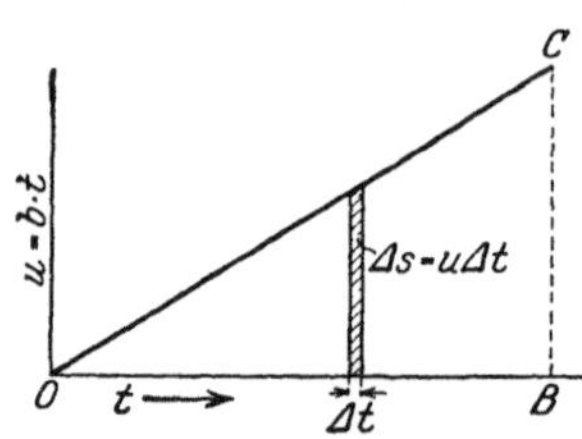

Abb. 30. Geschwindigkeit u und Weg s bei konstanter Bahnbeschleunigung.

Körper die gleiche. Man bezeichnet sie fast durchweg mit dem schräg gedruckten[1] Buchstaben g, also $g = 9{,}8\text{ m/sec}^2$ und nennt sie die „Fallbeschleunigung"[2]. Das ist eine hier beiläufig gewonnene experimentelle Tatsache. Ihre große Bedeutung wird späterhin ersichtlich werden.

Die Beschleunigung hat die Dimension $[\text{m sec}^{-2}]$ oder allgemein $[l t^{-2}]$.

Unser praktisches Meßbeispiel führte auf den Sonderfall einer konstanten Bahnbeschleunigung. Dieser Sonderfall hat erhebliche Bedeutung.

Konstante Beschleunigung heißt gleiche Geschwindigkeitszunahme Δu in gleichen Zeitabschnitten Δt. Die Geschwindigkeit u steigt gemäß Abb. 30 linear mit der Zeit t. In jedem Zeitabschnitt Δt legt der Körper den Wegabschnitt Δs zurück. Daher gilt $\Delta s = u\,\Delta t$. u ist dabei der Mittelwert der Geschwindigkeit im jeweiligen Zeitabschnitt Δt. Ein solcher Wegabschnitt wird in Abb. 30 durch die schraffierte Fläche dargestellt. Die ganze Dreiecksfläche OBC ist die Summe aller in der Zeit t durchlaufenen Wegabschnitte Δs. Also gilt für den bei konstanter Bahnbeschleunigung in der Zeit t durchlaufenen Weg s die Gleichung

$$s = \tfrac{1}{2}\,b\,t^2, \tag{4}$$

d. h. der Weg wächst mit dem Quadrat der Beschleunigungsdauer. Diese Beziehung läßt sich an Hand der Abb. 29 gut experimentell bestätigen.

Von anderen Schauversuchen zur Prüfung der Gleichung (4) ist die Fallschnur zu nennen. Sie besteht aus einer senkrecht aufgehängten dünnen Schnur mit aufgereihten Bleikugeln, Abb 31. Die unterste Kugel berührt fast den Boden. Die Abstände der anderen von ihr verhalten sich wie die Quadrate der ganzen Zahlen. Nach Loslassen des oberen Schnurendes schlagen die Kugeln nacheinander auf den Boden. Man hört die Aufschlage in gleichen Zeitabstanden aufeinander folgen.

Weiter ermöglicht die Gleichung (4) eine bequeme Bestimmung der Fallbeschleunigung g. Man wählt Fallwege von der Länge etlicher Meter und mißt die Fallzeit mit einer modernen Stoppuhr. Das Abstoppen soll dabei nach dem Gehör geschehen. Die den Körper zum Fall freigebende Auslösevorrichtung muß daher bei ihrer Betätigung

Abb. 31. Fallschnur.

---

[1] Zur Unterscheidung von $g = $ Gramm.

[2] Der Zahlenwert gilt in der Nahe der Erdoberflache und kann für die meisten Zwecke als Konstante betrachtet werden. Bei verfeinerter Beobachtung erweist sich g ein wenig von der geographischen Breite des Beobachtungsortes abhangig (§ 64). Ferner auch abhangig von lokalen Eigenheiten der Bodenbeschaffenheit (z B Erzlager in der Tiefe) und, wenn auch nur sehr wenig, von der Meereshohe des Beobachtungsortes.

knacken. Bei 5 m Fallhöhe, also Fallzeiten von rund einer Sekunde, erreicht man schon als Mittel weniger Einzelbeobachtungen einen auf etliche Tausendstel richtigen Wert.

Strenggenommen sind Beobachtungen des freien Falles im luftleeren Raume auszuführen. Nur dadurch können Störungen durch den Luftwiderstand ausgeschaltet werden. In einem hochevakuierten Glasrohr fallen wirklich alle Körper gleich schnell. Eine Bleikugel und eine Flaumfeder kommen zu gleicher Zeit unten an. In Zimmerluft bleibt die Feder bekanntlich weit zuruck. Doch werden Fallversuche mit schweren Korpern von relativ kleiner Oberfläche durch den Luftwiderstand wenig beeinträchtigt.

Die aufgeführten Beispiele zur Prüfung der Gleichung (4) benutzen alle die Beschleunigung g während des freien Falles. Das ist bequem, aber keineswegs notwendig. Der Ursprung der konstanten Bahnbeschleunigung ist völlig gleichgültig. Er kann z. B. statt mechanischer elektrischer Natur sein.

Hatte der Körper vor Beginn der Beschleunigung bereits eine Anfangsgeschwindigkeit u_0, so tritt an die Stelle der Gleichung (4) die Gleichung

$$s = u_0\, t + \tfrac{1}{2}\, b\, t^2. \tag{4a}$$

§ 13. Konstante Radialbeschleunigung, Kreisbahn. (Chr. Huyghens 1629—1695.)

Die Radialbeschleunigung b_r ändert nicht die Größe, sondern nur die Richtung einer Geschwindigkeit u. Die Radialbeschleunigung b_r sei konstant und außer ihr keine weitere Beschleunigung vorhanden. Dann ändert sich die Richtung von u in gleichen Zeitabschnitten dt um den gleichen Winkelbetrag $d\beta$. Die Bahn ist eine Kreisbahn. Sie wird mit der konstanten Winkelgeschwindigkeit $\omega = d\beta/dt$ durchlaufen.

Für eine geschlossene Bahn mögen N Umläufe innerhalb der Zeit t erfolgen. Dann wird allgemein das Verhältnis

$$\frac{t}{N} = T \text{ als Dauer eines Umlaufs oder Periode}$$

und das Verhältnis

$$\frac{N}{t} = n \text{ als Frequenz}[1]$$

definiert. — Es ist also die Frequenz $n = 1/T$, d. h. gleich dem Kehrwert der Periode.

Mit diesen Definitionen folgt für eine mit konstanter Geschwindigkeit durchlaufene **Kreisbahn**

$$\text{Bahngeschwindigkeit } u = \frac{\text{Weg}}{\text{Zeit}} = \frac{2r\pi}{T} = 2r\pi n,$$

$$\text{Winkelgeschwindigkeit } \omega = \frac{\text{Winkel}[2]}{\text{Zeit}} = \frac{2\pi}{T} = 2\pi n \tag{5}$$

und ferner

$$u = \omega r. \tag{5a}$$

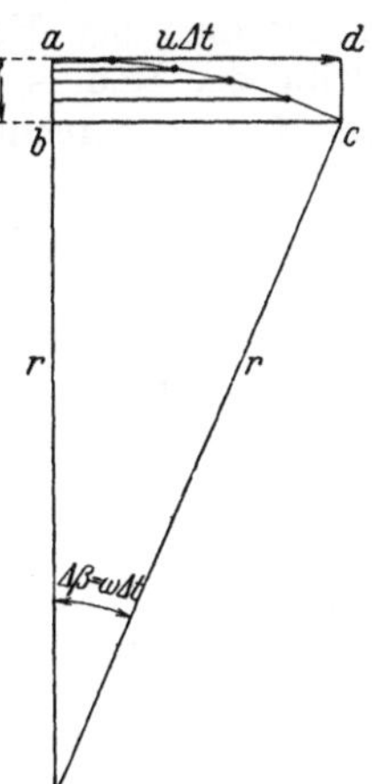

Abb 32. Zur Erlauterung der Radialbeschleunigung. NB. Winkel $acb = \Delta\beta$.

Die Winkelgeschwindigkeit ω ist das 2π-fache der Frequenz n, also $\omega = 2\pi n$; daher wird ω oft **Kreisfrequenz** genannt. (Dimension sec^{-1}.)

Diese Definitionen und Beziehungen muß man sich einprägen, sie kehren ständig in allen Gebieten der Physik wieder.

Wir fassen die Gl. (3) und (5a) zusammen und berücksichtigen die Richtungen: Der Radius r wird vom Kreiszentrum fort positiv gezählt. Die

---

[1] In der Technik bezeichnet man die Frequenz oft als Drehzahl. Man benutzt also das gleiche Wort fur die Zahl N der Umdrehungen wie fur das Verhältnis der Zahl N zur Zeit t.

[2] Winkel werden in physikalischen Gleichungen im Bogenmaß gezählt. Man schreibt 2π statt 360°, π statt 180°, $\pi/2$ statt 90° usw. Der physikalische Einheitswinkel ist also $360/2\pi = 57{,}3°$.

Beschleunigung ist zum Kreiszentrum hin gerichtet. Das wollen wir durch ein negatives Vorzeichen andeuten. Somit schreiben wir:

$$\boxed{b_r = -\omega^2 r = -u^2/r\,.} \tag{6}$$

Diese Radialbeschleunigung b_r muß vorhanden sein, damit ein Körper eine Kreisbahn vom Radius r mit der konstanten Winkelgeschwindigkeit (Kreisfrequenz) ω oder der konstanten Bahngeschwindigkeit u durchlaufen kann.

Anschaulich hat die für die Kreisbahn erforderliche konstante Radialbeschleunigung folgenden Sinn (Abb. 32):

Ein Körper durchlaufe im Zeitabschnitt Δt den Kreisabschnitt ac. Diese Bahn denkt man sich nacheinander aus zwei Schritten zusammengesetzt, nämlich

1. aus einer zum Radius senkrechten, mit konstanter Geschwindigkeit u durchlaufenen Bahn $ad = u\,\Delta t$.

2. aus einer in Richtung des Radius beschleunigt durchlaufenen Bahn $s = \frac{1}{2} b_r\,(\Delta t)^2$. Die dünnen waagerechten Hilfslinien (Zeitmarken) lassen die Bewegung längs s als beschleunigt und Gleichung (4) als anwendbar erkennen (vgl. Abb. 32).

Ein Zahlenbeispiel kann nützlich sein. Unser Mond rückt innerhalb der Zeit $\Delta t = 1$ Sekunde in Richtung ad, also senkrecht zum Bahnradius, um 1 km vor, sich ein wenig von der Erde „entfernend". Gleichzeitig „nähert" er sich im Bahnradius der Erde beschleunigt um den Weg $s = \frac{1}{2} b_r\,(1)^2 = 1{,}35$ mm. So bleibt der Radius ungeändert, die Bahn ein Kreis. Die Radialbeschleunigung des Mondes berechnet sich zu $b_r = 2{,}70$ mm/sec².

III. Grundlagen der Dynamik.

§ 14. Übersicht. Kraft und Masse. Für die Kinematik sind die Begriffe „Geschwindigkeit" und „Beschleunigung" kennzeichnend, für die Dynamik die Hinzunahme der Begriffe „Kraft" und „Masse". Diese beiden in der Gemeinsprache vieldeutigen Worte müssen als physikalische **Fachausdrücke** definiert werden.

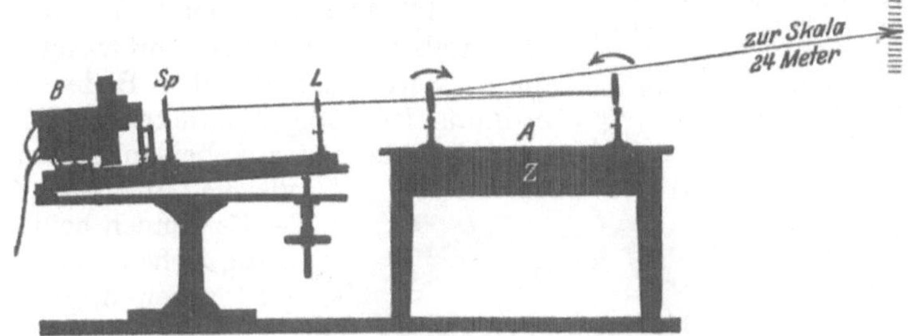

Abb. 33. Optischer Nachweis der Verformung einer Tischplatte durch kleine Kräfte, z. B. einen bei *A* drückenden Finger.

Der Begriff „Kraft" geht auf unser Muskelgefühl zurück. Eine Kraft ist qualitativ durch zwei Kennzeichen bestimmt: Sie kann festgehaltene feste Körper **verformen** und bewegliche Körper **beschleunigen**.

Für die **Verformung** geben wir ein sinnfälliges Beispiel: Die Abb. 33 zeigt einen Eichentisch mit dicker Zarge *Z*. Auf diesen Tisch sind zwei Spiegel gestellt. Zwischen ihnen durchläuft ein Lichtbündel den skizzierten Weg. Es entwirft auf der Wand ein Bild der Lichtquelle, eines beleuchteten Spaltes *Sp*. Jede Durchbiegung der Tischplatte kippt die Spiegel in Richtung der kleinen Pfeile. Der „Lichthebel" bedingt dank seiner großen Länge (ca. 20 m) eine große Empfindlichkeit der Anordnung. — Wir setzen bei *A* einen Metallklotz auf, etwa einen kg-Klotz. Der Tisch wird verformt. Physik und Technik sagen: Auf den Klotz wirkt eine **Kraft**, genannt sein **Gewicht**[1]; der verformte Tisch verhindert die Beschleunigung des Klotzes. Dann drücken wir mit dem kleinen Finger auf den Klotz, die Durchbiegung steigt. Es heißt: jetzt wirkt auf den Klotz zusätzlich noch eine zweite Kraft, genannt Muskelkraft. Endlich ersetzen wir den Klotz durch einen längeren Stab und fahren

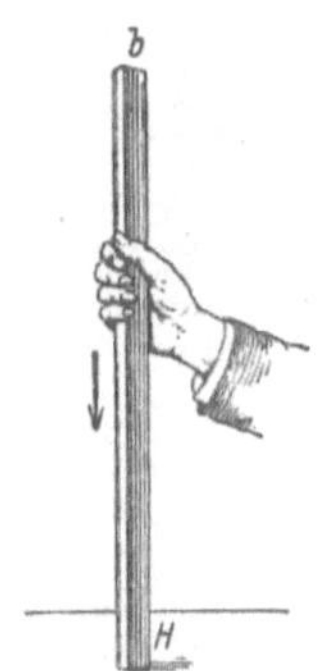

Abb. 34. Die äußere Reibung genannte Kraft ist am Stab angreifend nach unten, an der Hand angreifend, nach oben gerichtet. Pfeil gleich Gleitrichtung.

mit der Hand von oben nach unten an ihm entlang (Abb. 34). Wieder wird der Tisch verformt, und wir sagen: auf den Stab wirkt außer seinem Gewicht zusätzlich eine andere Kraft, genannt die äußere Reibung[2]; sie entsteht hier durch eine gleitende Bewegung.

---

[1] Diese Definition der Fachsprache ist der Umgangssprache fremd, im täglichen Leben bedeutet Gewicht meist nur „das mit einer Waage gemessene".

[2] Innere Reibung s. S. 141.

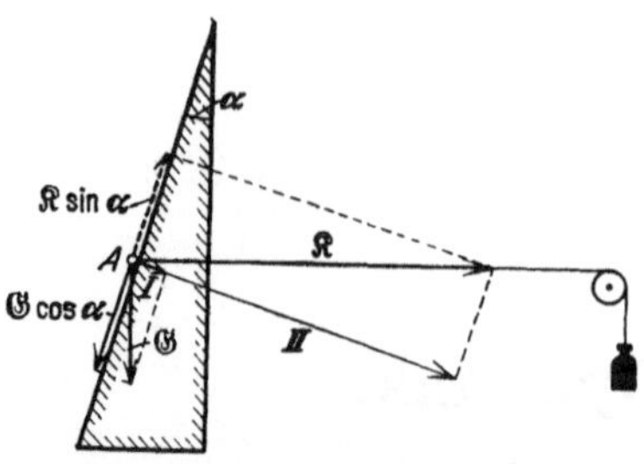

Abb. 35. Zerlegung von Kraftpfeilen in Komponenten. Eine Rolle A soll von einer horizontalen Kraft $\Re$ auf einer steilen Rampe festgehalten werden. Der Pfeil $\mathfrak{G}$ bedeutet das Gewicht der Rolle. Wir zerlegen sowohl $\Re$ wie $\mathfrak{G}$ in je eine der Rampe parallele und eine zu ihr senkrechte Komponente. Den letzteren, dargestellt durch die Pfeile I und II, halt die elastische Kraft der wenn auch nur unmerklich verformten Rampenflache das Gleichgewicht. Die ersteren $\mathfrak{G} \cdot \cos \alpha$ und $\Re \cdot \sin \alpha$, ziehen die Rolle nach unten und oben. Im Gleichgewicht ist $\Re = \mathfrak{G}/\mathrm{tg}\,\alpha$. Fur sehr steile Rampen nahern sich α und $\mathrm{tg}\,\alpha$ der 0, also braucht man eine sehr große Kraft $\Re$.

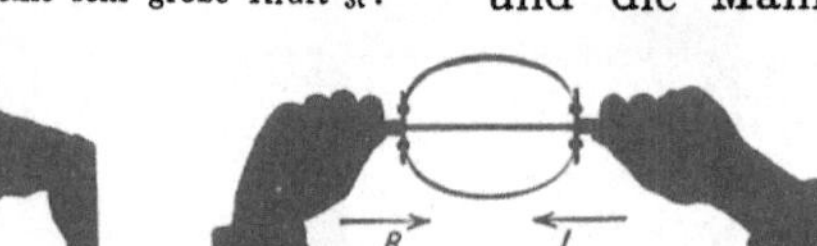

Abb. 36. Zur Verformung einer Bugelfeder. In der Mitte eine Fuhrungsstange. Dieser einfache Apparat kann spater bei Schauversuchen als ungeeichter Kraftmesser benutzt werden.

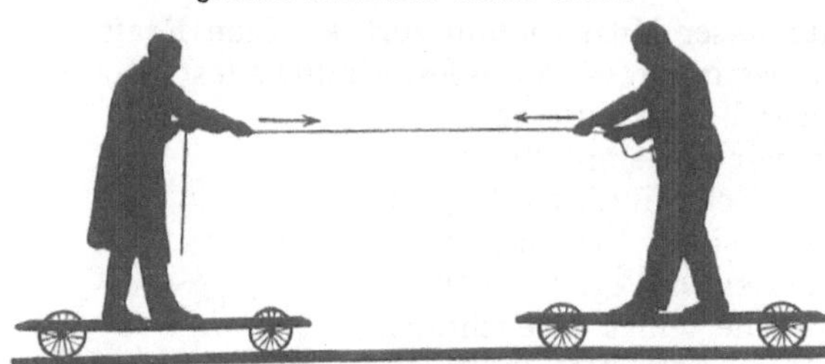

Abb. 37.   Kraft = Gegenkraft, actio = reactio.

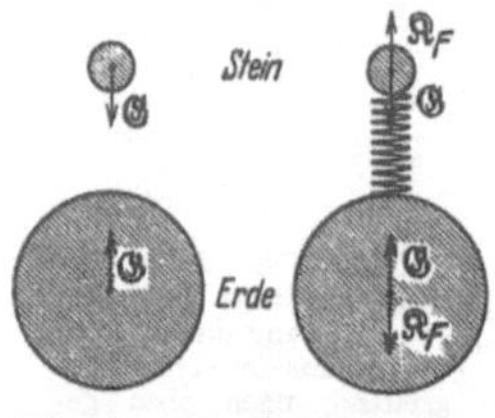

Abb. 38 u. 39.   Zum paarweisen Auftreten der Krafte, Kraft = Gegenkraft.

Kräfte sind Vektoren. Sie lassen sich in Komponenten zerlegen. Die Abb. 35 gibt ein Beispiel.

Kräfte treten stets nur paarweise auf: Die beiden Kräfte sind einander entgegengerichtet und gleich groß. In Newtons Fassung heißt es: actio = reactio, oder heute Kraft = Gegenkraft. Wir geben drei Beispiele:

1. Man kann keinen Körper verformen, ohne die Muskeln an beiden Seiten angreifen zu lassen. Das zeigt die Abb. 36 an der Verformung einer Bügelfeder.

2. In Abb. 37 sehen wir zwei flache, recht reibungsfreie Wagen auf waagerechtem, die Schwere ausschaltendem Boden. Die Anordnung ist völlig symmetrisch, die Wagen und die Männer auf beiden Seiten haben gleiche Größe und Gestalt. — Es können beide gleichzeitig ziehen, d. h. als „Motor" arbeiten, oder allein der linke oder allein der rechte; in allen Fällen treffen sich die beiden Wagen in der Mitte. Folglich treten immer gleichzeitig zwei Kräfte auf. Sie sind einander entgegengerichtet und gleich groß. Das wird durch Größe und Richtung der Pfeile dargestellt.

3. Bei der als Gewicht bezeichneten Kraft scheint eine Gegenkraft zu fehlen. Das liegt aber nur an der Wahl unseres Bezugssystems. Die Abb. 38 zeigt uns die Erde und einen Stein. Von Sonne oder Mond aus beschrieben, muß auch dieses Bild mit zwei Pfeilen gezeichnet werden. Die Erde zieht den Stein an, der Stein die Erde. Beide Körper nähern sich einander beschleunigt. In Abb. 39 wird die Annäherung durch Zwischenschaltung einer Feder verhindert. Dabei entstehen zwei neue, mit $\Re_F$ bezeichnete Kräfte. Jetzt greifen an beiden Körpern je zwei entgegengesetzt gleiche Kräfte an. Die Summe der beiden ist Null, und daher bleiben die Körper gegeneinander in Ruhe.

Der Begriff Masse bedeutet im täglichen Leben unter anderem die Menge eines beliebigen Stoffes[1], in der Physik aber 2 seiner Eigenschaften, nämlich „schwer"

---

[1] Masse ist in der Umgangssprache noch vieldeutiger als Gewicht: Der Kuchenbrei ist eine knetbare Masse, die Presse wendet sich an die breite Masse des Volkes, sie verbraucht dabei eine Masse Papier, usw.

und „träge" zu sein. „Schwer" heißt: Jeder Stoff oder Körper wird von der Erde angezogen, und zwar mit einer Kraft, die man sein „Gewicht" nennt. — „Träge" bedeutet: Kein Körper verändert seine Geschwindigkeit (Betrag und Richtung!) von selbst, es muß als Ursache eine Kraft auf ihn einwirken.

Wir beschreiben zunächst eine alltägliche Erfahrung in der Sprache des täglichen Lebens. — Gegeben sei ein Wagen; wir können ihn mit unserer Muskelkraft beschleunigen. Vergrößern wir die Kraft, so wächst die Beschleunigung. — Alsdann wird der Wagen mit Ziegelsteinen bepackt. Je größer die aufgeladene Menge oder Masse, desto kleiner die mit unseren Muskeln erzielbare Beschleunigung: Die Beschleunigung wird mit zunehmender Kraft größer und mit zunehmender Masse kleiner.

§ 15. Meßverfahren für Kraft und Masse. Die Grundgleichung der Mechanik. (ISAAK NEWTON 1643—1727.) Der letzte, gesperrt gedruckte Satz, beschrieb die Erfahrungen nur mit Begriffen, d. h. nur mit Hilfe von Worten. Die Physik aber kann und muß Begriffe in „Größen" verwandeln, d. h. für sie ein Meßverfahren vereinbaren. Dabei werden meßtechnisch Grundgrößen und abgeleitete Größen unterschieden. Grundgrößen werden nur mit ihresgleichen verglichen, z. B. eine Zeit mit einer Einheitszeit. Zur Messung abgeleiteter Größen werden mehrere Grundgrößen benutzt. Man denke an das Beispiel „Geschwindigkeit". — Nach dieser Vorbemerkung sollen jetzt die für Kraft und Masse vereinbarten Meßverfahren dargestellt werden. Ihre Grundlage bildet letzten Endes immer das gleiche, nur die Beschleunigung von Körpern messende Experiment:

Man stellt sich eine Reihe völlig gleicher Metallklötze her, d. h. Klötze aus gleichem Stoff und von gleicher Gestalt und Größe. Ein Teil von ihnen wird mit einer dünnen Schnur verbunden, und die Schnur wird über ein leichtes Rad gelegt (Abb. 40). Sie wird zunächst bei y festgehalten. So bilden diese „Normalklötze" zwei Gruppen A und B. Die Zahl der Klötze in der Gruppe A sei α, in der Gruppe B sei β. Dann wird die Verbindung bei y gelöst: sogleich beginnen sämtliche Klötze mit einer beschleunigten Bewegung. Die Beschleunigung b ist ebenso wie beim freien Fall konstant. Man braucht sie also nicht mit einem immer etwas mühsamen Registrierverfahren (S. 14) zu messen, sondern kann sich auf die Messung von Fallweg s und Fallzeit t beschränken. Aus ihren Werten berechnet man die Beschleunigung

$$b = \frac{2s}{t^2}. \qquad (4) \text{ von S. 16}$$

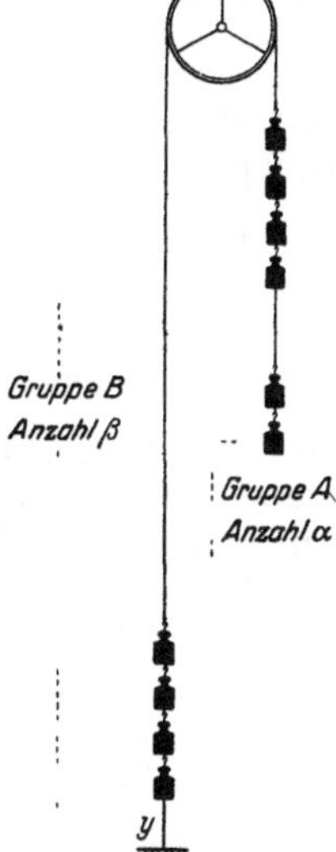

Abb 40. Grundversuch zur Vereinbarung von Meßverfahren für Kraft und Masse (Atwoodsche Fallmaschine) Die Gruppe B besteht aus 8 Klötzen

Bei diesen Messungen variiert man die Zahlen α und β der Normalklötze. In allen Fällen ergibt sich die Beschleunigung als Bruchteil der Erdbeschleunigung $g = 9{,}81 \frac{\text{Meter}}{\text{Sek}^2}$. Man findet die einfache Beziehung

$$b = \frac{\alpha \text{ Klötze}}{(\alpha + \beta) \text{ Klötze}} \cdot 9{,}81 \frac{\text{Meter}}{\text{Sek}^2}$$

oder

$$b = \frac{\alpha \text{ Klötze}}{(\alpha + \beta) \text{ Klötze}} \cdot g. \qquad (7)$$

Das ist der Tatbestand. Er enthält nur Messungen von Beschleunigungen und Anzahlen gleicher Metallklötze. Trotzdem benutzt man ihn für die Festlegung von Meßverfahren für die Größen Kraft und Masse. Dafür gibt es zwei

Möglichkeiten. Für die eine entscheidet sich die Physik, für die andere die Technik. Wir stellen beide Verfahren nebeneinander. Beide knüpfen an den Schlußsatz von § 14 an.

Physik	Technik

Man bringt die empirisch gefundene Beziehung (7) in die Form

$$b = \frac{\alpha \, \text{Klötze} \cdot g}{(\alpha + \beta) \, \text{Klötze}} \qquad (7\,\text{a}) \qquad b = \frac{\alpha \, \text{Klötze}}{(\alpha + \beta) \, \text{Klötze}/g}$$

Nun ist eine Eigenschaft der Klotzgruppe A, nämlich ihr Gewicht, zweifellos die Ursache der Beschleunigung: Je größer die Anzahl α dieser Klötze, desto größer die Beschleunigung. Infolgedessen benutzt man den Zähler als Maß des Gewichtes. Dann verbleibt der Nenner als Maß der Masse. — Alsdann vereinbart man:

Die Masse	Das Gewicht

soll eine neue Grundgröße sein. Jeder Normalklotz[1] verkörpert ihre Einheit. Diese erhält den Namen

Kilogramm.	Kilopond.

Die beiden Zahlen α und $(\alpha + \beta)$ sind Maßzahlen oder Zahlenwerte für diese Grundgröße. Also ist

α Kilogramm die Masse m	α Kilopond das Gewicht g

aller Klötze der Gruppe A,

$(\alpha + \beta)$ Kilogramm die Masse M	$(\alpha + \beta)$ Kilopond das Gewicht G

sämtlicher beschleunigter Klötze der Gruppen A und B. Durch diese Vereinbarung werden Gewicht und Masse einander proportional gesetzt. Die empirische Beziehung (7) erhält die Form

$$b = \frac{\text{Gewicht } (mg)}{\text{Masse } M} \qquad (7\,\text{b}) \qquad b = \frac{\text{Gewicht } g}{\text{Masse } (G/g)}$$

Nach dieser Vereinbarung wird also

das Gewicht	die Masse

als eine abgeleitete Größe gemessen, nämlich durch ein

Produkt (Masse · Fallbeschleunigung g)	Verhältnis $\dfrac{\text{Gewicht}}{\text{Fallbeschleunigung } g}$

Folglich hat ein Körper mit

der Masse 1 Kilogramm	dem Gewicht 1 Kilopond
ein Gewicht $g = 9{,}8^*$ Kilogramm $\dfrac{\text{Meter}}{\text{sec}^2}$	eine Masse $m = 0{,}102$ Kilopond $\dfrac{\text{sec}^2}{\text{Meter}}$

Also ist die Einheit

eines Gewichtes = 1 Kilogramm $\dfrac{\text{Meter}}{\text{sec}^2}$	einer Masse = 1 Kilopond $\dfrac{\text{sec}^2}{\text{Meter}}$

Man nennt sie

1 Großdyn	1 technische Masseneinheit

---

[1] Der international verbindliche Normalklotz besteht aus 90% Pt und 10% Ir und wird in Paris aufbewahrt.

* Die weiteren Dezimalen sind für die wichtigsten Orte der Erde aus Tabellen zu entnehmen. Vgl. auch S. 98 und den Kleindruck auf S. 24.

Physik	Technik

Diese Einheit ist 9,8mal

kleiner als 1 Kilopond, also	größer als 1 Kilogramm, also

0,102 Kilopond $=$ 1 Großdyn $= 1$ Kilogramm $\dfrac{\text{Meter}}{\text{sec}^2}$	9,8 kg $=$ 1 Techn. Masseneinheit $= 1$ Kilopond $\dfrac{\text{sec}^2}{\text{Meter}}$

Das gilt alles zunächst nur für die Normalklötze. Man kann aber in Abb. 40 einige der Normalklötze durch einen beliebigen anderen Körper ersetzen und so

seine Masse in Kilogramm	sein Gewicht in Kilopond

messen. Das macht man am einfachsten im Grenzfall $\alpha = 0$, d. h. nach Gl. (7), ohne Beschleunigung: Man hängt auf die eine Seite der Gruppe B den zu messenden Körper, auf die andere so viele Normalklötze, daß alles in Ruhe bleibt. D. h. ohne viel Umschweife: Man vergleicht mit einer beliebigen ungeeichten Waage. So mißt man als Grundgröße

in Kilogramm die Masse	in Kilopond das Gewicht

jedes beliebigen Körpers.

Oft hört man die Frage: Mißt eine Waage als Grundgröße eine Masse oder ein Gewicht? — Diese Frage hat keinen Sinn. Man darf nur fragen: Welche der beiden Möglichkeiten hat man vereinbart?

Das Gewicht ist nur ein Sonderfall einer Kraft. Folglich kann man jede andere Kraft $\Re$ beliebigen Ursprungs mit einem Gewicht vergleichen und dadurch in der Krafteinheit

Großdyn	Kilopond

messen. So ist z. B. in Abb. 41 die Federkraft

$\Re = \frac{1}{2}\,\text{kg} \cdot 9,8\,\dfrac{\text{Meter}}{\text{sec}^2} = 4{,}9$ Großdyn	$\Re = \frac{1}{2}$ Kilopond

Benutzt man eine so „in Ruhe" oder „statisch" gemessene Kraft $\Re$ zur Erzeugung einer Beschleunigung b, so erhält die Gl (7b) die allgemein gültige Form

$$\text{Beschleunigung } b = \frac{\text{beschleunigende Kraft } \Re}{\text{Masse } m \text{ des beschleunigten Körpers}} \cdot \qquad (8)$$

Durch diese Gl. (8) wird mit Hilfe der Beschleunigung eine Beziehung zwischen Kraft und Masse hergestellt. Sie geht auf den großen Engländer Newton zurück und bildet die Grundgleichung der Mechanik.

Bei sehr großen, unhandlichen oder bei sehr kleinen Körpern ist

die Masse	das Gewicht

oft nicht direkt mit einer Waage zu messen, jedoch das Volumen V aus den Abmessungen des Körpers bekannt. In diesem Fall berechnet man

die Masse	das Gewicht

mit dem nützlichen Hilfsbegriff

Dichte $\varrho = \dfrac{\text{Masse}}{\text{Volumen}}$	spezifisches Gewicht $= \dfrac{\text{Gewicht}}{\text{Volumen}}$

Beide Verhältnisse sind bei festgelegten Nebenbedingungen (Druck, Temperatur) für den Stoff kennzeichnende Konstanten. Die Tabelle 1 gibt Beispiele.

Die meßtechnische Unterscheidung von Grundgrößen und abgeleiteten Größen bedeutet keineswegs eine Rangfolge der Begriffe. Es gibt keinen Primat der Kraft gegenüber der Masse oder umgekehrt. Dergleichen Rangfragen sind unphysikalisch.

Die Gleichungen sind in diesem Buche nach physikalischem Brauch geschrieben. Ein Mensch hat also beispielsweise eine Masse von 70 kg und ein Gewicht von $70 \, \text{kg} \cdot 9{,}8 \, \text{m/sec}^2 \approx 700$ Großdyn.

Trotzdem konnen die Gleichungen auch von technischen Lesern benutzt werden. Diese mussen nur die Buchstaben m oder M fur Masse durch das Verhaltnis G/g ersetzen (G = Gewicht[1], $g = 9{,}81 \, \text{m/sec}^2$). Dann bedeutet $\mathfrak{K}$ Krafte in Kilopond.

Ein Mensch hat dann also ein Gewicht von 70 Kilopond und eine Masse von $\dfrac{70 \text{ Kilopond}}{9{,}8 \text{ m/sec}^2} \approx 7$ namenlose technische Masseneinheiten (Der Name Hyl ist vorgeschlagen worden, aber nicht eingeburgert.)

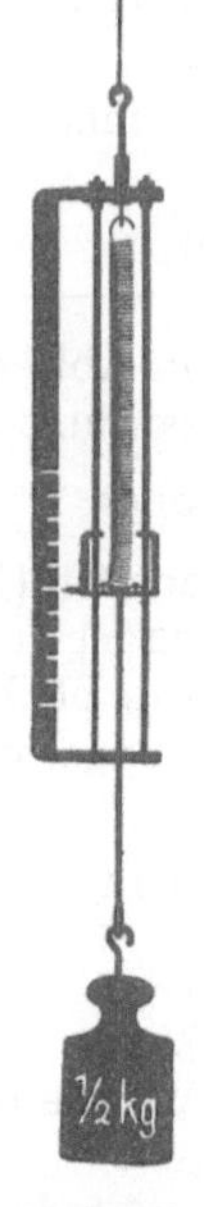

Abb. 41. Messung einer Federkraft durch Vergleich mit einer Gewicht genannten Kraft

Tabelle 1.

Stoff	Dichte Kilogramm (Meter)³	Spezifisches[2] Gewicht Kilopond (Meter)³
Aluminium . . .	2 700	2 700
Stahl	7 700	7 700
Blei	11 300	11 300
Platin	21 400	21 400
NaCl	2 150	2 150
Diamant	3 500	3 500
Graphit	2 200	2 200

Das technische Maßsystem ist fur die Bedurfnisse der Technik geschaffen. Es laßt daher die auf der Erde geringfügige Ortsabhangigkeit von g bewußt und mit Recht außer acht. Aber nur durch diese Vernachlassigung, also durch die Beschrankung auf die Erde, wird es in seiner Anwendung ebenso einfach wie das strenge und allgemeingultige physikalische Maßsystem. — Nur durch diese Vernachlassigung erhalt es die Moglichkeit, die Einheit der dritten Grundgroße unabhängig vom Beobachtungsort mit einem Normalklotz zu verkorpern. Im physikalischen Maßsystem geht die ortsabhangige Fallbeschleunigung $g = 9{,}8 \ldots$ m/sec² nur in die Messung einer abgeleiteten Größe ein, nämlich des Gewichtes.

§ 16. Erste Anwendungen der Grundgleichung. Wir betrachten die Kraft $\mathfrak{K}$ als Ursache der Beschleunigung $\mathfrak{b}$ und schreiben die Grundgleichung in der Form

$$\mathfrak{b} = \mathfrak{K}/m. \tag{8}$$

Als Anwendung dieser Gleichung bringen wir zunächst ein Beispiel in mehreren Abarten. Es betrifft die Beschleunigung eines Körpers in lotrechter Richtung. Bei all diesen Versuchen beherzige man eine grundlegende Tatsache: Für jede Kraft kann man nur Angriffspunkt, Größe und Richtung angeben, aber nie ihren Ursprungs- oder Ausgangsort. Federkraft heißt z. B. nur „die mit der Verformung einer Feder verknüpfte Kraft".

---

[1] Weiterhin werden wir Gewichte häufig mit $\mathfrak{K}_2$ statt mit G bezeichnen.

[2] „Spezifisch" nennt man eine physikalische Große, wenn nicht sie selbst, sondern ihr Verhaltnis zu einer anderen (meistens Volumen, Große, Dichte oder Konzentration) angegeben werden soll, ohne daß fur dies Verhaltnis ein besonderer Name eingefuhrt wird.

An einem Versuchskörper (genauer an seinem Schwerpunkt S) greifen zwei Kräfte an (Abb. 42): Die eine, $\mathfrak{K}_2$, ist das abwärts gerichtete Gewicht des Körpers; die andere, $\mathfrak{K}_1$, entsteht durch die Verformung eines Kraftmessers. Diese Kraft ist aufwärts gerichtet, ihre Größe in Kilopond kann an der Skala des Kraftmessers abgelesen werden.

Man beobachtet nur Beschleunigungen, während $\mathfrak{K}_1$ und $\mathfrak{K}_2$ verschiedene Beträge haben. Die Richtung der Beschleunigung (aufwärts oder abwärts) hängt davon ab, ob die Kraft $\mathfrak{K}_1$ oder $\mathfrak{K}_2$ die größere ist.

Als Versuchskörper dient zunächst, wie gezeichnet, ein Mann; als Kraftmesser eine handelsübliche Personenfederwaage. $\mathfrak{K}_2$ ist das abwärts gerichtete Gewicht des Mannes, z. B. 70 Kilopond. $\mathfrak{K}_1$ ist die dem Gewicht entgegengesetzte, an der Federwaage abgelesene, aufwärts gerichtete Kraft. Wir machen nacheinander drei Beobachtungen:

Abb 42 Abwärtsbeschleunigung b eines in Kniebeuge gehenden Mannes.

a) Der Mann steht ruhig. Die Federwaage zeigt 70 Kilopond. Das Gewicht $\mathfrak{K}_2$ und die an der Federwaage abgelesene $\mathfrak{K}_1$ sind einander entgegengesetzt gleich, ihre Resultierende ist Null.

b) Der Mann geht beschleunigt in die Kniebeugestellung. Während seiner Abwärtsbeschleunigung ist die an der Waage abgelesene aufwärts gerichtete Kraft $\mathfrak{K}_1$ kleiner als das abwärts gerichtete Gewicht $\mathfrak{K}_2$. Folglich ist die resultierende Kraft ebenso wie die Beschleunigung nach unten gerichtet.

c) Der Mann geht beschleunigt in die Streck-stellung zurück. Währenddessen ist die an der Waage abgelesene aufwärts gerichtete Kraft $\mathfrak{K}_1$ größer als das abwärts gerichtete Gewicht $\mathfrak{K}_2$. Folglich ist die resultierende Kraft ebenso wie die Beschleunigung nach oben gerichtet.

Eine Abart dieses Versuches begegnet uns nicht selten in einer Scherzfrage: Gegeben eine empfindliche Waage, auf jeder der beiden Waagschalen eine verschlossene Flasche, in der einen fliegt eine Fliege. Zeigt die Waage das Gewicht $\mathfrak{K}_2$ der Fliege an?

Abb. 43. Zur Entstehung des Fahrstuhlgefuhls.

Die Antwort lautet: Bei Flug in konstanter Höhe oder bei konstanter Steig- oder Sinkgeschwindigkeit entspricht der Ausschlag der Waage dem Gewicht der Fliege, Fall a. (Die Fliege ist einfach als ein etwas zu dick geratenes Luftmolekül aufzufassen.) Während einer beschleunigten Abwärtsbewegung („die Fliege läßt sich fallen") zeigt die Waage einen zu kleinen Ausschlag, Fall b. Während beschleunigter Aufwartsbewegung ist der Waagenausschlag zu groß, Fall c.

Eine weitere Abart: ein Experimentator hält den uns schon bekannten Kraftmesser mit der Bügelfeder senkrecht in der Hand (Abb. 43). Am oberen Ende des Kraftmessers sitzt ein Körper M vom Gewicht $\mathfrak{K}_2$. Bei konstanter Geschwindigkeit der Hand ist der Ausschlag (die Stauchung) der Bügelfeder derselbe wie bei Ruhe der Hand. Bei Beschleunigung der Hand nach unten bzw. oben wird die Bügelfeder weniger bzw. mehr gestaucht, d. h. die aufwärts gerichtete Kraft $\mathfrak{K}_1$ ist kleiner bzw. größer als das abwärts gerichtete Gewicht $\mathfrak{K}_2$.

Diese Versuchsanordnung spielt in unserm Leben oft eine fatale Rolle. Die Hand bedeute die Plattform eines Fahrstuhles. Die Bügelfeder betrachten wir in etwas kühn vereinfachter Anatomie als unsere Därme, den Körper M als unsern Magen. Bei Abwartsbeschleunigung wird die Bugelfeder gegenuber ihrer normalen Ruhelage entspannt. Die Entspannung ist die physikalische Grundlage fur das verhaßte Fahrstuhlgefuhl und bei periodischer Wiederholung fur die Seekrankheit.

Endlich bringen wir den gleichen Versuch noch in einer quantitativen Form. Zu diesem Zweck hängen wir einen Körper der Masse m an einen Kraftmesser

(Abb. 44) und stellen zuerst Gleichgewicht her. Hinterher läßt eine unsichtbare Vorrichtung den Körper mit einer kleinen nach Gleichung (4) meßbaren Beschleunigung zu Boden sinken. Dabei macht die Waage einen Ausschlag. Um ihn zu verhindern, muß man die Belastung der rechten Waagschale verkleinern, also die Kraft $\mathfrak{K}_1$ kleiner als das Gewicht $\mathfrak{K}_2$ machen. Die geometrische Summe $\mathfrak{K}_2 + \mathfrak{K}_1$ ist also abwärts gerichtet; ihr Betrag ist nach S. 13 $|\mathfrak{K}_2 + \mathfrak{K}_1| = |\mathfrak{K}_2| - |\mathfrak{K}_1|$. Diese abwärts gerichtete Kraft erteilt dem Körper die tatsächlich beobachtete, abwärts gerichtete Beschleunigung

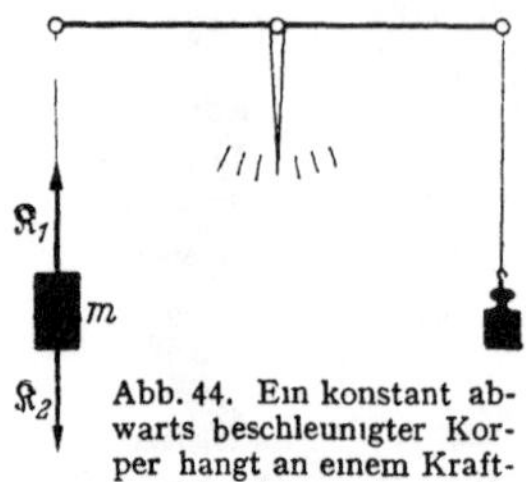

Abb. 44. Ein konstant abwärts beschleunigter Körper hangt an einem Kraftmesser.

$$b = (|\mathfrak{K}_2| - |\mathfrak{K}_1|)/m. \qquad (9)$$

Praktische Ausführung: Als Kraftmesser dient eine Küchenwaage (Abb. 45). Der Körper m hat die Form eines Schwungrades mit dünner Achse. Er hängt an zwei auf die Radachse aufgespulten Fäden. Das Rad wird zunächst in hoher Lage festgehalten und erst zu Beginn des Versuches freigegeben. Die Fäden rollen ab, der Körper sinkt beschleunigt zu Boden. Zunächst mißt man die Beschleunigung b mit der Gleichung $s = \frac{1}{2}bt^2$ durch Abstoppen der Zeit t für den Weg s. Dann mißt man die zur Aufrechterhaltung des Gleichgewichtes erforderliche Kraft $\mathfrak{K}_1$.

Zahlenbeispiel. $m = 0,539$ kg, $b = 0,048$ m/sec^2, $|\mathfrak{K}_2| - |\mathfrak{K}_1| = 2,6 \cdot 10^{-2}$ Großdyn $= 2,6$ Pond. — b war berechnet aus dem Weg $s = 0,83$ m und der Zeit $t = 5,9$ sec.

Nach Abrollen der Fäden rotiert das Schwungrad „träge" weiter. Die Fäden werden wieder aufgespult. Der Körper steigt nach oben. Man versäume nicht, die Beobachtung bei dieser Bewegungsrichtung zu wiederholen. Auch in diesem Fall ist die Angabe des Kraftmessers während der Beschleunigung kleiner als in der Ruhe. Der Beschleunigungspfeil des Körpers ist nach wie vor nach unten gerichtet, denn der Körper bewegt sich mit sinkender Steiggeschwindigkeit oder „verzögert" nach oben. Dieser Versuch überrascht oft selbst physikalisch Geübte.

Abb 45 Ein konstant abwarts beschleunigtes Schwungrad (Maxwellsche Scheibe) hangt an einer Kuchenwaage Die Waage hat hinter dem Schild „10 kg" eine unsichtbare Öldampfung Im tiefsten Punkt wechselt die Scheibe die Richtung ihrer Geschwindigkeit. Dabei entsteht ein abwarts gerichteter Kraftstoß Man fangt ihn ab, indem man die Entenschnabel der Waage mit den Fingern festhalt

§ 17. Anwendung der Grundgleichung auf die Kreisbahn. Radialkraft.

(Ruhender Beobachter!) Zunächst als Vorbemerkung ein guter Rat: Man lasse sich nie auf irgendwelche Erörterungen über Kreis- oder Drehbewegungen ein, bevor man sich mit seinem Partner (evtl. dem Autor eines Lehrbuches!) über das Bezugsystem verständigt hat. Unser Bezugsystem ist auf S. 11 vereinbart worden, es ist der Erd- oder Hörsaalboden. — —

Wir haben die Grundgleichung bisher nur auf den Grenzfall der reinen Bahnbeschleunigung angewandt. Jetzt soll das gleiche für den andern Grenzfall geschehen, also den der reinen Radialbeschleunigung.

Ein Körper der Masse m soll mit konstanter Winkelgeschwindigkeit ω eine Kreisbahn vom Radius r durchlaufen. Nach der kinematischen Betrachtung des § 13 ist diese Bewegung beschleunigt. Die radiale, zum Zentrum der Kreisbahn hin gerichtete Beschleunigung ist

$$b_r = -\omega^2 r. \qquad \text{(6) (v. S. 18)}$$

Nach der Grundgleichung erfordert diese Beschleunigung eines Körpers der Masse m eine zum Zentrum hin gerichtete Kraft $\mathfrak{K}$, wir wollen sie Radialkraft nennen. Quantitativ muß nach der Grundgleichung gelten

$$-\omega^2 r = \mathfrak{K}/m \tag{10}$$

(Kreisfrequenz $\omega = 2\pi n$; n = Frequenz).

Zur experimentellen Prüfung der Gleichung (10) ersetzen wir die Winkelgeschwindigkeit ω durch die Frequenz n und erhalten

$$-4\pi^2 n^2 r = \mathfrak{K}/m \tag{11}$$

(Frequenz n = Drehzahl/Zeit).

Die Radialkraft $\mathfrak{K}$ soll durch Verformung von Federn erzeugt werden, oder kurz gesagt: eine elastische Kraft sein. Wir bringen 3 Beispiele:

Fall I: Eine Blattfeder soll die Radialkraft für eine Kugel am Rande eines kleinen Karussells erzeugen (Abb. 46). Sie soll zum Kreismittelpunkt hin gerichtet sein und einen Höchstwert $-\mathfrak{K}_{max}$ nicht überschreiten können, also in Gleichung (11) $\mathfrak{K} = -\mathfrak{K}_{max}$.

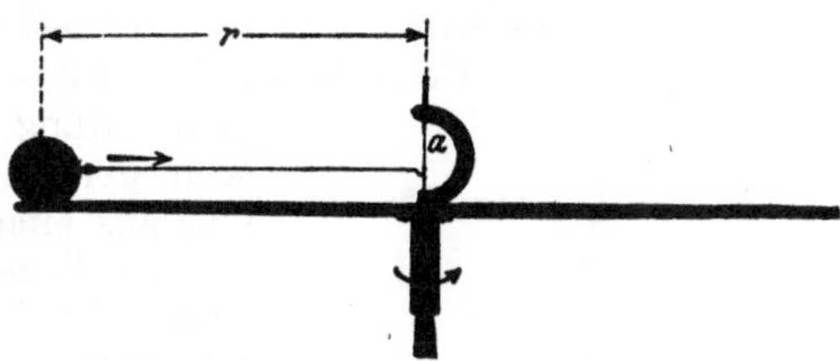

Abb. 46. Eine Kugel auf einem Karussell, gehalten von der links von a befindlichen Blattfeder.

Zu diesem Zweck ist die Blattfeder unten drehbar gelagert, ihr oberes Ende liegt hinter dem Anschlag a. Beim Überschreiten einer bestimmten Durchbiegung schnappt die Feder aus. Die dazu gehörige Kraft $-\mathfrak{K}_{max}$ bestimmen wir mit einem Schnurzug und Gewichtsstücken.

Diese Feder genügt nur bis zu einem Höchstwert n_{max} der Frequenz, man berechnet diese „kritische" Frequenz aus Gl. (11) und erhält

$$n_{max} = \frac{1}{2\pi} \sqrt{\frac{\mathfrak{K}_{max}}{m \cdot r}}. \tag{12}$$

Zahlenbeispiel. $\mathfrak{K}_{max} = 0{,}18$ Kilopond = rund $1{,}77$ Großdyn; $m = 0{,}27$ Kilogramm; $r = 0{,}22$ m; $n_{max} = 0{,}87$ Drehungen je Sekunde. Kürzeste Umlaufszeit $T_{min} = 1{,}14$ Sekunden.

Beim Überschreiten dieses Grenzwertes fliegt die Kugel ab. Sie verläßt die Scheibe tangential. Nach Wegfall der Radialbeschleunigung fliegt sie auf gerader Bahn mit konstanter Geschwindigkeit weiter. Leider stört im allgemeinen das Gewicht diese Beobachtung. Das Gewicht verwandelt die ursprünglich gerade Bahn in eine Fallparabel. Doch tritt diese Störung bei höheren Bahngeschwindigkeiten zurück. Ein gutes Beispiel dieser Art bietet ein sprühender Schleifstein. Er zeigt uns aufs deutlichste das tangentiale Abfliegen. Die glühenden Stahlspäne fliegen keineswegs zentrifugal, das Drehzentrum fliehend, von dannen (Abb. 47).

Abb. 47. Sprühender Schleifstein.

Dem sprühenden Schleifstein widerspricht scheinbar die Beobachtung an einem schmutzspritzenden Autorad. Man kann einen glatten Fahrdamm unmittelbar hinter einem sprühenden Auto kreuzen, ohne getroffen zu werden. Die Erklärung ist einfach: Für den Beobachter im fahrenden Auto zeigt der Luftreifen das gleiche Bild wie der Schleifstein, d. h.

allseitiges tangentiales Sprühen. Für den Fußgänger hingegen gilt das Bild der Abb. 48. Für ihn ist der Fußpunkt des Rades der Drehpunkt. Aller Schmutz fliegt senkrecht zu den einzelnen Radien in den skizzierten Pfeilrichtungen ab.

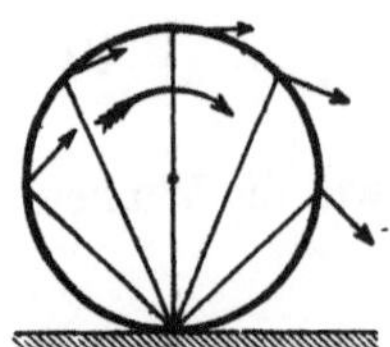

Abb. 48. Spritzrichtungen eines Autorades vom Bezugssystem eines Fußgängers gesehen.

Fall II. Lineares Kraftgesetz.

Die mit der Feder herstellbare Kraft soll dem Bahnradius proportional und zum Kreismittelpunkt hin gerichtet sein, also

$$\Re = -Dr \tag{13}$$

$(D = \text{Federkonstante}).$

Einsetzen dieser Bedingung in die allgemeine Gleichung (11) gibt als Frequenz

$$n = \frac{1}{2\pi}\sqrt{\frac{D}{m}}. \tag{14}$$

Das bedeutet: Der Körper läuft nur bei einer einzigen Frequenz n auf einer Kreisbahn. Dabei ist die Größe des Bahnradius völlig gleichgültig. Bei Innehaltung dieser „kritischen" Frequenz n läuft der Körper auf jedem beliebigen, einmal von uns eingestellten Kreise um.

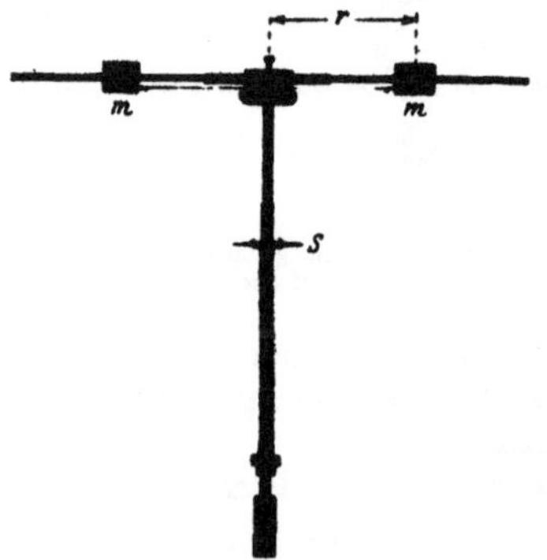

Abb. 49. Kreisbewegung bei linearem Kraftgesetz. Die unterhalb S befindliche lange Schraubenfeder ist in der Wiedergabe nicht gut zu sehen.

Das lineare Kraftgesetz läßt sich in mannigfacher Weise verwirklichen. In Abb. 49 ist der Körper symmetrisch unterteilt und mit möglichst geringer Reibung auf zwei Führungsstangen angebracht. Diese Stangen sollen das Gewicht ausschalten. Die Anordnung der Feder läßt die Größe ihrer Dehnung auch während der Drehung erkennen.

Die Schraubenfeder muß bereits in der Ruhestellung bis zum Betrage $\Re = -Dr_0$ gespannt sein. $r_0 = $ Abstand der Kugelschwerpunkte von der Drehachse in der Ruhestellung.

Der Versuch bestätigt die Voraussage. Bei richtig eingestellter Frequenz können wir durch Auftippen mit dem Finger auf das scheibenförmige Ende S der Schraubenfeder den Abstand r der Körper m beliebig vergrößern oder verkleinern. Sie durchlaufen bei jedem Radius ihre Kreisbahn. Bei dieser kritischen Frequenz n befinden sich die Körper im „indifferenten Gleichgewicht", ähnlich einer Kugel auf einer waagerechten Tischplatte.

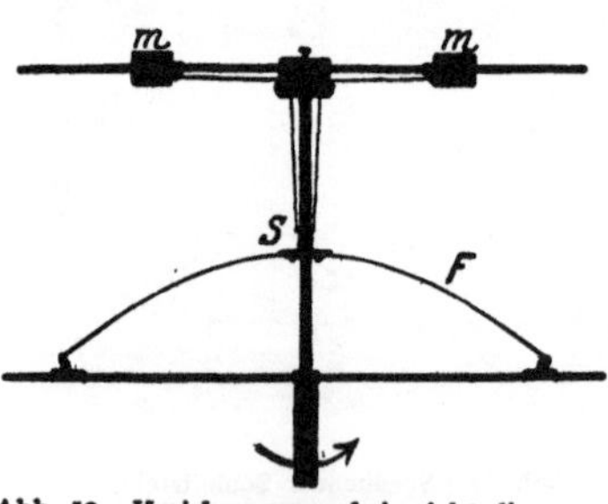

Abb. 50. Kreisbewegung bei nicht linearem Kraftgesetz.

Fall III. Nichtlineares Kraftgesetz.

Die zum Kreismittelpunkt hin gerichtete Federkraft steigt beispielsweise mit r^2, also $\Re = -Dr^2$. Einsetzen dieser Bedingung in die allgemeine Gleichung (11) der Radialkraft gibt die Frequenz

$$n = \frac{1}{2\pi}\sqrt{\frac{D}{m} \cdot r.} \tag{15}$$

Die Frequenz n wird vom Radius r abhängig. Zu jeder Frequenz gehört nur ein möglicher Bahnradius r. In dieser Bahn befindet sich der Körper im „stabilen Gleichgewicht", ähnlich einer Kugel auf dem Boden einer gewölbten Schale.

Experimentell verwirklicht man ein solches nichtlineares Kraftgesetz beispielsweise mit einer Bügelfeder, wie in Abb. 50. Man kann während des Umlaufes leicht eine Störung herstellen, man braucht nur auf die Scheibe S zu tippen. Nach Schluß der Störung stellt sich sofort der richtige Wert von r wieder ein.

§ 18. Zwei technische Anwendungen der Kreisbewegung. Die beiden in den Abb 49 und 50 erläuterten Versuche werden haufig fur technische Zwecke ausgenutzt So dienen z. B. beide Anordnungen als Frequenzregler für Maschinen aller Art.

Im Falle des linearen Kraftgesetzes (Abb. 49) reagieren die umlaufenden Körper bereits auf kleine Frequenzänderungen mit extrem großen Ausschlagen. Bei Abweichungen der Frequenz von der „kritischen" nach unten oder oben ist uberhaupt keine Kreisbahn mehr möglich. Die Korper m nahern sich der Drehachse so weit oder entfernen sich so weit von ihr, wie es mit der jeweiligen Bauart uberhaupt vertraglich ist.

Bei einem nichtlinearen Kraftgesetz hingegen, wie in Abb. 50, bedeutet eine kleine Änderung der Frequenz nur eine kleine Abstandsanderung der Korper Bei Verkleinerung oder Vergroßerung der Frequenz wird die Stabilität der Kreisbahn bei etwas verkleinertem oder vergrößertem Abstand r wieder erreicht

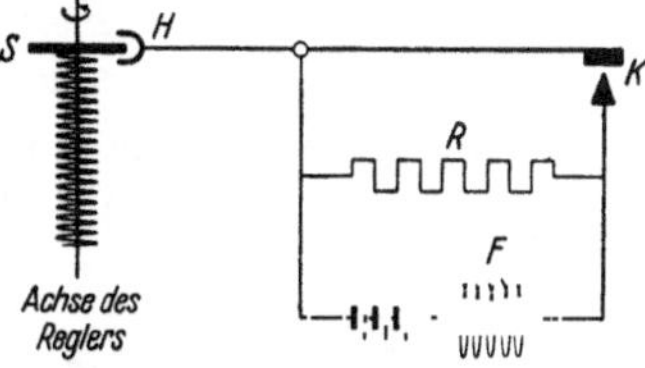

Abb 51. Frequenzregelung eines Nebenschlußmotors.

In beiden Fallen kann man die Änderung des Abstandes r der umlaufenden Korper benutzen, um die Steuerorgane irgendwelcher Maschinen zu verstellen. Man denke sich beispielsweise die obere Abschlußscheibe S der Schraubenfeder zwischen dem gabelförmigen Ende des in Abb 51 skizzierten Steuerhebels H angebracht.

Die Frequenzregler mit linearem Kraftgesetz, also Schema der Abb. 49, sind dabei durch besonders große Empfindlichkeit ausgezeichnet.

Anwendungsbeispiel: Die Frequenz eines Nebenschlußelektromotors sinkt, wenn man den Strom in seiner Feldspule F durch Kurzschluß eines Vorschaltwiderstandes R verstärkt. Bei Überschreitung der kritischen Frequenz n kippt das rechte Ende des Steuerhebels in Abb. 51 nach unten Diese Bewegung benutzt man zum Kurzschluß des Vorschaltwiderstandes R durch den Anschlagkontakt K. Nach einigen Umdrehungen wird dann die kritische Frequenz unterschritten, der Kontakt K löst sich, der Feldspulenstrom sinkt, die Frequenz steigt, bis das Spiel von neuem beginnt.

Mit Hilfe dieser „astatischen" Regler kann man die Frequenz von Elektromotoren im zeitlichen Mittel bis auf einige Hunderttausendstel ihres Wertes konstant halten. Leider halten sie jeweils nur eine einzige Frequenz, namlich die „kritische", konstant. Zur Einstellung anderer kritischer Frequenzen muß man die Korper oder die Feder auswechseln.

Die Frequenzregler mit nichtlinearem Kraftgesetz sind weniger empfindlich, erlauben jedoch einen bequemeren Wechsel der konstant zu haltenden Frequenz. Man braucht beispielsweise zur Einstellung einer hoheren Frequenz in Abb. 51 nur den Schaltkontakt K nach unten zu verlagern. — Soweit die Frequenzregler.

Die Kreisbewegung mit nichtlinearem Kraftgesetz wird weiterhin in der Technik zum Bau der bekannten Frequenzmesser oder Tachometer benutzt Man denke sich in Abb 51 das rechte Ende des Hebels H uber irgendeiner Skala spielend. Jeder Frequenz entspricht eine gewisse Höhenlage des oberen Endes der Schraubenfeder. In der technischen Ausfuhrung der Frequenzmesser (vgl. Abb. 22 und 27) sieht man außerlich nur den Zeiger uber der Skala spielen.

§ 19. Die Grundgleichung beim Umlauf eines Kettenringes. Dynamische Stabilität.

Unsere bisherigen Schauversuche über die Radialbeschleunigung durch die Radialkraft betrafen umlaufende Körper sehr einfacher Gestalt. Sie waren „kleine" Kugeln oder Klötze. Wir durften ihren Durchmesser ohne nennenswerten Fehler neben dem Bahnradius r vernachlässigen. Sie waren, kurz gesagt, „punktförmig" (Massenpunkte). Unser letztes Beispiel soll den Umlauf eines weniger einfach gestalteten Körpers erläutern, nämlich eines Kettenringes.

Zunächst wird die eng passende **Kette** in einem Vorversuch auf das Schwungrad aufgezogen (Abb. 52). Ohne Zusammenhalt würden die einzelnen

Kettenglieder nach Ingangsetzen des Schwungrades wie die Funken eines Schleifsteines tangential davonfliegen.

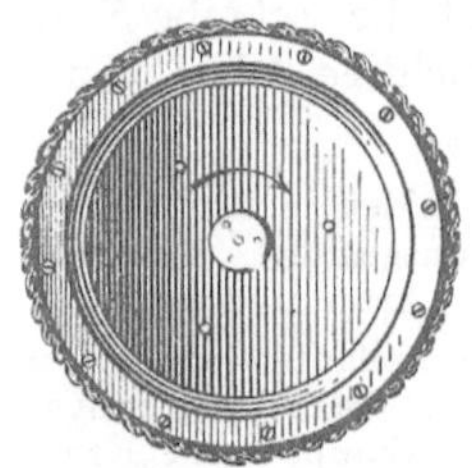

Abb. 52. Kette auf Schwung-rad. Zur Vorführung einer dynamischen Stabilität.

So aber wirken alle im gleichen Sinne, nämlich einer Dehnung der Kette. Durch diese Verformung entsteht eine Kraft. Ihre radiale Komponente $\Re$ (Abb. 53) beschleunigt jedes einzelne Kettenglied in Richtung auf den Kettenmittelpunkt. Bei hoher Frequenz des Schwungrades wirft man die Kette durch einen seitlichen Stoß herunter. Sie sinkt dann keineswegs schlaff zusammen, sondern läuft wie ein steifer Ring über den Tisch. Sie überspringt sogar Hindernisse auf ihrem Wege. In dieser Form zeigt uns der Versuch qualitativ ein gutes Beispiel einer „dynamischen Stabilität".

Eine Fortbildung des Versuches ist jedoch noch lehrreicher. Die Gleichung (10) für die Radialkraft lautet nach Einführung der Bahngeschwindigkeit $u = \omega r$:

$$\Re = -m\,u^2/r. \tag{16}$$

Die Radialkraft soll also bei gleicher Bahngeschwindigkeit u mit $1/r$ proportional sein. Diese Behauptung läßt sich hübsch mit dem Kettenring bestätigen. Bei ihm haben ja alle Glieder die gleiche Bahngeschwindigkeit u.

In Abb. 53 ist ein kurzes Bogenstück der Kette gezeichnet. Die Pfeile $\Re'$ markieren die durch die Verformung entstehende Kraft, der kurze Pfeil $\Re$ die auf den Krümmungsmittelpunkt (Kreiszentrum) hin gerichtete Komponente. Diese ist um so kleiner, je gestreckter die Kette ist. Sie nimmt mit $1/r$ ab. Demnach sollte der Kettenring nicht nur als Kreisring, sondern in einer beliebigen andern Gestalt stabil laufen! Z. B. in dem in Abb. 54 gezeigten Oval. Der Versuch entspricht der Erwartung. Als Kette benutzt man

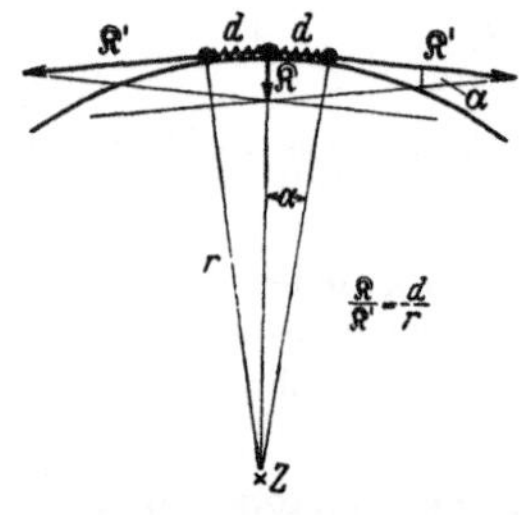

Abb. 53. Zur Entstehung der Radialkraft in einem gespannten Kettenring. — Man denke sich auf eine r u h e n d e Kreisscheibe eine Kette aufgezogen, die aus Kugeln im Abstand d und gespannten Schraubenfedern besteht. Gezeichnet sind nur 3 Kugeln und 2 Federn. Die langen Pfeile beginnen bei der mittleren Kugel und stellen die beiden von den Federn auf sie ausgeübten Kräfte $\Re'$ dar. Eine Parallelogrammkonstruktion liefert die zum Kreismittelpunkt gerichtete Kraft $\Re$. Der quantitative Zusammenhang von $\Re'$ und $\Re$ ergibt sich aus der Ähnlichkeit der spitzen gleichseitigen Dreiecke mit dem Winkel α.

zweckmäßigerweise die Gliederkette eines Fahrrades. Man wirft sie bei hinreichend hoher Frequenz vom Zahnrad ab.

In Fabriken sieht man dies Experiment gelegentlich unfreiwillig durch einen abspringenden Treibriemen vorgeführt.

§ 20. Die Umformung der Grundgleichung durch D'ALEMBERT (1717—1783). Wir haben eine Kraft als Ursache einer Beschleunigung aufgefaßt. Das ist eine V e r e i n b a r u n g, und diese befolgen wir als bindende Spielregel. Mit gleichem Recht kann man aber auch die kausale Auffassung

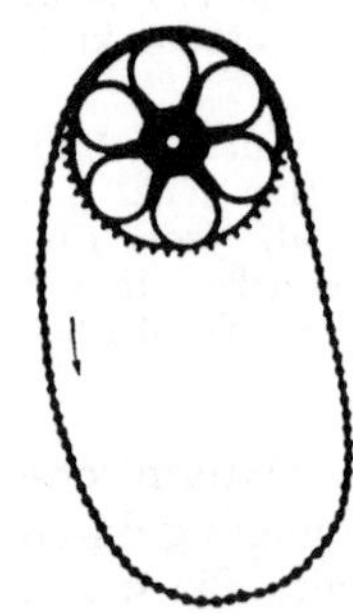

Abb. 54. Oval einer Fahrradkette vor dem Abwerfen vom Zahnrad.

aufgeben und den Umfang des Wortes Kraft erweitern. Zu diesem Zweck bringt man die Grundgleichung in die Form

$$\Re - m\,\mathfrak{b} = 0 \tag{17}$$

und nennt das Produkt $(-m\,\mathfrak{b})$ eine der Beschleunigung $\mathfrak{b}$ entgegengerichtete Kraft $\Re_A$. Dieser gibt man einen Namen, etwa „d'Alembert-Kraft". Dann kann man sagen: Bei allen Bewegungen eines Körpers, den beschleunigten wie den nichtbeschleunigten mit dem Grenzfall der Ruhe, ist die Summe aller am Körper angreifenden Kräfte gleich Null[1].

Wir wollen als Beispiel einen unserer früheren Versuche unter Anwendung des Begriffes d'Alembert-Kraft beschreiben, und zwar die beschleunigte Abwärtsbewegung eines an einem Kraftmesser aufgehängten Körpers (Abb. 44). — Wir summieren die drei am Körper angreifenden Kräfte und erhalten

$$\mathfrak{K}_2 + \mathfrak{K}_1 + \mathfrak{K}_A = 0.$$

$\mathfrak{K}_2$ ist abwärts gerichtet, $\mathfrak{K}_1$ und $\mathfrak{K}_A$ hingegen aufwärts. Wir berücksichtigen diese Richtungen mit den Vorzeichen und kennzeichnen die Beträge der Vektoren in üblicher Weise durch zwei Striche. Dann ergibt sich

$$|\mathfrak{K}_2| - |\mathfrak{K}_1| - |m\,\mathfrak{b}| = 0 \tag{18}$$

oder

$$|\mathfrak{K}_2| - |\mathfrak{K}_1| = |m\,\mathfrak{b}| \tag{19}$$

In Worten: Der Ausschlag des Kraftmessers ergibt die aufwärts gerichtete d'Alembert-Kraft.

Wir schrieben S. 26

$$|\mathfrak{b}| = \frac{|\mathfrak{K}_2| - |\mathfrak{K}_1|}{m}, \tag{9}$$

und das ist dasselbe wie

$$|\mathfrak{K}_2| - |\mathfrak{K}_1| = |m\,\mathfrak{b}|.$$

Für die d'Alembert-Kraft sind noch weitere Namen gebräuchlich, vor allem „Massenkraft" oder „Trägheitswiderstand". Die Wahl des Namens ist nebensächlich, wesentlich ist nur eine klare Einsicht: Die erst mit der Beschleunigung auftretende d'Alembert-Kraft beteiligt sich nicht an der Beschleunigung des Körpers. Diese Sonderstellung der d'Alembert-Kraft wird im Schrifttum oft wie ein Mangel empfunden. Man bezeichnet die d'Alembert-Kraft als „Scheinkraft", als „fingierte" oder als „nur gedachte Kraft" zur Unterscheidung von „wirklich vorhandenen, physikalisch existierenden Kräften".

Von Geübten gehandhabt, erweist sich die d'Alembert-Kraft häufig als bequem und nützlich. Bei Lernenden führt sie erfahrungsgemäß zu vielen Unklarheiten. Deswegen wollen wir im folgenden bei unserer ursprünglichen Vereinbarung bleiben: Wir behandeln eine Kraft als Ursache der Beschleunigung und schreiben die Grundgleichung der Mechanik in der Form $\mathfrak{b} = \mathfrak{K}/m$.

---

[1] Dabei wird nicht etwa das Bezugssystem gewechselt! Als solches wird nach wie vor normalerweise der Erd- oder Horsaalboden benutzt. Weiteres S. 61.

IV. Einfache Schwingungen, Zentralbewegungen und Gravitation.

§ 21. Vorbemerkung. Im zweiten Kapitel haben wir die kinematischen, im dritten die dynamischen Darlegungen auf die einfachsten Bahnen beschränkt, nämlich die gerade Bahn und die Kreisbahn. Bei der geraden Bahn gab es nur eine Bahnbeschleunigung, bei der Kreisbewegung nur eine Radialbeschleunigung. Dies Kapitel soll die linearen Pendelschwingungen und einige Zentralbewegungen behandeln. Die Körper sollen mit genügender Näherung als „punktförmig" gelten dürfen. Wir werden die einzelnen Bewegungen zunächst kinematisch beschreiben und dann ihre Verwirklichung durch Kräfte.

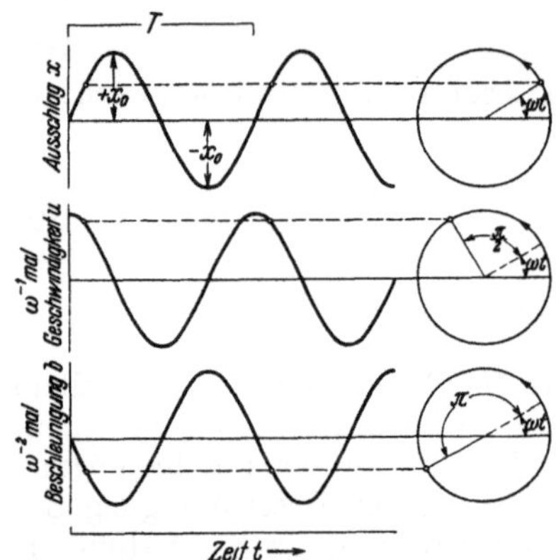

Abb. 55 bis 57. Zeitlicher Verlauf von Ausschlag, Geschwindigkeit und Beschleunigung bei einer Sinusschwingung.

§ 22. Einfache Sinusschwingungen. Schwerependel als Sonderfall. Die einfachste aller periodisch wiederkehrenden Bewegungen erfolgt auf gerader Bahn, und ihr zeitlicher Ablauf wird durch eine Sinuslinie dargestellt. In Abb. 55 bedeutet x den „Ausschlag", d. h. den Abstand des Körpers von seiner Ruhelage, und t die Zeit. Man nennt diese Bewegung eine einfache Sinusschwingung und beschreibt sie mit der Gleichung

Darin ist
$$x = x_0 \sin \omega t. \tag{20}$$

x der Ausschlag oder Augenblickswert zur Zeit t,

x_0 der Höchstausschlag, oft auch Schwingungsweite, Scheitelwert oder Amplitude genannt,

ω die Kreisfrequenz.

Der Begriff Kreisfrequenz ist aus dem engen Zusammenhang zwischen Kreisbahn und Sinuslinie (Abb. 17) entstanden und von uns schon bei der Kreisbahn eingeführt worden. Wir erinnern an die dort gegebenen Definitionen: Es sollen N Umläufe oder Schwingungen innerhalb der Zeit t erfolgen. Dann ist

$$\frac{t}{N} = T = \text{Periode} = \text{Dauer eines Umlaufs oder einer Schwingung,}$$

$$\frac{N}{t} = n = \text{Frequenz} = \frac{1}{T},$$

$$\omega = 2\pi n = \text{Kreisfrequenz} = \text{dem } 2\pi \text{ fachen der Frequenz } n.$$

ωt ist ein Winkel, seine Bedeutung ist aus Abb. 55 ersichtlich. ωt bestimmt als „Phasenwinkel" die „Phase", d. h. den Schwingungszustand im Zeitpunkt t.

Nicht nur der Ausschlag x, sondern auch die Geschwindigkeit $u = \dfrac{dx}{dt}$ und die Beschleunigung $b = \dfrac{d^2 x}{dt^2}$ werden bei der Sinusschwingung durch einfache Sinuslinien dargestellt. Man findet durch ein- und zweimaliges Differenzieren

$$u = \frac{dx}{dt} = \omega x_0 \cdot \cos \omega t = \omega x_0 \sin\left(\omega t + \frac{\pi}{2}\right), \qquad (21)$$

$$b = \frac{d^2 x}{dt^2} = -\omega^2 x_0 \sin \omega t = \omega^2 x_0 \sin (\omega t + \pi). \qquad (22)$$

In Abb. 56 ist u/ω, in Abb. 57 b/ω^2 für verschiedene Werte von t graphisch dargestellt.

Die Sinuskurve der Geschwindigkeit läuft der des Ausschlages mit einer „Phasenverschiebung" um $\frac{\pi}{2} = 90°$ voraus; d. h. ihre positiven, aufwärts gerichteten Werte beginnen um eine Viertelperiode ($T/4$) früher als die von x. Zur Zeit $t = 0$, $t = T/2$, $t = T$ usw. passiert der schwingende Körper seine Ruhelage. Dann wird der Sinus $= 1$, und die Geschwindigkeit erreicht ihren Höchstwert

$$u_0 = \omega x_0. \qquad (23)$$

Die Sinuskurve der Beschleunigung hat gegen die des Ausschlages x eine Phasenverschiebung von $\pi = 180°$. D. h. in Worten: Die Richtung der Beschleunigung ist in jedem Augenblick der Richtung des Ausschlages entgegengesetzt. Infolgedessen ergeben die Gl. (20) und (22) zusammengefaßt

$$b = -\omega^2 x. \qquad (24)$$

So weit die kinematische Beschreibung. Zur dynamischen Verwirklichung der Sinusschwingung müssen wir die Grundgleichung $\mathfrak{K} = mb$ hinzunehmen. So erhalten wir

$$\mathfrak{K}_1 = -m\omega^2 x$$

oder mit der Kürzung

$$D = m\omega^2, \qquad (25)$$

$$\mathfrak{K}_1 = -Dx. \qquad (26)$$

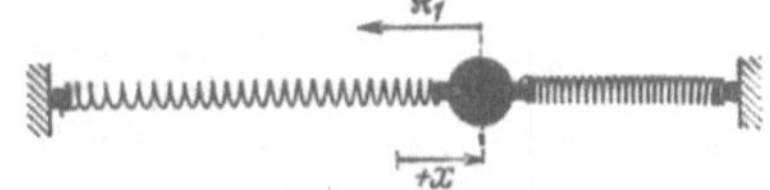

Abb. 58. Verwirklichung einer geradlinigen oder „linear polarisierten" Sinusschwingung durch ein einfaches Federpendel.

In Worten: Zur Herstellung einer Sinusschwingung braucht man ein lineares Kraftgesetz. Die den Körper beschleunigende Kraft muß der Größe des Ausschlages proportional und seiner Richtung entgegengesetzt sein.

Das lineare Kraftgesetz läßt sich auf mannigfache Weise verwirklichen. Am einfachsten stellt man die Kraft durch Verformung einer Feder her („elastische Kraft"). So gelangt man z. B. zu der in Abb. 58 skizzierten Anordnung: Ein Körper der Masse m befindet sich zwischen zwei Schraubenfedern. D, der Proportionalitätsfaktor zwischen Kraft und Ausschlag, ist die uns schon bekannte Federkonstante oder allgemein „Richtgröße".

In Gl. (25) ist $\omega = 2\pi n$, also kann man statt (25) schreiben

$$\boxed{\text{Frequenz } n = \frac{1}{2\pi} \cdot \sqrt{\frac{D}{m}}.} \qquad (27) = (14)$$

Diese Gleichung ist uns nicht neu. Wir fanden sie schon bei der Kreisbahn im Sonderfall des linearen Kraftgesetzes (S. 28). Dort war die Frequenz unabhängig vom Radius der Bahn, hier ist sie unabhängig von der Amplitude der Schwingung. Die Frequenz wird in beiden Fällen nur von dem Verhältnis Federkonstante D/Masse m bestimmt.

Schon bei qualitativen Versuchen (Holz- und Eisenkugel von gleicher Größe) sieht man den entscheidenden Einfluß der Masse des schwingenden Körpers auf

seine Frequenz oder ihren Kehrwert, die Schwingungsdauer. Man kann den
Einfluß einer Massenvergrößerung durch eine Vergrößerung der Federkonstante
kompensieren usw. Die Gl. (27) gehört zu den wichtigsten der ganzen Physik.
Daher bilden Messungen der Frequenz n bei verschiedenen Werten von m und D
eine der nützlichsten Praktikumsaufgaben. — Die Anordnung kann dabei mannigfach abgewandelt werden. Es genügt, einen Körper an einer Schraubenfeder
aufzuhängen (Abb. 59). In der Ruhestellung gibt das Verhältnis
Gewicht/Federverlängerung die Federkonstante D. Bei den
Schwingungen hat das Gewicht als konstante Kraft keinen Einfluß auf die Frequenz.

Veranschaulichung: Man denke sich in Abb. 58 die rechte Feder
„unendlich" verlängert. Dann bleibt ihre Spannung bei einer Verschiebung
der Kugel um den Weg x praktisch ungeändert. Nur die linke Feder liefert
eine die Kugel zur Ruhelage zurückziehende Richtkraft. Die nach rechts
ziehende konstante Federkraft bleibt ohne Einfluß.

Das lineare Kraftgesetz ist nur ein Sonderfall. Trotzdem
ist es von größter Bedeutung. Denn man kann bei jedem schwingungsfähigen Körper das Kraftgesetz, und sei es noch so verwickelt, durch das lineare Kraftgesetz ersetzen; nur muß man
sich dann auf hinreichend kleine Schwingungsweiten beschränken.

Mathematisch heißt das: Man kann jedes Kraftgesetz
$\Re = -f(x)$ in eine Reihe entwickeln:

$$f(x) = D_0 + D_1 x + D_2 x^2 + \cdots$$

Die Konstante D_0 muß Null sein. Denn die Kraft muß für $x = 0$
verschwinden. Für hinreichend kleine Werte von x darf man die Reihe
nach dem ersten Glied abbrechen, erhält also $\Re = -D_1 x$.

Ein Beispiel dieser Art bietet das allbekannte **Schwere-**
pendel. Bei kleinen Amplituden gilt die in Abb. 60 skizzierte
Konstruktion. Sie zeigt das an der Pendelkugel angreifende
Gewicht in zwei Komponenten zerlegt. Die eine, $\Re_2 \cos\alpha$,
dient zur Spannung des Fadens. Die andere, $\Re = -\Re_2 \sin\alpha$, beschleunigt die Kugel in Richtung der Bahn. Diese darf man für
kleine Winkelausschläge noch als geradlinig betrachten. Ferner
darf man $\sin\alpha = x/l$ setzen. Damit bleibt bei Winkeln unter
$4{,}5°$ der Fehler kleiner als 10^{-3}. Wir haben also $\Re = -\Re_2 x/l$.
D. h. die Kraft $\Re$ ist dem Ausschlag x proportional. Der Proportionalitätsfaktor $\Re_2/l$ ist die Richtgröße D (vgl. Abb. 105). —
Das Gewicht $\Re_2$ des Pendelkörpers beträgt im physikalischen Kraft-
maß mg. Dabei ist g die Fallbeschleunigung 9,81 Meter/sec².

Durch Einsetzen von $\Re_2 = mg$ und $D = \Re_2/l$ in die allgemeine Schwingungsglei-
chung (27) ergibt sich

$$\frac{1}{n} = T = 2\pi \sqrt{\frac{l}{g}}. \tag{28}$$

Zahlenbeispiel: $l = 1$ m; $T = 2$ sec; eine Halbschwingung in 1 sec, sogenanntes
Sekundenpendel. — $l = 10$ m, das längste Schwerependel im Göttinger Hörsaal, $T = 6{,}3$ sec.

Frequenz und Schwingungsdauer sind also von der Masse des Pendels unabhängig. Dadurch erhält das Schwerependel eine Sonderstellung. Man muß es
daher auch als Sonderfall behandeln und darf es bei der Darstellung der Sinusschwingungen nicht an den Anfang stellen.

Die Gleichung (28) ist meßtechnisch wichtig. Sie erlaubt aus der beobachteten Frequenz eines Pendels schon recht zuverlässige Werte für die Fall-

beschleunigung g (S. 16) zu berechnen. Voraussetzung ist eine möglichst gute Annäherung an einen „punktförmigen" Körper an einem „masselosen" Faden.

§ 23. Zentralbewegungen, Definition. Bei der Sinusschwingung war die Beschleunigung zwar zeitlich nicht mehr konstant, aber die Bahn noch eine Gerade. Die im Zeitabschnitt dt geschaffene Zusatzgeschwindigkeit du lag

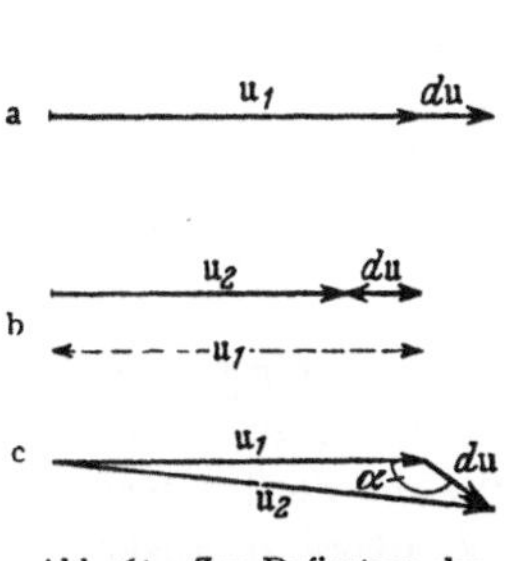

Abb 61. Zur Definition der Gesamtbeschleunigung

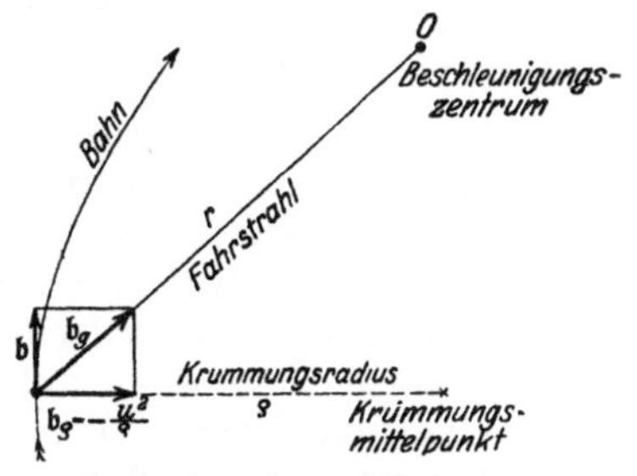

Abb. 62. Zerlegung einer Zentralbeschleunigung in zwei Komponenten.

dauernd in Richtung der zuvor vorhandenen Geschwindigkeit u, diese entweder vergrößernd (Abb. 61a) oder verkleinernd (Abb. 61b). Es lag lediglich Bahnbeschleunigung vor. Im allgemeinen Fall der Bewegung schließt jedoch der Pfeil du mit dem Pfeil u einen beliebigen Winkel α ein (Abb. 61c). Dann sind Bahn- und Radialbeschleunigung gleichzeitig vorhanden. Beide sind Komponenten einer Gesamtbeschleunigung b_g (Abb. 62). Die Bahnbeschleunigung b ändert die Größe der Geschwindigkeit in Richtung der Bahn. Die Radialbeschleunigung b_ϱ sorgt für die Krümmung der Bahn. Ihre Größe ist nach Gleichung (6) $b_\varrho = -u^2/\varrho$. Dabei ist ϱ der „Krümmungsradius", der zum jeweiligen „Krümmungsmittelpunkt" geht. Das ist der Mittelpunkt des Kreises, mit dem man das jeweils betrachtete Stück der Bahnkurve mit beliebig guter Annäherung wiedergeben kann. Aus der schier unübersehbaren Mannigfaltigkeit derartiger Bewegungen (man denke nur an unsere Gliedmaßen!) greifen wir zunächst eine einzelne Gruppe heraus, die der Zentralbewegungen.

Eine Zentralbewegung ist die Bewegung eines Körpers (Massenpunktes) auf beliebiger ebener Bahn, bei der eine Beschleunigung wechselnder Größe und Richtung dauernd auf einen Punkt, das Zentrum, hin gerichtet bleibt. Die Verbindungslinie des Körpers mit dem Zentrum heißt der „Fahrstrahl". Nach dieser Definition sind offensichtlich Kreisbahn und linear polarisierte Pendelschwingung Grenzfälle der Zentralbewegung. Bei der ersteren fehlt die Bahnbeschleunigung, bei der letzteren die Radialbeschleunigung.

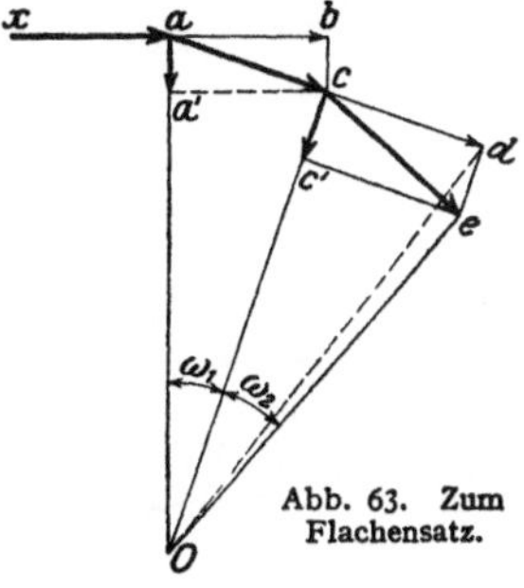

Abb. 63. Zum Flächensatz.

§ 24. Der Flächensatz. Für die allgemeinen Zentralbewegungen gilt ein einfacher Satz, der Flächensatz: „Der Fahrstrahl überstreicht in gleichen Zeiten gleiche Flächen." Der Flächensatz gehört durchaus der Kinematik an. Er ist eine geometrische Folgerung aus der Voraussetzung einer beliebigen, aber stets auf das gleiche Zentrum hin gerichteten Beschleunigung. Das sieht man aus der Abb. 63. Diese ist in Anlehnung an die Abb. 32 entstanden. Drei Kurvenstücke einer Zentralbewegung sind durch die drei Geraden xa, ac, ce ersetzt. Die Zentralbeschleunigung nimmt von links nach rechts zu. Die dünnen

Pfeile ab bzw. cd sind die in gleichen Zeitabschnitten dt erfolgenden Bewegungen konstanter Geschwindigkeit. Sie setzen die Bewegung des jeweils vorangegangenen Bahnelementes als Tangente fort. Die dicken Pfeile aa' und cc' sind die auf das Zentrum O hin gerichteten beschleunigt zurückgelegten Wege.

$$\varDelta Oac = \varDelta Ocd, \text{ da voraussetzungsgemäß } ac = cd,$$
$$\varDelta Ocd = \varDelta Oce, \text{ weil die Dreieckshöhen } cd = c'e \text{ sind,}$$
$$\overline{\varDelta Oce = \varDelta Oac.}$$

Schauversuch: Die Schnur eines kreisenden Schleudersteines ist durch einen kurzen, glatten Rohrstutzen in der linken Hand geführt. Die rechte Hand verkürzt durch Ziehen des Fadens die Fahrstrahllänge r. Die Winkelgeschwindigkeit ω steigt an, und zwar prop. $1/r^2$.

§ 25. Ellipsenbahnen, elliptisch polarisierte Schwingungen. Zentralbewegungen brauchen keineswegs auf geschlossener Bahn zu erfolgen, man denke etwa an eine Spiralbahn. Doch ist unter diesen Zentralbewegungen auf geschlossener Bahn eine Gruppe durch besondere Wichtigkeit ausgezeichnet. Es sind die Ellipsenbahnen. Man hat zwei Fälle zu unterscheiden:

1. Elliptisch polarisierte Schwingungen. („Polarisiert" bedeutet bei Schwingungen das gleiche wie „gestaltet".) Das Beschleunigungszentrum des umlaufenden Körpers liegt im Mittelpunkt der Ellipse, im Schnittpunkt der beiden großen Achsen.

2. Die Kepler-Ellipsen. Das Beschleunigungszentrum des umlaufenden Körpers liegt in einem der beiden Brennpunkte.

Wir behandeln in diesem Paragraph die elliptisch polarisierten Schwingungen. Sie entstehen kinematisch durch die Überlagerung zweier zueinander senkrecht stehender geradlinig polarisierter Sinusschwingungen gleicher Frequenz. Das läßt sich nicht nur rechnerisch und graphisch, sondern auch experimentell in mannigfacher Weise vorführen.

Ein besonders durchsichtiges Verfahren knüpft an den uns schon geläufigen engen Zusammenhang von Sinusschwingung und Kreisbewegung an (S. 8). Man erzeugt die beiden Sinusschwingungen durch zwei zueinander senkrecht kreisende Stäbe gleicher Frequenz (Abb. 64). Eine hinreichend weit entfernte Bogenlampe projiziert beide Kreisbewegungen in praktisch vollkommener Seitenansicht auf den Beobachtungsschirm. Die Achsen A und B sind durch Kettenräder miteinander gekuppelt. Sie lassen sich gemeinsam von einem beliebigen Motor antreiben.

Abb 64. Vorführungsapparat für elliptische Schwingungen und Lissajous-Bahnen.

Die Schatten der beiden Stäbe bilden in der Ruhelage ein schwarzes Kreuz (Abb. 65). Während der Bewegung ist der Kreuzungspunkt Gegenstand unserer Beobachtung. Er zeichnet uns — nun kommt etwas Überraschendes — beim Hin- und Herschwingen der Schatten eine weiße Bahn auf grauem Grunde. Deutung: Während jedes halben Umlaufs wird jeder Punkt der Bildebene zweimal abgeschattet, die vom Schnittpunkt der Stäbe überstrichene Bahn jedoch nur einmal.

Der jeweilige Abstand des Kreuzungspunktes von der Ruhelage ist der Ausschlag der resultierenden Schwingung. Wir beginnen die Versuche mit zwei Grenzfällen:

1. In der Abb. 65 sehen wir beide Stäbe in der Mittelstellung. Von ihr aus beginnen beide Schwingungen gleichzeitig. Der „Gangunterschied" oder die „Phasendifferenz" beider Sinusschwingungen ist Null. Der Kreuzungspunkt der dunklen Stabschatten vollführt eine schrag liegende linear polarisierte Schwingung (Abb. 65).

2. Wir versetzen den scheibenförmigen Träger des waagerechten Stabes um 90°. Dazu brauchen wir nur vorubergehend die Kordelschraube Z zu lösen. Der lotrechte Stab verläßt gerade die Ruhelage, wenn der waagerechte am Ort des maximalen Ausschlages umkehrt. „Der Gangunterschied beträgt 90°", wir sehen eine weiße Kreisbahn (Abb. 67). Die Amplitude bleibt konstant. Sie kreist wie der Zeiger einer Uhr. (Bei einer Phasendifferenz von 270° kreist die Amplitude gegen den Uhrzeigersinn.)

Dann gehen wir zum allgemeinen Fall über:

3. Als Winkelversetzung der beiden Stäbe wird 30° gewahlt. Dieser Gangunterschied von 30° läßt die in Abb. 66 dargestellte Ellipse entstehen.

4. Beliebige andere Winkelversetzungen der beiden Stäbe geben ebenfalls schräg liegende Ellipsen.

5. Bei all diesen Ellipsen liegen die beiden Hauptachsen unter einem Winkel von 45° zur Vertikalen. Die Lage dieser Achsen ändert sich erst, wenn man die Amplituden der beiden Einzelschwingungen ungleich macht. Praktisch hat man dazu nur den Abstand eines Stabes von seiner Drehachse zu verändern. Für diesen Zweck ist der Fuß der Stäbe mit Schlitz und Schraube auf der Trägerscheibe verschiebbar angebracht (vgl. Abb. 68).

6. Einfache technische Kunstgriffe erlauben, den Gangunterschied oder die Phasendifferenz während des Umlaufes der Stäbe beliebig zwischen 0° und 360° zu verändern.

Zum Beispiel die drei in Abb. 69 skizzierten Kegelräder. Sie werden in Abb. 64 in die untere waagerechte Antriebsachse zwischen den beiden mittleren Lagerbocken eingeschaltet. Bei ihnen ist die Achse des mittleren in einer zur Papierebene senkrechten Ebene schwenkbar. Jede Winkelverstellung dieser schwenkbaren Achse erzeugt zwischen den beiden waagerechten Achsen eine Phasendifferenz des doppelten Winkelbetrages.

Dann kann man in beliebigem raschen Wechsel die in den Abb. 65—67 veranschaulichten Fälle und jede beliebige Zwischenform einstellen. Die Gesamtheit aller auftretenden Bahnen wird durch ein

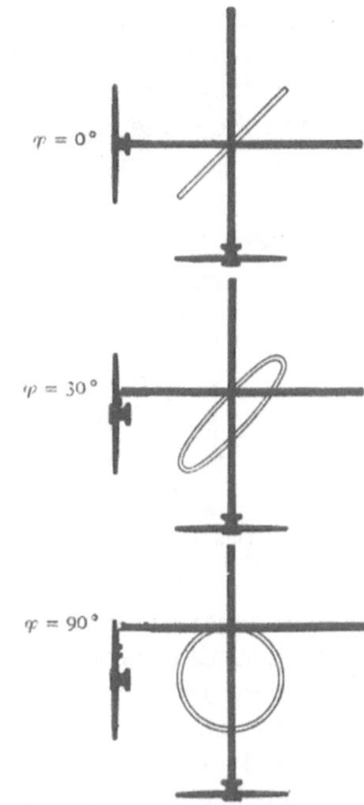

Abb 65—67. Zusammensetzung von zwei zueinander senkrechten linear polarisierten Schwingungen bei gleichen Amplituden und verschiedenen Phasendifferenzen.

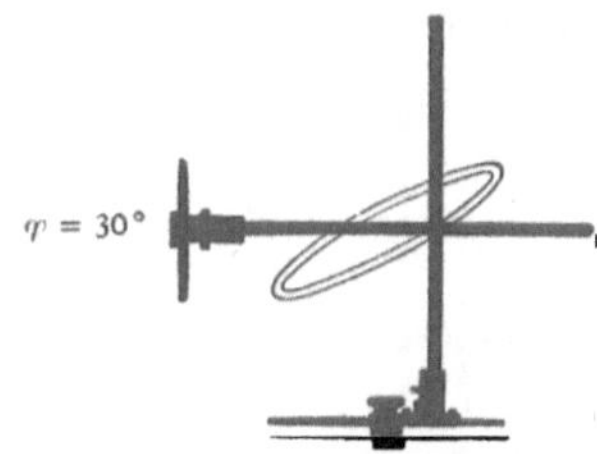

Abb. 68. Zusammensetzung zweier zueinander senkrechter linear polarisierter Schwingungen bei ungleichen Amplituden und einer Phasendifferenz von rund 30°

Abb 69 Zahnräder zur Veranderung der Phasendifferenz zwischen den rotierenden Kreisscheiben in Abb. 64.

Quadrat umhüllt (Abb. 70). Bei Ungleichheit der beiden Amplituden entartet es zu einem Rechteck (Abb. 71).

Wir fassen zusammen: Zur kinematischen Darstellung einer elliptisch polarisierten Schwingung beliebiger Gestalt genügen zwei zueinander senkrecht stehende, geradlinig polarisierte Sinusschwingungen gleicher Frequenz, jedoch einstellbaren Gangunterschiedes. Beim Gangunterschied 0° bzw. 180° entartet die Ellipse in eine Gerade. Beim Gangunterschied 90° bzw. 270° kann eine

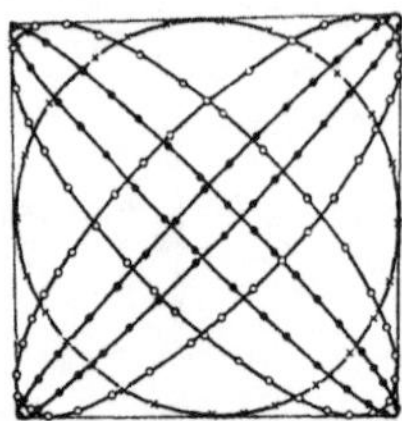

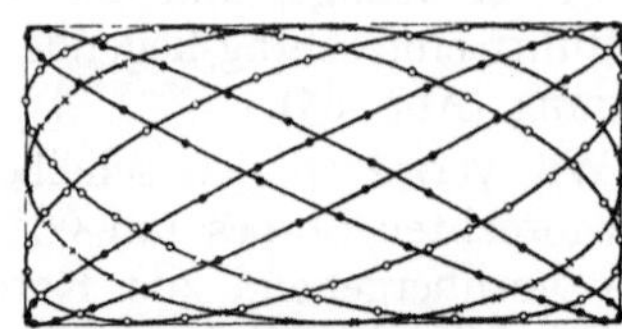

Abb. 70. Umhüllende der elliptischen Schwingungen bei gleichen Amplituden der beiden zueinander senkrechten Teilschwingungen.

Abb. 71. Umhüllende der elliptischen Schwingungen bei ungleichen Amplituden der beiden zueinander senkrechten Teilschwingungen.

zirkular polarisierte Schwingung, d. h. eine Kreisbahn entstehen. Dazu müssen die beiden Einzelamplituden gleich groß sein.

Außer der eben genannten gibt es noch eine **zweite kinematische Darstellung** einer elliptisch polarisierten Schwingung. Sie ist ebenfalls bequem mit der Anordnung der Abb. 64 vorzuführen. Man stellt den Gangunterschied zwischen beiden Einzelschwingungen ein für allemal fest auf 90° ein, verändert jedoch die Amplituden der Einzelschwingungen. Bei dieser kinematischen Darstellung der Ellipse liegen die Achsen waagerecht und lotrecht, wir bekommen Bilder der in Abb. 72 u. 73 skizzierten Art.

Diese beiden kinematischen Beschreibungen der elliptisch polarisierten Schwingungen sind in allen Gebieten der Physik von großer Wichtigkeit. Hier

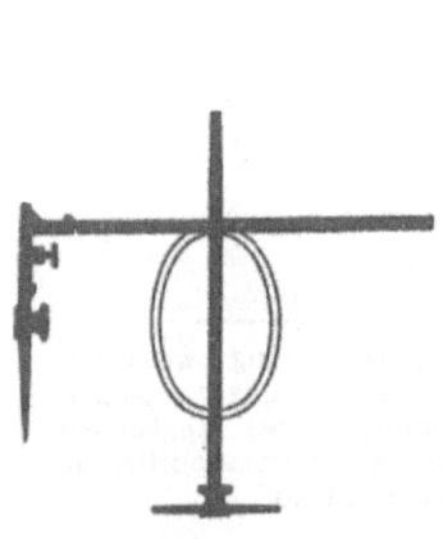

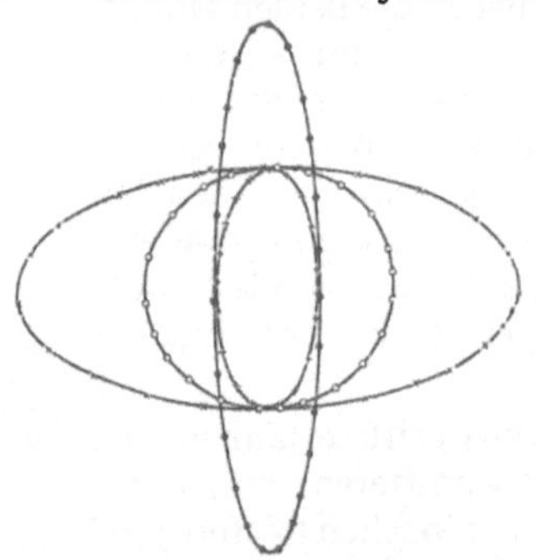

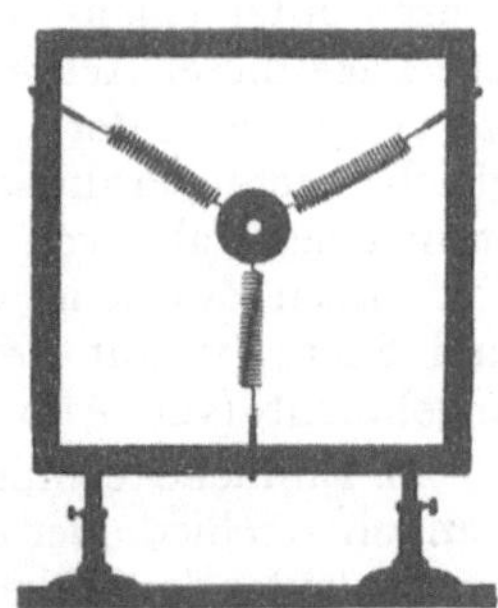

Abb 72. Elliptische Schwingungen bei 90° Phasendifferenz und ungleichen Amplituden der beiden zueinander senkrechten Einzelschwingungen.

Abb. 73. Bei 90° Phasendifferenz verandert man die Gestalt der Ellipse mit den Amplituden der beiden Einzelschwingungen.

Abb. 74. Zur Herstellung elliptischer Schwingungen.

in der Mechanik zeigen sie uns ohne weiteres, wie elliptisch polarisierte Schwingungen eines Körpers (Massenpunktes) dynamisch zu verwirklichen sind: Für jede der beiden Einzelschwingungen gilt das **lineare Kraftgesetz** [Gleichung (26)]. Es genügt z. B. die einfache, in Abb. 74 skizzierte Anordnung. In lotrechter Richtung angestoßen, schwingt die Kugel nur lotrecht, in waagerechter Richtung angestoßen, nur waagerecht. In beiden Fällen ist die Frequenz die gleiche (Stoppuhr). Mit dieser Anordnung kann man die Kugel jede in Abb. 65 bis 68 kinematisch dargestellte Ellipse durchlaufen lassen. Es kommt lediglich auf die Richtung des anfänglichen, in der Zeichenebene erfolgenden Anstoßes an.

Das Wesentliche der in Abb. 74 gezeigten Versuchsanordnung ist das lineare Kraftgesetz für die beiden Einzelschwingungen. Ohne dies gibt es keine Sinusschwingungen. Die benutzten elastischen Federn sind das weitaus wichtigste Mittel zur Verwirklichung des linearen Kraftgesetzes. Daher nennt man die Ellipsenbahn mit dem Beschleunigungszentrum im Ellipsenmittelpunkt oft kurz die „Ellipse der elastischen Schwingung".

§ 26. Lissajous-Bahnen. Die Ergebnisse und die Hilfsmittel des vorigen Paragraphen lassen auch den allgemeinsten Fall elastischer Schwingungen unschwer behandeln. Wir beschränken uns auf einen summarischen Überblick.

1. Bei der experimentellen Durchführung des in Abb. 74 erläuterten Versuches ist die Frequenz beider Einzelschwingungen nie in aller Strenge gleich

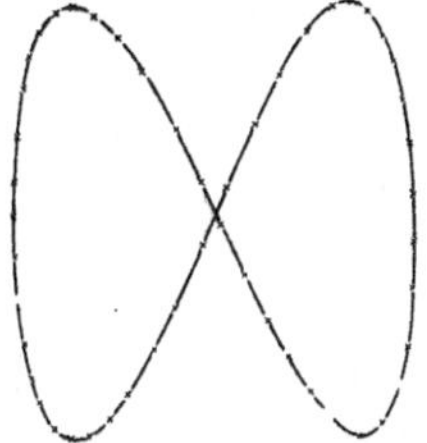
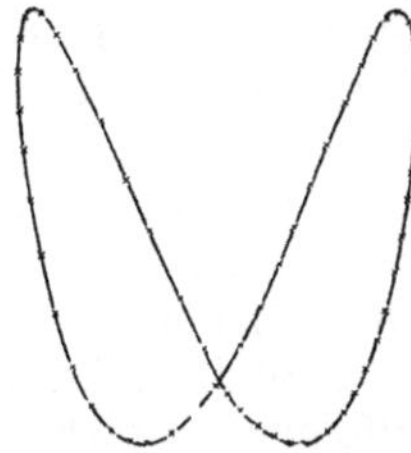

<table>
<tr><td>Beide Schwingungen beginnen gleichzeitig.</td><td>Die horizontale Schwingung fangt um 30° spater an</td><td>Die horizontale Schwingung fangt um 45° spater an</td></tr>
</table>

Abb 75. Lissajous-Bahnen beim Frequenzverhaltnis 2 : 1 der zueinander senkrechten Einzelschwingungen. Die vertikale Schwingung hat die hohere Frequenz. (J. LISSAJOUS, 1822—1880)

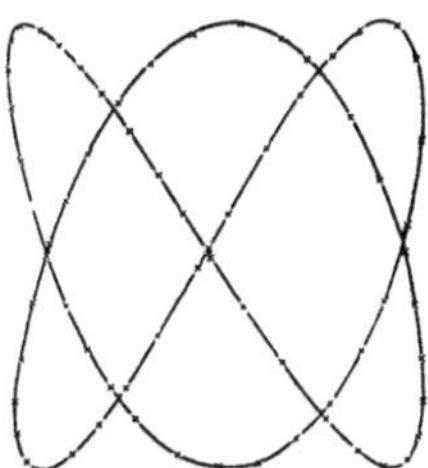
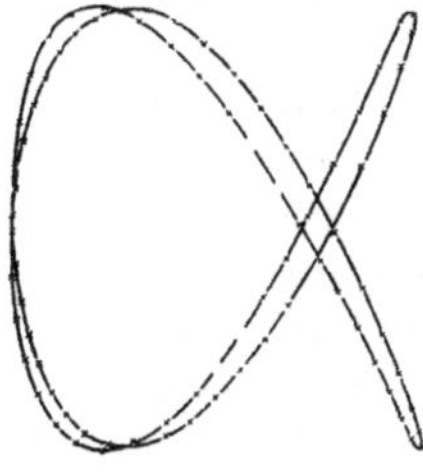
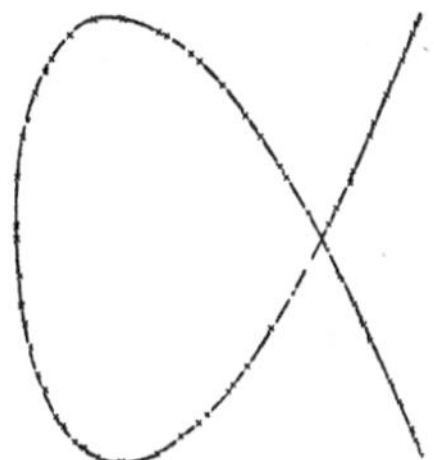

<table>
<tr><td>Beide Schwingungen beginnen gleichzeitig.</td><td>Die horizontale Schwingung lauft etwa 20° voraus</td><td>Die horizontale Schwingung lauft rund 30° voraus.</td></tr>
</table>

Abb 76. Lissajous-Bahnen beim Frequenzverhaltnis 3 : 2 der zueinander senkrechten Einzelschwingungen. Die vertikale Schwingung hat die hohere Frequenz.

groß zu treffen. Infolgedessen ist der Gangunterschied beider Schwingungen gleichförmigen zeitlichen Änderungen unterworfen. Die eine Schwingung „überholt" in periodischer Folge die andere. Infolge dieses ständigen Wechsels der Phasendifferenz sehen wir einen stetigen Wechsel der Ellipsengestalt. Im Falle der Amplitudengleichheit gibt es beispielsweise die in Abb. 70 gezeigte Bilderfolge mit allen Zwischengliedern.

2. Bei größeren Frequenzunterschieden der beiden Einzelschwingungen macht sich der Wechsel der Phasendifferenz schon während jedes einzelnen Umlaufes bemerkbar. Die „Ellipse" wird verzerrt. Es entsteht das charakteristische Bild einer ebenen „Lissajous-Bahn". Die Abb. 75 u. 76 zeigen etliche Beispiele derartiger Lissajousscher Bahnen. Ihre Gestalt hängt von zweierlei ab:

1. dem Verhältnis der Frequenzen beider Einzelschwingungen;

2. der Phasendifferenz, mit der beide Schwingungen zu Beginn des Versuches ihre Ruhelage verlassen.

Beide Größen kann man in ganz durchsichtiger Weise mit dem aus Abb. 64 bekannten Apparat verändern. Zu 1. hat man die Kettenräder auszuwechseln und Zähnezahlen im Verhältnis kleiner ganzer Zahlen zu wählen, etwa 20:40 oder 20:30 usf. Zu 2. versetzt man den scheibenförmigen Träger der kleineren Drehzahl gegen seine Nullstellung um Winkel von 30°, 90° usw. So sind die in Abb. 75 u. 76 dargestellten Lissajous-Bahnen entstanden.

Der auf S. 37 genannte Kunstgriff erlaubt auch hier eine Änderung des Phasenunterschiedes während des Umlaufs der Stäbe. Dadurch lassen sich die Bildfolgen in Abb. 75 u. 76 in raschem Wechsel vorführen. Gleichzeitig kann man die Umhullende der Bildfolgen gut beobachten. Bei den abgebildeten Bildfolgen hatten die beiden zueinander senkrechten Einzelschwingungen gleiche Amplituden. Daher ist die Umhullende der Bildfolgen ein Quadrat. Im allgemeinen Fall ungleicher Amplituden ist sie ein Rechteck (Abb. 77).

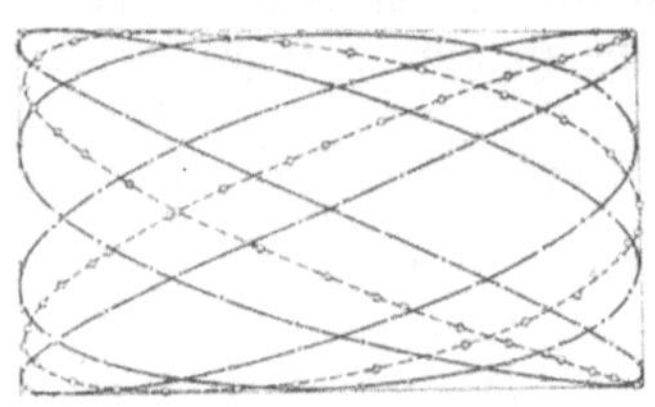

Abb. 77. Umhullendes Rechteck von Lissajous-Figuren bei Änderung des Phasenunterschiedes.

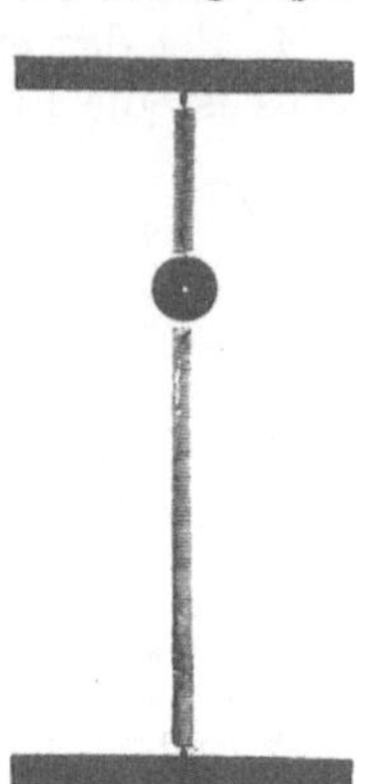

Abb. 78. Herstellung von Lissajous-Bahnen mit Hilfe elastischer Krafte.

3. Dynamisch, als elastische Schwingungen eines „punktförmigen" Körpers, erhält man die Lissajousschen Bildfolgen beispielsweise mit der Anordnung der Abb. 78. Die Frequenzen der waagerechten und lotrechten Einzelschwingungen verhalten sich etwa wie 2:3. Man kann sie leicht einzeln nach horizontalem bzw. vertikalem Anstoß beobachten. — Die Lissajoussche Bildfolge ist die aus Abb. 76 bekannte.

4. Die zwei zueinander senkrechten, linear polarisierten Einzelschwingungen lagen bisher in einer Ebene. In der gleichen Ebene erfolgt die resultierende Schwingung, sei es in Form von Ellipsen, sei es in Form Lissajousscher Bahnen. Es war also eine Beschränkung auf „ebene Schwingungen". Im allgemeinen Fall haben wir „räumliche Schwingungen". Zu den beiden zueinander senkrecht stehenden linearen Einzelschwingungen kommt noch eine dritte, wieder zu beiden senkrechte, geradlinig polarisierte Sinusschwingung hinzu. Dynamisch kann man das stets mit vier Federn erreichen, z. B. gemäß Abb. 79. Im allgemeinen ist die Frequenz in den drei Hauptschwingungsrichtungen ungleich. Es entsteht eine periodische Folge räumlicher Lissajous-Bahnen. Sie werden von einem „Kasten" eingehüllt. Er entspricht dem Rechteck bei den ebenen Lissajous-Bahnen in Abb. 77.

Auf die räumliche Gruppierung der Federn kommt es nicht an. Stets bleiben drei Hauptschwingungsrichtungen ausgezeichnet. Sie stehen senkrecht zu den Flächen des die Schwingungen umhüllenden Kastens.

Abb. 79. Raumliche elastische Schwingungen. (Allgemeinster Fall der Lissajous-Bahnen.)

Dieser summarische Überblick mag genügen. Er zeigt, welche Dienste uns die „elliptisch polarisierte Schwingung" oder die „Ellipse der elastischen Schwingung" bei der Entwirrung schon recht unübersichtlicher Bewegungsvorgänge zu leisten vermag.

§ 27. Die Kepler-Ellipse. Bei der Kepler-Ellipse befindet sich das Beschleunigungszentrum in einem der beiden Brennpunkte der Ellipse. Sie entsteht, wenn ein Körper eine Anfangsgeschwindigkeit besitzt und die Beschleunigung in jedem Punkt dem Quadrat des Abstandes (Fahrstrahllänge r) umgekehrt proportional ist.

Die Kepler-Ellipse hat in der Geschichte der Physik zweimal eine fundamentale Bedeutung gewonnen. Für den experimentellen Unterricht bildet sie ein wahres Kreuz. Sie läßt sich im Schauversuch kinematisch nur schlecht, dynamisch gar nicht vorführen. Dieser Verzicht dürfte durch die Erfolglosigkeit zahlreicher Bemühungen gerechtfertigt sein.

Herleitung· Wir setzen aus der Geometrie der Ellipse drei Beziehungen als bekannt voraus:

1. In Abb. 80 halbiert der Krummungsradius ϱ den von den beiden Fahrstrahlen r_1 und r_2 gebildeten Winkel.

2. Es gilt

$$\omega_1\,\varDelta t + \omega_2\,\varDelta t = 2\,\omega_0\,\varDelta t \qquad (I)$$

3.

$$r_1 + r_2 = 2a. \qquad (II)$$

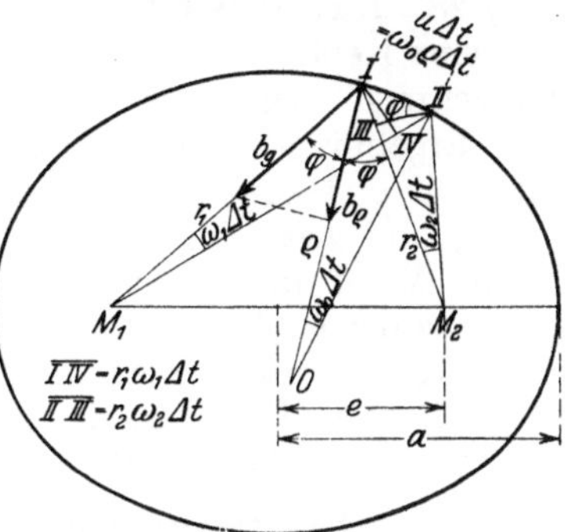

Abb 80   Zentralbeschleunigung bei der Kepler-Ellipse.

Der innerhalb der Zeit $\varDelta t$ mit der Bahngeschwindigkeit durchlaufene Bahnabschnitt kann als Kreisbahn vom Krümmungsradius ϱ angenähert werden. Eine solche Kreisbahn erfordert die radiale, auf den Krümmungsmittelpunkt O hin gerichtete Beschleunigung

$$b_\varrho = -\,\frac{u^2}{\varrho}\,. \qquad (6)$$

Sie wird von der Komponente $b_g\cos\varphi$ der gesamten, auf das Anziehungszentrum M_1 gerichteten Beschleunigung b_g geliefert, also

$$\frac{u^2}{\varrho} = b_g\cos\varphi\,. \qquad (6a)$$

Die vom Fahrstrahl r_1 im Zeitabschnitt $\varDelta t$ überstrichene Fläche ist $\frac{1}{2}r_1\cdot r_1\,\omega_1\,\varDelta t$, und sie ist für eine Zentralbewegung nach dem Flächensatz eine Konstante, k genannt. Ferner entnimmt man der Abbildung die geometrische Beziehung

$$r_1\,\omega_1\,\varDelta t = r_2\,\omega_2\,\varDelta t = u\cos\varphi\,\varDelta t$$

und erhalt

$$r_1\,u\cos\varphi\cdot\varDelta t = 2k \qquad (29)$$

Aus (6a) und (29) folgt für die gesamte, auf M_1 hin gerichtete Beschleunigung

$$b_g = \frac{4k^2}{r_1^2\,\varrho\,\cos^3\varphi\,(\varDelta t)^2}\,. \qquad (30)$$

Aus dieser Gleichung entfernen wir den Krümmungsradius ϱ und den Winkel φ. Nach der Hilfsgleichung (I) gilt

$$2\omega_0 = \omega_1 + \omega_2\,, \qquad \frac{2u}{\varrho} = u\cos\varphi\left(\frac{1}{r_1} + \frac{1}{r_2}\right), \qquad \varrho\cos\varphi = \frac{2r_1 r_2}{r_1 + r_2}\,. \qquad (III)$$

Ferner gilt der Cosinussatz für das Dreieck $M_1\,I\,M_2$

$$4e^2 = r_1^2 + r_2^2 - 2r_1 r_2\cos 2\varphi$$

oder, da

$$\cos 2\varphi = 2\cos^2\varphi - 1 \qquad \text{und} \qquad r_1 + r_2 = 2a\,,$$

$$\cos^2\varphi = \frac{a^2 - e^2}{r_1 r_2}\,. \qquad (IV)$$

Durch Einsetzen von (III) und (IV) in (30) folgt

$$b_g = \frac{1}{r_1^2} \cdot \frac{4k^2a}{(a^2 - e^2)(\Delta t)^2} \cdot$$

Der neben $\frac{1}{r_1^2}$ stehende Bruch enthält nur noch konstante Größen. Also finden wir als Beschleunigung

$$b_g = \frac{\text{const}}{r_1^2} . \tag{31}$$

§ 28. Das Gravitationsgesetz. Eine r^{-2} proportionale Beschleunigung erzeugt eine Kepler-Ellipse (oder allgemein einen Kegelschnitt). Das Beschleunigungszentrum liegt in einem der beiden Brennpunkte. Das war das kinematische Ergebnis. — Wie wird eine solche Beschleunigung physikalisch verwirklicht? Die erste Antwort ist auf Grund astronomischer Beobachtungen gefunden worden, und zwar durch NEWTON.

Der Mond umkreist unsere Erde. Seine Bahn fällt nahezu mit einer Kreisbahn zusammen. Ihr Radius ist — man merke sich diese Zahl — gleich 60 Erdradien. Kinematisch haben wir die Mondbahn auf S. 18 beschrieben: Der Mond hat eine Bahngeschwindigkeit von 1 km/sec und erfährt eine Radialbeschleunigung $b_r = 2,7$ mm/sec$^2 = 2,7 \cdot 10^{-3}$ m/sec^2. Demnach ist das Verhältnis

$$\frac{\text{Fallbeschleunigung } g}{\text{Radialbeschleunigung des Mondes}} = \frac{9,8 \ \text{m/sec}^2}{2,7 \cdot 10^{-3} \ \text{m/sec}^2} = 3600 = 60^2.$$

Daraus zog NEWTON den Schluß: Der Mond wird, wie ein Stein nahe dem Erdboden, durch die Gewicht genannte Kraft.beschleunigt. Das Gewicht eines Körpers aber ist, allen landläufigen Vorurteilen entgegen, keine konstante Kraft und somit keine für den Körper charakteristische Größe. Es ändert sich vielmehr mit dem Abstand r des Körpers vom Erdmittelpunkt, und zwar proportional mit r^{-2}. — Daher schrieb NEWTON für das Gewicht des Mondes nicht $\mathfrak{K} = mg$, sondern

$$\mathfrak{K} = \text{const} \frac{m}{r^2} . \tag{32}$$

Und nun ergibt sich fast zwangsläufig der letzte Schluß: Zieht die Erde den Mond an, so muß auch das Umgekehrte gelten: Der Mond muß die Erde anziehen. Für einen Beobachter auf dem Mond (Standpunktswechsel!) hat die Erde ein Gewicht. Ein auf der Sonne gedachter Beobachter darf den Satz actio = reactio anwenden (abermaliger Standpunktswechsel!). Für diesen Beobachter müssen beide Kräfte oder Gewichte bis auf ihre Richtung identisch sein. So tritt allgemein an die Stelle des Gewichtes die wechselseitige Anziehung zweier Körper mit der Kraft

$$\boxed{\mathfrak{K} = \gamma \frac{m \cdot M}{r^2} .} \tag{33}$$

(m und M die Massen der Körper, r der Abstand ihrer Schwerpunkte. Bei homogenen Kugeln oder Hohlkugeln gilt dies Gesetz für alle Werte von r. Bei Körpern beliebiger Gestalt muß r groß gegen die Dimensionen der Körper sein.)

Das ist Newtons berühmtes „Gravitationsgesetz". Der Proportionalitätsfaktor γ in diesem Gesetz heißt die Gravitationskonstante.

§ 29. Die Konstante des Gravitationsgesetzes kann nicht aus astronomischen Beobachtungen entnommen werden. Man muß sie im Laboratorium messen. — Prinzip: Man ahmt die astronomischen Verhältnisse im kleinen nach. Als „Erde" dient eine große Bleikugel (Masse $M = 10$ kg), als „Mond" oder „Stein" eine kleine Kugel aus beliebigem Stoff. Die große Kugel steht fest, die kleine wird möglichst frei beweglich gemacht. Man mißt die Beschleunigung b der kleinen Kugel und berechnet die Gravitationskonstante γ aus der Gleichung

$$b = \gamma \frac{M}{r^2}. \qquad (34)$$

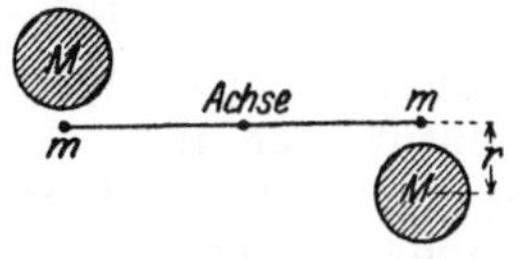

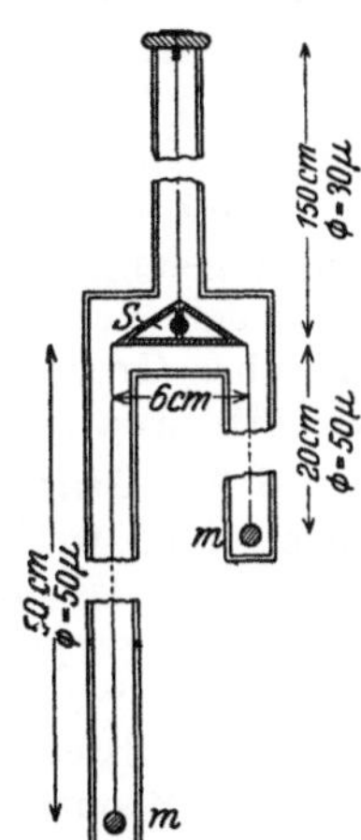

Abb. 81. Zur Messung der Gravitationskonstanten. HENRY CAVENDISCH, Chemiker, 1798.

Ausführung: Man benutzt eine symmetrische Anordnung (Abb. 81). Es werden zwei kleine Kugeln an den Enden eines Trägers befestigt und dieser um eine Achse drehbar gemacht. Dazu benutzt man eine Aufhängung an einem dünnen Metallband. Ganz frei beweglich werden die Kugeln dadurch nicht, denn bei ihrer Bewegung wird das Metallband verdrillt. Dadurch entstehen Kräfte, aber sie sind bei kleinen Verdrillungen zu vernachlässigen. Die Abb. 82 zeigt einen Längsschnitt durch einen bewährten Apparat (Drehwaage). Der als Dreieck ausgeführte Träger ist nur 6 cm lang. An seinen Enden hängen die kleinen Kugeln in verschiedener Höhe. Das ganze drehbare System ist in einem doppelwandigen, größtenteils aus Metallrohren bestehenden Gehäuse eingeschlossen. Die Rohre schirmen die Anziehung in keiner Weise ab.

Unmittelbar nach Näherung der großen Kugeln setzen sich die kleinen beschleunigt in Bewegung. Spiegel und Lichtzeiger lassen den zurückgelegten Weg in etwa 200facher Linearvergrößerung verfolgen. Anfänglich kann man, wie erwähnt, die Gegenwirkung des verdrillten Aufhängebandes vernachlässigen. Auch kann man den Abstand r der beiden Kugelmitten als praktisch konstant betrachten. Währenddessen ist auch die Beschleunigung der kleinen Kugeln konstant. Mit der Stoppuhr beobachtet man etwa 1 Minute lang die Wege s und berechnet die Beschleunigung b nach der Gleichung (4)

$$s = \tfrac{1}{2} b t^2.$$

Für $M = 10$ kg und $r = 8$ cm findet man $b =$ rund 10^{-7} m/sec².

Abb. 82. Praktische Ausführung einer Drehwaage zur Bestimmung der Gravitationskonstanten. Waagebalken 0,5 g.

Mit derart beobachteten Werten der Beschleunigung b berechnet man im Schauversuch aus Gleichung (34) γ rund $= 6 \cdot 10^{-11}$ Kilogramm^{-1} Meter³ sec^{-2}. Präzisionsmessungen ergeben $\gamma = 6{,}68 \cdot 10^{-11}$ Kilogramm^{-1} Meter³ sec^{-2}.

Durch die experimentelle Bestimmung der Gravitationskonstanten γ ist ein großer Fortschritt erzielt worden: Mit ihrer Hilfe kann man die Masse der Erde in kg bestimmen. — Die Erdoberfläche ist um $r = 6400$ km $= 6{,}4 \cdot 10^6$ Meter vom Erdmittelpunkt entfernt. An der Erdoberfläche hat die vom Gewicht erzeugte Beschleunigung den Wert $b = g = 9{,}81$ Meter/sec². Diese Größen setzen wir zugleich mit γ in die Gl. (34) ein und erhalten

$$\text{Erdmasse } M = \frac{9{,}81 \text{ Meter sec}^{-2} (6{,}4 \cdot 10^6)^2 \text{ Meter}^2}{6{,}68 \cdot 10^{-11} \text{ kg}^{-1} \text{ Meter}^3 \text{ sec}^{-2}} = 6 \cdot 10^{24} \text{ kg}.$$

Das Volumen der Erde beträgt rund $1{,}1 \cdot 10^{21}$ m³. Folglich ist die Dichte

$$\text{der Erde} = \frac{6 \cdot 10^{24} \text{ kg}}{1{,}1 \cdot 10^{21} \text{ m}^3} = 5500 \text{ kg/m}^3 = 5{,}5 \text{ Gramm/cm}^3.$$

Das ist natürlich ein Mittelwert. Die Dichte der Gesteine in der Erdkruste beträgt im Mittel 2,5 g/cm³. Folglich hat man im Erdinnern Stoffe größerer Dichte anzunehmen. Manches spricht für einen stark eisenhaltigen Erdkern.

§ 30. Grundsätzliches zur Messung der Masse. In § 29 wurde eine kleine bewegliche Kugel von einer großen feststehenden Kugel angezogen und dadurch beschleunigt. Diese Versuche kann man ausführen, ohne zuvor ein Meßverfahren für die Messung der Masse vereinbart zu haben. Man findet experimentell: Die Beschleunigung b ist von der Beschaffenheit der kleinen Kugel unabhängig (ebenso wie die eines Steines durch die Erde). Sie wird allein durch die Beschaffenheit der großen Kugel und den Abstand r der Kugelmittelpunkte bestimmt. Für jede beliebige große Kugel findet man ein für diese Kugel charakteristisches konstantes Produkt br^2. Diesem Produkt gibt man den Namen **Masse**. Die Masse wird dann mit den beiden Grundeinheiten Meter und Sekunde als **abgeleitete** Größe gemessen, und zwar mit der Einheit Meter^3 sec^{-2}. Diese Masseneinheit ist gleich $1{,}5 \cdot 10^{10}$ kg. Man müßte also statt eines kg Zucker $6{,}7 \cdot 10^{-11}$ Meter^3/sec^2 einkaufen. Das klänge zwar sehr gelehrt, wäre aber höchst unzweckmäßig. Deswegen erhebt man die Masse zum Range einer **Grundgröße** und verkörpert ihre Einheit durch einen Metallklotz mit dem Namen **Kilogramm**.

Diese Darlegungen sollen noch einmal zweierlei betonen: 1. Zum Begriff der Masse gelangt man **allein** durch die Beobachtung von **Beschleunigungen**, es braucht keine Messung von Kräften vorauszugehen. — 2. Dimensionen physikalischer Größen beruhen ausschließlich auf mehr oder minder zweckmäßigen **Vereinbarungen**.

§ 31. Gravitationsgesetz und Himmelsmechanik. Die Entdeckung einer allgemeinen wechselseitigen Anziehung aller Körper zählt mit Recht zu den Großtaten des menschlichen Geistes. **Newtons** Gravitationsgesetz gibt nicht nur die Bewegung unseres Erdmondes wieder. Sie beherrscht weit darüber hinaus die gesamte Himmelsmechanik, die Bewegung der Planeten, Kometen und Doppelsterne.

Die Beobachtungen der Planetenbewegung hat Johannes Kepler (1571 bis 1630) in drei Gesetzen zusammengefaßt. Diese „**Kepler**schen Gesetze" lauten:

1. Jeder Planet umkreist die Sonne in der Bahn einer Ellipse, und die Sonne steht in einem **Brennpunkt** der Ellipse.

2. Der Fahrstrahl eines Planeten überstreicht in gleichen Zeiten gleiche Flächen.

3. Die Quadrate der Umlaufszeiten verhalten sich wie die Kuben der großen Halbachsen.

Die Abweichung zwischen Kreis- und Ellipsenbahnen ist für die Hauptplaneten nur sehr geringfügig. Am größten ist sie für Mars. Zeichnet man die Marsbahn mit einer großen Achse von 20 cm Durchmesser auf Papier, so weicht sie von dem umhüllenden Kreise nirgends ganz 1 mm ab. Angesichts dieser Zahlen ist die Leistung **Keplers** besser zu würdigen.

Diese drei Sätze seines großen Vorgängers konnte **Newton** einheitlich mit seinem Gravitationsgesetz deuten[1]:

1. Jede Ellipsenbahn verlangt eine Zentralbeschleunigung. Bei den von **Kepler** beobachteten Ellipsen war der eine Brennpunkt vor dem anderen ausgezeichnet. Folglich mußten nach den kinematischen Betrachtungen des § 27 die Beschleunigungen zu $1/r^2$ proportional sein. Das aber ist nach Gleichung (33) für wechselseitige Anziehung zweier Körper der Fall.

---

[1] **Kepler** selbst ist nicht über qualitative Deutungsversuche hinausgekommen. So schrieb er z B 1605: Setzte man neben die an irgendeinem Ort ruhend gedachte Erde eine andere größere Erde, so würde diese von jener angezogen, genau wie unsere Erde die Steine anzieht

2. Keplers zweiter Satz ist der für jede Zentralbewegung gültige Flächensatz.

3. Keplers dritter Satz folgt ebenfalls aus Gleichung (33). Das übersieht man einfach in einem Sonderfall. Man läßt die Kepler-Ellipse in einen Kreis entarten. Für die Kreisbahn gilt nach S. 26

$$\Re = 4m\pi^2 n^2 r = \frac{4m\pi^2 r}{T^2}. \qquad (11) \text{ v. S. 26}$$

$$(T \text{ in sec}, \; n \text{ in sec}^{-1}.)$$

Für $\Re$ setzen wir den aus dem Gravitationsgesetz Gleichung (33) folgenden Wert. Dann erhalten wir

$$\text{const} \cdot \frac{m}{r^2} = \frac{m \, 4\pi^2 r}{T^2},$$

$$T^2 = \text{const} \, r^3. \qquad (35)$$

Kometen zeigen im Gegensatz zu den Planeten oft außerordentlich langgestreckte Ellipsen. Die große Achse der Ellipse kann das 100fache der kleinen werden. Doch läßt sich Keplers dritter Satz auch für diesen allgemeinen Fall beliebig gestreckter Ellipsen als Folge des Newtonschen Gravitationsgesetzes herleiten. Allerdings erfordert das eine etwas umfangreichere Rechnung.

Zur Einprägung der wichtigsten Tatsachen der Himmelsmechanik soll zum Schluß ein einfaches Beispiel dienen.

Wir denken uns nahe der Erdoberfläche ein Geschoß in horizontaler Richtung abgefeuert. Die Atmosphäre (und mit ihr der Luftwiderstand) sei nicht vorhanden. Wie groß muß die Geschoßgeschwindigkeit u sein, damit das Geschoß die Erde als kleiner Mond in stets gleichbleibendem Abstand von der Erdoberfläche umkreist?

Eine Kreisbahn mit der Bahngeschwindigkeit u verlangt nach Gleichung (6) eine radiale Beschleunigung $b = u^2/r$. Diese Radialbeschleunigung wird vom Gewicht des Geschosses geliefert. Das Gewicht erteilt dem Geschoß zum Erdzentrum hin die Beschleunigung $b = g = 9{,}81 \text{ m/sec}^2$. Andererseits ist der Abstand der Erdoberfläche vom Erdzentrum gleich dem Erdradius r, gleich rund $6{,}4 \cdot 10^6$ m. Also erhalten wir

$$9{,}8 \, \frac{\text{Meter}}{\text{sec}^2} = \frac{u^2}{6{,}4 \cdot 10^6 \, \text{Meter}},$$

$$u = 8000 \, \text{Meter/sec} = 8 \, \text{km/sec}.$$

Bei 8 km/sec Mündungsgeschwindigkeit in horizontaler Richtung haben wir also den Fall der Abb. 83a, das Geschoß umkreist die Erde dicht an ihrer Oberfläche als kleiner Mond.

Bei Über- oder Unterschreitung dieser Anfangsgeschwindigkeit erhalten wir Ellipsenbahnen nach Art der Abb. 83b und c. Für Geschwindigkeiten $u > 8$ km/sec umkreist das Geschoß die Erde als Planet oder Komet in einer Ellipse. Dabei steht das Erdzentrum in dem dem Geschütz näheren Brennpunkt. Bei Geschoßgeschwindigkeiten $> 11{,}2$ km/sec entartet die Ellipse zur Hyperbel. Das Geschoß verläßt die Erde auf Nimmerwiedersehn[1].

Für Geschwindigkeiten $u < 8$ km/sec gibt es ebenfalls eine Ellipse, Abb. 83c. Doch ist von ihr nur das nichtpunktierte Stück zu verwirklichen. Diesmal befindet sich das Erdzentrum in dem dem Geschütz

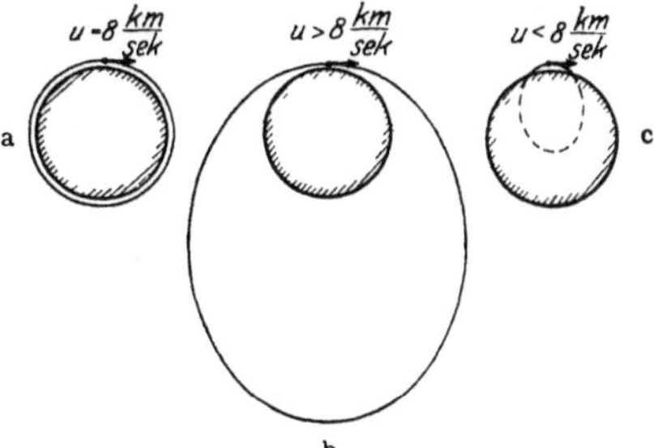

Abb 83. Ellipsenbahn um das Erdzentrum bei verschiedenen Anfangsgeschwindigkeiten.

---

[1] Für die Sonne lautet die entsprechende Zahl 618 km/sec.

ferneren Brennpunkt der Ellipse (die Erdanziehung erfolgt also ebenso, als ob die Erde mit unveränderter Masse zu einem kleinen Körper im Erdmittelpunkt zusammengeschrumpft sei).

Je kleiner die Anfangsgeschwindigkeit u, desto gestreckter wird die Ellipse. Man kommt schließlich zum Grenzfall der Abb. 84. Das Beschleunigungszentrum, der Erdmittelpunkt, erscheint praktisch unendlich weit entfernt. Die zu ihm weisenden Fahrstrahlen sind praktisch parallel. Man kann den über der Erdoberfläche verbleibenden Rest der Ellipsenbahn in guter Annäherung als Parabel bezeichnen. Es ist die bekannte Parabel des horizontalen Wurfes. — Diese Überlegungen sind nützlich, obwohl der Luftwiderstand ihre praktische Nachprüfung

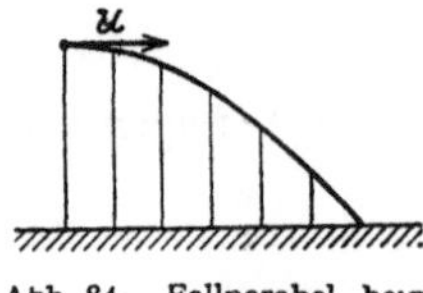

Abb. 84. Fallparabel beim horizontalen Wurf.

unmöglich macht. Selbst bei normalen Geschwindigkeiten von einigen 100 m/sec ist die Bremsung durch den Luftwiderstand sehr erheblich. Die Parabel kann nur als eine ganz grobe Annäherung an die wirkliche Flugbahn, die sog. ballistische Kurve, gelten.

§ 32. Rückblick. Was heißt Kraft? Zwei im Vakuum befindliche, frei bewegliche Korper (z. B. Erde und Mond, oder zwei elektrisch geladene Korper) konnen gegenseitig aufeinander mit Kraften einwirken. Das bedeutet: Durch irgendein noch ungeklartes und bisher nicht lokalisiertes Geschehen (oder Zustand?) werden beide Korper gegeneinander beschleunigt. — Beschleunigungen kann man aber auch durch eine Zwischenschaltung greifbarer Körper hervorrufen (z. B. Feder, komprimiertes Gas hinter einem Kolben, usw.); dabei handelt es sich im einzelnen ebenfalls um ungeklartes Geschehen, aber es außert sich in den zwischengeschalteten Korpern wenigstens sinnfallig, namlich bei toten Korpern durch eine Verformung, bei lebenden außerdem durch ein Gefuhl (Kraftgefuhl) In beiden Fallen nennt man das ratselvolle Geschehen, das einen Korper beschleunigen kann, eine am Korper angreifende Kraft $\Re$. Zur quantitativen Definition, also zur Messung der Kraft, verwendet man die Beschleunigung b_1, die die Kraft einem Korper der Masse m_1 erteilen kann, wenn sie allein auf diesen Körper wirkt, also $\Re = m_1 \cdot b_1$.

Zwei Kraft genannte Geschehen (oder Zustande?) können auf einen Korper einander entgegengerichtet wirken und sich teilweise oder ganz aufheben (vgl. S 25). Im zweiten Fall wird die Beschleunigung des Korpers Null.

Alle mit Hilfe der Grundgleichung hergeleiteten Gleichungen laufen in ihren Anwendungen letzten Endes auf folgendes hinaus: Man mißt zunachst eine Kraft $\Re$ mittels einer bekannten Beschleunigung b_1 (am einfachsten vergleicht man eine Kraft mit einer Gewicht genannten Kraft, definiert durch das Produkt Masse m_1 mal Fallbeschleunigung g). Alsdann beschleunigt man mit dieser nunmehr gemessenen Kraft einen anderen Korper (Masse m_2) und mißt die Beschleunigung b_2. Letzten Endes fuhren alle mit Hilfe der Grundgleichung $b = \Re/m$ hergeleiteten Gleichungen lediglich auf den Vergleich eines Verhaltnisses zweier Beschleunigungen (b_1/b_2) (deren eine meistens die Fallbeschleunigung ist) mit dem Verhältnis zweier Massen (m_2/m_1). In dieser Erkenntnis liegt keineswegs eine Degradation der Kraft Das Wesen einer Kraft ist durch die Meßvorschrift $\Re = mb$ ebensowenig erschöpft wie das Wesen eines elektrischen Stromes I durch die Meßvorschrift „Masse m_{Ag} des abgeschiedenen Silbers durch Flußzeit t", also $I = m_{Ag}/t$

V. Hilfsbegriffe. Arbeit, Energie, Impuls.

§ 33. Vorbemerkung. Mit Hilfe der Grundgleichung und des Satzes actio gleich reactio kann man sämtliche Bewegungen quantitativ behandeln. Viele Bewegungen sind sehr verwickelt. Man denke an die Bewegungen von Maschinen und an die Bewegungen unseres Körpers und seiner Gliedmaßen. In solchen Fällen kommt man nur mit einem großen Aufwand an Rechenarbeit zum Ziel. Dieser läßt sich oft durch einige geschickt gebildete Hilfsbegriffe erheblich vermindern. Es sind dies Arbeit, Energie und Impuls. Diese Hilfsbegriffe werden nicht etwa auf Grund bisher nicht berücksichtigter Erfahrungstatsachen hergeleitet, sondern mit Hilfe der Grundgleichung geschaffen. Wir beginnen mit dem Begriff Arbeit.

§ 34. Arbeit und Leistung. Es wird dreierlei festgesetzt:

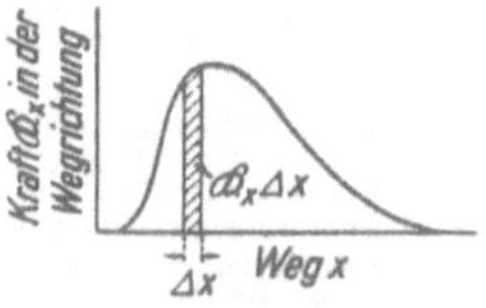

1. das Produkt „Kraft in Richtung des Weges mal Weg" bekommt den Namen **Arbeit**,

2. $+\Re x$ soll bedeuten: Kraft $\Re$ und x haben die gleiche Richtung. „Die Kraft $\Re$ leistet Arbeit."

3. $-\Re x$ soll bedeuten: Kraft $\Re$ und Weg x haben einander entgegengesetzte Richtungen. „Es wird gegen die Kraft $\Re$ Arbeit geleistet."

Im allgemeinen ist die Kraft weder längs des Weges konstant noch fällt sie überall in die Richtung des Weges. Dann nennen wir die Komponenten in Richtung der n Wegabschnitte $\Delta x\ \Re_1,\ \Re_2,\ \dots\ \Re_n$ und definieren als Arbeit A die Summe

$$\Re_1\,\Delta x_1 + \Re_2\,\Delta x_2 + \cdots + \Re_n\,\Delta x_n = \sum \Re_m\,\Delta x_m$$

$$(m = 1,\ 2,\ 3\ \dots\ n)$$

oder im Grenzübergang

$$\boxed{A = \int \Re_x\, dx.} \qquad (36)$$

In Abb. 84a ist eine solche Kraft-Weg-Summe graphisch dargestellt.

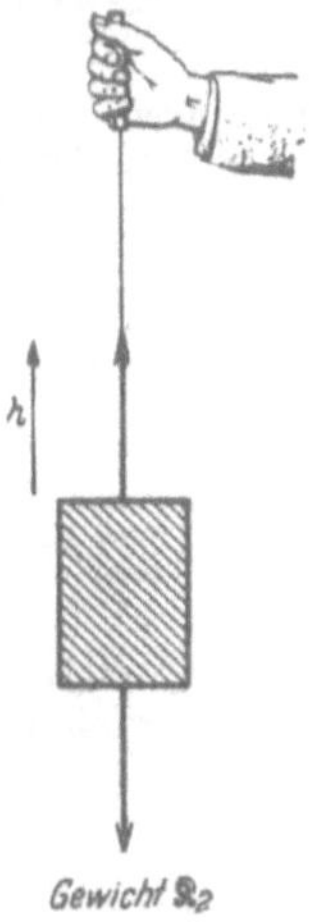

Mit dieser Definition der Arbeit sind auch ihre Einheiten gegeben, diese müssen ein Produkt aus einer Krafteinheit und einer Wegeinheit sein. Wir nennen

1 Großdynmeter $= 1$ Wattsekunde $= 1\ \mathrm{kg}\ \dfrac{\mathrm{m^2}}{\mathrm{sec^2}}$,

1 Kilopondmeter $= 9{,}8$ Wattsekunden,

1 Kilowattstunde $= 3{,}6 \cdot 10^6$ Wattsekunden $= 3{,}67 \cdot 10^5$ Kilopondmeter.

Wir wollen die Arbeit für drei verschiedene Fälle berechnen.

I. **Hubarbeit.** In Abb. 85 hebt ein Muskel ganz langsam mit der Kraft $\Re$ einen Körper senkrecht in die Höhe. Dabei leistet die Kraft $\Re$ längs des Weges dh die Arbeit

$$dA = \Re \cdot dh. \qquad (37)$$

Bei ganz langsamem Heben bleibt die Geschwindigkeit des Körpers praktisch gleich Null. Folglich ist mit beliebiger Näherung $\Re = -\Re_2$. Somit wird

$$dA = -\Re_2 \cdot dh. \qquad (38)$$

Abb. 84a. Zur Definition der Arbeit als Wegsumme der Kraft.

Abb. 85. Zur Definition der Hubarbeit (= potentielle Energie des gehobenen Körpers oder Potential des Gewichtes)

Diese Arbeit wird **gegen** das Gewicht geleistet. Das Gewicht $\Re_2$ ist für alle in der Nähe des Erdbodens vorkommenden Höhen h praktisch konstant. Also wird die Kraft-Weg-Summe ein **Rechteck** mit dem Flächeninhalt $\Re_2 \cdot h$. Somit bekommen wir längs der Hubhöhe h als gegen das Gewicht $\Re_2$ geleistete

$$\text{Hubarbeit} = -\Re_2\, h. \tag{39}$$

Durch Hebemaschinen aller Art, z. B. die einfache Rampe in Abb. 86, kann an der Größe des Produktes $-\Re_2 h$ nichts geändert werden. Es kommt stets nur auf die lotrechte Hubhöhe h an.

Zahlenbeispiel: Ein Mensch mit 70 Kilopond Gewicht klettere an einem Tage auf einen 7000 Meter (!) hohen Berg. Dabei leistet die Kraft seiner Muskeln die Hubarbeit 70 kp · 7000 m $\approx$ 5 · 10⁵ Kilopondmeter = rund 1,5 Kilowattstunden. Diese „Tagesarbeit" hat einen Großhandelswert von etwa 2 Pfennig! — Beim Springen hat man als Hubhöhe h nur die vom Schwerpunkt des Körpers zurückgelegte Höhendifferenz zu berücksichtigen. Beim stehenden Menschen befindet sich der Schwerpunkt ca. 1 m über dem Boden. Beim

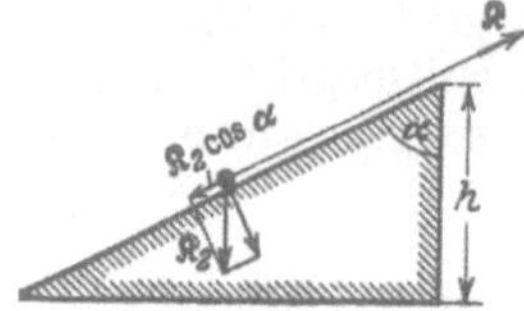

Abb. 86. Hubarbeit längs einer Rampe. Die Arbeit ist nicht gegen das ganze Gewicht $\Re_2$ des Körpers zu leisten, sondern nur gegen seine zur Rampenoberfläche parallele Komponente $\Re_2 \cos\alpha$. Dafür ist jedoch der Weg x größer als die lotrechte Hubhöhe h, er ist $= h/\cos\alpha$. Längs der ganzen Rampe ist daher die Hubarbeit $= -\Re_2 \cdot \cos\alpha \cdot h/\cos\alpha = -\Re_2 \cdot h$. — Entsprechende Betrachtungen lassen sich für beliebig gekrümmte Rampen oder andere Hebemaschinen, wie etwa Flaschenzüge, durchführen.

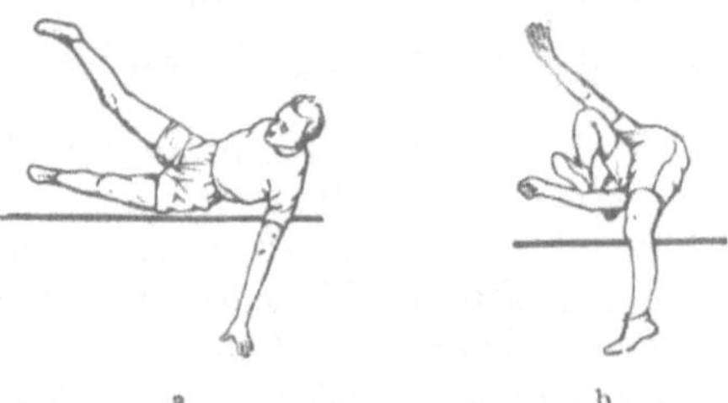

Abb. 87. Geübte Springer walzen sich über das Sprungseil hinweg.

Überspringen eines 1,7 m hohen Seiles (vgl. Abb. 87) erreicht der Schwerpunkt eine Höhe von ca. 2 m. Die Hubhöhe beträgt also nur $2 - 1 = 1$ m. Also leistet die Muskelkraft des Springers eine Hubarbeit von $70 \cdot 1 = 70$ Kilopondmeter, oder rund 700 Wattsekunden.

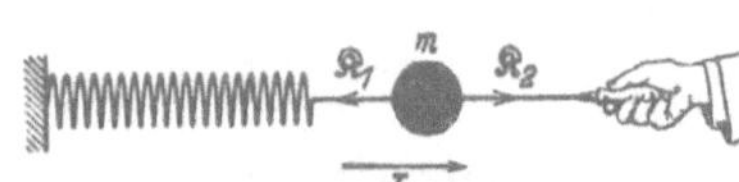

Abb. 88. Zur Definition der Spannarbeit ($=$ potentielle Energie einer Feder $=$ Potential einer elastischen oder Federkraft).

II. Spannarbeit. In Abb. 88 wird ein Körper von einer Feder gehalten. Ein Muskel **dehnt ganz langsam** die Feder in Richtung x. Die Kraft $\Re$ des Muskels leistet längs des Wegabschnittes dx die Arbeit

$$dA = \Re\, dx. \tag{40}$$

Bei genügend langsamem Spannen bleibt die Geschwindigkeit des Körpers praktisch gleich Null. Folglich ist mit beliebig guter Näherung die durch die Verformung entstandene Federkraft $\Re_1 = -\Re$ und

$$dA = -\Re_1 \cdot dx. \tag{41}$$

Diese Arbeit wird **gegen** die Federkraft geleistet. Für die Federkraft gilt das lineare Kraftgesetz (Abb. 89)

$$\Re_1 = -Dx. \tag{26 v. S. 33}$$

Einsetzen von (26) in (41) ergibt

$$dA = Dx \cdot dx. \tag{42}$$

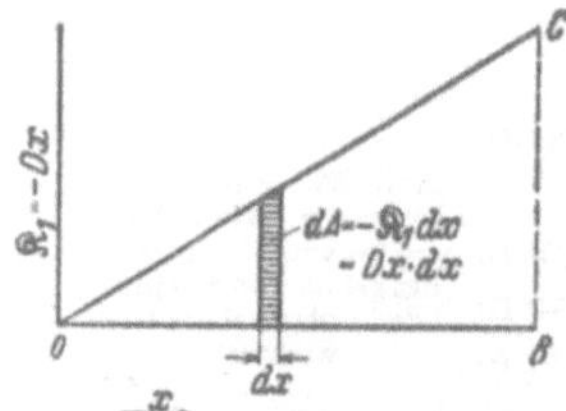

Abb. 89. Zur Berechnung der Spannarbeit. $\int dA =$ Summe der schraffierten Vierecksflächen = Fläche des Dreiecks COB.

Längs des Weges x wird die Kraft-Weg-Summe gleich der **Dreiecksfläche** COB mit dem Flächeninhalt $\frac{1}{2} x \cdot Dx$. Also ist die

$$\text{Spannarbeit} = \tfrac{1}{2} D x^2 = \tfrac{1}{2} \Re_{\max} \cdot x. \tag{43}$$

Zahlenbeispiel: Ein Flitzbogen für Sportzwecke wird mit einer Muskelkraft $\Re_{max} = D x$ = 20 Kilopond um 0,4 m Sehnenweg verspannt. Dazu muß die Muskelkraft eine Spannarbeit von 0,5 · 20 kp · 0,4 m = 4 Kilopondmeter ≈ 40 Wattsekunden leisten.

III. **Beschleunigungsarbeit.** Die Abb. 90 schließt an Abb. 88 an. Die Hand hat den Körper gerade losgelassen, dann entspannt sich die Feder, sie zieht sich zusammen. Dabei beschleunigt sie den zuvor ruhenden Körper nach links, und die Federkraft $\Re_1$ leistet die Beschleunigungsarbeit

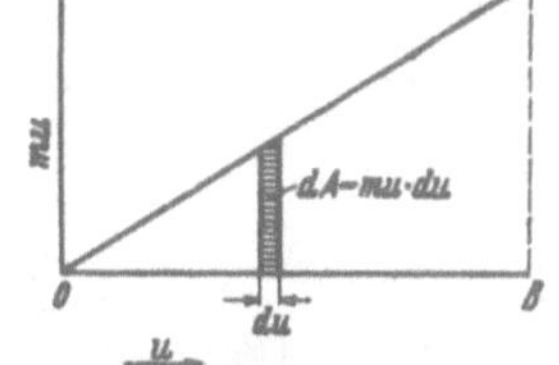
Abb. 90. Zur Definition der Beschleunigungsarbeit (= kinetische Energie)

$$dA = \Re_1 \, dx. \qquad (44)$$

Nach der Grundgleichung ist

$$\Re_1 = m \frac{du}{dt} \qquad (45)$$

und laut Definition der Geschwindigkeit,

$$dx = u \, dt. \qquad (46)$$

(44) bis (46) zusammen ergeben

$$dA = mu \, du. \qquad (47)$$

Die Summierung (Abb. 91) liefert die

$$\text{Beschleunigungsarbeit} = \tfrac{1}{2} m u^2 \qquad (48)$$

Abb. 91. Zur Berechnung der Beschleunigungsarbeit. $\int dA$ = Summe der schraffierten Vierecksflächen = Fläche des Dreiecks COB.

Tabelle 2. Beispiele für Beschleunigungsarbeit.

	Masse in kg	Geschwindigkeit in Meter/sec	Beschleunigungsarbeit	
			Watt-sekunden	Kilowatt-stunden
D-Zug (Lokomotive + 8 Wagen)	$1,5 \cdot 10^5 + 8 \cdot 4,5 \cdot 10^4$	20	10^8	27
38-cm-Granate	750	800	$2,4 \cdot 10^8$	66
Schnelldampfer	$3 \cdot 10^7$ ($= 3 \cdot 10^4$ Tonnen)	13 ($= 25$ Knoten)	$2,5 \cdot 10^9$	700
Pistolenkugel von S 12	$3,26 \cdot 10^{-2}$	225	82	—

Das Verhältnis Arbeit/Zeit oder das Produkt Kraft mal Geschwindigkeit bezeichnet man als Leistung. Die gebräuchlichsten **Einheiten der Leistung** sind

$$\text{1 Watt} = 1 \text{ Großdynmeter/sec} = 0,102 \text{ Kilopondmeter/sec} \qquad (49)$$

und $\qquad\qquad$ 1 Kilowatt = 102 Kilopondmeter/sec. $\qquad\qquad$ (50)

Veraltet ist die Einheit Pferdestärke = 75 Kilopondmeter/sec = 0,735 Kilowatt.

Ein Mensch vermag für die Zeitdauer etlicher Sekunden gut 1 Kilowatt zu leisten. Man kann z. B. in 3 sec eine 6 m hohe Treppe heraufspringen. Dabei ist die Leistung 70 kp · 6 m/3 sec = 140 Kilopondmeter/sec = 1,37 Kilowatt.

Weiteres in § 43.

§ 35. Energie und Energiesatz. In § 33 haben wir die Kraft · Weg-Summe, also $\int \Re \, dx$, gebildet und Arbeit genannt. Diese Arbeit haben wir für drei Fälle berechnet und Zahlenbeispiele für ihre Größe gegeben.

In allen drei Fällen wird durch die Arbeit eine „Arbeitsfähigkeit" geschaffen oder, anders ausgedrückt, eine Arbeit in eine Arbeitsfähigkeit „umgewandelt": Ein gehobener Körper und eine gespannte Feder können ihrerseits Arbeit leisten. Sie können z. B. einen Körper anheben (Abb. 92 und 93) oder beschleunigen (z. B. Abb. 40 und Abb. 90). Man nennt die in Arbeitsfähigkeit umgewandelte

$$\begin{array}{ll} \text{Hubarbeit } -\Re_2\,h \\ \text{Spannarbeit } \tfrac{1}{2}Dx^2 \end{array} \Bigg\} \text{ die potentielle } \Bigg\{ \begin{array}{l} \text{des gehobenen Körpers} \\ \text{der gespannten Feder} \end{array}$$

Ebenso bekommt ein Körper durch eine Beschleunigung außer einer Geschwindigkeit eine Arbeitsfähigkeit, er kann z. B. einen Körper verformen und dabei Spannarbeit leisten. Man nennt die in Arbeitsfähigkeit umgewandelte

Beschleunigungsarbeit $\tfrac{1}{2}mu^2$ die kinetische Energie W_{kin} des Körpers.

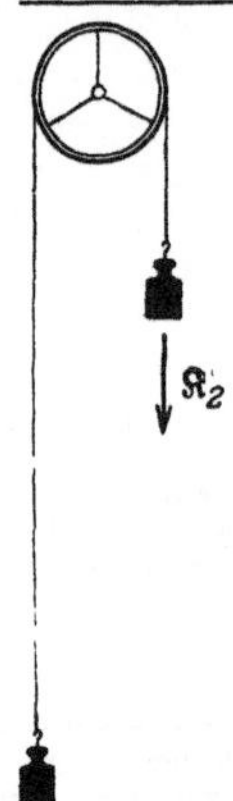

In den eben genannten Beispielen ist die Summe beider Energieformen eine unveränderliche Größe, also

$$W_{\mathrm{pot}} + W_{\mathrm{kin}} = \text{const.} \tag{51}$$

Das ist der fundamentale **Energiesatz** der Mechanik.

Beweis: In Abb. 90 möge sich die Feder um den Weg $d\dot{x}$ entspannen. Dabei leistet die Federkraft $\Re_1$ eine Arbeit dA. Diese kann in zweierlei Weise beschrieben werden: Erstens als eine die kinetische Energie W_{kin} vergrößernde Beschleunigungsarbeit, also

$$dA = +dW_{\mathrm{kin}}. \tag{52}$$

Zweitens als eine die potentielle Energie der Feder verkleinernde Spannarbeit, also

$$dA = -dW_{\mathrm{pot}}. \tag{53}$$

Abb. 92. Ein angehobener Körper kann Arbeit leisten: Er vermag mit beliebig guter Näherung einen Körper von gleichem Gewicht in die Höhe zu heben, ohne ihn dabei zu beschleunigen.

(52) und (53) zusammen ergeben

$$dW_{\mathrm{pot}} + dW_{\mathrm{kin}} = 0$$

oder

$$W_{\mathrm{pot}} + W_{\mathrm{kin}} = \text{const.} \tag{51}$$

Ebenso heißt es beim freien Fall eines Körpers: Das Gewicht $\Re_2$ leistet längs des Weges dh die Arbeit $dA = +\Re_2\,dh$. Diese ist $= +dW_{\mathrm{kin}}$ und $= -dW_{\mathrm{pot}}$. Also auch hier $dW_{\mathrm{pot}} + dW_{\mathrm{kin}} = 0$ und $W_{\mathrm{pot}} + W_{\mathrm{kin}} = \text{const.}$

Somit haben wir den Energiesatz in der Mechanik nur für zwei Sorten von Kräften hergeleitet, nämlich für die Federkraft und für das Gewicht. Diese Kräfte werden **konservative** genannt. Bei ihnen wird die Energie „konserviert". Die Reibung und Muskelkraft genannten Kräfte sind „nicht-konservativ". Für sie gilt der mechanische Energiesatz, also Gl. (51) nicht. Sie werden erst später durch eine großartige Erweiterung des Energiesatzes einbezogen.

§ 36. Erste Anwendungen des mechanischen Energiesatzes. I. Sinusschwingungen bestehen in einer periodischen Umwandlung beider mechanischer Energieformen ineinander. Für jeden Ausschlag x gilt

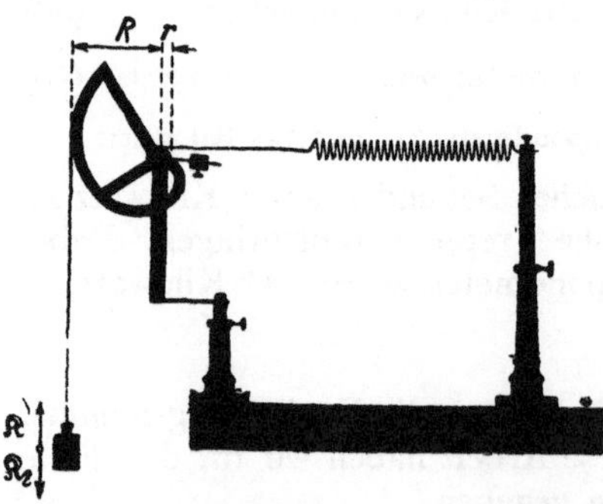

Abb. 93 Eine gespannte Feder kann einen Körper anheben und dabei ausschließlich Hubarbeit, also keine Beschleunigungsarbeit leisten. Durch eine stetig veränderliche Hebelübersetzung hält in jedem Augenblick die Hubkraft $\Re$ dem Gewicht $\Re_2$ das Gleichgewicht. ist der konstante, R der während der Drehung abnehmende Hebelarm

$$\tfrac{1}{2}Dx^2 + \tfrac{1}{2}mu^2 = \text{const.} \tag{52}$$

Beim Passieren der Ruhelage ist die gesamte Energie in kinetische Energie verwandelt, es gilt

$$\tfrac{1}{2} m u_0^2 = \text{const} = W_{\text{kin}}. \tag{53}$$

In den Umkehrpunkten ist die gesamte Enerige potentiell, es gilt

$$\tfrac{1}{2} D x_0^2 = \text{const} = W_{\text{pot}}. \tag{54}$$

In Worten: Die Energie einer Sinusschwingung ist proportional dem Quadrat ihrer Amplitude x_0.

Gleichsetzen von (53) und (54) führt auf die wichtige, uns schon bekannte Gleichung

$$u_0 = \omega \cdot x_0. \tag{23} \text{ v. S. } 33$$

Siehe später S. 55.

II. Beim freien Fall leistet das Gewicht $\Re_2 = mg$ eines Körpers die Beschleunigungsarbeit $\tfrac{1}{2} m u^2 = \Re_2 h = mgh$. Also ist die Endgeschwindigkeit eines Körpers nach Durchfallen der senkrechten Höhe h

$$u = \sqrt{2gh}. \tag{55}$$

Mit der zugehörigen kinetischen Energie vermag der Körper beim Aufprall auf eine Unterlage (z. B. Abb. 94) sich selbst und die Unterlage elastisch zu verformen und seine kinetische in potentielle Energie zu verwandeln. Diese wird durch Entspannen der verformten Körper in kinetische zurückverwandelt: Der Körper steigt, bekommt abermals potentielle Energie und so fort: „Kugeltanz“.

Abb. 94. Zum Energiesatz. Eine Stahlkugel tanzt über einer Stahlplatte. Man kann die Stahlplatte durch eine berußte Glasplatte ersetzen. Dann läßt sich die Abplattung der Kugel beim Aufprall gut erkennen.

III. Definition von elastisch. Man nennt Verformungen dann elastisch, wenn der mechanische Energiesatz erfüllt ist. Praktisch ist das nur als Grenzfall zu verwirklichen. Stets wird ein Bruchteil der sichtbaren mechanischen Energie in die Energie unsichtbarer Bewegungsvorgänge der Moleküle, d. h. in Wärme verwandelt. Beim Kugeltanz erreicht die Kugel nie ganz die Ausgangshöhe.

§ 37. Kraftstoß und Impuls. Die Kraft · Weg-Summe, also die Arbeit $\int \Re \, dx$, führte uns auf einen grundlegend wichtigen Begriff, nämlich den der Energie. Das Entsprechende tut die Kraft · Zeit-Summe, also $\int \Re \, dt$. Sie wird Kraftstoß genannt und führt zum Begriff Impuls.

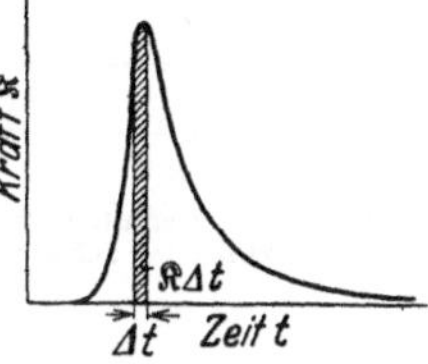

Abb. 95. Zeitsumme der Kraft oder Kraftstoß.

Sehr viele Bewegungen verlaufen ruck- oder stoßartig. Es sind Kräfte rasch wechselnder Größe am Werk. Die Abb. 95 möge den zeitlichen Verlauf einer solchen Kraft veranschaulichen. — Von derartigen Vorgängen ausgehend, hat man den Begriff des Kraftstoßes $K\,dt$ geschaffen. Man bildet die Summe

$$\Re_1 \varDelta t_1 + \Re_2 \varDelta t_2 + \cdots + \Re_n \varDelta t_n = \sum \Re_m \varDelta t_m$$
$$(m = 1, 2, 3 \ldots n)$$

oder im Grenzübergang

$$\boxed{\text{Kraftstoß} = \int \Re \, dt.} \tag{56}$$

Als Einheit des Kraftstoßes benutzt man Großdynsekunden oder Kilopondsekunden[1].

Durch Arbeit wird einem Körper eine Energie erteilt. Was ist das Ergebnis eines Kraftstoßes? Die Antwort gibt uns die Anwendung der Grundgleichung. Vor Beginn des Kraftstoßes habe der Körper die Geschwindigkeit u_1. Während

---

[1] Entsprechend in der Elektrizitätslehre: Stromstoß $\int I\,dt$, gemessen in Amperesekunden, Spannungsstoß $\int U\,dt$, gemessen in Voltsekunden

jedes Zeitabschnittes dt_m hat die Beschleunigung die Größe $\mathfrak{b}_m = \mathfrak{K}_m/m$. Sie erzeugt innerhalb des Zeitabschnittes dt_m einen Geschwindigkeitszuwachs

$$d\,\mathfrak{u}_m = \mathfrak{b}_m\,dt_m = \frac{1}{m}\,\mathfrak{K}_m \cdot dt_m \qquad (57)$$

oder

$$m\,d\mathfrak{u}_m = \mathfrak{K}_m \cdot dt_m$$

und nach Summierung über alle Zeitabschnitte dt_m

$$\boxed{m\,(\mathfrak{u}_2 - \mathfrak{u}_1) = \int \mathfrak{K}\,dt.} \qquad (58)$$

Das Produkt Masse mal Geschwindigkeit, also $m\mathfrak{u}$, ist von NEWTON Bewegungsgröße genannt worden. In den letzten Jahrzehnten ist dieser gute Name durch das Wort Impuls verdrängt worden, und auch wir müssen uns diesem Gebrauch anschließen. So heißt also Gl. (58) in Worten: Ein Kraftstoß $\int \mathfrak{K}\,dt$ ändert den Impuls eines Körpers vom Anfangswert $m\mathfrak{u}_1$ auf den Endwert $m\mathfrak{u}_2$.

§ 38. Der Impulssatz. Die in § 37 gegebenen Definitionen fassen wir mit dem Erfahrungssatz actio = reactio zusammen: Kräfte treten stets paarweise

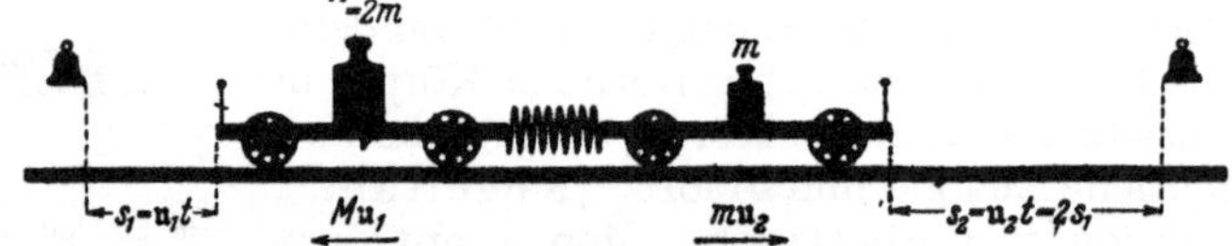

Abb. 96. Zum Impulssatz. Zwei Wagen mit den Massen $2\,m$ und m legen in gleichen Zeiten Wege zurück, die sich wie 1 : 2 verhalten. Folglich verhalten sich die Geschwindigkeiten wie 1 : 2.

auf; sie greifen stets in gleicher Größe, aber entgegengesetzter Richtung an zwei Körpern an. Die Abb. 96 gibt das einfachste Beispiel: Zwischen zwei ruhenden Wagen mit den Massen M und m befindet sich eine gespannte Feder. Der Gesamtimpuls dieses „Systems" ist gleich Null. Dann gibt eine Auslösevorrichtung die Feder frei. Beide Wagen erhalten Kraftstöße gleicher Größe, aber entgegengesetzter Richtung. Infolgedessen erhalten auch beide Wagen Impulse gleicher Größe, aber entgegengesetzter Richtung. Oder in Formelsprache:

Abb. 97. Zur Definition des Massenmittelpunktes oder Schwerpunktes S.

$$M\mathfrak{u}_1 = -m\mathfrak{u}_2; \qquad M\mathfrak{u}_1 + m\mathfrak{u}_2 = 0. \qquad (59)$$

Die Summe beider Impulse ist Null geblieben. D. h. in sinngemäßer Verallgemeinerung: Ohne Einwirkung „äußerer" Kräfte bleibt in irgendeinem System beliebig bewegter Körper die Summe aller Impulse konstant. Das ist der Satz von der Erhaltung des Impulses. Dieser Impulssatz ist nicht minder wichtig als der Energiesatz.

Der Impulssatz wird oft „Satz von der Erhaltung des Schwerpunktes" genannt. Der Grund geht aus Abb 96 hervor. Es gilt für die in gleichen Zeiten zurückgelegten Wege

$$M s_1 = m s_2 .$$

Mit derselben Gleichung definiert man bei ruhenden Körpern (Abb. 97) den Massenmittelpunkt oder Schwerpunkt.

§ 39. Erste Anwendungen des Impulssatzes. Ebenso wie der Energiesatz soll auch der Impulssatz durch ein paar einfache Beispiele erläutert werden.

1. Gegeben ein flacher, etwa 2 m langer, stillstehender Wagen. An seinem rechten Ende steht ein Mann (Abb. 98). Wagen und Mann bilden ein System. Der

Mann beginnt nach links zu laufen. Dadurch erhält er einen nach links gerichteten Impuls. Gleichzeitig läuft der Wagen nach rechts. Der Wagen hat nach dem Impulssatz einen Impuls gleicher Größe, aber entgegengesetzter Richtung erhalten. —. Der Mann setzt seinen Lauf fort und verläßt den Wagen am linken Ende. Dabei nimmt er seinen Impuls mit. Der Wagen rollt mit konstanter Geschwindigkeit nach rechts. Denn er besitzt, vom Vorzeichen abgesehen, einen ebenso großen Impuls wie der Mann.

2. Zum Beleg dieser quantitativen Aussage lassen wir den leer laufenden Wagen einem zweiten laufenden Mann begegnen (Abb. 99). Masse und Geschwindigkeit dieses zweiten Mannes waren gleich der des ersten gewählt. Der zweite Mann betritt den Wagen und bleibt auf ihm stehen. Sofort steht auch der Wagen still. Der vom Mann mitgebrachte und abgelieferte Impuls war entgegengesetzt gleich dem des leer heranrollenden Wagens.

3. Der flache Wagen steht ruhig da. Von rechts kommt im Laufschritt konstanter Geschwindigkeit ein Mann. Er betritt den Wagen rechts und verläßt ihn links (Abb. 100). Der Wagen bleibt ruhig stehen. Der Mann hatte seinen ganzen Impulsvorrat mitgebracht und ihn auf dem Wagen nicht merklich geändert. Infolgedessen kann auch der Impuls des Wagens nicht gegenüber seinem Anfangswert Null geändert sein.

4. Der flache Wagen hat Gummiräder. Quer zu seiner Längsrichtung ist er praktisch unverschiebbar. Er kann nur in seiner Längsrichtung rollen. Infolgedessen erlaubt er, die Vektornatur des Impulses zu zeigen: Der Mann laufe unter einem Winkel α schräg auf den Wagen herauf und stoppe auf dem Wagen ab. Dann fällt in die Längsrichtung des Wagens nur die Impulskomponente $\mathfrak{G} \cos \alpha$. Bei $\alpha = 60°$ reagiert der Wagen nur noch mit halber Geschwindigkeit ($\cos \alpha = 0,5$); bei $\alpha = 90°$ bleibt die Geschwindigkeit des Wagens Null ($\cos 90° = 0$).

Abb. 98. Zum Impulssatz. Ein Mann beschleunigt sich auf einem Wagen und erteilt dabei dem Wagen einen Impuls entgegengesetzter Richtung.

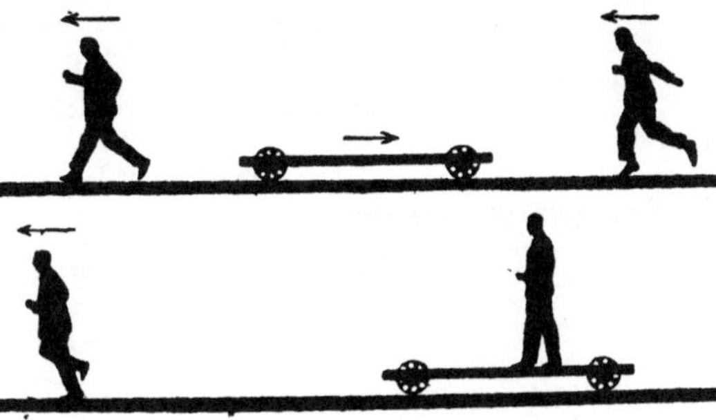

Abb. 99. Der Impuls des Wagens in Abb. 98 ist gleich dem Impuls des Mannes.

Abb. 100. Zum Impulssatz. Der Laufer hat seinen Impuls beim Passieren des Wagens nicht in merklichem Betrage geändert.

§ 40. Impuls und Energiesatz beim elastischen Zusammenstoß von Körpern. Die Abb. 101 zeigt zwei Wagen mit weichen Federpuffern. Beide Wagen haben die gleiche Masse. Der rechte Wagen ruht, der linke kommt mit der Geschwindigkeit u heran. Beim Zusammenprall tauschen die Wagen ihre

Abb. 101. Zur Vorführung eines langsam ablaufenden elastischen Zusammenstoßes. F = Schraubenfeder.

Geschwindigkeit aus. Der rechte fährt mit der Geschwindigkeit u davon, der linke bleibt genau in dem Augenblick stehen, in dem die Pufferfedern wieder entspannt sind. — Zur Deutung dieses Vorganges braucht man sowohl den Impuls- wie den Energiesatz. Das wollen wir gleich für den Fall ungleicher Massen zeigen.

Der Impulssatz verlangt

$$\underset{\text{vor dem Zusammenstoß}}{\underset{\text{linker Wagen}}{m\,u}} \;=\; \underset{\text{nach dem Zusammenstoß}}{\underset{\text{linker Wagen}}{m\,u_x}} \;+\; \underset{\text{rechter Wagen}}{M\,u_y}$$

oder

$$m\,(u - u_x) = M\,u_y . \tag{60}$$

Der Energiesatz verlangt

$$\tfrac{1}{2}\,m\,u^2 \;=\; \tfrac{1}{2}\,m\,u_x^2 \;+\; \tfrac{1}{2}\,M\,u_y^2$$

oder

$$m\,(u + u_x)\,(u - u_x) = M\,u_y^2 \tag{61}$$

(60) und (61) zusammen ergeben

$$u_y = (u + u_x) . \tag{62}$$

Mit Hilfe von (62) kann man aus (60) entweder u_x oder u_y entfernen und bekommt als Geschwindigkeit

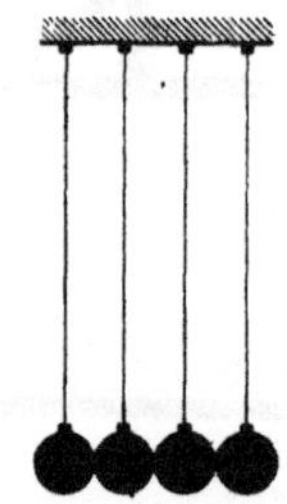

Abb. 102. Zur Vorführung von Folgen elastischer Stöße zwischen Körpern gleicher Masse.

des stoßenden Körpers m

$$u_x = u\,\frac{m - M}{M + m}, \tag{63}$$

des gestoßenen Körpers M

$$u_y = u\,\frac{2\,m}{M + m}. \tag{64}$$

Im Sonderfall $M = m$ folgt also für die Geschwindigkeiten nach dem Zusammenprall: u_x (stoßender Wagen) $= 0$; u_y (gestoßener Wagen) $= u$. Für $M > m$ wird u_x negativ, d. h. der Geschwindigkeit u entgegengerichtet.

Der in Abb. 101 skizzierte Versuch läßt sich mit einer größeren Anzahl von Wagen fortführen. Man sieht ihn gelegentlich auf einem Rangierbahnhof. Im Hörsaal ersetzt man die Wagen meist durch eine Reihe gleicher, als Pendel aufgehängter Stahlkugeln, Abb. 102. Die links befindliche wird angehoben und stößt gegen ihre Nachbarin. Dann übernimmt diese und jede folgende nacheinander in winzigem zeitlichem Abstand die Rolle einer gestoßenen und einer stoßenden Kugel. Erst die ganz rechts befindliche Kugel fliegt ab.

Im Kinderspiel werden die aufgehängten Kugeln durch einige aneinandergereihte Münzen gleicher Größe ersetzt.

§ 41. Der Impulssatz beim unelastischen Zusammenstoß zweier Körper und das Stoßpendel. Beim unelastischen Zusammenstoß gilt der mechanische Energiesatz n i c h t. Man darf daher allein den Impulssatz anwenden. Nach dem

Zusammenstoß laufen die beiden Körper mit einer gemeinsamen Geschwindigkeit u_y in der Richtung u des stoßenden Körpers davon. Die beiden Körper scheinen aneinanderzu„kleben". Zur Vorführung ersetzt man die Federpuffer in Abb. 101 durch Blei oder einen noch mehr „bildsamen" Stoff. — Der Impulssatz verlangt

linker Wagen		beide Wagen zusammen
$m\mathfrak{u}$	$=$	$u_y(m + M)$
vor dem Zusammenstoß		nach dem Zusammenstoß

oder

$$u_y = \mathfrak{u}\,\frac{m}{M + m}. \tag{66}$$

Als Anwendungsbeispiel bringen wir die Messung der Mündungsgeschwindigkeit einer Pistolenkugel. In Abb. 103 fliegt das Geschoß mit seiner Geschwindigkeit $\mathfrak{u}$ in einen Klotz der Masse M hinein und bleibt in ihm stecken. Beide zusammen fliegen mit der Geschwindigkeit u_y nach rechts. Diese mißt man und berechnet $\mathfrak{u}$ nach Gl. (66).

Die Messung von u_y läßt sich mit Hilfe einer einfachen Taschenuhr durchführen. Zu diesem Zweck verfertigt man sich ein „Stoßpendel". D. h. man ordnet den Körper M irgendwie schwingungsfähig an, z. B. zwischen zwei Federn oder als Körper eines Schwerependels aufgehängt (Abb. 103). In beiden Fällen sorgt man für ein lineares Kraftgesetz: Man macht die Federn oder den Pendelfaden lang genug. Beim linearen Kraftgesetz gilt die wichtige Gleichung

$$\boxed{u_y = \omega\,x_0\,.} \tag{23 v. S. 33}$$

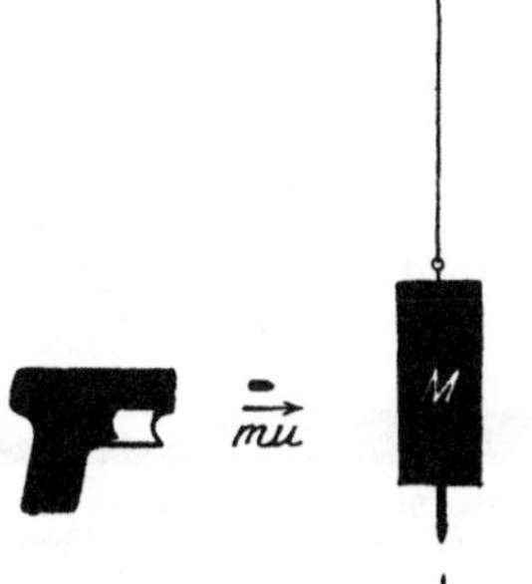

Abb. 103. Das Schwerependel als Kraftstoßmesser Messung einer Pistolenkugelgeschwindigkeit (Fadenlänge etwa 4.3 m, Schwingungsdauer $T = 4{,}19$ sec.). Skala in Zehntelmeterteilung.

In Worten: Die Geschwindigkeit u_y, mit der ein schwingungsfähiger Körper seine Ruhelage verläßt, ergibt sich in einfacher Weise aus dem Stoßausschlag x_0: Man braucht diesen nur mit der Kreisfrequenz ω, der Zahl der Schwingungen in 2π Sekunden, zu multiplizieren.

Zahlenbeispiel: In Abb. 103 messen wir $\omega = 1{,}5$ Winkel · sec^{-1} und $x_0 = 0{,}25$ Meter. Folglich ist nach Gl. (23) $u_y = 0{,}375$ Meter/sec. Die Masse M des Pendelkorpers ist gleich 2 Kilogramm, die der Kugel $m = 3{,}3$ Gramm $= 3{,}3 \cdot 10^{-3}$ kg. Einsetzen dieser Zahlenwerte in Gl. (66) ergibt $\mathfrak{u} = 227$ Meter/sec, in guter Übereinstimmung mit unserer fruheren Messung auf S. 12.

Welche Vereinfachung hat uns der Impulsbegriff gebracht! Früher brauchten wir einen Chronographen mit Zeitmarkendruck, einen Elektromotor, Regelwiderstand und Drehzahlmesser und überdies einen Kugelfang. Im Besitz des Impulssatzes benötigen wir für die gleiche Messung nur noch eine sandgefüllte Zigarrenkiste, etwas Bindfaden, eine Wage und eine Taschenuhr.

Anfanger versuchen gelegentlich bei der Messung der Geschoßgeschwindigkeit mit dem Stoßpendel den Energiesatz zu benutzen. Sie setzen die kinetische Energie $\frac{1}{2}\,m\mathfrak{u}^2$ des Geschosses gleich der kinetischen Energie $\frac{1}{2}\,M\,(\omega x_0)^2$ des Stoßpendels. Das ist völlig unzulässig. Der Aufprall des Geschosses erfolgt ja nicht elastisch (S. 51). Vielmehr wird die kinetische Energie des Geschosses wahrend des Einschlages bis auf ca. $0{,}16\%$ in Wärme verwandelt.

Das Stoßpendel läßt sich ebensogut für elastische wie für unelastische Zusammenstöße anwenden. Als Beispiel vergleichen wir die Impulsübertragung beim elastischen und beim unelastischen Stoß. Diesem Zweck dient die in Abb. 104 skizzierte Anordnung. — Eine kleine Kugel kommt eine schiefe Rinne heruntergelaufen und trifft eine große, als Stoßpendel aufgehängte, zentral. Für den unelastischen Stoß bekleben wir die Auftreffstelle mit einem Stückchen Bleiblech. Die Pendelkugel verschiebt beim Ausschlag einen leichten Pappzeiger in einer Gleitbahn. Er bleibt am Ende des Ausschlages stehen und ermöglicht eine bequeme Ablesung.

Der elastische Zusammenstoß bewirkt einen doppelt so großen Ausschlag wie der unelastische. Folglich wird beim elastischen Zusammenstoß doppelt soviel Impuls übertragen wie beim unelastischen. Diese wichtige Tatsache konnte man schon zuvor aus einem Vergleich der Gl. (64) und (66) ablesen.

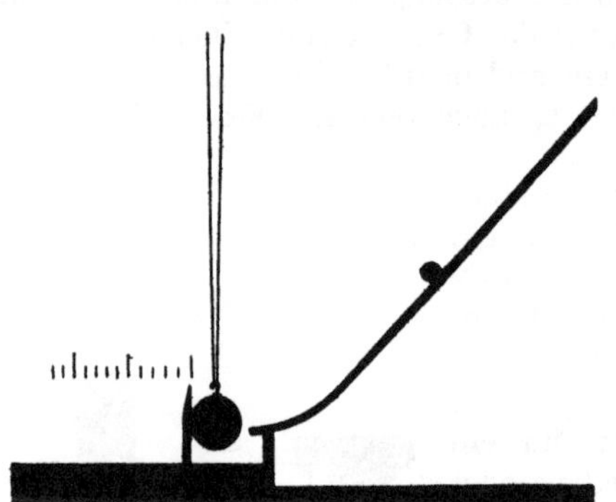

Abb 104. Eine Stahlkugel läuft gegen ein Stoßpendel. Links ein leichter in einer Gleitbahn verschiebbarer Zeiger (Fadenlänge etwa 4¹/₂ m).

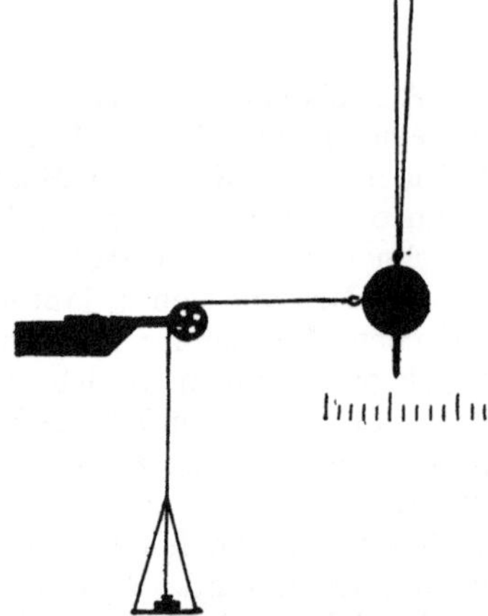

Abb. 105. Das Schwerependel als Kraftmesser mit linearer Skala. Fadenlänge etwa 3¹/₂ m.

§ 42. Das Stoßpendel als Urbild der ballistischen Meßinstrumente. Stoßgalvanometer, Messung einer Stoßdauer. Jedes Pendel mit linearem Kraftgesetz kann als Waage oder Kraftmesser benutzt werden. Die Abb. 105 zeigt ein Beispiel. Das Verhältnis

$$D = \frac{\text{Kraft } \Re}{\text{Ausschlag } x} \tag{67}$$

wird in diesem Fall nicht Richtgröße, sondern die **statische Empfindlichkeit**[1] des Kraftmessers genannt.

Das gleiche Pendel kann, wie wir sahen, als Stoßpendel benutzt werden. Man muß nur seine Schwingungsdauer groß machen gegenüber der Dauer des Kraftstoßes. Dann ist $u = \dfrac{\int \Re\, dt}{m}$ noch praktisch gleich der Geschwindigkeit u_0, mit der das Pendel seine Ruhelage verläßt. Für diese gilt

$$u_0 = \omega x_0, \tag{23 v. S. 33}$$

also

$$\int \Re\, dt = m u_0 = m \omega x_0$$

oder

$$\frac{\text{Kraftstoß } \int \Re\, dt}{\text{Stoßausschlag } x_0} = m \omega = B. \tag{68}$$

Dies Verhältnis wird die **ballistische Empfindlichkeit** des Kraftmessers genannt.

---

[1] Dieser physikalische Sprachgebrauch ist seltsam, denn in ihm bedeuten kleine Zahlenwerte große Empfindlichkeit.

Wir ersetzen m mit Hilfe der Gleichung

$$m/D = \omega^{-2}$$

(27) v. S. 33

und erhalten

$$B = D/\omega .$$

In Worten: Das Verhältnis aus der statischen Empfindlichkeit D und der Kreisfrequenz ω ergibt die ballistische Empfindlichkeit B des Meßinstrumentes[1]

Der obige Gedankengang ist ohne weiteres auf elektrische Meßinstrumente zu übertragen. Wir wählen als Beispiel einen Strommesser, auch Galvanometer oder Amperemeter genannt. Die von einem elektrischen Strom erzeugten Kräfte sind dem Strom I (Einheit Ampere) proportional. Man kann daher Strommesser mit linearer Skala bauen, z. B. die bekannten Drehspulgalvanometer. Bei ihnen gilt statt

$$\mathfrak{K}/x = D \quad \text{und} \quad \int \mathfrak{K}\, dt/x = B$$
$$I/x = D_I \quad \text{und} \quad \int I\, dt/x = B_I .$$

Dabei bezeichnet D_I die statische Empfindlichkeit des Galvanometers, gemessen in Ampere je Skalenteil, und B_I die ballistische Empfindlichkeit, gemessen in Amperesekunden je Skalenteil. Man mißt also mit Dauerausschlägen eines Galvanometers Ströme in Ampere, mit Stoßausschlägen Stromstöße in Amperesekunden.

Wir bringen eine Anwendung eines Stoßgalvanometers: Es soll die Stoßdauer beim Aufprall einer Stahlkugel auf eine Stahlwand gemessen werden.

Wir sehen in Abb. 106 eine dicke Stahlplatte als Wand. Vor ihr hängt in einigen Millimeter Abstand eine Stahlkugel an einem Draht. Wand und Kugel sind als „Schalter" in einen Stromkreis eingeschaltet. Dieser Stromkreis enthält eine Stromquelle von 100 Volt Spannung (Radiobatterie) und ein Spiegelgalvanometer von etwa 30 Sekunden Schwingungsdauer. — Wir lassen die Stahlkugel aus etwa 30 cm Abstand gegen die Wand anpendeln und an ihr zurückprallen. Dann fangen wir sie wieder auf. Während der Berührungszeit von Kugel und Wand fließt ein Strom I. Seine Größe interessiert uns nicht. Der Strom erzeugt einen Stoßausschlag x_0, es gilt

$$I \cdot t_x = B_I x_0 . \tag{69}$$

Dann schalten wir statt Kugel und Platte einen „Stoppuhrschalter" in den Stromkreis ein und ersetzen die Stromquelle durch eine solche von nur $^1/_{100}$ Volt Spannung (Abb. 107).

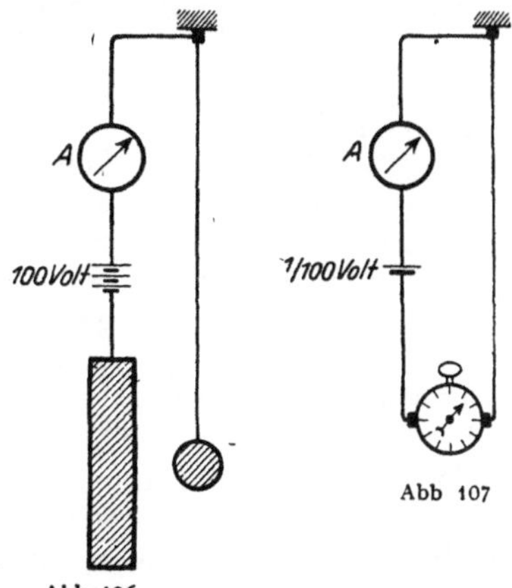

Abb. 106.

Abb. 107

Abb. 106 u. 107. Zur Messung der Stoßdauer bei elastischem Stoß.

Der Strom fließt nur, solange die Stoppuhr läuft. Er ist 10000mal kleiner als zuvor bei 100 Volt Spannung

Bei 1,30 Sekunden Flußzeit erzeugt dieser schwache Strom den gleichen Stoßausschlag x_0 wie oben. Also

$$10^{-4} I \cdot 1{,}30 \sec = B_I \cdot x_0 . \tag{70}$$

Aus einem Vergleich der Gleichungen (69) und (70) folgt t_x, die Dauer des elastischen Stoßes zwischen Kugel und Platte, $= 1{,}30 \cdot 10^{-4}$ sec. In dieser winzigen Zeit erfolgt also in unserm Beispiel das ganze Spiel der elastischen Kräfte, der

---

[1] Gilt nur bei kleiner Dämpfung.

Verformungen und der Beschleunigungen wechselnder Richtung! Ohne das Stoßgalvanometer, also in letzter Linie ohne den Impulsbegriff, hätte diese Zeitmessung schon erheblichen Aufwand erfordert. Eine photographische Aufnahme
auf einer rasch bewegten Platte wäre kaum zu umgehen gewesen.

§ 43. Bewegung gegen energieverzehrende Widerstände.

Der unelastische
Stoß fiel aus dem Rahmen der sonst von uns behandelten Bewegungen heraus:
Zu ihm gehört grundsätzlich ein „Verlust" an mechanischer Energie; so bezeichnen wir kurz ihre Umwandlung in die Energie der molekularen Wärmebewegung. Bei allen übrigen Bewegungen war ein derartiger Verlust eine un-
wesentliche Nebenerscheinung. Sie wurde bei den Experimenten durch geschickt
gewählte Versuchsanordnungen weitgehend ausgeschaltet und bei den Überlegungen und Rechnungen überhaupt vernachlässigt.

Nun aber spielen auch viele Bewegungen mit ständigem und unvermeid-
lichem Energieverlust eine wichtige Rolle. So zeigt uns zunächst die Abb. 108
den Fall eines Menschen aus großer Höhe: Anfäng-
lich verläuft die Bewegung beschleunigt: Nach einer
Sekunde hat die Geschwindigkeit den Wert 9,8 m/sec
erreicht. Bald aber steigt sie merklich langsamer als
im luftleeren Raum, schließlich erreicht sie einen
konstanten Wert $u \approx 60$ m/sec. — Deutung: Während der Beschleunigung entsteht eine der Bewegung
entgegengerichtete Kraft, genannt Widerstand.
Dieser Widerstand wächst mit zunehmender Geschwin-
digkeit, und schließlich wird sein Höchstwert $\mathfrak{K}_2 = -\mathfrak{K}_1$,
also dem Gewicht $\mathfrak{K}_1$ entgegengesetzt gleich. Dann
ist die Summe der am Körper angreifenden Kräfte,
also $\mathfrak{K}_1 + \mathfrak{K}_2 =$ Null geworden. Infolgedessen kann
keine weitere Beschleunigung stattfinden, die Geschwindigkeit hat ihren konstanten Grenz- oder
Sättigungswert erreicht: der Körper „fällt" nicht
mehr, sondern „sinkt" mit der konstanten „Sinkgeschwindigkeit" u.

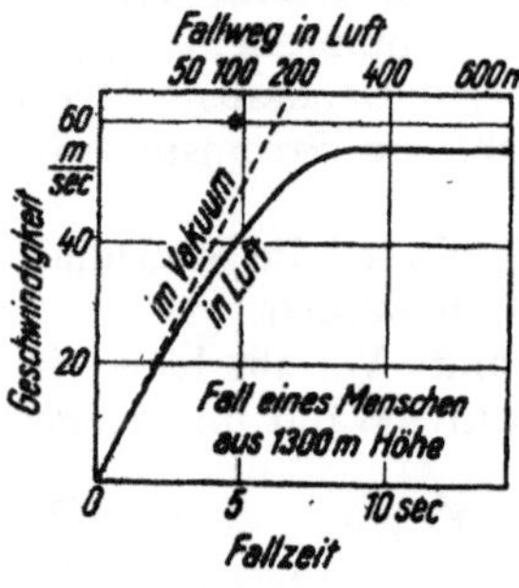

Abb. 108 Einfluß des Luftwiderstandes auf den Fall eines Menschen,
nach Registrierbeobachtungen Um
die konstante Sinkgeschwindigkeit
von rund 60 m/sec für einen Menschen mit 70 kg Masse aufrechtzu-
erhalten, muß sein Gewicht rund
40 Kilowatt (!) leisten, und zwar auf
Kosten der potentiellen Energie.

Das Wesentliche, den Anstieg der Geschwindigkeit bis zu einer konstanten Sinkgeschwindigkeit u, kann man bequem im Schauversuch vorführen, z. B beim Fall kleiner
Kugeln in einer zähen Flüssigkeit (Abb 109) Näheres in § 88.

Weiter denke man an unsere sämtlichen Verkehrsmittel, an Eisenbahnen,
Dampfer und Flugzeuge. Selbst auf waagerechter Bahn braucht man nicht nur
zur Beschleunigung des Fahrzeuges eine Kraft, sondern auch zur Aufrechterhaltung einer konstanten Geschwindigkeit! — In Abb. 110 sehen wir einen
Wagen mit etwa 50 kg Masse auf dem waagerechten Hörsaalboden. Er wird
mit Hilfe eines Schnurzuges von einer Kraft $\mathfrak{K}_1 = 1$ Kilopond gezogen. Nach
etwa 1 m Fahrstrecke erreicht seine Geschwindigkeit einen konstanten
Wert von etwa 0,5 m/sec; seine Beschleunigung wird Null. Folglich muß sich
auch hier während des Beschleunigungsvorganges eine zweite, der Bewegung
entgegengerichtete und mit der Geschwindigkeit dx/dt zunehmende Kraft
herausbilden, also ein Widerstand mit dem Höchstwert $\mathfrak{K}_2 = -\mathfrak{K}_1$. — Der
Widerstand kann auf sehr verschiedene Weisen zustande kommen, z. B. durch
Lagerreibung oder durch Verdrängung und Verwirbelung des umgebenen Mittels, also meist Luft oder Wasser.

Deswegen läßt sich auch kein allgemeingültiger Zusammenhang zwischen Widerstand
und Geschwindigkeit angeben. Im einfachsten Falle, so z B in Abb. 109, steigt der Wider-

stand proportional mit der Geschwindigkeit. Fur Schiffe und Flugzeuge steigt der Widerstand in roher Naherung proportional dem Quadrat der Geschwindigkeit usw

Wie auch immer der Widerstand $\Re_2$ zustande kommt, stets muß die Antriebskraft $\Re_1$ gegen den Widerstand $\Re_2$ eine Arbeit leisten, nämlich längs des Weges x die Arbeit $\Re_1 \cdot x$. Das Verhältnis (Arbeit A/Zeit t) gibt die Leistung W, also $\dot{W} = \Re_1 \cdot x/t = \Re_1 \cdot u$. Folglich muß irgendein Motor zur Aufrechterhaltung einer konstanten Fahrgeschwindigkeit u die Leistung

$$W = \Re_1 u \qquad (71)$$

zur Verfügung stellen.

Abb. 109 Konstante Sinkgeschwindigkeit von Kugeln in Flüssigkeiten. Naheres in § 88.

Beispiele: Automobilmotoren etwa 10 bis 100 Kilowatt, Lokomotiven und Flugzeugmotoren meist einige 10^3 Kilowatt, Maschinen von Schnelldampfern und Kriegsschiffen bis uber 10^5 Kilowatt Sehr bescheiden sind daneben die Leistungen bei der ublichsten Fortbewegungsart des Menschen, beim Gehen. Bei normalem Gang mit 5 km/Stunde = 1,4 m/sec braucht man auf horizontaler Bahn eine Leistung von etwa 60 Watt; bei hetzendem Gang mit 7 km/Stunde aber sind es bereits 200 Watt — Die Geharbeit setzt sich in der Hauptsache aus zwei Anteilen zusammen: 1 Einem periodischen Anheben des Schwerpunktes (man gehe, ein Stuck Kreide gegen die Flanke haltend, an einer Wand entlang und beobachte die entstehende Wellenlinie!) 2 Aus der Arbeit zur Beschleunigung unserer Beine Beim unelastischen Stoß der Fuße gegen den Boden gehen große Teile dieser Energie als Warme verloren. — Beim Radfahren ist der Anhub des Schwerpunktes geringer, auch die Hubarbeit der Beine kleiner Man braucht bei einer Fahrgeschwindigkeit von 9 km/Stunde nur eine Leistung von etwa 30 Watt und bei 18 km/Stunde erst 120 Watt — An Hand derartiger Zahlen kann man die Leistungsangaben der Technik besser bewerten.

Beim Menschen, bei Zugtieren, bei der Lokomotive und dem Automobil kommt die Antriebskraft $\Re_1$ unter entscheidender Mitwirkung der äußeren Reibung zustande[1] (§ 73).

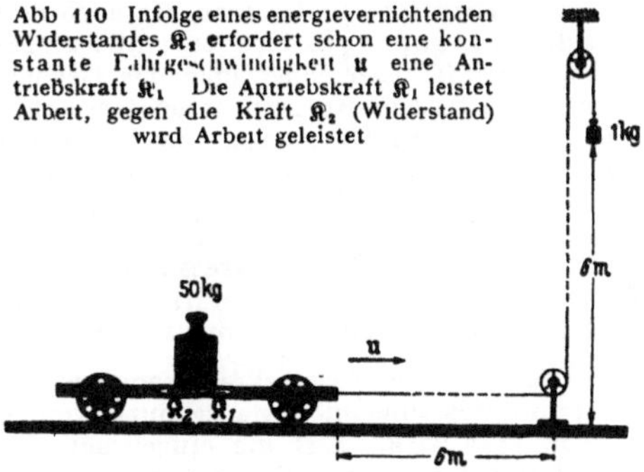

Abb 110 Infolge eines energievernichtenden Widerstandes $\Re_2$ erfordert schon eine konstante Fahrgeschwindigkeit u eine Antriebskraft $\Re_1$ Die Antriebskraft $\Re_1$ leistet Arbeit, gegen die Kraft $\Re_2$ (Widerstand) wird Arbeit geleistet

*Fortsetzung in neuer Fassung
siehe aus technischen Gründen Seite 338.*

§ 44. Erzeugung von Kräften ohne und mit Leistungsaufwand.

Wir haben soeben in § 43 die Bewegung von Fahrzeugen auf waagerechter Bahn betrachtet. Dabei mußte das Gewicht des Fahrzeuges auf irgendeine Weise durch eine aufwärts gerichtete Kraft ausgeglichen werden. Bei Straßen- und Schienenfahrzeugen entsteht diese Kraft durch eine elastische Verformung der Fahrbahn, bei Schiffen und Luftschiffen durch den statischen Auftrieb (§ 84). Fur Flugzeuge hingegen muß die aufwarts gerichtete Kraft auf dynamischem Wege erzeugt werden, und zwar mit Tragflächen oder Flugeln. Dieser dynamische Auftrieb ersetzt lediglich eine Aufhängung des Flugzeuges nach dem Schema der Schwebebahn. Es bewirkt letzten Endes nichts anderes als ein Haken in der Zimmerdecke. Ein solcher Haken oder auch ein permanenter

---

[1] Will man den Impulssatz auf den Gang des Menschen anwenden, so nehme man Abb. 98 zur Hand und denke sich den Wagen durch den Erdkorper mit seiner ungeheuren Masse ersetzt

Stahlmagnet kann jahrein, jahraus ohne jede Leistungszufuhr eine aufwärts gerichtete Kraft erzeugen Anders die Tragfläche: sie erfordert eine dauernde Leistungszufuhr. Es liegt also bei der Krafterzeugung mit Tragflächen grundsätzlich ebenso wie bei der Krafterzeugung mit einem Elektromagneten oder mit einem Muskel: Ein Elektromagnet erschöpft seine Stromquelle, ein Muskel erfordert Zufuhr chemischer Energie in den Nährstoffen, er ermüdet schon bei reiner „Haltebetätigung", d. h. ohne Arbeit im physikalischen oder technischen Sinne zu leisten. Denn Arbeit verlangt stets nicht nur eine Kraft, sondern auch einen Weg in Richtung der Kraft. — Allen Arten einer Leistung erfordernden Krafterzeugung ist ein Merkmal gemeinsam: Sie gelingen nicht ohne „Verlust" mechanischer, chemischer oder elektrischer Energie, d. h. es wird stets ein Teil dieser Energie in Wärme umgewandelt. Stromwärme und Muskelwärme sind allgemein bekannt. Bei den Tragflächen entsteht die Wärme durch verschiedene Ursachen, eine von ihnen ist die Wirbelbildung an den seitlichen Enden der Flügel. — Der Physiker ist leicht geneigt, bei wirtschaftlichen Überlegungen nur Arbeit leistende Kräfte zu berücksichtigen. Das ist verfehlt. Oft erfordert schon die Erzeugung nichtarbeitender Kräfte einen fatalen wirtschaftlichen Aufwand.

Beispiel: Ein Fahrzeug darf ein zweites nur mit kurzem Seil schleppen Sonst bekommt man bei Krümmungen des Weges erhebliche, quer zur Schlepprichtung gerichtete Kraftkomponenten. Diese leisten keine Arbeit, erfordern aber trotzdem Aufwand an Treibstoff oder Futter.

Im Schrifttum findet man oft noch eine andere Einteilung der Kräfte. Man unterscheidet „eingeprägte Kräfte", „Zwangskräfte" und „verlorene Kräfte". Als eingeprägte Kräfte bezeichnet man das Gewicht, die von Muskeln oder von merklich verformten elastischen Körpern erzeugten Kräfte (Kap. VIII); ferner die Kräfte elektrischen und magnetischen Ursprungs, die Trägheitskräfte, die Gleitreibung und die innere Reibung (§ 87) Alle diese Kräfte können auf Wegen von endlicher Länge wirksam sein, und sie müssen bei der Berechnung von Arbeiten berücksichtigt werden — Zwangskräfte hingegen kommen für eine Berechnung von Arbeit nicht in Frage, weil sie nur längs verschwindend kleiner Wege auftreten. Es sind die von „starren" Körpern oder „undehnbaren" Fäden, also allgemein von „starren" Führungen unter winzigen Verformungen erzeugten elastischen Kräfte sowie die mit ihnen verwandte Haftkraft oder Ruhreibung (§ 73).

Die durch die Zwangskraft kompensierte Komponente einer eingeprägten Kraft kann nicht für die Beschleunigung ausgenutzt werden Man nennt sie daher „verlorene Kraft". — In Abb. 111a wirkt z. B. die eingeprägte Kraft $\Re_2$ auf eine längs einer Schiene verschiebbaren Kugel. Die Schiene wird unmerklich elastisch verformt, und dadurch wirkt auf die Kugel die aufwärts gerichtete Zwangskraft $\Re_1$. Für die Beschleunigung bleibt nur die vektoriell ermittelte Komponente $\Re = m\mathfrak{b}$ der eingeprägten Kraft erhalten. Der Rest, also die andere Komponente, ist die verlorene abwärts gerichtete Kraft $(\Re_2 - m\mathfrak{b})$. Die geometrische Summe beider Komponenten ist Null, also verlorene

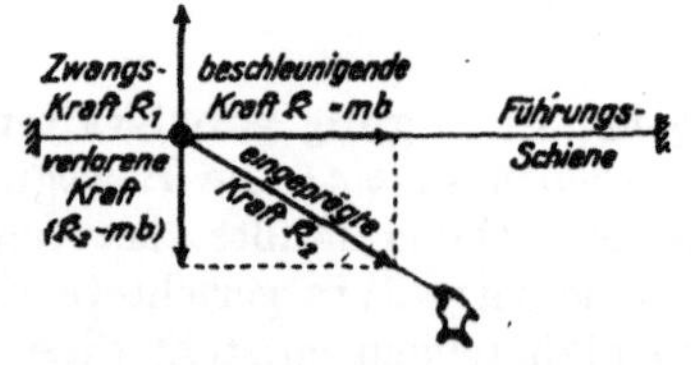

Abb. 111a. Zur Benennung von Kräften.

Kraft $(\Re_2 - m\mathfrak{b})$ + Zwangskraft $\Re_1 = 0$ oder mit der Benennung $-m\mathfrak{b} = $ d'Alembertkraft $\Re_A$ $\Re_2 + \Re_A + \Re_1 = 0$, d h die geometrische Summe von eingeprägter Kraft, d'Alembertkraft und Zwangskraft ist während des Beschleunigungsvorganges gleich Null (d'Alembertsches Prinzip).

§ 45. Schlußbemerkung.

Unser Weg führte uns von der Grundgleichung (8) zur Impulsgleichung (58). Selbstverständlich ist der umgekehrte Weg genau so berechtigt (und in der Tat zuerst von NEWTON begangen). Man stellt die Definition des Impulses $m\mathfrak{u}$ an den Anfang und sagt: „Die zeitliche Änderung des Impulses ist proportional der wirkenden Kraft", oder in Formelsprache

$$\frac{d}{dt}(m\mathfrak{u}) = \frac{d\mathfrak{G}}{dt} = \mathfrak{K} \tag{79}$$

Für konstante Masse m darf man dann schreiben im Grenzfall der Bahn-beschleunigung

$$m \frac{d\mathfrak{u}}{dt} = \mathfrak{K} \quad \text{oder} \quad \mathfrak{b} = \frac{\mathfrak{K}}{m} \tag{80}$$

und im Grenzfall der Radialbeschleunigung

$$m\mathfrak{u} \frac{d\alpha}{dt} = m\omega \times \mathfrak{u} = \mathfrak{K} \quad \text{oder} \quad \mathfrak{b}_r = \frac{\mathfrak{K}}{m} = \omega \times \mathfrak{u}. \quad (10) \text{ v. S. } 27$$

Für konstante Masse sind beide Wege gleichberechtigt. Der von uns begangene paßt sich besser den Bedürfnissen des experimentellen Unterrichts-an.

Nach der physikalischen Entwicklung der letzten Jahrzehnte ist die An-nahme einer konstanten Masse m jedoch nur eine, wenn auch in weitesten Grenzen bewährte Näherung. Ihre Zulässigkeit begrenzt den Bereich der „klassischen Mechanik". In der nächstfolgenden Näherung (Relativitätsprinzip, vgl. Elektr.-Lehre, Kap. 16) hat man statt m zu schreiben

$$\frac{m_0}{\sqrt{1 - \frac{\mathfrak{u}^2}{c^2}}}. \tag{81}$$

Dabei bedeutet c die Lichtgeschwindigkeit $= 3 \cdot 10^8$ m/sec. Bei Berücksichti-gung dieser Korrektion bleibt die Impulsgleichung (79) richtig, nicht aber die Grundgleichung (8). Im Gebiet extrem hoher Geschwindigkeiten $\mathfrak{u}$ erreicht die so überaus einfache Grundgleichung die Grenze ihrer Gültigkeit.

VI. Drehbewegungen fester Körper.

§ 46. Vorbemerkung. Bei einem beliebig bewegten Körper sehen wir im allgemeinen zwei Bewegungen überlagert, nämlich eine fortschreitende und eine Drehbewegung. Unsere ganze bisherige Darstellung hat sich auf fortschreitende Bewegungen beschränkt. Formal haben wir die Körper als punktförmig oder kurz als Massenpunkte behandelt. Experimentell haben wir die Drehbewegungen durch zwei Kunstgriffe ausgeschaltet: Bei Bewegung auf gerader Bahn ließen wir die beschleunigende Kraft in einer durch den Schwerpunkt des Körpers gehenden Richtung angreifen. Bei Bewegungen auf gekrümmter Bahn wählten wir alle Abmessungen des Körpers klein gegen den Krümmungsradius seiner Bahn. Gewiß macht auch dann beispielsweise ein Schleuderstein während eines vollen Kreisbahnumlaufs noch eine volle Drehung um seinen Schwerpunkt. Aber die kinetische Energie dieser Drehbewegung (§ 49) ist klein gegen die kinetische Energie der fortschreitenden Bewegung. Deswegen dürfen wir die Drehbewegung neben der fortschreitenden Bewegung vernachlässigen. — In diesem Kapitel betrachten wir jetzt den anderen Grenzfall: ein Körper schreitet als Ganzes nicht fort, seine Bewegung beschränkt sich ausschließlich auf Drehungen. Die Achse dieser Drehbewegungen soll zunächst durch feste Lager gegeben sein.

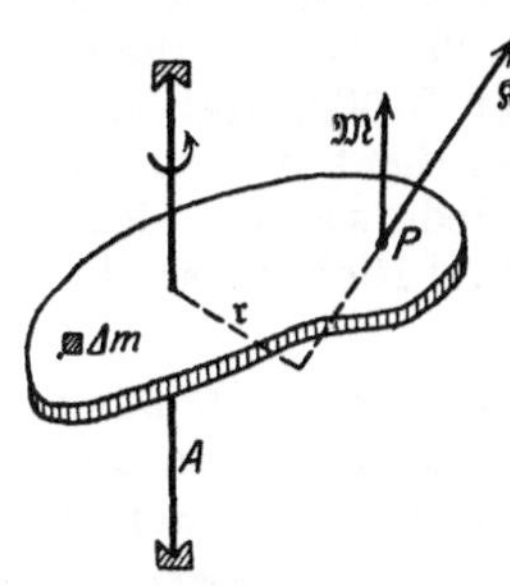

Abb. 112. Zur Definition eines Drehmoments $\mathfrak{M}$, das einen der Drehachse parallelen Vektorpfeil besitzt.

§ 47. Definition des Drehmoments. Die Abb. 112 zeigt uns einen plattenförmigen starren Körper mit einer durch Lager gehaltenen Achse A. Bei einer Drehung des Körpers bewegt sich jedes seiner Teilstücke $\varDelta m$ in einer zur Achse senkrechten Ebene, genannt Drehebene. Der Körper soll in jeder beliebigen Winkelstellung in Ruhe verharren können. Zu diesem Zweck muß der Einfluß des Gewichtes ausgeschaltet werden. Wir haben die Drehachse genau lotrecht zu stellen. Dann liegt die Drehebene jedes Punktes waagerecht.

Zur Einleitung einer Drehbewegung genügt nicht eine ganz beliebige Kraft. Die Kraft muß vielmehr ein für die gegebene Achse wirksames Drehmoment besitzen. D.h. die Kraft muß eine der Drehebene parallele Komponente haben, und ihre Richtung darf nicht durch die Drehachse hindurchgehen.

Quantitativ definieren wir das Drehmoment $\mathfrak{M}$ nur für eine der Drehebene parallele Kraft $\mathfrak{K}$, und zwar durch die Gleichung

$$\boxed{\mathfrak{M} = \mathfrak{r} \times \mathfrak{K}\,.} \tag{82}$$

Dabei ist $\mathfrak{r}$ der senkrechte (oder kürzeste) Abstand der Kraftrichtung von der Drehachse oder der „Hebelarm" der Kraft. Seine Einheit ist 1 Großdynmeter oder 1 Kilopondmeter.

Ein Drehmoment $\mathfrak{M}$ drehe einen Körper um den Winkel $d\alpha$. Dann leistet es die Arbeit $dA = \mathfrak{R}\,d\mathfrak{r} = \mathfrak{R}\,d\alpha \times \mathfrak{r} = \mathfrak{r} \times \mathfrak{R} \cdot d\alpha = \mathfrak{M}\,d\alpha$. Nun werden Winkel in der Physik als dimensionslose Vektoren behandelt. Daher bekommt ein Drehmoment die gleiche Dimension wie eine Arbeit. Das ist ein Schönheitsfehler. Die Arbeit ist kein Vektor.

Auch das Drehmoment $\mathfrak{M}$ ist ein Vektor. Sein Pfeil steht sowohl zur Richtung von $\mathfrak{R}$ wie von $\mathfrak{r}$ senkrecht. Er steht also in Abb. 112 der Drehachse parallel. In Richtung des Pfeiles blickend sollen wir einen Drehsinn mit dem Uhrzeiger sehen.

Drehmomente können auch durch andere, der Drehebene nicht parallele Kräfte erzeugt werden. Der Vektor eines solchen Drehmoments ist dann nicht mehr der Drehachse parallel. Wirksam für die Drehachse ist aber nur die der Drehachse parallele Komponente des Drehmoments.

Meist wirken auf einen drehbaren Körper gleichzeitig viele Kräfte mit ganz verschiedenen Drehmomenten. Alle Drehmomente setzen sich zu einem resultierenden zusammen.

Das alles zeigt man bequem mit einem **Elektromotor**. Der drehbare Teil des Elektromotors, sein Läufer, ist aus einem zahnradartigen Eisenkern und stromdurchflossenen Drähten zusammengesetzt. Im Magnetfeld des Ständers (des feststehenden Motorgehäuses) greifen an den Einzelteilen des Eisenkernes und den einzelnen Drähten Kräfte verschiedener Größe und Richtung an. Alle zusammen ergeben ein resultierendes Drehmoment, nämlich das des Motors. Sein Pfeil liegt der Drehachse parallel. **Zur Messung der Größe** dieses Drehmomentes benutzen wir ein bekanntes Moment gleicher Größe, aber entgegengesetzten Drehsinnes. Zur Erzeugung dieses Momentes dient uns ein an die Motorachse geklemmter Arm und ein Kraftmesser (Federwaage). Man beobachtet bei verschiedenen Angriffspunkten, Hebelarmen und Richtungen der Kraft.

In Abb. 112 war die Drehachse lotrecht angeordnet. Bei diesem Grenzfall könnte das Gewicht des Körpers oder seiner einzelnen Teilchen Δm kein der Achse paralleles, also wirksames Drehmoment liefern. Anders im zweiten Grenzfall, dem der waagerechten Achse. Hier liefert das Gewicht jedes einzelnen Massenteilchens Δm gemäß Abb. 113 ein Drehmoment proportional zu $\Delta m r$. Der Körper wird im allgemeinen aus einer beliebigen Anfangsstellung herausgedreht. Nur in einem Sonderfall bleibt er in jeder Stellung in Ruhe. In diesem Sonderfall geht die Achse durch seinen Schwerpunkt. Also muß für eine Achse im Schwerpunkt

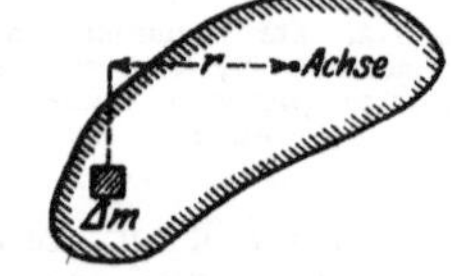

Abb. 113. Zum Schwerpunkt

das resultierende Drehmoment und folglich auch die Summe $\Sigma \Delta m r$ gleich Null sein. Diese Gleichung enthält eine Definition des **Schwerpunktes**. Wir werden sie späterhin benutzen. Im übrigen betrachten wir nach wie vor den Schwerpunkt eines Körpers und seine Bestimmung als bekannt. Er wird ja im Zusammenhang mit Hebeln, Waagen und einfachen Maschinen im Schulunterricht ausgiebig behandelt.

Bei einer durch **feste Lager** gegebenen Achse wird über Richtung, Größe und Drehsinn eines Drehmomentes kaum je Unklarheit herrschen. In andern Fällen stößt der Anfänger gelegentlich auf Schwierigkeiten. Dahin gehört z. B. der Kinderscherz von der „folgsamen" und der „unfolgsamen" Garnrolle. Eine Garnrolle ist auf den Boden gefallen und unter das Sofa gerollt. Man versucht, sie durch Zug am Faden zurückzuholen. Einige Rollen kommen folgsam hervor, andere verkriechen sich weiter in ihren Schlupfwinkel. Die Abb. 114 gibt die Deutung. Als Drehachse ist nicht die Symmetrieachse der Rolle zu betrachten,

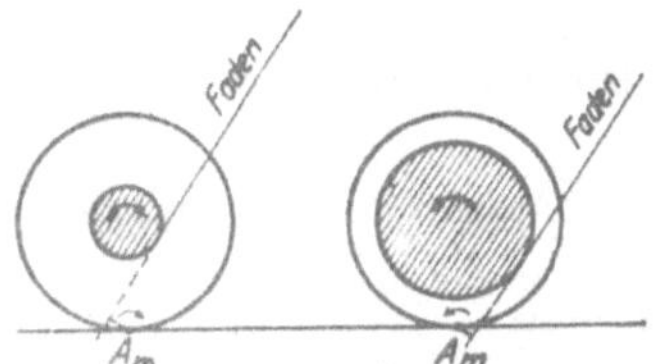
Abb. 114 Drehmoment bei Garnrollen

Abb. 115. Kleine Drillachse, lotrecht gestellt, mit aufgesetzter Kugel. Diese Drillachse benutzt die Biegungselastizität einer Schneckenfeder. Ihre Winkelrichtgröße
$$D^* = 0{,}0056 \frac{\text{Kilopondmeter}}{\text{Einheitswinkel}}$$
$$= 0{,}055 \frac{\text{Großdynmeter}}{\text{Einheitswinkel}}$$

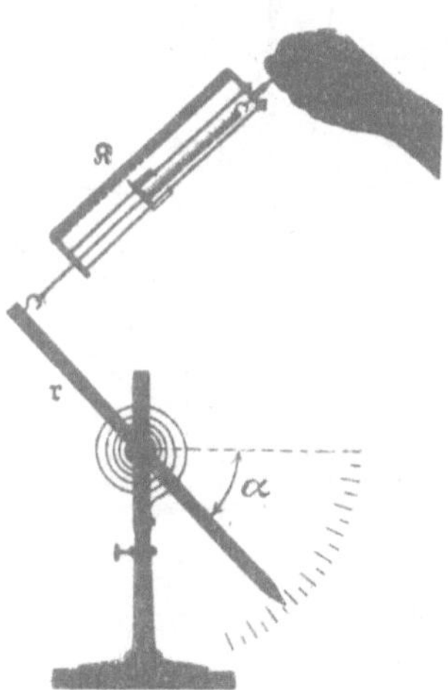
Abb. 116. Eichung der aus Abb. 115 bekannten Drillachse in waagerechter Lage. Z. B. $r = 0{,}1$ m, $\alpha = 180° = \pi = 3{,}14$; $\Re = 0{,}175$ Kilopond oder 1,71 Großdyn; $\Re \cdot r = 0{,}0175$ Kilopondmeter $= 0{,}171$ Großdyn-Meter;
$$D^* = \frac{0{,}0175}{3{,}14} = 0{,}0056 \frac{\text{Kilopondmeter}}{\text{Einheitswinkel}}$$
$$= 0{,}055 \frac{\text{Großdynmeter}}{\text{Einheitswinkel}}$$

sondern ihre jeweilige Berührungslinie mit dem Fußboden. Sie ist in Abb. 114 mit A_m angedeutet („Momentanachse"). Durch hinreichend „flache" Fadenhaltung läßt sich auch die widerspenstigste Rolle zur Folgsamkeit zwingen. Wie so manchmal im Leben hilft auch hier ein wenig Physik weiter als lebhafte Temperamentsausbrüche.

§ 48. Herstellung bekannter Drehmomente. Die Winkelrichtgröße D^*. Die Winkelgeschwindigkeit ω als Vektor. Kräfte bekannter Größe und Richtung stellt man sich besonders übersichtlich mit Hilfe von Schraubenfedern her. Bei geeigneten Abmessungen (hinreichender Federlänge) sind die Kräfte der Längenänderung x der Feder proportional. Es gilt das lineare Kraftgesetz

$$\Re = -D x . \qquad (26) \text{ v. S. } 33$$

Das Verhältnis

$$D = \frac{\text{Kraft } \Re}{\text{Längenänderung } x}$$

wird Richtgröße oder Federkonstante genannt.

Ganz entsprechend stellt man sich Drehmomente $\mathfrak{M}$ bekannter Größe und Richtung besonders übersichtlich mit Hilfe einer Schneckenfeder an einer Achse her. Abb. 115 zeigt eine solche „Drillachse". Bei geeigneten Abmessungen (hinreichender Federlänge) sind die Drehmomente dem Drehwinkel proportional. Es gilt wieder eine lineare Beziehung

$$\mathfrak{M} = -D^* \alpha . \qquad (83\,\text{a})$$

Das Verhältnis

$$D^* = \frac{\text{Drehmoment } \mathfrak{M}}{\text{Drehwinkel } \alpha}$$

soll „Winkelrichtgröße" genannt werden.

Der Winkel wird dabei wieder im Bogenmaß gezählt, d. h. wir schreiben 2π statt $360°$, $\pi/2$ statt $90°$ usw.

Genau wie Schraubenfedern bekannter Richtgröße D werden wir in Zukunft häufig eine Schneckenfeder plus Achse mit bekannter Winkelrichtgröße D^* benötigen. Deswegen eichen wir uns gleich die in Abb. 115 skizzierte Drillachse nach dem leichtverständlichen Schema der Abb. 116. Ein Zahlenbeispiel ist beigefügt. Achse und Schneckenfeder werden oft durch einen verdrillbaren Metalldraht ersetzt. Doch sind Drillachsen mit Schneckenfedern besonders übersichtlich.

Anfänger unterschätzen leicht die Verdrillungsfähigkeit selbst dicker Stahlstäbe. Die Abb. 117 zeigt einen Stahlstab von 1 cm Dicke und nur 10 cm Länge in einen Schraubstock eingeklemmt. Diesen anscheinend so starren Körper vermögen wir schon mit den Fingerspitzen in sichtbarer Weise zu verdrillen. Zum Nachweis hat man lediglich einen Lichtzeiger von etwa 10 m Länge zu benutzen. Man läßt ihn zwischen den Spiegeln *a* und *b* reflektieren (vgl. S. 19).

Die Winkelgeschwindigkeit haben wir schon früher definiert als das Verhältnis

$$\omega = \frac{\text{Winkelzuwachs } d\alpha \text{ im Bogenmaß}}{\text{Zeitzuwachs } dt}.$$ (5) v. S. 17

Die Bahngeschwindigkeit u ist erst durch Angabe ihrer Größe und ihrer Richtung vollständig bestimmt, sie ist ein Vektor. Das gleiche gilt von der Winkelgeschwindigkeit ω. Der Vektorpfeil der Winkelgeschwindigkeit ist in Richtung der Drehachse zu zeichnen. Zur Erläuterung dient die Abb. 118. Ein Punkt P umkreist gleichzeitig die Achse I mit der Winkelgeschwindigkeit ω_1 und die Achse II mit der Winkelgeschwindigkeit ω_2. Innerhalb ·eines hinreichend kleinen Zeitabschnittes Δt legt der Punkt die praktisch geradlinige Bahn $\Delta s = P \dots 3$ zurück. Diese Bahn Δs können wir als die Resultierende der beiden Einzelbahnen

$$\Delta s_1 = \omega_1 \cdot r \cdot \Delta t \quad \text{und} \quad \Delta s_2 = \omega_2 \cdot r \cdot \Delta t$$

konstruieren. Auf die Bahn $P \dots 3$ führt uns aber noch ein zweiter Weg. ·Wir zeichnen in den Achsen I und II je einen Vektorpfeil von der Größe der Winkelgeschwindigkeit ω_1 bzw. ω_2. Diese beiden Vektoren setzen wir zeichnerisch zu der resultierenden Winkelgeschwindigkeit ω zusammen. Sie bestimmt eine neue Achse III, und um diese lassen wir den Körper sich mit der Winkelgeschwindigkeit ω drehen. Er legt dann in der Zeit Δt die Bahn $\Delta s = \omega \cdot r \cdot \Delta t$ zurück. Die Vektoraddition zweier Winkelgeschwindigkeiten ist so ohne weiteres zu übersehen. Man braucht nur die· Ähnlichkeit der bei der Konstruktion entstandenen Dreiecke zu beachten.

§ 49. Trägheitsmoment, Drehschwingungen. Im Besitz der Begriffe Drehmoment $\mathfrak{M}$ und Winkelrichtgröße D^* ist der Übergang von der fortschreitenden zur Drehbewegung leicht zu vollziehen. Wir bedienen uns dabei der Tabelle auf S. 66. Ihre beiden oberen Querzeilen enthalten die beiden kinematischen Begriffe Geschwindigkeit und Beschleunigung. Daran

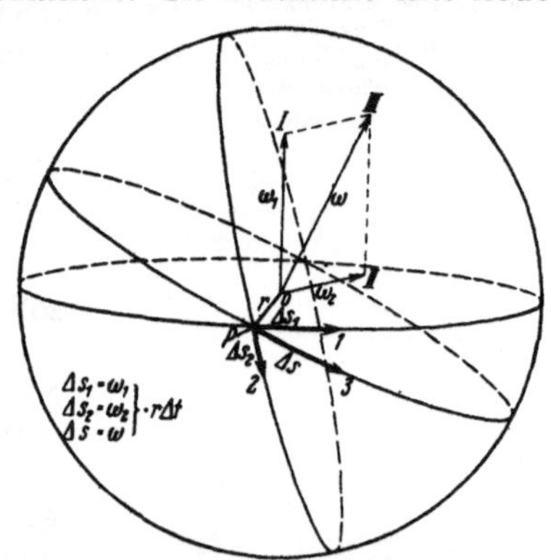
Abb. 117. Zwei Finger verdrillen einen kurzen, dicken Stahlstab.

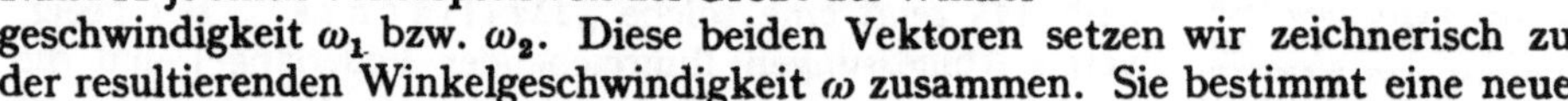
Abb. 118. Die Winkelgeschwindigkeit als Vektor. In der Pfeilrichtung blickend, sieht man eine Drehung im Uhrzeigersinne.

anschließend haben wir in der linken Längsspalte die uns bekannten Definitionen und Sätze für fortschreitende Bewegungen eingetragen, und zwar in der zeitlichen Reihenfolge ihrer Einführung.

Alsdann berechnen wir die kinetische Energie eines seine Achse umkreisenden Körpers. Diese Energie muß sich additiv aus den kinetischen Energien aller einzelnen, den ·Körper·aufbauenden Teilchen mit den Massen Δm zusammensetzen. Ein beliebiges dieser Teilchen bewege sich im Abstand r_n von der Drehachse mit der Bahngeschwindigkeit u_n. Dann ist die kinetische Energie dieses Teilchens

$$\Delta(W_{\text{kin}})_n = \tfrac{1}{2}\Delta m_n \cdot u_n^2.$$

Fortschreitende Bewegung		Drehbewegung	
Geschwindigkeit $u = \dfrac{dx}{dt}$ (1a)	1	Winkelgeschwindigkeit oder Kreisfrequenz $$\omega = \dfrac{d\alpha}{dt} \quad (5)$$	
$dx = u\,dt$ $u = \omega r$ (5a)			
Beschleunigung $b = \dfrac{du}{dt}$ (2a)	2	Winkelbeschleunigung $$\dot\omega = \dfrac{d\omega}{dt} \quad (85)$$	
Masse m	3	Trägheitsmoment (Drehmasse) $$\Theta = \sum \Delta m r^2 \quad (84)$$	
Beschleunigung $$b = \dfrac{\text{Kraft } \mathfrak{K}}{\text{Masse } m} \quad (8)$$	4	Winkelbeschleunigung $$\dot\omega = \dfrac{\text{Drehmoment } \mathfrak{M}}{\text{Trägheitsmoment } \Theta} \quad (83)$$	
$\dfrac{\text{Kraft } \mathfrak{K}}{\text{Weg } x} = \text{Richtgröße } D$ (26)	5	$\dfrac{\text{Drehmoment } \mathfrak{M}}{\text{Winkel } \alpha} = $ Winkelrichtgröße D^* (83a)	
Schwingungsdauer $$T = 2\pi\sqrt{\dfrac{m}{D}} \quad (27)$$	6	Schwingungsdauer $$T = 2\pi\sqrt{\dfrac{\Theta}{D^*}} \quad (92)$$	
Kinetische Energie $$W_{\text{kin}} = \tfrac{1}{2} m u^2 \quad (48)$$	7	Kinetische Energie $$W_{\text{kin}} = \tfrac{1}{2}\Theta\omega^2 \quad (86)$$	
Impuls $\mathfrak{G} = mu$ (58)	8	Drehimpuls $\mathfrak{G}^* = \Theta\omega$ (97)	
$\mathfrak{G}$ und $\mathfrak{G}^*$ nicht dimensionsgleich.			
Kraft $\mathfrak{K} = \dfrac{d\mathfrak{G}}{dt}$ (79)	9	Drehmoment $\mathfrak{M} = \dfrac{d\mathfrak{G}^*}{dt}$ (99)	
Arbeit $A = \int \mathfrak{K}\,dx$ (36)	10	Arbeit $A = \int \mathfrak{M}\,d\alpha$ (36a)	
Leistung $\dot W = \mathfrak{K} u$ (71)	11	Leistung $\dot W = \mathfrak{M} \cdot \omega$ (71a)	

Wir führen die für alle Teilchen gleiche Winkelgeschwindigkeit $\omega = u/r$ ein und erhalten

$$\Delta(W_{\text{kin}})_n = \tfrac{1}{2}(\Delta m_n r_n^2) \cdot \omega^2 .$$

Eine Summenbildung über alle Teilchen ergibt die kinetische Energie des ganzen die Achse umkreisenden Körpers, also

$$W_{\text{kin}} = \tfrac{1}{2}\sum (\Delta m_n r_n^2) \cdot \omega^2 .$$

Die rechts stehende Summe erhält einen besonderen Namen, nämlich

$$\textbf{Trägheitsmoment oder Drehmasse} \quad \boxed{\Theta = \sum (\Delta m_n r_n^2) = \int dm \cdot r^2 .}$$

Mit dieser Kürzung ist die kinetische Energie eines mit der Winkelgeschwindigkeit ω kreisenden Körpers

$$W_{\text{kin}} = \tfrac{1}{2}\Theta\omega^2. \tag{86}$$

Wir gelangen in der Tabelle rechts zur 7. Zeile. Für die fortschreitende Bewegung hieß die entsprechende Gleichung links

$$W_{\text{kin}} = \tfrac{1}{2}m u^2, \tag{48}$$

in Worten: Bei Drehbewegungen tritt an die Stelle der Bahngeschwindigkeit u die Winkelgeschwindigkeit ω, an die Stelle der Masse m das Trägheitsmoment oder die Drehmasse Θ. Das vermerken wir in der dritten Zeile unserer Tabelle rechts.

Wir haben uns jetzt mit dem Begriff des Trägheitsmomentes durch Beispiele gut vertraut zu machen.

Bei geometrisch einfach gebauten Körpern bereitet die Berechnung des Trägheitsmomentes keine Schwierigkeiten. Die erforderliche Summenbildung ist meist mit wenigen Zeilen durchführbar. Beispiele:

I. **Flacher homogener Kreisring**, Masse m, Radien R und r, Achse

$$\text{senkrecht im Mittelpunkt} \quad \Theta = \tfrac{1}{2}m\,(R^2 + r^2), \tag{87}$$

$$\text{parallel einem Durchmesser} \quad \Theta = \tfrac{1}{4}m\,(R^2 + r^2). \tag{87a}$$

II. **Homogene Kugel**, Achse den Mittelpunkt durchsetzend.

$$\Theta = \tfrac{2}{5}m R^2. \tag{89}$$

III. **Homogener, langgestreckter Stab von beliebigem Profil.** Achse senkrecht zur Längsrichtung durch den Schwerpunkt gelegt.

$$\Theta = \tfrac{1}{12}m l^2. \tag{90}$$

IV. **Steinerscher Satz.** Man kennt das Trägheitsmoment Θ_s eines beliebigen Körpers der Masse m für eine durch seinen **Schwerpunkt** S gehende Achse. Wie groß ist das Trägheitsmoment Θ_0 für eine beliebige andere, der ersten im Abstande a parallel verlaufende Achse? Antwort:

$$\Theta_0 = \Theta_s + m a^2. \tag{91}$$

Herleitung: Abb. 119.

$$\Theta_s = \sum (\varDelta m)\, r_1^2, \qquad \Theta_0 = \sum (\varDelta m)\, r_2^2,$$
$$r_2^2 = r_1^2 + a^2 - 2 r_1 a \cos\alpha,$$
$$\Theta_0 = \Theta_s + m a^2 - 2a \sum (\varDelta m)\, r_1 \cos\alpha,$$
$$\sum (\varDelta m)\, r_1 \cos\alpha = \sum (\varDelta m)\, r = 0. \tag{88}$$

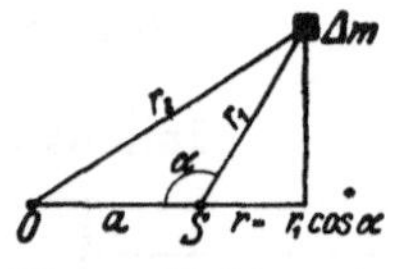

Gemäß der auf S. 63 gegebenen Definitionsgleichung für den Schwerpunkt.

Abb. 119. Herleitung des Steinerschen Satzes

Viel wichtiger jedoch als die Berechnung von Trägheitsmomenten ist ihre Messung. Denn bei komplizierter Gestalt des Körpers macht die Summierung unnütze Schwierigkeiten.

Zur Messung von Trägheitsmomenten benutzt man allgemein Drehschwingungen. Wir müssen in Zeile 6 unserer Tabelle nur die Masse m durch das Trägheitsmoment Θ und die Richtgröße D einer Schraubenfeder durch die Winkelrichtgröße D^* einer Schneckenfeder ersetzen. Unsere aus Abb. 115 bekannte Drillachse liefert uns ein bekanntes D^*. Am oberen Ende dieser Drillachse befestigen wir den zu untersuchenden Körper (vgl. Abb. 115). Dabei muß die Achse dieses Körpers mit der Verlängerung der Drillachse zusammenfallen. Wir drehen den Körper um ca. 90° aus seiner Ruhelage heraus und beobachten die Schwingungsdauer T mit der Stoppuhr. Dann gilt

$$\Theta = \frac{T^2}{4\pi^2} D^*. \tag{92}$$

Die Winkelrichtgröße D^* unserer kleinen Drillachse war schon auf S. 64 zu $5{,}5 \cdot 10^{-2}$ Großdynmeter pro Einheitswinkel $(57{,}4°)$ ermittelt worden. Also haben wir

$$\Theta = 1{,}4 \cdot 10^{-3}\, T^2\, \text{kg meter}^2/\text{sec}^2 .$$

Beispiele:

I. **Nachprüfung eines berechneten Trägheitsmomentes.** Für eine Kreisscheibe aus Holz von $m = 0{,}8$ kg und von 0,2 m Radius berechnen wir aus Gl. (87) mit $r = 0$ ein Trägheitsmoment Θ_s von $1{,}6 \cdot 10^{-2}$ kg·m² für eine im Mittelpunkt senkrechte Achse. Wir beobachten $T = 3{,}37$ Sekunden, also $\Theta_s = 1{,}58 \cdot 10^{-2}$ kg·m². Das steht in guter Übereinstimmung mit der Rechnung.

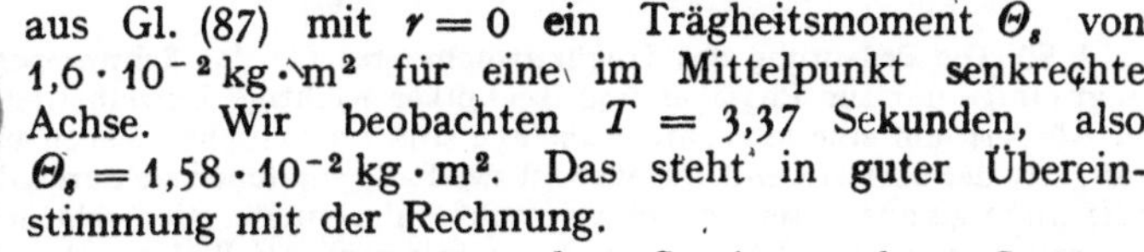

Abb. 120. Scheibe und Kugel von gleichem Trägheitsmoment.

II. **Nachprüfung des Steinerschen Satzes.** Wir verlegen die Achse sich selbst parallel um $a = 10$ cm aus dem Mittelpunkt heraus. Dadurch soll nach dem Steinerschen Satz [(91) v. S. 67] das Trägheitsmoment um den Betrag $m a^2 = 8 \cdot 10^{-3}$ kg · m² zunehmen. — Die Beobachtung ergibt $T = 4{,}15$ sec, $\Theta_0 = 2{,}41 \cdot 10^{-2}$ kg·m², also $\Theta_0 - \Theta_s = 8{,}1 \cdot 10^{-3}$ kg · m².

III. **Scheibe und Kugel von gleichem Trägheitsmoment.** Die Abb. 120 zeigt uns im gleichen Maßstab eine Scheibe und eine Kugel aus gleichem Baustoff.

Abb. 121. Voll- und Hohlwalze von gleicher Masse (Holz und Metall), aber ungleichem Trägheitsmoment.

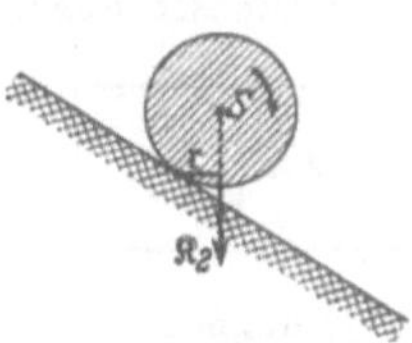

Abb. 122. Drehmoment $\mathfrak{M} = \mathfrak{r} \times \mathfrak{K}_2$ bei einer Walze auf einer Rampe.

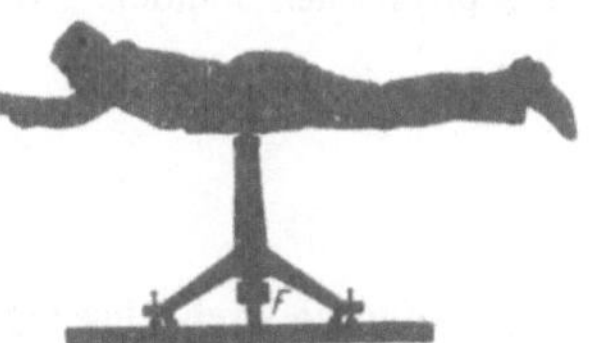

Abb. 123. Große Drillachse zur Messung der Trägheitsmomente eines Menschen in verschiedenen Stellungen. F eine kräftige Schneckenfeder. Ihre Winkelrichtgröße D^* beträgt rund 2,5 $\dfrac{\text{Großdynmeter}}{\text{Einheitswinkel}}$. Das Trägheitsmoment Θ des liegenden Mannes rund 17 kg m².

Ihre Massen verhalten sich wie $1 : 3{,}2$. Ihre Trägheitsmomente sollen nach den Gleichungen (87) und (89) gleich sein. In der Tat zeigen beide auf der Drillachse die gleiche Schwingungsdauer.

IV. **Trägheitsmomente von Hohl- und Vollwalze gleicher**

Abb. 124.	Abb. 125.	Abb. 126
$\Theta = \quad 1{,}2$	8	$2{,}3$ kg · m²
$\Theta = \quad 0{,}12$	$0{,}8$	$0{,}23$ Kilopond sek²· m

Trägheitsmomente eines Menschen in drei verschiedenen Stellungen. Die Pfeile markieren die Drehachsenrichtung.

Masse. Die Abb. 121 zeigt uns eine hohle Metallwalze und eine volle Holzwalze von gleicher Masse m, gleichem Durchmesser und gleicher Länge. Auf der Drillachse finden wir für die Hohlwalze ein erheblich größeres Trägheitsmoment.

Das erklärt eine oft überraschende Beobachtung: Wir legen beide Walzen nebeneinander auf eine Rampe, etwa ein geneigtes Brett. Die Achsen beider Walzen sollen auf einer Geraden liegen. Dann lassen wir beide Walzen zu gleicher Zeit los. Die massive Holzwalze kommt viel früher als die hohle Metallwalze unten an. — Deutung: Zum Abrollen werden beide Walzen durch gleich große Drehmomente $\mathfrak{r} \times \mathfrak{K}_2$ beschleunigt (Abb 122). Denn die Massen und

Radien sind für beide Walzen die gleichen. Infolgedessen erhält die Hohlwalze mit größerem Trägheitsmoment eine kleinere Winkelbeschleunigung $\dot\omega$ und Winkelgeschwindigkeit ω (Zeile 4 der Tabelle).

V. Trägheitsmomente des menschlichen Körpers. Wir bestimmen uns das Trägheitsmoment des menschlichen Körpers für einige verschiedene Körperstellungen und Achsenlagen. Dazu benutzen wir eine große Drillachse gemäß Abb. 123. Einige Meßergebnisse sind in der Abb. 124/126 zusammengestellt. Diese Zahlenwerte werden uns späterhin nützlich werden.

§ 50 Die Bedeutung des Trägheitsmomentes für das Schwerependel. Dieser Paragraph bringt einige nur für Physiker und Techniker wichtige Einzelheiten. — Drehschwingungen von Körpern um eine lotrechte Ruhelage sind im täglichen Leben und in der Technik sehr häufig. In der überwiegenden Mehrzahl der Fälle entstehen sie durch das Gewicht der Körper. Jeder nicht gerade in seinem Schwerpunkt aufgehangte oder gelagerte Körper kann, einmal angestoßen, pendeln. Wir haben den allgemeinen Fall des „physischen" Schwerependels beliebiger Gestalt. Mit diesem Namen unterscheiden wir es von unserm früher behandelten „mathematischen" Schwerependel, dem „punktförmigen" Körper an einem „masselosen" Faden.

Das „physische" Schwerependel ist für viele physikalische Probleme von Wichtigkeit, insonderheit in der Meßtechnik. Deswegen bringen wir einige seiner wesentlichen Eigenschaften

I. Schwingungsdauer eines physischen Pendels. Reduzierte Pendellänge. Die Abb. 127 zeigt uns ein Brett beliebiger Gestalt als Schwerependel aufgehängt. O bezeichnet die Ache, S den Schwerpunkt, s den Abstand beider. Für die Schwingungsdauer dieses physischen Pendels gilt die für jede Drehschwingung gültige Formel

$$T = 2\pi\sqrt{\frac{\Theta_0}{D^*}}.$$

    (92) v. S. 67

Θ_0 ist das für die Drehachse O geltende Trägheitsmoment. D^* ist wieder die Winkelrichtgröße, also $D^* = -\mathfrak{M}/\alpha$ (S. 65). Die Größe des Drehmomentes $\mathfrak{M}$ entnimmt man der Abb. 127:

$$\mathfrak{M} = mgs \sin\alpha.$$

Für kleine Winkel α dürfen wir wieder $\sin\alpha = \alpha$ setzen, erhalten also

$$D^* = \mathfrak{M}/\alpha = mgs.$$

    (83 a) v. S. 65

Für ein „mathematisches" Schwerependel, d. h. einen punktförmigen Körper an einem masselosen Faden, fanden wir auf S. 34

$$T = 2\pi\sqrt{\frac{l}{g}}.$$

    (28)

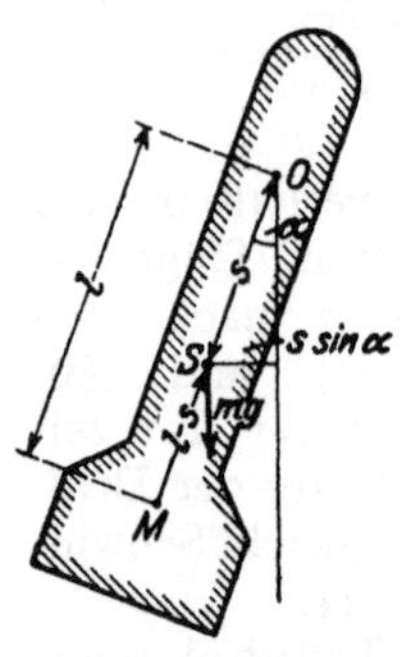

Abb. 127. Das physische Schwerependel.

Beim physischen Pendel tritt also an die Stelle der Pendellänge l des mathematischen Pendels das Verhältnis Θ_0/ms. Man nennt es die reduzierte Pendellänge. Die reduzierte Pendellänge ist die Länge eines mathematischen Schwerependels von der gleichen Schwingungsdauer wie die des physischen Wir sehen die reduzierte Pendellänge l in Abb. 127 eingezeichnet. Ihr unterer Endpunkt heißt Schwingungsmittelpunkt M. In ihm konnten wir die gesamte Masse des Pendels vereinigen, ohne die Schwingungsdauer des Pendels zu ändern.

Mittels des Steinerschen Satzes [Gl. (91) auf S. 68] erhält man für die reduzierte Pendellänge den Ausdruck

$$l = \frac{\Theta_s + ms^2}{ms} = \frac{\Theta_s}{ms} + s.$$

    (93)

Dabei ist Θ_s das Trägheitsmoment für eine durch den Schwerpunkt gehende Achse. Der Wert $(l - s) = \Theta_s/ms$ ist in Abb 127 eingezeichnet

Die Berechnung der reduzierten Pendellänge für ein Pendel beliebiger Bauart verlangt die rechnerische oder experimentelle Ermittlung dreier Großen, eines Trägheitsmomentes Θ, einer Masse m und des Abstandes s zwischen Achse und Schwerpunkt. — Dieser umständliche Weg läßt sich durch eine einzige Messung ersetzen. Für sie dient das „Reversionspendel".

II. Das Reversionspendel. „Die Schwingungsdauer eines beliebigen Pendels bleibt ungeändert, wenn man die Achse in den Schwingungsmittelpunkt verlegt." Beweis: Für eine Achse im Schwingungsmittelpunkt M (Abb. 127) haben wir als Schwerpunktsabstand nicht s, ·sondern $(l - s)$ in Gleichung (93) einzusetzen. Wir erhalten dann als reduzierte Pendellänge für diese neue Achse

$$l'' = \frac{\Theta_s}{m\dfrac{\Theta_s}{m\,s}} + \frac{\Theta_s}{m\,s} = s + \frac{\Theta_s}{m\,s} = l,$$

$$l' = l, \quad \text{also auch} \quad T' = T.$$

Zur experimentellen Bestimmung der reduzierten Pendellänge gibt man dem Pendel außer der ersten festen eine zweite, in der Pendellängsrichtung verschiebbare Achse. Dadurch wird es zum „Reversionspendel". Man bestimme die Schwingungsdauer T für die erste Achse. Dann stelle man das Pendel auf den Kopf, lasse es um die Achse 2 schwingen und ermittle die Schwingungsdauer T'. Durch Probieren findet man eine Stellung der zweiten Achse, in der $T = T'$ ist. In diesem Falle liegt die zweite Achse im Schwingungsmittelpunkt der ersten Der Abstand beider Achsen ist die gesuchte reduzierte Pendellänge l.

Das Reversionspendel ist das wichtigste Meßinstrument zur Bestimmung der Erdbeschleunigung g und ihrer lokalen Variationen Man bestimmt mit dem Reversionspendel l und T und berechnet dann g nach der Formel (28) v. S. 34.

Für Präzisionsuhren verliert das Schwerependel neuerdings rasch an Bedeutung. Man ersetzt es durch longitudinal schwingende Quarzkristalle. Die Schwingungen werden mit elektrischen Hilfsmitteln (Elektronenröhren und elektrischen Schwingungskreisen) aufrecht erhalten und auf ein Zeigerwerk übertragen. So entstehen die äußerst zuverlässigen „Quarzuhren" (vgl. § 104 Schluß).

§ 51. Der Drehimpuls (Drall).

Bei der fortschreitenden Bewegung war der Impuls als $m\,u$ definiert. Der Impuls war ein Vektor, und für den Impuls eines „Systems" galt ein Erhaltungssatz.

Bei der Drehbewegung tritt an die Stelle der Masse m ein Trägheitsmoment Θ, an die Stelle der Bahngeschwindigkeit u die Winkelgechwindigkeit ω. Also ist der Impuls einer Drehbewegung, der Drehimpuls,

$$\boxed{\mathfrak{G}^* = \Theta\,\omega.} \tag{97}$$

Auch der Drehimpuls ist ein Vektor, auch für ihn gilt ein Erhaltungssatz. Wir bringen, genau wie seinerzeit bei der fortschreitenden Bewegung, einige experimentelle Beispiele zur Einprägung dieser Tatsachen. Als Hilfsmittel tritt an die Stelle des flachen Wagens bei der fortschreitenden Bewegung (Abb. 98) ein Drehstuhl (Abb. 128). Er kann sich um eine genau lotrechte Achse

Abb 128 Zur Erhaltung des Drehimpulses (Bei kleinen Beschleunigungen wird man durch Reibung gestört)

mit winziger Reibung drehen (Kugellager). Er reagiert also nur auf Impulse mit lotrecht stehendem Vektorpfeil. Von Impulsen mit schräg liegendem Pfeil nimmt er nur die lotrechte Komponente auf.

Wir haben uns noch über den Drehsinn der Impulse zu einigen. In den Skizzen soll ein Blick vom Pfeilschwanz zur Spitze eine Drehung im Uhrzeigersinne zeigen. Im ·Text gelten die Drehsinnangaben für einen von oben blickenden Beobachter.

1. Ein Mann sitzt auf dem ruhenden Drehstuhl. In der linken Hand hält er etwa in Augenhöhe einen ruhenden großen Kreisel mit lotrechter Achse (Fahrradfelge mit Bleieinlage). Der Drehimpuls ist anfänglich Null. Der Mann greift

mit der rechten Hand von unten in die Speichen und versetzt den Kreisel in Drehung. Der Kreisel erhält einen Drehimpuls $\Theta_1\omega_1$ gegen den Uhrzeiger. Nach dem Impulserhaltungssatz muß der Mann einen Drehimpuls $\Theta_2\omega_2$ gleicher Größe, aber entgegengesetzten Drehsinnes erhalten. In der Tat beginnt der Mann mit dem Uhrzeiger zu kreisen. Seine Winkelgeschwindigkeit ω_2 ist erheblich kleiner als die des Kreisels, denn sein Trägheitsmoment ist viel größer als das des Kreisels.

2. Der Mann drückt die Felge des laufenden Kreisels gegen seine Brust und bremst den Kreisel. Die Drehung von Kreisel und Mann hören gleichzeitig auf. Es werden wieder beide Impulse gleichzeitig Null.

3. Der Mann hält auf dem ruhenden Drehstuhl den ruhenden Kreisel mit waagerechter Achse. Er versetzt den Kreisel in Drehung, der Impulspfeil des Kreisels liegt waagerecht. Drehstuhl und Mann bleiben in Ruhe. Denn sie reagieren nicht auf einen Impuls mit waagerechtem Pfeil.

4. Der anfänglich ruhende Kreisel wird mit seiner Achse unter 60° gegen die Lotrechte geneigt und dann in Gang gesetzt. Mann und Stuhl beginnen sich zu drehen, jedoch nur mit kleiner Winkelgeschwindigkeit. Sie erhalten nur einen Impuls gleich der lotrechten Komponente des Kreiselimpulses.

5. Wir geben dem ruhenden Mann den laufenden Kreisel in die Hand. Der Kreisel läuft im Uhrzeigersinn. Der Mann bleibt in Ruhe. Wir haben ihm ja den Kreisel mit seinem Drehimpuls geliefert, Nunmehr kippt der Mann die Kreiselachse um 180° Er nimmt ihr unteres Ende nach oben. Damit ändert er den Drehimpuls von $+\,\mathfrak{G}^*$ auf $-\,\mathfrak{G}^*$, insgesamt also um 2 $\mathfrak{G}^*$. Der Mann selbst

Abb. 129 Mit einem Holzklotz an einem langen. Stiel lassen sich Drehimpulse mit verschiedenen Achsenrichtungen erzeugen.

dreht sich mit dem Drehimpuls 2 $\mathfrak{G}^*$ mit dem Uhrzeiger. Dann kippt der Mann den Kreisel wieder in die Ausgangsstellung und gibt ihn uns zurück. Drehstuhl und Mann sind wieder in Ruhe. — Man kann also eine Zeitlang mit einem geliehenen Impuls spielen und ihn dann wieder abliefern.

6. Der Mann sitzt auf dem ruhenden Drehstuhl. In der Hand hält er einen Hammer (Abb. 129). Der Mann soll sich durch Schwingbewegungen des Hammers in waagerechter Richtung einmal ganz um die lotrechte Achse herumdrehen. — Während des Schwunges dreht sich der Mann, wenn auch mit kleinerer Winkelgeschwindigkeit als Arm und Hammer. Hammer und Arm können nur um etwa 180° geschwenkt werden. Gleichzeitig mit der Hammerbewegung kommt auch die Körperdrehung zur Ruhe. Denn Mann und Hammer können nur zu gleicher Zeit einen Drehimpuls haben. Für einen zweiten Schwung muß der Mann den Hammer in die Ausgangsstellung zurückbringen. Das kann er auf dem gleichen Wege tun. Aber dann verliert er seinen ganzen vorherigen Winkelgewinn. Daher muß er zur Wiederholung der Schwungbewegung einen anderen Rückweg wählen. Er muß den Hammer aus der Endstellung in der lotrechten Ebene nach oben führen und dann abermals in einer lotrechten Ebene in die Ausgangsstellung zurückbringen. Auf die Impulse dieser Drehbewegung reagiert der lotrecht gelagerte Körper nicht. Von der Ausgangsstellung kann der Versuch wiederholt werden, der Winkelgewinn verdoppelt sich usf. Selbstverständlich lassen sich die drei einzelnen Bewegungen zu einer einzigen Bewegung vereinigen. Man läßt Arm und Hammer einen Kegelmantel umfahren, dessen Achse möglichst wenig gegen die Lotrechte geneigt ist.

7. Die Vektornatur des Drehimpulses läßt sich gut mit einem um eine lotrechte Achse drehbaren Ventilator vorführen (Abb. 130). Der Propeller

erzeugt nicht nur einen Luftstrahl, sondern gibt ihm auch einen Drehimpuls $\mathfrak{G}^*$[1] Dabei bekommt der Ventilator den gleichen Impuls mit umgekehrtem Drehsinn. Die lotrechte Komponente, also $\mathfrak{G}^* \cos\alpha$, läßt den Ventilator um die lotrechte Achse rotieren.

Beispiele: Die Flügel des Ventilators sollen im Uhrzeigersinne kreisen, dabei sei unser Blick durch die Flügel auf das Gehäuse des Motors gerichtet. — Zunächst blase der Ventilator in waagerechter Richtung, es sei also $\alpha = 90°$: Die Stativachse bleibt in Ruhe, denn cos 90° ist gleich Null.

Dann blase der Ventilator flach schräg aufwärts, z B. mit $\alpha = 80°$: Die Stativachse rotiert, von oben gesehen, langsam gegen den Uhrzeiger. Grund: Es ist cos 80° $\approx 0{,}17$; $\cos\alpha$ hat also einen kleinen positiven Wert.

8. Nach Abschalten des Stromes verschwindet diese Rotation zunächst und dann beginnt sie von neuem mit dem Drehsinn des Propellers Grund. Motorläufer und Propeller werden durch Lagerreibung abgebremst Ihr ganzer Drehimpuls wird an das Gehäuse abgegeben und seine lotrechte Komponente wird beobachtet

9. Wir ersetzen den Drehstuhl durch die große, aus Abb. 123 bekannte Drillachse. Auf ihr liegt in gestreckter Stellung ein Mann, sich beiderseits an zwei Handgriffen haltend (Abb. 131). Der Mann wird angestoßen und vollführt Drehschwingungen kleiner Amplitude. Aufgabe: Der Mann soll ohne Hilfe von außen seine Schwingungsamplitude bis zu vollen Kreisschwingungen von 360° aufschaukeln. Lösung: Der Mann hat in periodischer Folge sein Trägheitsmoment um die lotrechte Achse zu ändern. Beim Durchlaufen der Nulllage zieht er die Beine an und richtet den Oberkörper auf. Dadurch verkleinert er sein Trägheitsmoment Θ und vergrößert seine Winkelgeschwindigkeit ω_1. In der Umkehrstellung streckt er sich wieder und kehrt zum großen Trägheitsmoment zurück. Beim Durchlaufen der Ruhelage wiederholt er das Spiel. In kurzer Zeit vollführt er Drehschwingungen mit 360° Amplitude. — Dieser Versuch erläutert vorzüglich die ganze Technik des Reckturnens. Nur ist die Achse der waagerechten Reckstange durch die lotrechte Drillachse und das Drehmoment des Gewichtes am Reck durch das Drehmoment der Schneckenfeder an der Drillachse ersetzt. Dadurch erreichen wir den Vorteil eines langsameren zeitlichen Verlaufs und daher leichterer Beobachtung. Der eben gezeigte Versuch war, in die Sprache des Reckturners übersetzt, der Riesenschwung.

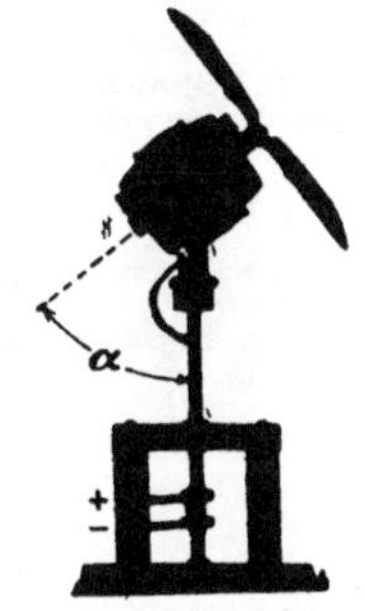

Abb. 130. Zur Vektornatur des Drehimpulses. α zwischen 30° und 150° verstellbar.

Der Turner am Reck weiß sein Trägheitsmoment im richtigen Augenblick auf mancherlei Weise zu verkleinern. Z. B. beim Riesenschwung durch Einknicken der Arme oder Einknicken der Beine oder Spreizen der Beine.

10. Auch der Flächensatz bei Zentralbewegungen (§ 24) ist nur ein Sonderfall des Drehimpuls-Erhaltungssatzes. An allen Stellen der Bahn ist in Abb. 63 die Dreiecksfläche $Oac = Oce = r^2\omega/2 = \mathfrak{G}^*/2m$ konstant.

Abb. 131. Zur Technik des Turnens mit Schwungen.

§ 52. Freie Achsen. Bei allen bisher betrachteten Drehbewegungen war die Drehachse des Körpers durch eine wirkliche Achse in Zylinder- oder Schneidenform

---

[1] Der Energiezuwachs entstammt der Arbeit der Muskeln gegen Trägheitskräfte (§ 61).

in Lagern festgelegt. Diese Beschränkung lassen wir jetzt fallen. So gelangen wir zu den Drehbewegungen der Körper um freie Achsen. Zur Erläuterung dieses Wortes bringen wir etliche experimentelle Beispiele.

a) Die Abb. 132 zeigt einen bekannten Zirkusscherz: Ein flacher Teller dreht sich oben auf der Spitze eines Bambusstäbchens. Seine Symmetrieachse dient ihm als freie Achse.

b) Ein flacher Teller kann, geschickt in Gang gesetzt, auch um einen Durchmesser als freie Achse rotieren (Abb. 133).

c) Wir bringen eine kleine Abart dieser beiden Versuche. Wir hängen an die lotrechte Achse eines schnell laufenden Elektromotors einen zylindrischen Stab an seinem einen Ende auf. Als freie Achse kann entweder seine Längsachse dienen oder aber wie in Abb. 134 seine Querachse.

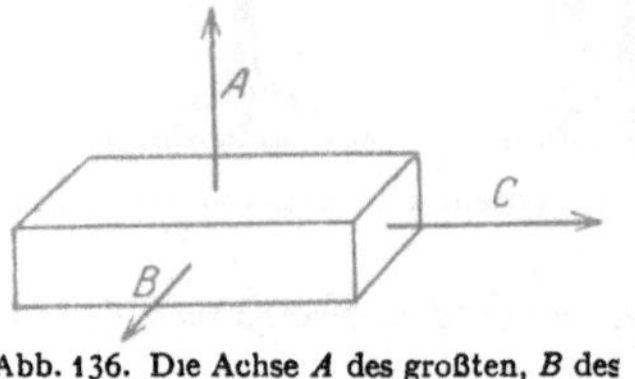

Abb. 132. Die Figurenachse eines Tellers als freie Achse.

Abb. 133. Tellerdurchmesser als freie Achse.

Abb 134. Ein Stab umkreist die Achse seines größten Trägheitsmomentes als freie Achse.

• d) Technisch verwertet man freie Achsen als „schwanke" Achsen. In Abb. 135 wird eine Schmirgelscheibe von einem Elektromotor in Drehung versetzt ($n \approx 50\ \text{sec}$). Die Scheibe sitzt am Ende eines etwa 20 cm langen und nur wenige Millimeter starken Drahtes. Sie dreht sich stabil um die Achse ihres größten Trägheitsmomentes und legt sich federnd gegen das angepreßte Werkstück.

Allen diesen Beispielen war zweierlei gemeinsam:

1. Die benutzten Körper hatten Drehsymmetrie. Alle waren sie im Prinzip auf einer Drehbank herstellbar. Bei allen war eine Symmetrie- oder Figurenachse ausgezeichnet.

2. Die eine freie Achse fiel mit der Figurenachse zusammen, die andere stand stets zu ihr senkrecht.

In den jetzt folgenden Versuchen fehlt die Drehsymmetrie der Körper. Wir nehmen als Beispiel eine flache Zigarrenkiste (vgl. Abb. 136). Ihre drei Flächenpaare sind durch je eine Farbe gekennzeichnet.

e) In die kleinste Seite der Kiste wird eine Öse eingesetzt. An dieser Öse wird der Kasten mittels eines Drahtes ebenso an der Motorachse aufgehängt wie oben in Abb. 134 der zylindrische Stab. Der Versuch zeigt

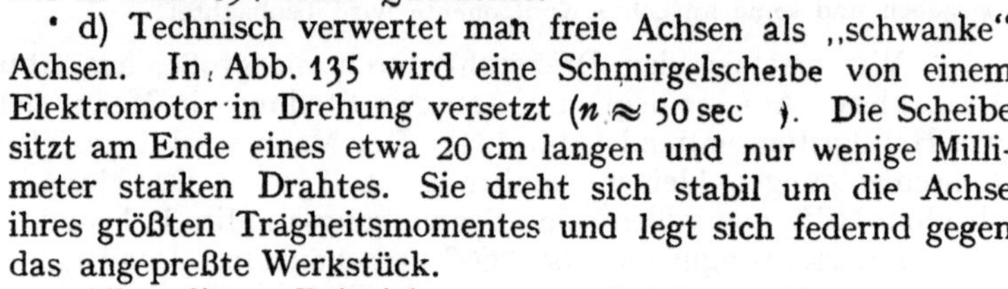

Abb. 135. Schwanke Achse einer Schmirgelscheibe. Achse für praktische Zwecke etwas zu dünn.

folgendes: Die Mittellinien A und C können als „freie" Achsen dienen, um sie vermag sich der Körper stabil zu drehen. Beide freie Achsen stehen wieder senkrecht zueinander. — Anders die dritte Mittellinie B, die senkrecht zu A und C ebenfalls durch den Schwerpunkt geht. Sie läßt sich in keiner Weise als freie Achse verwenden. Der Körper kehrt stets in eine der beiden stabilen Lagen zurück.

f) Mit dem gleichen

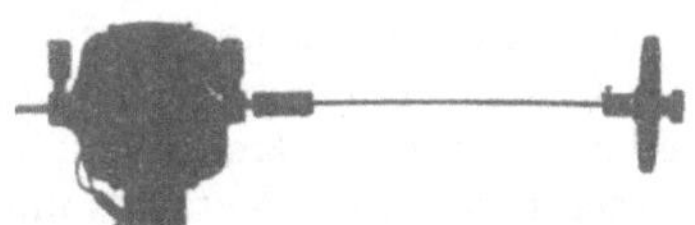

Abb. 136. Die Achse A des größten, B des mittleren und C des kleinsten Trägheitsmomentes einer Kiste.
$$\left.\begin{array}{l}\Theta_A = 6,5\\ \Theta_B = 5,6\\ \Theta_C = 1,4\end{array}\right\} \cdot 10^{-3}\ \text{kg m}^2$$

Abb 137. Abschleudern einer Kiste zur Drehung um ihre freie Achse A mit größtem Trägheitsmoment.

Ergebnis wiederholen wir den Versuch in einer Abart. Wir schleudern die Kiste in die Luft, ihr durch geeignete Fingerhaltung (Abb. 137) eine Drehung erteilend.

Wieder können A und C als freie Achsen dienen. Dem Beschauer bleibt ein und dieselbe Kistenfläche zugewandt, kenntlich an ihrer Farbe. Drehversuche um die Achse B führen stets zu Torkelbewegungen, der Beschauer sieht wechselnde Farben.

Mit diesen oder ähnlichen Versuchen gelangt man zu einer einfachen physikalischen Definition der freien Achsen: **Als freie Achse eines Körpers kann die Achse seines größten oder kleinsten Trägheitsmomentes dienen.**

Bei den einfach gewählten Beispielen a) bis f) ist das wohl in jedem Einzelfall rein geometrisch ersichtlich. In andern Fällen kann man jederzeit die Drillachse (Abb. 115 u. 123) zu Hilfe nehmen und die Trägheitsmomente für die verschiedenen Achsenrichtungen **messen.** Der Sicherheit halber haben wir derartige Messungen für unsere flache Zigarrenkiste ausgeführt und die Meßergebnisse in Abb. 136 vermerkt.

§ 53. Freie Achsen bei Mensch und Tier. Freie Achsen setzen keineswegs Drehsymmetrie des Körpers voraus. Das zeigt uns der Versuch mit der bemalten, flachen Zigarrenkiste. Noch besser zeigt es uns aber die Anwendung der freien Achsen durch Mensch und Tier. Beispiele:

a) **Eine Balletteuse macht eine Pirouette** auf einer Fußspitze. Sie dreht sich dabei um ihre Körperlängsachse. Sie benutzt die Achse ihres **kleinsten** Trägheitsmomentes als **freie** Achse. Um diese dreht sie sich mit großer Winkelgeschwindigkeit ω und dem Drehimpuls $\Theta\omega$. Zum Abstoppen vergrößert sie im gegebenen Augenblick ihr Trägheitsmoment durch Übergang in die Körperstellung unserer Abb. 125. Dies neue Trägheitsmoment ist rund siebenmal größer als das vorangegangene. Folglich ist ihre Drehgeschwindigkeit auf den siebenten Teil verkleinert. Die Fußsohle wird auf den Boden gesetzt, die Drehung gebremst und der Unterstützungspunkt unter den Schwerpunkt gebracht.

b) **Ein Springer macht einen Salto.** Leicht vornübergekrümmt, meist mit erhobenen Händen, erteilt er sich einen Drehimpuls. Die zugehörige Achse ist in Abb. 138 a angedeutet. Es ist nahezu eine freie Achse **größten** Trägheitsmomentes. Die Winkelgeschwindigkeit ist noch klein. Einen Augenblick später reißt der Springer seinen Körper in die Kauerstellung der Abb. 138 b zusammen. Auch für diese Körperstellung bleibt die Achse die seines größten Trägheitsmomentes. Aber dies selbst ist rund dreimal kleiner. Folglich ist die Winkelgeschwindigkeit

b   a

Abb. 138. Veränderung des Trägheitsmomentes beim Salto.

nach dem Impulserhaltungsgesetz auf das Dreifache erhöht. Mit dieser großen Winkelgeschwindigkeit werden ein oder zwei, ja gelegentlich sogar drei ganze Drehungen ausgeführt. Dann vergrößert der Springer im gegebenen Augenblick wieder sein Trägheitsmoment durch Streckung des Körpers. Er landet mit wieder kleiner Winkelgeschwindigkeit auf dem Boden. Die Sprungtechnik guter Zirkuskünstler ist physikalisch recht lehrreich. Zum Springen gehört in erster Linie Mut. Springen ist Nervensache. Für die nötigen Drehungen sorgt schon automatisch der Erhaltungssatz des Drehimpulses.

c) **Eine an den Füßen aufgehängte und dann losgelassene Katze fällt stets auf ihre Füße.** Dabei dreht sich das Tier um seine freie Achse kleinsten Trägheitsmomentes. Es benutzt sie als Ersatz für die durch Lager gehaltene Achse unseres Drehschemels in Abb. 129. Statt des **Hammers** werden die **hinteren Extremitäten** und der Schwanz herumgeschwungen. Der Mensch kann diesen Trick der Katze in seiner Art leicht nachmachen. Auch er kann während des Springens Drehbewegungen um seine Achse kleinsten Trägheitsmomentes, d. h. seine Längsachse, einleiten.

§ 54. Definition des Kreisels und seiner drei Achsen. Bei den zuerst von uns betrachteten Drehungen lag die Drehachse im Körper fest, und außerdem wurde sie außerhalb des Körpers von Lagern gehalten. Bei den dann folgenden Drehungen um freie Achsen lag die Drehachse noch immer im Körper fest, doch fehlten die Lager. Im allgemeinsten Fall der Drehung fehlen sowohl die Lager wie eine feste Lage der Drehachse im Körper. Die Drehachse geht im Körper zwar dauernd durch dessen Schwerpunkt, doch wechselt sie ständig ihre Richtung im Körper.

Die letztgenannte allgemeine Drehung heißt „Kreiselbewegung". Drehungen um freie Achsen oder um gelagerte Achsen sind Sonderfälle dieser allgemeinen Kreiselbewegung.

In ihrer allgemeinsten Form bieten die Kreiselbewegungen die schwierigsten Aufgaben der ganzen Mechanik. Man gelangt selbst mit großem mathematischen

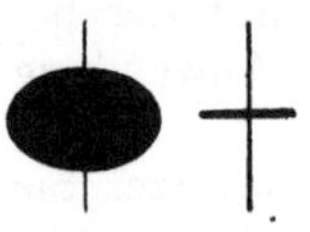

Abb. 139. Zwei „abgeplattete" Kreisel. Die Figurenachse ist die Achse des größten Trägheitsmomentes

Rüstzeug nur zu Näherungslosungen. Doch lassen sich alle wesentlichen Kreiselerscheinungen bereits an dem Sonderfall eines drehsymmetrischen Kreisels erläutern. Dieser Sonderfall wird durch die Abb. 139 festgelegt. In den dort dargestellten Beispielen ist die Figurenachse stets die Achse des größten Trägheitsmomentes. Es handelt sich im physikalischen Sinne um „abgeplattete" Kreisel oder einfach um „Kreisel" im Sinne des täglichen Sprachgebrauches.

Entscheidend für die Darstellung und das Verständnis aller Kreiselerscheinungen ist die strenge Unterscheidung dreier verschiedener Achsen:

1. Die Figurenachse, also in unsern Kreiseln (Abb. 139) die Achse des größten Trägheitsmomentes. Sie ist ohne weiteres an jedem unserer Kreisel erkennbar.

2. Die momentane Drehachse, die Achse, um die in einem bestimmten Augenblick die Drehung erfolgt. Sie läßt sich durch geeignete Kunstgriffe sichtbar machen.

3. Die Impulsachse, sie liegt zwischen Figuren- und Drehachse in der durch beide festgelegten Ebene. Alle drei Achsen schneiden sich im Schwerpunkt des Kreisels. Die Impulsachse ist die weitaus wichtigste der drei Achsen. Leider ist sie der unmittelbaren Anschauung unzugänglich.

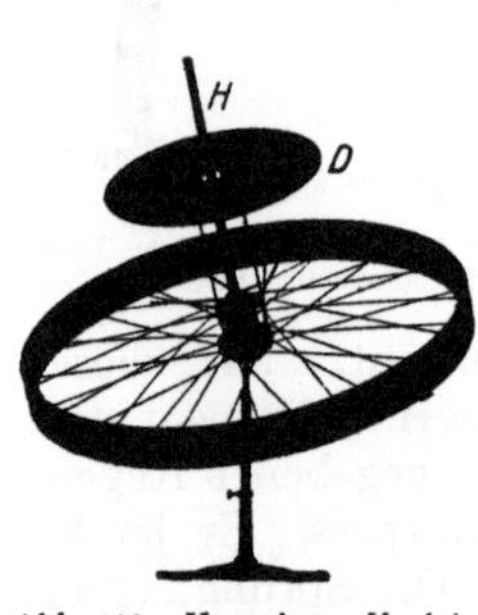

Abb. 140. Kreisel zur Vorführung der momentanen Drehachse (Hinterrad eines Fahrrades mit unten angesetzter zweiter Felge. Dadurch wird eine bequem zugängliche Lage des Schwerpunktes erzielt).

Diese Sätze sind erst einmal experimentell und zeichnerisch zu erläutern. Diesem Zweck dient der in Abb. 140 und 143 dargestellte Kreisel. Er ist in seinem Schwerpunkt mit Spitze und Pfanne gelagert (innerhalb des großen Kugellagers). Er ist daher „kräftefrei" und in jeder Stellung seiner Figurenachse im Gleichgewicht.

Zur Ausführung des Versuchs setzt man den laufenden Kreisel auf die Lagerspitze und gibt der Figurenachse einen seitlichen Stoß. Zur Sichtbarmachung der Momentandrehachse trägt der Kreisel oberhalb des eigentlichen Kreiselkörpers, jedoch starr mit ihm verbunden, eine mit gemustertem Papier versehene Pappscheibe D. Bei der Drehung des Kreisels verschwimmt das Muster zu einem einförmigen Grau. Nur im Durchstoßpunkt der augenblicklichen Drehachse Ω ist das Muster angenähert in Ruhe und gut erkennbar. So markiert sich die Drehachse mit erfreulicher Deutlichkeit. Man sieht die Drehachse im Kreiselkörper herumwandern. Drehachse und Figurenachse umkreisen einander wie ein tanzendes Paar. Dabei beschreibt jede der beiden Achsen für sich einen Kreiskegel um die raumfeste, aber unsichtbare Impulsachse. Diesen Vorgang nennen wir Nutation. Der von der Figurenachse umfahrene Kegel heißt Nutationskegel (Mittellinie = Impulsachse). Die Zahl der Kegelumläufe pro Sekunde heißt Nutationsfrequenz n_N. ω_N ist die Winkelgeschwindigkeit der Nutation.

Näheres über die Nutation bringt der folgende Paragraph. — Hier entnehmen wir dem Experiment lediglich noch eine für später nützliche Feststellung: Die Nutationen klingen in einiger Zeit ab. Das ist eine Folge der unvermeidlichen Lagerreibung, in unserem Beispiel also zwischen Spitze und Pfanne.

§ 55. Die Nutation des kräftefreien Kreisels und sein raumfester Drehimpuls. Die soeben experimentell beobachtete Nutation ist eine unmittelbare Folge des Impulserhaltungssatzes. Man denke sich in Abb. 141 die Zeichenebene durch die Figurenachse A des Kreisels und durch seine augenblickliche Drehachse Ω hindurchgelegt. Um diese augenblickliche Drehachse dreht sich der Kreisel mit der Winkelgeschwindigkeit ω, dargestellt durch die Länge des Pfeiles in Richtung der Drehachse Ω. Diese Drehgeschwindigkeit ω können wir in zwei Komponenten ω_1 und ω_2 zerlegen. ω_1 ist die Winkelgeschwindigkeit um die Achse A des größten Trägheitsmomentes Θ_A. — ω_2 ist die Winkelgeschwindigkeit um eine zu ihr senkrechte Achse C mit dem Trägheitsmoment Θ_C. Der Drehimpuls beträgt demnach $\mathfrak{G}_A^{*} = \Theta_A \omega_1$ in Richtung der Figurenachse A, $\mathfrak{G}_C^{*} = \Theta_C \omega_2$ in Richtung der zur Figurenachse senkrechten Achse C.

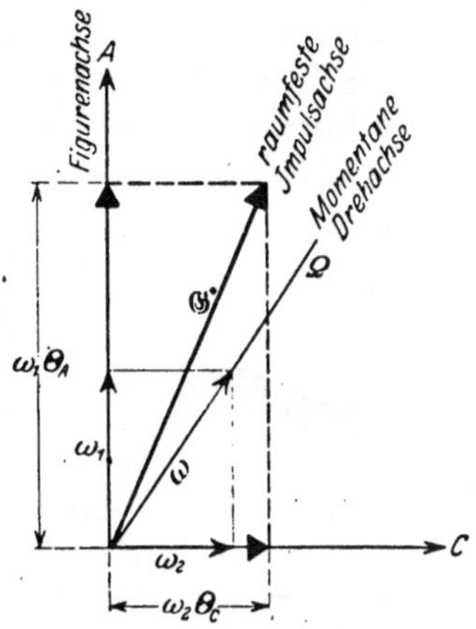

Abb. 141. Die drei Kreiselachsen.

Diese beiden Drehimpulse sind durch Pfeile mit dicken Spitzen eingezeichnet. Sie setzen sich zu einem resultierenden Drehimpuls, dem Pfeil $\mathfrak{G}^{*}$, zusammen. Die Richtung dieses Drehimpulses, die Impulsachse, liegt also zwischen der Figurenachse A und der augenblicklichen Drehachse Ω in der beiden gemeinsamen Ebene.

Jetzt ist der Kreisel voraussetzungsgemäß „kräftefrei". Er ist in seinem Schwerpunkt auf einer Spitze gelagert. Es wirken keinerlei Drehmomente auf ihn ein. Infolgedessen muß sein Drehimpuls nach Größe und Richtung erhalten bleiben. Die Impulsachse muß dauernd ein und dieselbe feste Richtung im Raume behalten. Sowohl die Figurenachse A wie die augenblickliche Drehachse Ω müssen die raumfeste Impulsachse umkreisen. Zur

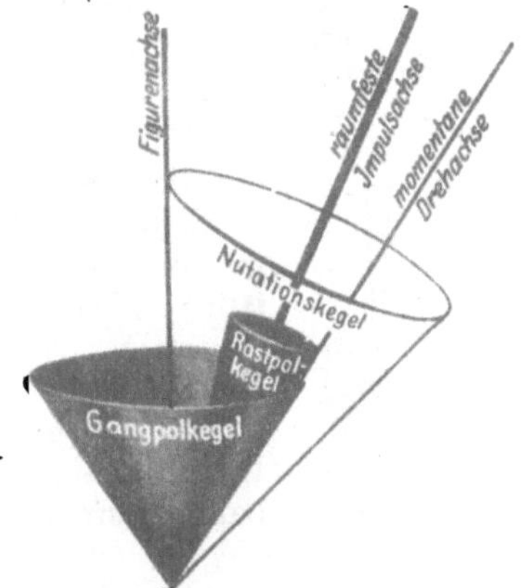

Abb. 142. Der Nutationskegel.

Veranschaulichung bilden wir die drei Achsen in Abb. 141 aus starren Drähten nach und lassen sie gemeinsam um den mittleren Draht, also die Impulsachse, rotieren. Dann sehen wir um die Impulsachse herum zwei Kegel entstehen. Der eine entsteht durch den Draht der Figurenachse: Es ist der uns schon bekannte Nutationskegel. Der andere Kegel entsteht durch den Draht der momentanen Drehachse: Man nennt ihn den Rastpolkegel („Herpolhodie"). Der Zusammenhang dieser beiden ersten Kegel läßt sich nun in Abb. 142 mit einem dritten Kegel, dem Gangpolkegel („Polhodie") darstellen. Dieser ist starr mit der Figurenachse verbunden, er umfaßt als Hohlkegel den raumfesten Rastpolkegel und rollt („perizykloidisch") auf diesem ab. Die jeweilige Berührungslinie dieser Kegel mit gemeinsamer Spitze ergibt die Richtung der momentanen Drehachse Ω.

Auf den Inhalt dieses Paragraphen muß man etwas Mühe verwenden. Es lohnt aber. Das Wort Nutation kommt sehr häufig in neuzeitlichen physikalischen und technischen Arbeiten vor. Man muß mit ihm einen Sinn verbinden können. „Die unsichtbare Drehimpulsachse, nicht die grob sichtbare Figurenachse ist für die Kreiselbewegungen entscheidend." In diesem Satz ist die Hauptsache enthalten.

In Sonderfällen kann die Impulsachse eines Kreisels mit seiner Figurenachse zusammenfallen: Der flache Kreisel entartet zu einem Kugel-

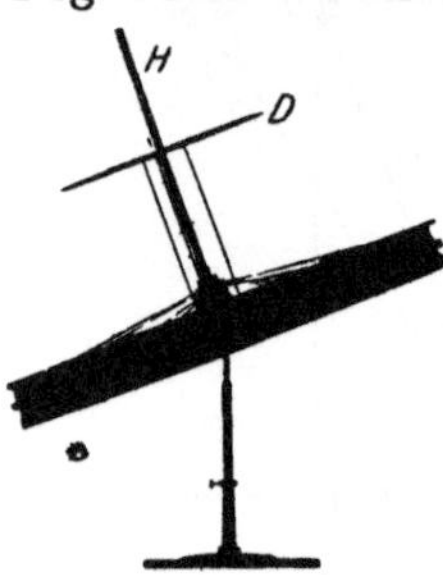

kreisel oder die Drehachse eines flachen Kreisels wird in seine Figurenachse gelegt. — Diesen zweiten Fall können wir auf verschiedene Weise verwirklichen. Dann zeigt sich die auch dem Laien geläufige Erscheinung des kräftefreien Kreisels: Die Figurenachse bleibt raumfest stehen. Beispiele:

a) Man setzt den laufenden Kreisel in·Abb. 143 recht behutsam auf sein Spitzenlager, im Schwerpunkt. Man vermeidet beim Aufsetzen jeden seitlichen Stoß gegen die Kreiselachse. Die Kreiselachse bleibt wirklich längere Zeit raumfest stehen.

Abb. 143. Kräftefreier Kreisel mit raumfester Figurenachse.

b) Man schleudert eine Diskusscheibe, sie durch die bekannte Handbewegung als Kreisel in Drehung versetzend. Die Richtung der Figurenachse bleibt als Impulsachse $\mathfrak{G}^*$ raumfest (Abb. 144). Der Diskus fliegt auf dem absteigenden Ast seiner Bahnkurve wie die Trag-

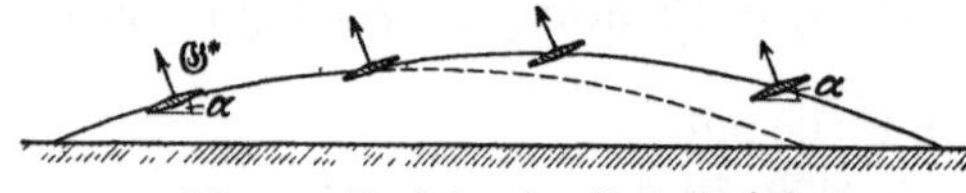

Abb. 144. Flugbahn eines Diskuskreisels.

fläche eines Flugzeuges mit festem Anstellwinkel α durch die Luft. Dabei erfährt der Diskus den Auf· trieb eines Flügels (§ 95). Er sinkt langsamer zu. Boden als ein Stein

und fliegt daher weiter, als der punktierten Wurfparabel entspricht. — Selbstverständlich ist das Wort „kräftefrei" in diesem Fall nur im Sinne einer Näherung anwendbar. Denn die anströmende Luft läßt in Wirklichkeit ein kleines Drehmoment auf den Kreisel wirken.

c) Der Diabolokreisel gemäß Abb. 145. Er behält auch bei großer Wurfhöhe eine feste Richtung seiner Figurenachse bei.

Abb. 145. Diabolo-Spielkreisel.

Ohne Einwirkung äußerer Drehmomente bleibt· die unsichtbare Impulsachse, nicht die sichtbare Figurenachse, raumfest. Die sichtbare Figurenachse. umkreist die Impulsachse auf dem Mantel eines Kegels, genannt Nutationskegel. Nur in Sonderfällen fallen Drehimpulsachse und Figurenachse zusammen. In diesen Sonderfällen bleibt ausnahmsweise die Figurenachse raumfest. — Das war der Inhalt dieses Paragraphen.

§ 56. Kreisel unter Einwirkung von Drehmomenten; die Präzession der· Drehimpulsachse. Nach Einführung des Impulses $m\mathfrak{u}$ haben wir die Grundgleichung in die Form gebracht:

$$\mathfrak{K} = \frac{d}{dt}\,(m\,\mathfrak{u}) = \frac{d\mathfrak{G}}{dt}\,. \qquad\qquad (79)\ \text{v. S. 61}$$

Ferner haben wir bei der fortschreitenden Bewegung zwei Grenzfälle zu unterscheiden. Im ersten Grenzfall lag die Richtung der Kraft $\mathfrak{K}$ parallel dem schon vorhandenen Impuls $m\mathfrak{u}$: Es wurde nur die Größe, nicht die Richtung des Impulses geändert (gerade Bahn). — Im zweiten Grenzfall stand die Richtung der Kraft in jedem Augenblick senkrecht zu der des schon vorhandenen Impulses: Es wurde nur die Richtung des Impulses geändert (Kreisbahn).

In entsprechender Weise wollen wir jetzt die Einwirkung eines Drehmomentes $\mathfrak{M}$ auf einen Kreisel behandeln. Wir verwenden die Grundgleichung in der Form

$$\mathfrak{M} = \frac{d}{dt}\,(\Theta\,\omega) = \frac{d\mathfrak{G}^*}{dt}$$
(99) v. S. 67

und unterscheiden wieder zwei Grenzfälle. Im ersten Grenzfall liegt die Richtung des Drehmomentvektors parallel zur Richtung des Kreiselimpulses: Dann erfährt der Kreisel eine Winkelbeschleunigung $\dot\omega$; es wird nur die Größe seines Drehimpulses $\mathfrak{G}^*$ geändert, nicht aber seine Richtung.

Eine für Messungen brauchbare Anordnung findet sich in Abb. 45, S 26 Das wirksame Drehmoment $\mathfrak{M}$ ist gleich ($\mathfrak{K}_2 - \mathfrak{K}_1$) mal dem Radius der Kreiselachse. (Gute Praktikumsaufgabe)

Im zweiten Grenzfall steht der Vektor des Drehmomentes $\mathfrak{M}$ senkrecht zur Richtung des schon vorhandenen Kreisel-Drehimpulses $\Theta\,\omega$. Dann bleibt die Größe des Drehimpulses ungeändert, geändert wird nur seine Richtung. Dieser Fall bildet den Inhalt dieses Paragraphen.

Wir nehmen der Übersichtlichkeit halber das allgemeine Ergebnis vorweg.

Äußere, zur Drehimpulsachse senkrechte Drehmomente veranlassen eine Präzessionsbewegung der Drehimpulsachse. Die Drehimpulsachse bleibt nicht mehr raumfest. Sie beginnt ihrerseits, einen im Raum festen Präzessionskegel zu umfahren. Dabei bleibt die Drehimpulsachse nach wie vor die Mittellinie des Nutationskegels. Der Kreisel ist nunmehr durch drei Kreisfrequenzen oder Winkelgeschwindigkeiten gekennzeichnet:

Abb. 146. Kippung eines ruhenden Kreisels unter der Einwirkung eines Drehmomentes. Der Kippwinkel β liegt in der vertikalen, die Kreiselachse enthaltenden Ebene.

1. seine Winkelgeschwindigkeit ω um die Figurenachse;

2. die Winkelgeschwindigkeit ω_N der Figurenachse beim Umfahren der Drehimpulsachse auf dem Nutationskegel;

3. die Winkelgeschwindigkeit ω_P der Impulsachse beim Umfahren des raumfesten Präzessionskegels.

Die hier vorweggenommenen Tatsachen werden in diesem und den beiden folgenden Paragraphen durch geeignete Versuche belegt.

Kreiselbewegungen mit gleichzeitiger Nutation und Präzession zeigen recht verwickelte Bilder. Darum muß man für Vorführungszwecke eine möglichst weitgehende Trennung von Nutation und Präzession erstreben. Zu diesem Zweck beginnt man in der Regel mit einem nutationsfreien Kreisel. Man nimmt also einen Kreisel, bei dem ausnahmsweise Impuls- und Figurenachse zusammenfallen.

Die Abb. 146 zeigt einen Kreisel mit waagerechter Achse. Der Kreiselträger ist im Schwerpunkt des ganzen Systems auf einer Spitze gelagert. Es wirkt zunächst keinerlei Drehmoment auf den Kreisel. Die Figurenachse bleibt raumfest stehen. Auf diesen ruhenden Kreisel soll jetzt ein Drehmoment $\mathfrak{M}$ wirken. Es soll eine zur Figurenachse senkrechte Achse haben. Zu diesem Zweck wird z. B. ein Gewichtstück an den Kreiselträger gehängt. Der Pfeil des Drehmomentes $\mathfrak{M}$ steht schräg auf den Beschauer zu gerichtet. Es erteilt dem Kreisel im kleinen Zeitabschnitt dt einen kleinen Impuls $d\mathfrak{G}^*$ (Abb. 147). Bei ruhendem Kreisel (Abb. 146) sinkt also das linke Ende des Kreiselträgers nach unten.

Bei laufendem Kreisel passiert aber etwas ganz anderes: Der Kreisel zeigt kleine Nutationen. Diese beachten wir nicht. Denn außerdem geschieht etwas viel Auffallenderes: Die Kreiselachse beginnt sich in der Waagerechten mit konstanter Winkelgeschwindigkeit ω_P zu drehen: „Die Achse des Kreisels folgt dem Drehmoment nicht, sondern weicht ihm rechtwinklig aus.". Das ist die Präzession des Kreisels, beschrieben unter Vernachlassigung gleichzeitiger Nutationen.

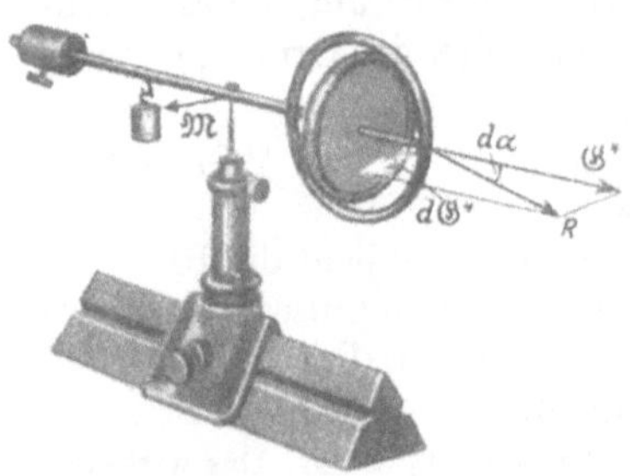
Abb 147 Prazession eines rotierenden Kreisels unter Einwirkung eines Drehmomentes.

Die Entstehung dieser uberraschenden Präzessionsbewegung ist leicht verständlich zu machen. Bei laufendem Kreisel findet der vom Moment $\mathfrak{M}$ geschaffene Impuls $d\mathfrak{G}^*$ bereits den großen Impuls $\mathfrak{G}^* = \Theta\omega$ des laufenden Kreiselkörpers vor (Abb. 147). Er setzt sich mit diesem zu einem resultierenden, durch den Pfeil R dargestellten Drehimpuls zusammen. Die Kreiselachse dreht sich nicht in der vertikalen, sondern in der horizontalen Ebene, und zwar in der Zeit dt um den Winkel $d\alpha$. Dabei gilt nach S. 79

$$\mathfrak{M} = \frac{d\mathfrak{G}^*}{dt}. \tag{99}$$

Der im Zeitabschnitt dt entstandene Zusatzimpuls $d\mathfrak{G}^*$ hat nur die Richtung, nicht aber die Größe von $\mathfrak{G}^*$ geändert. Es gilt nach der Abb. 147 $d\mathfrak{G}^* = \mathfrak{G}^* d\alpha$

$$\mathfrak{M} = \mathfrak{G}^* \frac{d\alpha}{dt}, \qquad \mathfrak{M} = \omega_p \times \mathfrak{G}^*, \tag{100}$$

$$|\omega_p| = \frac{|\mathfrak{M}|}{|\Theta\omega|}. \tag{101}$$

(Z. B. Drehmoment $\mathfrak{M}$ in Großdyn $\cdot$ m, Θ in kg $\cdot$ m² oder $\mathfrak{M}$ in Kilopondmeter und Θ in Kilopond $\cdot$ sec² $\cdot$ m.)

Die Winkelgeschwindigkeit der Präzession ω_P ist dem wirkenden Drehmoment $\mathfrak{M}$ direkt, dem vorhandenen Kreiseldrehimpuls $\mathfrak{G}^* = \Theta\omega$ umgekehrt proportional. Diese Aussage wird vom Experiment bestätigt. Eine Vergrößerung des Drehmomentes in Abb. 147 (größeres Gewichtstück) erhöht die Winkelgeschwindigkeit ω_P der Präzession (gute Praktikumaufgabe).

Diese primitive Darstellung der Präzession hat die Nutation außer acht gelassen. Sie genügt aber schon zum Verständnis mancher praktischer Anwendungen der Präzession. Wir beschränken uns auf drei Beispiele.

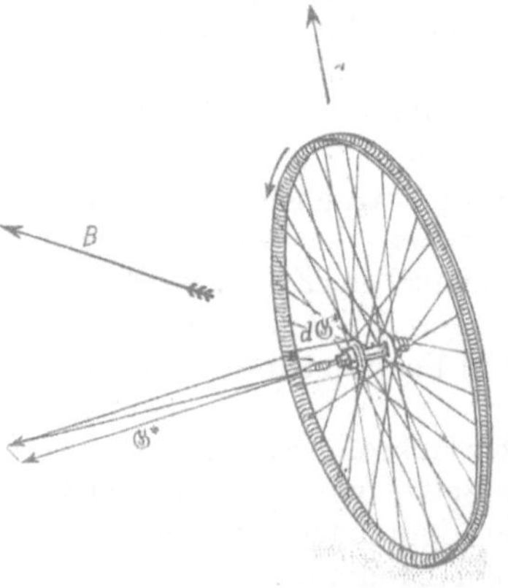
Abb. 148 Zum Freihändigfahren mit dem Fahrrad

a) Das Freihändigfahren mit dem Fahrrad. Die Abb. 148 zeigt uns das Vorderrad eines Fahrrades. Der Fahrer kippe ein wenig nach rechts. Dadurch erfährt die Achse des Vorderrades ein Drehmoment um die waagerechte Fahrtrichtung B. Gleichzeitig macht das Vorderrad als Kreisel eine Präzessionsbewegung um die Lotrechte C und läuft in einer Rechtskurve. Die Verbindungslinie zwischen den Berührungspunkten von Vorder- und Hinterrad mit dem Boden gelangt wieder unter den Schwerpunkt des

Fahrers. Somit ist der Unterstützungspunkt wieder unter den Schwerpunkt gebracht. — Die Vorzeichen aller Drehungen und Impulse sind in die Abb. 148 eingezeichnet.

Sehr anschaulich ist ein Vorführungsversuch mit einem kleinen Fahrradmodell. Man bringt seine Räder durch kurzes Andrücken gegen eine laufende Kreisscheibe (Abb. 149) auf hohe Drehzahl und stellt dann die Fahrradlängsachse frei in der Luft waagerecht. Um diese Längsachse kippt man das Fahrrad vorsichtig. Eine Rechtskippung läßt das Vorderrad sofort in eine Rechtskurvenstellung übergehen und umgekehrt. Auf den Boden gesetzt läuft das kleine Modell einwandfrei auf gerader Bahn davon. Der Fahrer ist ganz entbehrlich. Seine Leistung beim Freihändigfahren ist recht bescheiden: Er hat nur zu lernen, die automatisch erfolgenden Präzessionsbewegungen des Vorderrades nicht zu stören. — Der Spielreifen der Kinder benutzt ersichtlich die gleichen physikalischen Vorgänge.

Abb. 149. Ein Fahrradmodell wird durch Anpressen an eine Scheibe auf der Achse eines Elektromotors in Gang gesetzt.

b) Der Bierfilz als Diskus. Man schleudere einen fast waagerecht gehaltenen Bierfilz mit der rechten Hand etwas schräg nach oben. Dann fliegt der Bierfilz nur anfänglich wie ein guter Diskus als „Tragfläche" dahin (Abb. 144). Bald vergrößert sich der Anstellwinkel seiner Scheibe: Die zunächst nur flach ansteigende Flugbahn geht steil in die Höhe. Gleichzeitig bäumt sich der Bierfilz mit seiner rechten Seite auf, er fliegt etwas nach links und verliert beim starken Steigen seine ganze Bahngeschwindigkeit. Vom Gipfel der Bahn fällt er jäh herab.

Deutung: Der Drehimpuls des Bierfilzes ist viel kleiner als der der schweren Diskusscheibe mit hohem Trägheitsmoment. Das von der anströmenden Luft auf die Kreiselscheibe ausgeübte Drehmoment ruft eine große Präzession der Kreiselachse hervor, und durch sie wird der Anstellwinkel vergrößert und verdreht.

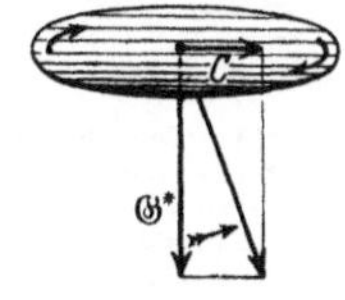

Abb. 150. Bierfilz als Diskus. Mit der rechten Hand geworfen.

Eine nichtrotierende Scheibe würde durch das Drehmoment mit dem Vorderende hochgekippt (vgl. S. 149). Die anströmende Luft erteilt der Scheibe also einen Drehimpuls in Richtung der Achse C quer zur Flugbahn. Beim rotierenden Bierfilz ist schon vorher der Drehimpuls ⑬* vorhanden. Beide Impulse addieren sich, und die Figurenachse des Bierfilzes macht die durch den krummen gefiederten Pfeil angedeutete Prazessionsbewegung.

c) Der Bumerang (Rückkehrkeule). Man kann das Trägheitsmoment des Bierfilzes vergrößern und die störende Präzession vermindern, ohne das Gewicht des Bierfilzes und seinen Tragflächenauftrieb zu verändern. Man braucht nur den Rand des Bierfilzes auf Kosten der Mitte zu verstärken.

Man nehme einen Pappring von ca. 20 cm Durchmesser und 4 × 20 mm Profil und überklebe die Oberflache mit einem Blatt Schreibpapier.

Solch ein Bierfilz mit vergrößertem Trägheitsmoment vollführt nach Gleichung (101) nur noch eine kleine Kreiselprazession. Auch er steigt mit zunehmender Steilheit und verliert dabei seine Bahngeschwindigkeit, hat aber am Gipfel der Bahn noch einen brauchbaren Anstellwinkel. Mit diesem kehrt er, ständig weiter rotierend, im Gleitflug zum Werfenden zurück: Er zeigt die typische Eigenschaft des als Bumerang bekannten Sportgerätes. Die herkömmliche Hakenform dieses Wurfgeschosses ist also für die Rückkehr durchaus nicht wesentlich.

Allerdings ist eine Kreisscheibe keine gute Tragfläche. Eine längliche rechteckige Scheibe mit schwacher Rückenwölbung ist eine erheblich bessere Tragfläche und ein schon recht guter Bumerang (dabei ein nicht drehsymmetrischer Kreisel). Für Vorführungszwecke nehme man einen Kartonstreifen von ca. 2,5 × 12 cm Größe und 0,5 mm Dicke.

Kleine Bumerange schleudert man nicht aus freier Hand. Man legt sie auf ein etwas schräg gehaltenes Buch, läßt ein Ende uberstehen und schlagt gegen dies Ende parallel der Buchkante mit einem Stab. Durch kleine Seitenkippungen dieser Abflugrampe kann man nach Belieben links oder rechts durchlaufene Bahnen erzeugen oder auch den Hin- und Rückweg praktisch in die gleiche lotrechte Ebene verlegen. Man kann das Geschoß mehrfach um die Lotrechte des Ausgangspunktes hin und her pendeln lassen usf. Durch Übergang zur Hakenform und propellerartiges Verdrillen der Schenkel kann man die Flugbahn noch weiter umgestalten („Schraubenflug") und die Zahl der netten Spielereien erheblich vergroßern.

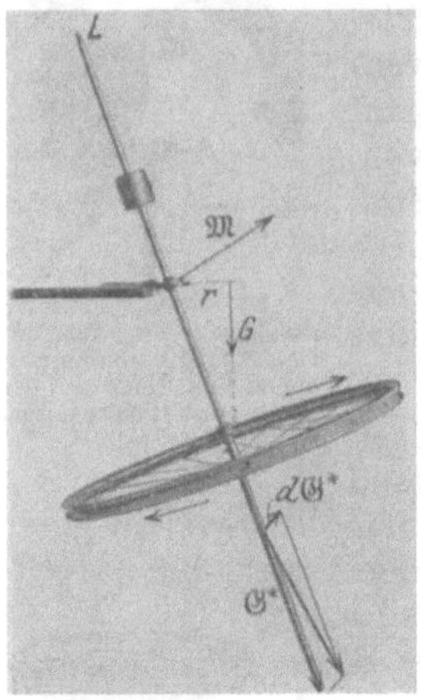

Abb. 151. Pendelnd aufgehangter Kreisel (3 Freiheitsgrade). Am oberen Ende ein kleines Gluhlampchen zur photographischen Aufnahme der in Abb. 152 folgenden Bilder.

§ 57. Präzessionskegel mit Nutationen. Unter geeigneten Versuchsbedingungen fuhrt die Präzession der Kreiselimpulsachse unter Einwirkung eines Drehmomentes zu einem wohl ausgebildeten Prazessionskegel. Beispiele:

1. Das Kreiselpendel. Ein Kreisel ist gemäß Abb. 151 stabil, aber allseitig schwenkbar aufgehängt („Cardan-Gelenk"). Er ist aus einer Fahrradfelge (evtl. mit Bleieinlage) hergestellt. Außerhalb der Lotrechten wirkt auf ihn das Moment $\mathfrak{M}$, herrührend von dem Gewicht mg, angreifend an den Hebelarm r. Sein Vektor ist eingezeichnet, ebenfalls der durch das Drehmoment erzeugte Zusatzimpuls $d\mathfrak{G}^*$. In der gezeichneten Stellung losgelassen, beginnt der Kreisel einen wohl ausgebildeten Prazessionskegel mit einer kleinen Winkelgeschwindigkeit zu umfahren. Gleichzeitig zeigt er stets kleine Nutationen. Die untere Spitze der Kreisel-

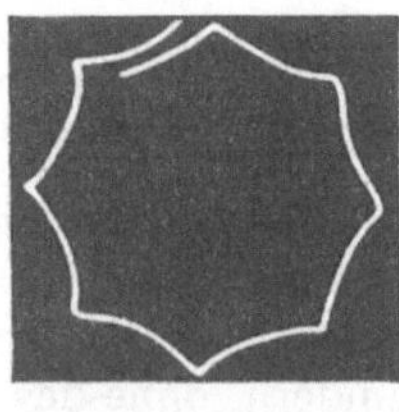

Abb. 152. a Kleine Nutation eines aufgehangten Kreisels. Annaherung an die pseudo-regulare Prazession
b und c Zunahme der Nutation mit abnehmendem Drehimpuls des Kreisels. Photographische Positive

figurenachse zeichnet keinen glatten Kreis, sondern einen Kreis mit Wellenlinien (Abb. 152a). Je größer der Impuls des Kreisels, desto kleiner die Nutation. Die Nutation kann praktisch unmerklich werden. Dann nennt man die Präzession pseudoregulär. Der Gegensatz der pseudoregulären Präzession ist die echte reguläre Präzession. Bei dieser letzteren unterdrückt man die kleine vom äußeren Drehmoment ausgelöste Nutation. Das geschieht durch bestimmte Anfangsbedingungen. Man erteilt dem Kreisel im Augenblick des Loslassens durch einen Stoß eine Nutation gerade entgegengesetzt gleicher Größe, wie sie das Drehmoment allein erzeugen würde. Der Stoß muß in Richtung des Pfeiles $d\mathfrak{G}^*$ erfolgen. Seine richtige Größe findet man leicht durch Probieren. Eine Berechnung führt hier zu weit.

Statt dessen wollen wir durch Verkleinerungen des Kreiselimpulses, d. h. praktisch Verminderung der Winkelgeschwindigkeit um die Figurenachse, die Nutation mehr und mehr hervortreten lassen. Die Spitze der Figurenachse beschreibt Bahnen, wie sie in Abb. 152b u. c photographiert sind. — Durch geeignete Anfangsbedingungen läßt sich sogar die Präzession ganz unterdrücken. Dann verbleiben trotz des Drehmomentes nur Nutationen, aber auch das führt im einzelnen zu weit.

2. Der Tanzkreisel der Kinder. Er ist genau so wie das Kreiselpendel zu behandeln. Nur ist seine Aufstellung in der Ruhelage labil. Für die Kreiselerscheinungen ist das unerheblich.

Der Kinderkreisel zeigt jedoch außer dem bekannten, von Nutationen überlagerten Präzessionskegel noch eine besondere Eigentümlichkeit: Auf glatter Bahn richtet er sich langsam auf. Er legt sich jedoch hin, sobald seine Spitze in ein Loch gerät. — Für die Deutung reicht wieder die einfache Präzessionsregel [Gleichung (100)] aus.

Fall 1. Die Abb. 153 zeigt einen Kinderkreisel auf glatter Fläche, die Abb. 154 darunter eine Hand. Die Hand hält ein stark vergrößertes Modell der halbkugelförmigen Kreiselspitze auf dem Tisch. Die Hand dreht das Modell im Drehsinn der Kreiselachse. Dabei rollt die auf dem Tisch reibende Kreiselspitze der Hand bzw. dem Kreiselschwerpunkt voraus. Es entsteht ein Drehmoment im Sinne des Pfeiles $\mathfrak{M}$ und ein Zusatzimpuls $d\mathfrak{G}^*$. Die Addition beider Impulse gibt eine Näherung der Impulsachse an die Lotrechte.

Fall 2. Beim Anlaufen gegen ein Hindernis wird die Kreiselspitze zurückgehalten, der Kreiselschwerpunkt jedoch rückt noch fort. Es gibt ein Drehmoment $\mathfrak{M}$ mit senkrecht nach oben gerichtetem Vektorpfeil. Eine Kreiselspitze in einem Loch kann man mit einer solchen vergleichen, die ständig gegen ein Hindernis anläuft. Also legt sich der Kreisel.

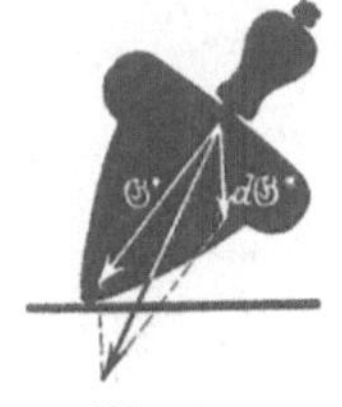

Abb 153.

3. Die Erde als Kreisel. Ein sehr berühmtes Beispiel einer Präzessionsbewegung bietet unsere Erde. Die Erde ist keine Kugel, sondern ein wenig abgeplattet. Der Durchmesser des Äquators ist um ca. $^1/_{300}$ größer als die Figurenachse der Erde, die Verbindungslinie von Nord- und Südpol. Man kann sich im groben Bilde auf die streng kugelförmige Erde längs des Äquators einen Wulst aufgesetzt denken. Die Anziehung dieses Wulstes durch Sonne und Mond erzeugt ein Drehmoment auf den Erdkreisel. Die Figurenachse NS beschreibt einen Präzessionskegel von $23^1/_2°$ halber Öffnung. Er wird in ca. 26000 Jahren einmal umfahren. Gleichzeitig erzeugt das Drehmoment winzige Nutationen. Infolge-

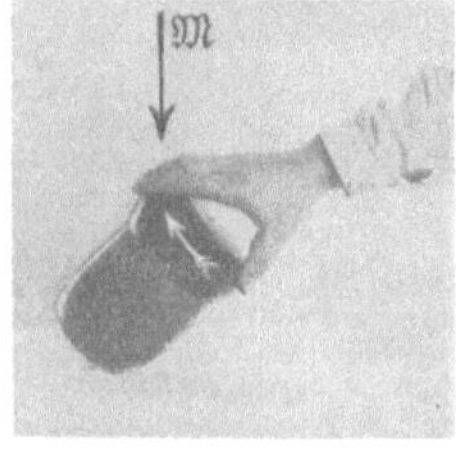

Abb 154

Abb 153 u. 154. Zur Aufrichtung des Kreisels durch Reibung.

dessen weicht in jedem Augenblick die Drehachse ein wenig von der Figurenachse NS der Erde ab. Doch sind die Durchstoßpunkte beider Achsen an der Erdoberfläche nur um ca. 10 m voneinander entfernt.

Diesen winzigen Nutationen im physikalischen und technischen Sinne überlagern sich Nutationen im Sinne der Astronomen. Das sind im physikalischen und technischen Sinne erzwungene Schwingungen der Drehachse der Erde (§ 107). Sie rühren von den periodischen Schwankungen des wirksamen Drehmomentes her. Denn dies muß je nach der wechselnden Stellung von Mond und Sonne am Himmel relativ zur Erde verschieden sein.

4. Drall der Geschosse. Abb. 155. Langgeschosse konnen bei gleichem Kaliber größere Massen als die früheren Kugelgeschosse verschießen. Doch verlangen Langgeschosse besondere Vorsichtsmaßnahmen gegen Überschlagen. Man muß die Langsachse des Geschosses nach Möglichkeit der jeweiligen Bahntangente parallel und dadurch den Luftwiderstand klein halten. Für diesen Zweck gibt man dem Geschoß entweder Pfeilform und große Länge (z. B. bei Minenwerfern), oder erteilt dem Geschoß eine

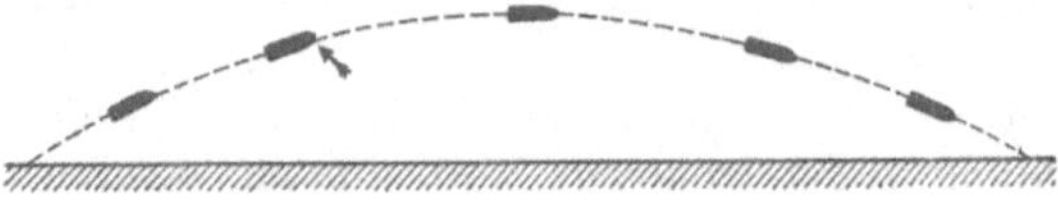

Abb. 155. Langsame Kreiselpräzession einer Granate.

Rotation um seine Langsachse („gezogener Lauf"). Das rotierende Geschoß ist ein Kreisel, und als solcher vollführt es unter dem Einfluß des Luftwiderstandes eine Prazessionsbewegung. Die Präzession beginnt etwa in dem durch die Pfeile markierten Punkt. Dort trifft der Luftwiderstand das Geschoß ein wenig unterhalb seiner Spitze. Dadurch entsteht ein Drehmoment. Sein Pfeil steht senkrecht zur Papierebene. Das Drehmoment ist nicht konstant, denn die Bahntangente andert ständig ihre Neigung. Infolgedessen entsteht kein einfacher Präzessionskegel, die Geschoßspitze durchläuft keinen Kreis, sondern Zykloidenbogen. Bei Rechtsdrall liegt die Geschoßspitze der Reihe nach rechts und oberhalb, rechts und seitlich, rechts und unterhalb der Bahntangente, und endlich wiederum in der Tangente. Bei einem deutschen Feldgeschutz wiederholt sich das Spiel von neuem nach je etwa 1 Sekunde, also in einer gegen die Flugdauer (ca. 20 Sekunden) kleinen Zeit. Die Geschoßspitze entfernt sich nie erheblich von der Bahntangente, und das Geschoß erreicht sein Ziel mit der Spitze voran. Allerdings ist eine Seitenabweichung mit in den Kauf zu nehmen. Bei Rechtsdrall ist es eine Abweichung nach rechts. Denn das in Präzession begriffene Geschoß wird auf dem absteigenden Bahnast dauernd auf seiner linken Flanke vom Luftwiderstand getroffen.

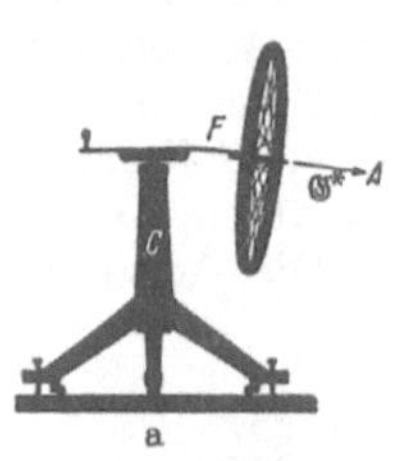

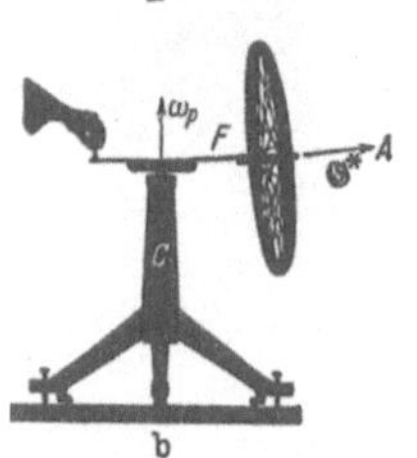

Abb. 156a. Ein rotierender Kreisel ohne Prazession, d. h. ohne Drehung um die vertikale Achse C.

Abb. 156b. Eine von der Hand erzwungene Präzession läßt ein Drehmoment entstehen, das die Blattfeder F nach oben krummt.

§ 58. Kreisel mit nur zwei Freiheitsgraden[1].

Zur Drehimpulsachse senkrechte Drehmomente ändern die Richtung des Drehimpulses („Präzession"). Umgekehrt erzeugen Richtungsänderungen des Drehimpulses Drehmomente senkrecht zur Drehimpulsachse. Das läßt sich in mannigfacher Weise vorführen.

In Abb. 156a steht die Achse A eines Kreisels praktisch senkrecht zur lotrechten Achse C. Die Achse A hat praktisch nur zwei Freiheitsgrade: Sie kann sich nur innerhalb einer waagerechten Ebene bewegen. In Richtung des dritten Freiheitsgrades, also in der Lotrechten, sind nur kleine, durch die Verformung einer Blattfeder F begrenzte Bewegungen zugelassen. Diese Blattfeder soll durch ihre Durchbiegung Größe und Richtung des Drehmomentes anzeigen. — In Abb. 156a besitzt der Kreisel nur einen großen Drehimpuls $\Theta\omega$, er dreht sich also nur um die Achse A. Eine Präzession, also ein Umlauf um die Achse C, fehlt. Grund: Es ist kein Drehmoment vorhanden; das Gewicht des Kreisels ist durch die Verformung der Feder ausgeglichen.

---

[1] Freiheitsgrad gleich Zahl der räumlichen Dimensionen, nach denen die Bewegung eines Körpers erfolgen kann. Beispiele: Ein punktförmiger Körper (Massenpunkt) kann im allgemeinen Fall eine geradlinige Bewegung in beliebiger Richtung ausfuhren. Seine Geschwindigkeit läßt sich in einem rechtwinkligen Koordinatensystem in drei Komponenten zerlegen. Der Massenpunkt hat dann drei Freiheitsgrade. — Ein an eine ebene Bahn gebundener Massenpunkt hat nur zwei Freiheitsgrade, ein an eine gerade Schiene gebundene nur einen Freiheitsgrad. — Ein Körper endlicher Ausdehnung kann außer fortschreitenden Bewegungen auch Drehungen ausfuhren. Seine Winkelgeschwindigkeit kann im allgemeinen Fall eine beliebige Richtung haben, sie läßt sich dann in drei zueinander senkrecht stehende Komponenten zerlegen· Zu den drei Freiheitsgraden der fortschreitenden Bewegung (Trans-

Nun kommt der eigentliche Versuch. Wir erteilen mit der Hand dem Kreisel eine Winkelgeschwindigkeit ω_p um die Achse C, zwingen also die Achse A, innerhalb der waagerechten Ebene ihre Richtung zu wechseln. Erfolg dieser „erzwungenen Präzession": Die Blattfeder wird nach oben durchgebogen (Abb. 156b). Durch die erzwungene Präzession ist ein Drehmoment $\mathfrak{M}_p$ erzeugt worden. Es ist in Abb. 156b größer als das entgegengesetzt gerichtete, vom Gewicht erzeugte Drehmoment $\mathfrak{M}_g$. Messungen ergeben die uns schon bekannte Beziehung

$$\mathfrak{M}_p = \mathfrak{G}^* \times \omega_p. \qquad\qquad (101)\ \text{v. S. 80}$$

Durch passende Wahl von ω_p kann $\mathfrak{M}_p = \mathfrak{M}_g$ gemacht werden, d. h. die Blattfeder bleibt ohne jede Stütze völlig entspannt. Oder anders gesagt: die erzwungene Winkelgeschwindigkeit ω_p ist identisch mit der Präzessionsgeschwindigkeit, die der Kreisel unter Einwirkung des Drehmomentes $\mathfrak{M}_g$ erhalten würde.

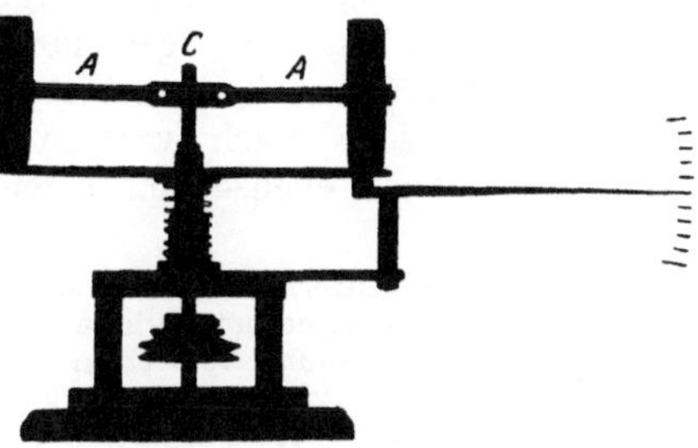

Abb. 157. Vorführungsmodell eines Kollerganges

Die durch erzwungene Präzessionen entstehenden Drehmomente spielen in der Technik eine große Rolle. Als erstes Beispiel nennen wir den Kollergang, eine schon den Römern bekannte Form der Mühle (Abb. 157). Während des Umlaufs bilden beide Mühlsteine einen Kreisel mit erzwungener Präzession. Das durch sie erzeugte Drehmoment ist in diesem Fall dem vom Gewicht herrührenden gleichgerichtet. Es preßt die Mahlsteine fester auf die Mahlfläche und erhöht den Mahldruck. Im Modell kann das mit einer Schraubenfeder unter dem Mahltisch und einem Zeiger weithin sichtbar gemacht werden. Wichtiger ist das jetzt folgende Beispiel.

Abb. 158. Stabilisierung mittels negativ gedämpfter Kreiselprazessionsschwingungen (Einschienenbahn). Zwischen Kreisel und Brust ein Schutzblech, rechts unterhalb des Kreisels ein Ausgleichkorper.

Die Abb. 158 zeigt uns eine in Kugellagern KK gelagerte Reckstange. Sie trägt oben einen Motorkreisel und einen Sitz. Der Kreisel kann in einem u-förmigen Rahmen R in der Längsrichtung dieser Stange pendeln. Die Lager sind durch einen weißen Kreis markiert, und der Rahmen ist starr mit der Reckstange verbunden. Auf den Sitz setzt sich ein Mann. Der Schwerpunkt des ganzen Systems (Stange, Kreisel Mann) liegt weit oberhalb der Stange, das System ist völlig labil. Es kippt beispielsweise nach rechts. Diese Kippung übt ein Drehmoment auf die Kreiselachse aus. Der Kreisel antwortet mit einer Präzession: Gesetzt, er läuft von oben betrachtet gegen den Uhrzeiger. In diesem Fall entfernt sich das obere Ende des Kreisels vom Mann. Jetzt kommt der wesentliche Punkt: Der Mann drückt das obere

---

Kreiselende noch etwas weiter von sich weg. Dabei spürt er praktisch nicht mehr als beim ruhenden Kreisel. Trotzdem tritt durch diese erzwungene Präzession ein großes Drehmoment auf. Es wirkt auf die Pendellager und somit auf die Stange. Die Stange kehrt in ihre Ausgangslage zurück. Bei einer anfänglichen Linkskippung verläuft alles ebenso mit umgekehrtem Drehsinn. Die obere Kreiselachse nähert sich dem Mann. Der Mann zieht sie noch ein wenig mehr an sich heran usf. Auf diese Weise kann man mühelos balancieren. Der Kreisel pendelt mit kleinen Amplituden in seiner durch die Lager vorgeschriebenen Pendelebene. Der Mann hat lediglich für „negative Dämpfung" oder „Anfachung" dieser Kreiselpräzessionsschwingungen zu sorgen. D. h. er hat die jeweils vorhandene Amplitude zu vergrößern.

Erstaunlich rasch lernt unser Organismus diese „negative Dämpfung" rein reflektorisch ausüben. Bei geeigneter Wahl der Kreiselabmessungen bleibt zum Nachdenken keine Zeit. Aber das Muskelgefühl erfaßt die physikalische Situation sehr rasch. Nach wenigen Minuten fühlt man sich auf dieser kopflastigen Reckstange ebenso sicher wie ein gewandter Radfahrer auf seinem Rade.

Chinesische Seiltänzerinnen haben dies Hilfsmittel negativ gedämpfter Kreiselschwingungen schon seit langem empirisch herausgefunden. Sie benutzen als Kreisel einen von den Fingern in lebhafte Drehung versetzten Schirm. Sie halten die Schirmstange angenähert parallel dem Seil und balancieren durch kleine Kippungen der Kreiselachse. — Meist allerdings arbeiten die Seiltänzer nur mit der Fallschirmwirkung ruhender Schirme.

In großem Maßstab hat man den Pendelkreisel mit zwei Freiheitsgraden und negativer Dämpfung zur Konstruktion einer „Einschienenbahn" zu benutzen gesucht. Die Bewegung des Armmuskels wird durch eine geeignete Hilfsmaschine ersetzt, die mit der Kippung des Wagens nach links oder rechts ihre Bewegungsrichtung wechselt.

Kreisel mit nur einem Freiheitsgrad lassen sich bequemer nach den Methoden der folgenden Kapitel behandeln

VII. Beschleunigte Bezugssysteme.

§ 59. Vorbemerkung. Trägheitskräfte. Bislang haben wir die physikalischen Vorgänge vom Standpunkt des festen Erd- oder Hörsaalbodens aus betrachtet. Unser Bezugssystem war die als starr und ruhend angenommene Erde. Gelegentliche Ausnahmen sind wohl stets deutlich als solche gekennzeichnet worden.

Der Übergang zu einem anderen Bezugssystem kann in Sonderfallen belanglos sein. In diesen Sonderfallen muß sich das neue Bezugssystem gegenuber dem Erdboden mit konstanter Geschwindigkeit bewegen. Seine Geschwindigkeit darf sich weder nach Größe noch nach Richtung ändern. Experimentell finden wir diese Bedingung gelegentlich bei einem sehr „ruhig" fahrenden Fahrzeug verwirklicht, etwa einem Dampfer oder einem Eisenbahnwagen. In diesen Fällen „spüren" wir im Innern des Fahrzeuges nichts von der Bewegung unseres Bezugssystems. Alle Vorgänge spielen sich im Fahrzeug genau so ab wie im ruhenden Hörsaal. Aber das sind ganz selten verwirklichte Ausnahmefälle.

Im allgemeinen sind Fahrzeuge aller Art „beschleunigte" Bezugssysteme: Ihre Geschwindigkeit ändert sich nach Größe und Richtung. Diese Beschleunigung des Bezugssystems führt zu tiefgreifenden Änderungen im Ablauf unserer physikalischen Beobachtung. Unser Beobachtungsstandpunkt im beschleunigten Bezugssystem verlangt zur einfachen Darstellung des physikalischen Geschehens neue Begriffe. Für den beschleunigten Beobachter treten neue Kräfte auf. Ihr Sammelname ist „Trägheitskräfte". Einzelne von ihnen haben außerdem noch Sondernamen (Zentrifugalkraft, Corioliskraft) erhalten. Die Darstellung dieser Trägheitskräfte bildet den Inhalt dieses Kapitels.

Wir haben in unserer Darstellung durchweg zwei Grenzfälle der Beschleunigung auseinandergehalten: reine Bahnbeschleunigung und reine Radialbeschleunigung, Änderung der Geschwindigkeit nur nach Größe oder nur nach Richtung. In entsprechender Weise wollen wir auch jetzt beschleunigte Bezugssysteme mit reiner Bahnbeschleunigung und beschleunigte Bezugssysteme mit reiner Radialbeschleunigung getrennt als zwei Grenzfälle behandeln.

Bezugssysteme mit reiner Bahnbeschleunigung begegnen uns zwar häufig. Man denke an Fahrzeuge aller Art beim Anfahren und Bremsen auf gerader Bahn. Aber die Zeitdauer dieser Beschleunigung ist im allgemeinen gering, die Größe der Beschleunigung höchstens für wenige Sekunden konstant. Wir können diesen Grenzfall daher verhältnismäßig kurz abtun. Das geschieht in § 60.

Ganz anders die Bezugssysteme mit reiner Radialbeschleunigung. Jedes Karussell mit konstanter Winkelgeschwindigkeit ω läßt die Radialbeschleunigung beliebig lange Zeit konstant erhalten. Vor allem aber ist unsere Erde selbst ein großes Karussell. Daher haben wir das Karussellsystem mit Grundlichkeit zu studieren. Das geschieht in allen übrigen Paragraphen dieses Kapitels.

Zur Erleichterung der Darstellung werden wir uns im folgenden eines Kunstgriffes bedienen: Wir werden den Text in zwei senkrechte Parallelspalten teilen. In der linken Spalte wird der Vorgang kurz in unserer bisherigen Weise vom ruhenden Bezugssystem des Erd- oder Hörsaalbodens aus dargestellt. In der rechten Spalte steht daneben die Darstellung vom Standpunkt des beschleunigten Beobachters. Beide Beobachter stellen die Grundgleichung $\mathfrak{b} = \mathfrak{K}/m$ an die Spitze ihrer Darstellung und betrachten Kräfte als Ursache der beobachteten Beschleunigungen.

§ 60. Bezugssystem mit reiner Bahnbeschleunigung. Wir bringen Beispiele:

1. Der eine Beobachter sitzt fest auf einem Wagen, und vor ihm liegt eine Kugel auf einer reibungsfreien Tischplatte (Abb. 159). Durch diese soll das

Abb. 159.

Gewicht der Kugel ausgeschaltet werden. Tisch und Stuhl sind auf den Wagen aufgeschraubt. Der Wagen wird in seiner Längsrichtung nach links beschleunigt (Fußtritt!). Dabei nähern sich die Kugel und der Mann auf dem Wagen einander.

Jetzt ergeben sich folgende zwei Darstellungsmöglichkeiten. In beiden gelten die Angaben links und rechts für den Leser.

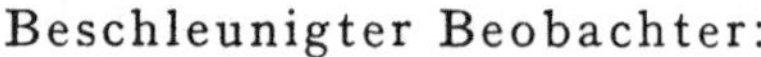

Ruhender Beobachter:

Die Kugel bleibt in Ruhe. Es greift keine Kraft an ihr an, denn sie ist reibungslos gelagert. Hingegen werden der Wagen und der auf ihm sitzende Mann nach links beschleunigt. Der Mann nähert sich der Kugel.

Beschleunigter Beobachter:

Die Kugel bewegt sich beschleunigt nach rechts. Folglich greift an ihr eine nach rechts gerichtete Kraft $\mathfrak{K} = -m\mathfrak{b}$ an. Sie erhält den Namen „Trägheitskraft".

Bei der Wahl dieses Namens wird ein Wissen des Beobachters um die eigene Beschleunigung vorausgesetzt. Ein farbloserer Name oder eine eigene Wortbildung, entsprechend dem Wort „Gewicht", wäre zweckmäßiger gewesen.

2. Der Beobachter auf dem Wagen hält die Kugel unter Zwischenschaltung eines Kraftmessers fest (Abb. 160). Der Wagen wird wieder nach links beschleunigt. Während der Beschleunigung spürt der Beobachter auf dem Wagen in seinen Hand- und Armmuskeln ein Kraftgefühl. Der Kraftmesser zeigt den Ausschlag $\mathfrak{K}$.

Abb 160.

Die Kugel wird nach links beschleunigt. Es greift an ihr eine nach links drückende Kraft $\mathfrak{K}$ an. Für die Größe der Beschleunigung gilt $\mathfrak{b} = \mathfrak{K}/m$.

Die Kugel bleibt in Ruhe. Sie wird nicht beschleunigt. Also ist die Summe der beiden an ihr angreifenden Kräfte gleich Null. Die nach rechts ziehende Trägheitskraft $\mathfrak{K} = -m\mathfrak{b}$ und die nach links drückende Muskelkraft sind einander entgegengesetzt gleich. Ihr Betrag ist am Kraftmesser abzulesen.

Abb 161

3. Der Wagen wird nach links beschleunigt. Der auf dem Wagen stehende eine Beobachter muß während des Anfahrens die in Abb. 161 skizzierte Schrägstellung einnehmen. Andernfalls fällt er hintenüber.

In der nun folgenden Darstellung beider Beobachter gelten die Angaben links und rechts wieder für den Leser.

Ruhender Beobachter:

Der Schwerpunkt des Mannes muß in gleicher Größe und Richtung wie der Wagen beschleunigt werden. Den zur Beschleunigung des Schwerpunktes erforderlichen, nach links gerichteten Kraftpfeil $\mathfrak{K}$ erzeugt der Mann mit Hilfe seines Gewichtes $\mathfrak{K}_2$ und einer elastischen Verformung des Wagens (Kraft $\mathfrak{K}_3$). Zu diesem Zweck neigt er sich schräg vorn über.

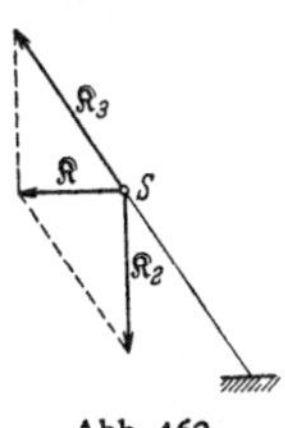

Abb. 162.

Beschleunigter Beobachter:

Der Schwerpunkt S des Mannes bleibt in Ruhe. Die Summe der an ihm angreifenden Kräfte (Abb. 163) ist Null. Nach unten zielt das Gewicht $\mathfrak{K}_2$, nach außen rechts die Trägheitskraft $\mathfrak{K} = -m\,\mathfrak{b}$. Beide setzen sich zu der Resultierenden $\mathfrak{K}_3$ zusammen. Diese verformt den Wagen unter den Füßen des Mannes und erzeugt dadurch die der Kraft $\mathfrak{K}_3$ entgegengesetzt gleiche $\mathfrak{K}_1$.

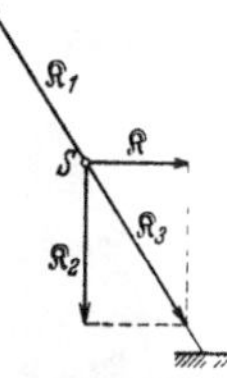

Abb. 163.

4. Der eine Beobachter befindet sich in einem Fahrstuhl. Vor ihm steht auf einem Tisch eine Federwaage und auf dieser ein Körper mit der Masse m. Der Ausschlag der Waage zeigt eine dem Gewicht $\mathfrak{K}_2$ entgegengesetzt gleiche Kraft $\mathfrak{K}_0$. Dann beginnt der Fahrstuhl eine beschleunigte Abwärtsbewegung. Die Waage zeigt nunmehr den kleineren Ausschlag $\mathfrak{K}_1$.

Der Körper wird abwärts beschleunigt. Es wirken zwei Kräfte ungleicher Größe und entgegengesetzter Richtung auf ihn ein. Das Gewicht $\mathfrak{K}_2$ zieht den Körper nach unten, die kleinere Federkraft $\mathfrak{K}_1$ drückt ihn nach oben. Wirksam bleibt die Resultierende mit dem Betrage $|\mathfrak{K}_2| - |\mathfrak{K}_1|$. Sie erteilt dem Körper die abwärts gerichtete Beschleunigung $|\mathfrak{b}| = (|\mathfrak{K}_2| - |\mathfrak{K}_1|)/m$.

Der Körper ruht, die Summe der an ihm angreifenden Kräfte ist Null. Die aufwärtsgerichtete Federkraft $\mathfrak{K}_1$ der Waage ist kleiner als das Gewicht $\mathfrak{K}_2$ des Körpers. Folglich ist noch eine zweite aufwärtsgerichtete Kraft vorhanden, nämlich die Trägheitskraft mit dem Betrage

$$|\mathfrak{K}_2| - |\mathfrak{K}_1| = m\,|\mathfrak{b}|.$$

5. Der eine Beobachter springt mit der Federwaage in der Hand von einem hohen Tisch zur Erde. Oben auf der Federwaage steht ein Körper (Gewichtstück). Unmittelbar nach dem Absprung geht der Ausschlag der Waage vom Werte $\mathfrak{K}_2$ auf Null zurück (Abb. 164).

Abb. 164.

Der Körper fällt ebenso schnell wie der Mann. Er fällt mit der Fallbeschleunigung $g = \mathfrak{K}_2/m$ zu Boden. Als einzige Kraft greift an ihm das nach unten ziehende Gewicht $\mathfrak{K}_2$ an. Die Muskelkraft drückt nicht mehr nach oben.

Der Körper ruht. Die Summe der an ihm angreifenden Kräfte ist Null. Das nach unten ziehende Gewicht $\mathfrak{K}_2$ und die nach oben ziehende Trägheitskraft sind einander entgegengesetzt gleich. Der Betrag beider Kräfte ist mg.

Mit diesen Beispielen dürfte der Sinn des Wortes Trägheitskraft zur Genüge erläutert sein. Die Trägheitskraft existiert nur für einen beschleunigten Beobachter. Der Beobachter muß — zum mindesten in Gedanken! — an der Beschleunigung seines Bezugssystems teilnehmen. Die Trägheitskraft ermöglicht es dem beschleunigten Beobachter, an der Grundgleichung $\mathfrak{b} = \mathfrak{K}/m$ festzuhalten und die Kraft als Ursache der Beschleunigung zu betrachten.

§ 61. Bezugssystem mit reiner Radialbeschleunigung. Zentrifugal- und Corioliskraft.

Abb 165

1. Der eine Beobachter sitzt auf einem rotierenden Drehstuhl mit lotrechter Achse und großem Trägheitsmoment (Abb. 165, vgl. auch Abb. 175). Vorn trägt der Drehstuhl eine waagerechte glatte Tischplatte. Auf diese legt der auf dem Stuhl sitzende Beobachter eine Kugel (Abb. 165). Sie fliegt ihm von der Platte nach außen herunter.

Ruhender Beobachter:

Die Kugel wird nicht beschleunigt. Es wirkt auf sie keine Kraft. Folglich kann sie nicht an der Kreisbahn teilnehmen. Sie fliegt tangential mit der konstanten Geschwindigkeit $u = \omega r$ ab (ω = Winkelgeschwindigkeit des Drehstuhls, r = Abstand der Kugel von der Drehachse im Moment des Hinlegens).

Beschleunigter Beobachter:

Die hingelegte Kugel entfernt sich beschleunigt aus ihrer Ruhelage. Sie entfernt sich dabei vom Drehzentrum der Tischfläche. Folglich greift an der ruhig daliegenden Kugel eine Trägheitskraft an. Sie erhält den Sondernamen Zentrifugalkraft. Ihre Größe ist $\mathfrak{K} = m\omega^2 r$.

2. Der Beobachter auf dem Drehstuhl schaltet zwischen die Kugel und seine Handmuskeln einen Kraftmesser ein. Die horizontale Längsachse dieses Kraftmessers ist auf die Achse des Drehstuhles hin gerichtet. Der Kraftmesser zeigt während der Drehung des Stuhles eine Kraft $\mathfrak{K} = m\omega^2 r$ an.

Die Kugel bewegt sich auf einer Kreisbahn vom Radius r, sie wird beschleunigt. Das verlangt eine radial auf die Drehachse hin gerichtete, an der Kugel angreifende Kraft $\mathfrak{K} = -m\omega^2 r$ („Radialkraft"), Gleichung (10) v. S. 27.

Die Kugel bleibt in Ruhe. Sie wird nicht beschleunigt. Folglich ist die Summe der beiden an ihr angreifenden Kräfte Null. Die radial nach außen ziehende Zentrifugalkraft und die radial nach innen ziehende Muskelkraft sind einander entgegengesetzt gleich. Die Beträge beider Kräfte sind $m\omega^2 r$.

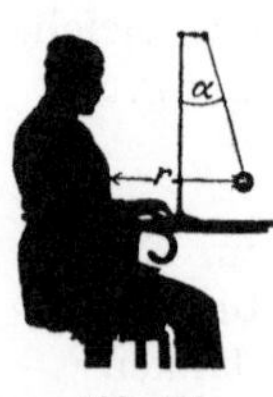

Abb. 166.

3. Der Beobachter auf dem Drehstuhl hängt vor sich über seinem Tisch ein Schwerependel auf, etwa eine Kugel an einem Faden. Dies Pendel stellt sich nicht lotrecht ein (Abb. 166). Es weicht in der durch Radius und Drehachse festgelegten Ebene um den Winkel α nach außen hin von der Lotrechten ab. Der Winkel α wächst mit steigender Drehzahl des Stuhles

Ruhender Beobachter:

Die Pendelkugel bewegt sich auf einer Kreisbahn vom Radius r, sie wird beschleunigt. Dazu ist eine waagerecht zur Drehachse hin gerichtete Radialkraft $\Re = - m\,\omega^2 \cdot r$ erforderlich. Sie wird vom Gewicht $\Re_2$ und einer elastischen Verspannung des Fadens (Kraft $\Re_3$) erzeugt.

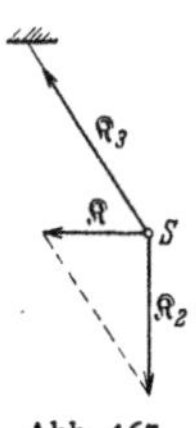

Abb. 167.

Beschleunigter Beobachter:

Die Pendelkugel ruht, die Summe der an ihrem Schwerpunkt S angreifenden Kräfte (Abb. 168) ist Null. Nach unten zieht das Gewicht $\Re_2$, nach außen rechts die Zentrifugalkraft $\Re = m\,\omega^2 r$. Beide setzen sich zu der Resultierenden $\Re_3$ zusammen. Diese spannt den Faden und erzeugt dadurch die der Kraft $\Re_3$ entgegengesetzt gleiche Kraft $\Re_1$.

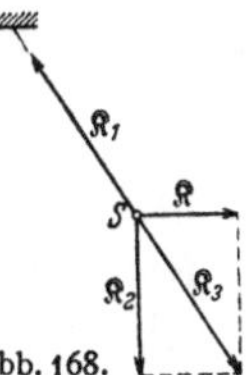

Abb. 168.

4. In den bisherigen Versuchen galt die Beobachtung einem auf dem Drehstuhl ruhenden Körper. Es kam nur darauf an, ob der Körper aus dieser Ruhelage fortbeschleunigt wurde oder nicht. Jetzt soll ein auf dem Drehstuhl bewegter Körper Gegenstand der Beobachtung werden. Dabei beschränken wir uns auf einen Grenzfall, nämlich einen Körper hoher Geschwindigkeit, und zwar ein Geschoß. Dann können wir die Zentrifugalkraft als unerheblich vernachlässigen.

Bei kleinen Geschwindigkeiten mußten wir die Zentrifugalkraft durch einen Kunstgriff ausschalten. Wir mußten dem Karussell eine parabolisch ausgehöhlte Oberfläche geben.

Wir befestigen auf dem Tisch des Drehstuhles ein kleines waagerecht gerichtetes Geschütz. Seine Längsrichtung kann mit seiner Verbindungslinie zur Drehachse einen beliebigen Winkel α einschließen. Das Geschütz ist auf eine Scheibe im Abstand A vor seiner Mündung gerichtet und zielt auf einen Punkt a. Die Scheibe nimmt, durch Stangen gehalten, an der Drehung des Drehstuhls teil (Abb. 169). Zunächst wird bei ruhendem Drehstuhl ein Geschoß abgefeuert und seine Einschlagstelle a, also das Ziel, bestimmt. Alsdann wird der Drehstuhl mit der Winkelgeschwindigkeit ω in Drehung versetzt. Der Drehstuhl soll von nun an immer von oben gesehen gegen den Uhrzeiger kreisen. Nunmehr wird der zweite Schuß abgefeuert. Seine Einschlagstelle b ist gegen das Ziel um s cm nach rechts versetzt.

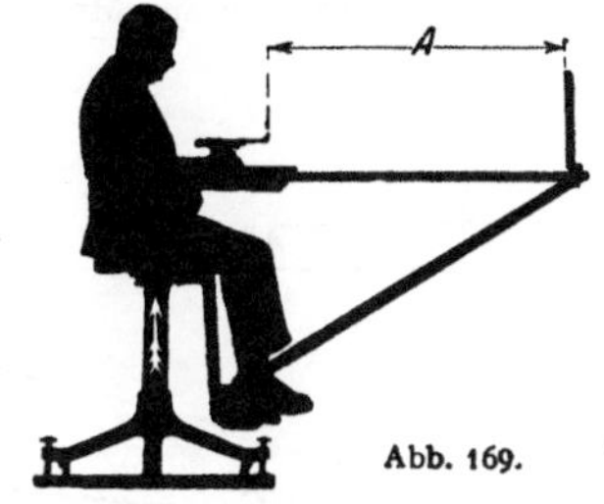

Abb. 169.

Zahlenbeispiel: Eine Drehung in 2 Sekunden Geschoßgeschwindigkeit $\mathfrak{u} = 60$ m/sec (Luftpistole). Scheibenabstand $A = 1,2$ m, Rechtsabweichung $s = 0,075$ m $= 7,5$ cm (vgl Abb. 170).

Ruhender Beobachter:

Bei ruhendem Drehstuhl trifft das Geschoß das anvisierte Ziel a. Beim Anhalten des Drehstuhls unmittelbar nach dem Abschuß liegt die Einschlagstelle b links vom Ziel. Denn in diesem Fall hat sich die Geschwindigkeit $\mathfrak{v}$ der Geschützmündung zur Geschwindigkeit $\mathfrak{u}$ des Geschosses addiert. Infolge-

Beschleunigter Beobachter:

Während des Fluges wird das Geschoß quer zu seiner Bahn beschleunigt. Seine Bahn wird nach rechts gekrümmt. Innerhalb der Flugzeit Δt wird das Geschoß um den Weg $s = \tfrac{1}{2}\mathfrak{b}(\Delta t)^2$ nach rechts abgelenkt. s ist nach der nebenstehenden Angabe des ruhenden Beobachters $= \mathfrak{u} \cdot \omega(\Delta t)^2$. Folglich ist

Ruhender Beobachter:

dessen ist das Geschoß in Richtung $\mathfrak{w}$ durch den Hörsaal geflogen.

Im tatsächlich vorgeführten Versuch dreht sich der Drehstuhl auch nach dem Abschuß weiter. Das Geschoß hingegen fliegt nach Verlassen der Mündung kräftefrei auf gerader Bahn in Richtung $\mathfrak{w}$ durch den Hörsaal. Folglich dreht sich die Visierlinie gegenüber der Flugbahn. Am Schluß der Flugzeit Δt liegt das anvisierte Ziel bei a'. Also ist die Einschlagstelle b auf der Scheibe jetzt gegenüber dem Ziel um die Strecke s nach rechts versetzt. Wir entnehmen der Abb. 170 die Beziehung

$$s = A \omega \Delta t.$$

Für beide Flugwege (also in Richtung $\mathfrak{u}$ und $\mathfrak{w}$) ist die Flugzeit des Geschosses bis zur Scheibe die gleiche, nämlich

$$\Delta t = A/\mathfrak{u}.$$

Folglich

$$s = \mathfrak{u}\omega(\Delta t)^2 \qquad (102)$$

Beschleunigter Beobachter:

die beobachtete Beschleunigung $\mathfrak{b} = 2[\mathfrak{u} \times \omega]$. Sie soll nach ihrem Entdecker Coriolisbeschleunigung heißen. Keine Beschleunigung $\mathfrak{b}$ ohne Kraft $\mathfrak{K} = m\mathfrak{b}$. Folglich wirkt auf das bewegte Geschoß quer zu seiner Bahn eine Corioliskraft

$$\boxed{\mathfrak{K} = 2m[\mathfrak{u} \times \omega].} \qquad (103)$$

Oder allgemein: Ein Bezugssystem drehe sich mit der Winkelgeschwindigkeit ω. Innerhalb dieses Systems bewege sich ein Körper mit einer zur Drehachse senkrechten Bahngeschwindigkeit $\mathfrak{u}$. Dann wirkt auf den bewegten Körper quer zu seiner Bahn eine Corioliskraft $\mathfrak{K} = 2m[\mathfrak{u} \times \omega]$. Die Corioliskraft ist also eine auf einen bewegten Körper wirkende Trägheitskraft. Sie steht senkrecht auf den Pfeilen der Winkelgeschwindigkeit und der Bahngeschwindigkeit.

Die von beiden Beobachtern anerkannte Gleichung $s = A \cdot \omega \Delta t = A^2 \cdot \omega/\mathfrak{u}$ gibt eine sehr einfache Methode zur Messung einer Geschoßgeschwindigkeit.

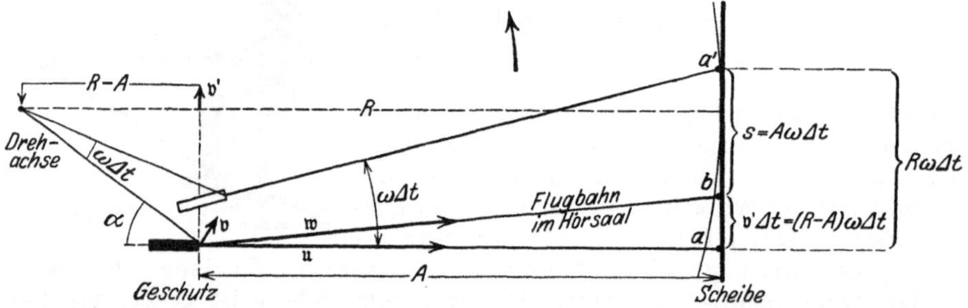

Abb. 170. $\mathfrak{v}'$ ist die der Scheibe parallele Komponente der Geschoßgeschwindigkeit $\mathfrak{w}$. $\mathfrak{v}$ ist die Geschwindigkeit der Geschützmündung. Der Deutlichkeit halber ist der Winkel $\omega \Delta t$ zu groß gezeichnet worden. Dadurch entsteht ein Schönheitsfehler. Die Visierlinie scheint bei a' nicht mehr senkrecht auf die Scheibe zu treffen.

Abb. 171.

5. Das vorige Beispiel hat uns die seitliche Ablenkung eines im beschleunigten Bezugssystem bewegten Körpers nur für eine einzige Anfangsrichtung seiner Bahn gezeigt. Der Betrag der Ablenkung sollte von der gewählten Anfangsrichtung (Geschützrichtung) unabhängig sein. Aber das wurde absichtlich nicht vorgeführt. Denn es läßt sich mit einer kleinen experimentellen Abänderung viel schneller und einfacher machen: Man ersetzt das Geschoß durch den Körper eines Schwerependels. Das Pendel ist in der uns geläufigen Weise über dem Tisch des Drehstuhles aufgehängt. Zur Erleichterung der Beobachtung soll der bewegte Pendelkörper selbst seine Bahn aufzeichnen.

Zu diesem Zweck wird in den Pendelkörper ein kleines Tintenfaß eingebaut.
Es hat am Boden eine feine Ausflußdüse. Auf dem Tisch des Drehstuhls wird
ein Bogen weißen Fließpapiers ausgespannt. Der Beobachter auf dem Drehstuhl hält zunächst den Pendelkörper fest und die Düse zu (Abb. 171). Dabei ist
der Pendelfaden in einer beliebigen lotrechten Ebene aus seiner Ruhelage heraus-
gekippt. Losgelassen schwingt das Pendel mit langsam abnehmender Amplitude
um seine nicht lotrechte Ruhelage (Abb. 166!). Dabei zeichnet es in fort-
laufendem Kurvenzug die in Abb. 172 wiedergegebene Rosettenbahn.

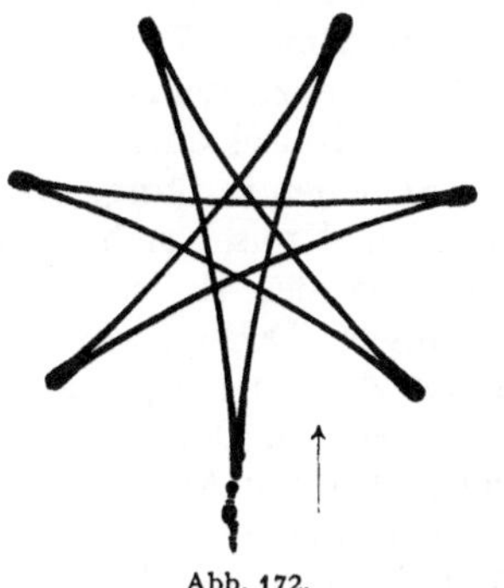

Abb. 172.

Abb. 173.

Abb. 172 u. 173. Rosettenbahnen eines Pendels auf einem Karussell. In Abb. 172 ist das Pendel oberhalb der Tinten-
kleckse in der Stellung seines Maximalausschlages losgelassen worden und zunächst nach rechts gelaufen. Der Endpunkt der Rosette fällt zufällig mit der Ausgangsstellung zusammen. In Abb. 173 ist das Pendel aus seiner Ruhestellung herausgestoßen worden.

Nunmehr kommen die beiden Beobachter zu Worte:

Ruhender Beobachter:	Beschleunigter Beobachter:

Ruhender Beobachter:

Das Pendel schwingt um seine Ruhelage andauernd parallel zu einer raumfesten lotrechten Ebene. Es schwingt
„linear polarisiert". Es fehlen Kräfte,
die den Pendelkörper quer zu seiner
Bahn ablenken könnten. Die Papierebene dreht sich unter dem schwingenden Pendel.

Die Abweichung der Pendelruhe-
lage von der Lotrechten ist bereits oben
unter 3 erklärt worden.

(Bei der Vorführung gebe man dem
Drehstuhl nur eine kleine Winkelgeschwindigkeit ω. Andernfalls vermag das Auge
die Lage der Pendelschwingungsebene nicht
zu erkennen.)

Beschleunigter Beobachter:

Während der Bewegung wird der
Pendelkörper in jedem Punkt seiner
Bahn quer zur Richtung seiner Ge-
schwindigkeit nach rechts durch eine
Corioliskraft abgelenkt. Alle Einzel-
bogen der Rosette zeigen trotz ihrer
verschiedenen Orientierung auf dem
Drehstuhl die gleiche Gestalt. Folg-
lich ist die Bahnrichtung im be-
schleunigten System für die
Größe der Corioliskraft ohne
Belang.

Die Abweichung der Pendelruhe-
lage von der Lotrechten ist eine Folge der
Zentrifugalkraft (siehe oben unter 3!).
Auf einen bewegten Körper
wirken also in einem beschleunigten Bezugssystem sowohl
die Corioliskraft wie die Zentrifugalkraft[1].

---

[1] Wir wiederholen: Wir haben zur Herleitung der Corioliskraft einen bewegten Körper großer Geschwindigkeit, ein Geschoß, benutzt. Dadurch erhielten wir einen verein-
fachenden Grenzfall: Wir durften Änderungen der Geschoßgeschwindigkeit durch die
Zentrifugalkraft vernachlässigen. Bei kleinen Anfangsgeschwindigkeiten hatte der Mann auf
dem Drehstuhl statt einer geringfügigen Rechtsablenkung eine sich allmählich erweiternde
Spiralbahn beobachtet, herrührend vom Zusammenwirken der Zentrifugal- und Corioliskraft.

6. Ein Kreisel im beschleunigten Bezugssystem (zugleich Modell eines Kreiselkompasses auf einem Globus). Die Abb. 174 zeigt uns auf dem Drehstuhl einen Kreisel in einem Rahmen. Kurzer Ausdrucksweise halber wollen wir den Drehstuhl als einen „Globus" bezeichnen. Er soll von oben gesehen gegen den Uhrzeiger sich drehen. Der Rahmen des Kreisels ist seinerseits um die zur Kreiselfigurenachse F senkrechte Achse A drehbar. Die Achse A liegt in einer Meridianebene des Drehstuhls oder Globus, d. h. sie weist „nach Norden". Außerdem läßt sich die Achse A auf verschiedene Breiten einstellen. Sie kann also mit der Drehebene des Drehstuhles einen beliebigen Winkel φ zwischen 0° (Äquator) und 90° (Pol) einnehmen. Den Horizont des Kreiselstandortes hat man sich senkrecht zur A-Achse zu denken. Der Beobachter auf dem sich drehenden Drehstuhl setzt den Kreisel durch einige Griffe in seine Speichen in Gang. Dann überläßt er den Kreisel sich selbst: Die Figurenachse des Kreisels stellt sich nach einigen Drehschwingungen um die Achse A in die Meridianebene ein (Abb. 174 rechts). Dabei drehen sich bei der hier gewählten Anordnung Kreisel- und Drehstuhlachse im gleichen Sinne. (Doch läßt sich durch eine andere Lagerung der Kreiselachse auch ein gegenläufiger Drehsinn beider Achsen erreichen.)

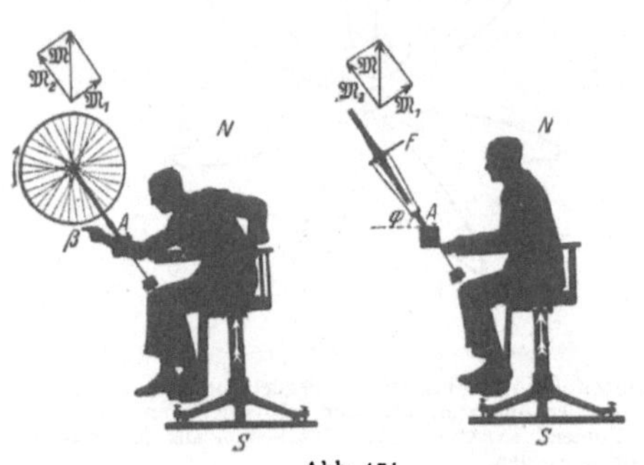

Abb 174

Beide Beobachter nehmen der Einfachheit halber die gleiche Ausgangsstellung der Kreiselfigurenachse an: Sie soll einem „Breitenkreis" parallel liegen.

Ruhender Beobachter:

Die Drehung um die Stuhl- oder Globusachse NS läßt auf die Figurenachse des Kreisels das Drehmoment $\mathfrak{M}$ wirken. Dies hat eine zur A-Achse senkrechte Komponente $\mathfrak{M}_1$. Dies Drehmoment $\mathfrak{M}_1$ ruft eine Präzessionsbewegung der Kreiselfigurenachse F um die Rahmenachse A hervor. Dabei pendelt die Figurenachse F zunächst über den Meridian hinaus. Doch läßt die Lagerreibung der Achse A diese Pendelschwingungen rasch gedämpft abklingen. Die Kreiselachse bleibt im Meridian stehen. Denn nur in dieser Stellung fällt die $\mathfrak{M}_1$-Komponente des Drehmoments in die Längsrichtung der Kreiselfigurenachse F. Nur in dieser Richtung kann sie keine weitere Präzession erzeugen. Die Kreiselfigurenachse liegt wie eine Kompaßnadel im Meridian des Globus.

Beschleunigter Beobachter:

Corioliskräfte lenken die bei β befindlichen Teile der Kreiselradfelge in ihrer Bahn im Sinne einer Rechtsabweichung ab. Die für den Leser rechts befindliche Kreiselhälfte tritt aus der Papierebene heraus auf den Leser zu. Dadurch gelangt die Kreiselachse in die Meridianebene. Dann wirken zwar weiterhin Corioliskräfte auf die bewegte Radfelge ein. Aber sie liefern für die A-Achse kein Drehmoment mehr.

Soweit die Versuche zur Definition der Begriffe Zentrifugalkraft und Corioliskraft. Beide Kräfte existieren nur für einen radial beschleunigten Beobachter. Der Beobachter muß, zum mindesten in Gedanken, an der Rotation seines Bezugssystems teilnehmen. Mit den neuen Kräften kann er auch im radial beschleunigten Bezugssystem an der Gleichung $b = \Re/m$ festhalten.

Das Auftreten oder Verschwinden von Kräften wird also durch die jeweilige Wahl des Bezugssystems bestimmt. Die „Realität" von Kräften und die Unterscheidung „wirklicher" und „scheinbarer" Kräfte kann nicht Gegenstand einer physikalischen Fragestellung sein.

Wie steht es für den beschleunigten Beobachter mit dem Satz actio = reactio? — Antwort: Es ergeht ihm ebenso wie dem Beobachter auf der Erde mit der Gegenkraft zum Gewicht. Der Beobachter kann während der freien Bewegung von Körpern im beschleunigten Bezugssystem keine den Trägheitskräften entsprechenden Gegenkräfte nachweisen. Oder anders ausgedrückt: Für die Gewicht genannte Kraft ist die Erde kein „Inertialsystem". In einem solchen müssen sowohl die Grundgleichung wie actio = reactio erfüllt sein.

§ 62. Unsere Fahrzeuge als beschleunigte Bezugssysteme. Die Wahl zwischen unbeschleunigtem und beschleunigtem Bezugssystem ist in manchen Fällen lediglich Geschmacksache, z. B. bei Kreisbewegungen von Körpern um gelagerte Achsen. Wesentlich ist nur eine klare Angabe des benutzten Bezugssystems (vgl. § 17, Anfang). — In anderen Fällen ist jedoch unzweifelhaft das beschleunigte Bezugssystem vorzuziehen. Dahin gehört vor allem jede Physik in unseren technischen Fahrzeugen. Die Beschleunigung dieser Bezugssysteme ist oft recht verwickelt. Bahnbeschleunigung (Anfahren und Bremsen) und Radialbeschleunigung (Kurvenfahren) überlagern sich meistens.

Unsere alltäglichen Erfahrungen über die Trägheitskräfte in Fahrzeugen waren bereits alle in den Beispielen der §§ 60 und 61 enthalten. Z. B.:

a) Schrägstellung im Zuge beim Anfahren und Bremsen sowie in jeder Kurve. Andernfalls Umkippen.

b) Schrägstellung von Rad und Fahrer, Reiter und Pferd, Flugzeug und Pilot in jeder Kurve.

c) Die seitliche Ablenkung durch Corioliskräfte an Deck eines kursändernden Dampfers. Nur mit „Übersetzen" der Füße erreicht man sein Ziel auf gerader Bahn.

d) Besonders sinnfällig „fühlt" man die Corioliskräfte auf einem Drehstuhl von hohem Trägheitsmoment und daher gut konstanter Winkelgeschwindigkeit. Man versuche ein Gewichtstück (z. B. 2 kg) rasch auf einer beliebigen geraden Bahn zu bewegen (Abb. 175). Der Erfolg ist verblüffend. Man glaubt mit dem Arm in einen Strom einer zähen Flüssigkeit geraten zu sein. Es ist ein ganz besonders wichtiger Versuch.

Abb. 175. Ein Drehstuhl mit hohem Trägheitsmoment zur Vorführung von Corioliskräften Die hier photographierten Zusatzmassen benutzt man zweckmäßig auch bei den in den Abb. 165, 169, 171, 174 dargestellten Versuchen.

Zahlenbeispiel: Eine Umdrehung in 2 Sekunden, also $n = 0,5 \text{ sec}^{-1}$; $\omega = 2\,\pi\,n = 3,14 \text{ sec}^{-1}$; Metallklotz Masse $m = 2 \text{ kg}$; $u = 2 \text{ m/sec}$; Corioliskraft $= 2\,m\,[u \times \omega] = 2 \cdot 2 \text{ kg} \cdot 2 \text{ m/sec} \cdot 3,14 \text{ sec}^{-1} = 25 \text{ kg m/sec}^2 = 25 \text{ Großdynen} = 2^{1}/_{2} \text{ Kilopond}$, also größer als das Gewicht des bewegten Metallklotzes!

Auch versteht man jetzt endlich das Kräftespiel in dem in Abb. 20 dargestellten Versuch. Die Muskelkraft mußte die Metallklötze den Corioliskräften entgegen bewegen. Der Drehstuhl hatte ein nur kleines Trägheitsmoment. Folglich reagierte er auf die Gegenkraft zur Muskelkraft mit großen Änderungen seiner Winkelgeschwindigkeit.

Die Zahl derartiger qualitativer Beispiele läßt sich erheblich vermehren. Lehrreicher ist jedoch die quantitative Behandlung eines zunächst seltsam anmutenden Sonderfalles. Er betrifft ein **waagerechtes Drehpendel auf einem Karussell.** Die Abb. 176 zeigt in Seitenansicht ein Karussell. Auf ihm steht ein Drehpendel mit stabförmigem Pendelkörper. Die Pendelachse hat den Abstand R von der Karussellachse. Das Pendel soll uns mit seiner Längsrichtung unabhängig von allen Beschleunigungen des Karussells die Richtung zur Drehachse des Karussells weisen.

Abb. 176. Ein Drehpendel auf einem Karussell. Das Drehpendel besteht aus einem Holzstab auf der aus Abb. 126 bekannten kleinen Drillachse.

Bei konstanter Winkelgeschwindigkeit ω des Karussells bleibt das Pendel in Ruhestellung. Denn die rein radiale Beschleunigung dieser Kreisbewegung erfolgt genau in der Längsrichtung des Pendelkörpers. Derartige Beschleunigungen aber können nie ein Drehmoment geben.

Zur Nachprüfung kann man die Pendelachse auf einer Schiene verschiebbar machen und seine Längsrichtung der Schiene parallel stellen. Das Pendel reagiert dann auf keinerlei Beschleunigungen in Richtung der Schiene.

Jede Änderung der Winkelgeschwindigkeit ω hingegen, also jede Winkelbeschleunigung $\dot\omega$ des Karussells, wirft das Pendel aus seiner Ruhelage heraus. Die Ausschläge erreichen gleich erhebliche Größen. Denn jetzt liegen die Beschleunigungen b **quer** zur Pendellängsrichtung. Die oben gestellte Aufgabe erscheint zunächst hoffnungslos. Trotzdem ist sie ganz einfach zu lösen. Man kann das Pendel allein durch eine **passende Wahl seines Trägheitsmomentes** Θ gegen jede Winkelbeschleunigung $\dot\omega$ vollständig unempfindlich machen! Es muß sein (Herleitung folgt gleich!)

$$\Theta_0 = m\,s\,R \tag{104}$$

oder nach dem Steinerschen Satz [Gl. (91)] v. S. 67 für Rechnungen bequemer

$$\Theta_s = m(sR - s^2)\,. \tag{105}$$

Θ_0 = Trägheitsmoment des Pendels, bezogen auf seine Drehachse, Θ_s = desgleichen, bezogen auf seinen Schwerpunkt. m = Masse des Pendels, s = Abstand Schwerpunkt-Drehachse, R = Abstand der Pendelachse von der Karussellachse.

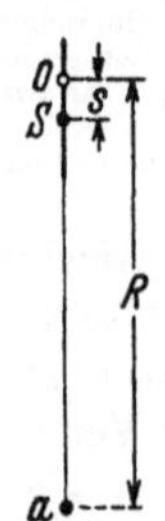

Abb. 177. Unempfindlichkeit eines Pendels gegen Winkelbeschleunigung seines Drehpunktes O.

Die Winkelrichtgröße D^* der Schneckenfeder dieses Pendels ist völlig belanglos. Sie geht überhaupt nicht in die Rechnung ein. Der Schattenriß zeigt einen derart berechneten Pendelkörper in Stabform (Maße siehe S. 97). Dies Pendel verharrt tatsächlich bei jeder noch so starken Winkelbeschleunigung des Karussells in Ruhe. Der Versuch wirkt sehr verblüffend. Kleine Änderungen von R oder s stellen die alte Empfindlichkeit gegen Winkelbeschleunigungen wieder her.

Herleitung: Die Winkelbeschleunigung $\dot\omega_2$ des Pendels muß ebenso groß sein wie die Winkelbeschleunigung $\dot\omega_1$ des Karussells; dann bleibt das Pendel relativ zum Karussell in Ruhe.

Zur Berechnung von ω_2 (Abb. 177) verlegen wir unseren Standpunk in die Drehachse O des Pendels, also in den Abstand R von der Achse a des Karussells. Für diesen Standpunkt entspricht der Winkelbeschleunigung $\dot\omega_1$ eine Bahnbeschleunigung $b = \dot\omega_1 R$. Diese läßt am Schwerpunkt S des Pendels eine Trägheitskraft $\mathfrak{K} = \omega_1 R \cdot m$ angreifen, und $\mathfrak{K}$ erzeugt ein Drehmoment

$$\mathfrak{M} = \dot\omega_1 R \cdot m \cdot s\,. \tag{106}$$

Das Pendel hat auf seine Drehachse bezogen das Trägheitsmoment Θ_0. Folglich erteilt das Drehmoment $\mathfrak{M}$ dem Pendel eine Winkelbeschleunigung

$$\dot{\omega}_2 = \frac{\mathfrak{M}}{\Theta_0}. \tag{83} \text{ v. S. 66}$$

Nun soll $\dot{\omega}_2 = \dot{\omega}_1$ sein. Daher können wir für $\dot{\omega}$ den Wert aus Gl. (106) einsetzen und erhalten

$$\Theta_0 = R \cdot m \cdot s. \tag{104} \text{ v. S. 96}$$

Für den im Schauversuch gewählten Pendelstab der Masse m und der Länge l gilt nach S. 67

$$\Theta_s = \tfrac{1}{12}\, m\, l^2. \tag{90} \text{ v. S. 67}$$

Dieser Wert in die Gleichung (105) eingesetzt, ergibt

$$l^2 = 12\, s\, (R - s).$$

Zahlenbeispiel zu Abb. 177: $R = 50\,\text{cm}.$ $s = 5\,\text{cm}.$ $l = 52\,\text{cm}.$

Dieser seltsame Versuch wird im Verkehrswesen der Zukunft eine bedeutsame Rolle spielen. Das wird uns der nächste Paragraph zeigen.

§ 63. Das Schwerependel als Lot in beschleunigten Fahrzeugen. Die Navigation eines Flugzeuges ohne Bodensicht (Nebel, Wolken) verlangt bei größeren Entfernungen (transatlantische Flüge) jederzeit eine sichere Kenntnis der Lotrechten. Ohne diese kann ein Pilot ohne Bodensicht nicht einmal die gerade Bahn von Kurven unterscheiden. Muskelgefühl und Körperstellung lassen ihn völlig im Stich. Sie geben ihm nur die Resultante von Gewicht und Zentrifugalkraft, nie aber die wahre, mit dem jeweiligen Erdkugelradius zusammenfallende Lotrechte.

Auf dem ruhenden Erdboden ermittelt man die Lotrechte mit dem Schwerependel als Lot. In beschleunigten Fahrzeugen erscheint diese Benutzung des Schwerependels zunächst als sinnlos. Denn jeder hat Schwerependel in technischen Fahrzeugen beobachtet. Man denke an einen im Eisenbahnwagen aus dem Gepäcknetz hängenden Riemen. Widerstandslos baumelt er im Spiel der Trägheitskräfte. Trotzdem kann man grundsätzlich ein Schwerependel auch in beliebig beschleunigten Fahrzeugen als Lot benutzen! Das hat folgenden Grund: Jede beliebige Fahrtbeschleunigung eines Fahrzeuges läßt sich in eine lotrechte und eine waagerechte Komponente zerlegen. Vertikale Beschleunigungen beschleunigen lediglich den Pendelaufhängungspunkt in der Pendellängsrichtung. Sie sind also für ein Schwerependel in seiner Ruhestellung gleichgültig. Es bleibt die **waagerechte** Beschleunigungskomponente.

Jetzt kommt der entscheidende Punkt: Jede von uns „gerade" genannte Bewegung parallel der Erdoberfläche ist in Wirklichkeit keine gerade Bahn, sondern eine Kreisbahn um den Erdmittelpunkt! Diese Aussage ist ganz unabhängig von der Achsendrehung der Erde, sie würde auch für eine ruhende Erde gelten. Denn jede waagerechte Bewegung erfolgt parallel einem größten Erdkugelkreis, ist also letzten Endes schon auf einer ruhenden Erde eine Karussellbewegung! Infolgedessen kann man ohne weiteres auf den seltsamen, im vorigen Paragraphen behandelten Versuch zurückgreifen. Man muß nur dem Schwerependel das in Gleichung (104) v. S. 96 verlangte Trägheitsmoment geben. Dabei muß man R gleich dem Erdradius von 6400 km $= 6{,}4 \cdot 10^6$ m setzen.

Bei einem Schwerependel ist im Gegensatz zum Federpendel das Trägheitsmoment Θ_0 fest mit der Winkelrichtgröße D^* verknüpft. Die Wahl einer Winkelrichtgröße ist nicht mehr frei. Die Winkelrichtgröße D^* eines Schwerependels wird durch sein Gewicht mg bestimmt. Es ist nach S. 69

$$D^* = mgs \quad (g = 9{,}81 \text{ m/sec}^2)\,.$$

Folglich beträgt die Schwingungsdauer dieses Pendels nach Gleichung (92), S. 66:

$$T = 2\pi \sqrt{\frac{\Theta_0}{D^*}} = 2\pi \sqrt{\frac{msR}{mgs}} = 2\pi \sqrt{\frac{R}{g}}\,.$$

$T = 84$ Minuten, entsprechend einem mathematischen Pendel (S. 69) von der Länge des Erdradius R!

Leider hat die Technik Schwerependel derartiger Schwingungsdauer noch nicht verwirklichen können. Selbst pendelnd aufgehängte Kreisel haben noch keine Schwingungsdauer (Präzessionsdauer) über 15 Minuten erreichen lassen. Derartige Pendel stellen zwar schon eine erfreuliche Annäherung an das erstrebte Ideal dar, aber eben doch nur eine Annäherung.

Durch einige Kunstgriffe kann man diese Näherung noch verbessern. Man kann schon heute für Flugzeuge recht brauchbare künstliche Horizonte herstellen.

§ 64. Die Erde als beschleunigtes Bezugssystem: Zentrifugalkräfte auf ruhende Körper.

Als letztes beschleunigtes Bezugssystem wollen wir das Erdkarussell behandeln. Wir wollen die tägliche Drehung der Erde gegenüber dem Fixsternsystem berücksichtigen. Eine volle Drehung 2π erfolgt in 86164 sec. Die Winkelgeschwindigkeit der Erdkugel ist also klein. Es ist

$$\omega = \frac{2\pi}{86\,164} = 7{,}3 \cdot 10^{-5}\ \text{sec}^{-1}\,. \tag{106}$$

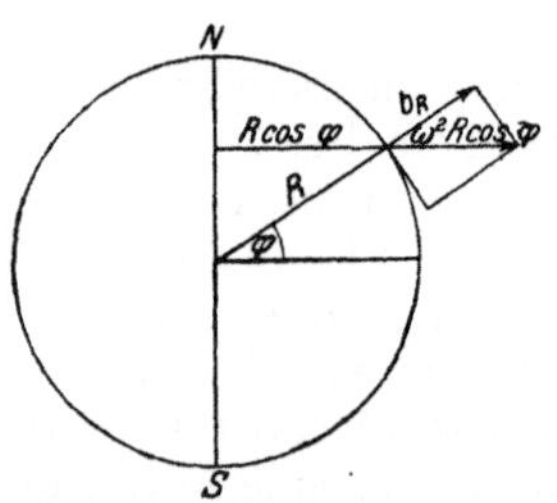

Abb. 178. Anziehung und Zentrifugalkraft auf der Erdoberfläche unter der geographischen Breite φ.

Diese Winkelgeschwindigkeit ω erzeugt für jeden auf der Erdoberfläche ruhenden Körper eine von der Erdachse NS fortgerichtete Zentrifugalkraft $\mathfrak{K} = mb_z$ oder Zentrifugalbeschleunigung b_z. Der Körper befinde sich auf der geographischen Breite φ (Abb. 178).

$r = R\cos\varphi$ sei der Radius des zugehörigen Breitenkreises. Dann beträgt die Zentrifugalbeschleunigung:

$$b_z = \omega^2 \cdot r = \omega^2 R \cos\varphi = 0{,}03 \cos\varphi\ \text{m/sec}^2 \tag{107}$$
$$(\text{abgerundet!})\,.$$

Diese Zentrifugalbeschleunigung ist in Richtung des Breitenkreisradius r nach außen gerichtet. In die Lotrechte, also die Richtung des Erdkugelradius R, fällt nur eine Komponente dieser Zentrifugalbeschleunigung, nämlich:

$$b_R = b_z \cos\varphi = 0{,}03 \cos^2\varphi\ \text{m/sec}^2\,. \tag{108}$$

Sie ist vom Erdmittelpunkt fort nach außen gerichtet, sie ist entgegengesetzt der allein von der Anziehung herrührenden „Erdbeschleunigung g_0". Auf der rotierenden Erde muß daher die Erdbeschleunigung unter der geographischen Breite φ ein wenig kleiner sein als auf einer ruhenden Erde. Wir erhalten:

$$g_\varphi = g_0 - 0{,}03 \cos^2\varphi\ \text{m/sec}^2\,. \tag{109}$$

Dabei gilt g_0, der Wert der Fall- oder Erdbeschleunigung, für die ruhende Erde. Jetzt kommt eine Verwicklung hinzu. Die Zentrifugalkraft greift keineswegs nur an Körpern auf der Erdoberfläche an. Tatsächlich erfährt auch jedes Teilchen der Erde selbst eine im Breitenkreis radial nach außen gerichtete Zentrifugalkraft. Die Gesamtheit all dieser Kräfte erzeugt eine elastische Verformung des Erdkörpers. Die Erde ist ein wenig abgeplattet, ihre NS-Achse um rund $^1/_{300}$ kürzer als der Äquatordurchmesser. Infolge dieser Abplattung der Erde ist die Änderung der Erdbeschleunigung g_φ mit der geographischen Breite φ noch größer, als man nach Gleichung (109) berechnet. Die Beobachtungen führen auf die Gleichung

$$g_\varphi = (9{,}832 - 0{,}052\cos^2\varphi)\ \text{m/sec}^2. \tag{110}$$

Für Meereshöhe und $45°$ geographische Breite findet man $g = 9{,}806\ \text{m/sec}^2$. Das Korrektionsglied erreicht für $\varphi = 0°$, d. h. am Äquator seinen Höchstwert. Die Korrektion beträgt dann 5 Promille, sie ist also bei vielen Messungen ohne Schaden zu vernachlässigen. Doch bleibt eine Pendeluhr am Äquator gegen eine gleichgebaute am Pol am Tage immerhin schon um rund 3,5 Minuten zurück.

Die oben erwähnte Abplattung von rund $^1/_{300}$ gilt für den festen Erdkörper. Viel stärker ist die Verformung seiner flüssigen Hülle, der Ozeane, durch die Zentrifugalkräfte. Doch tritt diese Verformung nie allein in Erscheinung. Ihr überlagert sich die periodisch während jedes Tages wechselnde Anziehung des Wassers durch Mond und Sonne. Die Wasserhülle wird auch durch die Kräfte dieser Anziehung (vgl. S. 42) viel stärker verformt als der feste Erdkörper. Die Überlagerung von Zentrifugalkräften und Anziehung ergibt die verwickelte Erscheinung von Ebbe und Flut. Es handelt sich um ein Problem „erzwungener Schwingungen" (§ 107). Hier kann es nur angedeutet werden.

§ 65. Die Erde als beschleunigtes Bezugssystem: Coriolisbeschleunigung bewegter Körper. Die Erde dreht sich für einen auf den Nordpol blickenden Beobachter gegen den Uhrzeiger. Wir haben also den gleichen Drehsinn wie bei der Achse unseres Drehstuhls in § 61. Die Winkelgeschwindigkeit ω_0 der Erde ist uns aus § 64 bekannt. Es ist $\omega_0 = 7{,}3 \cdot 10^{-5}\,\text{sec}^{-1}$.

In Abb. 179 befindet sich ein Beobachter an einem Ort der geographischen Breite φ. HH soll seine Horizontebene bedeuten. An diesem Standort läßt sich die Winkelgeschwindigkeit der Erde in zwei Komponenten zerlegen, eine dem Erdradius oder Lot R parallele, lotrechte Komponente

$$\omega_l = \omega_0 \sin\varphi \tag{111}$$

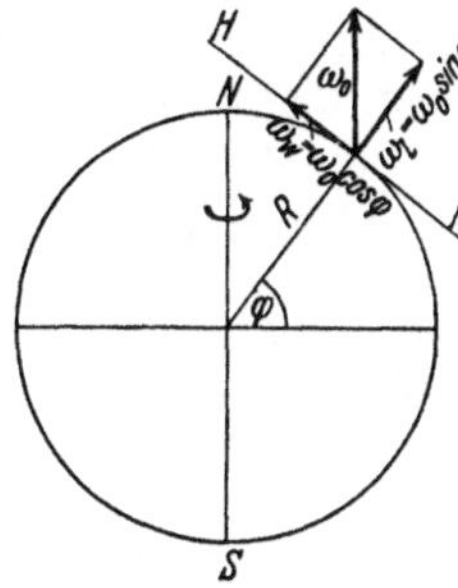

und eine der Horizontalebene parallele, waagerechte Komponente

$$\omega_w = \omega_0 \cos\varphi. \tag{112}$$

Abb. 179. Die beiden Komponenten der Corioliskraft auf der Erdoberfläche.

Beide Komponenten der Winkelgeschwindigkeit erteilen bewegten Körpern Coriolisbeschleunigungen. Wir beginnen mit dem Einfluß der lotrechten Komponente ω_l. Sie führt auf der Nordhalbkugel stets zu einer Rechtsabweichung der bewegten Körper. Das bekannteste Beispiel liefert das Foucaultsche Pendel. Sein Prinzip ist schon auf S. 93 mit einem Karussell (Drehstuhl) erläutert worden: Das Pendel durchlief eine ständig nach rechts gekrümmte Rosettenbahn (Abb. 172/73).

Eine ganz entsprechende Rosette beschreibt jedes lange aus Faden und Kugel bestehende Schwerependel an der Erdoberfläche. Die Endpunkte der Rosette rücken, von der Ruhelage des Pendels aus gesehen, je Stunde um einen Winkel $\alpha = \sin\varphi\,\dfrac{360}{24}$ Grad vor. In Göttingen ($\varphi = 51{,}5°$) sind es rund 12 Grad je Stunde.

Die experimentelle Vorführung bietet in keinem Hörsaal Schwierigkeit. Die Abb. 180 zeigt eine bewährte Anordnung. Ihr wesentlicher Teil ist ein gutes astronomisches Objektiv. Es entwirft von dem dünnen Pendelfaden in den Wendepunkten der Rosettenschleifen ein stark vergrößertes Bild. Die Figur enthält die nötigen Zahlenangaben. Man sieht mit den gewählten Abmessungen in dem vergrößerten Bild die einzelnen Rosettenschleifen mit ihren Umkehrpunkten in je etwa 2 cm Abstand aufeinanderfolgen. So kann man mit einem einzigen Hin- und Hergang des Pendels die Achsendrehung der Erde nachweisen!

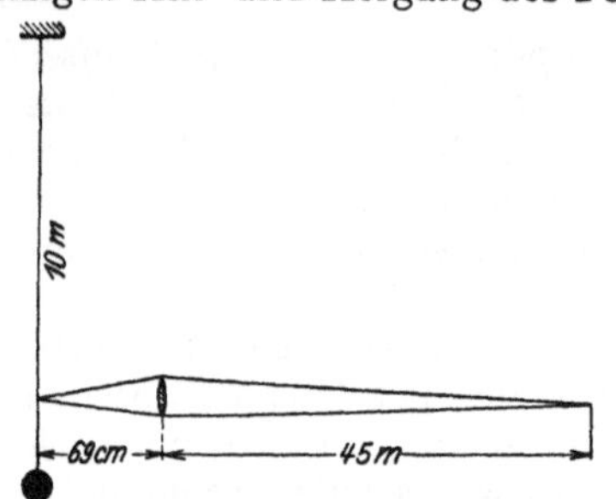

Abb. 180. Rosettenbahn eines langen Schwerependels auf der Erdoberfläche. Foucaultscher Pendelversuch.

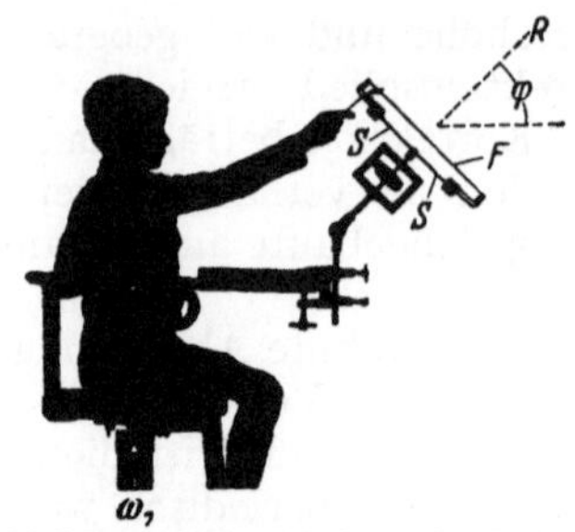

Abb. 181 a. Modellversuch zum Nachweis der Erddrehung durch J. G. Hagen. Hier und in Abb. 181 b dieselbe Drillachse wie in den Abb. 115 und 116.

Noch durchsichtiger, aber leider schwierig in der Ausführung, ist ein von J. G. HAGEN S. J. zum Nachweis der Erddrehung angegebener Versuch. Wir erläutern ihn in Abb. 181a mit Hilfe unseres Karussells. Eine schräg gelagerte Achse R trägt einen hantelförmigen Körper vom Trägheitsmoment Θ_1. (Die Schneckenfeder denke man sich zunächst nicht vorhanden.) Der Körper befindet sich auf dem Karussell in Ruhe, hat also die Winkelgeschwindigkeit $\omega_1 \sin\varphi$. Beim Durchbrennen des Fadens F ziehen zwei Schraubenfedern S die beiden Hantelkörper dicht an die Achse R heran und verkleinern dadurch das Trägheitsmoment auf den Wert Θ_2. Während der Bewegung erfahren beide Körper eine Coriolisbeschleunigung und werden nach rechts abgelenkt. Dadurch gerät die Hantel in Bewegung, sie dreht sich gegenüber dem Karussell mit der Winkelgeschwindigkeit ω_2. Die Größe von ω_2 berechnen wir vom Standpunkt des Hörsaalbodens mit Hilfe des Erhaltungssatzes für den Drehimpuls. Es muß gelten

$$\Theta_1\,\omega_1 \sin\varphi = \Theta_2(\omega_1 \sin\varphi + \omega_2)$$

oder
$$\omega_2 = \omega_1 \frac{\Theta_1 - \Theta_2}{\Theta_2} \sin\varphi . \tag{113}$$

ω_2 erreicht seinen Höchstwert für $\varphi = 90°$, also „am Pol".

Zur Verbesserung der Ruhelage bringt man wie in Abb. 181a an der Achse R eine Schneckenfeder an. Dann führt die Winkelgeschwindigkeit ω_2 nur zu einem Ausschlag, nicht zu andauernder Drehung. Im Originalversuch wurden Achse und Schneckenfeder durch eine Bandaufhangung ersetzt.

Die beiden genannten Versuche lassen sich quantitativ sauber durchführen. Daneben seien noch einige qualitative Beobachtungen genannt. Auch bei ihnen ist die lotrechte Komponente der Winkelgeschwindigkeit unserer Erde wirksam. Sie erzeugt also auf der Nordhalbkugel eine Rechtsabweichung bewegter Körper durch Corioliskräfte:

a) Die Luft der Atmosphäre strömt aus den subtropischen Hochdruckgebieten in die äquatoriale Tiefdruckrinne. Diese Strömung erfolgt auf der Nordhalbkugel aus nordöstlicher Richtung. So entsteht der für Segelschiffe und Flugzeuge wichtige Nord-Ost-Passat.

b) Geschosse weichen, auch abgesehen von der in Abb. 155 erläuterten Erscheinung, stets nach rechts ab.

c) Für die Abnutzung von Eisenbahnschienen und das Unterwaschen von Flußufern spielen die Coriolis-Kräfte der Erddrehung keine Rolle. Diese früher oft genannten Beispiele sind zu streichen.

Coriolisbeschleunigungen durch die waagerechte Komponente der Winkelgeschwindigkeit ω_0 unserer Erde, also $\omega_w = \omega_0 \cos\varphi$, lassen sich ebenfalls experimentell nachweisen. Doch fehlt ein Versuch von der Einfachheit des Foucaultschen Pendelversuches. Wir müssen uns daher mit einem Modellversuch begnügen.

Die Abb. 181 b zeigt eine Drillachse H auf dem Modell unserer Erde, also dem Karussell (Drehstuhl). Auf der Achse H sitzt irgendein symmetrisch gebauter Körper, im Beispiel eine Hantel. Der Rahmen der Drillachse wird mit einer Kurbel in gleichförmige Drehung versetzt, und zwar um die zu H senkrechte Richtung R. Während dieser Drehung vollführt die Hantel Drehschwingungen großer Amplitude. Sie erreichen ihren Höchstwert für $\varphi = 0°$, d. h. am Äquator, und verschwinden für $\varphi = 90°$, also am Pol. —

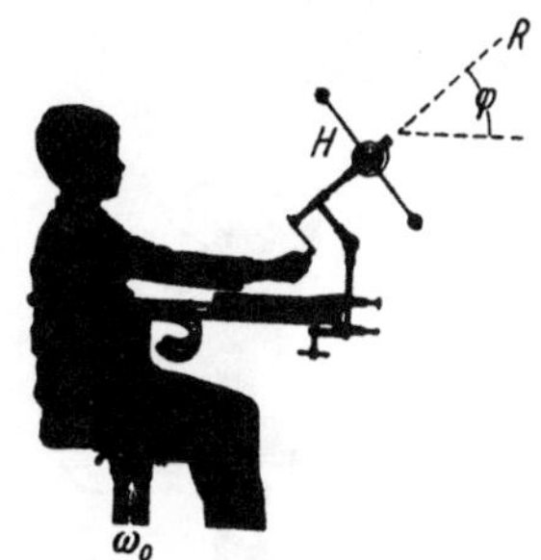

Abb. 181 b. Modellversuch zum Nachweis der Erddrehung durch Baron v. Eötvös.

Dieser Versuch ist im Prinzip von R. v. Eötvös angegeben und quantitativ durchgeführt worden. Seine Deutung wird dem Leser keine Schwierigkeiten bereiten.

Mit dem gleichen Verfahren kann man nicht nur die Winkelgeschwindigkeit der Erde nachweisen, sondern z. B. auch beim Blindflug die Winkelgeschwindigkeit eines Flugzeuges. Deswegen ist die Kenntnis dieses Verfahrens von allgemeinem Interesse.

Von qualitativen Beispielen erwähnen wir die Ostabweichung eines fallenden Steines. Doch verlangt dieser Versuch erhebliche Fallhöhen, am besten im Schacht eines Bergwerkes.

§ 66. Der Kreiselkompaß in Fahrzeugen und seine prinzipiell unvermeidliche Mißweisung. Wir beschließen das Kapitel über beschleunigte Bezugssysteme mit der technisch bedeutsamen Anwendung der Corioliskräfte im Kreiselkompaß. Das Prinzip des Kreiselkompasses ist aus dem in Abb. 174 dargestellten Versuch bekannt. Bei den wirklichen technischen Ausführungen hängt man einen Kreisel mit horizontaler Achse als Schwerependel auf. Nach seiner eigentlichen Bestimmung soll ein Kreiselkompaß auf Fahrzeugen benutzt werden. Erst dabei entstehen physikalisch interessante Fragen. Dann haben wir grundsätzlich die gleichen Schwierigkeiten wie bei der Verwendung eines gewöhnlichen Schwerependels als Lot: Alle vertikalen Beschleunigungen des Fahrzeuges sind harmlos, aber jede horizontale Fahrtbeschleunigung des Fahrzeuges wirft durch Trägheitskräfte die Kreiselachse aus ihrer Ruhelage (nahe dem Meridian) heraus. Doch lassen sich diese an sich sehr schweren Störungen durch den gleichen Kunstgriff beheben, der das Schwerependel als Lot auch im horizontal beschleunigten Fahrzeug brauchbar macht. Man muß dem Kompaßkreisel eine Schwingungsdauer von 84 Minuten geben. In diesem, technisch nun angenähert erreichten Fall, ist er gegen jede Fahrtbeschleunigung (Anfahren, Bremsen, Kurven) vollständig unempfindlich. Ein weiterer Kunstgriff (gleichzeitige Anwendung dreier Kreisel) beseitigt Störungen durch Schlingern („Schaukeln") der Dampfer.

Hingegen verbleibt auch bei einem technisch ideal konstruierten Kreisel ein prinzipieller Fehler des Kreiselkompasses unvermeidbar. Die Eigengeschwindigkeit des Fahrzeuges bedingt eine Mißweisung des Kompasses. Das Zustandekommen dieser Mißweisung soll an der Abb. 182 erläutert werden.

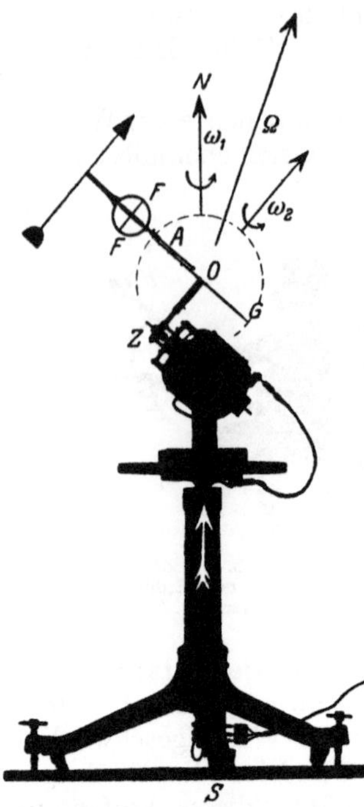

Abb 182 Die Mißweisung eines Kreiselkompasses in fahrenden Fahrzeugen („Fahrtfehler") Auf einer Karussellplatte steht ein Elektromotor mit einer Schnekkenubersetzung Z. Mit ihrer Hilfe erreicht man eine [illegible] der Scheil [illegible] Großkreis der punktiert angedeuteten Erdkugel darstellen Der ringformige Kreiselrahmen (statt des gabelformigen in Abb 174) ist um die Achse A drehbar gelagert Die Achse A liegt im Radius des Großkreises G und somit senkrecht zum „Horizont" des Kreiselstandortes Oberhalb von S ist die Stromzufuhrung des Elektromotors mit Schleifkontakten zu sehen. Der Kreisel F ist der in Abb. 146 benutzte.

Jedes Fahrzeug fährt auf einem größten Kreis der Erdkugel[1]. Die Erdkugel ist punktiert angedeutet, der größte Kreis als Rand der Blechscheibe G dargestellt. Die Bewegung des Fahrzeuges auf diesem größten Kreis stellt eine Kreisbewegung dar. Ihre Achse ZO geht senkrecht zu der Großkreisebene G durch den Erdmittelpunkt O hindurch. Diese Kreisbewegung des Fahrzeuges (Winkelgeschwindigkeit ω_2) setzt sich mit der Kreisbewegung der Erdkugel (Winkelgeschwindigkeit ω_1) zu einer resultierenden Kreisbewegung zusammen (Abb. 182). Diese resultierende Kreisbewegung hat die Winkelgeschwindigkeit Ω. Ihre Drehachse — das ist der entscheidende Punkt — weicht stets von der NordSud-Achse der Erde ab. Ausgenommen ist nur der Sonderfall, in dem ein Fahrzeug genau auf dem Äquator fährt. Der Kreisel befindet sich, kurz gesagt, auf einem Karussell mit der Drehachsenrichtung des Pfeiles Ω. Infolgedessen stellt sich die Kreiselfigurenachse FF in die durch den Pfeil Ω gehende Ebene ein. Diese Ebene geht zwar in Abb. 182 durch die NS-Achse der Erde hindurch. Denn das Fahrzeug oder sein Kreisel befinden sich hier gerade in einem polnächsten Punkt des Großkreises. Aber in allen anderen Punkten des Großkreises G, z. B. in Abb. 182a, ist das keineswegs der Fall. Der Kreisel zeigt eine erhebliche Mißweisung δ. Zur

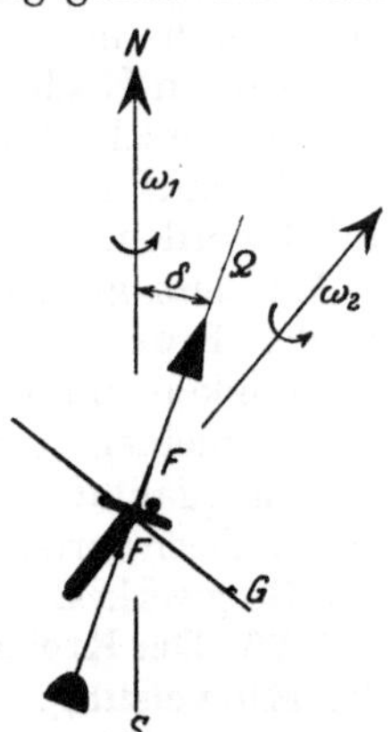

Abb 182 a. Hilfsfigur zu Abb 182, nach einer Winkeldrehung um 90° um die Achse OZ. Diese Achse ist oberhalb von Z abgebrochen gezeichnet

Vorführung dieser Mißweisung „unterbricht man die Fahrt" durch Anhalten des Elektromotors ($\omega_2 = O$). Dann sieht man die Kreiselachse um den jeweiligen Winkel δ in die Meridianebene zurückklappen. Man findet δ in der Tat nur in den beiden polnächsten Stellungen (Abb. 182 gibt die nordpolnächste) gleich Null. Der Betrag dieser Mißweisung übersteigt bei modernen Schnelldampfern selten den Wert von 3°. Bei den viel größeren Fahrtgeschwindigkeiten moderner Flugzeuge ist er entsprechend höher. Die Mißweisung läßt sich grundsätzlich nur rechnerisch berücksichtigen. Man braucht genau wie beim alten Magnetkompaß Korrektionstabellen. Sie enthalten den Betrag der Mißweisung für die verschiedenen Punkte der Erdoberfläche sowie für verschiedene Geschwindigkeiten und Kurse des Fahrzeuges. Trotz dieser prinzipiell unvermeidlichen Mißweisung bedeutet der moderne Kreiselkompaß technisch einen außerordentlichen Fortschritt. Denn er ist von allen Störungen durch benachbarte Eisenteile frei. Auch besitzt er ein höheres Richtmoment als der Magnetkompaß. Er kann leicht „Tochterkompasse" in größerer Anzahl und sogar die Steuermaschine des Dampfers betätigen.

---

[1] Man lese noch einmal den dritten Absatz von § 63!

VIII. Einige Eigenschaften fester Körper.

§ 67. Vorbemerkung. Schon früh unterscheiden Kinder feste und flussige Körper; der Sinn des Wortes gasförmig wird erst viel spater erfaßt. Die Physik hingegen hat bisher nur den gasförmigen Zustand der Stoffe einigermaßen beherrschen gelernt. Sehr viel kleiner ist unsere Kenntnis vom Aufbau der Flüssigkeiten, und erschreckend gering ist unser Verständnis des festen Zustandes. — Schon die einfache Unterscheidung fester und flüssiger Körper stößt auf Schwierigkeiten. Dabei handelt es sich nicht etwa um Grenzfälle wie in der Biologie bei der begrifflichen Trennung von Tier und Pflanze: Große Gruppen alltaglicher Stoffe wie die pech- und glasartigen lassen sich zwar wie spröde feste Körper zerbrechen; gleichzeitig aber bemerkt schon der Laie ihre Ähnlichkeit mit sehr zahen, langsam fließenden Flüssigkeiten. Bei steigender Temperatur treten die Eigenschaften einer Flüssigkeit mehr und mehr hervor, ohne daß sich ein Schmelzpunkt feststellen ließe. Man nennt derartige Stoffe amorph. —

Die meisten festen Körper zeigen schon dem bloßen Auge ausgesprochene Struktur und einen inhomogenen Aufbau; wir nennen Holz, Gesteine, Sehnen und Faserstoffe aller Art. Inhomogen in ihrem Aufbau sind auch alle technisch benutzten Metalle und Metallegierungen. Sie sind wie ein ganz unregelmaßiges Mauerwerk aus kleinen Kristallen mit sehr dünnen, dem Mortel entsprechenden Nahten zusammengefügt. Das ist aus mikrophotographischen Bildern heute allgemein bekannt.

So bleiben als einzige feste Körper von scheinbar einfachem Aufbau die Kristalle. Der regelmäßige, planvolle Aufbau eines Kristalles tritt oft, wenn auch keineswegs immer, in seiner außeren Gestalt, seiner „Tracht" zutage. Man denke an einen Würfel aus Steinsalz (NaCl), eine Quarzsäule mit sechseckiger Grundfläche oder ein Glimmerblatt. Mit Hilfe des Röntgenlichtes ist man bis zum Feinbau der Kristalle vorgedrungen (Optikband § 58).

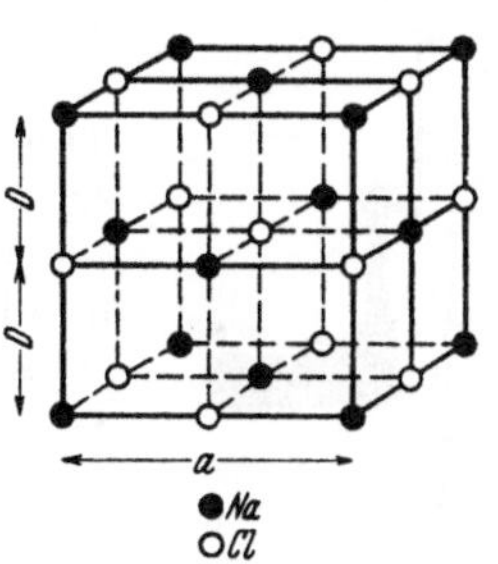

Abb 183   Modell eines NaCl-Kristalles $D = 2{,}8 \cdot 10^{-10}$ m, $a = 5{,}6 \cdot 10^{-10}$ m

Das in Abb. 183 dargestellte Modell eines NaCl-Kristalles gibt den Grundplan ohne allen Zweifel richtig wieder, und ein ganz ahnlicher Bauplan findet sich bei vielen Metallen, z. B. bei Kupfer. Mit dem Feinbau allein hat man aber keineswegs den gesamten Aufbau eines Einkristalles erfaßt. Ein und derselbe Kristall kann noch sehr verschiedene Eigenschaften zeigen, ohne daß sein Feinbau geändert wird.

Ein Einkristall[1] aus Kupfer z. B., etwa 10 cm lang und 1 cm dick, läßt sich wie eine Stange aus Kuchenteig um den Finger biegen; aber zurück geht es nicht, der Kristall ist „verfestigt" worden! Erst nach seiner ersten Verformung tritt die allbekannte Festigkeit eines dicken Kupferstabes hervor.

Ein Einkristall, das Urbild des festen Körpers, ist auch kein starres Gebilde ohne inneres Geschehen. Zunächst ist die „Wärmebewegung" zu nennen. Man muß sie als Schwingungen sehr hoher Frequenz beschreiben, man darf kurz von unhörbaren Schallschwingungen sprechen. Bei Schallschwingungen in makro-

---

[1] Gegensatz mehr oder minder feines Kristallmosaik.

skopischen Abmessungen behalten die mitwirkenden Stoffteilchen ihre Ruhelage, bei den Wärmeschwingungen fester Körper ist das aber nur zum Teil der Fall. Im Inneren der Einkristalle wechseln einzelne Bausteine ständig ihre Plätze, sie „diffundieren" in dem äußerlich starren Kristall. Es gibt viele, zum Teil recht eindrucksvolle Versuche über die Diffusion baueigener oder baufremder Atome und Moleküle im Inneren fester Körper (ein Beispiel findet sich in § 154 des Optikbandes, Anmerkung 2). Mit solchem Platzwechsel hängt neben manchen anderen Vorgängen (z. B. elektrolytische Leitung) auch die Bildsamkeit (Plastizität) der Einkristalle zusammen. Auf einige hundert Grad erwärmt läßt sich eine dünne, bei Zimmertemperatur spröde Steinsalzplatte zu einem Rohr zusammenrollen. Das gleiche gelingt auch schon beim Bespülen mit Wasser. Dabei dringt eine winzige Wassermenge rasch in den Kristall ein. Das zeigt man mit optischen Absorptionsmessungen im Ultraroten (vgl. Optikband, § 111 und Abb. 365).

Nach diesen und mancherlei weiteren Erfahrungen kann auch ein Einkristall kein homogen zusammengesetzter Körper sein. Auch er muß aus zahllosen winzigen mehr oder minder fehlerhaft aneinandergepaßten „Bereichen" bestehen. Auch für den Einkristall paßt das Bild eines mehr oder minder gut gefügten Mauerwerkes. Diese Aufteilung eines Einkristalles in „Bereiche" wird schon durch die Entstehung eines Kristalles aus einer Lösung oder Schmelze bedingt. Überdies enthalten selbst chemisch besonders reine Stoffe mindestens ein baufremdes auf 10^6 baueigene Moleküle. Der Abstand zweier baufremder Moleküle ist im Mittel nur 100 mal größer als der zweier baueigener. Diese baufremden Moleküle müssen ebenfalls den regelmäßigen Gitterbau irgendwie unterteilen.

Die festen Körper spielen für unser ganzes Dasein eine schlechthin entscheidende Rolle. Selbst eine kühne Phantasie vermag sich kein organisches Leben ohne feste Körper auszumalen. So ist eine bessere Erforschung des festen Zustandes die heute vielleicht vordringlichste Aufgabe der physikalischen Forschung. Die Werkstoffkunde der Technik ist nur ein Notbehelf. Sie zeigt aber den Physikern eine Fülle äußerst schwieriger und darum reizvoller Aufgaben. — Es ist also keine Verkennung der Aufgaben, sondern der unbefriedigende Stand ihrer Lösung, wenn sich die nachfolgenden Paragraphen nur auf wenige Teilfragen beschränken.

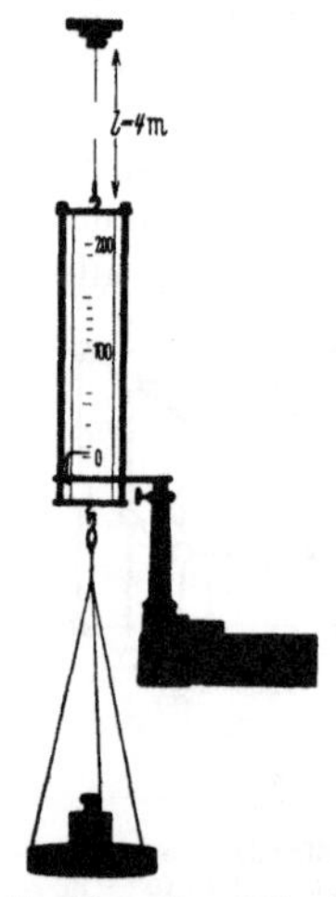

Abb. 184. Zur Dehnung eines Metalldrahtes durch Zug. Die mit dem unteren Ende des einige Meter langen Drahtes verbundene Skala wird etwa 15 fach vergrößert auf einem Wandschirm abgebildet.

§ 68. Kraft und Verformung. Tatsachen und Definitionen. Hookesches Gesetz und Poissonsche Beziehung.

Wir wiederholen einiges aus dem Inhalt der früheren Kapitel: Jeder feste Körper läßt sich durch Kräfte verformen. In einfachen Fällen ist die Verformung keine dauernde. Sie verschwindet mit dem Aufhören der „Beanspruchung". Dabei wird keine mechanische Energie in Wärmeenergie umgewandelt. Die Verformung heißt dann elastisch oder umkehrbar. — Nunmehr soll die Verformung fester Körper etwas eingehender besprochen und quantitativ behandelt werden.

Wir beginnen mit der einfachen, in Abb. 184 dargestellten Anordnung. Ein etliche Meter langer, 0,4 mm dicker, nicht gehärteter Kupferdraht wird mit konstanten Kräften beansprucht und die zugehörige Dehnung gemessen.

Für die Darstellung dieser und ähnlicher Messungen definieren wir das Verhältnis

$$\frac{\text{Längenänderung } dl}{\text{ursprungliche Länge } l} = \varepsilon = \text{Dehnung (für } \varepsilon > 0) \text{ oder Stauchung (für } \varepsilon < 0). \tag{114}$$

Ferner nennen wir das Verhältnis

$$\sigma = \frac{\text{zum Querschnitt } F \text{ senkrechte Kraft } \mathfrak{K}}{\text{Draht- oder Stabquerschnitt}} \qquad (115)$$

zunächst **Druck** oder **Zug**, später allgemeiner Normalspannung.

Physikalisch ist für jede Kraft nur die Lage ihres Angriffspunktes, ihre Richtung und ihre Größe bestimmt. Trotzdem ist die **Unterscheidung von Zug und Druck** zweckmäßig. Sie macht eine Angabe über die Lage des Körpers, den man als Ursache der Kraft betrachtet. Dieser Körper kann sich für einen in der Kraftrichtung blickenden Beobachter vor oder hinter der Fläche F befinden. Im ersten Fall spricht man von Druck, im zweiten von Zug. — Der **Korken einer Weinflasche wird** von den Armmuskeln **herausgezogen**, der **Pfropfen einer Sektflasche** hingegen von der eingesperrten Kohlensäure **herausgedrückt**. — Ein Mensch sitzt in einem Fahrstuhl: Sein Gewicht drückt auf die Bank, aber zieht am Seil. Usw.

Langsam und sorgfältig ausgeführte Beobachtungen sollen erst in § 71 folgen. Zunächst beobachten wir rasch und ohne besondere Genauigkeit. Dann bekommen wir ein noch leidlich einfaches, im Schaubild 185 dargestelltes Ergebnis. Anfänglich wächst die Dehnung ε proportional mit dem Zug σ, später

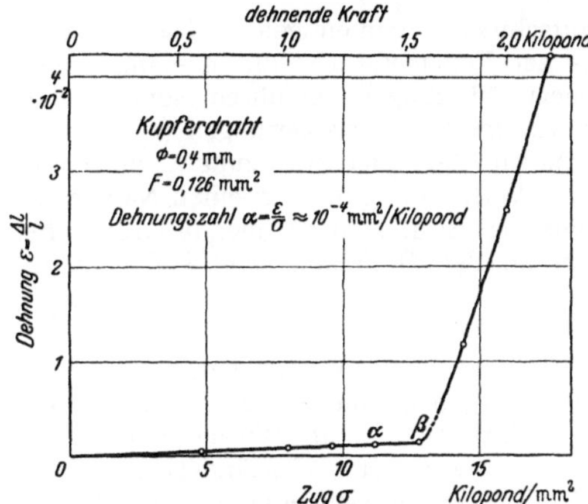

Abb. 185. Zusammenhang von Dehnung und Zug für einen Cu-Draht.

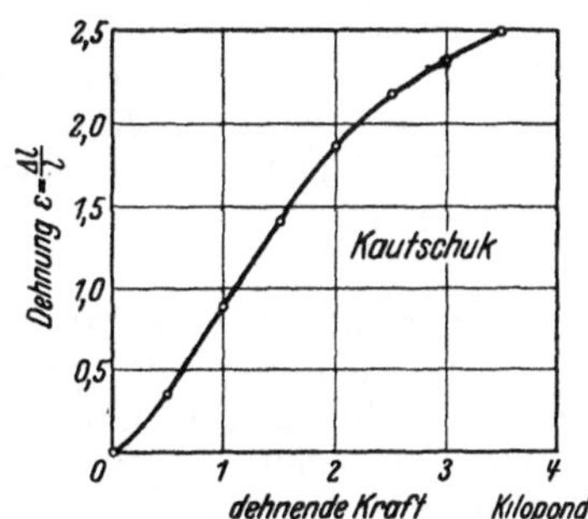

Abb 186. Zusammenhang von Dehnung und Zug für einen Kautschukschlauch.

ungefähr bis β mehr als proportional. Bis hier, d. h. bis zu einer Dehnung um etwa $^1/_{1000}$, bleibt die Verformung „umkehrbar", d. h. sie verschwindet mit dem Aufhören der Beanspruchung. Jenseits β wächst die Dehnung rasch mit weiter zunehmender Belastung. Diese Verformung ist nicht mehr umkehrbar, bei β wird die „**Streck- oder Fließgrenze**" überschritten. Durch die Streckung wird der zuvor weiche Draht „verfestigt" und hart. Erst durch Erwärmung läßt sich der harte Draht wieder in einen weichen zurückverwandeln. — Die Abb 186 zeigt entsprechende Messungen an einem „hochelastischen" Stoff, nämlich Kautschuk. Die umkehrbaren Dehnungen sind hier einige tausendmal größer als bei Metallen. Die Dehnungskurve beginnt mit einem noch ungefähr geradlinigen Stück. Der weitere Verlauf ist anders als bei Metallen, soll aber nicht näher erörtert werden.

Für kleine Beanspruchungen findet man also das Verhältnis der Dehnung ε zum Zug σ konstant. Diesem konstanten Verhältnis gibt man den Namen „**Dehnungsgröße**" α. Sie ist eine den Stoff kennzeichnende Größe (Beispiele in Tabelle 3). So gelangt man zum „**Hookeschen Gesetz**"

$$\varepsilon = \sigma \cdot \alpha. \qquad (116)$$

„Dehnung und Zug (oder allgemein Normalspannung) sind einander proportional".

Tabelle 3. Elastische Konstanten.

Stoff	Al	Pb	Cu	Messing	Stahl	Glas	Granit	Eichen-holz	
Dehnungsgroße α .	14	59	10	10	4,6	12—20	42	10	$10^{-5}\,\dfrac{mm^2}{Kilopond}$
Querzahl μ . .	0,34	0,45	0,34	0,33	0,3	0,3	—	—	
Schubgroße β	37	167	21	29	1,2	37	—	—	$10^{-5}\,\dfrac{mm^2}{Kilopond}$

Im Schrifttum wird oft der Kehrwert α^{-1} benutzt und Elastizitatsmodul E genannt Sehr dehnbare, also im taglichen Sprachgebrauch sehr elastische Stoffe, haben einen kleinen Elastizitatsmodul Das gibt oft Anlaß zu Mißverstandnissen

Bei dicken Drahten oder besser Stäben kann man zugleich mit der Dehnung die „Querverkürzung" bestimmen, definiert durch das Verhaltnis

$$\varepsilon_q = \frac{\text{Abnahme } \delta \text{ des Durchmessers}}{\text{ursprunglicher Durchmesser } d}. \tag{117}$$

Für Schauversuche eignet sich ein Kautschukstab von einigen cm Dicke. Außerdem kann man bei genügender Dicke der Versuchsstücke die Messungen nicht nur mit Zug für Dehnungen und Querverkürzungen ausführen, sondern auch mit Druck für Stauchungen und gleichzeitige Querverlängerungen ($\varepsilon_q < 0$). In gewissen Grenzen findet man das Verhältnis der Querverkürzung ε_q zur Langsdehnung ε konstant. Diesem konstanten Verhältnis gibt man einen Namen, am besten „Querzahl". Auch sie ist eine den Stoff kennzeichnende Größe (Beispiele in Tabelle 3). So gelangt man zu der Beziehung von S. D Poisson (1781—1840)

$$\varepsilon_q = \mu \cdot \varepsilon. \tag{118}$$

„Querverkürzung und Längsdehnung sind einander proportional.

Längsdehnung und Querverkürzung ergeben eine Änderung des Rauminhaltes, ebenso Stauchung und Querverlängerung. Ein Würfel wird in eine Kiste verwandelt. Seine Höhe wird um den Faktor $(1 + \varepsilon)$ geändert, sein Querschnitt um den Faktor $(1-\mu\varepsilon)^2$. Folglich ergibt sich eine Raumdehnung („kubische Dilatation")

$$\frac{dV}{V} = (1 + \varepsilon)(1 - \mu\varepsilon)^2 - 1 \tag{119}$$

oder bei Vernachlassigung kleiner quadratischer Glieder

$$\frac{dV}{V} = (1 - 2\mu)\,\varepsilon. \tag{120}$$

2μ, das Doppelte der Querzahl, ist laut Tabelle 3 immer kleiner als 1. Folglich wird der Rauminhalt durch Dehnung ($\varepsilon > 0$) stets vergrößert, durch Stauchung ($\varepsilon < 0$) stets verkleinert. Bei allseitiger Belastung ist die Raumdehnung dreimal so groß als bei einer Belastung in nur einer Richtung, also ergibt Gl. (120) mit dem Hookeschen Gesetz (116) zusammengefaßt

$$\frac{dV}{V} = 3(1 - 2\mu)\,\alpha \cdot \sigma = \varkappa\sigma \tag{121}$$

Der konstante Faktor

$$\varkappa = 3(1 - 2\mu)\,\alpha \tag{122}$$

wird die „Zusammendrückbarkeit" („Kompressibilität") des Stoffes genannt.

Der Grenzfall $\mu = 0,5$ bedeutet Fehlen einer Volumenanderung bei Belastung. Dieser Grenzfall findet sich sehr weitgehend bei Flussigkeiten verwirklicht. Vgl. S. 120

Bisher haben wir die verformenden Kräfte $\mathfrak{K}$ senkrecht zum Querschnitt F des Körpers (Draht oder Stab) angreifen lassen. In diesem Fall nennt man das Verhältnis $\mathfrak{K}/F$ Zug ($\sigma > 0$) oder Druck ($\sigma < 0$). — In Abb. 187 hingegen sollen die Kräfte $\mathfrak{K}$ parallel zum Querschnitt F eines Kör-

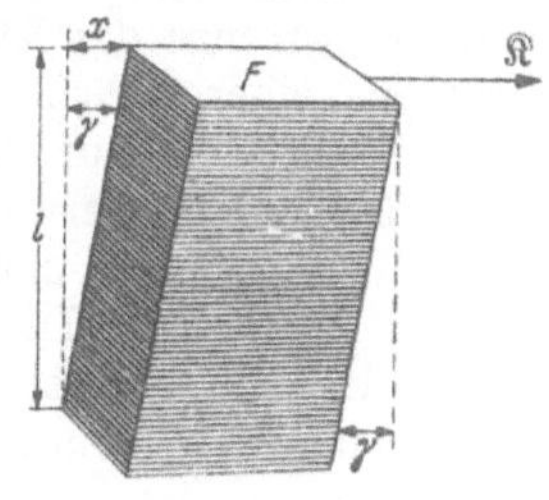

Abb 187   Zur Definition des Schubes

pers angreifen. (Man denke sich diesen Körper modellmäßig ähnlich einem Packen Spielkarten zusammengesetzt!) Dann wird der Körper durch die Kräfte $\mathfrak{K}$ abgeschert, seine zuvor senkrechten Kanten werden um den Winkel γ gekippt. In diesem Fall definiert man als „Gleitung" oder „Schiebung" das Verhältnis

$$\frac{x}{l} = \mathrm{tg}\,\gamma \approx \gamma. \tag{123}$$

Das Verhältnis

$$\boxed{\tau = \frac{\text{zum Querschnitt } F \text{ parallele Kraft}}{\text{Querschnitt } F \text{ des Korpers}}} \tag{124}$$

nennen wir zunächst Schub und später allgemeiner Schubspannung.

Für kleine Belastungen findet man experimentell das Verhältnis der Gleitung γ zum Schub τ konstant. Diesem konstanten Verhältnis geben wir den Namen „Schubgröße" β. Auch sie ist eine den Stoff kennzeichnende Größe (Beispiele in Tabelle 3. β^{-1} wird oft Schubmodul genannt). So gelangt man zu der Beziehung

$$\gamma = \tau \cdot \beta. \tag{125}$$

„Gleitung und Schub (oder allgemeiner Schubspannung) sind einander proportional."

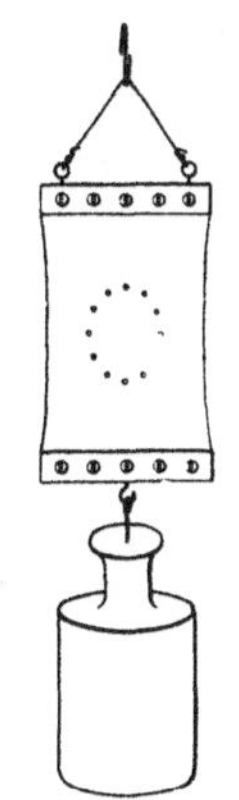

Abb. 188. Zur Definition des Begriffs Spannung.

Somit haben wir für isotrope Körper insgesamt drei elastische Konstanten gefunden, nämlich die Dehnungsgröße α durch Gl. (116), die Schubgröße β durch Gl. (125) und die Querzahl μ durch Gl. (118). Diese drei Konstanten sind jedoch durch die Beziehung

$$\beta = 2\,\alpha\,(1 + \mu) \tag{126}$$

miteinander verknüpft. Also genügen für einen isotropen Körper zwei elastische Konstanten, die dritte ist dann durch Gl. (126) bestimmt. Die Herleitung dieser Gleichung folgt am Ende von § 69.

§ 69. Normalspannung und Schubspannung. Durch jede Beanspruchung, z. B. durch Zug, wird der Zustand im Innern eines Körpers geändert. Man beschreibt den Zustand mit dem Begriff „Spannung". Dieser Begriff muß definiert werden. — Zu diesem Zweck denken wir uns den Körper durchsichtig. In seinem Innern seien vor der Beanspruchung etliche kleine kugelförmige Bereiche durch einen Farbstoff sichtbar gemacht. Während der Beanspruchung wird jede dieser Kugeln in ein kleines dreiachsiges Ellipsoid verformt. Zur Veranschaulichung kann ein Schauversuch (Abb. 188) dienen. Er beschränkt sich auf den Sonderfall des „ebenen" Spannungszustandes: In der Papierebene liegt ein breites Kautschukband. Auf die Ober-

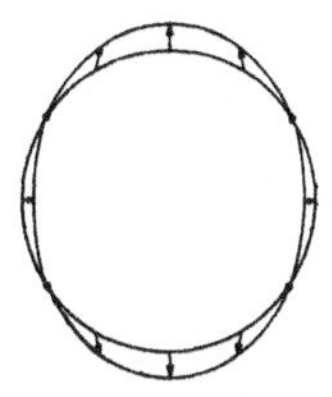

Abb 189   Zur Entstehung der Ellipse in Abb. 188

fläche des unbeanspruchten Bandes ist mit 12 Punkten ein Kreis gezeichnet. Beide Enden des Bandes sind in eine Fassung eingeklemmt. Zur Beanspruchung dient ein Zug in der Papierebene. Wahrend der Beanspruchung wird der Kreis in eine Ellipse verformt. Beim Übergang des Kreises in die Ellipse haben sich die 12 gezeichneten Punkte längs gerader Linien, dargestellt durch Pfeile, bewegt (Abb. 189).

Das Entsprechende gilt für den allgemeinen Fall, also beim Übergang von der Kugel zu einem dreiachsigen „Verformungsellipsoid". —

Zum Begriff „Spannung" gelangt man nun mit folgendem Gedankenexperiment: Man trennt das Ellipsoid aus seiner Umgebung heraus, bringt aber gleichzeitig an seiner Oberfläche Kräfte an, die die Gestalt des Ellipsoids aufrechterhalten, also den Einfluß der zuvor wirksamen Umgebung ersetzen. Oder anders ausgedrückt: Man verwandelt die „inneren", von der Umgebung herrührenden Kräfte in „äußere" und macht sie dadurch (wenigstens grundsätzlich) der Messung zugänglich. Die Richtungen dieser Kräfte fallen nur in den drei Hauptachsen des Ellipsoides mit den Richtungen der Übergangspfeile in Abb. 189 zusammen. Außerdem ist ihre Größe nicht den Längen dieser Übergangspfeile

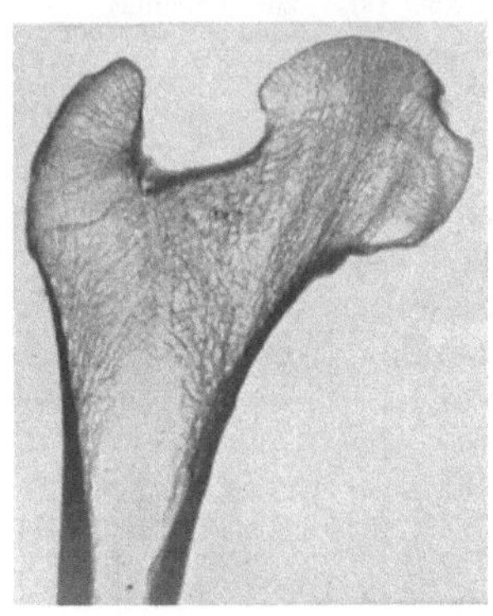

proportional. Dann definiert man für jedes Oberflächenelement dF des Verformungsellipsoides als Spannung das Verhältnis Kraft/Oberfläche dF. Der Kraftpfeil steht im allgemeinen schräg auf dem zugehörigen Flächenelement dF. Deswegen zerlegt man die Spannung in zwei Komponenten, eine senkrecht und eine parallel zur Oberfläche. Die zur Fläche senkrecht stehende Komponente, früher außerhalb des Körpers Zug oder Druck genannt, bekommt den Namen „Normalspannung". Die zur Oberfläche parallele Komponente der Spannung, früher außerhalb des Körpers Schub genannt, bekommt den Namen Schubspannung.

Die drei Achsen des Ellipsoides sind ausgezeichnete Richtungen: In ihnen stehen die Kraftpfeile senkrecht zur Ellipsoidoberfläche. Es sind also nur Normalspannungen vorhanden, und diese

Abb. 190. Linien der Hauptspannungen im oberen Teil eines Oberschenkelknochens.

nennt man die drei Hauptspannungen. Die Richtungen der Hauptspannungen treten im Aufbau der Knochen oft besonders hervor. Sie sind zu durchlaufenden, einander senkrecht kreuzenden Kurven vereinigt. Man vergleiche Abb. 190.

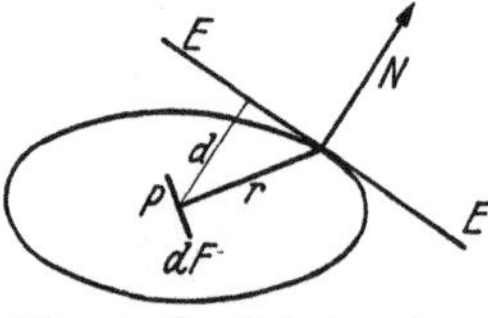

Abb. 191. Zur Definition des Spannungszustandes

Im Grenzubergang entarten die genannten Kugeln in Punkte Fur jeden dieser Punkte kann man einen „Spannungszustand" mit Hilfe eines anderen Ellipsoides, des „Spannungsellipsoides", beschreiben. Das soll an Hand der Abb 191 erlautert werden. Das dreiachsige Ellipsoid sei fur den Punkt P konstruiert worden. Die Abbildung zeigt einen zwei von seinen Achsen enthaltenden Schnitt dF bedeutet ein beliebiges, durch P hindurchgelegtes Flachenelement, seine Flachennormale sei r. Im Schnittpunkt der Normale r mit der Oberflache des Ellipsoides ist die Berührungsflache EE gezeichnet und auf dieser das Lot N errichtet. Der senkrechte Abstand der Ebene EE von P heiße d Dann gibt das Lot N die Richtung der auf dF wirkenden Spannung und der Kehrwert des Produktes $r\,d$ ihre Große. Wegen der Einzelheiten muß auf die Lehrbucher der theoretischen Physik verwiesen werden.

Man kann Schubspannungen nicht unabhängig von Normalspannungen herstellen. Das zeigt eine einfache Beobachtung:

In Abb. 192 versuchen wir, eine quadratische Platte der Dicke d allein durch Schub zu verformen. Dazu benutzen wir vier gleiche, parallel den Seiten a angreifende Kräfte K. Jede von ihnen erzeugt einen Schub $\tau = K/a\,d$. Der Erfolg ist aber der gleiche wie in Abb. 188 bei der Beanspruchung durch Zug: Ein Kreis wird in eine Ellipse verformt. Es entstehen also auch Normalspannungen. Ihr größter und kleinster Wert, die Hauptspannungen σ_1 und σ_2 fallen in die Richtung der Diagonale. In den Diagonalrichtungen setzen sich je zwei der Kräfte K zu einer resultierenden $K\sqrt{2}$ zusammen. Diese Kräfte $K\sqrt{2}$ stehen senkrecht auf je einer diagonalen Schnittfläche $ad\sqrt{2}$. Folglich sind die Normalspannungen σ_1 und σ_2 ebenfalls K/ad, also ebenso groß wie die Schubspannungen τ.

Folglich läßt sich die Verformung der Platte auf zwei Weisen beschreiben: entweder durch eine Verschiebung der Quadratseiten a um Beträge Δa oder durch eine Verlängerung der Quadratdiagonale D um Beträge ΔD.

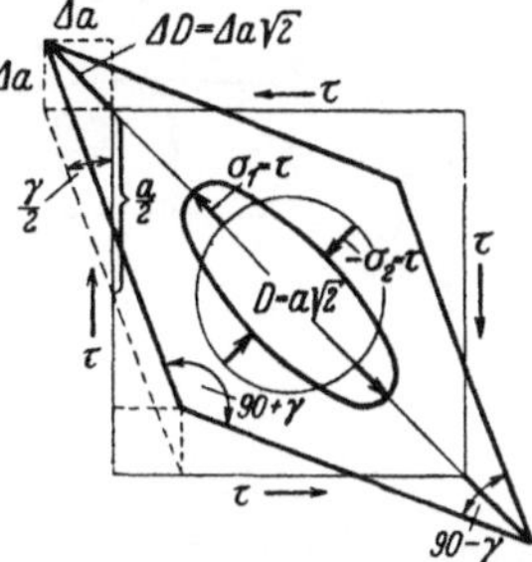

Zur Berechnung von Δa benutzt man die Schubspannung τ. Diese erzeugt eine Schiebung oder Gleitung

$$\gamma = \tau \cdot \beta . \qquad (125)\ \text{v. S. 107}$$

D. h. anschaulich: Die 90°-Winkel werden in Winkel $(90° \pm \gamma)$ verwandelt und die Quadratseiten werden um Winkel $\gamma/2$ gegen die Diagonale D gekippt. Dabei entnimmt man der Abb. 192 die geometrische Beziehung $\operatorname{tg}\gamma/2 \approx \gamma/2 = 2\Delta a/a$ oder mit (125)

$$\frac{2\Delta a}{a} = \frac{1}{2}\,\tau \cdot \beta . \qquad (127)$$

Abb. 192. Verformung einer Gummiplatte durch vier gleiche, je einen Schub τ erzeugende Kräfte. — Kantenlänge a, Hautdicke d, also $\tau = K/F = K/ad$. Die Abbildung zeigt die Verknüpfung von Schub- und Normalspannung und dient zur Herleitung der Gl. (126) von S. 107.

Zur Berechnung von ΔD benutzt man Normalspannungen, nämlich die Zugspannungen $\sigma_1 = \tau$ und die Druckspannungen $-\sigma_2 = \tau$. Die Zugspannungen verlängern die Diagonale um den Betrag $\Delta D_{\text{Zug}} = \varepsilon D = \sigma_1 \alpha D = \tau \alpha D$. Außerdem erzeugen aber nach der Poissonschen Beziehung [Gl. (118) von S. 106] auch die Druckspannungen zusätzlich eine Verlängerung der Diagonale um den Betrag $\Delta D_{\text{Druck}} = \mu \varepsilon D = \mu \sigma_2 \alpha D = \mu \tau \alpha D$. Als beiderseitige Gesamtverlängerung der Diagonale erhalten wir also

$$\Delta D = \Delta D_{\text{Zug}} + \Delta D_{\text{Druck}} = \tau \alpha (1 + \mu)\, D \qquad (128)$$

und nach Einführung der Quadratseite a

$$2\Delta a\sqrt{2} = \tau \alpha (1 + \mu) \cdot a\sqrt{2}$$

oder

$$\frac{2\Delta a}{a} = \tau \alpha (1 + \mu) . \qquad (129)$$

Die Zusammenfassung von (127) und (129) ergibt

$$\beta = 2\alpha (1 + \mu) .$$

Das ist die auf S. 107 ohne Ableitung gegebene Gl. (126).

Zum Schluß entnehmen wir der Abb. 192 noch eine für Späteres wichtige Tatsache: Die Richtungen der Hauptspannungen (Diagonalen) und die Richtungen der größten Schubspannungen (Quadratseiten) sind um 45° gegeneinander geneigt.

§ 70. Biegung, Knickung und Drillung. Bei der Anwendung der Begriffe Normalspannung σ und Schubspannung τ beschränken wir uns auf die allerein-

Abb. 193. Biegungsbeanspruchung eines schlanken flachen Stabes durch ein längs der ganzen Stablänge konstantes Drehmoment $\mathfrak{M}$. Zahlenbeispiel: Messing. $d = 12$ mm, $h = 4$ mm; $J = 64 \cdot 10^{-12}$ m⁴. $\mathfrak{M} = 2$ Kilopond $\cdot\, 0{,}15$ m $= 3 \cdot 10^{-1}$ Kilopondmeter. r gemessen $= 2{,}28$ m, daraus berechnet Dehnungszahl $\alpha = 9{,}4 \cdot 10^{-5}$ mm²/Kilopond.

fachsten Beispiele. Als erstes bringen wir die Biegung eines Stabes durch ein äußeres Drehmoment $\mathfrak{M}$.

Man nehme ein kistenförmiges Radiergummi zwischen Daumen und Zeigefinger und biege es zusammen: Die Seitenflächen werden nicht nur gekrümmt, sondern auch gewölbt. Von diesen Wölbungen wollen wir absehen, also nur den Grenzfall eines „ebenen" Spannungszustandes betrachten. In Abb. 193

werde ein schlanker Stab mit konstantem Querschnitt F von einem konstanten Drehmoment gekrümmt. Man beobachtet einen Kreisbogen.

Wir wollen den Krümmungsradius r berechnen. Dazu benutzen wir die Abb. 194, sie zeigt den Längsschnitt des Stabes. Die Verformung erzeugt auf der Oberseite Zugspannungen, auf der Unterseite Druckspannungen. Beide stehen als Normalspannungen senkrecht auf dem Querschnitt F und dessen Spur GH. In ihr liegt der Schwerpunkt S des Stabquerschnitts.

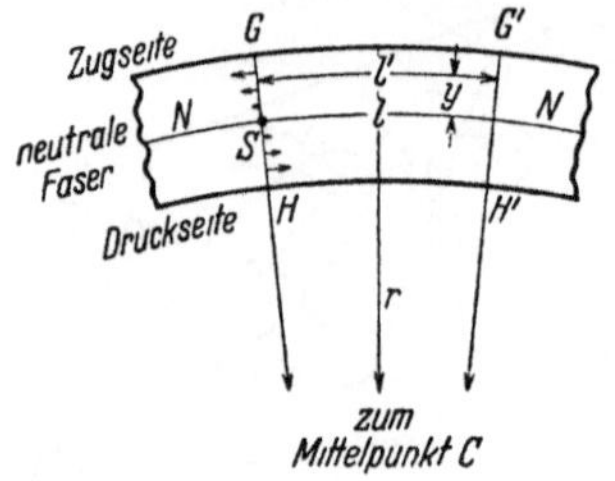

Nach der oben gemachten, bei dünnen Stäben gut erfüllten Voraussetzung sollen die Querschnitte GH, $G'H'$ usw. auch während der Biegung e b e n bleiben, d. h. sie sollen sich infolge der Beanspruchung um ihren Schwerpunkt d r e h e n. Dann erfolgt der Übergang von der Zug- zur Druckspannung in einer nur gekrümmten, aber nicht gewölbten Schicht. Sie ist frei von Spannung, sie steht zur Papierfläche senkrecht und schneidet sie in der Spur NN. Man nennt diese Schicht die n e u t r a l e F a s e r (vgl. Optikband § 78).

Abb. 194. Zur Herleitung der Gl. (135).

Unter diesen Umständen gilt in Abb. 194 für die beiden Krümmungsradien r und $(r + y)$

$$\frac{r + y}{r} = \frac{l'}{l} \, . \tag{130}$$

Ferner ist

$$(l' - l)/l = \text{Dehnung } \varepsilon \, . \tag{131}$$

Zu dieser Dehnung gehört nach dem H o o k e schen Gesetz die Normalspannung

$$\sigma = \frac{\varepsilon}{\alpha} \, . \tag{116 v. S. 105}$$

Zusammenfassung von (116), (131) und (130) liefert

$$\sigma = \frac{1}{\alpha} \cdot \frac{y}{r} \, . \tag{132}$$

Die Summe $\int \sigma \, dF \cdot y$ muß gleich dem einwirkenden Drehmoment $\mathfrak{M}$ sein, also

$$\mathfrak{M} = \int \frac{1}{\alpha} \cdot \frac{y^2}{r} \cdot dF \tag{133}$$

oder mit der Kürzung

$$\int dF \cdot y^2 = J \tag{134}$$

$$r = \frac{1}{\alpha} \, \frac{J}{\mathfrak{M}} \, . \tag{135}$$

Die Größe J ist formal ebenso gebildet wie das Trägheitsmoment, also

$$\Theta = \int dm \cdot y^2 \, . \tag{84 v. S. 66}$$

Dieser Wert von Θ würde für eine Schicht vom Querschnitt des Stabes gelten und auf den Schwerpunkt S der Schicht bezogen sein. Infolgedessen kann man die früher für Trägheitsmomente aufgestellten Formeln benutzen, um zu J-Werten zu gelangen: Man muß in den Formeln von S. 67 nur die Masse m durch den Querschnitt F ersetzen. Aus diesem Grunde hat sich für J der ziemlich unglückliche Name „g e o m e t r i s c h e s" oder „F l ä c h e n t r ä g h e i t s m o m e n t" eingebürgert.

Beispiele, dazu Abb 195. 1 Rechteckiger Querschnitt mit der Fläche $F = h \cdot d$

$$J = \tfrac{1}{12} d \cdot h^3.$$ (136)

2 Doppel-T-Träger

$$J = \tfrac{1}{12} (DH^3 - dh^3)$$ (137)

3. Kreisringförmiger Querschnitt

$$J = \frac{1}{4} F(R^2 + r^2) = \frac{\pi}{4} (R^4 - r^4).$$ (138)

4 Desgleichen für eine Drillung um die zur Papierebene senkrechte Rohrachse (S 112) und $(R - r)$ gleich der kleinen Wandstärke d.

$$J = \frac{\pi}{2} (R^4 - r^4) \approx 2 \pi d R^3.$$ (139)

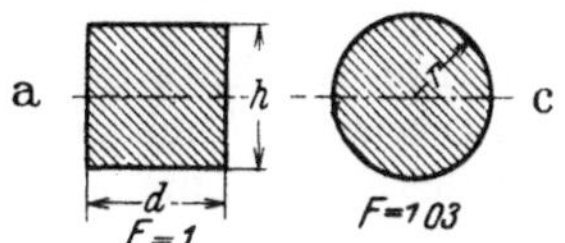
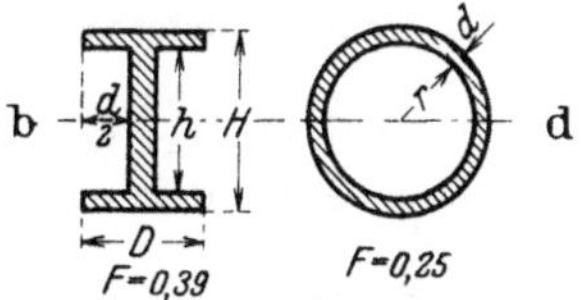

Abb. 195. Stabquerschnitte mit gleichem Flächenträgheitsmoment J können recht verschiedene Flächeninhalte besitzen. Die in Abb 194 senkrecht zur Papierebene durch S gehende Achse ist strichpunktiert

Für den Stab in Abb. 193 waren α, J und $\mathfrak{M}$ längs der Stablänge konstant. Folglich ergibt sich nach Gl.(135) auch r konstant, d.h. der Stab nimmt die Form eines Kreisbogens an. Der nach (135) berechnete Radius r stimmt gut mit dem beobachteten überein. Ein Zahlenbeispiel findet sich unter Abb. 193.

Die große Bedeutung des Flächen-Trägheitsmomentes J wird durch Abb. 195 erläutert. Sie zeigt Profile mit gleichem Flächen-Trägheitsmoment J, also gleicher Kreiskrümmung bei gleicher Beanspruchung. Unter jedem Profil ist sein Flächeninhalt in

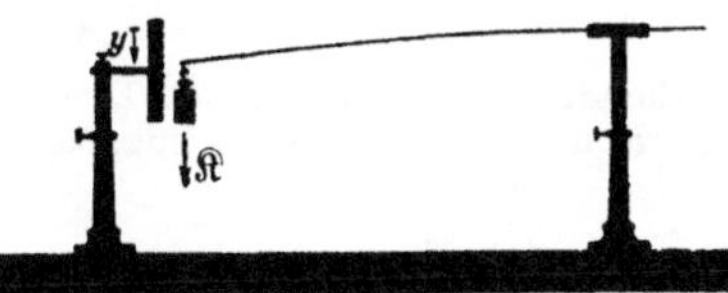

Abb 196 Biegebeanspruchung eines einseitig eingespannten Stabes durch eine am Ende angreifende Kraft $\mathfrak{K}$. Die Strecke y wird Biegepfeil genannt

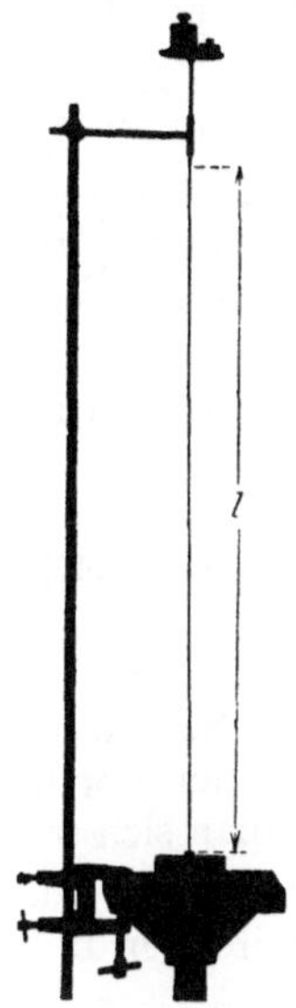

Abb.197 Vorführung des Eulerschen Grenzwertes beim Ausknicken eines langen, durch Druck in der Längsrichtung beanspruchten Stabes. Der Stab muß nach jeder Knickung auf der Drehbank gut gerade gerichtet werden[1] — Zahlenbeispiel Stahl $r = 1,5$ mm $= 1,5 \cdot 10^{-3}$ m; Länge $l = 1$ m; $J = 0,25 \pi \cdot r^4 = 4 \cdot 10^{-12}$ m⁴. Dehnungszahl $\alpha = 4,65 \cdot 10^{-11}$ m²/Kilopond. $\mathfrak{K}$ berechnet $= 0,85$ Kilopond beobachtet wird 0,8 Kilopond. — Im Bilde wird der Draht erst mit 0,65 Kilopond beansprucht

einer willkürlichen Einheit angegeben. Kleiner Flächeninhalt bedeutet geringen Bedarf an Baustoff. In dieser Hinsicht ist ein Rohr einem Vollstab überlegen. Demgemäß sind die langen Knochen unserer Gliedmaßen als Röhrenknochen gebaut.

Das Flächenträgheitsmoment spielt auch für viele andere Verformungsfragen eine entscheidende Rolle. Wir geben ohne Ableitung zwei Beispiele. In Abb. 196 ist ein Stab einseitig eingespannt, an seinem freien Ende greift senkrecht die Kraft $\mathfrak{K}$ an. Dann gilt für eine mäßige Ablenkung y des Stabendes

$$y = \mathfrak{K} \cdot \frac{\alpha l^3}{3J}.$$ (140)

In Abb. 197 wird ein schlanker Stab in der Längsrichtung durch Druck beansprucht. Sein unteres Ende wird gelenkig festgehalten, sein oberes Ende lotrecht gelenkig geführt. Die abwärts drückende Kraft $\mathfrak{K}$ wird durch Gewichtsstücke hergestellt. Sie darf den „Eulerschen Grenzwert"

$$\mathfrak{K} = \frac{\pi^2}{\alpha} \cdot \frac{J}{l^2}$$ (141)

nicht überschreiten. Dieser Grenzwert führt unter allen Umständen zum Ausknicken. Ein Zahlenbeispiel findet sich unter Abb. 197.

Weiter soll kurz die „Verdrillung eines zylindrischen Stabes" behandelt werden. Auch sie wird durch ein Flächenträgheitsmoment bestimmt. Man
findet das Verhältnis

$$\frac{\text{Drehmoment } \mathfrak{M}}{\text{Drillwinkel } \alpha'} = D^* = \frac{J}{\beta\, l} \tag{142}$$

(J = Flachentragheitsmoment des Stabes, l seine Lange, β die Schubgroße seines Bau-
stoffes, Tabelle 3).

D^* ist die früher (S. 64) von uns benutzte „Winkelrichtgröße". Sie ist leicht
zu messen, entweder unmittelbar oder mit Hilfe von Drehschwingungen.

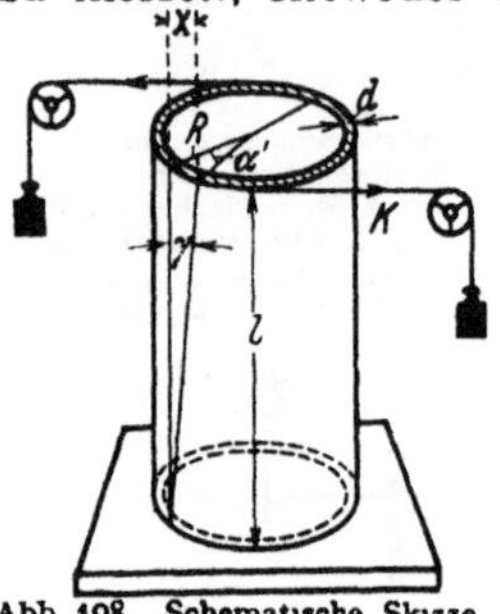

Abb 198. Schematische Skizze
zur Herleitung der Gl. (142) fur
die Verdrillung eines Rohres.

Die Gl. (142) gibt daher ein bequemes Verfahren zur
Bestimmung der Schubzahl β, also einer für die Stoff-
kunde bedeutsamen Größe (Tabelle 3).

Zur Herleitung der Gl. (142) benutzen wir in Abb. 198 einen
Sonderfall, namlich den eines dunnwandigen Rohres. Das
Drehmoment wird mit zwei Schnurzugen hergestellt. Wir denken
uns dies Rohr in flache Kreisringschichten aufgeteilt. Diese er-
fahren gegeneinander eine Schiebung γ. Die Bedeutung des
Winkels γ ist aus der Abbildung ersichtlich. Man findet

$$\operatorname{tg}\gamma \approx \gamma = \frac{x}{l} = \frac{\alpha' R}{l}. \tag{143}$$

Die Schiebung entsteht durch die Schubspannung τ, es gilt

$$\gamma = \tau \cdot \beta. \tag{125} \text{ v. S. 107}$$

Die Schubspannung ergibt sich aus dem einwirkenden Drehmoment $\mathfrak{M}$. Dies erzeugt tangential zu den Ringflachen eine Kraft $\mathfrak{K} = \mathfrak{M}/R$ und mit ihr die Schubspannung

$$\tau = \frac{\mathfrak{K}}{\text{Ringfläche}} = \frac{\mathfrak{M}}{R \cdot 2R\pi d}. \tag{144}$$

(144), (125) und (143) ergeben zusammen mit (139) von S. 111

$$\frac{\alpha'}{l} = \frac{\beta\,\mathfrak{M}}{2\pi\, dR^3} = \frac{\beta\,\mathfrak{M}}{J}. \tag{142}$$

Zum Schluß noch eine technische Anwendung der Gl. (142). Zur Übertragung oder Fortleitung von Leistung („Kilowatt") auf mechanischem Wege
bedient man sich sehr oft einer Welle. Das ist nichts weiter als ein auf Drillung
beanspruchter zylindrischer Stab. Für die übertragene Leistung $\dot{W}$ gilt bei
fortschreitender Bewegung

$$\dot{W} = \mathfrak{K} u \tag{71} \text{ v. S. 59}$$

(u = Bahngeschwindigkeit),

also bei Drehbewegungen

$$\dot{W} = \mathfrak{M}\,\omega = \mathfrak{M} \cdot 2\pi n \tag{143}$$

(ω = Winkelgeschwindigkeit, n = Drehzahl je Sek).

Wir können also statt (142) schreiben:

$$\text{Drillwinkel } \alpha' = \frac{\dot{W}}{2\pi n} \cdot \frac{\beta\, l}{J}. \tag{145}$$

In Worten: Bei gegebener Drehzahl n ist der Drillwinkel α' ein
Maß für die durch die Welle fortgeleitete Leistung.

Zahlenbeispiel: Hohle Schraubenwelle eines Dampfers. $l = 62$ Meter; Durchmesser
außen $2R = 0{,}625$ Meter, innen $2r = 0{,}480$ Meter, Flächenträgheitsmoment J nach Gl (139)
von S. 111 $= 9{,}67 \cdot 10^{-3}$ Meter^4; Baustoff Stahl, also Schubzahl $\beta = 1{,}2 \cdot 10^{-4}$ mm^2/Kilo-
pond $= 1{,}22 \cdot 10^{-11}$ m^2/Großdyn. Zum Propeller übertragene Leistung $\dot{W} = 2{,}4 \cdot 10^4$ Kilowatt $= 2{,}4 \cdot 10^7$ Watt; Drehzahl $n = 3{,}4$ sec^{-1} — Einsetzen dieser Werte in Gl (145) ergibt
als Drillwinkel im Bogenmaß $\alpha' = 8{,}8 \cdot 10^{-2}$, im Winkelmaß $\alpha' = 5$ Bogengrad. D. h. das
vordere und das hintere Ende der 62 m langen Welle werden um 0,014 ihres Umfanges
gegeneinander verdreht.

Bohrgestänge für lotrechte Tiefbohrungen können Längen von mehreren Kilometern haben. Sie brauchen dann Verdrehungen um viele Umläufe, um die Bohrleistung in die Tiefe zu übertragen!

§ 71. Elastische Nachwirkung und Hysteresis.

Für quantitative Beobachtungen der elastischen Verformung haben wir Metalle benutzt, so in den Abb. 184, 193 und 197. Auch Gläser sind recht geeignet. Für Schauversuche ist oft ein hochelastischer Stoff bequemer, vor allem Kautschuk. Mit Kautschuk wollen wir daher auch zwei wichtige Begleiterscheinungen der elastischen Verformung vorführen, nämlich die elastische Nachwirkung und die Hysteresis. Wir haben sie bei unsern ersten flüchtigen Schauversuchen außer acht gelassen.

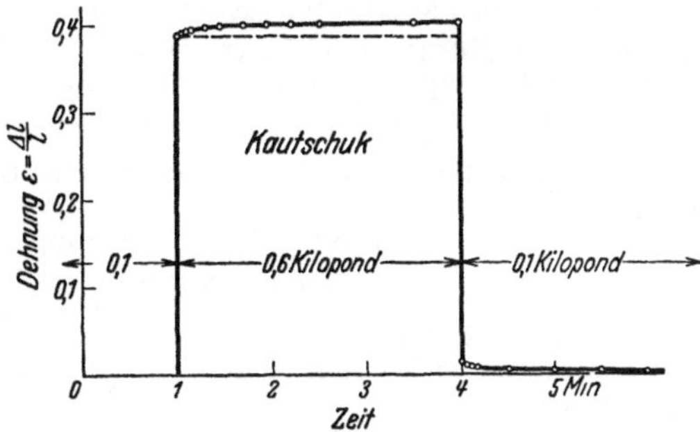

Abb. 199. Elastische Nachwirkung bei der Dehnung eines Kautschukschlauches $\varnothing_{außen} \approx 5$, $\varnothing_{innen} \approx 3$ mm.

Wir wiederholen den S. 105 angestellten Dehnungsversuch. Wir beanspruchen einen etwa 0,3 m langen, etwa 6 mm dicken Kautschukschlauch abwechselnd mit 0,1 und 0,6 Kilopond und verfolgen seine Dehnung in Abhängigkeit von der Zeit. Das Ergebnis findet sich in Abb. 199: Die Dehnung ändert sich nicht gleichzeitig mit dem Wechsel der Beanspruchung. Sie zeigt vielmehr eine deutliche „Trägheit": Sie „braucht Zeit", um nach einem Wechsel der Belastung einen neuen Gleichgewichtswert zu erreichen.

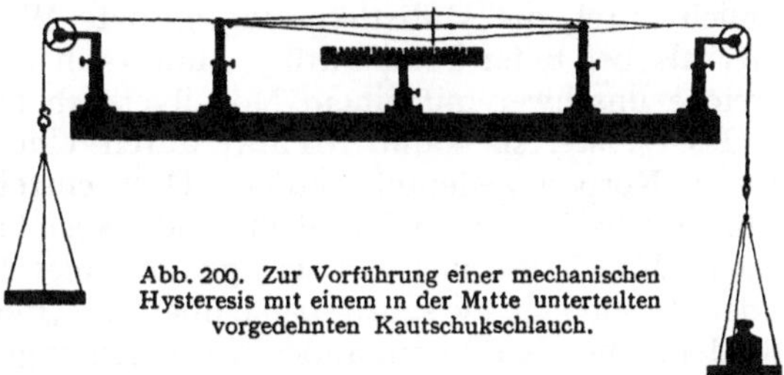

Abb. 200. Zur Vorführung einer mechanischen Hysteresis mit einem in der Mitte unterteilten vorgedehnten Kautschukschlauch.

Das ist die „elastische Nachwirkung". Sie verzögert sowohl die Ausbildung wie die Rückbildung einer Verformung, verursacht aber keine Energieverluste. Die bei der Verformung gespeicherte Energie kommt bei der Entformung wieder zutage, wenn auch verspätet.

Die elastische Nachwirkung läßt sich durch genügend langsames Beobachten ausschalten. Aber dann erscheint eine neue Verwicklung: Die Trennung von elastischer und bleibender Verformung ist selbst im Bereich kleiner Verformungen eine zu weitgehende Idealisierung. Bei der Entlastung bleibt stets ein Bruchteil der vorangehenden Dehnung als bleibende Verformung bestehen. Sie kann erst durch eine Beanspruchung von entgegengesetzter Richtung beseitigt werden. Das ist die Hysteresis. Für ihre Vorführung dient der in Abb. 200 skizzierte Apparat.

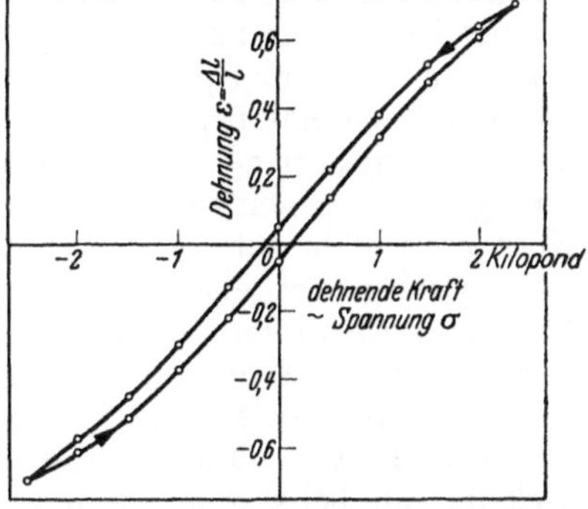

Abb. 201. Eine mit der Anordnung von Abb. 200 gemessene Hysteresisschleife. Die nach rechts gerichtete Kraft ist positiv gezählt. Die Messungen beginnen rechts in der oberen Ecke.

Ein beiderseits festgehaltener und schon rund auf die doppelte Länge gedehnter Gummischlauch kann periodisch wechselnd mit einem Zug nach rechts und nach links beansprucht werden. Zwischen zwei Messungen liegt eine Pause von mindestens 1 Minute. Die Messungen sind in Abb. 201 dargestellt. Der Zusammenhang von Dehnung und Spannung wird beim Hin- und Rückweg durch zwei Kurven dargestellt und diese umgrenzen in Abb. 201 eine schmale Fläche, die mechanische Hysteresisschleife. Eine solche findet sich bei allen festen Körpern, also auch bei Metallen, Gläsern usw.

Ein kleiner Teil jeder Verformung ist also nicht umkehrbar, ist nicht elastisch. Immer geht ein kleiner Teil der zur Dehnung aufgewandten Spannarbeit als Wärme „verloren". Die Fläche der Hysteresisschleife bedeutet das Verhältnis

$$\frac{\text{Verlust je Beanspruchungszyklus}}{\text{Volumen des verformten Körpers}} = \frac{-\varDelta A}{V}.$$

Herleitung Dehnung $\varepsilon = \varDelta l/l$; Spannung = Kraft/Flache. Der Flacheninhalt der Hysteresisschleife wird gemessen durch ein Produkt $\varepsilon \cdot \sigma$, also $(\varDelta l/l \cdot \text{Kraft/Flache}) = \text{Arbeit/Volumen}$

Die Deutung hat sowohl bei der elastischen Nachwirkung wie bei der Hysteresis an § 67 anzuknüpfen, und zwar an die Unterteilung aller Körper, auch der Einkristalle, in einzelne sehr kleine, mehr oder minder fehlerhaft aneinandergepaßte „Bereiche".

Bei der elastischen Verformung können sich einzelne Bereiche gegeneinander verschieben und verdrehen und sich dabei unter Umständen als „Sperrklinken" behindern und verspannen. Die Lösung der Sperrklinken erfolgt erst allmählich durch die statistisch ungeordnete Wärmebewegung, also rascher bei hoher als bei tiefer Temperatur. Man kann die Sperrklinkenwirkung einzelner Bereiche unschwer mit einem Modellversuch nachahmen.

Die Hysteresis kann formal durch eine Reibung im Innern des verformten Körpers gedeutet werden. D. h. einzelne Bereiche können sich gegeneinander verschieben und drehen, und dabei kann durch Reibung Wärme entstehen. Man kann auch ein weniger formales Bild entwerfen. Man muß dann in den Stoßfugen zwischen benachbarten „Bereichen" Atome annehmen, die bald dem einen, bald dem anderen Bereich angehören können, also zwei stabile Ruhelagen besitzen. Auch dieses Bild kann man mit einem groben Modellversuch veranschaulichen.

§ 72. Zerreißfestigkeit und spezifische Oberflächenarbeit fester Körper.
Bei hinreichend hoher Beanspruchung wird jeder feste Körper in Teile zerrissen. In idealisierten Grenzfällen können die Rißflächen („Sprünge") auf einer Richtung größter Normalspannung senkrecht stehen oder einer Ebene größter Schubspannung parallel liegen Deswegen unterscheidet man Trennungsbrüche und Verschiebungsbrüche. Die Richtungen größter Zug- und Schubspannungen sind um $\pm 45°$ gegeneinander geneigt. Daher findet man beim Pressen spröder Körper ungefähr um 45° gegen die Druckrichtung geneigte Reißflächen.

Zwischen der elastischen Verformung und dem Zerreißen sind bei vielen Körpern noch weitere Vorgänge eingeschaltet, nämlich das Fließen oder Gleiten seiner einzelnen Teile und die damit verknüpfte „Verfestigung". Man denke an die zur Kaltbearbeitung geeigneten Metalle. Die allmählich mit der „bildsamen Verformung" verknüpfte Gestaltsänderung macht den Zerreißvorgang noch verwickelter als bei spröden, d. h. ohne bildsame Formänderung zerreißbaren Körpern (z. B. Glas und Gußeisen).

Bildsamkeit und Sprödigkeit sind keine festen Merkmale eines Stoffes. Sie hängen vor allem stark von der Temperatur ab.

Die Tabelle 4 gibt einige für technische Zwecke bestimmte „Zerreißfestigkeiten". So nennt man die zum Zerreißen führenden Zugspannungen Z_{max}. Sie werden an genormten Stäben gemessen. — Zur richtigen Einschätzung dieser Zahlen mache man einen einfachen Versuch. Man schneide aus gutem Schreib-

Tabelle 4. Technische Zerreißfestigkeit Z_{max}.
(Zur Berechnung der Zugspannungen ist der ursprüngliche, nicht der während der Dehnung verminderte Querschnitt benutzt worden.)

Stoff	Al	Pb	Cu	Messing	Stahl	Glimmer	Quarzglas	Holzfaser
Z_{max}	30	2	40	60	bis 200	75	80	bis 12 $\dfrac{\text{Kilopond}}{\text{mm}^2}$

papier einen etwa 20 cm langen und 3 cm breiten Streifen, fasse sein Ende und suche ihn zu zerreißen. Es wird nur selten gelingen. Dann mache man an einem Längsrand eine kleine, kaum 1 mm tiefe Kerbe. Nunmehr kann man den Papierstreifen ohne Anstrengung zerreißen: Im „Kerbgrund" wird durch eine Art Hebelwirkung lokal eine sehr große Zugspannung erzeugt, und durch sie reißt die Kerbe weiter ein. — Selbst winzige Kerben spielen schon eine entscheidende Rolle.

In manchen Fällen kann man den störenden Nebeneinfluß einer Kerbwirkung ausschalten. Man kann z. B. bei Glimmer die Spaltebenen parallel zur Zugrichtung stellen und außerdem die durch Kerben gefährdeten Ränder mit einer geeigneten Einspannvorrichtung entlasten. So ist man bei Glimmerkristallen bis zu $Z_{max} = 324$ Kilopond/mm² gelangt.

Mit sehr dünnen ($\varnothing$ wenige μ), frischen, bei hoher Temperatur hergestellten Fäden aus Glas oder Quarzglas hat man sogar Zerreißfestigkeiten $Z_{max} > 1000$ Kilopond/mm² erreicht.

Für Schauversuche beansprucht man derartige Fäden auf Biegung, man nimmt ein etliche cm langes Stück zwischen die Fingerspitzen. Es lassen sich überraschend kleine Krümmungsradien herstellen. Die kleinsten Verletzungen der Oberfläche führen jedoch zum Bruch. Es genügt, den gebogenen Glasfaden mit einem anderen Glasfaden zu berühren.

Im Inneren eines Körpers sind die Moleküle allseitig von ihren Nachbarn umgeben, an der Oberfläche hingegen fehlen die Nachbarn auf der einen Seite. Infolgedessen ist eine Arbeit erforderlich, um die Moleküle aus der Innen- in die Oberflächenlage zu überführen. Das Verhältnis

$$\zeta = \frac{\text{für einen Oberflächenzuwachs erforderliche Arbeit } \Delta A}{\text{Größe } \Delta F \text{ der neugebildeten Oberfläche}}$$

wird spezifische Oberflächenarbeit genannt. Ihre Größe läßt sich aus der ohne Kerbwirkung gemessenen Zerreißfestigkeit eines Körpers abschätzen.

In der schematischen Abb. 202 werde ein Draht vom Querschnitt F mit einem Trennungsbruch (S. 114) zerrissen. Dabei werden zwei Flächen der Größe F gebildet, und das erfordert die Arbeit $A = 2F\zeta$. Diese Arbeit wird von der Kraft $\mathfrak{K} = Z_{max} \cdot F$ längs eines kleinen Weges x geleistet. Also gilt

$$2\zeta F = Z_{max} F \cdot x \quad \text{oder} \quad \zeta = \tfrac{1}{2} Z_{max} \cdot x \quad (147)$$

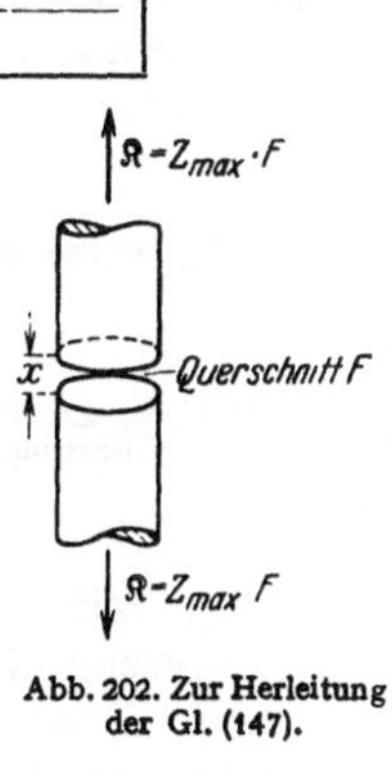

Abb. 202. Zur Herleitung der Gl. (147).

Der Weg x muß die gleiche Größenordnung haben wie die Reichweite der atomaren Anziehung oder der Abstand benachbarter Atome. Dieser liegt in der Größenordnung 10^{-10} Meter. So folgt aus Gl. (147) z. B. die spezifische Oberflächenarbeit von Glas

$$\zeta = 500 \frac{\text{Kilopond}}{\text{mm}^2} \cdot 10^{-10} \text{Meter} \approx 5 \cdot 10^9 \frac{\text{Großdyn}}{\text{m}^2} \cdot 10^{-10} \text{m},$$

$$\zeta \approx 0,5 \text{ Wattsek/m}^2.$$

Auf die gleiche Größenordnung führen auch andere von einer Kenntnis der Atomdimensionen x unabhängige Messungen der spezifischen Oberflächenarbeit. Ein Beispiel wird in und unter Abb. 203 beschrieben.

Die hohen, mit Gl. (147) verträglichen Zerreißfestigkeiten fester Körper nennt man die „theoretischen". Sie können die „technische" Zerreißfestigkeit um mehr als das Zehnfache übertreffen. Die technische Festigkeit wird im wesentlichen durch störende Nebeneinflüsse bedingt. „Kerbwirkung" ist ein zwar stark vereinfachender, aber recht treffender Sammelname.

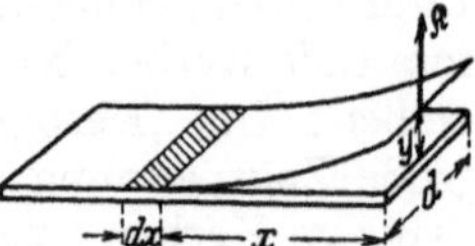

Abb. 203. Messung der spezifischen Oberflächenarbeit von Glimmer ($\zeta \approx 4{,}5$ Wattsec/m²). Zum Abspalten einer Glimmerfeder (Dicke h, Breite d) braucht man am Federende die Kraft

$$\Re = \frac{1}{4\,\alpha} \cdot \frac{h^3 d}{x^3} \cdot y = D \cdot y. \qquad \text{(140) und (136) v. S. 111}$$

Dabei wird die Feder elastisch gespannt. Sie bekommt die potentielle Energie

$$W_1 = \frac{1}{2} D y^2 = \frac{1}{4\,\alpha} \cdot \frac{h^3 d}{x^3} \cdot \frac{y^2}{2}. \qquad \text{(43) v. S. 48}$$

Eine Verlängerung der Feder um dx vermindert die elastisch gespeicherte Energie um den Betrag

$$dW_1 = -\frac{3}{8\,\alpha} \cdot \frac{h^3 d}{x^4} \cdot y^2 \cdot dx, \qquad \text{(148)}$$

und statt ihrer erscheint die Energie der beiden im „Kerbgrund" neugebildeten schraffierten Oberflächen

$$dW_2 = 2d \cdot dx \cdot \zeta. \qquad \text{(147) v. S 115}$$

Gleichsetzen der Beträge von (147) und (148) ergibt die gesuchte spezifische Oberflächenarbeit

$$\zeta = \frac{3}{16} \cdot \frac{1}{\alpha} \cdot \frac{h^3}{x^4} \cdot y^2. \qquad \text{(149)}$$

Wir haben schon mehrfach die eigentümliche „Verfestigung" der Körper, vor allem der Metalle durch Kaltbearbeitung, erwähnt. Diese Verfestigung verändert irgendwie den Zustand der „Bereiche" in den kleinsten Kristall-Bausteinen (S. 104) und verhindert damit das Weiterreißen der Kerben. Die grundsätzliche Möglichkeit zeigt uns ein Beispiel aus dem täglichen Leben: Beschädigte Schaufensterscheiben werden dicht hinter dem Ende eines Sprunges durchbohrt; das Loch verhindert ein Weiterwachsen des Sprunges.

§ 73. Äußere Reibung. Außer der Zerreißfestigkeit braucht die Mechanik fester Körper einen weiteren technisch unentbehrlichen, aber physikalisch schlecht

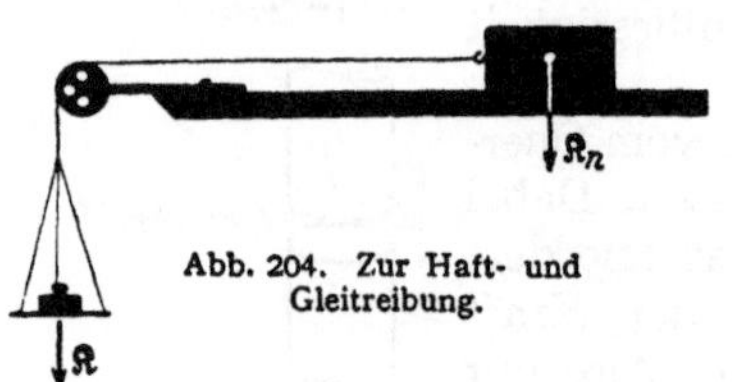

Abb. 204. Zur Haft- und Gleitreibung.

faßbaren Begriff, nämlich den der äußeren Reibung. Dieser Begriff bedeutet 1. einen Vorgang in der Berührungsfläche zweier fester Körper und 2. eine durch ihn entstehende Kraft. Wir bringen kurz das Wichtigste über die Sonderfälle „Haftreibung" und „Gleitreibung".

In Abb. 204 wird ein glatter, kistenförmiger Klotz durch sein Gewicht, also eine Kraft $\Re_n$, mit einem waagerechten glatten Brett in Berührung gebracht. Ein Schnurzug läßt parallel zur Grenzfläche eine Kraft $\Re$ auf den Klotz einwirken. Diese Kraft muß einen Schwellenwert $\Re_h$ überschreiten, bevor sich der Klotz auf der Unterlage gleitend bewegen kann. Daraus schließt man: Die beiden Körper haften aneinander; auf beide wirkt in entgegengesetzter Richtung eine Kraft $\Re_h$. Man nennt sie Haftreibung. Sie ist von der Größe der Berührungsfläche unabhängig. Sie wird von der Beschaffenheit der Körper bedingt und ist proportional der die beiden Körper zusammenpressenden, zur Berührungsfläche senkrechten Kraft $\Re_n$.

Die Haftreibung spielt technisch eine bedeutsame Rolle. Sie bestimmt bei den Antriebsrädern der Lokomotiven und der Automobile sowie bei den Sohlen der Fußgänger den Höchstwert der erzielbaren Antriebskraft. Ein Vergleich mit der ausschnappenden Feder in Abb. 46, S. 27 kann nützlich sein.

Die Haftreibung genannte Kraft entsteht erst durch winzige Verschiebungen beider Körper gegeneinander. Im einfachsten Bilde kann man die „glatte" Oberfläche jedes festen Körpers mit der einer Feile oder Bürste vergleichen. Die vorspringenden Teile verhaken sich miteinander, und daher werden sie bei Verschiebungen verformt. — Ein verfeinertes Bild muß oberflächlich adsorbierte Schichten fremder Moleküle berücksichtigen. Ohne diese kann die Haftreibung zwischen sorgfältig polierten Oberflächen verschwindend klein werden. Beispiel: Glasklotz und Glasplatte im Hochvakuum.

Das Wort Haftreibung ist bedenklich: Haften besagt etwas zuviel, es schließt oft den Begriff des Klebens ein. Außerdem sollte man erst nach Einleitung einer Bewegung und nicht vor ihrem Beginn von Reibung sprechen.

Weiter beobachtend machen wir in Abb. 204 die Zugkraft $\mathfrak{K}$ größer als die Haftreibung $\mathfrak{K}_h$. Dann beginnt der Klotz beschleunigt zu gleiten. Die Beschleunigung $\mathfrak{b}$ entspricht aber nicht der Zugkraft $\mathfrak{K}$, sondern sie ist kleiner. Also muß während des Gleitens außer der Kraft $\mathfrak{K}$ eine ihr entgegengesetzte kleinere Kraft $\mathfrak{K}_{gl}$ am Klotz angreifen. Diese Kraft $\mathfrak{K}_{gl}$ nennt man die Gleitreibung. Ihre Größe berechnet man nach der Gleichung

$$\mathfrak{b} = \frac{\mathfrak{K} + \mathfrak{K}_{gl}}{m} \quad \text{oder} \quad \mathfrak{K}_{gl} = m\,\mathfrak{b} - \mathfrak{K}. \tag{150}$$

Im Grenzfall konstanter Geschwindigkeit ist $\mathfrak{b} = 0$ und $\mathfrak{K}_{gl} = -\mathfrak{K}$.

Die Gleitreibung $\mathfrak{K}_{gl}$ ist immer kleiner als die Haftreibung $\mathfrak{K}_h$. Sie ist, ebenso wie diese, proportional der die beiden Körper zusammenpressenden Kraft $\mathfrak{K}_n$, aber unabhängig von der Größe der Berührungsfläche, also

$$\mathfrak{K}_{gl} = \mu\,\mathfrak{K}_n$$

(μ = Reibungskoeffizient oder -beiwert).

In erster Näherung ist die Gleitreibung unabhängig von der Größe der bereits erreichten Geschwindigkeit. Sorgfältige Messungen ergeben jedoch eine Abnahme der Gleitreibung mit wachsender Geschwindigkeit, und zwar im Grenzfall bis auf etwa 20% des anfänglichen, für kleine Geschwindigkeit geltenden Wertes. — Beim Bau physikalischer Apparate, bei Maschinen und Fahrzeugen sucht man äußere Reibung nach Möglichkeit zu vermeiden und durch „innere Reibung" von Flüssigkeiten zu ersetzen. Das nennt man Schmierung. Dabei verlegt man nach Möglichkeit mit Hilfe von Rädern und Rollen den Ort der Reibung in das Innere eines Lagers.

IX. Über ruhende Flüssigkeiten und Gase.

§ 74. Die freie Verschieblichkeit der Flüssigkeitsmoleküle. Die Unterscheidung fester und flüssiger Körper beruht auf ihrem Verhalten bei Änderungen der Gestalt. Für eine Verformung fester Körper muß man immer Kräfte anwenden; bei Flüssigkeiten hingegen werden die erforderlichen Kräfte bei konstantem Volumen um so kleiner, je langsamer der Vorgang abläuft. Im idealisierten Grenzfall braucht man zur Gestaltsänderung einer Flüssigkeit bei konstantem Volumen überhaupt keine Kräfte. — Daraus schließt man: In festen Körpern sind die kleinsten Bausteine, die Moleküle, ganz überwiegend an Ruhelagen gebunden; in Flüssigkeiten hingegen fehlen solche Ruhelagen, alle Moleküle sind frei gegeneinander verschieblich.

In festen Körpern müssen die unsichtbaren, als Wärme wahrgenommenen Bewegungen der Moleküle (S. 103) fast nur aus Schwingungen der Moleküle um ihre Ruhelage bestehen. In Flüssigkeiten kommen jedoch nur fortschreitende und Drehbewegungen der Moleküle in Betracht. Wir besitzen ein stark vergröbertes, aber sicher getreues Abbild dieser Wärmebewegung in Flüssigkeiten. Es ist die Erscheinung der Brownschen Bewegung.

Das Grundsätzliche trifft man schon mit einem Bilde von geradezu kindlicher Einfachheit. Gegeben eine mit lebenden Ameisen gefüllte Schüssel. Unser Auge sei kurzsichtig oder zu weit entfernt. Es vermag die einzelnen wimmelnden Tierchen nicht zu erkennen. Es sieht lediglich eine strukturlose braunschwarze Fläche. Da hilft uns ein einfacher Kunstgriff weiter. Wir werfen auf die Schüssel einige größere, bequem sichtbare, leichte Körper, etwa Flaumfedern, Papierschnitzel oder dergleichen. Diese Teilchen bleiben nicht ruhig liegen. Von unsichtbaren Individuen gezogen und geschoben, vollführen sie regellose Bewegungen und Drehungen. Wir sehen die Bewegung der rastlos wimmelnden Tierchen in stark vergröbertem Bilde.

Ganz entsprechend verfährt man bei der Vorführung der Brownschen Bewegung. Nur nimmt man ein Mikroskop nicht gar zu bescheidener Ausführung zu Hilfe. Man bringt zwischen Objektträger und Deckglas einen Tropfen einer beliebigen Flüssigkeit, am einfachsten Wasser. Dieser Flüssigkeit ist zuvor ein nicht lösliches, feines Pulver beigefügt worden. Bequem ist z. B. ein winziger Zusatz von chinesischer Tusche d. h. von feinstem Kohlestaub ($\varnothing \approx 0{,}5\,\mu$).

Zur Vorführung in großem Kreise in Mikroprojektion soll man ein Pulver von hoher optischer Brechzahl nehmen, z. B. das Mineral Rutil (TiO_2). Die hohe Brechzahl gibt helle Bilder.

Nur wenige physikalische Erscheinungen vermögen den Beobachter so zu fesseln wie die Brownsche Bewegung. Hier ist dem Beobachter einmal ein Blick hinter die Kulissen des Naturgeschehens vergönnt. Es erschließt sich ihm eine neue Welt, das rastlose, sinnverwirrende Getriebe einer völlig unübersehbaren Individuenzahl. Pfeilschnell schießen die kleinsten Teilchen durch das Gesichtsfeld, in wildem Zickzackkurs ihre Richtung verändernd. Behäbig und langsam rücken die größeren Teile vorwärts, auch sie in ständigem Wechsel der Richtung. Die größten Teile torkeln praktisch nur auf einem Fleck hin und her. Ihre Zacken und Ecken zeigen uns deutlich Drehbewegungen um ständig wechselnde Achsenrichtungen. Nirgends offenbart sich noch eine Spur von System und Ordnung. Herrschaft des regellosen, blinden Zufalls, das ist der zwingende und überwältigende Eindruck auf jeden unbefangenen Beobachter. — Die Brownsche Bewegung gehört zu den bedeutsamsten Erscheinungen im Bereich der heutigen Naturwissenschaft. Keine Schilderung mit Worten vermag auch nur angenähert die Wirkung der eigenen Beobachtung zu ersetzen.

Eine wirkungsvolle Vorführung der Brownschen Bewegung verlangt eine mehrhundertfache Vergrößerung durch das Mikroskop. Diese Vergrößerung verfuhrt leicht zu einer Überschätzung der beobachteten Geschwindigkeiten. Vor diesem Irrtum bewahrt uns ein anderes Beobachtungsverfahren. Es zeigt die in der Flüssigkeit schwebenden Teilchen nur noch in ihrer Gesamtheit als Schwarm oder Wolke, läßt aber nicht mehr die einzelnen Teilchen erkennen. Wir sehen in Abb. 205 staubhaltiges Wasser, z. B. wieder stark verdünnte chinesische Tusche, von reinem Wasser überschichtet. Die Grenzfläche beider Flüssigkeiten ist anfänglich scharf, doch wird sie im Laufe der Zeit verwaschen. Ganz langsam, im Laufe von Wochen, „diffundiert" der Schwarm der Kohleteilchen in das zuvor klare Wasser hinein. Diffusion und Brownsche Bewegung sind zwei Namen für den gleichen Vorgang. Das Wort Brownsche Bewegung setzt mikroskopische Beobachtung einzelner durch besondere Größe ausgezeichneter Individuen voraus. Bei makroskopischer Beobachtung sprechen wir von Diffusion, ganz unabhängig von der Größe der Individuen. Das heißt die als Schwarm oder Wolke sichtbaren Gebilde können aus Staubteilchen oder winzigen, für jedes Mikroskop unerreichbaren „gelösten" Molekülen bestehen.

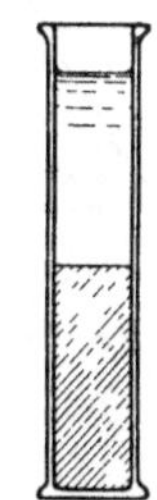

Abb. 205. Vorrucken einer Grenzschicht durch Diffusion Zur Herstellung der anfanglich scharfen Grenzschicht setzt man auf die untere Flussigkeit eine dunne, flache Korkscheibe Auf diese läßt man klares Wasser vorsichtig in feinem Strahl aufstromen

In unserem Zusammenhang ist die Geschwindigkeit der Diffusion der wesentliche Punkt. Verblüffend langsam rückt die Grenze des Schwarmes vor. Je nach Größe der Teilchen werden erst in Tagen oder Wochen meßbare Wege zurückgelegt (vgl. § 162).

Der Grund für die Langsamkeit der Diffusion ist die enge Packung der wimmelnden Flüssigkeitsmoleküle. Der mittlere Abstand der Moleküle ist in der Flüssigkeit von der gleichen Größenordnung wie für den zugehörigen festen Körper. Das folgt aus zwei Tatsachen: Die Dichte jedes Stoffes ist im flüssigen und im festen Zustand angenähert gleich groß. Außerdem haben die Flüssigkeiten eine sehr geringe Zusammendrückbarkeit. Diese Erfahrung des täglichen Lebens wird auf S. 122 zahlenmäßig belegt werden. —

Nach diesen Darlegungen können wir eine wirkliche Flüssigkeit durch eine Modellflüssigkeit ersetzen und an ihr Eigenschaften der Flüssigkeiten studieren. Am besten wäre ein Gefäß voll lebender Ameisen oder rundlicher Käfer mit harten Flügeldecken. Aber es genügt schon ein Gefäß mit kleinen glatten Stahlkugeln. Nur muß man dann die Eigen- oder Wärmebewegung dieser Modellmoleküle ein wenig zu plump durch Schütteln des ganzen Gefäßes ersetzen. Dies Schütteln werden wir in Zukunft nicht jedesmal besonders erwähnen.

Die freie Verschieblichkeit der Flüssigkeitsmoleküle macht etliche Eigenschaften ruhender oder im Gleichgewicht befindlicher Flüssigkeit verständlich. Sie werden im Schulunterricht ausgiebig behandelt und hier sowie in den §§ 75—76 kurz wiederholt. Wir beginnen mit der Einstellung der Flüssigkeitsoberfläche.

Eine Flüssigkeitsoberfläche stellt sich stets senkrecht zur Richtung der an ihren Molekülen angreifenden Kraft ein. — In einer flachen, weiten Schale ist nur das **Gewicht** der einzelnen Flüssigkeitsmoleküle wirksam. Die Oberfläche stellt sich als waagerechte Ebene ein. In den weiten Meeres- und Seebecken darf man die Richtung des Gewichtes an verschiedenen Stellen nicht mehr als parallel betrachten. Das Gewicht weist überall radial zum Erdmittelpunkt. Folglich bildet die Flüssigkeitsoberfläche ein Stück einer Kugeloberfläche.

Abb. 206. Parabelquerschnitt einer rotierenden Stahlkugelmodellflüssigkeit. (Momentphotographie.)

In einem um eine lotrechte Achse rotierenden Gefäß nimmt die Flüssigkeitsoberfläche die Gestalt eines **Paraboloids** an (Abb. 206). Die Deutung geben wir vom Standpunkt des beschleunigten Bezugssystems. An jedem einzelnen Teilchen (Molekül) greifen zwei Kräfte an: senkrecht nach unten ziehend das Gewicht mg des Teilchens, radial nach außen ziehend die Zentrifugalkraft $m\omega^2 r$. Beide Kräfte vereinigen sich zu der Gesamtkraft $\mathfrak{K}$. Senkrecht zu dieser Gesamtkraft stellt sich die Oberfläche ein. Quantitativ gilt nach Abb. 207

$$z = \text{const}\, r^2. \tag{150}$$

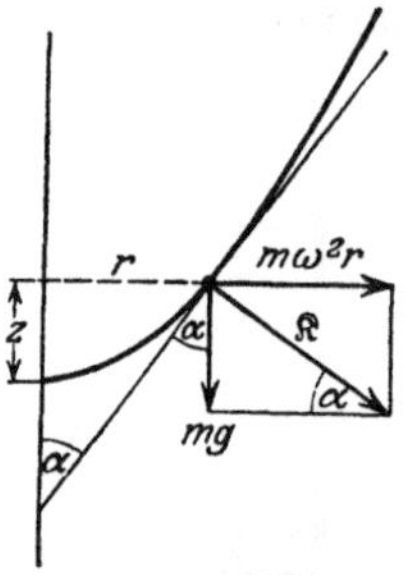

Abb. 207. Parabolische Oberfläche einer rotierenden Flüssigkeit.

$$\operatorname{tg}\alpha = \frac{mg}{m\,\omega^2 r} = \frac{dr}{dz},$$

$$\frac{g}{\omega^2}\cdot dz = r\,dr$$

und integriert

$$z = \text{const}\cdot r^2$$

§ 75. **Druck in Flüssigkeiten, Manometer.** „Beanspruchungen" erzeugen nicht nur in festen Körpern, sondern auch in Flüssigkeiten Spannungen. Man benutzt aber in Flüssigkeiten nicht diesen Namen, sondern nennt die Spannung **Druck p. Beim Druck in Flüssigkeiten steht die Kraft immer senkrecht auf der zugehörigen Fläche**[1]; sonst könnte es in Flüssigkeiten keine allseitig freie Verschieblichkeit geben. Oder anders ausgedrückt: Der Druck in einer ruhenden Flüssigkeit ist immer eine Normalspannung, es gibt in ruhenden Flüssigkeiten keine Schubspannung. Ein im Innern einer ruhenden Flüssigkeit kugelförmig abgegrenztes, z. B. angefärbtes Gebiet bleibt bei jeder Beanspruchung kugelförmig. Die Beanspruchung kann die Kugel nicht in ein Ellipsoid verzerren, sondern nur ihren Radius verändern.

An Einheiten des Druckes sind zunächst zu nennen:

1 Großdyn/m² $= 10^{-5}$ Bar,

1 Kilopond/cm² $= 1$ technische Atmosphäre $= 9{,}81\cdot 10^4$ Großdyn/m²,

1,033 Kilopond/cm² $= 1$ physikalische Atmosphäre $= 1{,}013\cdot 10^5$ Großdyn/m²,

Weitere Einheiten findet man auf S 319.

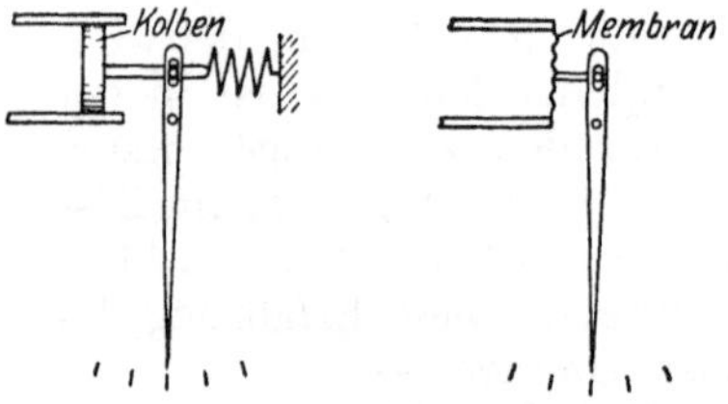

Zur Messung des Druckes ersetzt man die drückenden Moleküle durch eine drückende Wand; d. h. man verwandelt wie beim

Abb. 208. Schema eines Kolben- und eines Membranmanometers.

festen Körper „innere" Kräfte in „äußere". Das geschieht in den Druckmessern oder Manometern. — Wir sehen in Abb. 208 links einen recht reibungsfrei verschiebbaren Kolben in einem an das Flüssigkeitsgefäß angeschlossenen Hohlzylinder. Der Kolben ist an eine Federwaage mit Zeiger und Skala angeschlossen. — Kolben und Feder lassen sich beim Bau zusammenfassen. So gelangen wir zu einer gewellten oder auch glatten Membran (Abb. 208 rechts). Ihre Durchwölbung durch den Druck betätigt den Zeiger. Die auswölbbare Membran läßt

---

[1] Bei festen Körpern zählt man die aus einem geschlossenen Bereich heraus weisenden Richtungen positiv. Man gibt also dem Zug positives und dem Druck negatives Vorzeichen. In Flüssigkeiten ist meistens die entgegengesetzte Vereinbarung üblich: positives p verkleinert als Druck, negatives p vergrößert als Zug das Volumen einer Flüssigkeit.

sich durch ein Rohr von elliptischem Querschnitt ersetzen (Abb. 210 links). Das Rohr streckt sich beim Einpressen der Flüssigkeit. (Man denke an den als Kinderspielzeug beliebten, im Ruhezustand aufgerollten Papierrüssel!) Ohne Eichung lassen diese Instrumente zunächst nur räumlich oder zeitlich getrennte Drucke als gleich erkennen („Manoskop"). Doch werden wir schon im nächsten Paragraphen ein Eichverfahren beschreiben.

Im Besitz dieser, wenn auch noch ungeeichten Manometer wollen wir jetzt die Druckverteilung in Flüssigkeiten betrachten. Dabei halten wir der Einfachheit halber zwei Grenzfälle auseinander:

1. Der Druck rührt lediglich vom eigenen Gewicht der Flüssigkeiten her: Kennwort: Schweredruck.

2. Die Flüssigkeit befindet sich in einem allseitig geschlossenen Gefäß. Ein angeschlossener Zylinder mit eingepaßtem Kolben erzeugt einen Druck, neben dessen Größe der Schweredruck als unerheblich vernachlässigt werden kann. Kennwort: Stempeldruck.

Wir beginnen mit dem zweiten Grenzfall.

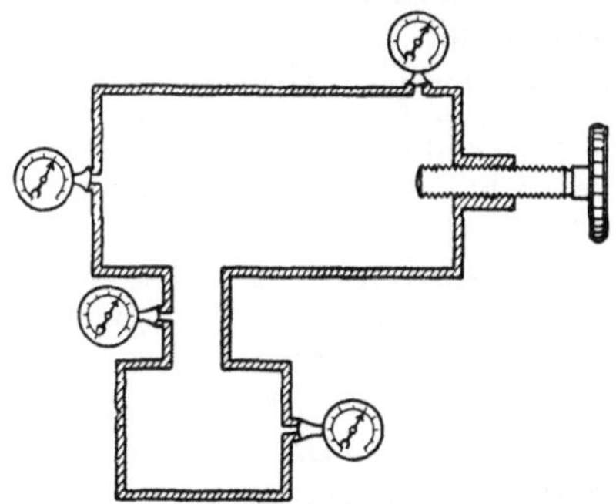

Abb. 209. Druckverteilung in einer Flüssigkeit bei uberwiegendem Stempeldruck.

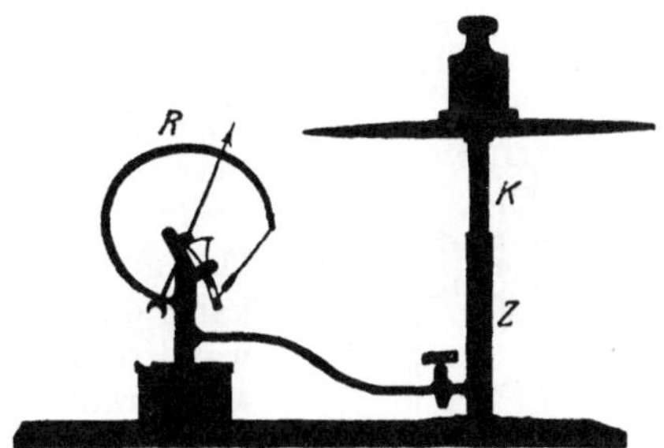

Abb. 210. Eichung eines technischen Manometers R mit rotierendem Kolben K.

§ 76. Allseitigkeit des Druckes und Anwendungen. Die Abb. 209 zeigt ein ganz mit Wasser gefülltes Eisengefäß von ziemlich verwickelter Gestalt mit vier gleichgebauten Manometern. Rechts pressen wir mittels einer Schraube einen Stempel in das Gefäß hinein. Alle Manometer zeigen uns gleich große Ausschläge und damit die allseitige Gleichheit des Druckes. — Zur Erläuterung denken wir uns die Modellflüssigkeit (Stahlkugeln) in einen Sack gefüllt und durch ein geeignetes Loch einen Kolben hereingepreßt. Der Sack bläht sich allseitig auf. Die freie Verschieblichkeit der Stahlkugeln läßt keine Bevorzugung einer Richtung zustande kommen.

Als nächstes bringen wir drei wichtige Anwendungen dieser Allseitigkeit des Stempeldruckes.

1. **Eichung eines technischen Manometers.** Vom Manometer R führt irgendeine Rohrleitung zum Zylinder Z mit eingepaßtem Kolben K. Die gesamten Hohlräume sind mit einer beliebigen Flüssigkeit, z. B. einem Öl, gefüllt. Druck ist Kraft durch Fläche. Der Stempeldruck des Kolbens ist also gleich dem Gewicht des Kolbens und des aufgesetzten Klotzes dividiert durch den Kolbenquerschnitt F. Nun kommt das wesentliche: Die Reibung zwischen Kolben und Zylinderwand muß ausgeschaltet werden. Sonst wäre die Kraft kleiner als das eben genannte Gewicht. Die Ausschaltung der Reibung erfolgt durch einen Kunstgriff: Der Kolben wird dauernd von einer feinen Flüssigkeitshaut umhüllt. Das erreicht man durch eine gleichförmige Drehung des Kolbens

um seine lotrechte Längsachse[1]. Zu diesem Zweck ist das obere Ende des Kolbens als Schwungrad ausgestaltet worden. Einmal in Drehung versetzt, dreht sich der Kolben lange Zeit. Man stoße kräftig von oben auf das laufende Schwungrad: Der Manometerzeiger kehrt jedesmal zum gleichen Ausschlag zurück. Die Einstellung des Manometerzeigers wird also in der Tat nur durch das Gewicht des Kolbens und seine Belastung bestimmt.

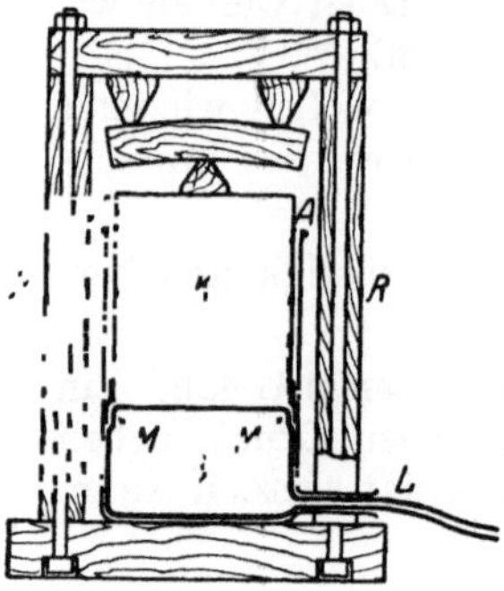

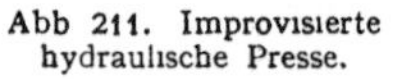

2. Die hydraulische Presse. Dies wichtige technische Hilfsmittel dient zur Herstellung großer Kräfte mit Hilfe kleiner Drucke. Wir zeigen diese Presse (in Abb. 211) in einer improvisierten Ausführung. Ihre wesentlichen Einzelteile sind ein zylindrischer Kochtopf A, eine dünnwandige Gummiblase B, ein hölzerner Kolben K und ein festgefügter rechteckiger Rahmen R. Der Füllstutzen der Gummiblase wird an die städtische Wasserleitung angeschlossen. Eine Ledermanschette M am Kolbenrand verhindert die Bildung von Blindsäcken zwischen Kolben und Topfwand.

Abb 211. Improvisierte hydraulische Presse.

Zahlenbeispiel· Die Wasserleitung im Gottinger Horsaal hat einen Druck von ungefähr 4 Kilopond/cm² Der benutzte Kochtopf hat einen lichten Durchmesser von 30 cm, der Kolben also rund 710 cm² Querschnitt. Die Presse gibt daher eine Kraft K von rund 3000 Kilopond. Sie zerbricht Eichenklotze von 4×5 cm² Querschnitt und 40 cm Lange.

3. Die Zusammendrückbarkeit des Wassers. Die geringe Zusammendrückbarkeit der Flüssigkeiten kann dank der Allseitigkeit des Flüssigkeitsdruckes einwandfrei gemessen werden. Das Prinzip ist das folgende: Man preßt eine Flüssigkeit mit hohem Druck in ein Meßgefäß, verhindert jedoch dabei ein blasenartiges Aufblähen des Meßgefäßes. Zu diesem Zweck umgibt man das Meßgefäß von außen mit einer Flussigkeit gleichen Druckes, wie innen. So gelangt man zu der in Abb. 212 skizzierten Anordnung. Man findet je Atmosphäre Drucksteigerung nur eine Volumenabnahme $(\Delta V/V)$ um rund $5 \cdot 10^{-3}$ %. Erst bei 1000 Atmosphären Druck erreicht die Volumenabnahme gepreßten Wassers einen Betrag von rund 5 %.

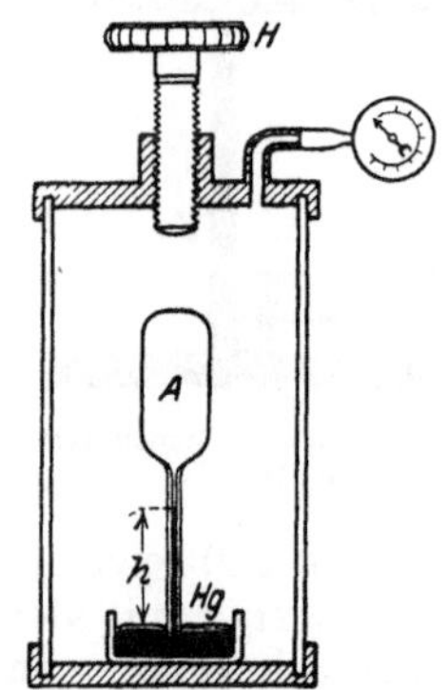

Abb 212 Zusammendruckbarkeit des Wassers Der dickwandige Glaszylinder ist ebenso wie das Meßgefaß A mit Wasser gefullt. Das Handrad H dient zum Einpressen des Stempels. — Hg = Sperrflussigkeit im Kapillarrohr vom Querschnitt q — Der Hg-Faden steigt bei einer Druckzunahme Δp um Δh. Das bedeutet eine Volumenabnahme des in A eingesperrten Wassers im Betrag $\Delta V = \Delta h \cdot q$.

— Diese geringe Zusammendrückbarkeit des Wassers führt zu mancherlei überraschenden Schauversuchen. Sie zeigen stets das Auftreten großer Krafte und Drucke bei geringfügiger Zusammendrückung.
— Beispiel:

Gegeben eine passend abgedichtete, mit Wasser gefullte rechteckige Holzkiste

Abb. 213. Zwei Glasträncn.

ohne Deckel. Oben liegt die Flussigkeit frei zutage. Durch diese Kiste wird von der Seite eine Gewehrkugel geschossen. Dadurch wird das Wasser um den Betrag des Kugelvolumens zusammengepreßt Denn zum Ausweichen des Wassers nach oben fehlt die Zeit. Es entstehen erhebliche Drucke Die Kiste wird zu Kleinholz zerfetzt (Blasenschuß!).

Eine Abart dieses Versuches erfordert bescheideneren Aufwand. Es genugt ein mit Wasser gefulltes Becherglas und die Explosion einer Glastrane in diesem Glas. Glastranen werden in den Fabriken durch Eintropfen flussigen Glases in Wasser hergestellt. Es sind rasch erstarrte feste Glastropfen mit großen inneren Spannungen (Abb. 213). Eine Glasträne

---

[1] Dieser Versuch erlautert zugleich die Lagerschmierung als eine „schlichte" Flussigkeitsströmung im Sinne des § 88.

ist gegen Schlag und Stoß sehr unempfindlich. Man kann getrost mit einem Hammer auf ihr herumklopfen. Hingegen vertragt sie keinerlei Beschadigungen ihres fadenformigen Schwanzes. Beim Abbrechen der Schwanzspitze zerfallt sie knallend in Splitter Man lasse eine Glastrane in dieser Weise in der geschlossenen Faust explodieren. Man fuhlt dann deutlich, aber ohne jeden Schmerz und Schaden, das Auseinanderfliegen der Bruchstucke Die Harmlosigkeit dieses Versuches in der Hand steht in uberraschendem Gegensatz zu der volligen Zerstorung des mit Wasser gefullten Becherglases

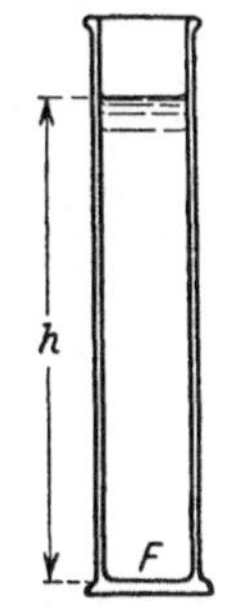

Abb. 214. Schweredruck einer Flussigkeit

§ 77. Druckverteilung im Schwerefeld und Auftrieb.

Gegeben ist ein zylindrisches, senkrecht stehendes Gefäß vom Querschnitt F (Abb. 214). Es ist bis zur Höhe h mit einer Flüssigkeit der Dichte ϱ gefüllt. Das Gewicht dieser Flüssigkeitssäule ist

$$\mathfrak{K}_2 = mg = Fh\varrho g. \qquad (151)$$

Gewicht durch Fläche gibt den am Gefaßboden herrschenden, allseitig gleichen Druck p

$$p = \frac{\mathfrak{K}_2}{F} = h\varrho g. \qquad (152)$$

Zahlenbeispiel fur Wasser: $h = 10^3$ m, $\varrho = 10^3$ kg/m³, $g = 9{,}81$ m/sec²; $p = 10^3$ m $\cdot$ 10^3 kg/m³ $\cdot$ 9,81 m/sec² $= 9{,}81 \cdot 10^6$ Großdyn/m² $= 100$ technische Atmospharen. — Dieser Druck preßt die unterste Wasserschicht erst um $^1/_2\%$ ihres Volumens zusammen (S. 122). Folglich darf man die Dichte ϱ in Gl. (152) mit sehr guter Naherung als von h unabhangig betrachten.

Gestalt und Querschnitt des Gefäßes gehen nicht in die Gleichung (152) ein. Das gilt ebenso für nichtzylindrische Gefäße beliebiger Gestalt. Das kann man leicht übersehen. Die Abb. 215 zeigt uns einen zylindrischen Holzklotz und auf ihm frei verschiebbar einen schraffiert gezeichneten durchbohrten Kegel. Das Gewicht dieses Kegels kann nicht unter der Bodenfläche des Zylinders zur Wirkung kommen. — Ganz analog liegt es im Fall eines trichterförmigen, mit Flüssigkeit gefüllten Gefäßes. Die Flüssigkeitsmoleküle sind frei gegeneinander verschiebbar, sie gleiten also auch längs der gedachten Grenzfläche. In ähnlicher Form läßt sich die Einflußlosigkeit der Gefäßform auch in allen anderen Fällen erweisen. So gelangt man zu dem wichtigen Satz: Maßgebend für den Schweredruck an irgendeinem Punkt einer Flüssigkeit ist stets nur der senkrechte Abstand h des Punktes von der Flüssigkeitsoberfläche. Quantitativ gilt die Gleichung (152).

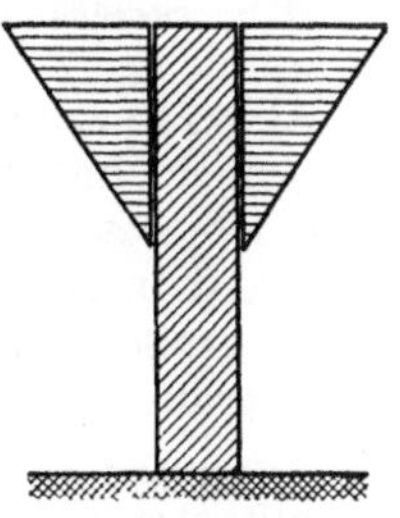

Abb. 215. Zum Bodendruck.

Von den vielen bekannten Anwendungen dieses Satzes erinnern wir an die allbekannten Flussigkeitsmanometer zur Messung von Gas- und Dampfdrucken. Die einfachste Ausführungsform besteht aus einem U-förmigen Glasrohr mit einer Flüssigkeit zweckmäßig gewählter Dichte (Abb. 216). Meist benutzt man Wasser oder Quecksilber als Sperrflussigkeit. Selbstverständlich lassen sich diese Manometer in den üblichen Druckeinheiten, wie Bar, Kilopond pro cm² usw. eichen. Doch begnügt man sich in der Regel mit der Angabe der Niveaudifferenz der Flussigkeit in den beiden Schenkeln. Man spricht beispielsweise von einem Druck von 10 cm Wassersäule usf. Die Umrechnungsfaktoren ergeben sich unmittelbar aus Gl. (152). Man muß nur die Dichte der benutzten Flüssigkeit kennen, Beispiele findet man auf S. 328.

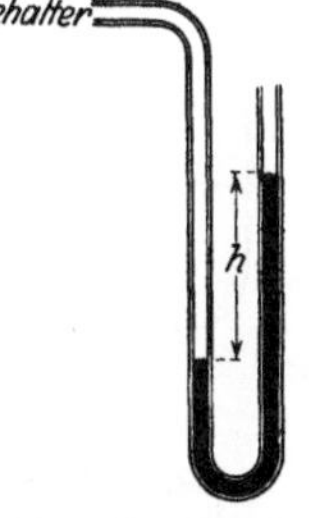

Abb. 216. Flussigkeitsmanometer

Die bekannteste Folgerung der Druckverteilung im Schwerefeld ist der statische Auftrieb von Körpern in einer Flüssigkeit. Wir betrachten den

Auftrieb eines in die Flüssigkeit eingetauchten Körpers. Er habe der Einfachheit halber die Form eines flachen Zylinders (Abb. 217). Der Druck der Flüssigkeit ist in allen Richtungen der gleiche. Das ist eine Folge der freien Verschieblichkeit aller Flüssigkeitsmoleküle. Folglich drückt gegen die untere Zylinderfläche F eine aufwärts gerichtete Kraft $\mathfrak{K}_1 = p_1 F = h_1 \varrho g F$, gegen die obere eine kleinere abwärts gerichtete Kraft $\mathfrak{K}_2 = p_2 F = h_2 \varrho g F$. Alle Kräfte gegen die Seitenfläche des Zylinders heben sich gegenseitig paarweise auf. Es verbleibt nur die Differenz der beiden Kräfte $\mathfrak{K}_1$ und $\mathfrak{K}_2$. Sie liefert eine aufwärts gerichtete, am Körper angreifende Kraft $\mathfrak{K}$. Man nennt sie den Auftrieb.

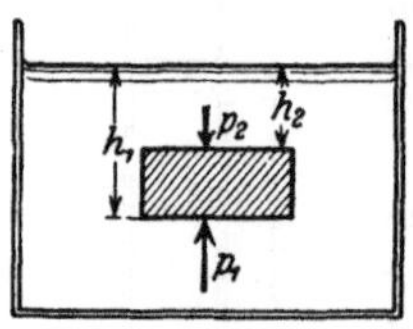

Abb. 217. Entstehung des Auftriebes.

$$\mathfrak{K} = \varrho g F (h_1 - h_2) . \tag{153}$$

Das rechts stehende Produkt ist nichts anderes als das Gewicht einer Flüssigkeit vom Volumen des eingetauchten Körpers. In dieser Weise finden wir allgemein:
Der Auftrieb eines eingetauchten festen Körpers ist gleich dem Gewicht des von ihm verdrängten Flüssigkeitsvolumens.

Abb. 218. Auftrieb in einer Stahlkugel-modellflüssigkeit.

Man kann mancherlei quantitative Versuche über den Auftrieb bringen. Statt dessen veranschaulichen wir die Entstehung des Auftriebes mit Hilfe unserer Modellflüssigkeit.

Die Abb. 218 zeigt uns im Schattenbild ein Glasgefäß mit Stahlkugeln. In diesen Stahlkugeln haben wir zuvor zwei große Kugeln vergraben, die eine aus Holz, die andere aus Stein. Wir ersetzen die fehlende Wärmebewegung unserer Modellflüssigkeit in bekannter Weise durch Schütteln. Sofort bringt der Auftrieb die beiden großen Kugeln an die Oberfläche. Sie „schwimmen", die Holzkugel hoch herausragend, die Steinkugel noch bis etwa zur Hälfte eintauchend.

Selbstverständlich kann man von diesem Versuch keine quantitative Nachprüfung des Auftriebes verlangen. Dazu ist der Ersatz der Warmebewegung durch Schütteln zu primitiv.

Das Gewicht eines Körpers und sein Auftrieb in einer Flüssigkeit wirken einander entgegen. Beim Überwiegen des Gewichtes sinkt der Körper in der Flüssigkeit zu Boden. Beim Überwiegen des Auftriebes steigt er zur Oberfläche. Den Übergang zwischen beiden Möglichkeiten vermittelt ein Sonderfall: Der Körper und die von ihm verdrängte Flüssigkeit haben gleich großes Gewicht. In diesem Sonderfall schwebt der Körper in beliebiger Höhenlage in der Flüssigkeit. Dieser Sonderfall läßt sich auf viele Weisen verwirklichen. Wir nennen als einziges Beispiel eine Bernsteinkugel in einer Zinksulfatlösung passend gewählter Konzentration.

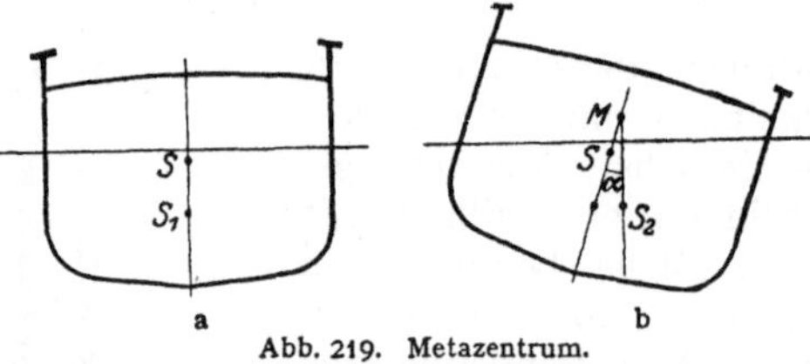

Abb. 219. Metazentrum.

Bei überwiegendem Auftrieb tritt ein Teil des Körpers aus der Flüssigkeitsoberfläche heraus. Der Körper kommt zur Ruhe, sobald das von ihm noch verdrängte Wasser das gleiche Gewicht wie er selbst hat. Dann spricht man vom Schwimmen eines Körpers. Für praktische Zwecke (Schiffe) ist eine Stabilität der Schwimmstellung von größter Wichtigkeit. Sie wird durch die Lage des Metazentrums bestimmt. Man denke sich in Abb. 219b einen Dampfer um den Winkel α aus seiner Ruhelage herausgedreht. S_2 sei der Schwerpunkt des in dieser Schräglage von ihm verdrängten Wasservolumens, also der Angriffspunkt des Auftriebes in dieser Schräglage. Durch diesen Punkt S_2 ziehen wir eine Vertikale. Ihr Schnittpunkt mit der punktierten Mittellinie des Dampfers heißt das Metazentrum. Dies Metazentrum darf bei keiner Schräglage unter den Schwerpunkt S des Dampfers geraten. Nur so richtet das Drehmoment des Auftriebs den Dampfer wieder auf. Nur mit einem Metazentrum oberhalb seines Schwerpunktes schwimmt ein Schiff stabil.

§ 78. Der Zusammenhalt der Flüssigkeiten, ihre Zerreißfestigkeit, spezifische Oberflächenarbeit und Oberflächenspannung. Die Modellflüssigkeit (Stahlkugeln) läßt bisher noch zwei allbekannte Eigenschaften wirklicher Flüssigkeiten vermissen. Die Moleküle einer wirklichen Flüssigkeit zeigen einen Zusammenhalt. Sie fahren beim Ausgießen nicht nach allen Richtungen auseinander, sondern sie ballen sich zu Tropfen von verschiedener Größe und Gestalt zusammen. Außerdem haften wirkliche Flüssigkeiten an festen Körpern. Dies Haften kann bis zu einer Benetzung führen: d. h. man kann die Flüssigkeit nicht vom festen Körper ablösen; ein Versuch führt nur zur Zerteilung der Flüssigkeit. Im Fall der Benetzung ist also der Zusammenhalt zwischen den Molekülen der Flüssigkeit und denen des festen Körpers größer als der Zusammenhalt zwischen den Molekülen der Flüssigkeit. — Diese Unzulänglichkeit der Modellflüssigkeit läßt sich beheben. Man braucht ihre Stahlkugelmoleküle nur in kleine Magnete zu verwandeln. Dann haften sie sowohl aneinander wie an den Wänden des eisernen Behälters.

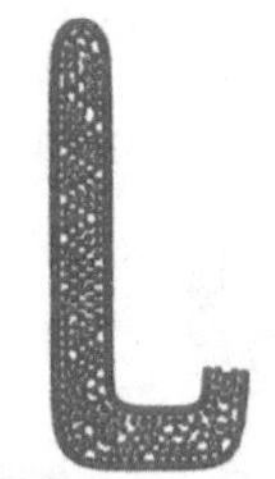

Abb. 220. Zerreißfestigkeit einer Modellflüssigkeit.

Die so vervollkommnete Modellflüssigkeit führt uns auf eine wichtige, aber aus der alltäglichen Erfahrung nicht bekannte Tatsache: Flüssigkeiten besitzen eine erhebliche Zerreißfestigkeit. Sie ist nicht wesentlich kleiner als die fester Körper!

Die Abb. 220 zeigt uns im Längsschnitt ein oben verschlossenes Eisenrohr, angefüllt mit der Modellflüssigkeit. Die magnetischen Moleküle haften an den Wänden. Sie bilden einen zusammenhängenden „Faden“. Dieser trägt sein eigenes Gewicht, hat also eine Zerreißfestigkeit. Darunter zeigt uns die Abb. 221 den gleichen Versuch mit einer wirklichen Flüssigkeit ausgeführt, und zwar einem Wasserfaden. Der weite Schenkel B ist luftleer gepumpt. Man kann auf diese Weise Wasserfäden von vielen Metern Länge aufhängen. Sie haben eine den Anfänger oft überraschende Zerreißfestigkeit. Man befestigt das lange Glasrohr zweckmäßig auf einem Brett. Man kann das Brett hart auf den Boden aufstoßen und so den Wasserfaden starken, nach unten ziehenden Trägheitskräften aussetzen. Oft reißt der Faden erst nach mehreren vergeblichen Versuchen.

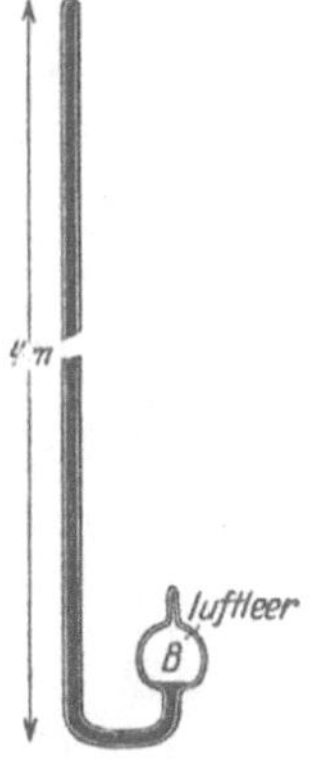

Abb. 221. Zerreißfestigkeit eines Wasserfadens. Das Wasser ist durch Auskochen im Vakuum luftfrei gemacht.

Für diesen Nachweis der Zerreißfestigkeit ist ein Punkt wesentlich: Die Flüssigkeitsmoleküle müssen fest an den Wänden des Rohres haften. Nur so kann man trotz ihrer freien Verschieblichkeit eine seitliche Einschnürung des Fadens, eine Taillenbildung, verhindern. Darum darf nicht einmal eine winzige Luftblase vorhanden sein. Sie würde sofort den Ausgangspunkt einer Einschnürung bilden.

Bei Wasser hat man eine Zerreißfestigkeit $Z_{max} = 0{,}34$ Kilopond/mm² erreicht, bei Äthyläther $Z_{max} = 0{,}7$ Kilopond/mm². Wahrscheinlich wird man durch eine Vervollkommnung der Versuchstechnik später erheblich höhere Werte finden. Auch hier werden bisher an den Gefäßwänden Fehlerquellen, ähnlich der Kerbwirkung in festen Körpern, mitwirken.

Bei den festen Körpern haben wir den grundsätzlichen Zusammenhang der Zerreißfestigkeit Z_{max} mit der spezifischen Oberflächenarbeit ζ behandelt, also mit dem Verhältnis

$$\zeta = \frac{\text{für einen Oberflachenzuwachs erforderliche Arbeit } \varDelta A}{\text{Größe } \varDelta F \text{ der neugebildeten Oberflache}} . \tag{146}$$

Leider ging dabei in Gl. (147) (S. 115) eine nur näherungsweise bekannte Größe ein, nämlich der Wirkungsbereich x der molekularen Anziehung. — Aus diesem Grunde haben wir schon bei den festen Körpern die spezifische Oberflächenarbeit auf einem von x unabhängigen Wege gemessen (Abb. 203). Das gleiche soll jetzt bei Flüssigkeiten geschehen.

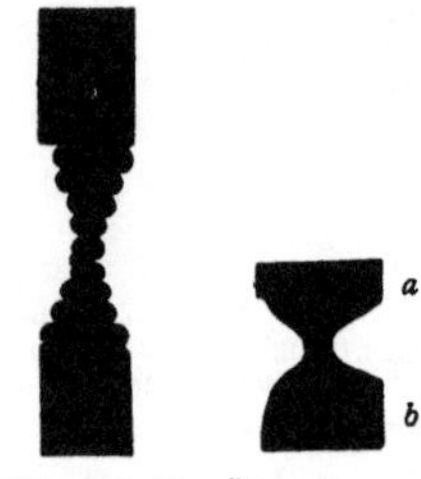

Abb. 222. Ein Öltropfen zwischen zwei Fingerspitzen a und b und Modellversuch dazu

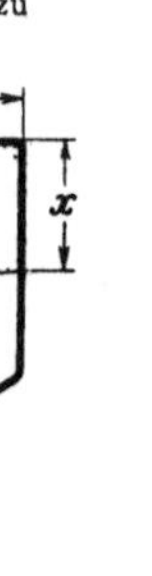

Abb 223. Eine Seifenlamelle im Gleichgewicht Zugleich Beispiel für eine „umkehrbare" Oberflächenarbeit (§ 137).

In Gl. (146) können $\varDelta F$ und $\varDelta A$ entweder beide positives oder beide negatives Vorzeichen besitzen. Ein positives Vorzeichen bedeutet eine Vergrößerung der Oberfläche; dann muß eine Kraft $\mathfrak{K}$ eine Arbeit leisten, und diese wird in der Oberfläche als potentielle Energie gespeichert. Negatives Vorzeichen bedeutet eine Verkleinerung der Oberfläche; dann läßt sich die zuvor gespeicherte Energie als Arbeit gewinnen und zur Erzeugung einer Kraft benutzen. Bei den festen Körpern haben wir nur den ersten Fall behandelt, zur Vorführung des zweiten braucht man hohe Temperaturen oder sehr lange Zeiten. Anders bei Flüssigkeiten: Die freie Verschieblichkeit ihrer Moleküle erlaubt es, beide Fälle bequem zu verwirklichen. Die Abb. 222 zeigt links einen Tropfen unserer magnetischen M······''·!:··-:gk··'' zwischen zwei „benetzten" Stahlkörpern a und b. Rechts sehen wir einen Öltropfen zwischen Fingerspitzen. Bei einer langsamen Abstandsvergrößerung entsteht eine Taille und die Flüssigkeitsoberfläche wird vergrößert. An der Modellflüssigkeit sieht man während des Versuches ständig neue Moleküle aus dem Innern des Tropfens in die oberste Moleküllage, die Oberfläche, eintreten.

Im Schattenwurf ausgezeichnet zu sehen. Man projiziere parallel der Breitseite des langsam zur Lamelle ausartenden Tropfens.

In Abb. 222 ist die zur Arbeitsleistung benötigte Kraft nicht konstant. Man kann jedoch die Kraft durch eine geschickte Form der benetzten Körper konstant machen. Ein Beispiel gibt die Abb. 223. Eine Flüssigkeitshaut (z. B. Seifenlösung) wird oben und seitlich von einem benetzten ∏-förmigen Bügel begrenzt, unten von einem an beiden Seiten mit Ösen geführten Draht. Dieser „Läufer" läßt sich bei richtiger Belastung (Kraft $\mathfrak{K}$) in jeder beliebigen Höhenlage einstellen. Durch eine Verschiebung um $\pm\varDelta x$ wird die Oberfläche $dF = \pm 2 \cdot l\,\varDelta x$ (vorn und hinten!) geschaffen und von $\mathfrak{K}$ die Arbeit

$$\pm\varDelta A = \pm\mathfrak{K} \cdot \varDelta x = \pm 2 \cdot \varDelta x \cdot l \cdot \zeta$$

geleistet. Der Weg $\pm\varDelta x$ hebt sich heraus. Es verbleibt

$$\mathfrak{K} = 2l \cdot \zeta . \tag{154}$$

Die Größe der Kraft $\mathfrak{K}$ ist also von $\varDelta x$, d. h. vom Betrage der schon erfolgten Dehnung, unabhängig. Dadurch unterscheidet sich eine Flüssigkeitsoberfläche sehr wesentlich von einer gespannten Gummihaut. Der beliebte Vergleich von

Oberfläche und Gummihaut darf also nur mit Vorsicht angewandt werden. — Eine Umstellung der Gl. (154) ergibt

$$\zeta = \frac{\text{zum Dehnen der Oberfläche erforderliche, ihr parallele Kraft } \mathfrak{K}}{\text{Länge } 2l \text{ der beweglichen Oberflächenbegrenzung}}$$

Aus diesem Grunde wird ζ oft als **Oberflächenspannung** bezeichnet. Für Flüssigkeiten sind beide Namen von ζ gleichberechtigt.

Bei Messungen von ζ stört die Reibung des Läufers in seinen seitlichen Führungen. Man benutzt deswegen besser statt einer ebenen eine **zylindrische Flüssigkeitshaut** (Abb. 224). Man läßt einen Ring mit **scharfer Schneide** in die Oberfläche der Flüssigkeit eintauchen. Bei langsamem Senken des Flüssigkeitsspiegels entsteht die zylindrische Haut, vergleichbar einem kurzen, dünnwandigen Rohr. Man mißt $\mathfrak{K}$ mit einer Waage. l ist gleich dem Ringumfang $2r\pi$. Die Tab. 5 gibt einige Zahlenwerte. Sie beziehen sich auf Oberflächen in Luft. Bei einer Begrenzung der Stoffe durch andere Stoffe sind die Werte von ζ kleiner. Daher wäre die Bezeichnung spezifische **Grenzflächenarbeit** oder **Grenzflächenspannung** besser als **Oberflächenarbeit** und **Oberflächenspannung**.

Abb. 224. Zur Messung der spezifischen Oberflächenarbeit mit Hilfe einer Schnekkenfederwaage. Zahlenbeispiel für Wasser. Ringdurchmesser 5 cm, Umfang $2l$ = 0,31 m; $\mathfrak{K}$ = 2,3 Pond = 2,24 $\cdot$ 10^{-2} Großdyn, ζ = 0 072 Wattsec/m².

Tabelle 5.

Stoff (in Luft)	Temperatur (Centigrad)	Spezifische Oberflächenarbeit oder Oberflächenspannung in Wattsec/m² oder Großdyn/meter (1 Großdyn = 0,102 Kilopond)
Quecksilber	18°	500
Wasser	0°	75,5
	20°	72,5
	80°	62,3
Glyzerin	18°	64
Rizinusöl	18°	36,4
Benzol	18°	29,2
Flüssige Luft	−190°	12
Flüssiger Wasserstoff .	−254°	2,5

Die Werte der dritten Spalte sind mit dem Faktor 10^{-3} zu multiplizieren.

Bei Benutzung der Einheiten Gramm und Zentimeter hat man den Faktor 10^{-3} fortzulassen, um die Oberflächenspannung in Dyn/cm zu erhalten.

Ohne äußere Eingriffe bilden Flüssigkeiten oft kugelförmige Oberflächen. Man denke an einen Hg-Tropfen oder an eine kleine Gasblase im Innern einer Flüssigkeit. In beiden Fällen, sowohl bei der vollen wie bei der hohlen Kugel, erzeugt die Oberflächenspannung im Innern der Kugel einen Druck:

$$\boxed{p = \frac{2\zeta}{r}.} \tag{156}$$

Herleitung: Der Radius r der Kugel vergrößere sich um den kleinen Betrag dr. Dann vergrößert sich die Kugeloberfläche um den Betrag $dF = 8\pi r\, dr$ und das Kugelvolumen um den Betrag $dV = 4\pi r^2\, dr$. Bei dieser Raumdehnung leistet der Druck die Arbeit

$$dA_1 = p \cdot dV = p \cdot 4\pi r^2\, dr. \tag{157}$$

Die Schaffung der neuen Oberfläche dF erfordert die Arbeit

$$dA_2 = dF \cdot \zeta = 8\pi r\, dr\, \zeta. \tag{158}$$

Gleichsetzen beider Arbeitsbeträge liefert die Gl. (156).

Die wichtige Gl. (156) wird oft streng und oft für Näherungen angewandt. Beispiele:

1. Ein Hg-Tropfen an der Grenze der mikroskopischen Sichtbarkeit hat einen Radius $r = 0,1\,\mu = 10^{-7}$ m. ζ ist für Hg $= 0,5$ Wattsec/m², also ist

$$p = \frac{2 \cdot 0,5 \text{ Wattsec/m}^2}{10^{-7} \text{ m}} = 10^7 \text{ Großdyn/m}^2 = 100 \text{ Atmosphären!}$$

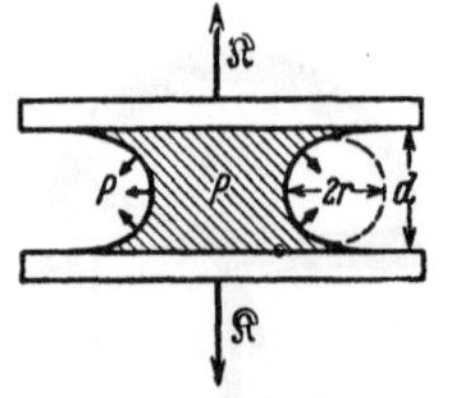

Abb. 225. Eine — absichtlich viel zu dick gezeichnete! — Wasserschicht zwischen zwei Glasplatten. [Zu Gl. (156).] Zahlenbeispiel: Benetzte Fläche $F = 10$ cm², $d = 0,2\,\mu$; $r = 10^{-7}$ m; $\zeta \approx 8 \cdot 10^{-2}$ Wattsec/m²; $p = 16$ Atm.; $\Re = 160$ Kilopond.

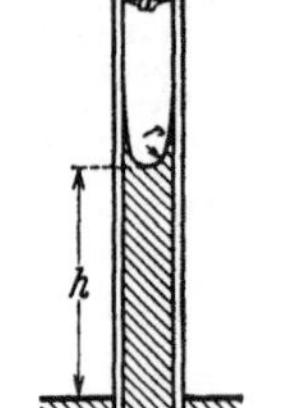

Abb. 226. Zur Anwendung der Gl. (156). „Kapillare Steighöhe" h. Rohrquerschnitt $= F$

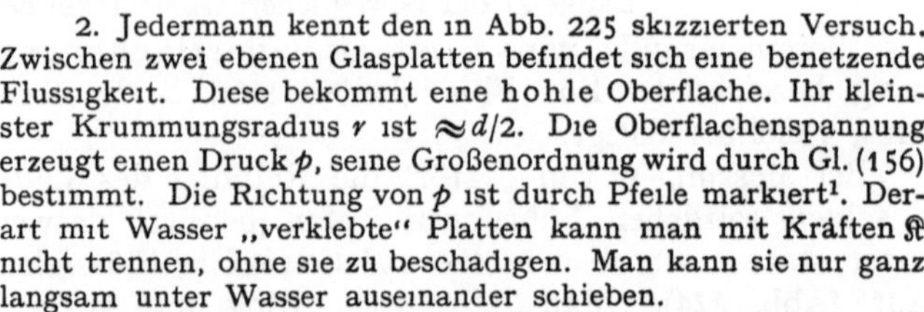

2. Jedermann kennt den in Abb. 225 skizzierten Versuch. Zwischen zwei ebenen Glasplatten befindet sich eine benetzende Flüssigkeit. Diese bekommt eine hohle Oberfläche. Ihr kleinster Krümmungsradius r ist $\approx d/2$. Die Oberflächenspannung erzeugt einen Druck p, seine Größenordnung wird durch Gl. (156) bestimmt. Die Richtung von p ist durch Pfeile markiert[1]. Derart mit Wasser „verklebte" Platten kann man mit Kräften $\Re$ nicht trennen, ohne sie zu beschädigen. Man kann sie nur ganz langsam unter Wasser auseinander schieben.

3. Eine benetzende Flüssigkeit wird in ein Kapillarrohr (Radius r) bis zur Höhe h hineingesaugt. — Deutung: Die Flüssigkeit hat oben eine hohle Oberfläche (Meniskus). Ihr kleinster Krümmungsradius ist $\approx r$. Also gibt der nach Gl. (156) berechnete Druck $p = 2\zeta/r$ eine aufwärts gerichtete Kraft $\Re_1 = F \cdot 2\zeta/r$. Ihr entgegengesetzt gleich muß das abwärts gerichtete Gewicht der Flüssigkeitssäule sein, also $\Re_2 = F \cdot h \cdot \varrho \cdot g$. Das Gleichgewicht beider Kräfte ergibt als „kapillare Steighöhe"

$$h = \frac{2\zeta}{r \varrho g}. \tag{159}$$

Bei einer nicht benetzenden Flüssigkeit, z. B. Hg in Glas, ist der Meniskus nach oben herausgewölbt. Folglich gibt der nach Gl. (156) entstehende Druck eine abwärts gerichtete Kraft. Ein in Hg getauchtes Rohr erzeugt in seinem Inneren eine „Kapillardepression" um die Höhe h. — Die Gl. (159) wird oft zur Messung von ζ benutzt, auch ist sie für das Saftsteigen in Pflanzen wichtig.

4. Große Trägheitskräfte vermögen im Inneren von Flüssigkeiten blasenförmige Hohlräume zu erzeugen. Dieser „Kavitation" genannte Vorgang findet sich z. B. hinter zu schnell laufenden Schiffspropellern. — Wasser hat eine Oberflächenspannung $\zeta \approx 0,08$ Wattsec/m². Folglich enthält jeder cm² Blasenoberfläche eine potentielle Energie von $8 \cdot 10^{-6}$ Wattsekunden. Der Druck p läßt die Blasen sehr rasch zusammenfallen und drängt die Energie ihrer Oberflächen auf den Bereich weniger Moleküle zusammen. Diese Energieanhäufungen wirken wie sehr große lokale Temperatursteigerungen. Infolgedessen wird der Schiffspropeller vom Wasser „zerfressen", er bekommt tiefe Löcher. — Eine Kavitation kann auch durch hochfrequente Schallwellen erzeugt werden. Die lokale Energieanhäufung kann dann kleine, in der Flüssigkeit schwimmende Lebewesen zerstören und gashaltiges Wasser zum Leuchten bringen.

Die Oberflächenspannung der Flüssigkeiten tritt in sehr mannigfacher Weise in Erscheinung. Aus der Fülle der Beispiele bringen wir noch eine ganz kleine Auswahl. In den beiden ersten erscheint uns die Flüssigkeitsoberfläche als leicht gespannte Hülle oder Haut.

1. Wasser vermag leicht eingefettete Körper nicht zu benetzen. Solche Körper können auf seiner Oberfläche wie auf einem lose gestopften Kissen, etwa einem Luftkissen, ruhen. Die Oberfläche zeigt eine deutliche Einbeulung. So kann man beispielsweise eine nicht ganz fettfreie Nähnadel ohne weiteres auf eine Wasserfläche legen und die Laufbeine des Wasserläufers nachahmen.

Unsere flüssigen Brennstoffe benetzen alle Körper. Infolgedessen findet man nie Staub auf ihrer Oberfläche.

2. Ein Überzug mit nicht benetzbarem Pulver (z. B. Lykopodium) schützt einen Finger beim Eintauchen in Wasser vor Benetzung. Die Flüssigkeitsoberfläche ist über die kleinen Staubteilchen in ähnlicher Weise weggespannt wie ein Zeltdach über die tragenden Stangen. Die zwischen den einzelnen Trägern „durchhängende" Flüssigkeitsoberfläche kann nirgends die Haut des Fingers erreichen.

---

[1] Das ist eine bequeme, aber laxe Ausdrucksweise. Nicht der Druck hat eine Richtung, sondern die dazugehörige Kraft.

In den weiteren Beispielen bewirkt die Oberflächenspannung die größte mit den Versuchsbedingungen verträgliche Verkleinerung der Flüssigkeitsoberfläche.

3. In ein flaches, mit angesäuertem Wasser gefülltes Uhrglas wird Hg in feinem Strahl eingeleitet. Das Hg bildet am Boden des Glases zunächst zahllose feine (Abb. 227) Tropfen von ca. 1 mm Durchmesser. Die gesamte Oberfläche des Hg ist also sehr groß. Doch tritt ruckweise eine Vereinigung der Tropfen ein. Bald hier, bald dort wird ein kleiner Tropfen von einem größeren aufgenommen. Die erforderlichen „Verbindungsbrücken" der Tropfen entstehen durch die statistischen Schwankungen der Wärmebewegung an den Grenzen. Nach wenigen Minuten ist nur noch ein einziger großer Hg-Tropfen vorhanden. Die Oberfläche des Hg hat sich unter der Einwirkung der Oberflächenspannung auf das erreichbare Minimum zusammengezogen. Es ist ein besonders lehrreicher Versuch.

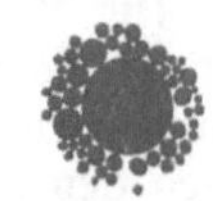

Abb. 227. Ein großer Quecksilbertropfen verschlingt alle kleineren in angesäuertem Wasser. Mark. 4.25.

4. Man wirft eine zusammengeknotete Fadenschleife auf eine Haut aus Seifenwasser. Man durchsticht sie irgendwo zwischen den Fäden, am besten mit einem in Alkohol getauchten Stab. Das von den Fäden umsäumte Loch ist kreisrund (Abb. 228). Auf diese Weise wird die größte, mit der Fadenlänge erzielbare Verkleinerung der Flüssigkeits-Oberfläche erreicht.

5. Man bestreut eine Wasseroberfläche mit einem nicht benetzbarem Pulver. Dann bringt man mit einer Nadel etwa in die Mitte der Fläche eine winzige Menge einer Fettsäure.

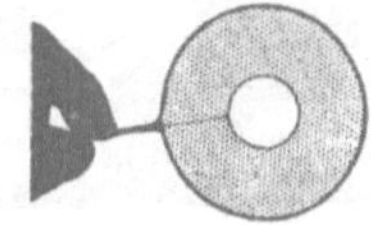

Abb. 228. Seifenlamelle mit Fadenring.

Sofort reißt die Oberfläche des Wassers auseinander, und es entsteht ein klarer, von Pulver freier kreisrunder Fleck. — Deutung: Die Oberflächenspannung des Wassers ist größer als die der Fettsäure. Folglich wird diese bis auf eine Schicht von Moleküldicke ausgezogen. N aufgebrachte Fettsäuremoleküle vom Querschnitt f bedecken die Kreisfläche $F = N \cdot f$. So kann man mit einer bekannten Molekülzahl N den Molekülquerschnitt f bestimmen. Der unscheinbare Versuch ist also höchst wichtig. — Für Messungen benutzt man eine rechteckig begrenzte Wasserfläche und ersetzt den Staub durch eine als Floß bewegliche Rechteckseite. (AGNES POCKELS 1891.)

6. Beim vierten Versuch wurde der Stab zum Durchstechen der Seifenlamelle mit Alkohol angefeuchtet. Das war ein erstes Beispiel für die starke Veränderung der Oberflächenspannung durch das Eindringen fremder Moleküle. Ein anderes Beispiel dieser Art zeigt uns ein Körnchen Kampfer auf Wasser. Die einzelnen Teile seiner Oberfläche gehen verschieden rasch in Lösung. Infolgedessen schwankt die Oberflächenspannung in verschiedenen Richtungen. Das Körnchen fährt tanzend auf der Wasserfläche herum. Derartige Bewegungsvorgänge spielen im Leben der Organismen eine wichtige Rolle. Wir nennen die Fortbewegung vieler kleiner Lebewesen und vor allem die Kontraktion der tierischen Muskeln.

7. Das „Ölen der See". Es verwandelt die „Brecher" mit den sich überschlagenden Schaumköpfen in glatte Dünungswogen. Für die dazu erforderliche Änderung der Oberflächenspannung braucht ein Schiff nur winzige Ölmengen in Form einzelner Tropfen auf die Meeresoberfläche gelangen zu lassen.

Bei Anwesenheit von Fremdmolekülen verlieren die Erscheinungen der Oberflächenspannung an Einfachheit. Die Oberflächenspannung wird „anomal". D. h. ihre Größe wird ähnlich der Spannung einer Gummimembran von der bereits erfolgten Vergrößerung der Oberfläche abhängig. Außerdem geht die Oberflächenvergrößerung unter Erwärmung vor sich. Es wird kinetische Energie als „Wärme" vernichtet. Diese zum Teil sehr interessanten Dinge gehören in die Wärmelehre.

§ 79. Gase und Dämpfe als Flüssigkeiten geringer Dichte ohne Oberfläche. Boyle-Mariottesches Gesetz.

Die Dichte ϱ von Gasen ist erheblich kleiner als die von Flüssigkeiten. Als Beispiel messen wir in Abb. 229 links für Zimmerluft $\varrho = 1{,}29\ \text{kg/m}^3$. Die Dichte von Zimmerluft ist also rund $^1/_{800}$ von der des Wassers.

Die Moleküle sind in einem Gas und in der zugehörigen Flüssigkeit dieselben. Folglich kann die kleine Dichte eines Gases lediglich durch große Abstände zwischen den einzelnen Molekülen entstehen. Für große Abstände zwischen den Molekülen in Gasen und Dämpfen sprechen fernerhin folgende Tatsachen:

1. Gase haben im Gegensatz zu Flüssigkeiten eine sehr große Zusammendrückbarkeit (Fahrradpumpe!). Infolgedessen wächst die Dichte der Gase mit steigendem Druck. Bei $p = 160$ Atm messen wir z. B. für Luft $\approx 200\ \text{kg/m}^3$, also etwa $^1/_5$ von der des Wassers (Abb. 229 rechts).

2. Die Brownsche Molekularbewegung ist in Gasen bei viel geringerer Vergrößerung zu beobachten als in Flüssigkeiten. Als sichtbare Staubpartikelchen nimmt man am einfachsten Tabaksqualm.

3. Die Moleküle eines Gases oder Dampfes fahren völlig zusammenhanglos nach allen Richtungen auseinander. Sie

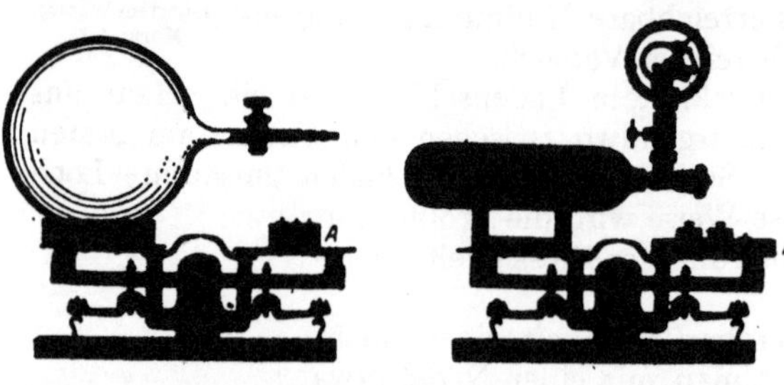

Abb 229 Messung der Luftdichte für zwei verschiedene Drucke. Linkes Bild: $p = 1$ Atm; der Glasballon mit $V = 7$ Liter wird luftleer gepumpt und die Waage ausgeglichen. Dann läßt man Zimmerluft einstromen. Um das Gleichgewicht wieder herzustellen, muß man rechts 9 Gramm auflegen. Also $\varrho = M/V = 9\ \text{g}/7\ \text{Liter} = 1{,}3\ \text{g/Liter}$. — Rechtes Bild: $p = 160$ Atm; Stahlflasche mit $V = 1$ Liter. Nach dem Ausstromen der Luft muß man rechts 205 Gramm abheben, also $\varrho = 205\ \text{g/Liter} = 0{,}205\ \text{kg/m}^3$. — $A = $ Ausgleichsklotz.

verteilen sich in jedem sich ihnen darbietenden Raum. Man denke an etwas im Zimmer ausströmendes Leuchtgas oder an die gasförmigen Duftstoffe unserer Parfüms. Im Gegensatz zu Flüssigkeiten ist in Gasen ohne verfeinerte Beobachtungen keinerlei Zusammenhalt der Moleküle mehr erkennbar. Auf jeden Fall kommt es bei Gasen nicht mehr zur Bildung einer Oberfläche. Die Anziehung zwischen den einzelnen Molekülen kommt offenbar bei großen Abständen nicht mehr zur vollen Wirkung.

Soweit die erste Übersicht. — Der Zusammenhang von Druck und Dichte, also von Druck, Masse und Volumen, ist für Gase eingehend untersucht worden (Abb. 229), und zwar bei sorgfältig konstant gehaltener Temperatur. Die Meßergebnisse führen in weiten Bereichen auf eine einfache Beziehung, das Boyle-Mariottesche Gesetz

$$\boxed{p = \frac{M}{V} \cdot \text{const}} \qquad (160)$$

In Worten: Der Druck p ist der Masse M des eingesperrten Gases direkt und dem Volumen V des Behälters umgekehrt proportional. Etwas kurzer sind zwei andere Schreibweisen

$$\boxed{p = \varrho \cdot \text{const}} \quad (160a) \qquad \text{und} \qquad \boxed{pV_s = \text{const}} \quad (160b)$$

($\varrho = M/V = $ Dichte und $V_s = V/M = $ spezifisches Volumen des Gases)

Das Boyle-Mariottesche Gesetz wird bei hinreichend hohen Temperaturen und hinreichend kleinen Drucken von allen in Gas- oder Dampfform befindlichen Stoffen mit guter und oft sogar sehr guter Näherung erfüllt. Das zeigen die in Abb. 230 zusammengestellten Beispiele: Das Produkt pV/M wird in weiten Bereichen von Druck und Temperatur durch horizontale, der Abszisse parallele Gerade dargestellt, ist also in diesen Bereichen vom Druck unabhängig. In diesen Bereichen von Druck und Temperatur nennt man die Stoffe „ideale Gase". Treten merkliche Abweichungen vom Boyle-Mariotteschen Gesetz auf, so spricht man von realen Gasen. Werden die Abweichungen groß, so spricht man von Dämpfen. Bei den alltäglichen Werten von Druck und Temperatur verhalten sich z. B. Luft, Wasserstoff, Edelgase usw. als ideale Gase; Kohlensäure, Chlor, Stickoxyd als reale Gase; Wasser, Benzol, Propan´ usw. als Dämpfe. Diese Unterscheidungen verlieren bei hinreichend tiefen Drucken und hinreichend hohen Temperaturen ihren Sinn: Bei ihnen verhalten sich alle Stoffe als ideale Gase. Das Boyle-Mariottesche Gesetz ist also ein typisches Grenzgesetz.

§ 80. Modell eines Gases. Der Gasdruck als Folge der Wärmebewegung.

Die obigen Tatsachen lassen sich gut durch ein Modellgas veranschaulichen. Das soll in diesem und den folgenden Paragraphen gezeigt werden. — Als Moleküle nehmen wir wieder die schon beim Flüssigkeitsmodell bewährten Stahlkugeln. Nur geben wir diesen Molekülen diesmal einen vielfach größeren Spielraum in einem weiten „Gasbehälter". Es ist ein flacher Kasten mit großen Glasfenstern (Abb. 231). Außerdem sorgen wie diesmal für eine gleichmäßige, lebhafte „Wärmebewegung". Diese erzeugen wir durch einen vibrierenden Stahlstempel A. Er bildet den einen Seitenabschluß des Gasbehälters. Eine zweite Seitenwand B ist als leicht verschiebbarer Stempel ausgestaltet. Er bildet zusammen mit einer Schubstange und einer Schraubenfeder den Druckmesser I.

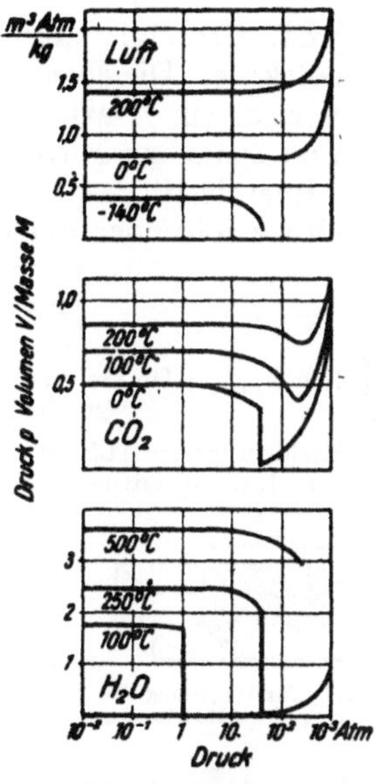

Abb. 230 Die horizontal verlaufenden geradlinigen Kurvenstücke geben Beispiele für den Gültigkeitsbereich des Boyle-Mariotteschen Gesetzes idealer Gase. Die außerhalb dieser Bereiche auftretenden Abweichungen werden erst in §155 behandelt. Die vertikalen Kurvenstücke treten auf, wenn ein Teil des Gases oder Dampfes flüssig wird

Beim Betrieb des Apparates schwirren alle Stahlkugelmoleküle in lebhafter Bewegung hin und her. Die Moleküle stoßen fortgesetzt mit ihresgleichen oder mit einer der Wände zusammen. Diese Stöße erfolgen elastisch. Jedes „Molekül" wechselt fortgesetzt Größe und Richtung seiner Geschwindigkeit. Wir haben das Bild einer wahrhaft „ungeordneten" Wärmebewegung.

Diese Wärmebewegung erzeugt einen Druck des Modellgases gegen die Behälterwände.

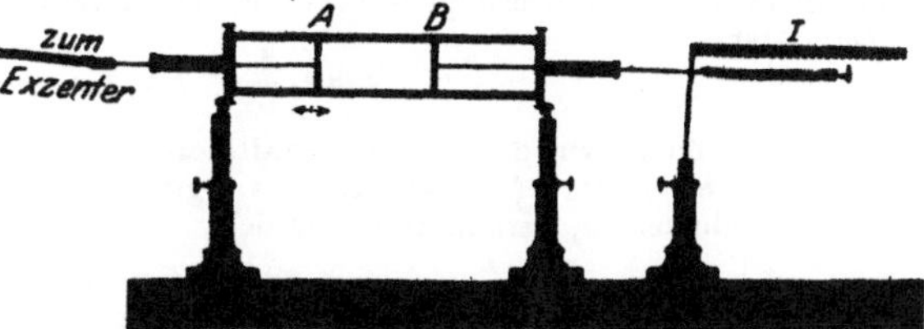

Abb 231 Gasbehälter für ein Modellgas aus Stahlkugeln Die Kugeln werden zwischen A und B eingefüllt B ist der Kolben des Druckmessers I (vgl Abb 208)

Wir stellen diesen Druck zunächst einmal experimentell mit Hilfe des Druckmessers I fest. Dieser Druck eines Gases gegen die Gefäßwände kommt also in anderer Weise zustande als der einer Flüssigkeit. Bei einer Flüssigkeit entsteht der Druck gegen die Wände entweder durch das Gewicht der Flüssigkeit (Schweredruck) oder durch das Eintreiben eines Stempels in einen abgeschlossenen Flüssigkeitsbehälter (Stempeldruck). Von einem von der Wärmebewegung herrührenden Druck gegen die Gefäßwände war bei den Flüssigkeiten keine Rede. Hier zeigen uns Gase und Dämpfe eine durchaus neue, durch den Fortfall des Zusammenhaltes und der Oberfläche bedingte Erscheinung.

Die Entstehung des Gasdruckes p als Folge der Wärmebewegung ist qualitativ sogleich zu übersehen. Die Moleküle prasseln fortgesetzt gegen die Wände. Jede Reflexion eines Moleküles bedeutet einen Kraftstoß ($\int \Re\, dt$) gegen die getroffene Wand. Die Gesamtheit dieser Stöße wirkt wie eine dauernd angreifende Kraft der Größe $p \cdot F$ (F = Fläche der Wand).

§ 81. Grundgleichung der kinetischen Gastheorie. Geschwindigkeit der Gasmoleküle.

Die eben geschilderte Entstehung des Gasdruckes läßt sich quantitativ erfassen. Dazu bedarf es nur einer Voraussetzung: Alle n Moleküle sollen im zeitlichen Mittel die gleiche, vom Behältervolumen unabhängige kinetische Energie $W_{\mathrm{kin}} = \tfrac{1}{2} m u^2$ besitzen. Dann gelangt man mit kurzer, gleich in Kleindruck folgender Rechnung zur Grundgleichung der kinetischen Gastheorie

$$\boxed{p = \frac{1}{3}\,\varrho\,\overline{u^2}} \qquad \text{oder} \qquad \boxed{p = \frac{1}{3}\frac{\overline{u^2}}{V_s}} \tag{165}$$

(p = Druck, ϱ = Dichte und V_s = spezifisches Volumen des Gases, $\overline{u^2}$ = Mittelwert des Quadrates der Geschwindigkeit der Moleküle).

Herleitung: In Abb 232 soll der Gasbehälter in seinem Volumen V insgesamt n Moleküle der Masse m enthalten Also ist die Dichte des in ihm eingeschlossenen Modellgases

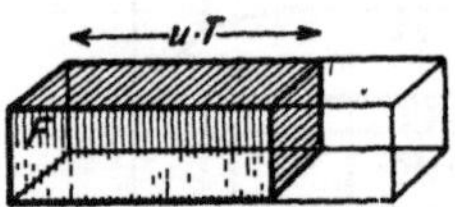

Abb. 232. Zur Herleitung des Gasdruckes eines Modellgases.

$$\varrho = \frac{n \cdot m}{V} = \frac{M}{V}\,. \tag{161}$$

Wir wollen den Druck gegen die linke Seitenwand des Behälters (Fläche F) berechnen. Ein Molekul der Geschwindigkeit u_1 durchläuft in der Zeit t einen Weg $s = u_1 t$ Infolgedessen können innerhalb der Zeit t nur solche Moleküle die linke Seitenwand erreichen, die sich innerhalb des schraffierten Behälterabschnittes vom Volumen $F s = F u_1 t$ befinden. Im ganzen Volumen befinden sich n_1-Moleküle mit der Geschwindigkeit u_1, folglich in dem kleineren schraffierten Teile nur eine Anzahl $F u_1 t n_1/V$. Die Moleküle fliegen ungeordnet. Sie bevorzugen keine der 6 Richtungen des Raumes. Daher fliegt nur $^1/_6$ von ihnen in die nach F weisende Richtung. Folglich werden von den Molekulen des schraffierten Bereiches innerhalb der Zeit t nur $^1/_6$ auf die Fläche F aufprasseln, also $\dfrac{1}{6}\dfrac{n_1}{V} F u_1 t$ Moleküle.

Zur Vereinfachung der Rechnung sollen diese Moleküle senkrecht auf die Wand auftreffen. Dann erteilt jedes einzelne dieser Moleküle der Wand einen Kraftstoß $\int \Re_1\, dt = 2\, m u_1$ (S. 56), denn der Anprall erfolgt elastisch. Die Summe aller dieser Kraftstöße innerhalb der Zeit t ist

$$2\, m u_1 \frac{1}{6}\frac{n_1}{V} F u_1 t = \frac{1}{3}\frac{n_1 m}{V} F u_1^2 t. \tag{162}$$

Diese Summe können wir durch einen Kraftstoß $\Re_1' \cdot t$ ersetzen, der während der Zeit t mit der konstanten Kraft $\Re_1'$ wirkt. Daraus ergibt sich für den von den n_1 Molekulen mit der Geschwindigkeit u_1 herrührenden Druck

$$p_1 = \frac{\Re_1'}{F} = \frac{1}{3}\frac{n_1 m}{V}\, u_1^2\,.$$

Entsprechende Werte finden wir für den Druck p_2 der n_2-Moleküle mit der Geschwindigkeit u_2 und so fort. Schließlich addieren wir die Teildrucke $p_1, p_2, p_3 \ldots$ der $n_1, n_2, n_3 \ldots$ Moleküle mit den Geschwindigkeiten $u_1, u_2, u_3 \ldots$ Wir setzen $p = p_1 + p_2 + p_3 \ldots$ und $n = n_1 + n_2 + n_3 \ldots$ und bezeichnen mit $\overline{u^2}$ das arithmetische Mittel der Geschwindigkeitsquadrate, also $\overline{u^2} = (n_1 u_1^2 + n_2 u_2^2 + n_3 u_3^2 + \cdots)/n$.

Dann erhalten wir

$$p = \frac{1}{3}\frac{n\, m}{V}\,\overline{u^2}\,. \tag{164}$$

Laut Voraussetzung soll die kinetische Energie eines Molekules im zeitlichen Mittel konstant sein und folglich auch u^2, der Mittelwert des Geschwindigkeitsquadrates. Ferner ist $nm = M$, d. h. gleich der Masse des eingesperrten Gases und $nm/V = M/V = \varrho$, also gleich der Dichte des Gases. Somit ergibt sich aus (164)

$$\boxed{p = \varrho \text{ const}} \tag{160}$$

D h. das einfache Modell führt quantitativ auf das Boyle-Mariottesche Gesetz! Die Konstante folgt ebenfalls aus Gl. (164), man erhält die obenstehende Gl. (165) (A. K. KRÖNIG, 1856, Gymnasiallehrer in Berlin).

Die Gleichung (165) ermöglicht es, die Geschwindigkeit u der Gasmoleküle aus zusammengehörigen Werten von Druck p und Dichte ϱ zu berechnen. Für Zimmerluft gilt z. B.

$$p = 1 \text{ phys. Atm} \approx 10^5 \text{ Großdyn/m}^2; \quad \varrho = 1{,}3 \text{ kg/m}^3.$$

Einsetzen dieser Werte in Gl. (165) ergibt als Geschwindigkeit u der Luftmoleküle bei Zimmertemperatur $u = 480$ m/sec. Ebenso finden wir für Wasserstoff von Zimmertemperatur eine Molekulargeschwindigkeit $u \approx 2$ km/sec. Der Größenordnung nach ist diese Rechnung sicher einwandfrei. Selbstverständlich ergibt sie Mittelwerte. Die wahren Geschwindigkeiten der Moleküle gruppieren sich in weitem Spielraum um sie herum (Näheres in § 147).

§ 82. Die Lufthülle der Erde. Der Luftdruck in Schauversuchen. Die Luft verteilt sich ebenso wie unser Modellgas in jedem sich ihr darbietenden Raum. Ihr fehlt der durch eine Oberfläche gegebene Zusammenhang. Wie kann da unserer Erde die Lufthülle, die Atmosphäre, erhalten bleiben? Warum fahren die Luftmoleküle nicht in den Weltenraum hinaus? — Antwort: Wie alle Körper werden auch die Luftmoleküle durch ihr Gewicht zum Erdmittelpunkt hingezogen. Für jedes Luftmolekül gilt das gleiche wie für ein Geschoß (S. 45): Zum Verlassen der Erde ist eine Geschwindigkeit von mindestens 11,2 km/sec erforderlich. Die mittlere Geschwindigkeit der Luftmoleküle bleibt weit hinter diesem Grenzwert von 11,2 km/sec zurück. Infolgedessen wird die ganz überwiegende Mehrzahl aller Luftmoleküle durch ihr Gewicht an die Erde gefesselt.

Ohne ihre Wärmebewegung würden sämtliche Luftmoleküle wie Steine auf die Erde herunterfallen[1] und — beiläufig erwähnt — auf dem Boden eine Schicht von rund 10 m Dicke bilden. Ohne ihr Gewicht würden sie die Erde sofort auf Nimmerwiedersehen verlassen. Der Wettstreit zwischen Wärmebewegung und Gewicht erhält jedoch die Luftmoleküle schwebend und führt zur Ausbildung der freien Lufthülle, der Atmosphäre. Die feste Erdoberfläche verhindert ihre Annäherung an den Erdmittelpunkt. Folglich hat die Erdoberfläche das volle Gewicht der in der Atmosphäre enthaltenen Luft zu tragen. Das Verhältnis Gewicht durch Bodenfläche gibt den normalen Luftdruck von „einer physikalischen Atmosphäre" oder „76 cm Hg-Säule".

„Wir Menschen führen ein Tiefseeleben auf dem Boden des riesigen Luftozeans." Heutigentags weiß das jedes Schulkind. Die vor wenigen Jahrhunderten sensationellen Versuche zum Nachweis eines „Luftdrucks" gehören heute zur elementarsten Schulphysik. Trotzdem beschreiben wir aus historischer Pietät noch einen klassischen Schauversuch. Der Magdeburger Bürgermeister OTTO VON GUERICKE[2] (1602—1686) hat zwei kupferne Halbkugeln von 42 cm Durch-

---

[1] In dem S. 137 gezeigten Modellversuch leicht vorführbar.

[2] Ein guter Auszug aus seinem Hauptwerk „Nova experimenta (ut vocantur) Magdeburgica" ist 1912 im Verlage von R. Voigtländer-Leipzig in deutscher Übersetzung erschienen. Kein angehender Physiker sollte die Lektüre dieses Buches versäumen. Die Experimentierkunst GUERICKES und seine einfachste Klarheit erstrebende Darstellungsweise sind vorbildlich.

messer mit einer gefetteten Lederdichtung aufeinander gesetzt und die Luft durch einen Ansatzstutzen herausgesaugt. Dann preßte der Luftdruck die Halbkugeln fest aufeinander. Wir berechnen die Kraft als Produkt von Kugelquer-

Abb. 233. Zwei Magdeburger Halbkugeln werden von 8 (nicht 16!) Pferden auseinandergerissen.

schnitt ($F \approx 1400$ cm^2) und Luftdruck ($p \approx 1$ Kilopond/cm^2) zu 1400 Kilopond. Daher brauchte GUERICKE 8 Pferde, um die Halbkugeln voneinander zu trennen. Der in Abb. 233 stark verkleinert abgedruckte Holzschnitt zeigt eine Vorführung dieses berühmten Versuches. Das Bild zeigt uns sogar 16 statt 8 Pferde. Das war natürlich ein auf Laienzuschauer berechneter Bluff. 8 der Pferde hätten sich sehr gut durch eine feste Wand ersetzen lassen. Denn schon damals war Kraft = Gegenkraft.

Heutigentags führen die Magdeburger Halbkugeln in einer Kümmerform ein bescheidenes, aber nützliches Dasein. Es sind die bekannten, aus Glastopf, Gummiring und Glasdeckel bestehenden Einmachegläser. Man macht sie nicht mit einer Pumpe luftleer, sondern verdrängt die Luft durch heißen Wasserdampf (anaerobe Bakterien!). Nach Abkühlung und Kondensation des Wasserdampfes entsteht ein „Vakuum".

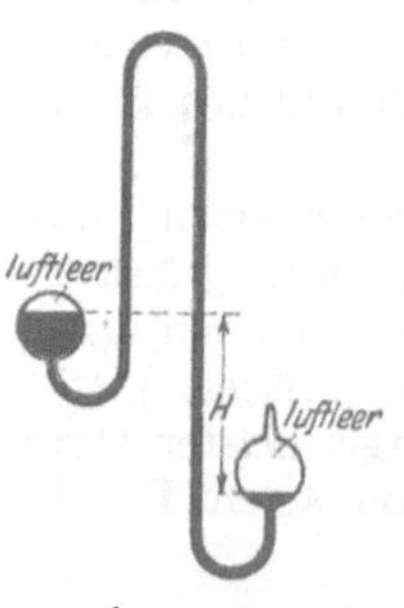

Abb. 234. Kettenheber.

Im Elementarunterricht führt man häufig den bekannten „Flüssigkeitsheber" als eine Wirkung des Luftdruckes vor. Das ist jedoch nur sehr bedingt zutreffend. Das Prinzip des Hebers hat nichts mit dem Luftdruck zu tun. Es wird durch die Abb. 234 erläutert. Eine Kette hängt über einer reibungslosen Rolle. Beide Enden liegen zusammengerollt in je einem Glas. Beim Heben und Senken eines der Gläser läuft die Kette jedesmal in das tiefer gelegene herab. Sie wird durch das Gewicht des überhängenden Endes H gezogen.

Genau das gleiche gilt für Flüssigkeiten. Denn auch Flüssigkeiten haben ebenso wie feste Körper eine Zerreißfestigkeit (S. 125). Nur muß die Flüssigkeit hinreichend frei von Gasblasen sein. Infolgedessen läuft ein Wasserheber ganz einwandfrei im Vakuum. Ein solcher Vakuumheber ist in Abb. 235 dargestellt. Das überhängende Ende des Wasserfadens ist durch die Länge H markiert. Grundsätzlich arbeitet also auch ein Flüssigkeitsheber vollständig ohne den Luftdruck.

Abb. 235. Ein Flüssigkeitsheber läuft im Vakuum.

Die Flüssigkeiten im täglichen Leben, vor allem also Wasser, sind aber nie frei von kleinen Luftblasen. Diese setzen die Zerreißfestigkeit des Wassers stark herab. Das haben wir in § 78 ausgiebig gezeigt. Infolgedessen reißen bei gewöhnlichem lufthaltigen Wasser die Wasserfäden auseinander. Diese Schwierigkeit läßt sich auf mannigfache Weise vermeiden. Am einfachsten belastet man die beiden Wasserspiegel mit dem Druck· der Erd-Atmosphäre. Der Luftdruck spielt also beim Flüssigkeitsheber nur eine ganz nebensächliche Rolle. Er verhindert die in lufthaltigen Flüssigkeitsfäden leicht auftretende Blasenbildung und verhindert so das Abreißen der Flüssigkeitsfäden.

Anders der Gasheber. Gase haben keine Zerreißfestigkeit. Im Gegensatz zu Flüssigkeiten können Gase für sich allein nie einen Faden bilden. Darum können Gasheber nicht im Vakuum arbeiten. Die Abb. 236 zeigt uns einen Gasheber im Betrieb. Er läßt das unsichtbare Gas Kohlensäure durch einen Schlauchheber aus dem oberen in das untere Becherglas überströmen. Die Ankunft des Gases im unteren Becherglas wird mittels einer Kerzenflamme sichtbar gemacht. Die Kohlensäure bringt die Flamme zum Verlöschen.

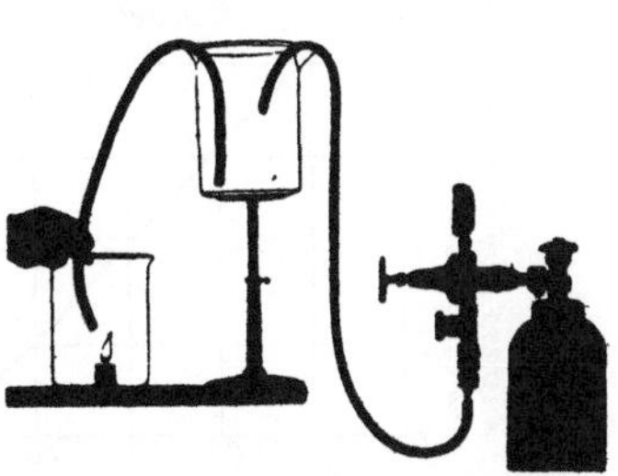

Abb. 236. Gasheber. Rechts Kohlensäurebombe mit Reduzierventil- und Schlauchleitung zum Füllen des Becherglases.

Mit dem Gasheber berühren wir eine bei vielen Schauversuchen nützliche Hilfsrolle unserer Atmosphäre: Gase haben keine Oberfläche, aber die Anwesenheit der Atmosphäre schafft uns einen gewissen Ersatz! An die Stelle der fehlenden Oberfläche tritt die Diffusionsgrenze des Gases oder Dampfes gegen die umgebende Luft. Infolgedessen können wir beispielsweise Ätherdampf ebenso handhaben wie eine Flüssigkeit. Wir neigen eine etwas Schwefeläther enthaltende Flasche. An ein Auslaufen der Flüssigkeit ist noch nicht zu denken.

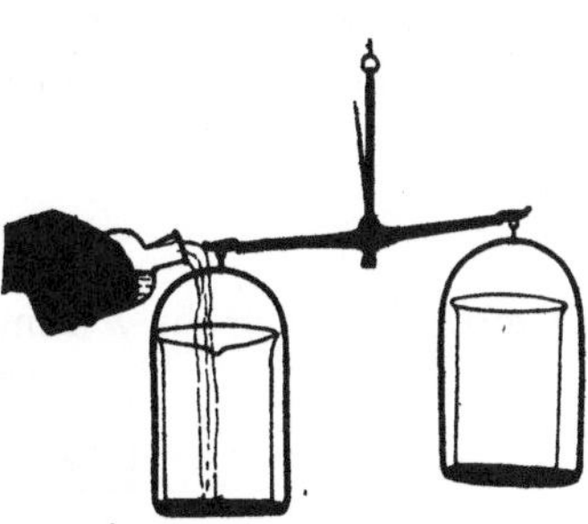

Abb. 237. Ein Strahl von Ätherdampf.

Wohl aber sehen wir den Ätherdampf wie einen Flüssigkeitsstrahl aus der Flasche abfließen. Der Strahl ist besonders gut im Schattenwurf sichtbar.

Wir können diesen Ätherdampf mit einem Becherglas auf einer ausgeglichenen Waage auffangen (Abb. 237). Das Becherglas füllt sich, und die Waage schlägt im Sinne von „schwer" aus. Denn Ätherdampf hat ein größeres spezifisches Gewicht als die aus dem Becher verdrängte Luft. Nach Schluß des Versuches entleeren wir das Gefäß durch Umkippen. Wieder sehen wir den Ätherdampf wie einen breiten Flüssigkeitsstrahl auslaufen und zu Boden fallen.

§ 83. Druckverteilung der Gase im Schwerefeld. Barometerformel.

Bisher haben wir nur den Luftdruck am Erdboden behandelt. Er ist, von geringen Änderungen mit der Wetterlage abgesehen, praktisch konstant gleich rund 1 Kilopond/cm². Er ist ebenso groß wie der Wasserdruck am Boden eines Teiches von rund 10 m Wassertiefe.

In jeder Flüssigkeit nimmt der Druck beim Übergang vom Boden zu höheren Schichten ab. Bei Flüssigkeiten erfolgt diese Druckabnahme linear. In Wasser sinkt der Druck beispielsweise je Meter Anstieg um je $^1/_{10}$ Atmosphäre, vgl. Abb. 238. Grund: Die unteren Schichten werden nicht merklich durch das Gewicht der auf ihnen lastenden oberen Schichten zusammengedrückt. Daher liefert jede Wasserschicht der Dicke dh einen gleichen Beitrag $dp = dh \varrho g$ zum Gesamtdruck. Ganz anders in Gasen. Gase sind stark zusammendrückbar. Die unteren Schichten werden durch das Gewicht der oberen zusammengedrückt.

Die Dichte ϱ jeder einzelnen Schicht ist dem in ihr herrschenden Druck p proportional. Wir haben

$$\frac{\varrho}{\varrho_0} = \frac{p}{p_0} \quad \text{oder} \quad \varrho = \varrho_0 \frac{p}{p_0}. \tag{166}$$

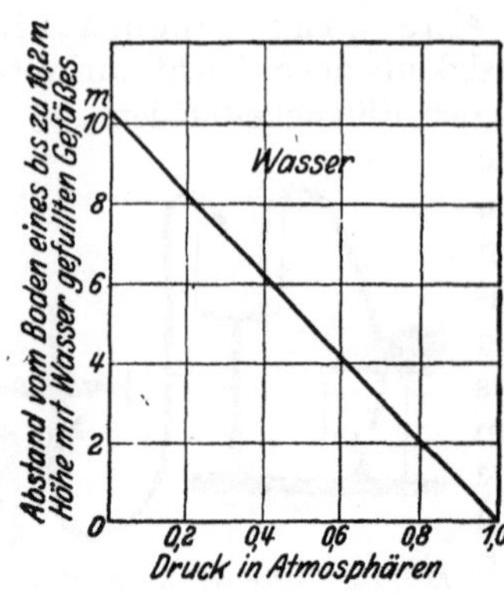

Abb. 238. Druckverteilung im Wasser.

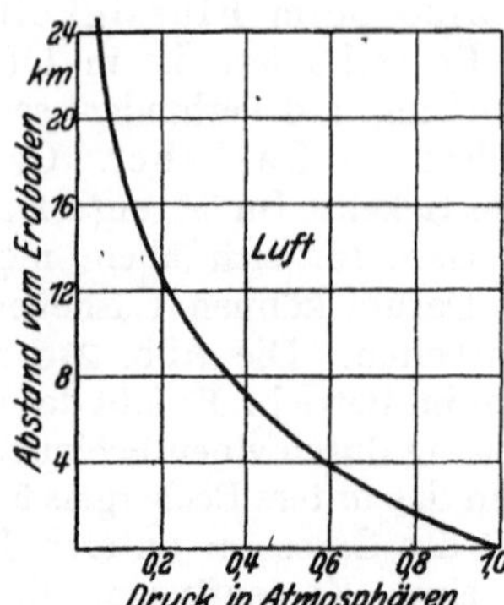

Abb 239. Druckverteilung in Luft.

Dabei ist ϱ_0 die Dichte des Gases für den normalen Luftdruck p_0. Demnach ist der Druckbeitrag jeder einzelnen Gasschicht der lotrecht gemessenen Dicke dh

$$dp = dh\,\varrho_0 \frac{p}{p_0}\, g. \tag{167}$$

$$g = 9{,}81 \text{ m/sec}^2.$$

Das gibt bis zur Höhe h summiert

$$p_h = p_0 e^{-\frac{\varrho_0 g h}{p_0}} = p_0 e^{-\text{const}\cdot h} \tag{168}$$

    Durch Einsetzen der für eine Temperatur von 0°C geltenden Zahlenwerte erhält man für den Luftdruck in h km Höhe

$$p_h = p_0 e^{-0{,}127\,h/km}. \tag{168a}$$

(Als Dimension der Konstanten ist [km^{-1}] gewählt. Folglich muß man hier h in km messen, p_h und p_0 in beliebigen, aber gleichen Druckeinheiten)

Diese „Barometerformel" ist graphisch in Abb. 239 dargestellt. Es ist ein Gegenstück zu der in Abb. 238 dargestellten Verteilung des Schweredrucks in Wasser.

    Den Sinn dieser „Barometerformel" erlaubt unser Modellgas mit Stahlkugeln sehr anschaulich klarzumachen. Zu diesem Zweck stellen wir den aus Abb. 230 bekannten Apparat lotrecht und betrachten ihn in intermittierendem Licht. Man erhält dann auf dem Projektionsschirm wechselnde Momentbilder der in Abb. 240 wiedergegebenen Art. Man sieht in den untersten Schichten eine Häufung der Moleküle und eine rasche Abnahme beim Anstieg nach oben. Man sieht den Wettstreit zwischen Gewicht und Wärmebewegung. Schon 2 m oberhalb des vibrierenden Stempels sind Moleküle recht selten. Bis zu 3 m Höhe (auf dem Wandschirm!) verirrt sich nur noch ganz vereinzelt ein Molekül. Unsere „künstliche Atmosphäre" endet nach oben ohne angebbare Grenze.

    Ganz entsprechend haben wir uns die Verhältnisse in unserer Erdatmosphäre zu denken. Nur ist die Höhenausdehnung erheblich größer. Eine obere Grenze der Atmosphäre kann man ebensowenig wie für unsere künstliche Atmosphäre angeben. 5,4 km über dem Erdboden ist die Dichte der Luft auf rund die Hälfte gesunken ($e^{-0,69} = 0,5$), in rund 11 km auf $^1/_4$ usw. (Abb. 239). Aber selbst in mehreren 100 km oberhalb des Erdbodens treiben sich noch immer Gasmoleküle unserer Atmosphäre herum. Denn noch in diesen Höhen beobachtet man das Aufleuchten von Meteoren. Diese geraten beim Eindringen in die Atmosphäre ins Glühen (Reibung!). Auch Nordlichter werden schon· in ähnlichen

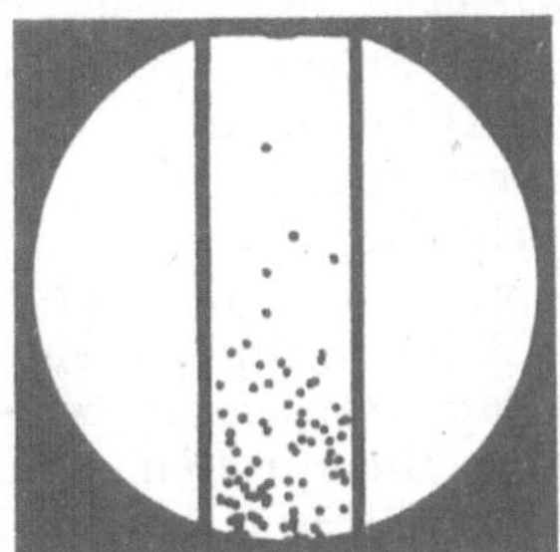 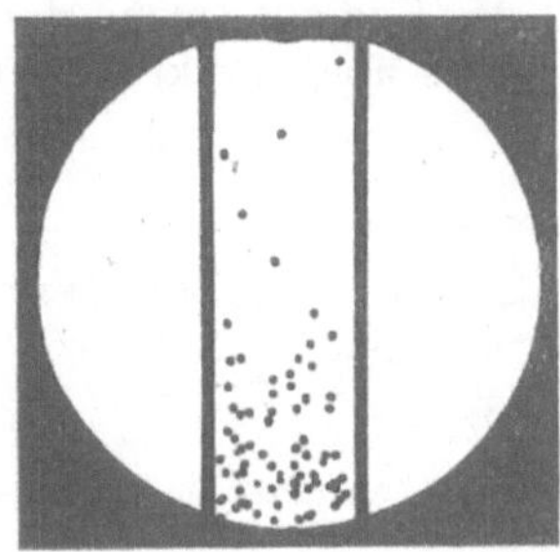

Abb. 240. Zwei Momentbilder eines Stahlkugelmodellgases zur Veranschaulichung der Barometerformel. Belichtungszeit je $8 \cdot 10^{-4}$ Sekunden.

Höhen gefunden. Sie entstehen durch das Eindringen elektrischer Korpuskularstrahlen in unsere Atmosphäre.

Zum Schluß fügen wir unserer künstlichen Atmosphäre noch einige größere Körper, z. B. Holzsplitter, hinzu. Sie markieren uns Staub in der Luft. Wir sehen den Staub in lebhafter „Brownscher Molekularbewegung" herumtanzen. Doch treibt er sich stets nahe dem „Erdboden" herum. Denn das Gewicht eines Holzteilchens ist viel größer als das eines Stahlkugelmoleküls. (Der Staub verhält sich wie ein Gas von hohem Molekulargewicht, § 151.)

§ 84. Der statische Auftrieb in Gasen. Nach den Ergebnissen des vorigen Paragraphen nimmt wie in Flüssigkeiten auch in Gasen der Druck im Schwerefeld nach oben hin ab.

Daher gibt es auch in Gasen einen „Auftrieb". Als Beispiel wollen wir uns die Wirkungsweise des Freiballons klar machen. Ein solcher Ballon ist in Abb. 241 schematisch gezeichnet.

Formal kann man wiederum den S. 124 hergeleiteten Satz anwenden: Der Auftrieb des Ballons ist gleich dem Gewicht der von ihm verdrängten Luft. Doch macht man sich zweckmäßig die Druckverteilung im Innern der Ballonhülle klar. Dadurch gewinnt auch hier der Vorgang an Anschaulichkeit.

Ein Freiballon ist unten offen. An der Grenzschicht von Luft und Füllgas herrscht keine Druckdifferenz. Selbstverständlich ist diese Grenze nicht ganz scharf. Sie ist zwischen zwei Gasen ja lediglich eine Diffusionsgrenze. Die wirksame Druckdifferenz läßt sich in der oberen Ballonhälfte beobachten. Dort ist der Druck des Füllgases an der Innenfläche der Hülle größer als der Druck der Luft an deren Außenfläche. Dort bringt man auch das Entleerungsventil des Ballons an (a in Abb. 241).

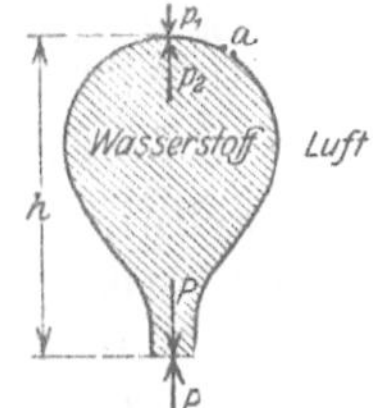

Abb. 241. Auftrieb eines Freiballons

Die aufwärts gerichtete, an der Ballonhülle angreifende Kraft ist der Dichtedifferenz zwischen Luft und Fullgas proportional Mit steigender Hohe nehmen beide Dichten ab Fur das Fullgas erfolgt diese Abnahme beim unprallen Ballon unter allmahlicher Aufblahung der unteren Teile Beim Überschreiten der Prallgrenze entweicht das Fullgas aus der unteren Öffnung Mit sinkendem Absolutwerte der Dichten nimmt auch der Betrag

ıhrer Differenz ab. Bei einem bestimmten Grenzwert der Dichte wird dıe aufwarts ge-
rıchtete Kraft gleich dem Gewıcht, und ın dıesem Fall schwebt der Ballon in konstanter
Hohenlage. Weıteres Steigen verlangt Vermınderung des Gewichtes, also Ballastabgabe.

Die gleiche Druckverteilung wie im Freiballon haben wir in den Gasleitungen unserer Wohnhäuser. Diese sind, wie der Freiballon, von der Luft umgeben. Normalerweise soll das Leuchtgas in den Rohrleitungen unter einem gewissen Stempeldruck stehen. Gelegentlich ist aber dieser Druck zu gering.
Dann „will" das Gas aus einem Hahn im Keller nicht ausströmen. Im vierten
Stock des Hauses aber merkt man nichts von der Störung. Einem dort oben

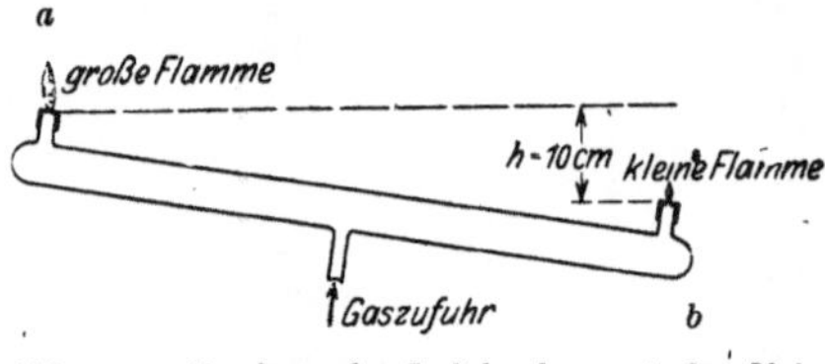

Abb 242   Abnahme des Luftdruckes mıt der Hohe
(Behnsches Rohr).

geöffneten Hahn entströmt das Gas noch
als kräftiger Strahl. Diese Verhältnisse
lassen sich mit einem hübschen Schauversuch vorführen: Die Abb. 242 zeigt
uns das Rohrsystem als ein Glasrohr.
Dieses Glasrohr trägt an beiden Enden
eine kleine Brenneröffnung. Die rechte
Brennstelle soll 10 cm tiefer liegen als
die linke. Durch einen beliebigen Ansatz

stutzen führt man diesem Rohr Leuchtgas des stadtischen Werkes zu, drosselt
aber den Zufluß mit einem Hahn. Dann kann man an der oben befindlichen
Öffnung a leicht ein Flämmchen entzünden, nicht hingegen an der gleich großen
unteren Öffnung b. Bei der unteren Öffnung b herrscht zwischen Luft und Leuchtgas keine Druckdifferenz. 10 cm höher ist jedoch schon eine merkliche Druckdifferenz vorhanden. Man kann eine helleuchtende Flamme erhalten. Bei waagerechter Lage des Gasrohres lassen sich an beiden Öffnungen Flammen gleicher
Brennhöhe entzünden. Bei umgekehrter Schräglage kann nur bei b eine Flamme
brennen. Die Anordnung ist also erstaunlich empfindlich. Sie zeigt uns nicht
etwa die Abnahme des Luftdruckes mit der Höhe. Sie zeigt uns nur die Differenz in der Abnahme des Druckes in einer Luft- und einer Leuchtgasatmosphäre.

Endlich erwähnen wir in diesem Zusammenhang die Schornsteine unserer
Wohnhäuser und Fabriken. Sie enthalten in ihrem Inneren warme Luft geringerer Dichte als die der umgebenden Atmosphäre. Je
höher der Schornstein, desto größer die Druckdifferenz an
seiner oberen Öffnung, desto besser der „Zug".

Abb. 243. Prınzip der
Zentrıfugen.

§ 85. Gase und Flüssigkeiten in beschleunigten Bezugssystemen. Nach den ausführlichen Darlegungen des
7. Kapitels können wir uns hier kurz fassen. Wir bringen
zunächst etliche Beispiele für ein radial beschleunigtes Bezugssystem. Wir lassen also in diesem ganzen Paragraphen
einen Beobachter auf einem Karussell oder Drehstuhl sprechen.

1. **Statischer Auftrieb durch Zentrifugalkraft. Prinzip der
technischen Zentrifugen.** Auf dem Karussell liegt in radialer Richtung
ein waagerechter, allseitig verschlossener, mit Wasser gefüllter Kasten (Abb. 243).
Unter seinem Deckel schwimmt eine Kugel, ihre Dichte ist also kleiner als die
des Wassers. Bei Drehung des Karussells läuft die Kugel auf die Drehachse zu.
Umgekehrt läuft eine auf dem Boden des Kastens liegende Kugel größerer Dichte
zur Peripherie.

Deutung: Das Gewicht der Kugeln und ihr Auftrieb durch das Gewicht des
Wassers sind durch den Boden und den Deckel des Kastens, die Corioliskräfte
durch seine seitlichen Wände ausgeschaltet. Es verbleiben nur die Zentrifugalkräfte. Diese wirken innerhalb des waagerechten Kastens genau so wie das
Gewicht innerhalb eines lotrechten Kastens. Für die Zentrifugalkräfte ist

die Drehachse „oben", der Rand des Karussells „unten". Ein Körper in der Flüssigkeit erfährt einen Auftrieb nach „oben", also zur Drehachse hin. Dieser Auftrieb kann größer oder kleiner sein als die am Körper angreifende Zentrifugalkraft. Beim Überwiegen der letzteren geht der Körper zum Rand, d. h. bildlich, „er sinkt zu Boden". Beim Überwiegen des Auftriebes gilt das Umgekehrte.

Dieser statische Auftrieb in radial beschleunigten Flüssigkeiten bildet die Grundlage unserer technischen Zentrifugen, z. B. zur Trennung von Butterfett und Milch. Das Butterfett geht wegen seiner geringen Dichte zur Drehachse.

2. Ablenkung und Krümmung einer Kerzenflamme durch Zentrifugal- und Corioliskräfte. Auf dem Karussell steht, sorgsam gegen alle Zugluft geschützt, eine Kerzenflamme in einem großen Glaskasten. Die Flamme neigt sich der Drehachse zu (Abb. 244). Außerdem bekommt sie, von oben betrachtet, eine Rechtskrümmung.

Abb. 244. Eine Flamme unter dem Einfluß von Trägheitskraften.

Deutung: Die Resultante von Gewicht und Zentrifugalkraft ist schräg nach unten außen gerichtet. Die Flammengase haben eine geringere Dichte als Luft, folglich treibt der Auftrieb sie schräg nach innen-oben. Dieser Auftrieb erteilt den Flammengasen eine Geschwindigkeit, und folglich gesellen sich den Zentrifugalkräften Corioliskräfte hinzu. Sie krümmen den Flammenstrahl nach rechts.

3. Radialer Umlauf in Flüssigkeiten bei verschiedenen Winkelgeschwindigkeiten ihrer einzelnen Schichten. In die Mitte unseres Drehtisches stellen wir eine flache, mit Wasser gefüllte Schale (Abb. 245). Dann erteilen wir dem Drehtisch eine konstante Winkelgeschwindigkeit und beobachten die langsame Einstellung des stationären Zustandes. Das Wasser bekommt, durch Reibung mitgenommen, erst allmählich eine Winkelgeschwindigkeit, und zwar zunächst in der Nähe des Bodens und der Seitenwand. Infolgedessen können zunächst nur bodennahe Wasserteilchen u, durch die Zentrifugalkraft (dicke Pfeile) getrieben, zum Rande strömen. Diese Strömung setzt den gestrichelten Umlauf in Gang. Man kann ihn bequem mit einigen Papierschnitzeln auf dem Boden nachweisen.

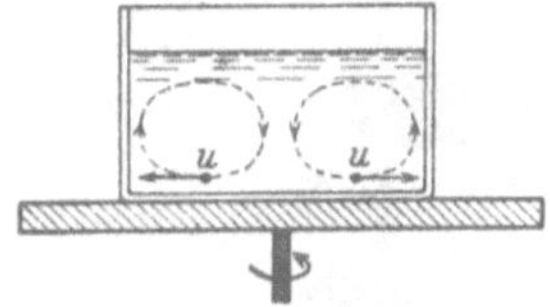

Abb. 245. Radialer Umlauf in einer Flüssigkeitsschale.

Nach einiger Zeit erhalten auch die oberen Teilchen eine Winkelgeschwindigkeit, und dann stromen auch sie zur Außenwand. Dadurch wird der Umlauf verlangsamt, der Wasserspiegel sinkt in der Mitte und steigt am Rande, bis endlich die stationäre Parabelform erreicht ist.

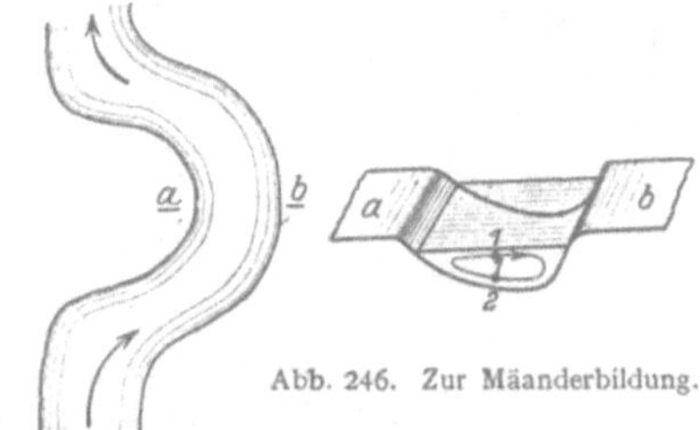

Abb. 246. Zur Mäanderbildung.

Eine Umkehr des Versuches ist allbekannt. In einer Teetasse erteilt der rührende Löffel anfänglich dem gesamten Tasseninhalte die gleiche Winkelgeschwindigkeit. Aber der ruhende Tassenboden vermindert sofort nach Schluß des Rührens die Winkelgeschwindigkeit der unteren Flüssigkeitsschichten. Es beginnt ein radialer Umlauf, jedoch diesmal entgegen dem Sinne der Abb. 244. Er führt die auf dem Boden liegenden Teeblätter zur Mitte.

In ganz entsprechender Weise erklart sich die Maanderbildung der Flusse und Bache. Abb. 246 zeigt uns in vergroßertem Maßstab das Flußbettprofil in der Kurve an der Stelle ab. Das Wasser fließt bei 1 schneller in der Flußrichtung als bei 2. Denn unten bei 2 wird es durch innere Reibung vom Boden aus gehemmt. Infolgedessen wirkt oben auf 1 eine großere Zentrifugalkraft nach rechts als unten auf 2. Es entsteht ein Umlauf im Sinne der Pfeilbahn. Das rechte Flußufer wird unterwaschen und der losgeschwemmte Sand von der

Stromung nach a gefuhrt und dort abgelagert. Dadurch ruckt das Flußbett unter standiger Vergroßerung der Maanderbildung in der Richtung nach b vor.

4. Ausnutzung der Corioliskräfte bei radialem Umlauf. Die hydraulische Kupplung.

Wir haben soebe nur von einem radialen Umlauf des Wassers gesprochen, in Wirklichkeit sind die Bahnen der Wasserteilchen in der Waagerechten nach rechts gekrümmt. Denn auf die radial bewegten Wasserteilchen wirken Corioliskräfte.

Diese Corioliskräfte lassen sich zum Bau einer lehrreichen hydrodynamischen Kupplung ausnutzen. Zu diesem Zweck unterteilt man die untere Hälfte des Gefäßes in Abb. 247 durch radiale Trennwände. Sie sind in der Abb. 247 schraffiert und wie die Lamellen eines Blätterpilzes an dem Achsenstiel befestigt. Durch den Deckel D führt man eine „Kupplungsscheibe" K mit gleichgebauten radialen Trennwänden ein. Die Trennwände werden einander bis auf wenige mm genähert. Die untere Achse A soll die Achse eines Motors darstellen, die Achse der

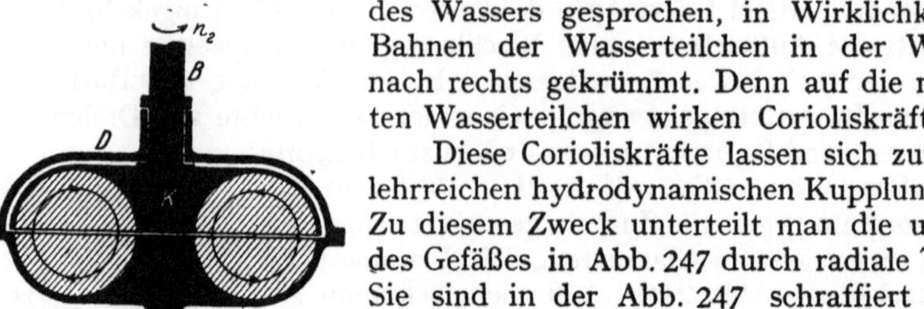
Abb. 247. Hydrodynamische Kupplung. (FOTTINGER.)

oberen Scheibe führt zur „Arbeitsachse". Die Achse des Motors läuft im Betrieb mit einer etwas höheren Winkelgeschwindigkeit als die Achse der Arbeitsmaschine („Schlüpfung"). Infolgedessen haben wir dauernd einen Umlauf. Er ist oben auf die Achse hin und unten von der Achse weg gerichtet. Die Corioliskräfte dieser bewegten Wasserteile drücken gegen die radialen Trennwände und zwingen die Kupplungsscheibe, sich fast so rasch wie die Arbeitsmaschine zu drehen. Nach diesem Prinzip hat man hydrodynamische Kupplungen für Tausende von Kilowatt gebaut. Ihr Nutzeffekt erreicht 98,5 %.

Mit dieser Kupplung hat man die gleichförmig laufenden Dampfturbinen mit den ungleichformig laufenden Kolbendampfmaschinen zusammenspannen konnen. Das ist fur alle Dampfer mit nur einer Schraubenwelle von großter Bedeutung. Denn nun kann man den im Niederdruckzylinder schlecht ausgenutzten Dampf noch zum Antrieb einer Niederdruckturbine benutzen und auf diese Weise die gesamte Maschinenleistung um rund 25 % erhohen.

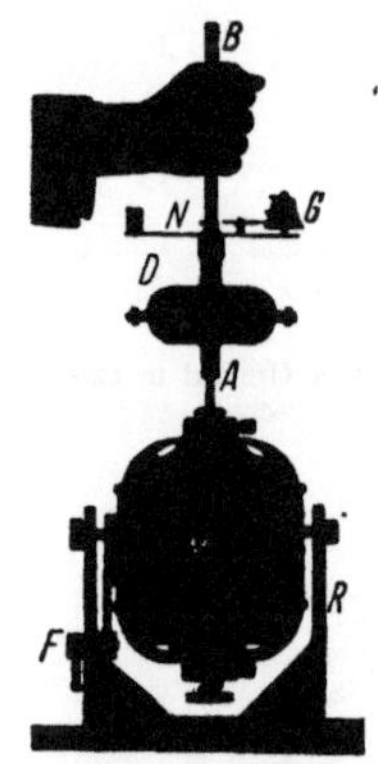
Abb 248 Vorfuhrungsmodell einer hydrodynamischen Kupplung auf einem Elektromotor M. Der Motor kann im Rahmen R um eine waagerechte Achse geschwenkt und bei F festgestellt werden

Die Abb. 248 zeigt im Schattenriß eine hydrodynamische Kupplung auf der lotrechten Achse eines Elektromotors ($^1/_3$ Kilowatt). Zur Vorführung der Schlüpfung trägt das Gehäuse eine kleine Glocke G. Ihr Klöppel wird vom Nocken N der Arbeitsachse betätigt. Die Zahl der Glockenschläge je Sekunde gibt die Differenz der Frequenzen von Motor- und Arbeitsachse, also die Schlüpfung. Diese wächst mit zunehmender Belastung (Handreibung!) (wie beim Drehfeldmotor, siehe Elektr. Lehre, §§ 57 u. 59).

Endlich noch ein Beispiel für Gase in einem Bezugssystem mit Bahnbeschleunigung. Wir lassen eine brennende Kerze in einem luftzugsicheren Gehause (Stallaterne) frei zu Boden fallen (mit Kissen abfangen). Die Lampe erstickt wahrend des Falles. Grund: Es fehlt der die Flammengase beseitigende statische Auftrieb, weil die Tragheitskrafte den Gewichten der Gasmolekule entgegengesetzt gleich sind (vgl. S. 89 unten rechts, S. 137 unten, S. 139 oben).

Mit dem Umlauf des Wassers haben wir bereits das Gebiet der ruhenden Flüssigkeiten und Gase verlassen. Er bildet schon den Übergang zum folgenden Kapitel: Bewegungen in Flüssigkeiten und Gasen.

X. Bewegungen in Flüssigkeiten und Gasen.

§ 86. Drei Vorbemerkungen. 1. Zwischen Flüssigkeiten und Gasen besteht ein sinnfälliger, durch die Ausbildung der Oberfläche bedingter Unterschied. Trotzdem ließen sich die Erscheinungen in ruhenden Flüssigkeiten und Gasen in vielem gleichartig behandeln. — Bei der Bewegung in Flüssigkeiten und Gasen kann man in der einheitlichen Behandlung von Flüssigkeiten und Gasen noch weiter gehen. Bis zu Geschwindigkeiten von etwa 70 m/sec kann man beispielsweise Luft getrost als eine nicht zusammendrückbare Flüssigkeit betrachten; denn diese Geschwindigkeit ist noch klein gegen die Schallgeschwindigkeit in Luft (340 m/sec, vgl. S. 304). Wir werden in diesem Kapitel der Kürze halber das Wort Flüssigkeit als Sammelbegriff benutzen. Es soll Flüssigkeiten mit und ohne Oberfläche umfassen, also Flüssigkeiten wie Gase im üblichen Sprachgebrauch.

2. Bei hohen Geschwindigkeiten werden die Gase zusammengedrückt, und dabei wird ihre Temperatur geändert. Vorgänge dieser Art lassen sich nicht ohne die Begriffe der Wärmelehre behandeln. Sie folgen daher erst in § 181.

3. In der Mechanik fester Körper werden die Bewegungen in den grundlegenden Experimenten zwar quantitativ durch Reibung mehr oder minder gestört, aber nicht qualitativ geändert. Daher haben wir die Reibung anfanglich als eine Nebenerscheinung beiseite gelassen und erst am Schluß ein paar quantitative Angaben über Reibung gebracht. — Bei der Bewegung von Flüssigkeiten und Gasen hingegen wird selbst der qualitative Ablauf der Erscheinungen ganz entscheidend durch die Reibung beeinflußt. Infolgedessen verfahren wir anders als bei den festen Körpern. Wir stellen eine quantitative Behandlung der Reibung an den Anfang und behandeln zunächst Bewegungen unter entscheidender Mitwirkung der Reibung. Dies Verfahren verschafft uns nebenher ein für die weitere Darstellung nützliches Hilfsmittel. Es wird uns viel Zeichenarbeit ersparen.

§ 87. Innere Reibung. Die Reibung zwischen festen Körpern, die „äußere" Reibung, ist physikalisch schlecht zu fassen. Die in Flüssigkeiten auftretende Reibung hingegen, die „innere" Reibung, ist ziemlich klar zu übersehen. Wir zeigen das Wesentliche mit zwei Versuchen.

In Abb. 249 wird ein flaches Blech A in einem mit Glyzerin gefüllten Glastrog langsam nach oben gezogen. Vor Beginn des Versuches war die untere Hälfte des Glyzerins bunt gefärbt und dadurch wenigstens eine waagerechte Fläche sichtbar gemacht worden. Man denke sich durch passende

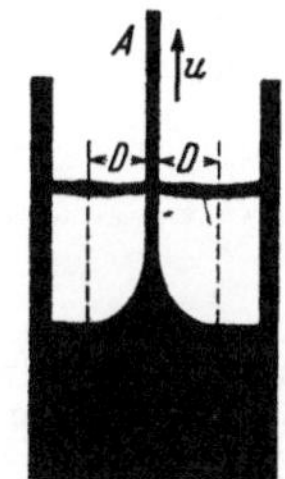

Abb. 249 Zwischen den beiden gestrichelten Linien ist zu beiden Seiten einer bewegten Platte je eine Grenzschicht der Dicke D entstanden.

Färbung noch etliche andere waagerechte Flächen markiert. Während der Bewegung werden alle diese Flächen beiderseits der Platten innerhalb eines breiten Gebietes verzerrt. Dabei erfahren die Flüssigkeitsteilchen eine Drehung, rechts mit, links gegen den Uhrzeiger. Man nennt ein solches Gebiet eine Grenzschicht. Der innerste Teil einer Grenzschicht haftet am festen Körper, er bewegt sich mit dessen Geschwindigkeit u. Die nächsten, nach außen folgenden

Teile werden ebenfalls in Bewegung gesetzt, doch wird die erteilte Geschwindigkeit mit wachsendem Abstand kleiner. Es besteht also in einei Grenzschicht ein Geschwindigkeitsgefälle $\partial u/\partial x$.

In Abb. 250 ist der Abstand x der Trogwände von der aufwarts bewegten Platte kleiner gewählt als die Dicke D der Grenzschicht. In diesem Fall wird

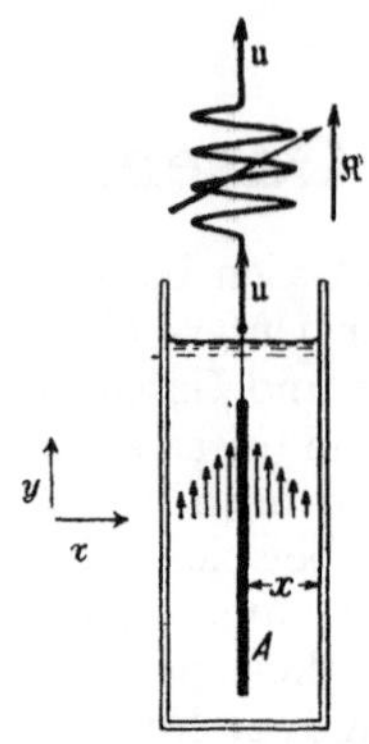

Abb. 250. Zur Definition der Zähigkeitskonstante η mittels einer ebenen Stromung D h die Stromung söll in allen, der Papierebene parallelen, also zur z-Richtung senkrechten, Ebenen den gleichen Verlauf haben

das Gefälle der Geschwindigkeit praktisch linear, es wird beiderseits durch Pfeile gleichmäßig abnehmender Länge angedeutet. Außerdem wird die Platte A mit einem Kraftmesser verbunden. Er zeigt während der Bewegung eine Kraft $\mathfrak{K}$. Diese ergibt sich proportional der Geschwindigkeit $\mathfrak{u}$, also

$$\mathfrak{K} = k \cdot \mathfrak{u}. \qquad (169)$$

Die der Bewegung entgegengerichtete Kraft $- \mathfrak{K}$ bremst die Platte. Man nennt sie daher den Reibungswiderstand. k bekommt demgemäß wieder den Namen „Beiwert des Widerstandes". k hängt ab von der Fläche F der Platte (beide Seiten!), ihrem Abstand x von den Trogwänden und einer für die Flüssigkeit charakteristischen Stoffzahl, der Zähigkeitskonstanten η (Tabelle 7). Man findet $k = \eta \cdot F/x$ und daher

$$\mathfrak{K} = k \cdot \mathfrak{u} = \eta \cdot \frac{F}{x} \cdot \mathfrak{u}. \qquad (170)$$

Tabelle 7.

Substanz	Temperatur	Zahigkeitskonstante in Großdynsek/m² (1 Großdynsek/m² = 10 Poise)
Luft	20°	$1{,}7 \cdot 10^{-5}$
Flussige Kohlensäure	20°	$7 \cdot 10^{-5}$
Benzol	20°	$6{,}4 \cdot 10^{-4}$
Wasser	0°	$1{,}8$
	20°	$1{,}0$
	98°	$0{,}3$
	−21,4°	$1{,}9$ $\Big\} 10^{-3}$
Quecksilber	0°	$1{,}6$
	100°	$1{,}2$
	300°	$1{,}0$
Glyzerin	0°	$4{,}6$
	20°	$8{,}5 \cdot 10^{-1}$
Pech	20°	10^{7}

Die Reibung in Flüssigkeiten läßt sich mit dem Schub oder der Scherung in festen Körpern vergleichen. Man kann $\mathfrak{K}/F$ als Schubspannung τ bezeichnen. Doch ist ein grundsätzlicher Unterschied vorhanden: Die Schubspannung wächst in festen Körpern mit zunehmender Verformung; die innere Reibung in Flüssigkeiten hingegen ist proportional zur Verformungsgeschwindigkeit. Ruhende Flüssigkeiten zeigen nichts mit einer Schubspannung Vergleichbares. In ihnen können nur Normalspannungen auftreten (§ 75).

Die Dicke D der Grenzschicht läßt sich abschätzen. Man findet

$$D = \sqrt{\frac{\eta \cdot l}{\varrho \cdot u}} \qquad (171)$$

(l = Lange des Korpers, ϱ = Dichte der Flussigkeit).

Herleitung. Die in den Grenzschichten enthaltene Flussigkeit (Abb. 249) wird beschleunigt. Sie bekommt die kinetische Energie $E = \frac{1}{2} m u^2$. Als beschleunigende Kraft dient die Reibungskraft. Sie leistet nach Gleichung (170) langs des Weges l die Arbeit $A_r \approx \eta \cdot \dfrac{F}{D} \cdot u \, l$. Gleichsetzen von E und A_r ergibt

$$\frac{1}{2} m u = \eta \frac{F}{D} \cdot l.$$

Wir ersetzen die Masse m der beschleunigten Flüssigkeit durch das Produkt aus ihrem Volumen $2 \cdot FD$ und ihrer Dichte ϱ und erhalten

$$\varrho\,FD\,u = \eta\,Fl/D$$

oder als Dicke der Grenzschicht Gleichung (171). — Zahlenbeispiel für Wasser. $\eta \approx 10^{-3}$ Großdynsec/m², $\varrho = 10^3$ kg/m³, $l = 0{,}1$ m; $u = 10^{-2}$ m/sec; $D = 3$ mm.

§ 88. Schlichte, unter entscheidender Mitwirkung der Reibung entstehende Bewegung. Die in den Abb. 249/50 beobachtete Bewegung nennt man die „schlichte" oder „laminare". Die Dicke der Flüssigkeitsschicht ist bei ihr kleiner als die Dicke D der durch Reibung geschaffenen Grenzschicht. Außerdem werden kleine Geschwindigkeiten u benutzt. Wir bringen drei weitere Beispiele für schlichte Bewegungen in Flüssigkeiten.

Zunächst soll die Flüssigkeit durch ein **enges Rohr** der Länge l strömen. Die Aufrechterhaltung dieser Strömung verlangt eine Kraft, und für sie gilt

$$\mathfrak{K} = k \cdot \mathfrak{u}_m = \eta \cdot 8\pi l \cdot \mathfrak{u}_m . \tag{172}$$

$\mathfrak{u}_m$ bedeutet einen Mittelwert der Strömungsgeschwindigkeit, definiert mit Hilfe der Gleichungen

$$\text{Strömungsgeschwindigkeit } \mathfrak{u}_m = \frac{\text{Stromstärke } i}{\text{Rohrquerschnitt } F}$$

und

$$\text{Stromstärke } i = \frac{\text{durch den Rohrquerschnitt } F \text{ fließendes Volumen}}{\text{Flußzeit } t}$$

Die wirklich vorhandene Geschwindigkeit ist am Rande des Rohres gleich Null und in der Mitte am größten. Die Abb. 251 zeigt ein Beispiel.

Die Kraft $\mathfrak{K}$ erzeugt man oft durch zwei ungleiche Drucke p_1 und p_2 an den Enden des Rohres. Es gilt dann $\mathfrak{K} = F(p_1 - p_2)$, und man erhält für die **Stromstärke**

$$i = \frac{\pi}{8} \cdot \frac{r^4}{\eta} \frac{p_1 - p_2}{l} . \tag{173}$$

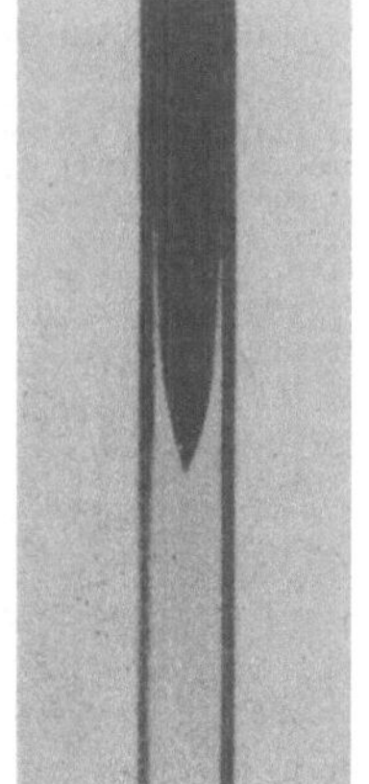

Abb. 251. Geschwindigkeitsverteilung bei schlichter Strömung durch ein Rohr.

Diese **Hagen-Poiseuillesche** Gleichung spielt in der Physiologie unseres Kreislaufes eine bedeutsame Rolle.

Das Kapillarsystem eines Menschen hat eine Länge von 10^5 km ($= 2{,}5 \cdot$ Erdumfang!). Steigerung der Muskelbetätigung verlangt eine Zunahme der Blut-Stromstärke i. Das wird höchst wirksam durch eine Erweiterung der Kapillaren (r^4!) erreicht. Das erweiterte Rohrnetz muß nachgefüllt werden. Die erforderliche Blutmenge wird den „Blutspeichern" (vor allem Milz und Leber) entnommen (vgl. H. Rein, Physiologie).

An zweiter Stelle ersetzen wir das Rohr durch einen sehr **flachen, aus zwei ebenen Glasplatten gebildeten Kanal.** In einem solchen läßt sich die Bahn einzelner Flüssigkeitsteilchen bequem sichtbar machen. Man färbt die Teilchen und bekommt das eindrucksvolle Bild der „Stromfäden" (Abb. 252 nebst Satzbeschriftung). Quantitativ gilt

$$\mathfrak{K} = k \cdot \mathfrak{u} = \eta \cdot \tfrac{3}{2}\pi l \cdot \mathfrak{u}_m . \tag{174}$$

An dritter Stelle bringen wir in diese schlichte Flüssigkeitsströmung ein **kreisförmiges Hindernis.** Die Stromfäden ergeben das in Abb. 253 photographierte Bild. Räumlich ergänzt, veranschaulicht es die **schlichte Umströmung** einer **Kugel** in einer Flüssigkeit (Abb. 109 auf S. 59). Quantitativ gilt die „Stokessche" Formel

$$\mathfrak{K} = k \cdot \mathfrak{u} = \eta \cdot 6\pi r \cdot \mathfrak{u} . \tag{175}$$

Als Kraft dient meist das Gewicht der Kugel, vermindert um ihren statischen Auftrieb. Die Gleichung (175) wird oft angewandt.

Beispiele. 1. Zur Messung der Zahigkeitskonstante η.

2. Zur Messung der Radien kleiner in Luft schwebender Kugeln (Tröpfchen). Dies Verfahren ist manchmal bequemer als die mikroskopische Ausmessung.

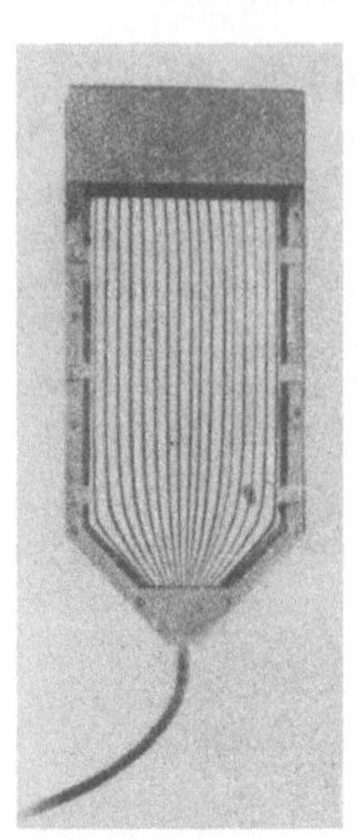

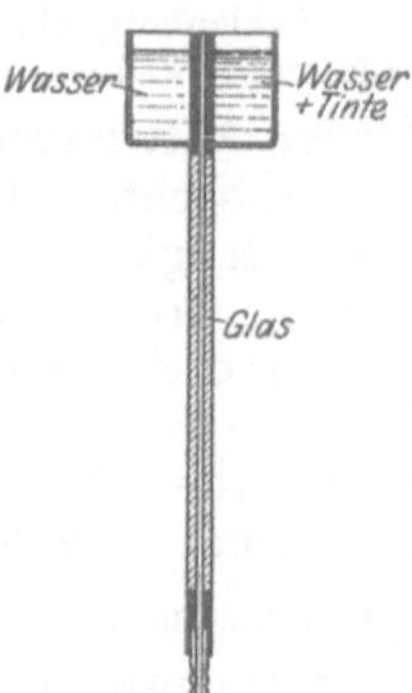

Abb 252 Stromfadenapparat zur Vorfuhrung ebener Stromungsfelder, links in Aufsicht und rechts im Langsschnitt. Die oberen Kammern stehen durch Locher mit dem Inneren des flachen Kanals in Verbindung. Die Löcher beider Kammern sind um den halben Lochabstand gegeneinander versetzt. — Zunachst werden beide Kammern mit Wasser gefullt, dann der rechten etwas Tinte zugesetzt. — Links ein Beispiel fur parallele Stromfaden. Bei Beobachtungen auf dem Wandschirm kann man die Strömung bequem waagerecht verlaufen lassen. Zur Umlenkung des optischen Strahlenganges genugen zwei rechtwinklige Prismen.

3. Ohne den Reibungswiderstand ihrer winzigen Wassertropfen würden uns die Wolken auf den Kopf fallen. So aber sinken sie nur ganz langsam, unten verdunsten sie und werden meist von oben wieder nachgebildet.

§ 89. Die Reynoldssche Zahl.

Schlichte Bewegungen findet man in der durch Reibung entstehenden Grenzschicht. Man erhält die

Abb. 253. Schlichte Umströmung einer Kugel oder eines Zylinders. (Photographisches Positiv in Hellfeldbeleuchtung.)

schlichte Bewegung aber nur bei hinreichend kleinen Geschwindigkeiten. Bei großen wird die Bewegung in der Grenzschicht turbulent. — Als Turbulenz bezeichnet man eine stark wirbelnde oder quirlende Durchmischung der Grenzschicht. Man beobachtet sie am einfachsten mit einem gefärbten Wasserfaden in einem durchsichtigen Rohr. Die Abb. 254 zeigt eine solche Flüssigkeitsströmung vor und nach der Entstehung einer (noch geringfügigen) Turbulenz. Bei stärkerer Turbulenz wird das ganze Rohr undurch-

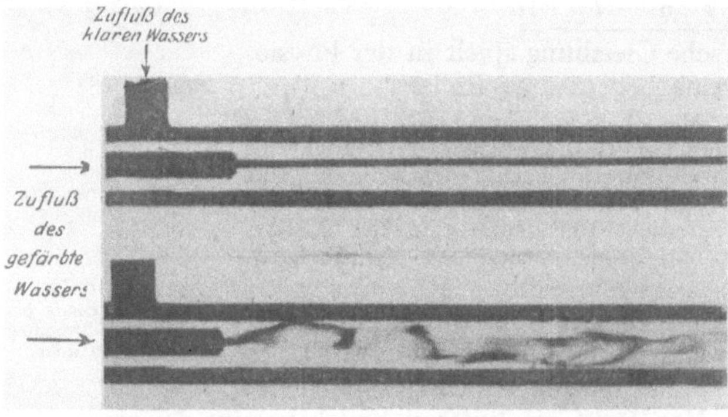

Abb. 254. Gefarbter Wasserstrahl vor und nach Entstehung einer Turbulenz Die turbulente Strömung besteht aus vielen, mit verschiedenen Geschwindigkeiten in der Strömungsrichtung fortschreitenden Wirbeln. Man kann sie im Lichtbild beobachten, wenn die Kamera wahrend der Aufnahme parallel der Strömung bewegt wird. Es erscheinen jeweils die Wirbel scharf, die sich ebenso rasch wie die Kamera bewegen

sichtig. Die Turbulenz vergrößert die Zähigkeit der Flüssigkeit und den Reibungswiderstand $\Re$. Die Gleichung (173) ist nicht mehr anwendbar, $\Re$ steigt angenähert mit dem Quadrat der Geschwindigkeit.

Die Turbulenz kann sich durch sausende Geräusche in den durchströmten Röhren bemerkbar machen. Dies Geräusch ist als Symptom hochgradiger Blutarmut an den Halsschlagadern zu hören (Nonnensausen). Normalerweise soll der Blutkreislauf turbulenzfrei erfolgen. — Allgemein bekannt ist die turbulente Bewegung in der Grenzschicht zwischen der Erde und der Atmosphäre. Man nennt sie dort Wind. Bei starker Turbulenz spricht man von Böen. Die Höhe der Grenzschicht kann etliche Kilometer betragen.

Der Übergang von schlichter zu turbulenter Strömung in der Grenzschicht wird durch einen „kritischen" Wert des Verhältnisses

$$\boxed{Re = \frac{\text{Beschleunigungsarbeit}}{\text{Reibungsarbeit}} = \frac{l\,u\,\varrho}{\eta}} \tag{176}$$

l = eine die Körpergröße bestimmende Länge, z. B. Rohrradius usw. (m),
u = Geschwindigkeit der Flüssigkeit relativ zum festen Körper (m/sec), in einem Rohr z. B. der S. 143 definierte Mittelwert der Strömungsgeschwindigkeit.
ϱ = Dichte der Flüssigkeit kg/m³,
η = Zähigkeitskonstante der Flüssigkeit (Großdynsec/m²). Das Verhältnis η/ϱ wird häufig als kinematische Zähigkeit bezeichnet.

bestimmt. Das ist 1883 von O. REYNOLDS entdeckt, und deswegen heißt Re die Reynoldssche Zahl.

Zur Herleitung der Gleichung (176) benutzt man eine „Dimensionalbetrachtung". D. h. man setzt alle vorkommenden Längen proportional zu einer die Größe des Körpers bestimmenden Länge l. Außerdem werden Zahlen als Faktoren fortgelassen. Für die Beschleunigungsarbeit gilt nach S. 49

$$A_b = \tfrac{1}{2}\,m\,u^2 = l^3\,\varrho\,u^2. \tag{177}$$

Als Reibungsarbeit finden wir mit Hilfe von Gleichung (170)

$$A_r = \Re \cdot l = \eta \cdot F \cdot \frac{u}{l} \cdot l = \eta \cdot l^2 \cdot u. \tag{178}$$

Division von (177) und (178) ergibt dann (176).

Kleine Reynoldssche Zahlen bedeuten Überwiegen der Reibungsarbeit, große Überwiegen der Beschleunigungsarbeit. Der idealen reibungsfreien Flüssigkeit entspricht die Reynoldssche Zahl ∞.

Die Turbulenz erzeugenden, „kritischen" Werte der Reynoldsschen Zahl lassen sich nur experimentell bestimmen. In glatten Rohren muß Re größer als 1160 werden.

Für kleine Kugeln in Luft muß $Re < 1$ bleiben, wenn Turbulenz vermieden und die Stokessche Gleichung (175) gültig bleiben soll. — Im Stromfadenapparat (Abb. 252) arbeiten wir mit Reynoldsschen Zahlen von etwa 10, damit wird Turbulenz sicher vermieden.
Die Atemluft durchströmt die Kanäle unserer Nase turbulenzfrei. In abnorm erweiterten Nasen kann jedoch die Reynolds sche Zahl die kritischen Werte überschreiten, und dann kommt es zu starken, den Reibungswiderstand erhöhenden Turbulenzen. Innen abnorm erweiterte Nasen erscheinen daher dauernd verstopft. Die Strömungsvorgänge in unserem Körper sind noch viel zu wenig erforscht. Man denke an die Strömung des Blutes in den elastischen Arterienschläuchen und die verhängnisvollen, zur Thrombosebildung führenden Wirbel in den Venen.

Die Reynoldssche Zahl spielt für alle quantitativen Behandlungen von Flüssigkeitsströmungen eine große Rolle. Man kann Versuche für bestimmte geometrische Formen zunächst in experimentell bequemen Abmessungen ausführen und die Ergebnisse dann hinterher auf größere Abmessungen übertragen. Man hat für diesen Zweck nur in beiden Fällen durch passende Wahl von Geschwindigkeit und Dichte für die gleiche Reynoldssche Zahl zu sorgen. Unsere technischen Flugzeuge benutzen Reynoldssche Zahlen in der Größe von einigen 10^6. Das hat meßtechnisch eine lästige Folge. Es verhindert das Studium technisch wichtiger Fragen an kleinen Modellen. Diese würden selbst bei einer auf das 10 fache gesteigerten Luftdichte (Überdruck-Windkanäle) die hohen Reynoldsschen Zahlen der Praxis nur mit Hilfe großer Strömungsgeschwindigkeiten u erzielen lassen. Dann sind die Geschwindigkeiten aber nicht mehr klein gegen

die Schallgeschwindigkeit; infolgedessen darf man die Luft nicht mehr als eine
nichtzusammendruckbare Flüssigkeit behandeln. Aus diesem Grunde muß man
Modelle verhaltnismaßig großer Abmessungen benutzen. Das bedingt den großen
Aufwand der heute schon zahlreichen „aerodynamischen Versuchsstationen".

§ 90. Reibungsfreie Flüssigkeitsbewegung, Bernoullische Gleichung. Von
nun an gehen wir den in der Mechanik fester Körper befolgten Weg: Wir versuchen, Bewegungen möglichst frei von Einflüssen der Reibung
zur Beobachtung zu bringen. Dazu dient der in Abb. 255 dargestellte Strömungsapparat. Er besteht aus einem 1 cm weiten
mit Wasser gefüllten Trog. Dem Wasser sind Al-Flitter als
Schwebeteilchen zugefügt. In dem Trog können, die Glaswande
lose berührend, Körper der verschiedensten Umrisse (Profile)
bewegt werden. In Abb. 255 ist es ein Körper von kreisförmi-
gem Umriß, in Abb. 256 hingegen sind es zwei Korper a und b.
Sie werden von unsichtbaren Stangen gehalten und bilden gemeinsam eine Taille. Fur photographische Aufnahmen bewegt man
den Trog in einer lot-
rechten Schienenfüh-
rung mit konstanter Ge-
schwindigkeit. Für Be-
obachtungen auf dem
Wandschirm genügt die
feste, in Abb. 255 skiz-
zierte Aufstellung des
Troges. Das Auge folgt
dem Körper, und daher
sieht es die Flüssigkeit
am Körper vorbeistro-

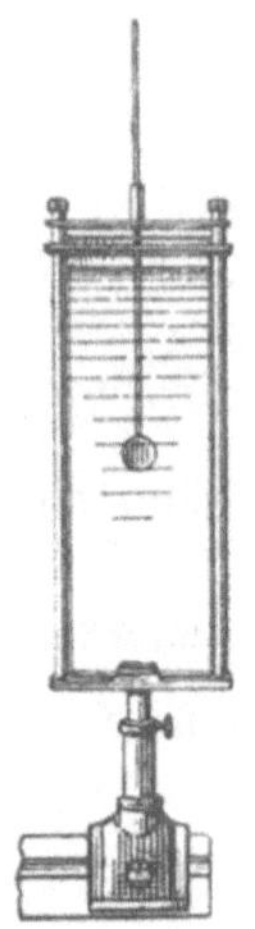

Abb 255 Strömungs-
apparat. Auch bei ihm
empfiehlt sich haufig
in der Projektion eine
Drehung des Bildes
um 90°, z. B. in Abb.
256, 276, 280

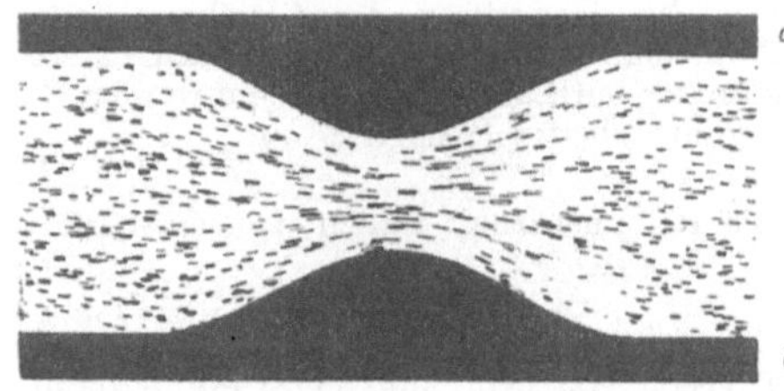

Abb 256   Stromlinien in einer Taille Beobachter
(Kamera) und Taille in Ruhe, Flussigkeit stromt

men. Die Flitter zeigen uns auf dem Wandschirm in jedem Augenblick Größe
und Richtung der Geschwindigkeit der einzelnen Wasserteilchen innerhalb
des ganzen Troges. In einer photographischen Zeitaufnahme von etwa 0,1 sec
Belichtungsdauer erscheint die Bahn jedes Flitterteilchens als kurzer Strich.
Jeder dieser Striche ist praktisch noch gerade und bedeutet, kurz gesagt, den
Geschwindigkeitsvektor eines einzelnen Wasserteilchens. Bei langerer Belichtung
vereinigen sich die Striche zu Stromlinien. Diese zeigen uns die Gesamtheit
der in einem bestimmten Zeitpunkt vorhandenen Geschwindigkeitsrichtungen,
oder kurz ein Strömungsfeld. — Das Bild der Strömung kann ortsfest oder
stationär werden. Dann zeigen die Stromlinien uns außerdem die ganze von
einem einzelnen Flussigkeitsteilchen nacheinander durchlaufene Bahn, einen
Stromfaden.

Die photographische Zeitaufnahme gibt das Strömungsfeld in der klaren,
aus Abb. 256 ersichtlichen Gestalt. Lebendiger ist das Bild auf dem Wandschirm. Oft aber wird man ein Bild ohne viel Einzelheiten, mit wenigen klaren
Strichen erstreben. In diesem Falle kommt uns ein seltsamer Umstand zu Hilfe:
Wir können das Feld einer von Reibung praktisch unbeeinflußten stationaren
Flüssigkeitsströmung vorzüglich mit einem Modellversuch nachahmen. Dazu
dient uns der aus Abb. 252 bekannte Stromfädenapparat mit seiner „schlichten"
Flüssigkeitsstromung. Trotz der so ganzlich anderen Entstehungsbedingungen
stimmt der formale Verlauf der Stromfaden der schlichten Bewegung mit den
Stromlinien der idealen reibungsfreien Flussigkeitsbewegung überein. Die
Abb. 257 zeigt uns ein so gewonnenes Bild. Es entspricht der Abb. 256. Es
handelt sich jedoch im Gegensatz zu Abb. 256 nur um einen Modellversuch.

Das soll noch einmal betont werden. Aber formal ist das Bild richtig, und in seiner Einfachheit ist es klar und einprägsam. Die so veranschaulichte, von Reibung praktisch unbeeinflußte Flüssigkeitsströmung läßt sich nur für ganz kurze Zeit aufrechterhalten. Sie entspricht etwa dem Beispiel einer kräftefrei mit konstanter Geschwindigkeit laufenden Kugel in der Mechanik fester Körper. Sie ist ein idealisierter Grenzfall. Aber es gilt für sie ein wichtiger, für alles weitere grundlegender Satz. Er betrifft den „statischen" Druck, d. h. den Druck der Flüssigkeit gegen eine ihren Stromlinien parallele Fläche. Der Satz lautet in zunächst qualitativer Form:

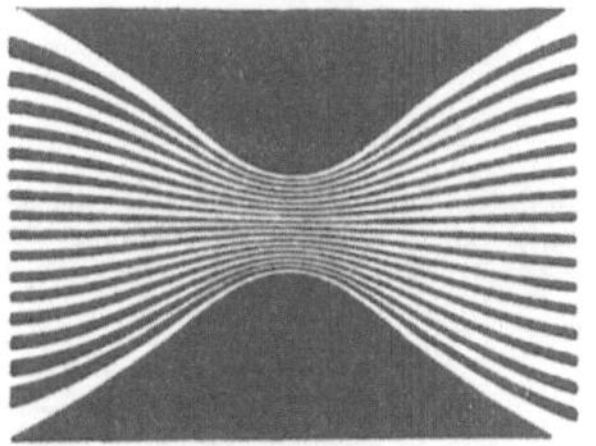

Abb. 257. Stromlinien im Modellversuch. Photographisches Positiv in Hellfeldbeleuchtung. Ebenso Abb. 261, 264—267, 282a usw.

In Gebieten zusammengedrängter Stromlinien oder erhöhter Strömungsgeschwindigkeit ist der statische Druck p der Flüssigkeit kleiner als in der Umgebung.

Zur Veranschaulichung dieses Satzes dienen die beiden in Abb. 258 und 259 dargestellten Versuche. Die Abb. 258 zeigt den statischen Druck der strömenden Flüssigkeit vor, in und hinter der Taille. Die Figur ist nicht schematisiert. Infolge unvermeidlicher Reibungsverluste erreicht der statische Druck hinter der Taille nicht ganz denselben Wert wie vor ihr. — In

Abb. 258. Verteilung des statischen Druckes beim Durchströmen einer Taille. Die drei vertikal angesetzten Glasrohre dienen als Wassermanometer.

Abb. 259 ist eine erheblich höhere Strömungsgeschwindigkeit gewählt. Bei ihr wird der statische Druck des Wassers in der Taille kleiner als der umgebende Luftdruck im Zimmer. Das Wasser vermag Quecksilber in einem U-förmigen Manometer „anzusaugen" und eine „Hg-Säule" von etlichen cm Höhe zu heben.

Der quantitative Zusammenhang von Druck und Geschwindigkeit ergibt sich aus dem Energieerhaltungssatz. Wir denken uns eine Flüssigkeitsmenge mit der Masse m, dem Volumen V und der Dichte ϱ. Ihr statischer Druck und ihre Geschwindigkeit seien vor der Taille p_0 und u_0, in der Taille p und u. Die Flüssig-

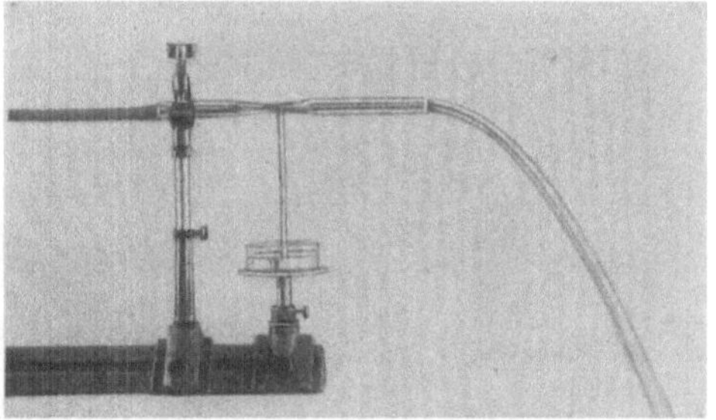

Abb. 259. Statischer Druck in einer Taille. Er ist kleiner als Atmosphärendruck. Als Manometer dient eine Quecksilbersäule.

keit muß zum Eindringen in die Taille von u_0 auf u beschleunigt werden. Das erfordert die Arbeit

$$V (p_0 - p) = \tfrac{1}{2} m (u^2 - u_0^2) \tag{179}$$

oder nach Division durch das Volumen V

$$p + \tfrac{1}{2} \varrho u^2 = p_0 + \tfrac{1}{2} \varrho u_0^2 = \text{const.}$$

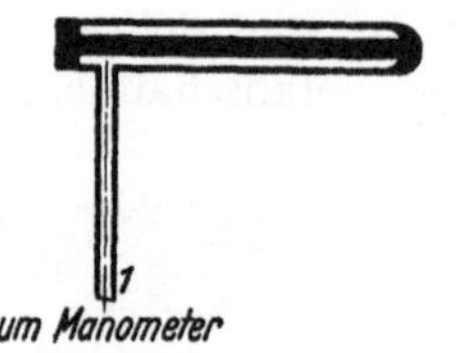

Abb. 260. Schnitt durch eine Drucksonde mit ringformigem Schlitz zur Messung des statischen Druckes im Innern einer stromenden Flussigkeit

Abb 261. Ein Pitotrohr zur Messung des Gesamtdruckes p_1 in einem Staugebiet In natura eine rechtwinklig gebogene Kupferrohre von meist nur 2—3 mm außerem Durchmesser (Modellversuch mit dem Stromfadenapparat [Abb 252], Konturen des Rohres nachtraglich schraffiert).

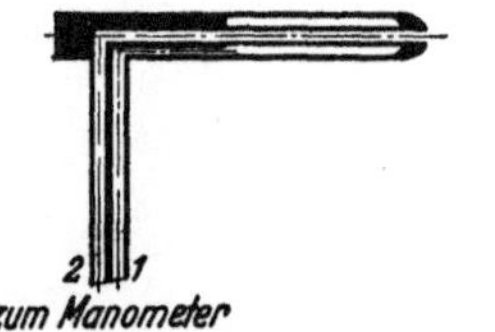

Abb 262. Schnitt durch ein Staurohr, eine Kombination von Pitotrohr und Drucksonde. Das mit beiden Schenkeln angeschlossene Flussigkeitsmanometer gibt direkt den Staudruck als Differenz von Gesamtdruck p_1 und statischem Druck p

$\frac{1}{2}\varrho u^2$ wird einem Drucke p addiert, muß also selbst einen Druck darstellen. Man nennt ihn den dynamischen oder Staudruck. Die rechts stehende Summe ist konstant; sie muß ebenfalls einen Druck darstellen, und man nennt diesen Druck den Gesamtdruck p_1. So erhält man die wichtige Bernoullische Gleichung

$$p + \tfrac{1}{2}\varrho u^2 = p_1. \qquad (180)$$
statischer Druck   Staudruck   Gesamtdruck

Zur Messung des statischen Druckes p in der strömenden Flüssigkeit dient die aus Abb. 259 ersichtliche Anordnung; die zum Manometer führende Öffnung liegt parallel den Stromlinien. Für Messungen im Innern weiter Strombahnen verlegt man die Öffnung, meist siebartig unterteilt oder als Schlitz, in die Flanke einer „Drucksonde". Sie steht durch eine Schlauchleitung mit einem Manometer in Verbindung. Das wird in Abb. 260 erläutert.

Den Gesamtdruck p_1 ermittelt man in einem „Staugebiet". Ein solches wird im Modellversuch in Abb. 261 veranschaulicht: Im Mittelpunkt des Staugebietes (Staupunkt) trifft eine Stromlinie senkrecht auf das Hindernis. Dort bringt man die Zuleitung zum Manometer an (Pitotrohr). An dieser Stelle ist die Flüssigkeit in Ruhe, also $u = 0$. Der statische Druck wird nach Gleichung (180) gleich dem Gesamtdruck p_1. Das Manometer zeigt den „Gesamtdruck" p_1.

Den Staudruck mißt man als Differenz des Gesamtdruckes p_1 und des statischen Druckes p. Der gesuchte Staudruck ist nach Gleichung (180)

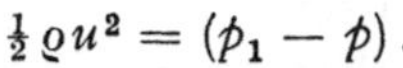

$$\tfrac{1}{2}\varrho u^2 = (p_1 - p).$$

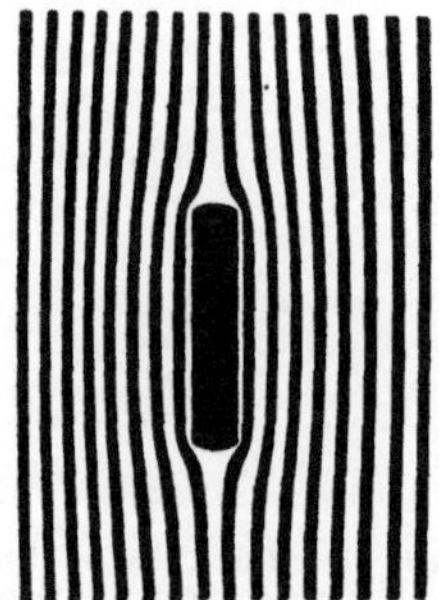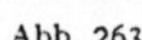

Abb 263   Abb. 264.   Abb. 265.

Abb 263—265. Drei Modellversuche zur Umstromung einer Platte Platte und Beobachter ruhen, Flussigkeit strömt. In Abb 264 beachte man die Lage der beiden Staupunkte Sie veranschaulicht die Entstehung eines Drehmomentes um den Schwerpunkt der Platte.

Man hat für den Gesamtdruck p_1 ein Pitotrohr, für den statischen Druck p eine Drucksonde zu verwenden. Für technische Messungen vereinigt man zweckmäßig beide Geräte zu einem „Staurohr" (Abb. 262). Staurohrmessungen sind ein beliebtes Mittel zur Geschwindigkeitsmessung in strömenden Flüssigkeiten.

Die Abb. 258 und 259 erläutern uns die Abnahme des statischen Druckes p mit wachsender Strömungsgeschwindigkeit u. Das gleiche leisten zahlreiche weitere Schauversuche. Wir bringen zwei Beispiele: Bei jedem wird das Strömungsfeld modellmäßig mit einer schlichten Bewegung nachgeahmt werden.

Abb. 266. Stromlinien zwischen Kugeln oder Zylindern Modellversuch.

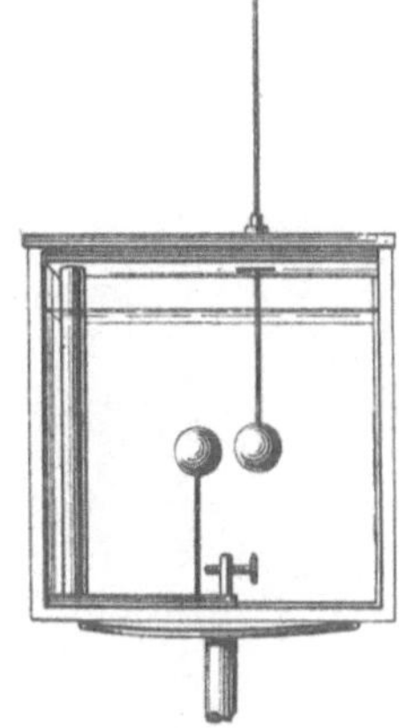

Abb 267. Anziehung einer ruhenden und einer bewegten Kugel.

Die Abb. 263—265 zeigen eine ebene Scheibe in dreierlei Stellungen umströmt. Die oberste Stellung erweist sich als labil, die Scheibe stellt sich unter Pendelungen quer zur Strömung (Abb. 265). Das sehen wir an jedem steifen, zu Boden fallenden Papierblatt; Deutung: Bei jeder, also auch schon bei der geringsten Schrägstellung entsteht eine Unsymmetrie in der Verteilung des statischen Druckes, und diese erzeugt ein Drehmoment. Das ist bei stärkerer Kippung (Abb. 264) ohne weiteres zu übersehen: Die Gebiete erweiterter Stromlinien drücken einseitig gegen die Scheibe, die Gebiete zusammengedrängter Stromlinien ziehen einseitig an der Scheibe. Infolgedessen wird die Scheibe in Abb. 264 mit dem Uhrzeiger gedreht.

Zwei Körper, z. B. Kugeln, bewegen sich in einer Flüssigkeit, entweder beide gemeinsam (Abb. 266) oder die eine an der anderen vorbei (Abb. 267). In beiden Fällen ziehen die Körper einander an. (Gefährlich für Schiffe in engen Kanälen!)

§ 91. Ausweichströmung. Quellen und Senken, drehungsfreie oder Potentialströmung. In unseren bisherigen Strömungsfeldern überlagern sich

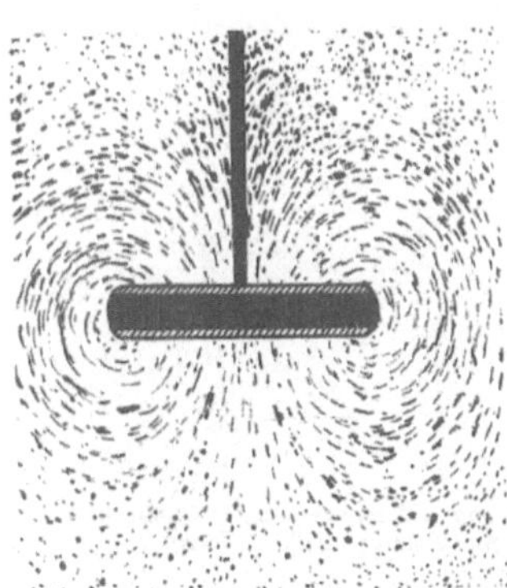

Abb 268. Ausweichstromung einer senkrecht zur Parallelstromung stehenden Platte. Beobachter und Flussigkeit (Trog) in Ruhe. Platte bewegt.

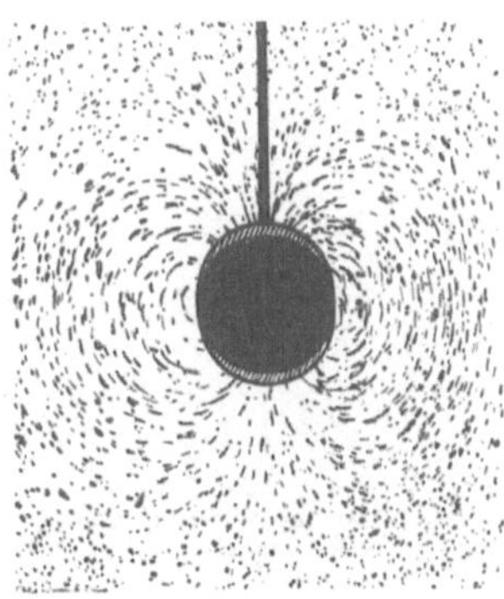

Abb. 269. Ausweichströmung beim Umströmen einer Kugel. Beobachter und Flussigkeit (Trog) in Ruhe, Kugel bewegt.

offensichtlich zwei verschiedene Strömungen. Es ist erstens die Parallelströmung der Flüssigkeit ohne den eingeschalteten Körper (wie modellmäßig in Abb. 252); zweitens die nach Einschaltung des Körpers hinzukommende Strömung, mit der die Flüssigkeit dem Körper ausweicht. Diese zusätzliche „Ausweichströmung" kann man allein beobachten. Man muß nur die

Beobachtungsart abändern: Bisher ruhten Körper und Beobachter (Kamera), die Flüssigkeit strömte. Jetzt nehmen wir die andere Möglichkeit: Flüssigkeit (Trog) und Beobachter ruhen, der Körper bewegt sich. (Für Beobachtungen auf dem Wandschirm benutzt man kleine Hinundherbewegungen.) — Bei

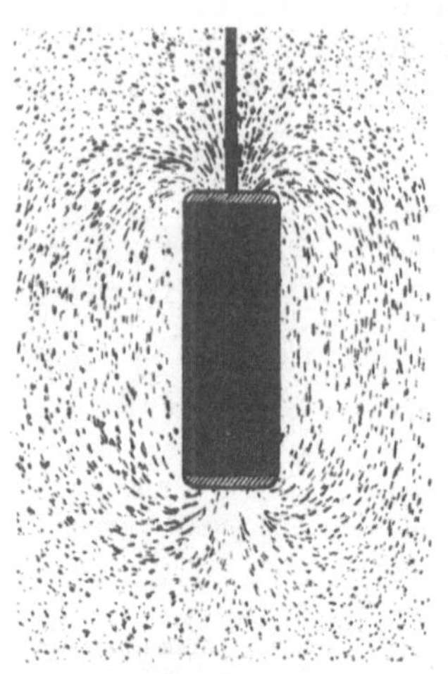

dieser zweiten Beobachtungsart tritt beispielsweise Abb. 268 an die Stelle von Abb. 265. Entsprechende Bilder für die Ausweichströmung von Kugel und Stab finden sich in den Abb. 269 und 270. In der Bewegungsrichtung werden die Grenzen der Körper im Lichtbild verwaschen, sie erscheinen als Halbtöne. Für den Druck sind sie nachträglich durch eine Schraffierung ersetzt. Die Stromlinien entstammen dem einen schraffierten Gebiet, dort befinden sich „Quellen"; sie enden in dem anderen, dort befinden sich „Senken". Die Strömungsfelder bewegen sich zugleich mit dem Körper. Sie sind also nicht mehr ortsfest, d. h. nicht stationär.

Das Strömungsfeld einer einzelnen Quelle (+) oder Senke (—) ist kugelsymmetrisch, ein Schnitt ist in Abb. 271 skizziert. Die beiden schraffierten Flächen bedeuten das gleiche kleine Volumen in zwei zeitlich aufeinanderfolgenden Lagen. Die Flüssigkeit strömt also in radialer Richtung und dreht sich dabei nicht. — Die Quelle liefere während der Zeit t ein Flüssigkeitsvolumen V. Das

Abb 270. Ausweichströmung beim Umstromen eines der Parallelströmung parallelen Zylinders Beobachter und Flussigkeit (Trog) in Ruhe, Zylinder bewegt.

Verhältnis $V/t = q$ wird ihre Ergiebigkeit genannt; sie bekommt für eine Quelle positives, für eine Senke negatives Vorzeichen. Dann gilt für die Geschwindigkeit der Flüssigkeit im Abstand r von der Quelle oder der Senke

$$u = \frac{\pm q}{4\,\pi\,r^2}. \hspace{3cm} (181$$

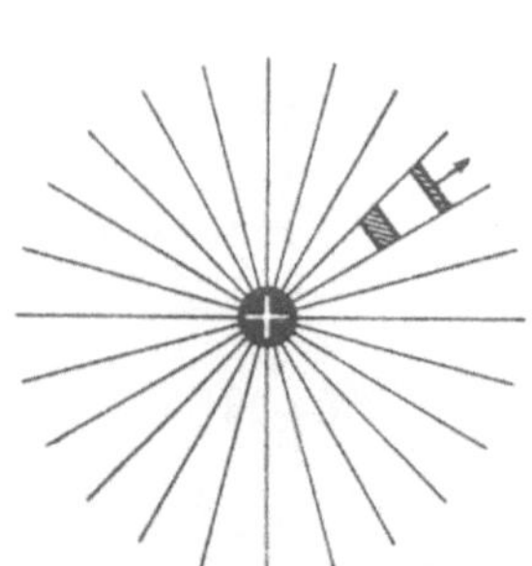

Abb 271 Stromungsfeld einer Quelle
oder Senke.

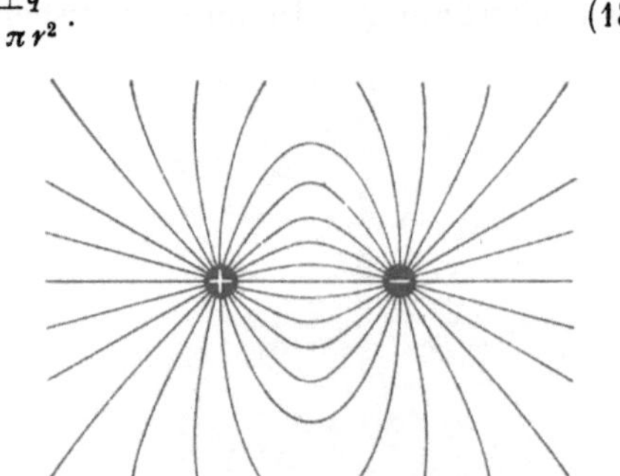

Abb 272 Stromungsfeld zwischen einer Quelle und einer eng
benachbarten Senke („Dipol")

Drehungsfreie Strömungsfelder lassen sich durch einfache Überlagerung zusammensetzen. Das erleichtert ihre mathematische Behandlung erheblich. So sind in Abb. 272 die beiden radialsymmetrischen Felder einer Quelle (+) und einer benachbarten Senke (—) zusammengesetzt worden. Das dadurch entstandene Strömungsfeld nennen wir kurz das eines „Dipols". Es wird oft gebraucht. In großem Abstand stimmen die Strömungsfelder der Abb. 268—270 mit dem Strömungsfeld eines Dipols überein. Man kann sie dort alle durch das Feld eines Dipols ersetzen.

Die Gleichung (181) wird uns später in der Elektrizitätslehre wieder begegnen. Dann wird sie nicht die Abhängigkeit einer Geschwindigkeit u, sondern eines elektrischen oder magnetischen Feldvektors vom Abstande r darstellen   An die Stelle der Ergiebigkeit $\pm q$ (m³/sec) wird die elektrische Ladung $\pm q$ (Amperesec) treten oder der magnetische Kraftfluß $\pm \Phi$ (Voltsec)   Demgemaß stimmen auch die Stromlinienbilder der Ausweichstromung formal genau mit den Feldlinienbildern der Elektrizitatslehre uberein   So gleicht Abb 270 den magnetischen Feldlinien einer gestreckten, vom elektrischen Felde durchflossenen Spule, die Abb 268 dem elektrischen Streufeld eines Plattenkondensators (El Lehre, Abb 142 und 46) Ebenso gleicht die Abb 269 dem Felde einer elektrisch oder magnetisch polarisierten Kugel

Alle diese Felder, sowohl die mechanischen wie die elektrischen und magnetischen, lassen sich mit dem Formalismus der **Potentialtheorie** behandeln. Deswegen nennt man die drehungsfreie Strömung **Potentialstrómung.**

§ 92. Drehungen von Flüssigkeiten und ihre Messung. Das drehungsfreie Wirbelfeld.

Wir haben schon zweimal von der Drehung einer Flüssigkeit gesprochen· in einer **Grenzschicht** sollte sich die Flüssigkeit **drehen** (S. 141), in den Strömungsfeldern der §§ 90 und 91 sollte sie sich auf **gekrümmten Bahnen drehungsfrei** bewegen. Beides ist richtig, aber es fehlt ein sehr wesentlicher Punkt, nämlich die Definition des Begriffes „Drehung einer Flüssigkeit".

In einem festen Körper sind alle Teile starr miteinander verbunden. Das hat dreierlei Folgen: Erstens bleibt die Gestalt eines beliebig eingegrenzten Teilgebietes wahrend der Bewegung **ungeandert.** Zweitens haben alle Punkte innerhalb des Teilgebietes die **gleiche** Winkelgeschwindigkeit ω. Drittens wird die Drehung jedes Teilgebietes durch die allen **gemeinsame** Winkelgeschwindigkeit ω eindeutig definiert.

In einer Flüssigkeit hingegen sind alle Teilchen frei gegeneinander verschieblich. Das führt zu ganz anderen Folgen als bei festen Körpern· Erstens **ändern** abgegrenzte (z. B gefarbte) Teilgebiete einer Flüssigkeit

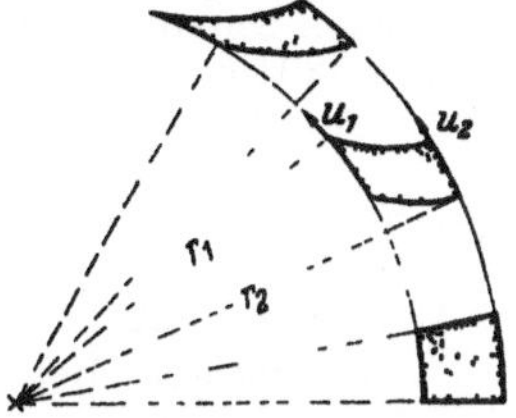

Abb 273 Verzerrung eines Flussigkeitsgebietes in einer ebenen Umlaufstromung im Sonderfall $u_1 r_1 = u_2 r_2$

wahrend der Bewegung die Gestalt[1], die Abb. 273 gibt ein spater wichtiges Beispiel. Zweitens konnen Punkte innerhalb eines Teilgebietes **verschiedene** Winkelgeschwindigkeiten besitzen. Daher laßt sich drittens die Drehung eines Teilgebietes **nicht** wie beim festen Korper durch Angabe einer gemeinsamen Winkelgeschwindigkeit definieren. Man muß statt ihrer ein **neues Maß** für die Drehung des flüssigen Teilgebietes einfuhren, es muß durch eine sinnvolle Mittelbildung die verschiedenen Winkelgeschwindigkeiten innerhalb des Teilgebietes zusammenfassen. Das für Flussigkeiten geschaffene Maß der Drehung heißt „**Rotor der Bahngeschwindigkeit** u" oder kürzer „**rot** u". Man kann es **experimentell** auf **dynamischem** Wege einfuhren und einwandfrei auf **kinematischem** herleiten.

Die **experimentelle** Definition des Rotors ist einfach. man bringt auf oder in die Flüssigkeit einen **Schwimmer** mit einer Pfeilmarke und wählt den Durchmesser des Schwimmers klein gegenüber dem Krümmungsradius seiner Bahn. Wahrend der Bewegung andert die Pfeilmarke des Schwimmers ihre Richtung mit der Winkelgeschwindigkeit ω_{schw}. Dann definiert man

$$\boxed{2\,\omega_{\text{schw}} = \operatorname{rot} u\,.} \tag{182}$$

Kinematisch definiert man zunachst die **Zirkulation** Γ So nennt man die längs eines beliebigen geschlossenen Weges gebildete Liniensumme der Bahngeschwindigkeit u, also

$$u_1\,ds_1 + u_2\,ds_2 + \cdots = \oint u\,ds = \Gamma \tag{183}$$

(u_1, u_2 . sind die Komponenten der Bahngeschwindigkeit in Richtung des Wegabschnittes ds_1, ds_2 Der Kreis im Integralzeichen soll eine geschlossene Bahn andeuten)

---

[1] Abgesehen von dem in Gl (188) behandelten Sonderfall

Dann läßt man den Weg ein Flächenelement dF eingrenzen und bildet das Verhältnis Γ/dF für den Grenzfall eines verschwindend kleinen Flächenelementes dF. Dies Verhältnis nennt man den Rotor der Bahngeschwindigkeit, also

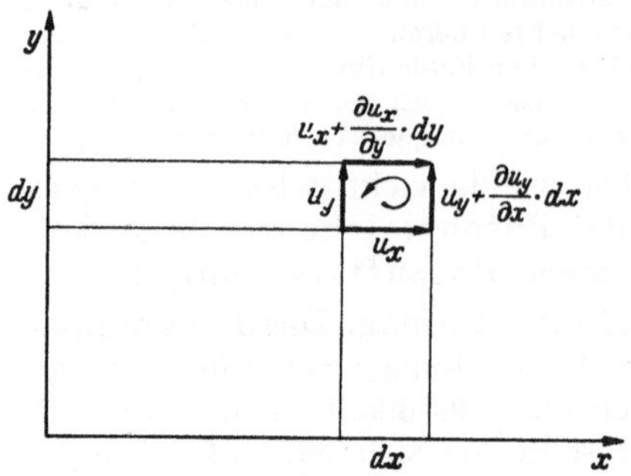

$$\boxed{\operatorname{rot} u = \frac{1}{dF} \oint u\, ds\,.} \qquad (184)$$

Der Rotor ist ein neuer, zum Flächenelement senkrecht stehender Vektor. Er definiert die Drehung der Flüssigkeit innerhalb dieses Flächenelementes. Für seine z-Komponente gilt z. B.

$$(\operatorname{rot} u)_z = \left(\frac{\partial u_y}{\partial x} - \frac{\partial u_x}{\partial y}\right). \qquad (185)$$

Abb. 274. Zur Herleitung der Gleichung (192)

Herleitung: An Hand der Abb. 274 berechnen wir die Zirkulation um die z-Achse langs der vier Seiten eines rechteckigen Flachenelementes $dF = dx \cdot dy$. Die Reihenfolge der Summierung stimmt fur einen parallel zur z-Achse blickenden Beobachter mit der Uhrzeigerdrehung uberein. Die Zirkulation setzt sich dann aus vier einzelnen Posten zusammen, namlich

$$\Gamma = u_x \cdot dx + \left(u_y + \frac{\partial u_y}{\partial x} dx\right) dy - \left(u_x + \frac{\partial u_x}{\partial u_y} dy\right) dx - u_y \cdot dy = dx\, dy \left(\frac{\partial u_y}{\partial x} - \frac{\partial u_x}{\partial y}\right) = (\operatorname{rot} u)_z \cdot dF.$$

Der Rotor der Bahngeschwindigkeit ist in seiner allgemeinen Form ein etwas schwieriger Begriff. Darum bringen wir einige Anwendungsbeispiele:

In Abb. 250 (S. 142) ist die Grenzschicht einer ebenen Strömung dargestellt, die Flüssigkeitsteilchen bewegen sich auf geraden Bahnen. u_y ist ihre aufwärts gerichtete Geschwindigkeit u, die waagerechte u_x ist $= 0$. Folglich liefert Gl. (185)

$$\operatorname{rot} u = \frac{\partial u}{\partial x}. \qquad (186)$$

In diesem Fall ist also der Rotor nichts anderes als das Gefälle der Geschwindigkeit u, und zwar in einer zu u senkrechten Richtung.

Man bringe in das Strömungsfeld dieser Grenzschicht als Schwimmer zwei kleine Stäbe, den einen parallel zur y-Achse, den anderen parallel zur x-Achse. Unmittelbar danach beobachte man ihre Winkelgeschwindigkeiten. Man findet für den der y-Achse parallelen Stab $\omega_y = 0$, für den der x-Achse parallelen Stab $\omega_x = \partial u/\partial x$. Danach vereinige man die beiden Stäbe zu einem starren Kreuz und wiederhole den Versuch. Der kreuzförmige Schwimmer mittelt die Winkelgeschwindigkeiten. Er bekommt die Winkelgeschwindigkeit $\omega_{\mathrm{schw}} = {}^1\!/_2(\omega_y + \omega_x) = {}^1\!/_2 \cdot (0 + \partial u(\partial x) = {}^1\!/_2 \operatorname{rot} u$. Man erhält also

$$2\omega_{\mathrm{schw}} = \operatorname{rot} u. \qquad (182)$$

Im allgemeinen bewegen sich die Flüssigkeitsteilchen auf gekrümmten Bahnen. Die Abb. 275 soll für eine ebene Kreisströmung gelten. Dann ist

$$\boxed{\operatorname{rot} u = \frac{u}{r} + \frac{\partial u}{\partial r}\,.} \qquad (187)$$

Herleitung: Wir berechnen die Zirkulation langs des dick gezeichneten Weges. Sie setzt sich wieder aus vier Posten zusammen. Es ist

$$\Gamma = -u \cdot \alpha r + 0 \cdot dr + \left(u + \frac{\partial u}{\partial r} dr\right) \cdot \alpha(r + dr) + 0 \cdot dr = \alpha\, dr \left(u + r\frac{\partial u}{\partial r}\right).$$

Ferner ist $dF = \alpha r \cdot dr$. Also ergibt das Verhaltnis $\Gamma/dF = \operatorname{rot} u = \dfrac{u}{r} + \dfrac{\partial u}{\partial r}$.

Die Gl. (187) wenden wir auf zwei Grenzfälle an. Im ersten soll die Flüssigkeit auf einer rotierenden festen Scheibe haften und ebenso wie diese in allen Teilgebieten die gleiche Winkelgeschwindigkeit ω besitzen. Dann ist

$$u = \omega r \quad \text{und} \quad \partial u / \partial r = \omega. \qquad (188)$$

Somit erhalten wir aus Gl. (187) für die ganze Flüssigkeit einen konstanten Wert des Rotors, nämlich

$$\operatorname{rot} u = 2\omega. \qquad (188)$$

Abb 275. Zur Herleitung der Gl. (187)

Ebenso groß wie die Winkelgeschwindigkeit ω der Drehachse ist beim festen Körper die eines aufgesetzten „Schwimmers". Auch hier finden wir also wieder

$$2\omega_{\text{schw}} = \operatorname{rot} u. \qquad (182)$$

Von größter praktischer Bedeutung ist ein anderer Grenzfall, gekennzeichnet durch die Bedingung

$$u \cdot r = \text{const}. \qquad (190)$$

Dann ist $\dfrac{\partial u}{\partial r} = -\dfrac{\text{const}}{r^2} = -\dfrac{u}{r}$ und Gl. (187) ergibt

$$\operatorname{rot} u = 0. \qquad (191)$$

Bei Innehaltung der Bedingung (189) lauft also eine Flüssigkeit auf gekrümmter Bahn drehungsfrei; die Pfeilmarke des kleinen Schwimmers behält dauernd ihre feste Richtung (vgl. Abb. 275a). Dies eigenartige Strömungsfeld nennt man ein drehungsfreies Wirbelfeld.

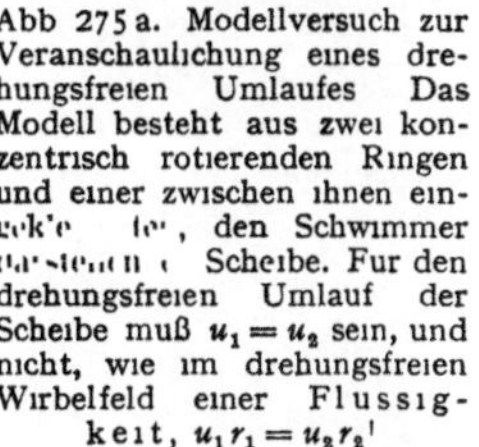

Abb 275 a. Modellversuch zur Veranschaulichung eines drehungsfreien Umlaufes Das Modell besteht aus zwei konzentrisch rotierenden Ringen und einer zwischen ihnen eingesetzten, den Schwimmer darstellenden Scheibe. Fur den drehungsfreien Umlauf der Scheibe muß $u_1 = u_2$ sein, und nicht, wie im drehungsfreien Wirbelfeld einer Flussigkeit, $u_1 r_1 = u_2 r_2$!

Es läßt sich mit anderen drehungsfreien Feldern durch einfache Uberlagerung zusammensetzen. Mathematisch geschieht auch das nach dem Formalismus der Potentialtheorie, und daher nennt man drehungsfreie Wirbelfelder oft Potentialwirbel.

Ein drehungsfreies Wirbelfeld läßt sich experimentell nur verwirklichen, wenn die Flüssigkeit einen „Kern" umkreist. Ein bekanntes Beispiel liefert der Hohlwirbel über der Abflußöffnung einer Badewanne. Der Kern besteht hier aus einer sich drehenden Flüssigkeitsoberfläche. Diese umhüllt die am Umlauf unbeteiligte, sich nach unten verjüngende Luftsäule. — Als Kern geeignet ist auch ein zylindrischer, um seine Längsachse rotierender Stab (§ 95).

Man denke sich den Durchmesser des Kernes ständig abnehmend. Dann muß die Strömungsgeschwindigkeit in seiner unmittelbaren Nähe ständig zunehmen und im Grenzfall ∞ werden. Das tritt natürlich nicht ein. Statt dessen geraten die zentralen Teile der Flüssigkeit in Drehung. So bilden sie einen flüssigen Kern, einen Wirbelfaden, oder im idealisierten Grenzfall eine Wirbellinie. Beispiele dieser Art folgen (§ 93).

Leider wird das Wort Wirbel im Schrifttum in verschiedenen Bedeutungen gebraucht. Wir unterscheiden das drehungsfreie Wirbelfeld und seinen sich drehenden Kern, den Wirbelkern. Beide zusammen nennen wir Wirbel. Wirbelstärke nennt man allgemein die Zirkulation längs eines beliebigen, geschlossenen und den Kern einmal umfassenden Weges. — Beispiel: Ein starrer mit der Winkelgeschwindigkeit ω rotierender Kern erzeuge um sich herum ein drehungsfreies Wirbelfeld. Dann hat das Feld die Wirbelstärke $\Gamma = \oint u \, ds = 2\omega$. Man findet sie auf jedem geschlossenen Wege, sofern es den Kern einmal umfaßt. Ohne diese Umfassung ergibt sich $\Gamma = 0$, das Wirbelfeld ist ja drehungsfrei, es erfüllt die Gl. (190) und (191) v. S. 153.

Bedenklich ist die Bezeichnung des Rotors als Wirbel, sie fuhrt oft zu Verwechslungen.

§ 93. Die Entstehung von Wirbeln und Trennungsflächen in praktisch reibungsfreien[1] Flussigkeiten. Wir beginnen mit der Beobachtung und benutzen dabei wieder den kleinen, aus Abb. 255 bekannten Strömungsapparat. Die Flüssigkeit (Wasser) soll einen Engpaß (Abb 276) durchstromen. Ohne Einfluß der Reibung ist das Stromungsfeld vor und hinter dem Engpaß vollig symmetrisch, und zwar sowohl für die Ausweichstromung wie für die gesamte Stromung. Diese symmetrischen Stromungsfelder erhalt man aber nur unmittelbar nach Beginn der Bewegung; gleich darauf geht die Symmetrie verloren. Hinter dem Engpaß entstehen zwei große, nach außen drehende Wirbel (Abb. 276a). Diese A n f a h r w i r b e l entfernen sich rasch in Richtung der Strömung, und es verbleibt ein Strahl (Abb. 276b).

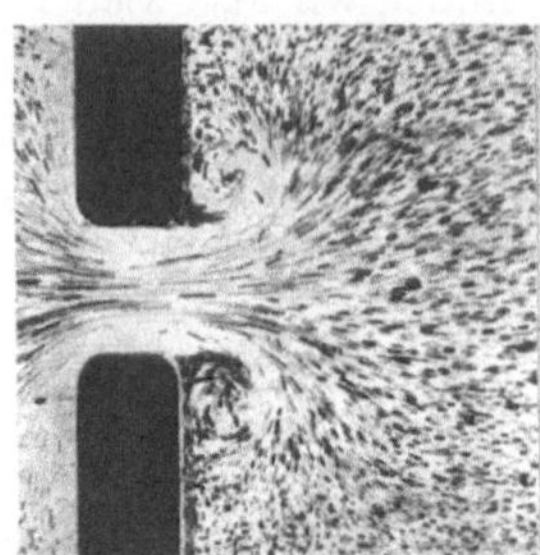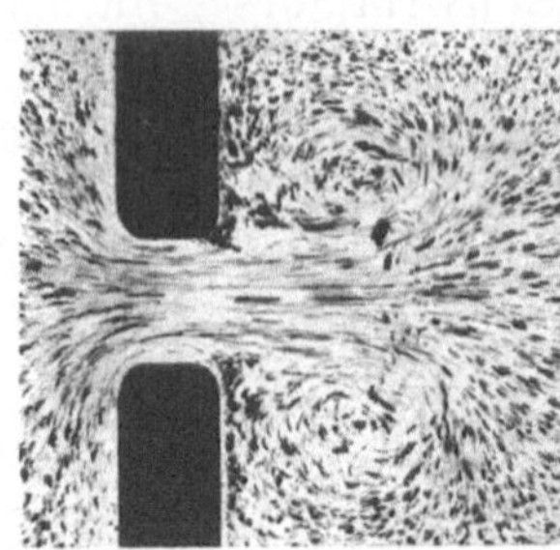

Abb 276a. Anfahrwirbel bei Beginn der Strahlbildung

Dieser ist beiderseits durch eine T r e n n u n g s s c h i c h t gegen die ruhende Umgebung abgegrenzt. In der Trennungsschicht finden sich mehrere deutlich erkennbare kleine Wirbel. Eine solche Trennungsschicht kann man im Grenzfall als T r e n n u n g s f l ä c h e idealisieren. Alle in ihr enthaltenen Flüssigkeitsteilchen müssen sich drehen. Das ist schematisch in Abb. 277 skizziert.

In allen Wirbeln, sowohl in den Anfahrwirbeln wie in den kleinen Wirbeln der Trennungsflache, stehen die Kerne zur Papierebene senkrecht. Alle Wirbel enden nicht in der Flüssigkeit, sondern an den Glaswänden des Strömungsapparates.

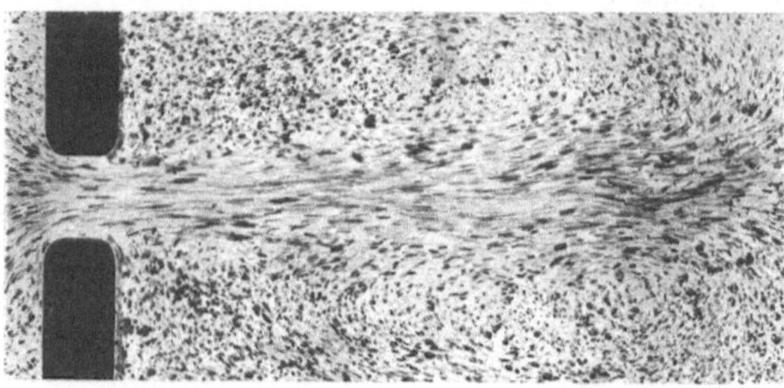

Abb 276b   Durch Trennungsflachen begrenzter Flussigkeitsstrahl

Bei der Fortfuhrung dieser Versuche stellen wir ringförmig geschlossene Wirbel her, und zwar diesmal in Luft. Die Anordnung findet sich in

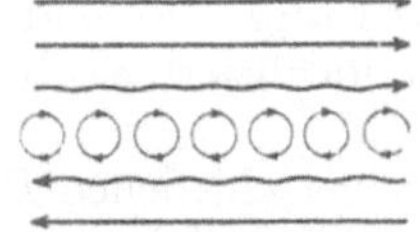
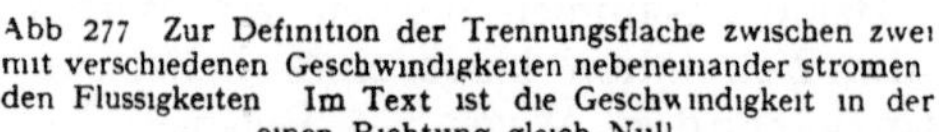

Abb 277 Zur Definition der Trennungsflache zwischen zwei mit verschiedenen Geschwindigkeiten nebeneinander stromen den Flussigkeiten   Im Text ist die Geschwindigkeit in der einen Richtung gleich Null.

Abb 278a. Zur Vorfuhrung ringformig geschlossener Anfahrwirbel in Luft.

Abb. 278. Der Boden einer trommelformigen Dose besteht aus einer gespannten Membran M. Die Luft im Inneren der Trommel wird mit irgendeinem Qualm gefärbt. Ein Schlag gegen die Membran treibt für kurze Zeit

---

[1] Auch in idealen ganz reibungsfreien Flussigkeiten sind Wirbel und Trennflachen denkbar, doch konnen sie weder entstehen noch vergehen (H v HELMHOLTZ)

einen Strahl gefärbter Luft aus der Öffnung heraus. Seine Randschicht wird
sofort umgebördelt. Es entsteht wie gelegentlich bei Rauchern, ein Wirbelring.

Ein solcher Wirbel kann etliche Meter weit fliegen, ein Kartenblatt umwerfen, eine Kerze
ausblasen usw. Leider sind immer nur die zentralen Teile des Wirbels gefärbt, und dadurch
wird ein begrenzter Querschnitt vorgetäuscht In Wirklichkeit erstreckt sich das drehungsfreie Wirbelfeld weit nach außen. Das ist leicht zu zeigen· Man braucht nur zwei Wirbel
kurz hintereinander zu erzeugen Der zweite holt den ersten ein, der erste erweitert sich und
läßt den zweiten durch seine Ringfläche hindurchtreten, alsdann wiederholt sich das Spiel
noch ein oder zweimal mit vertauschten Rollen

Technisch bedeutsam sind intermittierende Strahlen Ihre Herstellung wird durch
Abb 278b erläutert Man benutzt als Hinterwand eines flachen Kastens K (Abb 287b)
eine mit Wechselstrom zu Schwingungen erregte Telephonmem-
bran M Dann wird die Luft in der Frequenz des Wechselstromes
als Strahl ausgestoßen, aber allseitig eingesaugt Ebenso
können wir ein Licht auf weiten Abstand durch einen Strahl beim
Ausatmen „auspusten". Wir können es aber nicht beim Einatmen „aussaugen" Beim Einatmen strömt die Luft von allen
Seiten gleichmäßig in unsern Mund.

So weit die Tatsachen. — Trennungsfläche und
Wirbel entstehen hier wie überall durch die gleiche Ursache, nämlich durch die in jeder wirklichen Flüssigkeit vorhandene innere Reibung
(L. PRANDTL). — Ohne jede Reibung sollte die Flüssigkeit den Rand der Öffnung mit sehr großer Geschwindigkeit umfahren. In Wirklichkeit wird sie durch innere
Reibung behindert. Diese Behinderung wirkt sich vor

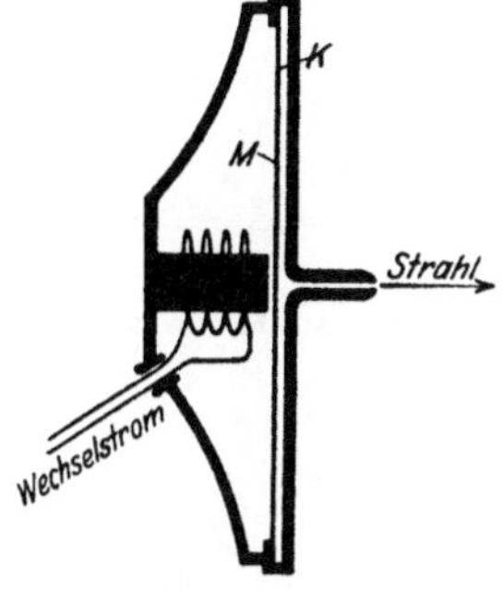

Abb 278b. Intermittierende
Strahlbildung.

und hinter dem Engpaß verschieden aus. Auf dem Wege zum Engpaß werden
alle Teile des Stromes beschleunigt, im Engpaß erreicht ja die Strömungsgeschwindigkeit ihren höchsten Wert. Die behinderte Randschicht wird von den unbehin-
dert strömenden Nachbarn in der Vorwärtsbewegung unterstützt. Dadurch bleibt
vor dem Engpaß das ursprüngliche Strömungsfeld, also das der Potentialströmung, erhalten. Hinter dem Engpaß hingegen werden alle Teile des Stromes
verzögert. Dort können die behinderten Randschichten von den Nachbarn keine
Unterstützung mehr bekommen. Sie verlieren den Anschluß und bleiben zurück.
Es bleibt ihnen nichts übrig, als umzukehren und sich zwischen Wand und Strömung zu schieben. Dadurch „löst sich die Strömung von den Wänden ab",
und so entstehen Trennungsfläche und Wirbel.

Die eben behandelten Vorgänge, also die Bildung von Wirbeln und Trennungsflächen, führen auch zum Verständnis der Kräfte, die auch in praktisch
reibungsfreien Flüssigkeiten beim Umströmen fester Körper auftreten. Es handelt
sich um den Stirnwiderstand (§ 94) und den dynamischen Auftrieb (§ 95). Beide
wollen wir mit dem Strömungsapparat (Abb. 255) untersuchen. Die umströmten
Körper sollen wieder beiderseits die Glaswände berühren. Es soll also in beiden
Fällen eine ebene Strömung behandelt werden. Die Ergebnisse lassen sich dann
sinngemäß auf den Fall räumlicher Strömungen übertragen.

§ 94. Widerstand und Stromlinienprofil. Bei Beginn der Bewegung sind
alle bisher gezeigten Strömungsfelder der reibungsfreien Flüssigkeit auf der Vor-
der-·und auf der Rückseite der Körper symmetrisch (z. B. Abb. 263—270). Das
bedeutet nach Gleichung (180) eine Symmetrie der Drucke und Kräfte auf der
Vorder- und Rückseite. Die Summe der auf den Körper wirkenden Kräfte ist
anfänglich null, die Bewegung eines Körpers erfolgt also in einer Flüssigkeit
anfänglich widerstandsfrei. Dieser Zustand kann sich aber nur während einer
ganz kurzen Zeit halten; dann muß sich ein der Bewegung entgegen gerichteter
Widerstand herausbilden, sonst geriete man ja in Widerspruch zu alltäglichen Erfahrungen. Man denke nur an das Rudern oder an das Umrühren einer Suppe. —

Tatsächlich wird die Symmetrie des Strömungsfeldes vorn und hinten sehr bald nach Beginn der Bewegung zerstört. Zur Vorführung nehmen wir eine quer zur Strömung stehende Platte. Ganz am Anfang gibt es die symmetrische Ausweichströmung (Abb. 269). Gleich darauf aber wird sie verzerrt. Es entstehen aus ihr zwei große nach innen drehende Anfahrwirbel (Abb. 279a). Diese entfernen sich rasch mit der Strömung, und im stationären Zustand findet sich hinter der Platte beiderseits eine deutliche Trennungsfläche. Diese trennt einen erst hinter dem rechten Bildrand geschlossenen Bereich von der übrigen Strömung (Abb. 279b). Innerhalb dieses Bereiches befindet sich die Flüssigkeit in lebhafter Drehung. Es sind etliche (nur bei bestimmter Laufgeschwindigkeit der Kamera erkennbare) Wirbel vorhanden.

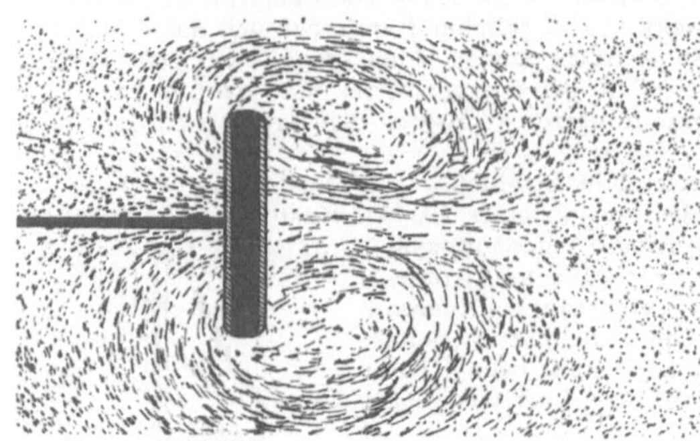

Abb. 279a Anfahrwirbel hinter einer quer zur Stromung (→) stehenden Platte.

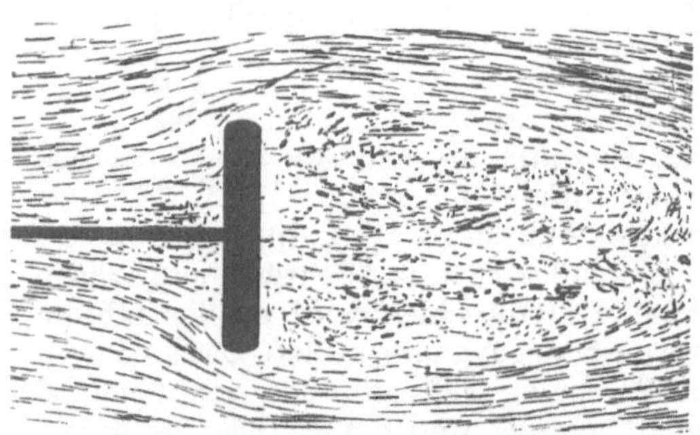

Abb. 279b. Zur Entstehung des Widerstandes durch Wirbel innerhalb einer glockenformigen Trennungsflache Der Widerstand ist fur Reynoldssche Zahlen *Re* zwischen $4 \cdot 10^3$ und 10^6 etwas großer als das Produkt aus Staudruck und Scheibenflache. Man findet experimentell $\Re = 1{,}1 \cdot \frac{1}{2} \varrho u^2 F$

Jetzt übersehen wir die Entstehung des Widerstandes umströmter Körper in wirklichen Flüssigkeiten. Er wird durch Drehbewegungen der Flüssigkeit auf der Rückseite des umströmten Körpers erzeugt. Es werden ständig neue Teilgebiete der Flüssigkeit in Drehung versetzt. Das Andrehen dieser Wirbel, die Herstellung ihrer kinetischen Energie, verlangt Leistung von Arbeit. Die für diese Arbeit erforderliche Kraft ist dem Widerstand entgegengesetzt gleich. „Der Widerstand eines von einer Flüssigkeit umströmten Körpers wird durch Dreh- oder Wirbelbewegungen auf seiner Rückseite bedingt." Das ist der überraschende experimentelle Befund.

Der Widerstand umströmter Körper wird technisch häufig ausgenutzt. Wir nennen als Beispiel den Fallschirm (er vermindert die Sinkgeschwindigkeit eines Mannes von einigen 60 m/sec auf etwa 5,5 m/sec), die Riemen der Ruderboote und die Schaufelräder der Raddampfer. Ferner die Windräder mit vertikaler Achse; diese haben

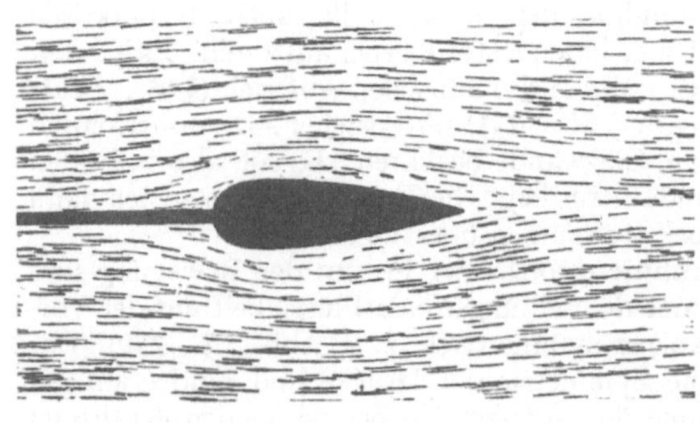

Abb. 280. Stromlinienprofil. Photographisches Negativ mit Dunkelfeldbeleuchtung (Stromungsapparat der Abb. 255).

meist ein S-förmiges Profil oder halbkugelförmige Schalen an den Enden eines Kreuzes: „Schalenkreuze" der Windgeschwindigkeitsmesser oder „Anemometer".

(Der Widerstand der konkaven Schalenseite ist viermal größer als der der konvexen.)

In anderen Fällen ist der Widerstand lästig. Dann wird er durch geschickte Formgebung des umströmten Körpers ausgeschaltet. Es verbleibt nur der geringfügige, in der Grenzschicht zwischen Körper und Flüssigkeit entstehende R e i b u n g s w i d e r s t a n d. Dafür hat uns die Natur zahllose Vorbilder gegeben. Ihr

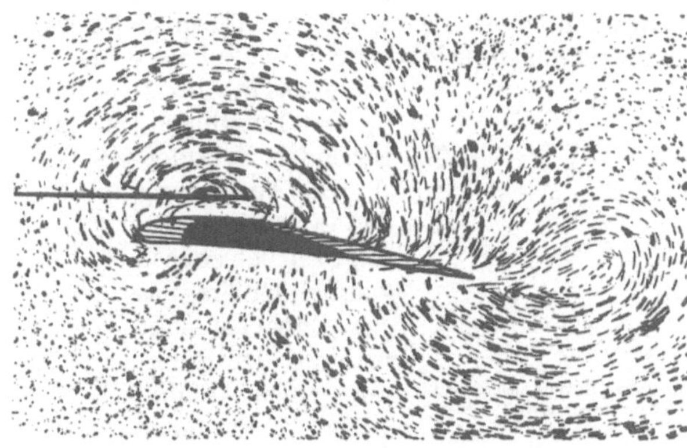

Abb. 281. Entstehung eines Anfahrwirbels aus der Ausweichströmung einer Tragfläche, Flüssigkeit und Beobachter (Kamera) ruhen, Tragfläche bewegt sich.

gemeinsames Merkmal ist das „Stromlinienprofil" gemäß Abb. 280. Einen derart stromlinienförmigen Körper können wir mit großer Geschwindigkeit von Wasser umströmen lassen. Die Wirbelbildung bleibt aus. Eine Kugel von praktisch gleichem Durchmesser erzeugt bei gleicher Geschwindigkeit schon unmittelbar nach dem Anfahren eine starke Wirbelbildung. Das Stromlinienprofil spielt in der Technik eine hochwichtige Rolle. Wir nennen nur die Gestalt der Luftschiffe, Unterseeboote, Torpedos, den Querschnitt aller Verspannungsdrähte und -stäbe in Flugzeugen usw.

§ 95. Die dynamische Querkraft. Die Ablösung der Anfahrwirbel läßt sich durch bestimmte Neigung, Gestalt oder Bewegung des umströmten Körpers beeinflussen. Am einfachsten liegen die Dinge wieder im Fall der e b e n e n Strömung. Hier kann man den einen der beiden Anfahrwirbel dauernd ausschalten. Statt des anderen entsteht dann ein drehungsfreies Wirbelfeld mit dem umströmten Körper als Kern.

Das wichtigste Beispiel liefert das Tragflächen- oder Flügelprofil. Die Abb. 281 zeigt seine Ausweichströmung während der Ablösung des Anfahrwirbels. Gleichzeitig entsteht um den Flügel herum ein drehungsfreies Wirbelfeld im Uhrzeigersinne. Es hat auf der Oberseite die gleiche Richtung wie die Ausweichströmung, auf der Unterseite hingegen sind beide Strömungen einander entgegengesetzt. Infolgedessen strömt die Flüssigkeit oben rasch, unten langsam. Oben entsteht ein Gebiet verminderten statischen Druckes, der Flügel wird nach oben gesaugt, er erfährt quer zur Flugrichtung eine d y n a m i s c h e Querkraft. Bei der Beobachtung der Ausweich-

Abb. 282 a.

Abb. 282 b.

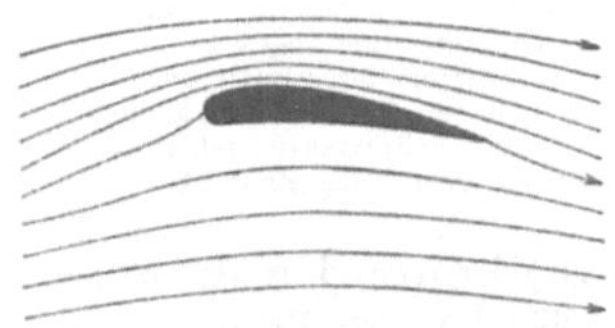

Abb. 282 c.

Abb. 282 a bis c. Zur Entstehung des Tragflächenauftriebes   a) Potentialströmung ohne Wirbelfeld (Modellversuch), b) drehungsfreies Wirbelfeld, schematisch, c) Überlagerung beider Das drehungsfreie Wirbelfeld läßt sich nicht allein beobachten. Entweder überlagert sich die Parallelströmung oder die Ausweichströmung.

strömung stören zweifellos die verwaschenen Umrisse des Flügels. Darum zeichnet man meist die gesamte Strömung, also Ausweichströmung und Parallelströmung. — Im ersten Augenblick entsteht eine Potentialströmung gemäß Abb. 282a. Dann wird der Anfahrwirbel abgestoßen, es überlagert sich das in Abb. 282b skizzierte drehungsfreie Wirbelfeld. Beide Potentialströmungen überlagern sich und ergeben das in Abb. 282c skizzierte Strömungsfeld.

Das Tragflügelprofil läßt sich durch einen rotierenden Zylinder ersetzen

Die Ausbildung des Wirbelfeldes erfolgt zeitlich ebenso wie bei der Tragfläche. Zunächst sieht man auf der Rückseite einen Anfahrwirbel entstehen

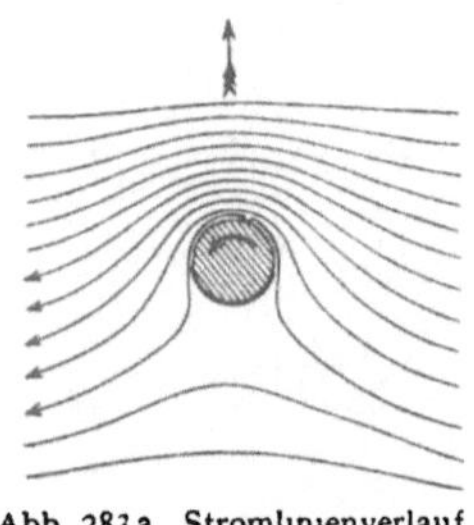

Abb. 283a Stromlinienverlauf um einen rotierenden Zylinder

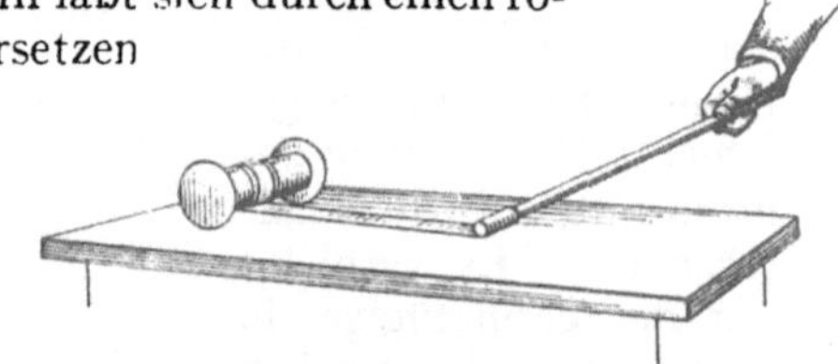

Abb 283b. Dynamische Querkraft eines rotierenden Zylinders (Magnus-Effekt).

und mit der Strömung wegtreiben. Schließlich verbleibt das in Abb. 283a wiedergegebene Bild. Bei den gezeichneten Bewegungsrichtungen erfährt der Zylinder eine Querkraft in Richtung des gefiederten Pfeiles. Zur Vorführung dieser Erscheinung benutzt man eine leichte Papprolle von der Größe einer aufgerollten Serviette (Abb. 283b). Ihre Enden sind mit etwas überragenden Kreisscheiben abgeschlossen. Auf diese Rolle wird ein flaches Leinenband aufgerollt.

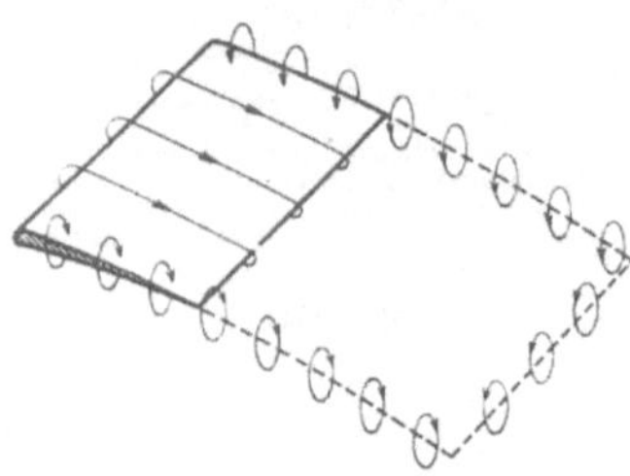

Abb 284a Zur Entstehung des Flugel-Widerstandes (induzierter Widerstand). Die kleinen runden Pfeile sollen nur den Sinn der Bewegung andeuten und nicht etwa den Bereich der Stromung abgrenzen Die Luft stromt in einem weiten Bereich seitlich neben der vom Flugel uberfahrenen Flache aufwarts Darum fliegen manche Vogel, z B Enten und Ganse, gern seitlich hintereinander, „Keile" oder „Schnure" bildend Dann fliegt, vom Spitzentier abgesehen, jeder Vogel in aufwarts stromender Luft, und daher erreicht er seinen Auftrieb mit kleinerer Leistung Nur dem Spitzentier fehlt diese Hilfe, daher muß es von Zeit zu Zeit abgelost werden

Das freie Ende des Bandes wird wie eine Schnur an einem Peitschenstiel befestigt. Man schlägt den Peitschenstiel in waagerechter Richtung zur Seite. Dadurch erhält der Zylinder eine Geschwindigkeit in der Waagerechten. Das abrollende Band erteilt ihm gleichzeitig eine Drehung. Der Zylinder fliegt statt in einer waagerecht einsetzenden Wurfparabel in hochaufbäumender Flugbahn davon und durchläuft eine Schleifenbahn.

In beiden Fallen, also sowohl bei der Tragfläche wie beim rotierenden Zylinder, gilt für die dynamische Querkraft $\Re$ die von M. W. Kutta und N. J. Joukowski unabhängig voneinander entdeckte Beziehung

$$\Re = \varrho \cdot u \cdot \varGamma \cdot l. \qquad (194)$$

(ϱ = Dichte, u = Geschwindigkeit der Flussigkeit, l = Lange der Tragflache oder des rotierenden Zylinders. $\varGamma$ die Zirkulation des drehungsfreien Wirbelfeldes.)

In Natur und Technik hat man es nie mit einer ebenen Umströmung von Tragflächen oder rotierenden Zylindern zu tun. Die Enden der Tragflächen oder Zylinder werden nicht beiderseits von ausgedehnten Ebenen, wie den Flächen des Glastroges in Abb. 255, begrenzt. Auch kann man nicht unendlich lange Tragflächen oder Zylinder anwenden. — Die endlichen Längen bringen aber etwas grundsätzlich Neues: Das die Tragflächen umkreisende Wirbelfeld erzeugt nicht nur eine als Auftrieb[1] verwertete Querkraft,

---

[1] Fur Uberschlagsrechnungen merke man sich als brauchbare Naherungen:
Auftrieb $\Re_A \approx \frac{1}{2}\varrho u^2 \cdot F$ und Widerstand $\Re_R \approx 5$—10% von $\Re_A$.   (F = Flugelflache)
$\frac{1}{2}\varrho u^2$ ist der Staudruck p' Daher schreiben die Techniker meist $\Re_A = c_a \cdot p' \cdot F$ und $\Re_W = c_w \cdot p'F$ und geben Zahlenwerte fur c_a und c_w, die „Beiwerte" des Auftriebs und des Widerstandes, meist in einem Polare genannten Diagramm fur verschiedene Anstellwinkel, d h Winkel zwischen Flugelsehne und Fahrtrichtung

sondern auch einen der Bewegung entgegen gerichteten Widerstand[1]. Man nennt
ihn induzierten Widerstand. Seine Entstehung moge kurz angedeutet werden: An
den beiden seitlichen Enden der Tragflächen grenzen die Hochdruckgebiete der
Bauchseite an die Tiefdruckgebiete des Rückens. Es strömt Luft vom Bauch zum
Rücken. Es entstehen an beiden Flügelenden Wirbel. Diese bilden zusammen mit
dem Wirbelfeld um die Tragfläche als Kern und dem Anfahrwirbel einen einzigen
geschlossenen Wirbel. Seine Länge nimmt dauernd zu, an den Flügelenden wird
dauernd neue Luft in Drehung versetzt. Die dazu erforderliche Arbeit muß
von einer Kraft geleistet werden, und die zu ihr gehörige Gegenkraft ist der
„induzierte Widerstand". — Ohne diesen Widerstand brauchte ein Flugzeug in
reibungsfreier Luft keinen Motor, um eine konstante Höhenlage zu halten.

Zusammenfassung der §§ 94 und 95: Man kann außer durch Reibung
in einer (laminaren oder turbulenten) Grenzschicht noch auf zwei andere Arten
Krafte zwischen einer praktisch reibungsfreien Flüssigkeit und einem festen
Korper herstellen. Erstens durch Wirbelbildung auf der Rückseite: Er liefert (wie
die Reibung in der Grenzschicht) einen Widerstand entgegen der Bewegungsrichtung. Zweitens durch ein drehungsfreies Wirbelfeld mit dem Körper als
Kern: so entsteht die dynamische Querkraft (quer zur Bewegungsrichtung)
und dabei der induzierte Widerstand (entgegen der Bewegungsrichtung).

§ 95 a. Anwendungen der Querkraft finden sich vor allem bei den mannigfachen Arten von Tragflächen und Flügeln.

Beispiele:

1. Ein Kinderdrachen wird im Winde vom Boden aus mit einem Bindfaden festgehalten. Dann kann die Luft diesen Drachen umströmen, ohne ihn
in der Waagerechten fortzuführen. — Die Annäherung des Drachenprofils an
eine gute Tragfläche ist zwar nur maßig, aber völlig ausreichend.

2. Bei einem Flugzeug wird die Umströmung normalerweise durch Motor
und Propeller aufrechterhalten. Das Wesentliche ist schon auf S. 60 gesagt
worden. — Nach Abstellen des Motors verzehren induzierter Widerstand und
die Reibungsverluste in der Grenzschicht kinetische Energie. Diese Verluste
mussen aus dem Vorrat an potentieller Energie ersetzt werden, d. h. das Flugzeug muß sich im Gleitflug langsam der Erde nähern. Der Neigungswinkel der
Bahn wird durch das Verhaltnis des Widerstandes zum Auftrieb bestimmt;
daher nennt man dieses Verhältnis die Gleitzahl.

3. Im Gleitflug fliegen auch die einem Dampfer folgenden Möwen. Sie
benutzen die leicht schrag aufwarts gerichtete Strömung am Heck des Schiffes.
Sie gleiten nicht in ruhender, sondern in schrag aufwärts strömender Luft abwärts. Dadurch halten sie ihre Höhenlage. Sie
ersetzen also ihre Verluste an kinetischer Energie nicht aus ihrem
mit den Muskeln erarbeiteten Vorrat an potentieller Energie. Sie
entnehmen den Energieersatz der schräg aufwärts strömenden
Luft, beziehen ihn also in letzter Linie auf Kosten der Schiffs-
maschine.

4 Motorlose Sportflugzeuge bedienen sich meistens des Gleit-
fluges in aufwarts strömender Luft. Für ihr Steigen muß die senkrecht nach oben gerichtete Komponente der Windgeschwindigkeit
größer sein als die senkrecht nach unten gerichtete Komponente
der Gleitfluggeschwindigkeit.

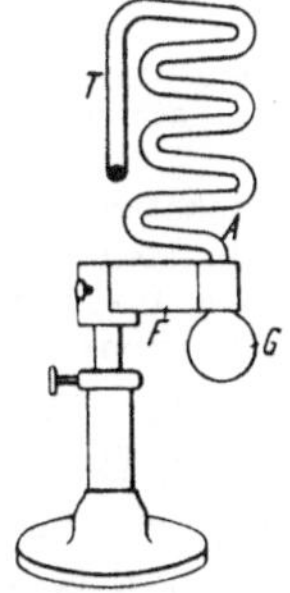

Abb 284 b   Zum
Steigen beim Segel-
flug. $A =$ Ausgangs-
punkt der Kugel,
$G =$ Auswuchtklotz,
T dient zum Auf-
fangen der Kugel

Doch konnen motorlose Flugzeuge auch nach Art vieler gut fliegen-
der Vogel „segeln". Beim Segelflug erhalten die Tragflugel ihre unerlaß-
liche Relativgeschwindigkeit gegen die umgebende Luft durch Trägheits-
krafte Der Segelflug verlangt unbedingt einen Wechsel der Wind-

---

[1] Siehe Fußnote S 158

geschwindigkeit. Die Luft ist als beschleunigtes Bezugssystem zu betrachten. Der Flieger hat nur Anstellwinkel und Flugrichtung sinngemaß zu wechseln (und Zeiten konstanter Windgeschwindigkeit mit Abwartsgleitflug auszufullen). Die energetischen Verhaltnisse veranschaulicht man sich leicht durch Modellversuche. Fur waagerechte Geschwindigkeits-anderungen nimmt man z. B. eine Stahlkugel in einem senkrecht stehenden Glasrohr von Zickzackform (Abb. 284 b) Eine in Schwingung versetzte Blattfeder F bewegt das Rohr beschleunigt in waagerechter Richtung hin und her. Durch die Tragheitskrafte steigt die Kugel auf den „schiefen Ebenen" in die Hohe.

5. Typische Flügel findet man auch an rotierenden Gebläsen und an manchen rotierenden Pumpen, sowie an Schraubenpropellern der Luft- und Wasserfahrzeuge. In allen Fällen beschleunigen die Flugel eine Strömung, die Arbeit eines Motors wird in kinetische Energie, z. B. eines Strahles, verwandelt. Die Strömung trifft unter kleinem Anstellwinkel gegen die Flügelflächen. Ihre Relativgeschwindigkeit gegen die Flügel setzt sich ja aus zwei Komponenten zusammen: der Geschwindigkeit gegenüber dem Standort des Flügelträgers und der (vom Nabenabstand abhängigen) Umfangsgeschwindigkeit.

6. Die Umkehr dieser Gebläse, Pumpen und Propeller finden wir in den Windmühlen und den Überdruck- oder Reaktionsturbinen. Diese verzögern eine Strömung und lassen ihre kinetische Energie als Motorarbeit ausnutzen (Leistung $\dot{W}$ = Drehmoment $\mathfrak{M}$ · Winkelgeschwindigkeit ω). Stets ist der Druck vor dem Flügelsystem größer als hinter ihm, daher kann die Umfangsgeschwindigkeit ein mehrfaches der Strömungsgeschwindigkeit erreichen; bei Windmühlen geht man z. B. bis zum vierfachen. Dabei braucht man, im Gegensatz zu den Wasserturbinen, keine Einkapselung des Flügelsystems in eine Rohrleitung, um den Mittelwert des Druckes vor dem Flügelsystem größer zu halten als hinter ihm.

Spielwindmuhlen kann man mit einem ganz symmetrischen halbkreisförmigen Flügelprofil herstellen (Abb. 284 c). Die Ablosung des Anfahrwirbels erzwingt man durch einen seitlichen Schlag gegen einen Flugel. Der Drehsinn der Muhle wird nun durch die Richtung dieses Schlages bestimmt.

7. Jede Drehung läßt sich durch eine periodische Hinundherbewegung ersetzen.. An die Stelle der rotierenden Schiffsschraube kann der „wriggende" Riemen am Heck eines kleinen Bootes treten.

8. Beim Flug der Vögel und Insekten haben die Flügel eine doppelte Aufgabe. Erstens haben sie als Tragflächen den Auftrieb in lotrechter Richtung zu liefern. Zweitens müssen sie als Propeller den waagerechten Vorschub liefern. Das geschieht mit Hilfe von teilweise verwickelten Wriggbewegungen.

Abb 284 c. Windmuhle mit symmetrisch gebauten Flugeln.

9. Die Querkraft rotierender Zylinder hat man zum Antrieb neuartiger Segelschiffe („Rotorschiffe") benutzt. Doch haben die wirtschaftlichen Erfolge nicht die anfangliche Reklame gerechtfertigt. Hingegen werden derartige Auftriebserscheinungen rotierender Korper in Luft mannigfach im Sport ausgenutzt. Der „geschnittene", d. h. der mit schrag bewegtem Schlager beschleunigte Tennisball oder Golfball fliegt weiter, als es einer Wurfparabel entsprechen wurde. Die Bahn derart „geschnittener" Balle gleicht der in Abb. 144 skizzierten.

§ 96. Wellen auf der Oberfläche von Flüssigkeiten. Wir haben bisher nur Bewegungen im Innern von Flüssigkeiten betrachtet. Das Wort Flüssigkeit ist dabei in diesem ganzen Kapitel ein Sammelbegriff für Flüssigkeiten und Gase im Sinne des täglichen Sprachgebrauches. Als Oberfläche hat daher allgemein die Grenze zweier Flüssigkeiten ungleicher Dichte zu gelten. Gemeint ist also erstens die Oberfläche einer Flüssigkeit im gewöhnlichen Sinne, zweitens aber auch die Diffusionsgrenze zweier Gase ungleicher Dichte. Die Diffusionsgrenze zweier Gase als Oberflächenersatz ist uns schon seit § 82 geläufig.

Die Existenz von Wellen auf Wasseroberflächen gehört zu unsern alltäglichen Erfahrungen. Diese Wellen haben keineswegs die einfache Gestalt einer Sinuswelle. Die Wellentäler sind breit und flach, die Wellenberge schmal und hoch. Die Abb. 285a zeigt ein Momentbild einer von links nach rechts fortschreitenden Wasser-

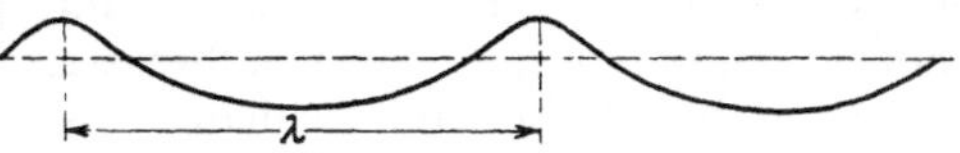

Abb 285a. Profil einer Wasserwelle.

welle. Trotz dieser komplizierten Gestalt werden sich uns die Wasserwellen in einer Wasch- oder Suppenschüssel im Kapitel XII als ein sehr nützliches, viel Zeichen- und Rechenarbeit ersparendes Hilfsmittel erweisen. Darum wollen wir uns hier vom Zustandekommen der Wellen auf Flüssigkeitsoberflächen in großen Zügen Rechenschaft geben.

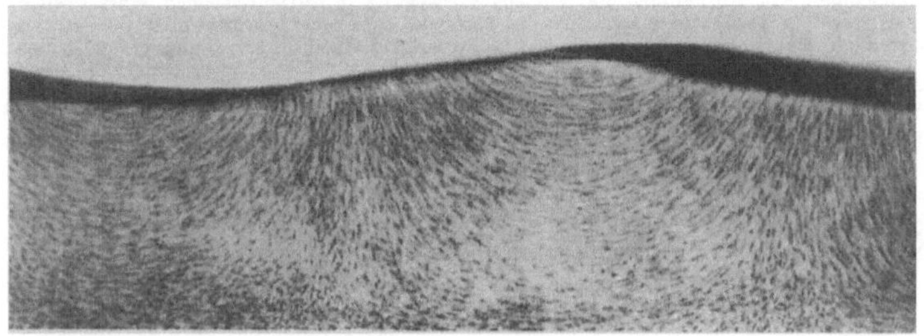

Abb 285b Stromlinien in einer fortschreitenden Wasserwelle Photographisches Positiv mit Hellfeldbeleuchtung

Zu diesem Zweck stellen wir uns zunächst experimentell einen leicht beobachtbaren Wellenzug her. Dazu benutzen wir eine Wellenrinne Es ist ein langer, schmaler Blechkasten mit seitlichen Glasfenstern (etwa $150 \times 30 \times 5$ cm). Er wird etwa zur Hälfte mit Wasser gefüllt. Dem Wasser werden in bekannter Weise Aluminiumflitter als Schwebeteilchen beigemengt. Zur Einleitung der Wellenbewegung dient ein von einem Motor auf und nieder bewegter Klotz. Beim Fortschreiten der Welle sehen wir ein Stromlinienbild gemäß Abb. 285 b. Es ist eine Zeitaufnahme von etwa $^{1}/_{25}$ Sekunden Dauer. Dies Stromlinienbild gilt für einen im Hörsaal ruhenden Beobachter. Es zeigt uns die Verteilung der Geschwindigkeitsrichtungen.

In einer Welle ist die Bewegung der Flüssigkeit nicht stationär. Infolgedessen fallen die im Laufe der Zeit von den einzelnen Flüssigkeitsteilchen zurückgelegten Bahnen keineswegs mit den Stromlinien zusammen (vgl. S. 146). Diese Bahnen sehen ganz anders aus. Sie sind bei mäßigen Wellenamplituden mit großer Näherung Kreise. Man findet diese Kreisbahnen sowohl an der Oberfläche wie in größeren Tiefen. Doch ist der Kreisbahndurchmesser für die Wasserteilchen in den obersten Schichten am größten.

Zur Vorführung dieser Kreisbahnen einzelner Wasserteilchen („Orbitalbewegung") setzen wir dem Wasser nur einige wenige Aluminiumflitter als Schwebekörper zu. Außerdem machen wir die Dauer der photographischen Zeitaufnahme gleich einer Wellenperiode. So gelangen wir zu dem in Abb. 286 abgedruckten Bilde.

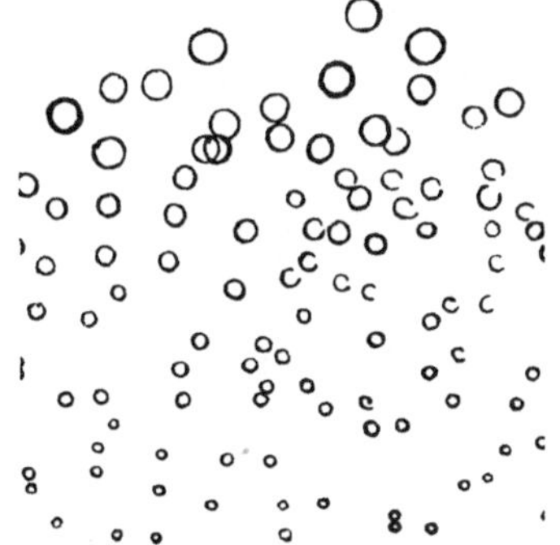

Abb 286 Kreisbahnbewegung einzelner Flüssigkeitsteilchen (Orbitalbewegung) in einer fortschreitenden Wasserwelle. Photographisches Negativ mit Dunkelfeldbeleuchtung (vgl. Abb 333) Die obere Bildgrenze ist nicht etwa durch den Umriß einer Welle, sondern durch die zufällige Verteilung der Al-Flitter bedingt.

Zur Erleichterung der Beobachtung auf dem Wandschirm kann man die Laufgeschwindigkeit der Welle vermindern. Zu diesem Zweck schichtet man in der Wellenrinne zwei Flüssigkeiten mit geringem Dichteunterschied übereinander, z. B. unten Salz-, oben Süßwasser. Der zur Erzeugung der Welle dienende Klotz durchsetzt die Trennschicht. Die Oberfläche des Sußwassers gegen Luft bleibt praktisch in Ruhe. Hingegen läuft längs der Oberfläche zwischen Salz- und Süßwasser eine Welle hoher Amplitude langsam nach rechts

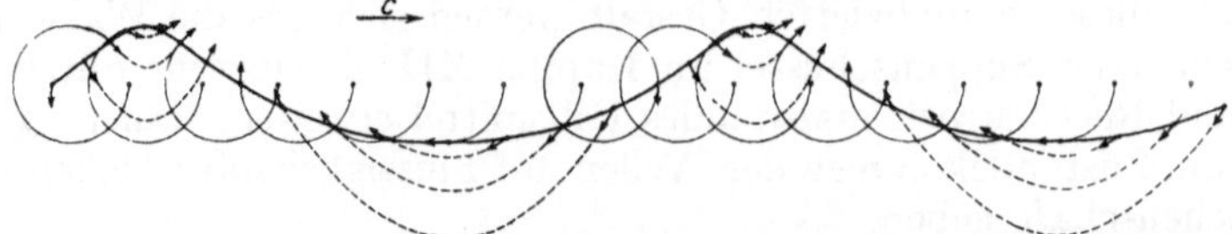

Abb 287   Zusammenhang von Stromlinien und Kreisbahnbewegung in fortschreitenden Wasserwellen   Bei einer Verbindung der kleinen Pfeilspitzen erhält man das Profil der nach rechts fortschreitenden Welle am Schluß des nächsten Zeitintervalles. Es sind lediglich für jeden 2. Geschwindigkeitspfeil die Kreisbahnbewegungen eingezeichnet.

Auf Grund unserer experimentellen Befunde gelangen wir zu dem in Abb. 287 skizzierten Schema. Es enthält die Kreisbahnen einiger an der Oberfläche befindlicher Flüssigkeitsteilchen. Ihr Durchmesser $2r$ ist gleich dem Höhenunterschied zwischen Wellenberg und Wellental.

Die Kreisbahngeschwindigkeit nennen wir w, also

$$w = \frac{2r\pi}{T}.$$

Die Zeit T eines vollen Umlaufes entspricht dem Vorrücken der Welle um eine volle Wellenlänge λ.

Zur Vereinfachung der Rechnung nehmen wir eine Oberfläche von Wasser gegen Luft an. Wir wollen Dichte und kinetische Energie der Luft gegen die des Wassers vernachlässigen.

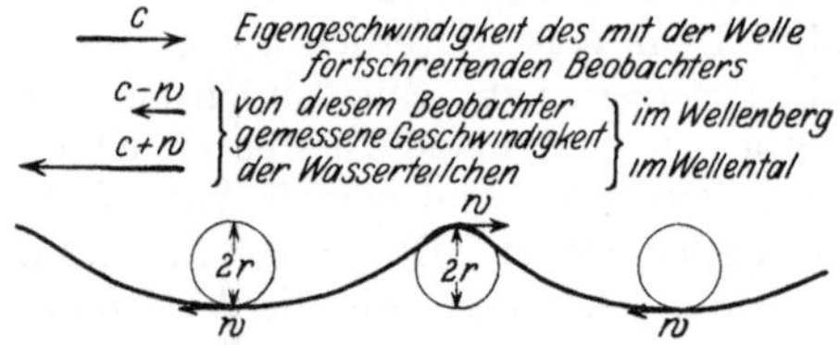

Abb 288   Die Bahnbewegung der Wasserteilchen betrachtet von einem mit der Welle fortschreitenden Beobachter

Ferner setzen wir fortan einen mit der Wellengeschwindigkeit c nach rechts fortschreitenden Beobachter voraus. Für diesen ist die Welle als Ganzes in Ruhe, ihr Umriß erscheint ihm erstarrt. Aber dafür huschen nun die einzelnen Flüssigkeitsteilchen mit großer Geschwindigkeit nach links an ihm vorüber (Abb. 288). Er erhält für ein Wasserteilchen im Wellental eine Geschwindigkeit

$$u_1 = c + \frac{2r\pi}{T}$$

oder eine kinetische Energie

$$\frac{m}{2} u_1^2 = \frac{m}{2}\left(c + \frac{2r\pi}{T}\right)^2.$$

Für ein Wasserteilchen im Wellenberg erhält er die kinetische Energie

$$\frac{m}{2} u_2^2 = \frac{m}{2}\left(c - \frac{2r\pi}{T}\right)^2.$$

Die Differenz dieser beiden kinetischen Energien ist ausgerechnet

$$\frac{m}{2}(u_1^2 - u_2^2) = \frac{4r\pi c m}{T}. \tag{195}$$

Dieser für das Wasserteilchen im Wellental gefundene Gewinn an kinetischer Energie kann nur auf Kosten der potentiellen Energie erzielt sein. Die Abnahme der potentiellen Energie beim Übergang vom Wellenberg zum Wellental beträgt Gewicht mal Hubhöhe, also

$$mg\,2r.$$

Also haben wir

$$mg\,2r = \frac{4r\pi cm}{T}\,; \qquad c = \frac{g\,T}{2\pi}\,. \qquad (196)$$

Ferner dürfen wir für den Grenzfall kleiner Amplituden den Kreisbahndurchmesser gegenüber dem Abstand zweier benachbarter Wellenberge vernachlässigen und den Umriß der Welle als Sinuswelle betrachten. Für diese Sinuswelle setzen wir in bekannter Weise

$$cT = \lambda \qquad (197)$$

und erhalten

$$\boxed{c = \sqrt{\frac{g\lambda}{2\pi}}\,.} \qquad (198)$$

Die Fortpflanzungsgeschwindigkeit c der „flachen", praktisch noch sinusförmigen transversalen Wasseroberflächenwellen hängt von der Wellenlänge λ ab. Sie hat eine „Dispersion". Denn mit diesem Wort bezeichnet man jede Abhängigkeit einer Größe von einer Wellenlänge.

Qualitativ läßt sich diese Aussage im täglichen Leben häufig bestätigen. Kurze Wasserwellen werden von langen eingeholt, auf den Rücken genommen und dann hinten zurückgelassen.

In der Herleitung der Gleichung (198) war bei der Berechnung der potentiellen Energie die potentielle Energie der Oberflächenspannung neben der des Gewichts vernachlässigt worden. Das ist bis zu Wellenlängen von etwa 5 cm herab zulässig.

Andernfalls ist in Gleichung (198) unter der Wurzel der Posten $\frac{2\pi}{\lambda}\cdot\frac{\zeta}{\varrho}$ als Summand hinzuzufügen ($\zeta = $ Oberflächenspannung gemäß der Tabelle auf S. 127; $\varrho = $ Dichte der Flüssigkeit).

Ferner setzt die Gleichung (198) „große" Wassertiefen voraus Doch bleibt sie noch herab bis zu einer Wassertiefe von nur 0,5 λ anwendbar.

Im entgegengesetzten Grenzfall verschwindend kleiner Wassertiefe h wird die Fortpflanzungsgeschwindigkeit der Flachwasserwellen unabhangig von λ, also ohne Dispersion

$$c = \sqrt{g\,h}\,. \qquad (199)$$

Die Oberflächenwellen auf Wasser werden wir, wie erwahnt, im Kapitel XII mit großem Nutzen verwerten. Hier wollen wir vorerst nur noch drei, Wellen in Grenzflächen betreffende Fälle erwahnen:

1 Die Entstehung der Wellen an der Grenze zweier Luftschichten verschiedener Dichte. Derartige Dichteunterschiede entstehen in der Atmosphare durch verschiedene Temperaturen. Das Auftreten dieser sehr langsam fortschreitenden Wellen macht sich durch periodische Kondensation von Wasserdampf in Form weißer „Wogenwolken" bemerkbar

2. Das Totwasser Unweit von Flußmündungen beobachtet man, insbesondere in skandinavischen Fjorden, nicht selten das überraschende Phanomen des „Totwassers". Langsam, d. h mit 4 bis 5 Knoten fahrende Schiffe werden plotzlich von einer unsichtbaren Macht gebremst, Segelschiffe gehorchen oft dem Steuer nicht mehr. — Hier findet sich in der Natur der auf S. 161 benutzte Fall verwirklicht, eine Schichtung von Sußwasser über Salzwasser. Das bis an die Oberflache zwischen beiden reichende Fahrzeug setzt hochaufbaumende Wogen in dieser dem Auge verborgenen Grenzschicht in Gang. Die sichtbare Wasseroberflache gegen Luft bleibt praktisch in Ruhe. Das Fahrzeug muß die ganze Energie dieser Wellenbewegung liefern Daher ruhrt seine starke Bremsung Der Fall liegt also ahnlich wie bei der Entstehung des Stirnwiderstandes umstromter Korper durch das Andrehen der Wirbel auf der Ruckseite.

3. Der Wellenwiderstand der Schiffe beruht in erster Linie auf dem Aufwerfen von Bug- und Heckwellen. Beide schleppen dauernd vom Schiff gelieferte Energie nach ruckwarts-seitwarts fort. Durch geschickte Formgebung konnen Bug- und Heckwelle sich teilweise gegenseitig aufheben (Interferenz, vgl. § 124). Dabei gelangt man für Dampfer und Segler in der Wasserlinie zu ganz andern Profilen als bei Unterseebooten.

B. Akustik.

XI. Schwingungslehre.

§ 97. Vorbemerkung. Die Schwingungslehre ist ursprünglich in engstem Zusammenhang mit dem Hören und mit musikalischen Fragen entwickelt worden. Unser Organismus besitzt ja in seinem Ohr einen überaus empfindlichen Indikator für mechanische Schwingungen in einem erstaunlich weiten Frequenzbereich (n etwa 20 sec^{-1} bis 20 000 sec^{-1}). Die Bedeutung der auf diese Weise gefundenen Tatsachen und Gesetzmäßigkeiten reicht jedoch weit über das Sondergebiet der „Akustik oder Hörlehre" heraus. Daher trennt man heutigentags zweckmäßig die rein mechanischen Fragen der Schwingungslehre von den physiologisch-akustischen Problemen. Unter diesem Gesichtspunkt ist der Stoff der beiden folgenden Kapitel gegliedert.

§ 98. Erzeugung ungedämpfter Schwingungen. Bisher haben wir lediglich die Sinusschwingungen einfacher Pendel mit linearem Kraftgesetz behandelt. Das Schema derartiger Pendel fand sich in den Abb. 58 und 59. Die Schwingungen dieser Pendel wurden durch einen Stoß gegen den Pendelkörper eingeleitet. Sie waren gedämpft, ihre Amplituden klangen zeitlich ab. Die Pendel verloren allmählich ihre anfänglich „durch Stoßerregung" zugeführte Energie, und zwar in der Hauptsache durch die unvermeidliche Reibung.

Jetzt braucht man jedoch für zahllose physikalische, technische und musikalische Zwecke ungedämpfte Schwingungen, also Schwingungen mit zeitlich konstant bleibender Amplitude. Die Herstellung derart ungedämpfter Schwingungen verlangt den ständigen Ersatz der oben genannten Energieverluste. Die für diesen Zweck ersonnenen Verfahren faßt man unter dem Namen

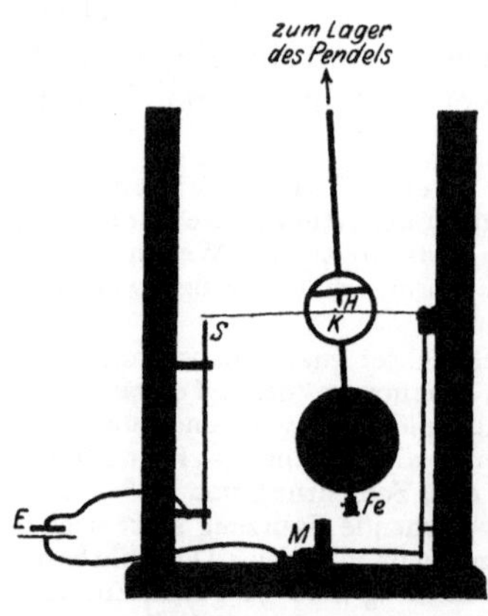

Abb. 289. Selbststeuerung eines Schwerependels.

der „Selbststeuerung" zusammen. Diese Selbststeuerung bildet unser nächstes Thema.

Wir beginnen mit einem übersichtlichen Sonderfall, nämlich der Selbststeuerung eines Schwerependels mit Hilfe eines Elektromagneten. Wir verzichten also zunächst auf die Benutzung ausschließlich mechanischer Hilfsmittel. Doch lassen sich gerade dadurch die wesentlichen Züge der Selbststeuerung besonders deutlich machen. Wir sehen in Abb. 289 unterhalb des Pendelkörpers einen kleinen Eisenklotz *Fe*. Dieser kann als Anker von dem Elektromagneten *M* angezogen werden. Zu diesem Zweck muß der Stromkreis des Akkumulators *E* durch den federnden Schalter *S* geschlossen werden. Dieser Schalter wird vom Pendel selbst im jeweils richtigen Augenblick betätigt. Dazu dient das kleine Hilfspendel *H*. (Es ist durch eine ringförmige Unterbrechung der Pendelstange auch im Schattenriß sichtbar gemacht.) Bei großen Pendelamplituden gleitet das Hilfspendel über den Höcker *K* auf der Schalterfeder hinweg. Bei einer unteren Grenzamplitude hingegen verfängt sich das spitze untere Ende des Hilfspendels in der Mittelfurche des Höckers (Abb. 290!). Infolgedessen drückt das von rechts nach links zurückkehrende Pendel die Kontaktfeder des Schalters *S* nach unten. Der Elektromagnet wird für kurze Zeit erregt und das Pendel im Sinne seiner Bewegungsrichtung beschleunigt.

Abb. 290. Zur Selbststeuerung eines Schwerependels.

Auf diese Weise wird der Energievorrat des Pendels jeweils nach einer bestimmten Zahl von Schwingungen auf seinen ursprünglichen Wert ergänzt. Man erhält beispielsweise das in Abb. 291 skizzierte Schwingungsbild. In diesem Beispiel erfolgt der periodische Energieersatz oder die periodische Wiederherstellung der Anfangsamplitude nach jeweils $N = 4$ Schwingungen. Doch läßt sich diese Zahl N durch Änderungen der Abmessungen nach Wunsch vergrößern oder verkleinern. Für $N = 1$ erfolgt der Energieersatz bei jeder einzelnen der aufeinanderfolgenden Schwingun-

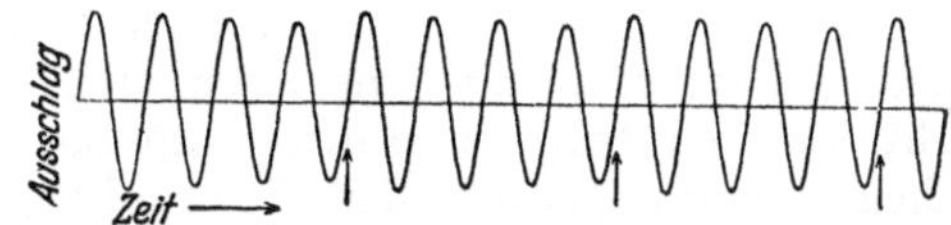

Abb. 291. Schwingungsbild eines Schwerependels mit Selbststeuerung beim Energieersatz nach jeder 4. Schwingung.

gen. Man hat zwei Grenzfälle zu unterscheiden. Im ersten ersetzt der Elektromagnet nur die kleinen durch die Dämpfung entstandenen Energieverluste des Pendels. Im zweiten Grenzfall erneuert der Elektromagnet bei jedem Hingang die volle Pendelenergie, beim Rückgang zerstört er sie wieder.

Beide Grenzfalle lassen sich mit demselben Apparat erlautern (Abb. 292). Er zeigt eine eiserne Pendelstange vor den Polen eines Elektromagneten *M*. Die Pendelstange die Kontaktfeder des Schalters *S*. — Im ersten Grenzfall soll der Elektromagnet das Pendel längs des Hinweges 1—0 beschleunigen, aber nicht auf dem Ruckwege 0—1 verzögern. Tatsächlich ist aber der Schalter auch langs des Weges 0—1 geschlossen. Die dadurch bedingte Verzogerung soll möglichst klein werden. Das kann man in zweierlei Weise erreichen: Entweder macht man die Kontaktdauer auf dem Hinweg 1—0 größer als auf dem Ruckweg 0—1; der Kontakt muß also kleben oder nach der Trennung noch eine Zeitlang durch einen Lichtbogen überbrückt bleiben. — Oder man macht die Kontaktdauer auf beiden Wegen gleich lang, aber die Stromstarke auf dem Wege 0—1 im Mittel kleiner als auf dem Wege 1—0. Der Strom muß also wahrend des Schalterschlusses auf dem Wege 0—1—0 zeitlich ansteigen.

Technisch erzielt man diesen langsamen Stromanstieg durch eine genugend hohe Selbstinduktion des Stromkreises. Man muß entweder dem Elektromagneten viele Windungen geben oder in den Stromkreis eine Hilfsspule mit hoher Selbstinduktion einschalten. Diese Anordnung mit der Hilfsspule eignet sich besonders für Schauversuche. Man kann dann ein langsam schwingendes Schwerependel gemäß Abb. 292 ($n =$ etwa 2 sec^{-1}) benutzen. Ohne Hilfsspule erreicht der Strom des Elektromagneten in weniger als $^1/_{100}$ Sekunde seinen vollen Wert. Mit der Hilfsspule dauert der

Stromanstieg etwa eine Sekunde. Zur Vorführung dieses Stromanstieges schaltet man ein Gluhlampchen (2 Volt, 1 Ampere) in den Stromkreis und stellt es in Abb. 292 bei 0 auf.

Im zweiten Grenzfall der magnetischen Selbststeuerung macht man die Verzögerung auf dem Wege 0—1 fast ebenso groß wie die Beschleunigung auf dem Wege 1 — 0 Man laßt die Spule L fort und benutzt eine Stromquelle hoherer Spannung. Jetzt fallt die Stellung der maximalen Pendelgeschwindigkeit nicht mehr mit der Ruhestellung des Pendels zusammen, sie ist zum Elektromagneten hin verschoben. Die Steuerung hat keinen guten Nutzeffekt: Beschleunigungs- und Verzogerungsarbeit sind nahezu gleich, und trotzdem soll ihre Differenz noch so groß sein, daß sie die Dampfungsverluste ersetzen kann. Also mussen beide Arbeiten groß sein und demgemäß die dem Magneten zugefuhrte Leistung.

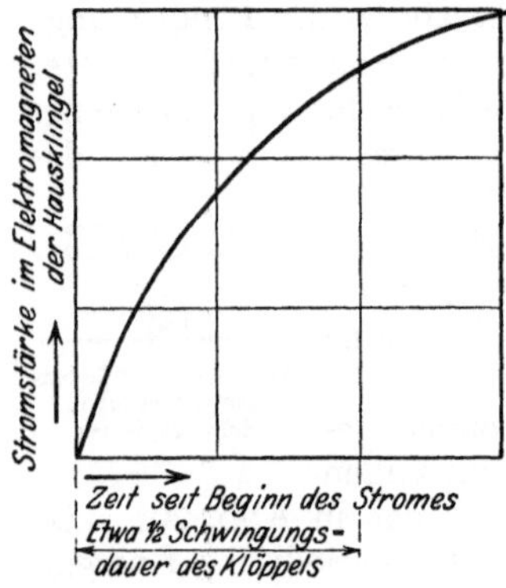

Abb 293. Der Stromverlauf bei der Selbststeuerung in Abb 292 (Hausklingelschema).

Der zweite Grenzfall ist weitgehend bei der handelsüblichen Hausklingel verwirklicht.

Die Abb. 294 zeigt das Schwingungsbild einer Hausklingel nach Entfernung der eigentlichen Glockenschale. Die Klöppelstange war in der von S. 8 und 177 bekannten Weise vor einen Spalt gesetzt und mit einer bewegten Linse photographiert worden. Man sieht jetzt dauernd konstante Amplituden. Die in Abb. 291 noch ersichtlichen kleinen periodischen Schwankungen der Amplitudenhöhe sind fortgefallen. Doch gibt der zeitliche Verlauf der Schwingungen auch in diesem Falle nicht das Bild einer einfachen Sinuskurve. Die Bögen erscheinen deutlich ein wenig zugespitzt. Das ist keineswegs ein Ausnahmefall. Bei jeder Selbst-

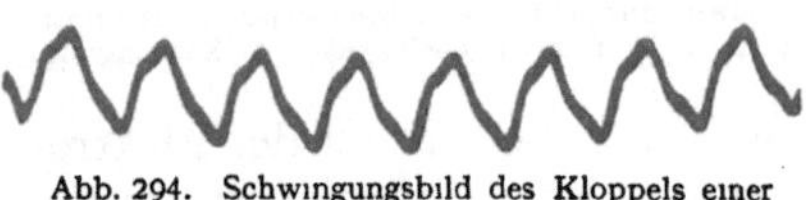

Abb. 294. Schwingungsbild des Kloppels einer Hausklingel.

steuerung leidet die Sinusform des Schwingungsbildes. Man erkauft die Beseitigung der Dämpfung mit einem Verzicht auf strenge Sinusform der Schwingungen. Doch lassen sich die Abweichungen bei zweckmäßiger Bauart erheblich geringer machen als in den für Schauversuche absichtlich übertreibenden Beispielen.

In den nun folgenden Beispielen werden die ungedämpften Schwingungen mit ausschließlich mechanischen Hilfsmitteln hergestellt. In den beiden ersten Fällen benutzt ein Schwerependel eine rotierende Achse zur Selbststeuerung. Im ersten Beispiel erfolgt der periodische Anschluß des Pendels an seine Energiequelle durch das „Verkleben" oder „Verhaken" zweier relativ zueinander ruhender Körper.

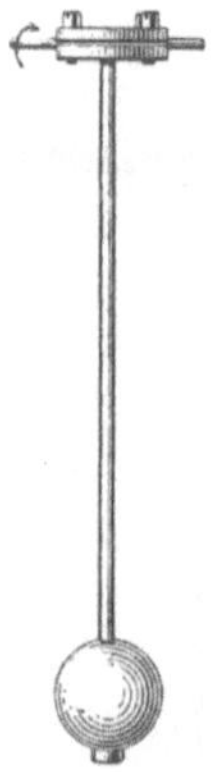

In Abb. 295 sehen wir in Seitenansicht ein Schwerependel von der Größe eines mittleren Uhrpendels. Es ist mit zwei gefütterten Klemmbacken auf einer Achse von etwa 4 mm Dicke aufgeklemmt. Nach dem Ingangsetzen der Achse wird das Pendel nach vorn mitgenommen. Die Klemmbacke klebt oder hakt an der Achse

Abb. 295. Selbststeuerung eines Pendels mit reibender Achse.

(„Haftreibung"). Bei einer bestimmten Amplitude wird das vom Gewicht des Pendels herrührende. Drehmoment zu groß, die Klebeverbindung reißt. Die Backen gleiten, von äußerer Reibung gebremst, auf der Achse. Das Pendel schwingt nach hinten. Bei dann folgendem Rücklauf des Pendels nach vorn wird in einem bestimmten Augenblick die Relativgeschwindigkeit zwischen Backenfutter und Achsenumfang gleich Null. Beide Körper sind gegeneinander in Ruhe, die Backen kleben wieder fest, das Pendel wird bis zur Abreißstellung nach vorn mitgenommen. Es beginnt die zweite Schwingung mit der gleichen Amplitude wie die erste und so fort. Auch in diesem Falle der Selbststeuerung wird keine gute Sinusform der Schwingungen erreicht. Meist kann man schon mit dem Auge eine Asymmetrie der Schwingungen erkennen.

Über lange Zeiten gleichmäßiger arbeitet die aus der Uhrentechnik als „Anker + Steigrad" bekannte Anordnung (Abb. 296).

Die Triebachse trägt ein Steigrad mit asymmetrisch geschnittenen Zahnen. Die Pendelstange ist mit einem in zwei Nasen endenden Bugel („Anker") starr verbunden Ein Federwerk oder ein Schnurzug mit Gewichtstuck laßt auf die Triebachse ein Drehmoment einwirken Die Drehung der Achse erfolgt schrittweise um konstante Winkelbetrage· Wahrend des Pendelganges nach links druckt ein Zahn gegen die Innenflache der Nase b in Abb 296 A Dadurch beschleunigt das Zahnrad das Pendel nach links. Bald nach Passieren der Mittellage rutscht der Zahn von b ab Unmittelbar darauf fangt die Nase a das Rad wieder ab, Abb 296 B. Jetzt erfolgt ein Ruckgang nach rechts, und so fort

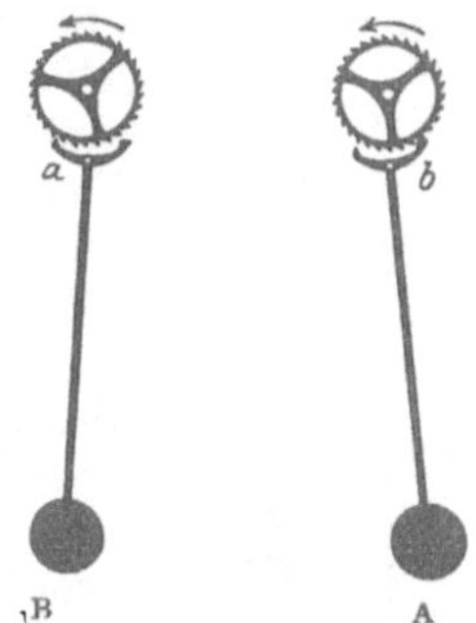

Abb. 296. Selbststeuerung eines Schwerependels mit Anker und Steigrad.

Diese Selbststeuereinrichtung arbeitet für mittlere Frequenzen (bis zu etwa 100 pro Sekunde) hervorragend gut[1]. Für höhere Frequenzen sind hydrodynamische Selbststeuerungen vorzuziehen Die Abb. 297 zeigt eine solche für den Betrieb einer Stimmgabel. Der wesentliche Teil ist im Nebenbild (Abb. 298) im Schnitt dargestellt. Ein Kolben a paßt mit kleinem Spielraum in den Zylinder b, beruhrt ihn jedoch nirgends. Der Zylinder wird mit einer Druckluftleitung verbunden Der Luftdruck treibt den Kolben aus

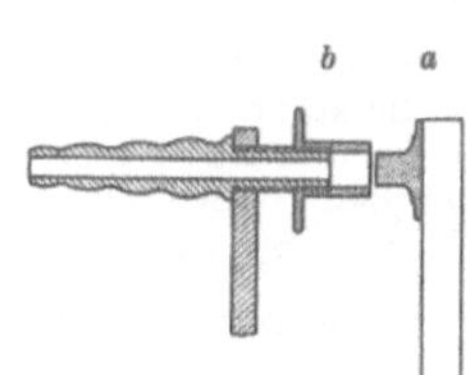

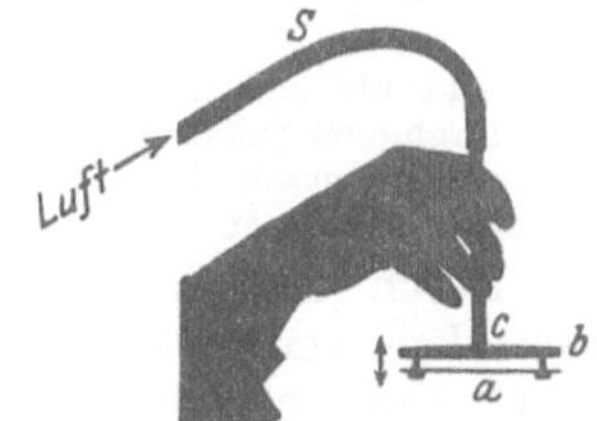

Abb 297. Hydrodynamische Selbststeuerung einer Stimmgabel

Abb. 298 Zur hydrodynamischen Selbststeuerung einer Stimmgabel.

Abb 299 Zur hydrodynamischen Selbststeuerung von Schwingungen, z. B. des Kehlkopfes

seiner Ruhelage im Zylinder heraus und somit die Stimmgabelzinke nach rechts. Nach dem Austritt des Kolbens entsteht zwischen Kolben und Zylinderwand ein ringförmiger Spalt. Durch diesen Spalt entweicht die Luft mit eng zusammengedrängten Stromlinien. Folglich wird nach der Benoullischen Gleichung (S. 148) der statische Druck der Luft gering und der Kolben zurückgesaugt. Dieser ständige Wechsel von Fortdrücken und Ansaugen läßt sich noch einfacher mit dem in Abb. 299 skizzierten Apparat vorführen. Ein Rohr c endet in eine Scheibe b. Vor ihr befindet sich eine durch 2 nagelförmige Führungsstangen locker gehaltene, leicht bewegliche Platte a. Beim Einblasen von Luft in das Rohr c schwirrt die Platte unter lautem Brummen in Richtung des Doppelpfeiles hin und her.

Diese hydrodynamischen Selbststeuerungen werden in Natur und Technik in zahlreichen Abarten ausgeführt. Etliche von ihnen sind schon recht ver-

---

[1] Z. B. bei dem Drehpendel (Unruhe) von Stoppuhren (Abb. 18).

wickelt und ohne Kenntnis „gekoppelter Schwingungen" (§ 112) nur oberflächlich verständlich (z. B. der Kehlkopf des Menschen). Doch genügt uns für die nächsten Paragraphen der obige summarische Überblick.

§ 98a. Kippschwingungen. Der Vollständigkeit halber erwähnen wir hier noch die Kippschwingungen. Sie beruhen auf einem für mechanische Aufgaben nur selten benutzten Selbststeuerverfahren. Zur Erläuterung genügt ein Beispiel: die periodische Entleerung eines Wasserbehälters in Abb. 300. Oben rechts sehen wir eine Zuflußleitung. Die Zuflußgeschwindigkeit des Wassers kann durch den Widerstand eines Drosselhahnes nach Belieben eingestellt werden. In die linke Seitenwand des Behälters ist ein Heber eingebaut. Dieser spricht beim Überschreiten einer bestimmten Wasserhöhe an. Bei dieser Wasserhöhe vermag die im langen Schenkel des Hebers zusammengedrückte Luft den Wasserpfropfen H_2 aus der unteren Öffnung herauszuwerfen. Der laufende Heber führt in kurzer Zeit zu einer vollständigen Entleerung des Gefäßes. Am Schluß ist nur noch das untere u-förmige Ende mit Wasser gefüllt. Dann füllt das langsam zuströmende Wasser den Behalter von neuem, und das Spiel kann sich wiederholen.

Abb 300 Mechanische Kippschwingungen. Die Höhe h der Wassersäule ist ein Maß für die gespeicherte potentielle Energie.

An Hand dieses Versuches geben wir folgende Definition: Kippschwingungen bestehen in der periodischen Ladung und Entladung eines Energiespeichers, bei der die in der Entladung abgegebene Energie nicht in den Speicher zurückkehrt.

Kippschwingungen spielen sicher bei den periodischen Vorgängen der Organismen (z. B. Herztätigkeit) eine wichtige Rolle (langsamer „Zufluß" durch Diffusionsvorgänge!)

Recht übersichtlich ist der Ablauf elektrischer Kippschwingungen. Ein Kondensator wird durch eine Zuleitung mit großem Widerstand langsam aufgeladen, bis die Zundspannung einer parallel geschalteten Glimmlampe erreicht ist. Dann blitzt die Lampe auf und entladt den Kondensator mit einem kurz dauernden Stromstoß.

Durch zwei Eigenschaften unterscheiden sich Kippschwingungen sehr wesentlich von gewöhnlichen Schwingungen, also dem periodischen Wechsel zweier Energieformen:

1. Ohne konstruktive Änderungen (z. B des Behälters in Abb. 300) kann man nicht die Amplitude, sondern nur die Frequenz der Kippschwingungen ändern.

2. Kippschwingungen lassen sich leicht durch eine Hilfsschwingung mit kleiner Amplitude steuern. Infolgedessen kann man Kippschwingungen leicht synchronisieren.

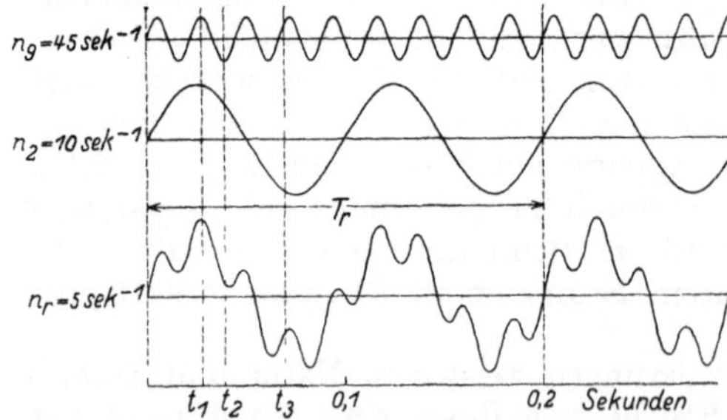

Abb. 301. Überlagerung zweier Sinusschwingungen sehr verschiedener Frequenz. Ordinaten = Ausschläge, auch Augenblickswerte genannt.

§ 99. Darstellung nicht-sinusförmiger Schwingungsvorgänge mit Hilfe von Sinusschwingungen. Bei der Herstellung ungedämpfter Schwingungen mit Hilfe der Selbststeuerung sind uns Schwingungskurven mit teilweise erheblichen Abweichungen von der Sinusform begegnet. Doch stehen derartige Schwingungsformen in engstem Zusammenhang mit einfachen Sinusschwingungen. Man kann nicht-sinusförmige Schwingungen entweder mathematisch-formal mit Hilfe einfacher Sinusschwingungen beschreiben (Fourier-Darstellung) oder physikalisch aus einzelnen Sinusschwingungen aufbauen (vgl. S. 193). Man nennt diesen Vorgang Überlagerung.

In beiden Fällen werden alle benutzten Sinusschwingungen oft Teilschwingungen genannt. Jede von ihnen muß eine bestimmte Frequenz n, Amplitude A und Phase φ haben Das erläutern wir an Beispielen.

Wir beginnen mit dem einfachsten Fall, der Überlagerung von nur zwei Sinusschwingungen oder Teilschwingungen in graphischer Darstellung. — Wir sehen in den beiden ersten waagerechten Reihen der Abb. 301 zwei sinusförmige Schwingungsbilder übereinander gestellt. Die für die Bezeichnung gewählten Indizes 2 und 9 sind aus den Frequenzen durch Wegheben des gemeinsamen Teilers erhalten Diese Bezeichnungsweise werden wir fortan ständig benutzen Die untere Sinuskurve hat eine größere Amplitude, aber kleinere Frequenz als die obere $(A_2 > A_9,\ n_2 < n_9)$ Ferner sind 4 punktierte Geraden eingetragen Ihre Abschnitte zwischen der Abszisse und den Kurven markieren zeitlich zusammenfallende Ausschläge beider Schwingungen

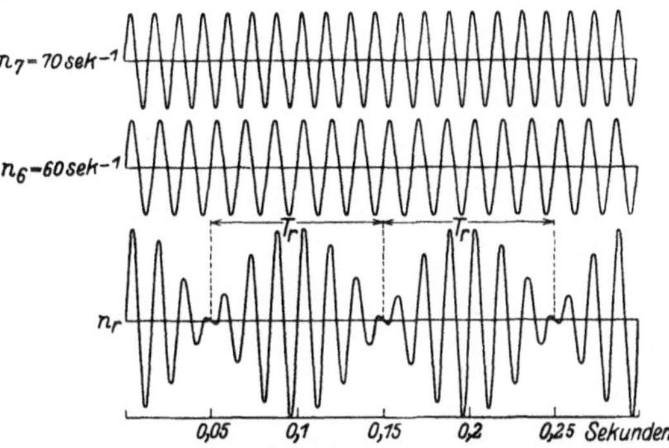

Abb 302   Überlagerung zweier Schwingungen ähnlicher Frequenz
Schwebungen

Nach oben gerichtete Ausschläge werden positiv, nach unten gerichtete negativ gezählt Diese Ausschläge addieren wir für die verschiedenen Zeitpunkte t_1, t_2 usw und tragen ihre Resultante graphisch über der untersten Abszisse auf. Auf diese Weise gelangen wir zu einem verwickelten, nicht-sinusförmigen Kurvenzug Er wird zunächst rein formal mit dem Index n_r bezeichnet In diesem Beispiel waren die Frequenzen der beiden Teilschwingungen erheblich verschieden Es war $n_9 = 4{,}5\ n_2$.

Für ein zweites Beispiel wählen wir die Frequenzen nahezu gleich, und zwar in Abb 302 $n_7 = \tfrac{7}{6} n_6$ Ferner sind die beiden Amplituden (= Höchstausschläge) gleich groß gewählt. Im übrigen führen wir die Addition genau so wie vorher aus und gelangen so zum resultierenden Schwingungsbild n_r Es gleicht äußerlich einer Sinuskurve mit periodisch veränderlicher Amplitude. Man nennt ein solches Schwingungsbild eine Schwebungskurve. In dem gewählten Beispiel kommt die Schwingung in jedem Schwebungsminimum zur Ruhe. Zur Zeit t_{min} sind die gleich großen Amplituden der beiden Teilschwingungen einander entgegengesetzt gerichtet. Ihre Phasendifferenz beträgt 180°. Im Schwebungsmaximum hingegen addieren sich beide Amplituden mit der Phasendifferenz Null zum doppelten Wert der Einzelamplitude.

Für zwei Teilschwingungen ungleicher Amplitude werden die Schwebungsminima weniger vollkommen ausgebildet.

In einem dritten Beispiel benutzen wir zwei Schwingungen mit dem Amplitudenverhältnis $A_2 : A_1 = 2 : 3$ und dem Frequenzverhältnis $n_2 : n_1 = 2 : 1$ $(n_2 = 2 n_1)$. Dabei beachten wir diesmal die Phasen:

Fall I. In Abb. 303 beginnen die beiden Schwingungen 1 und 2 zur Zeit t_0 gleichzeitig mit der Phase Null. Das Ergebnis, die resultierende Kurve n_r, findet sich unten in Abb 303.

Fall II. Abb. 304. Amplituden und Frequenzen bleiben ungeändert. Jedoch beginnt die Schwingung n_2 zur Zeit t_0 mit der Phase 90° oder ihrem Höchstausschlag. Die resultierende Schwingung n_r zeigt trotz gleicher Amplituden und Frequenzen wie in Abb. 303 ein erheblich anderes Aussehen In diesem Beispiel zeigt sich deutlich der Einfluß der Phasen auf die Gestalt des resultierenden Schwingungsbildes.

Soweit diese zwar anschaulichen, aber zeitraubenden graphischen Beispiele. Sehr viel einfacher und rascher kann man die Überlagerung zweier Sinusschwingungen auf mechanischem Wege vorführen. Dazu hat man lediglich an den von uns so oft benutzten Zusammenhang von Kreisbewegung und Sinusschwingung anzuknüpfen. Wir versetzen wiederum einen Stab vor einem Spalt in Drehung und betrachten die zeitliche Reihenfolge der Spaltbilder räumlich nebeneinander (Polygonspiegel im Strahlengang) Wir sehen den Stab und den Spalt in der Mitte der Abb 305 Wir denken uns die Zahnrader zunächst entfernt und die beiden oberen Achsen 1 und 2 mit je

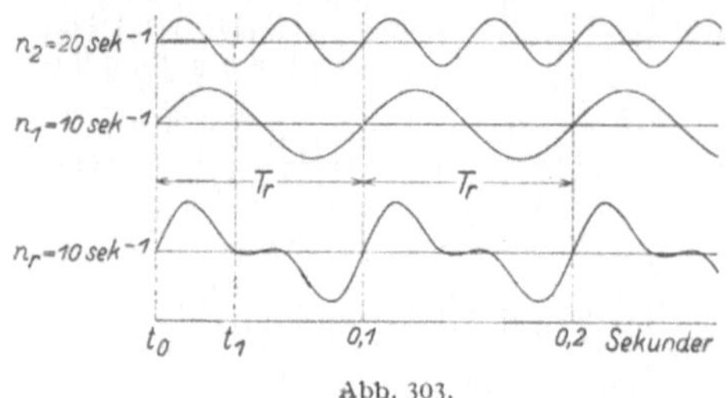

Abb. 303.

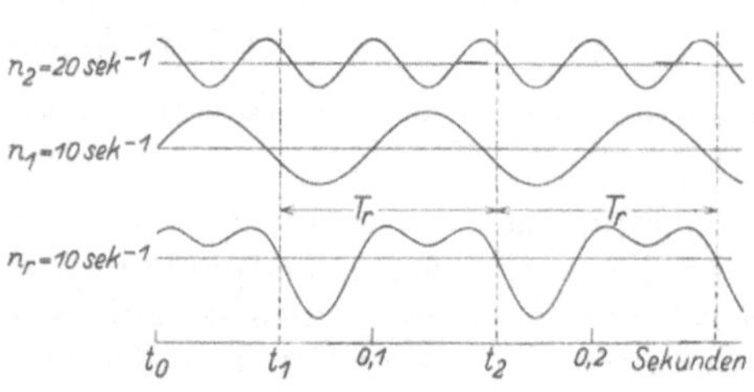

Abb. 304.

Abb 303 u 304 Einfluß der Phase auf die Gestalt des resultierenden Schwingungsbildes. (Hilfsbemerkung für den Experimentator der kleine Glanzkreis muß sich bei Abb 303 hinten, bei Abb. 304 unten befinden) Ordinate = Ausschlag

Abb 305 Vorführungsapparat für die Überlagerung zweier Sinusschwingungen

einem Motor verbunden Dieser Stab ist beiderseits mit seinen Enden am Umfang zweier Kreisscheiben *I* und *II* in Löchern gefaßt. Jede der beiden Kreisscheiben kann durch ihren Motor in Drehungen versetzt und auf eine gewunschte Frequenz n eingestellt werden. Zunächst sei die Scheibe *II* in Ruhe, die Scheibe *I* laufe mit der Frequenz n_1. Dann bewegt sich der Stab vor dem Spalt auf einem Kegelmantel. Das über einen beweglichen Spiegel (Polygonspiegel) projizierte Spaltbild zeigt uns das Bild einer Sinusschwingung mit der Frequenz n_1.

In entsprechender Weise kann man die Scheibe *I* festhalten und durch Drehung der Scheibe *II* eine zweite Sinusschwingung der Frequenz n_2 erhalten Bei gleichzeitigem Lauf beider Scheiben erhalten wir in freier Wahl jede beliebige der in den Abb. 301 bis 304 gezeichneten nicht-sinusförmigen Kurven. Denn erstens können wir die Frequenzen n_1 und n_2 der beiden Einzelschwingungen beliebig durch die Drehzahl der Scheiben *I* und *II* einstellen. Zweitens aber können wir auch bei gegebenen Frequenzen beliebige Amplitudenverhältnisse herstellen Zu diesem Zweck ist der Spalt innerhalb des Fensters in waagerechter Richtung verschiebbar. Dicht bei der Scheibe *II* stehend, gibt er uns die Frequenz n_2 mit großer, die Frequenz n_1 mit kleiner Amplitude. In der Mitte zwischen beiden Scheiben gibt er beide Frequenzen mit gleicher Amplitude und so fort. Drittens kann man die Schwingungen zur Zeit t_0 mit fest eingestellten Phasen beginnen lassen. Für diesen Zweck muß man die beiden Scheiben _I_ und _II_ durch eine passende Zahnradübersetzung ($n_1 : n_2$) kuppeln und von einem Motor aus antreiben[1]. In dieser Ausführung zeigt ihn die Abb. 305. Dieser einfache Apparat vermittelt uns die Überlagerung von 2 Sinuskurven verschiedener Frequenz und Amplitude mit großer Anschaulichkeit.

Soweit die Überlagerung von nur zwei Sinusschwingungen: Wir konnten die in den Abb. 301 bis 304 abgedruckten Kurven nicht-sinusförmiger Gestalt schon durch zwei einfache Sinuskurven „darstellen". **Das Wort „darstellen" hat dabei einen doppelten Sinn: Es bedeutet sowohl herstellen wie beschreiben.**

In den Abb. 301 bis 304 sind auch die verwickelten, nicht-sinusförmigen Schwingungskurven durch eine bestimmte Frequenz gekennzeichnet. Denn nach je einer „Periode" von T_r Sekunden wiederholt sich ein bestimmtes Schwingungsbild in allen Einzelheiten. $1/T_r$ nennt man die Grundfrequenz n des nicht-sinusförmigen Schwingungsvorganges. Die beiden Teilschwingungen n_α und n_β haben

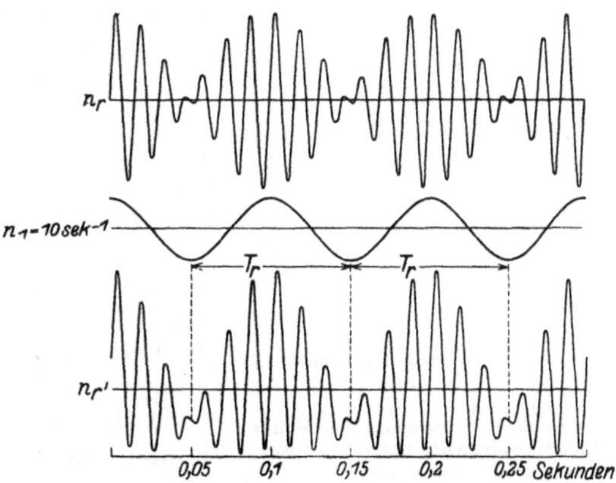

Abb 306   Asymmetrisches Schwingungsbild bei Überlagerung einer „Differenzschwingung" (Fortsetzung der Abb 302).

ganzzahlige Vielfache dieser Grundfrequenz n_r. Ohne diese Ganzzahligkeit wäre eine periodische Wiederholung des ganzen Schwingungsbildes nicht möglich.

Zwei Frequenzen n_1 und n_2 im Verhältnis $1 : \sqrt{2}$ geben in aller Strenge überhaupt keine periodische Wiederholung eines und desselben Schwingungsbildes. Die Grundperiode T_r wird unendlich oder die Grundfrequenz n_r Null In Wirklichkeit haben aber alle Kurven eine endliche Strichdicke Im Rahmen der dadurch begrenzten Meßgenauigkeit wird man eine Grundperiode $T_r = 14/n_1$ oder mindestens gleich $141/n_1$ finden

In entsprechender Weise lassen sich durch Hinzunahme **weiterer** Teilschwingungen beliebig verwickelte Schwingungskurven „darstellen". Amplituden und Phasen der Teilschwingungen sind passend zu wählen. Ihre Frequenzen müssen ausnahmslos ganzzahlige Vielfache der „Grundfrequenz" des verwickelten Kurvenzuges bilden. Die Grundfrequenz ist also die Frequenz der langsamsten Teilschwingung. Das übersieht man wieder am besten an Beispielen. Wir bringen deren drei:

In Abb. 3C6 haben wir noch einmal eine Schwebungskurve n_r aus den beiden Teilfrequenzen n_6 und n_7 dargestellt. Dieser Schwebungskurve wollen wir jetzt eine dritte Sinuskurve überlagern. Diese soll

---

[1] Nur bei strenger Ganzzahligkeit bleiben die Phasen in den Zeitpunkten t_0 (Abb. 303 und 304) erhalten. Eine derartige Ganzzahligkeit ist technisch nicht ohne Zahnräder zu erzielen

a) eine Frequenz gleich der **Differenz** der beiden zuerst benutzten Teilschwingungen haben, also $n_1 = n_7 - n_5$;

b) zur Zeit t_0 um 90° gegen die beiden ersten phasengleichen Teilschwingungen verschoben sein.

Durch diese Addition der „Differenzschwingung" entsteht aus der ursprünglich zur Abszisse ganz symmetrischen Schwebungskurve eine asymmetrische Kurve N_r. Der Betrag dieser Asymmetrie hängt in ersichtlicher Weise von der **Amplitude** der benutzten Differenzschwingung ab. Wir hatten sie eben gleich $^2/_3$ der Amplitude der beiden andern Teilschwingungen gewählt. In Analogie zur Elektrotechnik nennt man eine solche asymmetrische Schwebungskurve oft eine „gleichgerichtete Schwebungskurve". In einer solchen „gleichgerichteten Schwebungskurve" ist also eine Frequenz gleich der Differenz $n_{(\beta-a)}$ der beiden Teilschwingungen n_β und n_a enthalten. Diese sehr wichtige Tatsache präge man sich fest ein.

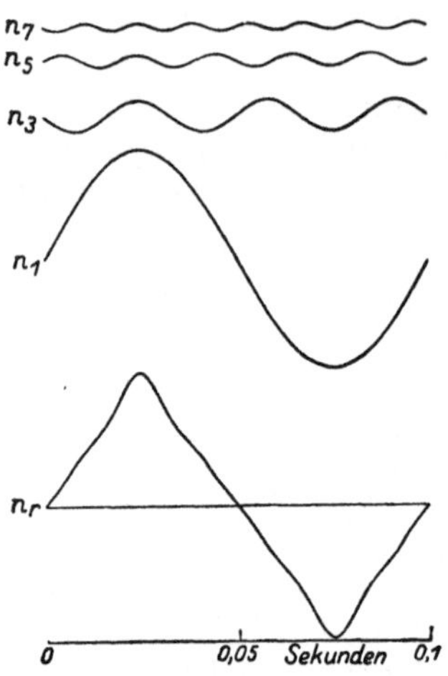

Abb. 307. **Darstellung einer dreiecksähnlichen Schwingungskurve aus 4 Sinusschwingungen. Ordinaten=Ausschläge, auch Augenblickswerte genannt.**

In unserm zweiten Beispiel soll die in der untersten Zeile von Abb 307 enthaltene dreiecksähnliche Schwingungskurve mit Hilfe der vier über ihr befindlichen verschiedenen Sinusschwingungen „dargestellt" werden. Diese eckige Kurve hat die Grundfrequenz $n_r = 10$ sec^{-1}. Denn nach je 0,1 Sekunde wiederholt sich das gleiche Kurvenbild. Die Frequenz der langsamsten zur Darstellung benötigten Teilschwingungen n_1 ist gleich n_r. Die Frequenz der anderen mit dem Index 3, 5, 7 usw. beträgt 30, 50, 70 usw. sec^{-1}.

Das in Abb. 307 unten abgedruckte Schwingungsbild können wir also erstens mathematisch formal mit Hilfe der vier über ihm abgedruckten Teilschwingungen beschreiben. In analytischer Form hat diese Beschreibung folgendes Aussehen:

$$\text{Ausschlag } x = 10 \sin 20\pi t - 1{,}1 \sin 60\pi t + 0{,}4 \sin 100\pi t - 0{,}2 \sin 140\pi t$$
$$\text{(in mm gemessen!)}$$

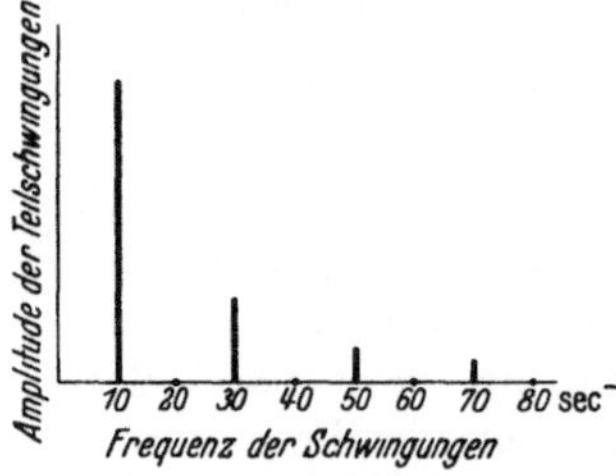

Abb. 308. **Linienspektrum der in Abb. 307 dargestellten Schwingung (Ordinatenmaßstab verdoppelt).**

Zweitens können wir dasselbe Kurvenbild experimentell verwirklichen, indem wir ein Lichtbündel nacheinander über vier sinusförmig schwingende Spiegel passender Frequenz, Amplitude und Phase auf eine bewegte photographische Platte fallen lassen. Aber ein derartiger Versuch lohnt nicht den experimentellen Aufwand. Viel einfacher bedient man sich im Bedarfsfalle eines nicht-sinusförmig schwingenden Gebildes mit nichtlinearem Kraftgesetz. Wir kennen ja bereits ein sehr ähnlich schwingendes Pendel, etwa unsere elektrische Hausklingel. Nicht in der experimentellen Verwirklichung komplizierter Schwingungsvorgänge liegt der Wert ihrer „Darstellung" mittels einfacher Sinusschwingungen, sondern in ihrer Beschreibung.

In Abb. 306 war die Periode T_r der komplizierten Schwingung und somit auch ihre Grundfrequenz $n_r = 1/T_r$ sehr einfach zu finden. Das braucht keineswegs immer der Fall zu sein. Abb. 439 gibt ein solches Beispiel einer weniger leicht erkennbaren Periode Auch Abb. 301 ist schon in diesem Zusammenhang zu nennen.

§ 100. Spektraldarstellung verwickelter Schwingungsformen.

Die Beschreibung verwickelter Schwingungsformen läßt sich zeichnerisch noch weiter vereinfachen. Man stellt einen verwickelten Schwingungsvorgang als ein Spektrum dar.

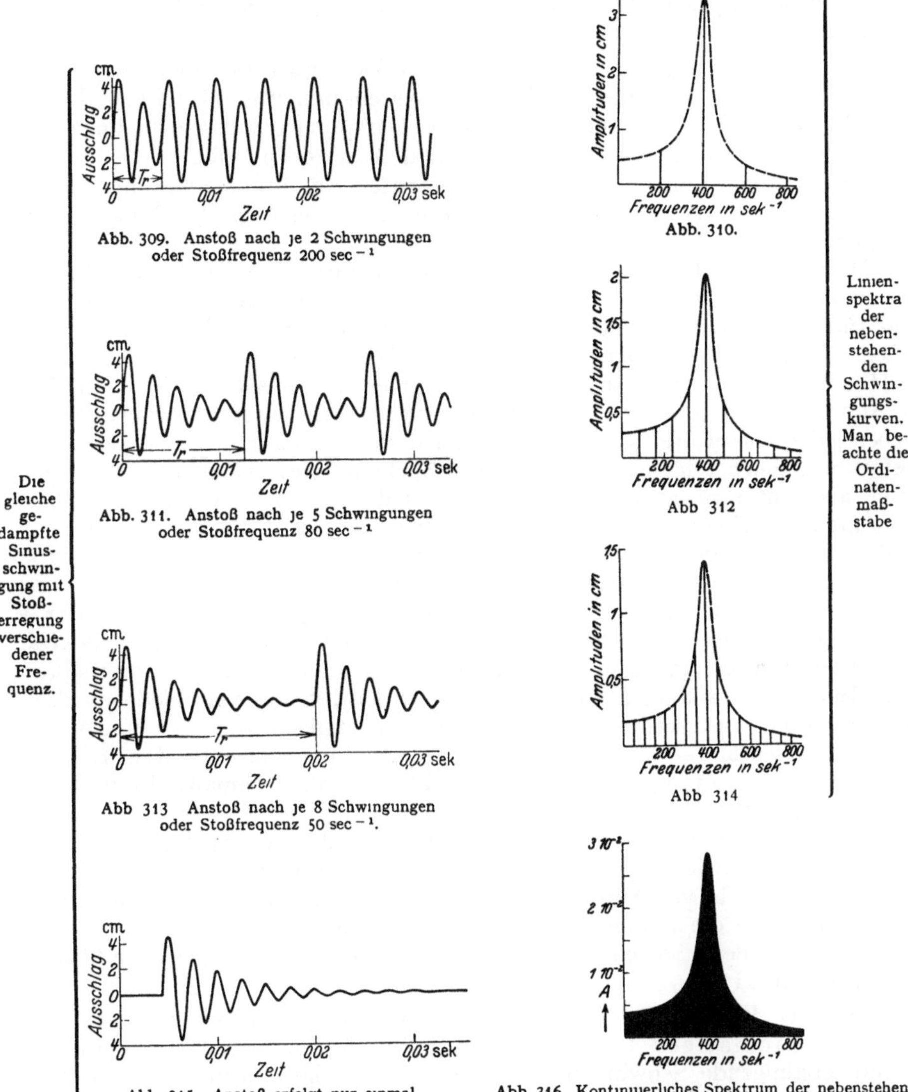

Abb. 309. Anstoß nach je 2 Schwingungen oder Stoßfrequenz 200 sec^{-1}

Abb. 310.

Abb. 311. Anstoß nach je 5 Schwingungen oder Stoßfrequenz 80 sec^{-1}

Abb 312

Abb 313 Anstoß nach je 8 Schwingungen oder Stoßfrequenz 50 sec^{-1}.

Abb 314

Abb. 315. Anstoß erfolgt nur einmal.

Abb. 316. Kontinuierliches Spektrum der nebenstehenden, nur einmal angestoßenen, gedämpften Schwingung. Die Ordinate A gibt mit dem Frequenzintervall $\varDelta n$ multipliziert in Zentimetern die mittleren Amplituden der Schwingungen in diesem Frequenzintervall

Ein Spektrum enthält in seiner Abszisse die Frequenzen der einzelnen Teilschwingungen. Die Ordinaten, Spektrallinien genannt, markieren durch ihre Länge die Amplituden der einzelnen benutzten Teilschwingungen. So zeigt Abb. 308 das zu Abb. 307 gehörige Spektrum. Es ist ein Linienspektrum, die einfachste Darstellung des in Abb. 307 abgedruckten Schwingungsvorganges. Allerdings ist diese überaus einfache Beschreibung in einem Punkte unvollkommen. **Ein Spektrum enthält keine Angaben über die Phasen.** Zwar ist die Kenntnis der Phasen zum Zeichnen des Kurvenbildes unerläßlich. Doch braucht man diese Kenntnis nicht für eine Reihe physikalisch bedeutsamer, mit nicht-sinusformigen Schwingungen verknüpfter Aufgaben.

In dieser Spektraldarstellung geben wir noch drei praktisch wichtige Sonderfalle.

Fall I. Linienspektra gedämpfter Schwingungen bei periodischer Stoßerregung. Wir nehmen der Kürze halber ein numerisches Beispiel: Irgendein schwingungsfähiges Gebilde soll **ohne Dämpfung** Sinusschwingungen der Frequenz $n = 400\ \mathrm{sec}^{-1}$ ausführen. Einmal angestoßen, gibt es als Schwingungsbild einen Sinuswellenzug von konstanter Amplitude und unbegrenzter Lange. Sein Spektrum besteht aus nur einer einzigen Spektrallinie bei der Frequenz $400\ \mathrm{sec}^{-1}$.

Darauf werde dies schwingungsfähige Gebilde irgendwie gedämpft. Infolgedessen zeigt es jetzt nach einer **einmaligen Stoßerregung** ein Schwingungsbild mit abklingender Amplitude und begrenzter Lange, Abb. 315. Darüber sehen wir die Schwingungen des gleichen Gebildes bei **periodisch wiederholter Stoßerregung.** In Abb. 313 erfolgt ein neuer Anstoß nach jeweils 8, in Abb 311 nach jeweils 5, in Abb 309 schon nach jeweils 2 Schwingungen. Neben jedem dieser drei Schwingungsbilder finden wir das zugehörige Spektrum. Keines von ihnen zeigt noch das einfache Spektrum der ungedämpften Schwingung, also nur eine einzige Spektrallinie bei der Frequenz $400\ \mathrm{sec}^{-1}$ Zu der ursprünglichen Frequenz $400\ \mathrm{sec}^{-1}$ gesellt sich eine ganze Reihe weiterer Spektrallinien In jedem der drei Spektren ist die niedrigste Frequenz die der Stoßfolge oder kurz **„Stoßfrequenz".** Sie beträgt in den drei Spektren von oben beginnend 200, 80 und $50\ \mathrm{sec}^{-1}$. Die Stoßfrequenz ist die Grundfrequenz n, jeder der drei nicht-sinusformigen Schwingungen Alle ubrigen Spektralfrequenzen müssen ganzzahlige Vielfache der jeweils benutzten Stoßfrequenz sein. Infolgedessen können die Spektrallinien bei den drei verschiedenen Stoßfrequenzen nur in vereinzelten Fällen zusammenfallen. Aber sie finden sich — das ist wesentlich — stets im gleichen Frequenzbereich. **Alle drei Linienspektra lassen sich** (bei passend gewahltem Ordinatenmaßstab) **von der gleichen gestrichelten Kurve umhüllen.**

Mit sinkender Stoßfrequenz nimmt die Zahl der zur Spektraldarstellung benötigten Teilschwingungen oder Spektrallinien dauernd zu. Man braucht eine immer größere Zahl von Sinusschwingungen, um durch gegenseitiges Wegheben ihrer Amplituden die weiten Lückenbereiche zwischen den gedampften Schwingungen darzustellen. So gelangen wir endlich im Grenzubergang zu dem überaus wichtigen Fall II:

Fall II. Kontinuierliches Spektrum einer gedämpften Schwingung bei einmaliger Stoßerregung. Wir haben in Abb. 315 die gedämpft abklingende Schwingung nach einer einmaligen Stoßerregung und in Abb. 316 ihr Spektrum. Die Spektrallinien sind jetzt unendlich dicht gehäuft. Sie erfüllen kontinuierlich den Bereich der oben punktierten umhüllenden Kurve. Diese Kurve ist demgemäß mit schwarzer Fläche gezeichnet worden. An die Stelle des Linienspektrums ist ein **kontinuierliches Spektrum** getreten[1].

---

[1] In diesem Grenzübergang ist mathematisch an die Stelle einer **Fourier**schen **Reihe** ein **Fourier**sches **Integral** getreten

Fall III. Linienspektra einer periodischen Folge kastenförmiger Stöße. Abb. 317 A. Eine derartige Stoßfolge läßt sich auf mannigfache Weise, besonders einfach mit elektrischen Hilfsmitteln, herstellen. Man denke sich z B. in einem Stromkreis ein rotierendes Schaltwerk; dann entspricht jedem Schalterschluß ein kurzdauernder Stromstoß.

Zur Darstellung derartiger Stoßfolgen braucht man eine große Anzahl einfacher Sinusschwingungen, falls die Stoßdauer klein gegenuber der Periode T ist. In Abb 317 B ist das Linienspektrum dieser Stoßfolge mit den ersten 20 Spektrallinien dargestellt Setzt man die ersten 10 dieser Teilschwingungen zusammen, so erhalt man die periodische Kurve C; es fehlen also noch die scharfen oberen Ecken b und c Im Teilbild D sind die nachstfolgenden 10 Spektrallinien hinzugenommen worden Dadurch hat wenigstens die Ausbildung der oberen Ecken b und c begonnen Fur die Ausbildung der unteren Ecken a und d muß man eine große Zahl weiterer Spektrallinien hinzunehmen

Gleiches gilt allgemein fur Kurvenzuge mit geraden, sehr steil zur Abszisse stehenden Teilstucken, z B die bei Kippschwingungen auftretenden Kurven mit Sagezahnprofil Bei diesen muß man die Teilschwingungen bis zur Ordnungszahl $n =$ Aufladezeit/Entladezeit benutzen

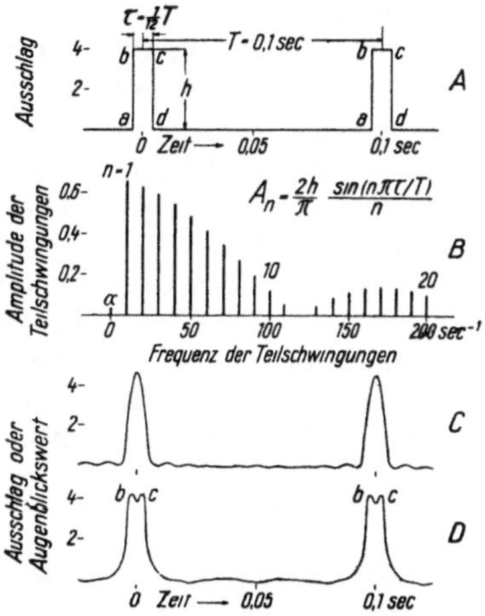

Abb 317 Kurve A Schwingungsbild in Form einer periodischen Folge rechteckiger Stoße, z B Stromstöße. Kurve B: Die ersten 20 Spektrallinien des zugehorigen Linienspektrums Die Spektrallinie bei der Frequenz Null bedeutet einen konstanten „Ausschlag", z. B einen Gleichstrom Kurve C Resultierende der ersten 10 Teilschwingungen Kurve D Resultierende der ersten 20 Teilschwingungen.

Diese wichtigen Zusammenhange haben wir in diesem Paragraphen nur beschreibend mitgeteilt. Ihre graphische Herleitung ist zeitraubend. Ihre analytische wird in allen mathematischen Lehrgangen ausgiebig behandelt. Überdies werden wir in § 108 die Richtigkeit dieser Darstellungen an ganz durchsichtigen experimentellen Folgerungen erweisen können.

§ 101. Allgemeines über elastische Eigenschwingungen von beliebig gestalteten festen Körpern.

Schwingungsfähige Gebilde oder Pendel haben wir bisher stets auf ein einfaches Schema zurückgeführt, einen trägen Körper zur Aufnahme der kinetischen Energie und eine elastische Feder zur Aufnahme potentieller Energie. Die übersichtlichste Form dieses Schemas war die Kugel zwischen zwei gespannten Schraubenfedern (Abb. 69). Diese Anordnung heiße fortan ein Elementarpendel. Dies Schema war für die Mehrzahl der von uns bisher benutzten schwingungsfähigen Gebilde ausreichend, wenngleich manchmal etwas gewaltsam. Es reicht aber keineswegs für alle vorkommenden Fälle aus. Sehr häufig ist eine getrennte Lokalisierung von trägem Körper und Feder nicht möglich. Es können ja schließlich alle beliebig gestalteten Körper schwingen. Das sagt uns die Erfahrung des täglichen Lebens. Damit gelangen wir zu dem Problem der elastischen Eigenschwingungen beliebiger Körper.

Der Einfachheit halber beschränken wir uns zunächst auf Körper von geometrisch besonders einfacher Form. Wir behandeln in den §§ 102 bis 105 Schwingungen linearer Gebilde, d.h. von Körpern mit ganz überwiegender Längsausdehnung, wie Schläuche, Drähte, Schraubenfedern, Ketten, Stäbe usw. Zur Herleitung der Eigenschwingungen dieser linearen festen Körper können wir zwei verschiedene Wege benutzen, nämlich

1. die Aneinanderkopplung einer großen Reihe von Elementarpendeln;
2. die Überlagerung gegenläufiger fortschreitender elastischer Wellen.

Den ersten Weg benutzen wir in den §§ 102 und 103, den zweiten in den §§ 104 und 105.

§ 102. Elastische Querschwingungen linearer fester Körper. Die Abb. 69 zeigte uns ein einfaches Elementarpendel. Eine Schwingung in der Längsrichtung seiner Feder soll fortan eine Längsschwingung heißen, eine Richtung quer zur Federlänge eine Querschwingung. Zunächst wollen wir von diesen Querschwingungen Gebrauch machen.

In Abb. 318 u. 319 sind 2 solcher Elementarpendel aneinander gefügt oder „gekoppelt". Dies Gebilde kann in zweifacher Weise schwingen: Im 1. Fall schwingen beide Kugeln gleichsinnig oder „in Phase". In Abb. 318 sind 2 Momentbilder dieser Schwingungen eingezeichnet. Im 2. Fall schwingen beide Kugeln gegensinnig oder „um 180° phasenverschoben". Auch hier sind wieder in Abb. 319 2 Momentbilder skizziert.

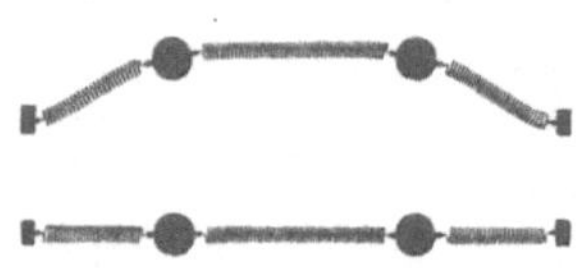

Abb 318. Querschwingungen zweier gekoppelter Elementarpendel. Beide Korper in Phase.

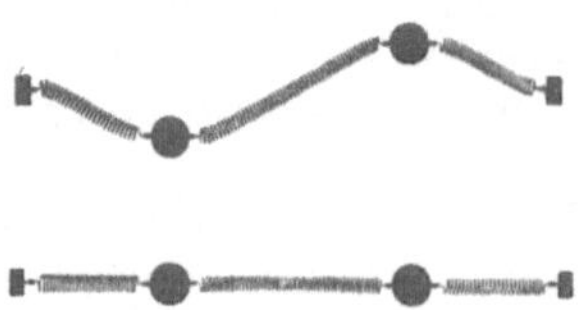

Abb 319 Querschwingungen zweier gekoppelter Elementarpendel Die Korper gegeneinander um 180° phasenverschoben

Die Frequenzen sind in beiden Fällen verschieden. Im Fall 2 beobachten wir mit der Stoppuhr eine höhere Frequenz als im Fall 1. Bei 2 miteinander gekoppelten Elementarpendeln beobachten wir also 2 Querschwingungen, eine „Grundschwingung" und eine Oberschwingung.

In ganz entsprechender Weise sind in Abb. 320 3 Elementarpendel miteinander gekoppelt. Diesmal sind 3 verschiedene Querschwingungen möglich, alle 3 sind durch geeignete Momentbilder belegt. Ihre experimentelle Vorführung bietet keine Schwierigkeit. Bei 3 gekoppelten Elementarpendeln erhalten wir also 3 Eigenfrequenzen.

In dieser Weise kann man nun beliebig fortfahren. Für eine Kette von n gekoppelten Elementarpendeln erhält man n verschiedene Eigenfrequenzen. Im Grenzübergang gelangt man zu kontinuierlichen linearen Gebilden. Für ein solches ist also eine praktisch unbegrenzte Anzahl von Eigenschwingungen zu erwarten. Wir bringen einige experimentelle Beispiele:

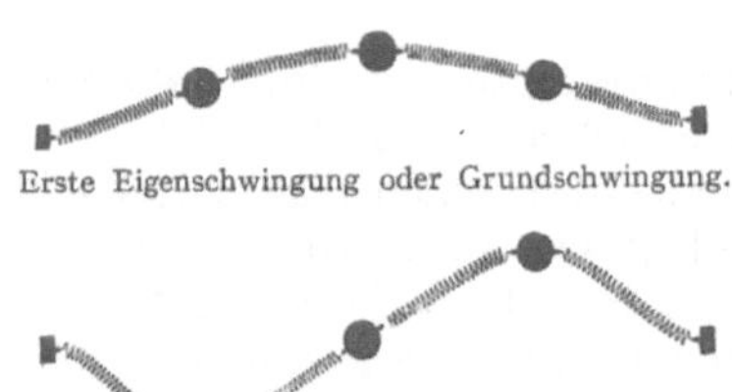

Erste Eigenschwingung oder Grundschwingung.

Zweite Eigenschwingung oder erste Oberschwingung.

Dritte Eigenschwingung oder zweite Oberschwingung.

Abb 320 Die drei moglichen Querschwingungen dreier gekoppelter Elementarpendel

Wir sehen in Abb. 321 einen etliche Meter langen Gummischlauch. Er ist oben an der Zimmerdecke befestigt und unten an einem kleinen Schlitten. Dieser Schlitten kann mittels eines Exzenters von einem kraftigen Elektromotor (etwa $^1/_2$ Kilowatt) in Richtung des Doppelpfeiles um etwa 1 cm hin- und herbewegt werden. Je nach der Drehzahl des Motors können wir eine beliebige der 12 ersten Eigenschwingungen des Schlauches einstellen, beginnend mit der Grundfrequenz n_1. Die Abb. 321 A bis C zeigen uns als Zeitaufnahmen die neunte, elfte und zwölfte Eigenschwingung. Sie zeigen uns die Bilder ungedämpfter Eigenschwingungen oder

„stehender Wellen". Wir unterscheiden deutlich „Knoten" und „Bäuche". —
Den zeitlichen Ablauf dieser Eigenschwingungen oder stehenden Wellen besieht
man sich am besten „stroboskopisch" (S. 9). Man kann da-
durch den zeitlichen Ablauf beliebig verlangsamen. Noch
einfacher benutzt man zu rein kinematischer Veranschaulichung einen sinusförmig gebogenen Draht mit einer
Kurbel an einem Ende (Abb. 322). Diesen Draht versetzt
man vor der Projektionslampe in Drehungen um seine
Längsachse. Das Bild läßt dann die einzelnen Momentbilder der Schwingungen (oft kurz „Schwingungsphasen"
genannt) nacheinander beobachten. Bei raschen Kurbel-
drehungen kann man bequem den Übergang zu den aus
Abb. 321 ersichtlichen Zeitaufnahmen erreichen. Diese
primitive Vorrichtung ist recht nützlich.

Wir greifen noch einmal auf die Abb. 321B zurück und
denken uns gegen den in der elften Teilschwingung schwingenden Schlauch in der Papierebene einen Schlag ausgeführt.
Dann beginnt der Schlauch als Ganzes in seiner ersten Eigen-
oder Grundschwingung zu schwingen und die beiden stehenden Wellen treten gleichzeitig auf. Ein solches gleichzeitiges
Auftreten von mehreren Eigenschwingungen oder stehenden
Wellen benutzt man sehr viel bei den Saiten unserer Musikinstrumente. Wir sehen in Abb. 323 für einen Schauversuch
eine horizontale Saite ausgespannt. Sie wird in bekannter
Weise durch einen Violinbogen zu ungedämpften Schwingungen erregt.

Die Wirkungsweise des Violinbogens stimmt
im Prinzip mit dem in Abb 295 gezeigten Selbststeuerverfahren uberein Man kann den Umfang
der damals benutzten rotierenden Achse als einen
endlosen Violinbogen auffassen.

Quer vor der Saite steht ein Spalt *S*.
Dieser wird in bekannter Weise mit einer
waagerecht bewegten Linse abgebildet.

Technisch ersetzt man diese geradlinige
Linsenbewegung in der Waagerechten zweck-

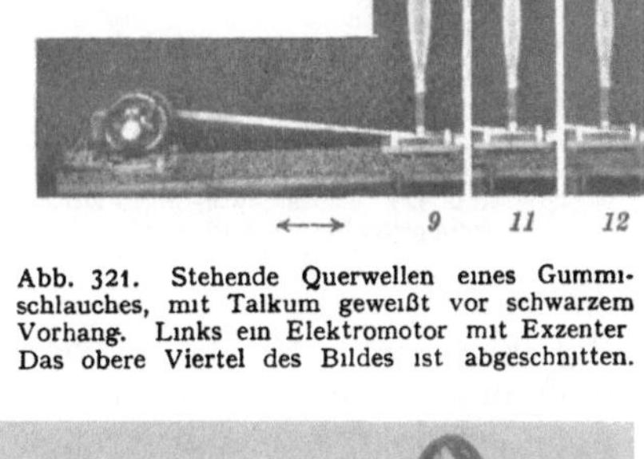

Abb. 321. Stehende Querwellen eines Gummi-
schlauches, mit Talkum geweißt vor schwarzem
Vorhang. Links ein Elektromotor mit Exzenter
Das obere Viertel des Bildes ist abgeschnitten.

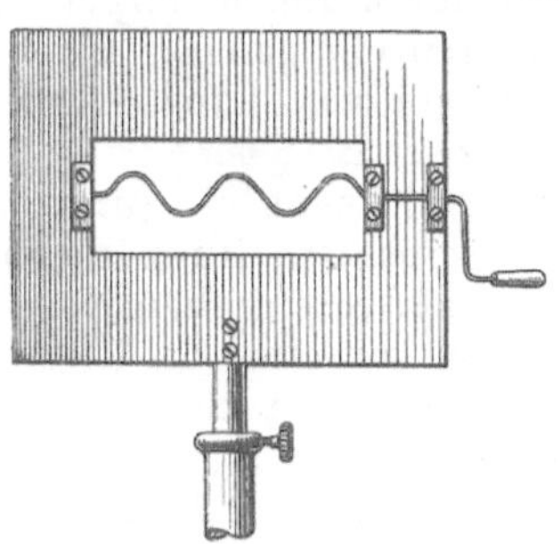

Abb 322 Zur Veranschaulichung
stehender Wellen.

Abb. 323. Projektion von Schwingungskurven einer Saite
mit Hilfe einer rotierenden Linsenscheibe.

mäßig durch eine Bewegung auf schwach gekrümmter Kreisbahn. Man benutzt
die in Abb. 323 gezeigte „Linsenscheibe". Bei der Drehung treten ihre einzelnen Linsen nacheinander in Tätigkeit. Der Antrieb erfolgt mit Daumen

und Zeigefinger am Kordelknopf K. Die Zeitabszisse ist leicht gekrümmt. Das ist ein harmloser Schönheitsfehler.

Man erhält auf diese Weise Schwingungsbilder nach Art der Abb. 324. Ein einzelner Punkt der Saite, in Abb. 323 also der Mittelpunkt, vollführt also auf seiner Bahn quer zur Saitenlängsrichtung keineswegs eine einfache Sinusschwingung. Man sieht vielmehr meistens schon recht verwickelte Schwingungsbilder. Sie rühren von der Überlagerung einer größeren Anzahl von Teilschwingungen her. Das alleinige Auftreten einer Teilschwingung läßt sich nur durch ganz besondere Bogenführung und auch dann nur mit Annäherung erreichen. Im allgemeinen geben die Saiten der Musikinstrumente ein recht kompliziertes Schwingungsspektrum.

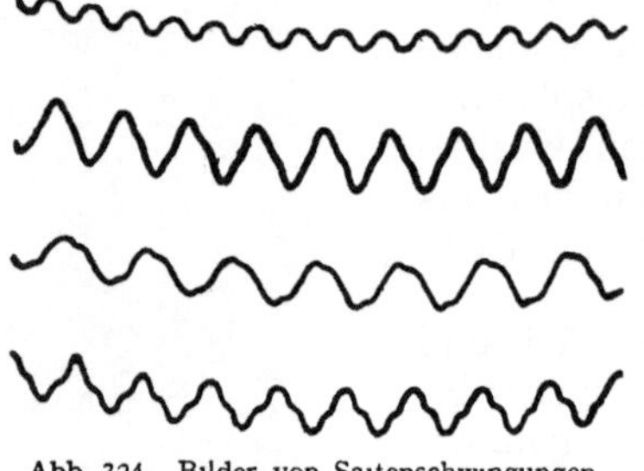

Abb 324. Bilder von Saitenschwingungen, photographiert mit der Linsenscheibe

Bei bekannter Drehgeschwindigkeit der Linsenscheibe kann man in den Schwingungskurven der Abb. 324 leicht die Zeitdauer T_0 einer einzelnen Periode bestimmen. So findet man für die Grundfrequenz $n_0 = 1/T_0$ in unserm Schauversuch die Größenordnung von einigen Hundert pro Sekunde.

§ 103. Elastische Längs- und Drillschwingungen linearer fester Körper.
Als Längsschwingungen eines Elementarpendels haben wir am Anfang von § 102 eine Schwingung des Pendelkörpers in Richtung der Schraubenfeder definiert. In Abb. 325 und 326 sehen wir die beiden T̈ ·.·. · · zweier aneinander gekoppelter Elementarpendel dargestellt. In Abb. 325 schwingen beide Pendel gleichsinnig oder „in Phase". In Abb. 326 schwingen sie gegen-

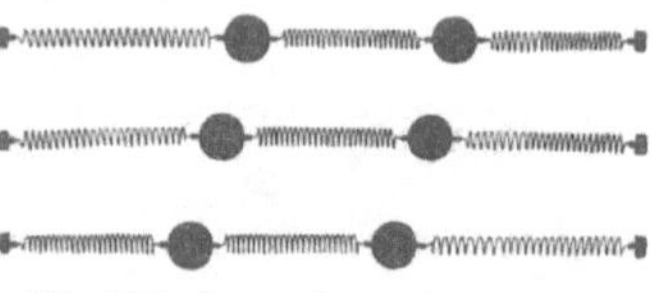

Abb. 325. Langsschwingungen zweier gekoppelter Federpendel. Beide Korper in Phase

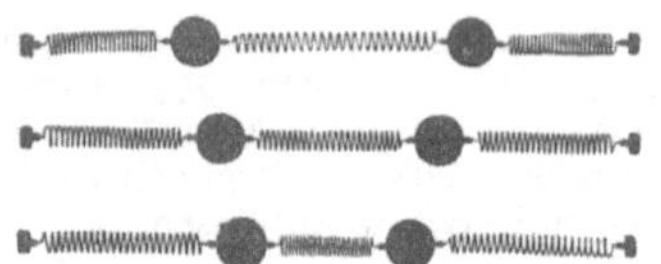

Abb. 326. Langsschwingungen zweier gekoppelter Federpendel Beide Korper um 180° phasenverschoben.

läufig oder „um 180° phasenverschoben". Wir fahren mit der kettenartigen Ankopplung weiterer Elementarpendel fort und finden für n Elementarpendel n Eigenschwingungen. So gelangen wir wiederum im Grenzübergang zu einem linearen Gebilde mit einer praktisch unbegrenzten Anzahl von Längs-Eigenschwingungen. Wir beschränken uns experimentell auf zwei Beispiele:

Wir erzeugen uns erstens in Abb. 327 ungedämpfte Längsschwingungen einer dünnen Schraubenfeder. Zur dauernden Aufrechterhaltung dieser Schwingungen ist das eine Federende mit dem Klöppel einer elektrischen Hausklingel verbunden. Die Grundfrequenz dieses Klöppels muß mit einer der Eigenfrequenzen der Schraubenfeder übereinstimmen. Das Bild stellt eine photographische Zeitaufnahme dar. Nur die in den „Knoten der Bewegung" ruhenden Federstücke sind scharf gezeichnet. Auf dem Bild sind deutlich 6 derartige Knoten erkennbar.

Ein zweiter Versuch zeigt uns Längsschwingungen eines dünnen Stahl- oder Glasstabes. Der Stab ist gemäß Abb. 328 an 2 Fadenschleifen aufgehängt. Er wird durch einen Schlag gegen sein eines Ende erregt. Diese „Stoßerregung" gibt eine gedämpft abklingende Schwingung. Unser Ohr hört einen etliche Sekunden lang abklingenden Ton.

Zur Erzeugung ungedämpfter Stablängsschwingungen hat man den Stab an einem oder mehreren Punkten festzuklemmen. Die Klemmbacken müssen in Bewegungsknoten der gewünschten Eigenschwingung angebracht werden. Zur Selbststeuerung kann eines der aus § 98 bekannten Verfahren dienen, z. B. das in Abb. 295 erläuterte in passender technischer Umgestaltung. Man drückt eine mit Leder umspannte rotierende Scheibe gegen den Stab. Dabei unterstützt man eventuell die Klebwirkung zwischen Stab und Leder durch An-

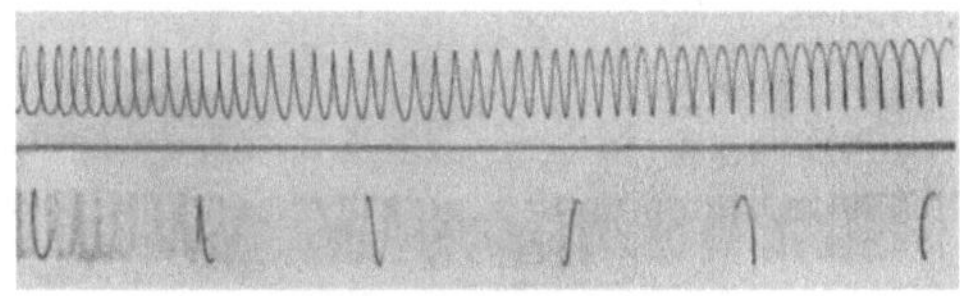

Abb 327. Schraubenfeder, oben in Ruhe, unten in Längsschwingung. Man sieht nur die „Knoten" der Bewegung.

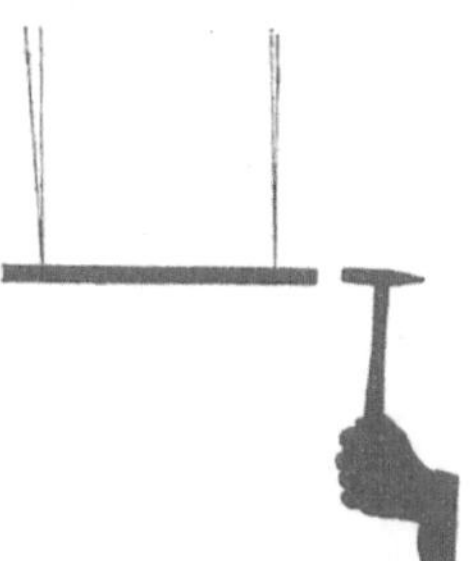

Abb. 328. Langsschwingungen eines an Faden aufgehangten Stabes (Lange $l = 25$ cm). Grundfrequenz $N = c/2l$ (c = Schallgeschwindigkeit im Stab).

feuchten oder durch ein Harzpulver. An einem solchen ungedämpft schwingenden Stab kann man unschwer die Bewegungsknoten aufsuchen. Man setzt auf den Stab etliche Papierreiter. Sie gleiten (von hydrodynamischen Kräften getrieben) über die schwingenden Bäuche hinweg und kommen in den Knoten der Bewegung zur Ruhe.

Momentbilder eines längsschwingenden Stabes sind mit starker Übertreibung in der Abb. 329 gezeichnet. Der Stab bläht sich, bildlich gesprochen, abwechselnd im Gebiet eines Bewegungsknotens K_b auf oder zieht sich unter Taillenbildung zusammen. Die den Stab ringförmig umgebenden Knotenlinien der Bewegung ruhen also relativ zur Längsrichtung des Stabes, ihr Ringdurchmesser aber ändert sich periodisch in der Frequenz der Längsschwingung. In Wirklichkeit sind diese Dicken-

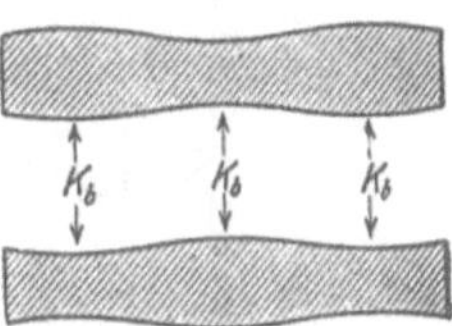

Abb. 329. Schematische Veranschaulichung von Stablangsschwingungen.

änderungen eines längsschwingenden Stabes nur geringfügig. Sie sind nur mit verfeinerter Beobachtung nachweisbar.

Zu den Quer- und Längsschwingungen linearer fester Körper gesellen sich als dritter Schwingungstyp die Drillschwingungen hinzu. Wir drehen die Kugel unseres Elementarpendels um die Federrichtung als Drehachse und geben sie frei. Dann vollführt das Elementarpendel Dreh- oder Drillschwingungen. Ihre Frequenz ist unbequem hoch, denn das Trägheitsmoment der Kugel ist sehr klein [vgl. Gleichung (89) auf S. 67]. Zur Verringerung der Frequenz ersetzen wir die Kugel durch ein hantelförmiges Gebilde gemäß Abb. 330. Dann können wir sogar die Schraubenfeder durch ein kurzes Stück Stahldraht ersetzen. Trotz des größeren

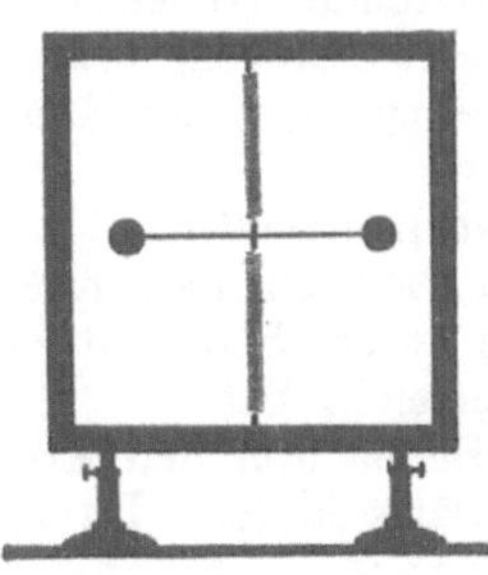

Abb. 330. Drillpendel.

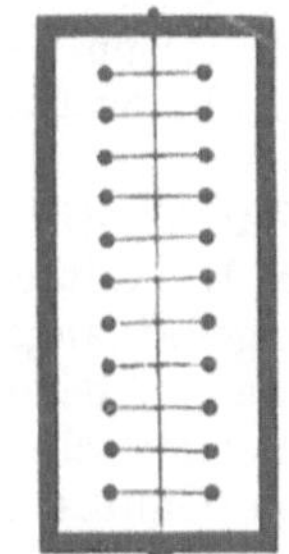

Abb. 331. Zur Vorführung von Drillwellen.

Richtmomentes bekommen wir doch noch Drehschwingungen hinreichend kleiner Frequenz. Von diesem Elementarpendel können wir uns in bekannter Weise n Stück aneinander koppeln. So gelangen wir zu dem in Abb. 331 dargestellten Apparat. Er erlaubt eine ganze Anzahl von Drilleigenschwingungen vorzuführen, beispielsweise auch die Drillschwingung höchster Frequenz. Zu diesem Zweck muß man mit irgendeiner Hilfseinrichtung zu gleicher Zeit die gradzahligen Hanteln links, die ungradzahligen rechts loslassen. Die Kleinheit der Frequenz dieser Drillschwingungen erleichtert die Beobachtung wesentlich. Auch hier führt der Grenzübergang zu Drillschwingungen von Saiten und Stäben.

§ 104. **Elastische Eigenschwingungen linearer fester Körper, hergeleitet mit Überlagerung fortschreitender Wellen.** Wir wollen uns das Zustandekommen der Eigenschwingungen oder stehenden Wellen linearer fester Körper nunmehr auf einem zweiten Wege klarmachen. Wir beginnen mit einem Versuch.

Wir sehen in Abb. 332 einen etwa 10 m langen Schraubenfederdraht links an der Wand befestigt und rechts von einer Hand gehalten. Der Durchhang

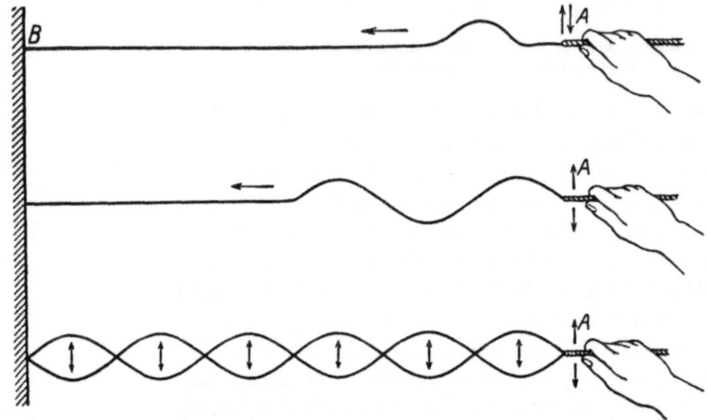

Abb. 332. Zur Entstehung fortschreitender und stehender Querwellen.

des Drahtes infolge seines Gewichtes ist nicht mit gezeichnet worden. Dem rechten Ende des Drahtes geben wir einen kurzen Ruck in Richtung des Doppelpfeiles. Dann sieht man eine elastische Störung längs des Drahtes nach links laufen, und zwar mit einer bequem beobachtbaren Geschwindigkeit von nur wenigen Metern je Sekunde.

Diese endliche Ausbreitungsgeschwindigkeit einer elastischen Störung ist der wesentliche Punkt. Nur durch sie können fortschreitende Wellen entstehen. Denn bei einer zeitlosen Ausbreitung einer elastischen Störung würde der Draht als Ganzes wie eine geometrische Gerade den Bewegungen der Hand folgen.

Zur Vorführung dieser fortschreitenden Querwellen versetzen wir unsere Hand in eine auf und nieder schwingende Bewegung. Die Wellen schreiten schlängelnd längs des Drahtes vorwärts. Wir unterbrechen unsere Beobachtung einstweilen, bevor der Kopf des Wellenzuges die Wand erreicht hat.

Bei fortschreitenden Wellen sieht jeder unbefangene Beobachter den Körper als Ganzes im Sinne einer schlängelnden Natter vorwärts laufen. Davon ist aber in Wirklichkeit[1] keine Rede. Es handelt sich bei fortschreitenden

---

[1] An diesem Mißverständnis sind zum Teil die sonst in der Wellenlehre so nutzlichen Wasseroberflächenwellen schuld. Die in Abb. 286 photographierten Kreisbahnen der Wasserteilchen gelten für den Grenzfall kleiner Amplituden, d. h. die Amplituden müssen klein gegenüber dem Abstand benachbarter Wellenberge sein. Bei größeren Amplituden entarten die Kreise zu den in Abb. 333 skizzierten Kurven. Es findet ein Vorrucken des Wassers in der Laufrichtung der Wellen statt. Infolgedessen können hohe Wellen auf ihnen schwimmende Gegenstände ans Ufer heranspülen.

Wellen lediglich um das Fortschreiten eines Schwingungszustandes und eine psychologische Umdeutung. Das muß man sich einmal in Ruhe klarmachen. Diesem Zweck dient der in Abb. 334 dargestellte Schauversuch.

Wir sehen auf einer Achse zwei Scheiben befestigt und zwischen ihren Rändern dünne Bindfäden ausgespannt. So ist ein zylindrischer Käfig entstanden. Auf den Bindfäden sitzen leichte Holzkugeln in schraubenförmiger Anordnung. Im seitlichen Schattenbild erscheint uns die Schraube als eine punktierte Sinuslinie. Durch einen Blendschirm mit lotrechter Spaltöffnung S (in Abb. 334

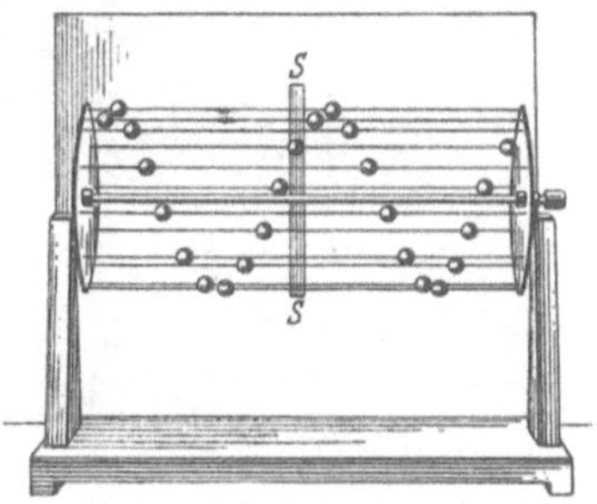

Abb. 334. Spiralwellenmaschine.

Abb 333. Bahn der Wasserteilchen bei fortschreitenden Wasseroberflachenwellen von hoher Amplitude.

hochgeklappt) können wir alle Kugeln bis auf eine von ihnen abdecken. Bei einer Rotation des Käfigs sehen wir diese eine Kugel im hellen Spaltbild auf und nieder schwingen. Das gleiche können wir auch nach Niederklappen der Spaltblende bei ganz langsamer Käfigdrehung gleichzeitig nebeneinander für alle Kugeln beobachten. Dabei sehen wir deutlich eine Phasenverschiebung der einzelnen Kugelschwingungen längs der ganzen Kugelreihe. Bei Steigerung der Drehzahl sehen wir jedoch unvermittelt einen verblüffenden Wechsel des Bildes. An die Stelle der punktierten Sinuslinie tritt ein Wellenbild, ein zusammenhängender, waagerecht fortlaufender Wellenzug (Abb. 335). Oberhalb einer gewissen Drehgeschwindigkeit irrt sich unser Gehirn in der Identifizierung der einzelnen Individuen und ihrer Zuordnung zu einer Bahn. Es handelt sich dabei um

Abb. 335. Momentbild einer fortschreitenden Welle (Wellenbild).

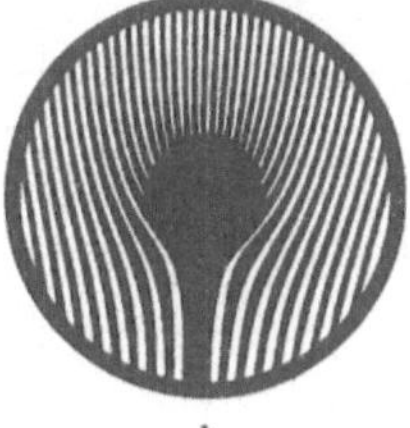

a   b

Abb. 336a u. b. Das Zaunphänomen bei verschiedener Radgeschwindigkeit.

einen ähnlichen Vorgang wie bei dem bekannten „Zaunphänomen". Durch einen Gartenzaun blickend sehen wir die Speichen eines vorbeifahrenden Rades in seltsamer Weise verkrümmt (Abb. 336). Man kann diese Erscheinung vor der Projektionslampe mit einfachen Hilfsmitteln (Abb. 337) vorführen. Das Auge sieht die bewegten Schnittpunkte der Zaunlatten und Radspeichen als eine zusammenhängende gekrümmte Bahn.

Jetzt setzen wir unsere Versuche mit dem langen Schraubendraht fort. Wir machen durch etliche Schwingungen unserer Hand einen Wellenzug begrenzter Länge. Er läuft zu dem an der Wand befestigten Drahtende und wird dort reflektiert. Nach der Rückkehr zur Hand erfolgt eine abermalige Reflexion und so fort. Dann machen wir den gleichen Versuch mit andauerndem Auf- und Abschwingen der Hand. Dabei erhalten wir jetzt zwei gegeneinander laufende Wellenzüge gleicher Frequenz, nämlich den von der Hand ausgehenden und den an der Wand reflektierten. Ihre Überlagerung gibt zunächst ein sich unübersichtlich änderndes Bild. Durch geringfügiges Probieren, nämlich kleine Frequenzänderungen der Hand, gelangen wir jedoch rasch zu dem klaren Bild stehender Wellen. Es muß lediglich die halbe Wellenlänge der fortschreitenden Welle gleich irgendeinem ganzzahligen Bruchteil der Drahtlänge gemacht werden.

Hier entsteht also experimentell eine stehende Welle durch die Überlagerung zweier gegenläufiger fortschreitender Wellen von gleicher Frequenz. Den zeitlichen Verlauf dieser Überlagerung kann man sich graphisch an Hand der Abb. 338 klarmachen. Die Abb. 338 beginnt in der obersten Zeile kurz nach der ersten Begegnung der beiden gegenläufigen Wellenzüge. Die von rechts und links kommenden Wellen sind punktiert und gestrichelt, ihre Resultante dick ausgezogen eingetragen. Diese dick ausgezogenen Momentbilder entsprechen den uns aus Abb. 322 bekannten.

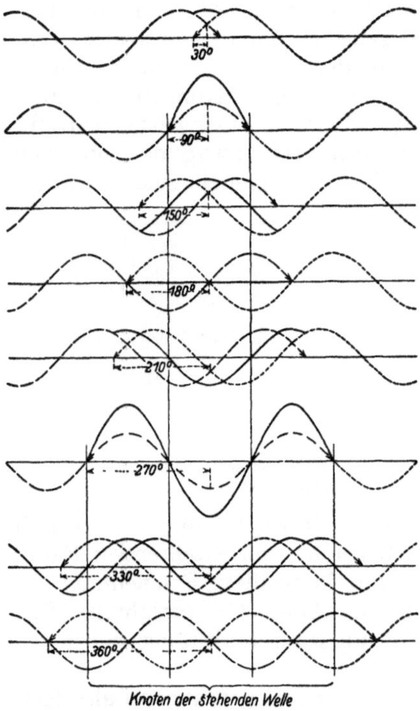

Abb. 337. Zur Vorführung des Zaunphänomens. Im Zaun sind die Lücken weiß. Im Rad sind die geraden Speichen undurchsichtig. Das Rad ist vernickelt, damit es sich im Lichtbild auf dem schwarzen Zaun gut abhebt.

Abb. 338. Zeitliche Ausbildung stehender Wellen.

In ganz analoger Weise kann man auch stehende Längs- und Drillwellen aus der Überlagerung gegenläufiger fortschreitender Längs- und Drillwellen herleiten.

Die Fortpflanzungsgeschwindigkeit all dieser elastischen Wellen läßt sich aus den elastischen Konstanten der benutzten Körper berechnen. Als Beispiel geben wir die Berechnung der Geschwindigkeit c der Längswellen in einem festen Körper.

Der Berechnung legen wir einen Körper in Stabform zugrunde (Abb. 339). Die elastische Stauchung eines Stabes der Länge l und des Querschnittes q um die Länge Δx erfordert die Kraft

$$\Re = \frac{1}{\alpha} \cdot \frac{\Delta x \cdot q}{l}. \tag{200}$$

Der Proportionalitätsfaktor α ist die aus § 68 bekannte Dehnungsgröße.

Die Stauchung um das Stück Δx soll innerhalb der Zeit Δt durch den Kraftstoß $\Re\,\Delta t$ erfolgen. Während der Zeit Δt erfaßt die elastische Störung, nach rechts vorrückend, die Stablänge $l = c \cdot \Delta t$. Demnach ist der Kraftstoß

$$\Re\,\Delta t = \frac{\Delta x \cdot q}{\alpha \cdot c}. \tag{201}$$

Dieser Kraftstoß erteilt dem Stabstück der Länge l einen Impuls

$$m u = l q \varrho \frac{\Delta x}{\Delta t} = c \cdot q \cdot \varrho \Delta x. \tag{202}$$

Denn nach Ablauf der Zeit Δt soll ja das rechte Stabende um den Betrag Δx vorgerückt sein.

Kraftstoß und Impuls müssen einander gleich sein. Wir fassen Gleichung (202) und (201) zusammen und erhalten

$$\boxed{c = (\alpha \varrho)^{-\frac{1}{2}}.} \tag{203}$$

Die Geschwindigkeit elastischer Längswellen wird also von zwei für den Stoff charakteristischen Größen bestimmt, nämlich seiner Dehnungsgröße α und seiner Dichte ϱ.

Zahlenbeispiel: Fur Stahl ist $\alpha = 4{,}6 \cdot 10^{-5} \dfrac{\text{mm}^2}{\text{Kilopond}} = 4{,}7 \cdot 10^{-12} \dfrac{\text{m}^2}{\text{Großdyn}}$, $\varrho = 7700$ kg/m³. Also Geschwindigkeit

$$c = \frac{1}{\sqrt{4{,}7 \cdot 10^{-12} \cdot 7{,}7 \cdot 10^3}} \frac{\text{m}}{\text{sec}} = 5{,}1 \frac{\text{km}}{\text{sec}},$$

Die Fortpflanzungsgeschwindigkeit elastischer Längswellen in Körpern bezeichnet man meist als Schallgeschwindigkeit. Denn ihre Frequenzen fallen meist in den Frequenzbereich unseres Ohres. Mit ihrer Hilfe kann man beispielsweise für Stäbe die Frequenzen der verschiedenen Längseigenschwingungen berechnen. So finden wir etwa für den in Abb. 328 benutzten Stahlstab eine Grundfrequenz $n = 10^4$ sec⁻¹. Mit einem

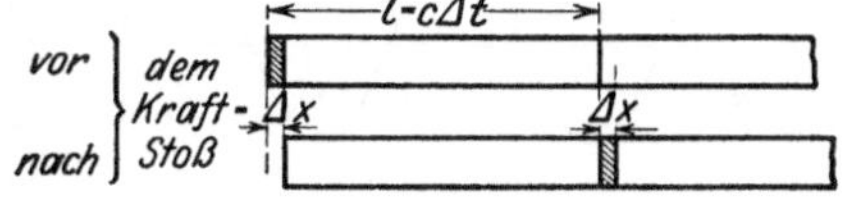

Abb. 339. Zur Berechnung der Schallgeschwindigkeit in einem Stab.

dünnen Steinsalzstab von 5 cm Länge erreichen wir eine Grundfrequenz von 43 000 sec⁻¹, und so fort. Längsschwingungen von Kristallen (meist Quarz) benutzt die Technik in steigendem Maße als „Frequenznormale". Sie lassen bequemer hohe Frequenzen erreichen als die Schwingungen der allbekannten Stimmgabeln. Die „Quarzuhren" beginnen bereits, in der Astronomie die Präzisions-Pendeluhren zu verdrangen.

§ **105. Elastische Schwingungen in Säulen von Flüssigkeiten und Gasen.** Wie stets behandeln wir auch hier Flüssigkeiten und Gase gemeinsam. Unsere Experimente werden wir meistens mit Luft ausführen.

Im Inneren von Flüssigkeiten und Gasen (Gegensatz: Oberfläche) sind keine Quer- und Drillschwingungen, sondern nur Längsschwingungen möglich. Das folgt ohne weiteres aus der freien Verschieblichkeit aller Flüssigkeits- und Gasteilchen gegeneinander. Ein Flüssigkeits- und Gasteilchen[1] kann seinesgleichen nur in der Richtung der eigenen Bewegung vorwärtstreiben.

Wie bei den festen Körpern wollen wir anfänglich auch bei den Flüssigkeiten und Gasen lineare Gebilde behandeln. Linear begrenzte Flüssigkeits- und Gassäulen stellen wir uns mit Hilfe von Röhren her.

Wesentlich für das Zustandekommen fortschreitender und stehender Wellen war eine endliche Fortpflanzungsgeschwindigkeit der elastischen Störungen § 104. In Luft beträgt diese Fortpflanzungs- oder Schallgeschwindigkeit bei Zimmertemperatur rund 340 m/sec.

Experimentell mißt man diese Geschwindigkeit für Schauversuche beispielsweise mit einer rund 150 m langen und einige Zentimeter weiten Rohrleitung. Das rechte Ende wird mit einer Gummimembran verschlossen, am linken

---

[1] Im Sinne von Raumelementen, nicht von einzelnen Molekulen.

Ende befindet sich ein Druckmesser geringer Trägheit. Bequem ist das „Flammen-manometer". Seine Membran bildet die eine Wand einer flachen, in die Zuleitung einer Leuchtgasflamme eingeschalteten Kapsel. Durch einen kurzen Schlag gegen die Gummimembran steigert man vorübergehend den Luftdruck im

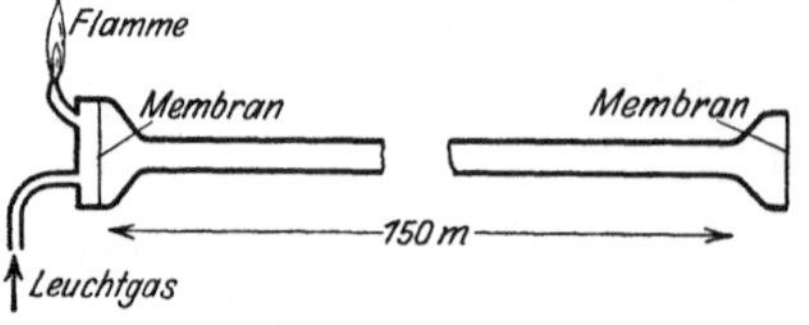

Abb 340. Laufzeit elastischer Langsstorungen in einer Luftsaule.

rechten Rohrende und dadurch entsteht ein Verdichtungsstoß. Man mißt dessen Lauf-zeit bis zum linken Rohrende mit Hilfe einer in hundertstel Sekunden geteilten Stoppuhr.

Dieser Versuch zeigt uns für die elasti-sche Längsstörung in einer Luftsäule das-selbe wie der Versuch in Abb. 332 für die elastische Querstörung eines festen Schraubendrahtes. In entsprechender Weise können wir uns jetzt die sinusförmige Bewegung unserer Hand in Abb. 332b durch eine sinusförmige Bewegung der Membran am rechten Rohrende ersetzt denken. Dann läuft eine elastische Längswelle durch das Rohr hindurch. Die

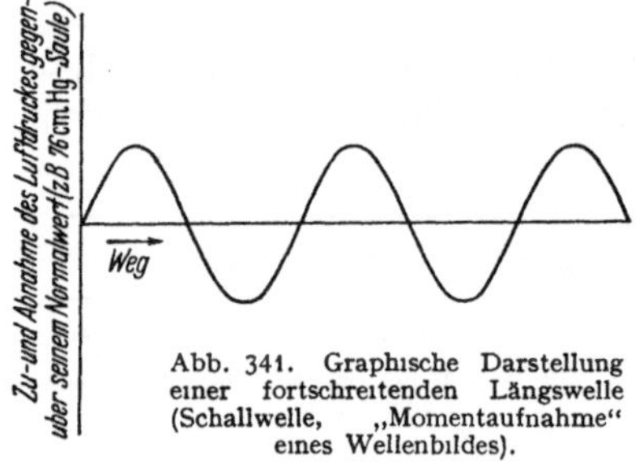

Abb. 341. Graphische Darstellung einer fortschreitenden Längswelle (Schallwelle, „Momentaufnahme" eines Wellenbildes).

einzelnen Luftteilchen vollführen Sinusschwingungen um ihre Ruhe-lage, aber diesmal in der Längsrichtung des Rohres. Dabei beginnt jedes in der Rohrleitung schwingende Teilchen seine Schwingung ein wenig später, als das ihm in der Laufrichtung vorangehende. Oder anders ausgedrückt: In dem Rohr fließt ein Luftwechselstrom. Für die Wellenlänge dieser fortschreitenden Welle oder dieses Luftwechselstromes gilt wieder

die Gleichung (197) $\lambda = c\,T = c/n$ von S. 162. Dabei ist n die Frequenz der Membran, c die Schallgeschwindigkeit.

Zur graphischen Darstellung einer fortschreitenden Längswelle (Schallwelle) benutzt man das in Abb. 341 skizzierte Schema. Als Ordinate wählt man

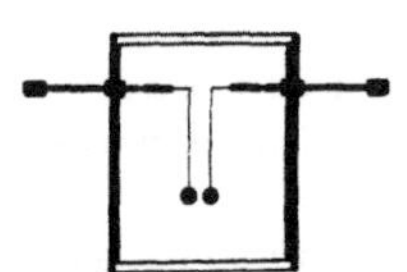

Abb. 342 Zum hydro-dynamischen Nachweis des Luftwechselstromes in einer Pfeife. Man kann die beiden Kugeln auch hinter-statt nebeneinander stel-len. Dann erzeugt der Luft-Wechselstrom eine gegen-seitige Abstoßung der Kugeln

meistens den Luftdruck oder die Luftdichte. Selbstver-ständlich könnte man als Ordinate auch den Ausschlag, die Geschwindigkeit oder die Beschleunigung einzelner Luft-teilchen auftragen, aber das ist nicht üblich.

Eine Reflexion findet nicht nur an einem verschlos-senen Rohrende statt, sondern auch an einem offenen Ende oder noch allgemeiner, an jeder Veränderung des Rohr-querschnittes. Dadurch wird die Herstellung stehen-der Wellen in Rohren besonders einfach. Man hat bei-spielsweise für einen Schauversuch nur ein Papprohr von rund 1 m Länge und etlichen Zentimetern Weite an einem Ende mit einer Gummimembran zu verschließen. Durch Zupfen oder Schlagen der Membran erregt man diese „Luft-säule" zu laut hörbaren, aber rasch abklingenden Eigenschwingungen. Oder man gibt dem einen Rohrende einen festen Boden und zieht vom andern Ende einen hülsenförmigen Deckel herunter. In beiden Fällen läßt sich das Hin- und Herströmen der Luft im Innern des Rohres gut vorführen. Man hat zu diesem Zweck eine Wirkung strömender Gase zu benutzen, die nicht vom Vorzeichen der Strömung abhängig ist. Denn es soll ja ein Luft-strom ständig wechselnden Vorzeichens (Wechselstrom) vorgeführt werden. Diese Aufgabe wird durch die Anordnung in Abb. 342 erfüllt.

Man hängt im Innern des Rohres von quadratischem Querschnitt zwei kleine Holunderkugeln an dünnen Fäden auf. Zwei Fenster aus Glas oder Cellon erlauben, die Kugeln direkt oder im Projektionsbild zu beobachten. Die Verbindungslinie der beiden Kugeln kann mit der Rohrachse verschiedene Winkel einschließen. Sie wird zunächst senkrecht zur Rohrlängsachse gestellt. Dann muß für eine der Rohrlängsachse parallele Strömung, unabhängig vom Vorzeichen, das aus Abb. 267 bekannte Stromlinienbild gelten. Zwischen beiden Kugeln werden die Stromlinien zusammengedrängt. Beide Kugeln müssen sich beim Schwingen oder Tönen der Pfeife anziehen. Das ist in der Tat der Fall.

Durch diese Bewegung der Luftteilchen parallel zur Rohrlängsachse entsteht nun die Druck- und Dichteverteilung einer Längsschwingung oder stehenden Längswelle. Wir zeichnen sie schematisch in drei Momentbildern zunächst für die Grundschwingung eines beiderseits verschlossenen (Pfeifen-)Rohres (Abb. 343). Das mittlere Momentbild zeigt mit gleichmäßigem Grau zunächst längs des ganzen Rohres konstanten Druck und konstante Dichte. In den beiden andern Momentbildern haben wir an den beiden Rohrenden Bäuche von Luftdruck und -dichte. Im oberen Momentbild bedeutet der schwarze Bauch links einen Wellenberg der stehenden Welle, ein Gebiet von erhöhtem Luftdruck und erhöhter Luftdichte. Der weiße Bauch rechts bedeutet ein Wellental, ein Gebiet von erniedrigtem Luftdruck und erniedrigter Dichte. Für das untere Momentbild gilt genau das Umgekehrte, dort haben wir links niedrigen, rechts hohen Luftdruck.

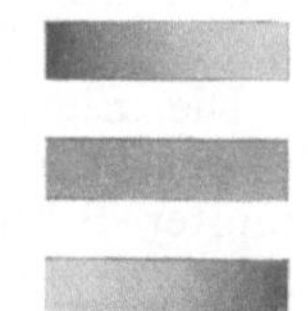

Abb 343. Zur Veranschaulichung einer stehenden Längsschwingung in einer Luftsäule (Grundschwingung).

Wohl zu unterscheiden von dieser (sinusförmigen) Verteilung von Luftdruck und -dichte ist die (ebenfalls sinusförmige) Verteilung der Geschwindigkeit und des Ausschlages, mit der die einzelnen Luftteilchen längs der Rohrachse um ihre Ruhelage hin und her schwingen. Geschwindigkeit und Ausschlag der Luftteilchen haben in Abb. 343 ihre Knoten an den Rohrenden, ihren Bauch, d. h. abwechselnd Maximalwerte nach links oder rechts gerichtet, in der Rohrmitte. Die Knoten von Druck- und Geschwindigkeitsverteilung sind also bei diesen Längsschwingungen oder stehenden Längswellen um eine Viertelwellenlänge gegeneinander in der Rohrlängsrichtung verschoben.

Abb. 344. Zur Veranschaulichung einer stehenden Längsschwingung in einer Luftsäule (1. Oberschwingung).

Bei einem in einer höheren Eigenschwingung schwingenden Rohr hat man sich die in Abb. 343 skizzierten Bilder in symmetrischer Wiederholung aneinandergesetzt zu denken. Es genügt in Abb. 344 ein Beispiel für die zweite Eigenschwingung[1]. Dargestellt sind wieder die Druck- und Dichteverteilung im Augenblick der größten Unterschiede. Auch hier fallen die Bäuche von Druck und Dichte räumlich mit den Knoten von Teilchengeschwindigkeit und Amplitude zusammen. Derartige periodische Druckverteilungen zeigt man für die Oberschwingungen in einer Gassäule sehr hübsch mit dem in Abb. 345 skizzierten „Flammenrohr". Ein etwa 2 m langes, mit Leuchtgas beschicktes Rohr hat an seiner Oberseite eine über die ganze Rohrlänge laufende Reihe von Brenneröffnungen. Das eine Rohrende ist mit einer Gummimembran verschlossen. Diese Membran wird irgendwie zu ungedämpften Schwingungen erregt. Ihre

---

[1] Musikalisch: erster Oberton.

Frequenz muß mit irgendeiner der Eigenschwingungen der Leuchtgassäule übereinstimmen. Die längs des Rohres periodisch wechselnde Flammenhöhe gibt ein recht anschauliches Bild der stehenden Welle im Rohrinnern. Durch passenden

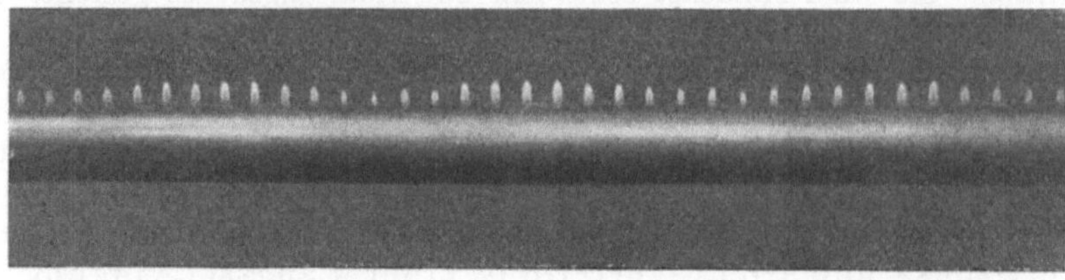

Abb. 345. Stehende Längsschwingungen in einer Leuchtgassäule. Rubenssches Flammenrohr.

Wechsel der Membranfrequenz kann man so nacheinander eine ganze Reihe verschiedener Eigenschwingungen der Gassäule vorführen.

Die Eigenschwingungen von Gassäulen spielen technisch beim Bau von Pfeifen aller Art eine große Rolle. Diese Pfeifen benutzen zur Erzeugung ungedämpfter Schwingungen hydrodynamische Selbststeuerungen. Die gebräuchlichsten Ausführungsformen können äußerlich als bekannt gelten. Ihre Wirkungsweise ist im einzelnen überaus verwickelt und nur qualitativ in großen Zügen aufgeklärt. Bei der Lippenpfeife handelt es sich um einen periodischen Zerfall des gegen die Schneide blasenden Luftstrahles in einzelne Wirbel. Der eingeblasene Luftstrahl einerseits, die Luftsäule in der Pfeife andererseits bilden zwei gekoppelte Schwingungssysteme. Das gleiche gilt bei der Zungenpfeife für die Zunge und die Gassäule. Dieser ver-

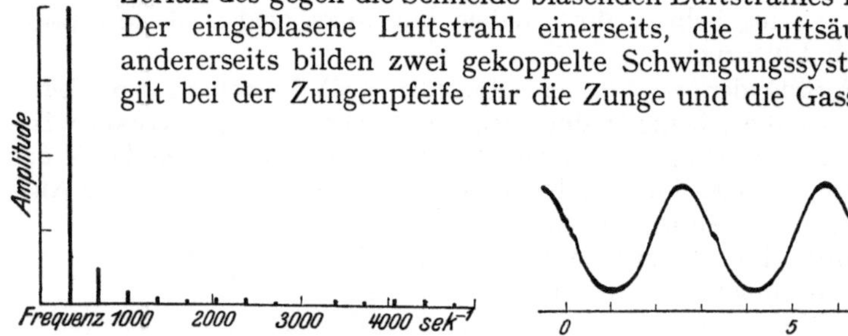

Abb 346. Das Spektrum der in Abb. 347 dargestellten Pfeifenschwingung

Abb 347. Angenähert sinusförmige Schwingungskurve einer Pfeife. Aufnahme von Ferd. Trendelenburg.

wickelte Selbststeuermechanismus bedingt in der Regel erhebliche Abweichungen der Pfeifenschwingungen von der Sinusform. Die Abb. 346 und 347 geben eine von technischer Seite aufgenommene noch recht einfache Pfeifenschwingung mit ihrem Linienspektrum.

Wir beschränken unsere Vorführung von Pfeifen auf zwei Versuche: Erstens lassen wir eine Lippenpfeife im Wasser mit einem Wasserstrahl „angeblasen" schwingen. So wird endlich einmal auch eine Längsschwingung in einer Flüssigkeitssäule vorgeführt. Zweitens bringen wir eine im folgenden Kapitel fortgesetzt benötigte kleine Lippenpfeife hoher Frequenz. Sie ist in Abb. 348 in Aufsicht und im Längsschnitt dargestellt. Lippenspalt L und Schneide S sind als Rotationskörper ausgeführt. Der eigentliche Pfeifenhohlraum stellt nur noch eine sehr dürftige Annäherung an eine lineare Luftsäule dar.

Für spätere Zwecke bestimmen wir gleich die Frequenz dieser kleinen, stets mit Druckluft angetriebenen Lippenpfeife. Wir messen die Länge der von ihr in einem Glasrohr erzeugten stehenden Wellen. Das Glasrohr hat eine Weite von etwa 4 mm und eine Länge von etwa 15 cm. Die Länge der Luftsäule kann durch einen verschiebbaren Messingstempel gleich einem Vielfachen der halben Pfeifenwellenlänge gemacht werden. Zum Nachweis der stehenden Wellen und der Messung ihrer Länge dient das sehr elegante Verfahren der „Kundtschen Staubfiguren". Man verteilt längs des Rohrinnern ein leichtes trockenes Pulver. Dann bringt man die schwingende Pfeife vor die Rohröffnung und verschiebt den Messingstempel langsam. Nach kurzem Probieren ordnet sich der Staub in sehr charakteristischen, periodisch aneinandergereihten Figuren an (Abb. 349). Die Entstehung dieser Figuren beruht wieder auf hydrodynamischen Kräften, ähnlich wie bei den Holunderkugeln in Abb. 341. Wir finden in den Staubfiguren eine periodisch wiederkehrende Länge von rund $^3/_4$ cm. Sie ist gleich dem Abstand zweier Knoten oder der halben gesuchten Wellenlänge. Aus dieser Wellenlänge von rund 1,5 cm folgt nach der schon oft benutzten Gleichung (197) von S. 162 eine Frequenz der kleinen Lippenpfeife von rund $23\,000$ sec^{-1}

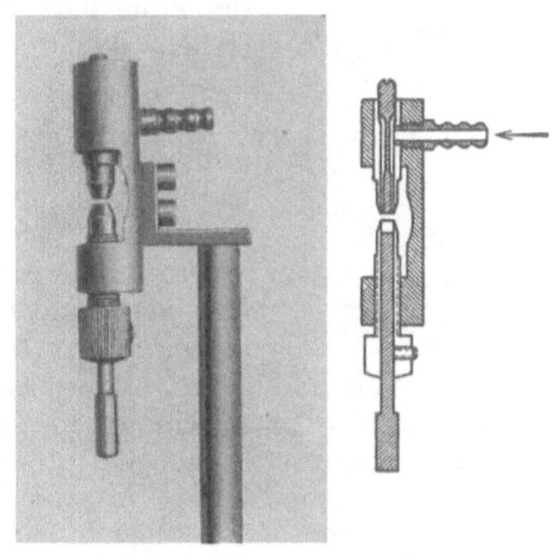

Abb. 348. Lippenpfeife hoher Frequenz (etwa $10\,000$—$30\,000$ sec^{-1}).

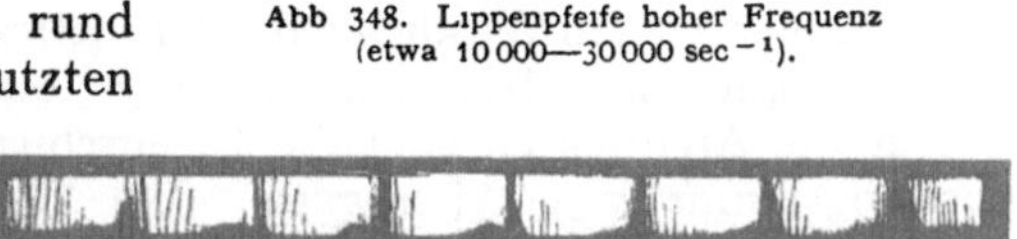

Abb. 349. Kundtsche Staubfiguren, hergestellt mit der Lippenpfeife der Abb. 348. Zirka 1,2fach vergroßerte Photographie.

§ 106. Eigenschwingungen flächenhaft und räumlich ausgedehnter Gebilde. Wärmeschwingungen.

Wir fassen uns hier ganz kurz. Man kann auch hier das Zustandekommen der Eigenschwingungen auf den beiden in § 101 angegebenen Wegen verfolgen und rechnerisch behandeln. Doch handelt es sich, von wenigen Ausnahmen abgesehen, um mathematisch recht verwickelte Aufgaben. In der Mehrzahl aller praktisch wichtigen Fälle bleibt man auf das Experiment angewiesen. Dabei handelt es sich vorzugsweise um zwei Angaben: Die Bestimmung der verschiedenen vorkommenden Eigenfrequenzen und die Auffindung der Knotenlinien.

Die Frequenzen bestimmt man in der Regel durch eine photographische Registrierung der Schwingungskurven und ihre nachträgliche rechnerische Zerlegung in Sinuskurven.

Zum Nachweis der Knotenlinien benutzt man meistens die Ansammlung aufgestreuten Staubes. Die Abb. 350

Abb. 350 Chladnische Klangfiguren (photographisches Positiv).

zeigt uns so die Knotenlinien einer quadratischen und einer kreisförmigen Metallmembran in verschiedenen Schwingungszuständen.

Eine Wölbung der Platten führt zur Glas- oder Glockenform. Die Schwingungen dieser geometrisch noch relativ einfachen Gebilde sind schon unangenehm verwickelt. Im einfachsten Falle schwingt ein Glas von oben betrachtet nach dem Schema der Abb. 351. Bei K haben wir die Durchstoßpunkte von vier „als Meridiane" verlaufenden Knotenlinien. So ungefähr haben wir uns auch die einfachste Schwingung unserer Schädelkapsel vorzustellen, die in ihren Wänden unsere Gehörorgane beherbergt.

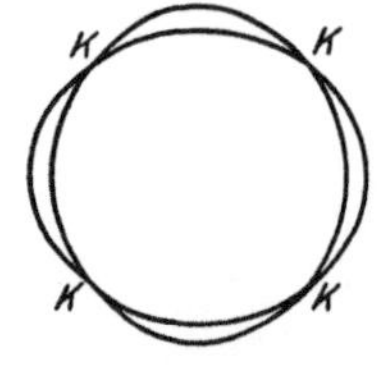
Abb. 351. Einfache Schwingungen eines Weinglases, von oben gesehen (schematisch).

Im Gebiet extrem hoher Frequenzen bis zur Größenordnung $10^{18}\,\mathrm{sec}^{-1}$ besitzen alle festen Körper ganz unabhängig von ihrer Gestalt eine Unzahl elastischer Eigenfrequenzen. Die Energie dieser Schwingungen bildet den Wärmeinhalt der festen Körper oder Kristalle (vgl. § 74). Bei den höchsten der genannten Frequenzen schwingen die einzelnen Atome oder Moleküle der Kristallgitter in einer grob durch die Abb. 326 veranschaulichten Weise.

Von den Eigenschwingungen gaserfüllter Hohlräume sind besonders zu nennen die Eigenschwingungen lufthaltiger kugel- oder flaschenförmiger Gefäße mit kurzem offenen Hals. Es sind die meßtechnisch wichtigen „Helmholtzschen Resonatoren". Sie stellen in handlichen Formen Pfeifen von wohldefinierter Grundfrequenz dar. Im Betriebe zeigen sie oft die S. 155 beschriebene, scheinbar kontinuierliche, in Wirklichkeit intermittierende Strahlbildung. Ein Flaschenresonator kann im Betrieb ganz gehörig „blasen".

Für die Architekten sind die Eigenschwingungen großer Wohn- und Versammlungsräume von Wichtigkeit. Die Einzelheiten bilden den Gegenstand einer technischen Sonderliteratur.

§ 107. Erzwungene Schwingungen[1]. Nach einer Stoßerregung oder mit einer Selbststeuerung schwingt jedes schwingungsfähige Gebilde in einer oder mehreren seiner Eigenfrequenzen. Doch kann man jedes schwingungsfähige Gebilde auch in beliebigen anderen, mit keiner seiner Eigenfrequenzen zusammenfallenden Frequenzen schwingen lassen. In diesem Fall vollführt das Gebilde „erzwungene Schwingungen". Diese erzwungenen Schwingungen spielen im Gesamtgebiet der Physik eine überaus wichtige Rolle

Für ihre Darstellung müssen wir zunächst den Begriff der Dämpfung eines Pendels schärfer fassen als bisher. Infolge unvermeidlicher Energieverluste oder auch beabsichtigter Energieabgabe klingt die Amplitude jedes Pendels nach einer Stoßerregung ab. Der zeitliche Verlauf der Schwingungen wird durch Kurven nach Art der Abb. 353 dargestellt. In der Mehrzahl der Fälle zeigen diese Kurven bei sinusförmig schwingenden Pendeln eine einfache Gesetzmäßigkeit. Das Verhältnis zweier auf der gleichen Seite aufeinanderfolgender Höchstausschläge oder Amplituden bleibt längs des ganzen Kurvenzuges konstant. Man nennt es das „Dämpfungsverhältnis" K. Sein natürlicher Logarithmus heißt das „logarithmische Dekrement" $\varLambda$. Die Zahlenwerte des Dämpfungsverhältnisses und des logarithmischen Dekrements finden wir den Kurvenzügen in Abb. 353 beigefügt.

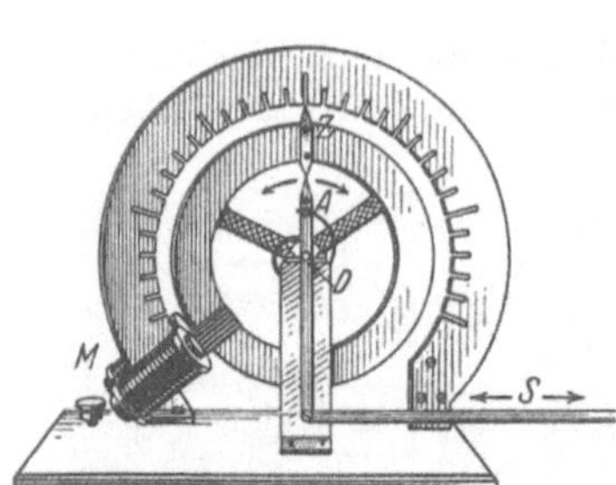
Abb. 352. Drehpendel zur Vorführung erzwungener Schwingungen

Nach diesen Definitionen wollen wir jetzt das Wesen der erzwungenen Schwingungen an einem möglichst klaren und in allen Einzelheiten übersicht-

---

[1] Die in diesem Paragraphen fehlenden quantitativen Beziehungen findet man im Optikband, § 94.

lichen Schauversuch erläutern. Wir benutzen für diesen Zweck Drehschwingungen sehr kleiner Frequenz. Bei sehr kleinen Frequenzen werden alle Einzelheiten leicht beobachtbar.

Die Abb. 352 zeigt uns ein Drehpendel mit einer einzigen Eigenfrequenz. Sein träger Körper besteht aus einem kupfernen Rade. An seiner Achse greift eine Schneckenfeder an. Durch seitliche Verschiebungen des oberen Federendes A kann man ein Drehmoment auf das Rad wirken lassen. Zur Herstellung dieser Verschiebung in Richtung der Pfeile dient der bei D gelagerte Hebel A in Verbindung mit der langen Schubstange S. Diese Schubstange S kann

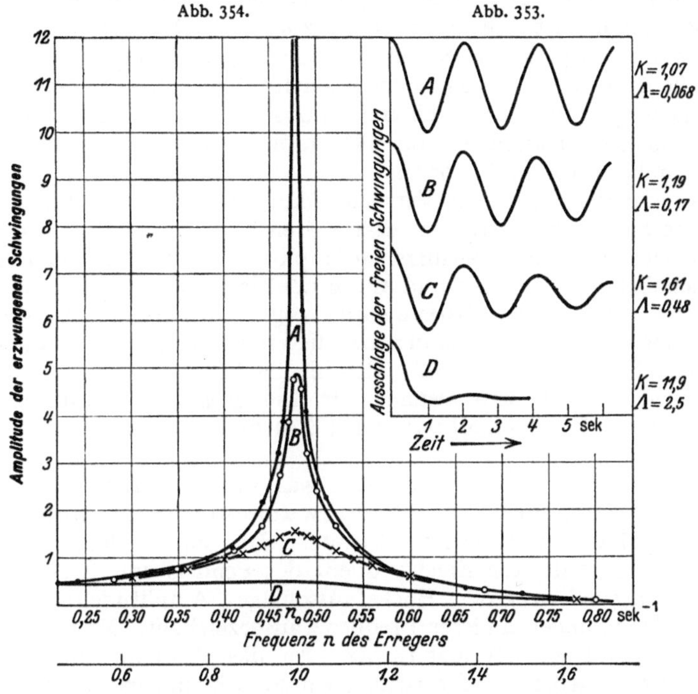

Abb. 353 u. 354. Die Amplituden erzwungener Schwingungen bei konstanter Erregeramplitude in ihrer Abhangigkeit von der Erregerfrequenz und der Resonatordämpfung, gemessen · mit dem Drehpendel von Abb. 352. — Die durch seitliche Verschiebungen des Federendes A erzeugten Drehmomente hatten fur alle Frequenzen den gleichen Hochstwert („Erregeramplituden"). Fur die Frequenz Null (konstantes Drehmoment, Federende A dauernd in seiner linken oder rechten Außenstellung) ist die Resonatoramplitude in diesem Beispiel praktisch gleich 0,2 Skalenteile. (Im Bilde nicht erkennbar.) Also ergeben die Zahlenwerte der Ordinate, mit 5 multipliziert, die „Vergroßerung" der Resonatoramplitude bei periodischer statt bei konstanter Erregung (im Beispiel bei periodischem statt konstantem Drehmoment).

mittels eines Exzenters und eines langsam laufenden Motors (Zahnradübersetzung) in jeder gewünschten Frequenz und Amplitude praktisch sinusförmig hin- und herbewegt werden. Auf diese Weise kann man also an der Achse des Drehpendels sinusförmig verlaufende Drehmomente von konstantem Höchstwert, aber beliebig einstellbarer Frequenz angreifen lassen. Diese periodischen Drehmomente sollen Schwingungen des Pendels erzwingen. Die Ausschläge des Pendels lassen sich mit dem Zeiger Z vor einer, im Schattenbild weithin sichtbaren Skala ablesen.

Links unten befindet sich bei M eine Hilfseinrichtung zur Veränderung der Dämpfung des Drehpendels. Man nennt sie eine Wirbelstromdämpfung. Es ist ein kleiner Elektromagnet mit beiderseits des Radkranzes befindlichen Polen.

Der schwingende Radkranz kann sich ohne Berührung dieser Pole durch das Magnetfeld zwischen ihnen bewegen. Je nach der den Elektromagneten durchfließenden Stromstärke wirkt diese Wirbelstromdämpfung wie ein mehr oder minder fest gegen den Radkranz gepreßter Wattebausch als Bremse. Der Vorzug dieser elektromagnetischen vor einer mechanischen Reibungsdämpfung ist ihre gleichmäßige Wirksamkeit und bequeme Einstellbarkeit.

Vor Beginn des eigentlichen Versuches werden Eigenfrequenz n_0 und Dämpfungsverhältnis K des Drehpendels ermittelt. Für beide Zwecke stößt man das Pendel bei ruhender Schubstange an und beobachtet seine Umkehrpunkte an der Skala. Mit einer Stoppuhr finden wir die Schwingungszeit $T_0 = 2{,}08$ sec, folglich ist seine Eigenfrequenz $n_0 = 1/2{,}08 = 0{,}48$ sec^{-1}. Das Verhältnis zweier auf der gleichen Seite aufeinanderfolgender Amplituden ergibt sich angenähert konstant $= 1{,}07$. Das ist die gesuchte Dämpfungskonstante. Zu ihrer Veranschaulichung sind die nacheinander links und rechts abgelesenen Amplituden in je $1{,}04$ sec Abstand in Abb. 353 graphisch eingetragen und ihre Endpunkte freihändig verbunden worden.

Jetzt kommt der eigentliche Versuch. Man setzt die Schubstange in Gang, bestimmt ihre Frequenz, wartet den stationären Endzustand ab und beobachtet dann die dem Drehpendel aufgezwungenen Amplituden. Zusammengehörige Wertepaare von Schubstangenfrequenz und Amplitude sind in Kurve A der Abb. 354 zusammengestellt worden. Die Abszisse enthält die Frequenz der Schubstange, also der periodisch wirkenden Kraft. Man nennt die Frequenz dieser periodischen Kraft allgemein die „Erregerfrequenz" (also hier Hebel A = Erreger).

Der gleiche Versuch wird alsdann für drei größere Dämpfungen wiederholt. Für die Dämpfungsverhältnisse $1{,}19$; $1{,}61$ und $11{,}9$ finden wir die Kurven B, C und D.

Die in allen drei Fällen erhaltene etwas unsymmetrische Glockenkurve heißt die Amplitudenkurve der erzwungenen Schwingungen oder auch die Amplituden-Resonanzkurve. Im Falle kleiner Dämpfung, aber nur dann, ist der die Eigenfrequenz des Pendels umgebende Frequenzbereich durch besonders große Höchstausschläge (Amplituden) vor den erzwungenen Schwingungen anderer Frequenz ausgezeichnet. Man nennt diesen ausgezeichneten Fall den der Resonanz. An dies Wort anknüpfend benennt man häufig ein beliebiges, zu erzwungenen Schwingungen benutztes Pendel einen „Resonator".

Die so an einem Sonderfall experimentell für verschiedene Dämpfungsverhältnisse gefundenen Resonanzkurven gelten ganz allgemein. Infolgedessen ist der Abb. 354 eine zweite, von den Zahlenwerten des Vorführungsapparates unabhängige Abszisse beigefügt. Sie zählt die Frequenz des Erregers in Bruchteilen der Eigenfrequenz des Resonators. Dadurch werden die Kurven nicht nur für beliebige mechanische und akustische, sondern auch elektrische und optische erzwungene Schwingungen brauchbar.

Bei der universellen Bedeutung dieser Kurven erzwungener Schwingungen der verschiedenartigsten Amplituden (Längen, Winkel, Drucke, Stromstärken, Spannungen, Feldstärken usw.) soll man sich ihr Zustandekommen recht anschaulich klarmachen. Diesem Zweck dient eine weitere experimentelle Beobachtung. Sie ist überdies für zahlreiche Anwendungen erzwungener Schwingungen von Bedeutung. Es handelt sich um die Phasenverschiebung zwischen den Amplituden des Resonators und des Erregers oder der erregenden Kraft in ihrer Abhängigkeit von der Erregerfrequenz. Wir haben dafür in Abb. 352 zugleich den Zeiger Z des Pendels und das Federende A zu beobachten. Zur Erleichterung der Beobachtung vergrößern wir die Schubstangenamplitude, doch verhindern wir die Entstehung allzu großer Amplituden des Pendels durch Benutzung einer größeren Dämpfung.

Die Abb. 355 enthält die Ergebnisse. Die Abszisse zählt die Erregerfrequenz sogleich in Bruchteilen der Resonatoreigenfrequenz. Die Ordinate enthält die Phasenverschiebung zwischen Pendel- und Erregeramplitude.

Für sehr kleine Frequenzen laufen der Zeiger Z und das Federende A gleichsinnig und beide kehren im gleichen Augenblick um. Ihr Phasenunterschied ist Null. Bei wachsender Erregerfrequenz eilt die Erregeramplitude der Pendel- oder Resonatoramplitude mehr und mehr voraus. Im Resonanzfalle erreicht die Phasenverschiebung 90°: das nach rechts laufende Federende passiert z. B. bereits die Ruhelage, wenn das Pendel im Augenblick seines linken Maximal- ausschlages umkehrt. Bei weiter wachsender Erregerfrequenz vergrößert sich die Phasenverschiebung bis zu 180°. Zeiger Z und Federende A passieren gegen- sinnig laufend zu gleicher Zeit die Ruhelage.

Bei einer Wiederholung des Versuches mit kleinerer Dämpfung rückt das Gebiet des Phasenwechsels dichter an die Eigenfrequenz des Resonators heran,

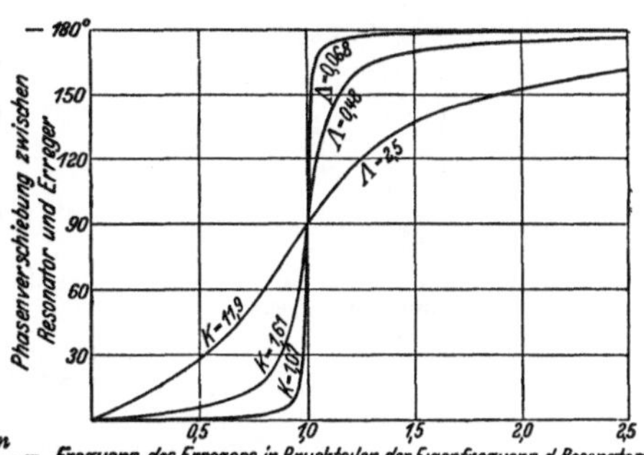

Abb. 355. Einfluß der Dampfung auf die Phasen- verschiebung zwischen Erreger und Resonator.

mittlere Kurve in Abb. 355. Von der Kurvenneigung abgesehen, bleibt grundsätzlich alles ungeändert. Vor allem bleibt auch bei kleiner Dämpfung im Resonanzfalle die Phasenverschiebung von 90° erhalten.

Die Bedeutung dieser Phasenver- schiebung von 90° ist unschwer zu über- sehen: Sie bewirkt auf dem ganzen Wege des Pendels eine zusätzliche Feder- spannung im Sinne einer Energiezufuhr. Beim linken Höchstausschlag des Pendels verläßt das Federende A die Ruhelage nach rechts. Der Erreger erzeugt ein zusätzliches nach rechts drehendes Dreh- moment. Dies erreicht seinen Höchstwert (Federende A ganz rechts) beim Durch- gang des Pendels durch die Ruhelage. Es endet (Feder wieder in der entspannten Mittelstellung) im Augenblick der Pendelumkehr rechts. Für die Pendelschwin- gung von rechts nach links gilt das gleiche mit umgekehrtem Vorzeichen.

Im Resonanzfalle wird also durch das Vorauseilen des beschleu- nigenden Drehmoments um 90° dem Pendel auf seinem ganzen Hin- undherweg andauernd Energie zugeführt. Ohne die Dämpfungsverluste müßte die Amplitude im Resonanzfalle über alle Grenzen ansteigen.

Bei Nichtübereinstimmung von Resonator- und Erregerfrequenz hat die Beschleunigung durch das beschleunigende Drehmoment auf mehr oder minder großen Teilen der Bahn falsches Vorzeichen. Die gesamte Energiezufuhr bleibt daher gering.

§ 108. Die Resonanz in ihrer Bedeutung für den Nachweis einzelner Sinusschwingungen. Nach den Darlegungen des vorigen Paragraphen können erzwungene Schwingungen eines Pendels oder Resonators auch bei kleinen periodisch einwirkenden Kräften sehr große Amplituden erreichen. Dazu muß

a) das Pendel schwach gedämpft sein;

b) seine Eigenfrequenz möglichst nahe mit der der erregenden Kraft über- einstimmen.

Man hat für die auf diese Weise erzielbaren, oft verblüffenden Amplituden eine große Reihe von Schauversuchen ersonnen. Wir beschränken uns auf drei Beispiele.

1. **Erzwungene Schwingungen eines Maschinenfundamentes.** Wir setzen einen Elektromotor auf ein beiderseits gelagertes Brett als Fundament. Die an sich gute Auswuchtung der Motorachse ist durch eine kleine, etwas exzentrisch auf die Achse aufgesetzte Metallscheibe beeinträchtigt. Die Achse schlägt etwas. Die Drehzahl des Motors wird von Null beginnend langsam gesteigert. Bei jeder Annäherung der Motorfrequenz an eine der Eigenfrequenzen des Brettes gerät das Brett als Resonator in lebhafte Schwingungen. In der Technik können derartige Schwingungen zu ernsten Zerstörungen führen.

2. **Erzwungene Schwingungen aufgehängter Taschenuhren.** Jede an einem Haken hängende Taschenuhr bildet ein Schwerependel. Das in der Uhr befindliche Drehpendel (**Unruhe**) wirkt als **Erreger.** Die ganze Uhr voll-

Abb. 356. Resonanz zwischen Uhrgehäuse und Unruhe.

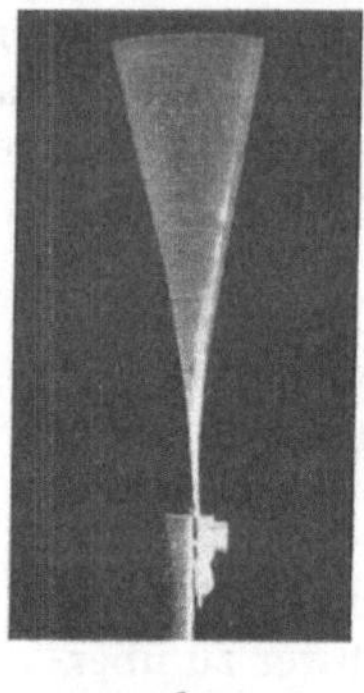
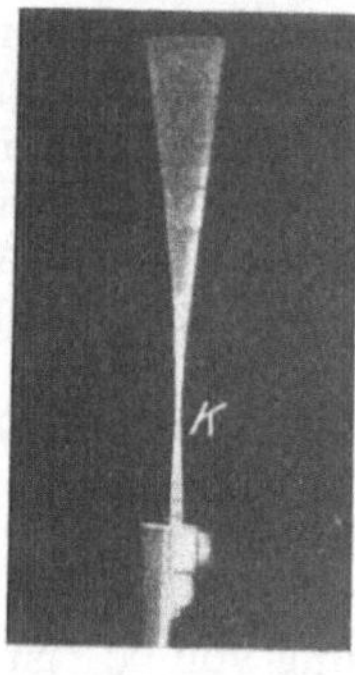

Abb 357. a) Blattfeder, mit ihrer Grundfrequenz zu erzwungenen Schwingungen erregt; b) desgl mit ihrer zweiten Eigenschwingung erregt. K = Knoten. Vgl. Abb 19.

führt als **Resonator** dauernd erzwungene Schwingungen kleiner Amplitude in der hohen Frequenz der Unruhe. Diese Frequenz beträgt bei deutschen Taschenuhren $5\ \mathrm{sec}^{-1}$. Sie ist also erheblich größer als die Eigenfrequenz der pendelnden Uhr. Bei amerikanischen Uhren hat die Unruhe eine Frequenz von nur $n = 3\ \mathrm{sec}^{-1}$. Mit einer solchen Uhr kann man eine **Resonanz** zwischen der Unruhe und der pendelnden Uhr erzielen. Man hängt die Uhr in der aus Abb. 356 ersichtlichen Weise mit Spitzenlagern auf (kleine Dämpfung!) und macht mit einem kleinen Hilfsklotz die Eigenfrequenz der ganzen Uhr gleich der der Unruhe. In diesem Resonanzfall vollführt die Uhr dauernd erzwungene Schwingungen mit einer Amplitude von etwa $\pm 30°$.

Selbstverständlich bleiben diese erzwungenen Schwingungen in keinem Fall ohne Rückwirkung auf den Erreger, also die Unruhe. Man muß daher seine Uhr nachts unbeweglich aufhängen (Haken auf Samtunterlage!).

3. **Erzwungene Schwingungen einer Blattfeder.** Wir haben früher bei Erläuterung des Stroboskopverfahrens (S. 9) eine Blattfeder mit großen Schwingungsamplituden gebraucht (Abb. 357a). Dazu haben wir **erzwungene** Schwingungen der Blattfeder benutzt. Als Erreger diente eine durch den Halter der Feder senkrecht hindurchgeführte Achse. Sie war durch einen seitlichen Ansatzstift zu leichtem **Schlagen** gebracht worden. Die Dämpfung einer Blattfeder in einem Metallhalter ist sehr klein. Infolgedessen ist die Resonanzkurve der Blattfeder unbequem spitz. Zur Innehaltung des Resonanzfrequenzbereiches muß die Drehzahl des Elektromotors auf etwa 1 Promille genau eingestellt und konstant gehalten werden. Das erfordert schon etlichen Aufwand. Den vermeidet man durch eine künstliche **Erhöhung** der Federdämpfung. Dazu hat

man die Feder lediglich statt in Metall zwischen Gummipolstern zu fassen. — Bei einer solchen Blattfeder kann man übrigens auch Schwingungen in der zweiten Eigenfrequenz erzwingen. Dabei erhält man das in Abb. 357b photographierte Schwingungsbild mit einem Knoten bei K.

Nach diesen Schauversuchen bilden die Resonanzerscheinungen offensichtlich ein sehr empfindliches Mittel zum Nachweis von Schwingungen kleiner Amplitude. Dabei ist jedoch ein sehr wichtiger Punkt zu beachten: bei diesem Nachweis stimmt die Kurvenform des Resonators nur im Falle sinusförmiger Schwingungen mit der des Erregers überein. Nur im Falle sinusförmiger Schwingungen kann man zu einer formgetreuen „Wiedergabe" gelangen. Bei nicht-sinusförmigen Schwingungen führt die Ausnutzung der Resonanz zu meist unerträglichen Verzerrungen der Kurvenform. Für eine verzerrungsfreie Wiedergabe nicht-sinusförmiger Schwingungen darf man erzwungene Schwingungen nur unter peinlicher Vermeidung der Resonanz benutzen. Das wird in § 109 näher ausgeführt.

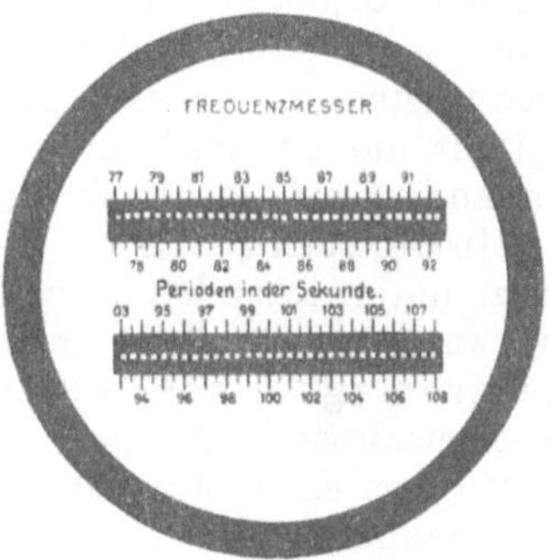

Abber trotz dieser Beschrankung leisten uns erzwungene Schwingungen auch im Sonderfall der Resonanz unschätzbare Dienste. Sie ermöglicht den Nachweis der einzelnen, eine nicht-sinusförmige Schwingungsbewegung „darstellenden" Sinusschwingungen. Bisher haben wir diese Teilsinus-

Abb. 358   Zungenfrequenzmesser.

schwingungen nur als einfaches Hilfsmittel zur formalen Beschreibung nicht-sinusförmiger Schwingungskurven betrachten dürfen. Jetzt aber kommt ein sehr bedeutsamer Fortschritt: Nach den nun folgenden Versuchen dürfen wir fortan eine nicht-sinusförmige Schwingung einfach als ein physikalisches Gemisch voneinander unabhängiger Sinusschwingungen behandeln. Wir dürfen von seiner „Zusammensetzung" und seiner „Zerlegung" sprechen.

Von den mancherlei zur Stütze dieser Behauptung geeigneten Anordnungen wahlen wir gleich eine in der Technik benutzte, den „Zungenfrequenzmesser". Er besteht aus einer größeren Anzahl von Blattfedern oder Zungen an einem gemeinsamen Halter. Das Ende der Federn ist meist der besseren Sichtbarkeit halber verdickt. Die Eigenfrequenzen dieser Blattfedern sind durch Wahl geeigneter Längen und Belastungen

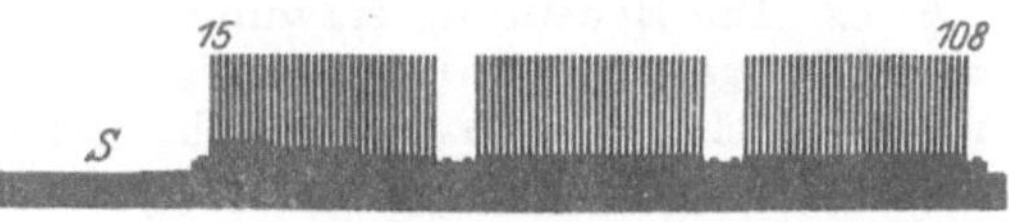

Abb. 359   Schattenriß der Blattfedern eines Zungenfrequenzmessers in Seitenansicht

auf eine fortlaufende Reihe ganzer Zahlen abgeglichen. Die Abb. 358 zeigt ein derartiges Instrument in seinem Gehäuse. Es umfaßt mit 61 Federn in zwei Reihen einen Frequenzbereich von 77 bis 108 sec^{-1}.

Für Schauversuche nehmen wir einen Halter mit 93 Blattfedern ohne Gehause und verlängern ihn gemäß Abb. 359 durch eine angesetzte Stange. Auf diese Stange lassen wir 2 Schwingungen verschiedener Frequenz einwirken. Wir erzeugen sie am einfachsten durch zwei Elektromotoren mit Exzentern. Unter der gleichzeitigen Einwirkung der zwei Sinusschwingungen schwingt der Halter mit einem sehr verwickelten Schwingungsbild. Wir machen es in einer der üblichen Weisen sichtbar, am einfachsten mit Spiegel und Lichtzeiger. Dieser komplizierte

Schwingungsvorgang wird auf den Halter der Blattfedern übertragen. Trotzdem aber zeigt der Zungenfrequenzmesser uns lediglich die zwei von den Motoren erzeugten Sinusschwingungen an. Keine der beiden wird durch die Anwesenheit der anderen verändert. Auch zeigen sich keine neuen Frequenzen. Man kann den komplizierten Schwingungsvorgang des Stabes einfach als ein Gemisch der beiden Sinusschwingungen auffassen. Jede von ihnen erregt nur die Blattfeder der ihr nächsten Frequenz zu erheblichen Amplituden.

Mit dem experimentellen Nachweis dieser Tatsache ist jedoch die Leistungsfähigkeit des Zungenfrequenzmessers noch nicht erschöpft.

Durch hinreichende Dämpfung der Blattfedern, aber genügende Breite ihrer Resonanzkurven kann man geringe Abweichungen zwischen Erreger- und Federfrequenz belanglos machen. Dann werden die erzwungenen Amplituden der Federn mit guter Näherung den erregenden Amplituden proportional. Der Frequenzmesser erweist sich als ein typischer „Spektralapparat": Er zerlegt uns, unter Verzicht auf die Phasen, einen beliebig komplizierten Schwingungsvorgang in ein Spektrum einfacher Sinusschwingungen.

In den eben genannten Beispielen haben wir eine grobmechanische Zuführung der zu untersuchenden Schwingungen auf den Halter der Blattfedern oder Zungen angewandt. Im Laboratorium und in der Technik bedient man sich oft einer elektromagnetischen Übertragung der Schwingungen auf die Federn des Frequenzmessers. Zu diesem Zweck wird unter dem gemeinsamen Halter der Blattfedern ein Elektromagnet angebracht und durch ihn ein im Rhythmus der Schwingungen zeitlich schwankender Strom hindurchgeschickt. Ein Beispiel wird das klarmachen.

Der Wechselstrom unserer städtischen Zentrale stellt zeitlich eine einfache Sinuskurve der Frequenz 50 sec^{-1} dar. Durch den Elektromagneten des Frequenzmessers geschickt, erregt er daher die Blattfeder unter dem Skalenteil 50 zu lebhaften Schwingungen.

Darauf unterbrechen wir den Wechselstrom mit einem Hebelschalter ganz kurz, aber regelmäßig, zweimal pro Sekunde. Dadurch erhält der Wechselstrom die Grundfrequenz $n_r = 1/T_r = 2 \, \text{sec}^{-1}$. Sein Spektrum muß daher aus ganzzahligen Vielfachen dieser Grundfrequenz bestehen. Eine ganze Reihe von ihnen werden vom Frequenzmesser als Spektralapparat angezeigt, insbesondere die Frequenzen 48 und 52 sec^{-1} (vgl. Optik-Band, § 115).

§ 109. Die Bedeutung erzwungener Schwingungen für die verzerrungsfreie Wiedergabe nicht-sinusförmiger Schwingungen. Registrierapparate. Für den bloßen Nachweis mechanischer Schwingungen reichen in der Mehrzahl der Fälle unsere Sinnesorgane aus. Unser Körper spürt beispielsweise Schwingungen seiner Unterlage (n etwa 10 sec^{-1}) schon bei Horizontalamplituden von nur $3 \cdot 10^{-3}$ mm. Unsere Fingerspitzen spüren bei zarter Berührung Schwingungsamplituden von etwa $5 \cdot 10^{-4}$ mm (bei $n = 50$ sec^{-1}). Über die ungeheure Empfindlichkeit des Ohres folgen Zahlenangaben in § 125. Im allgemeinen ist es jedoch mit dem bloßen Nachweis von Schwingungen nicht getan. Man braucht vielmehr eine formgetreue oder verzerrungsfreie Wiedergabe ihres Verlaufs oder auch seine schriftliche Registrierung.

Bei jeder Registrierung setzen die zu untersuchenden Schwingungen irgendwelche „Tastorgane" (Hebel, Membranen usw.) in Bewegung. Diese Bewegung wird, meist durch mechanische oder Lichthebelübersetzung erheblich vergrößert, auf ein fortlaufend bewegtes Papier mit Tinte oder photographisch aufgezeichnet. Bei diesem ganzen Vorgang handelt es sich physikalisch um erzwungene Schwingungen. Denn das ganze Registriersystem hat unter allen Umständen eine ganze Reihe von Eigenschwingungen. In dieser Erkenntnis sind sogleich die prinzipiellen Schwierigkeiten der gesamten Registriertechnik enthalten: Jeder Registrierapparat ist kurz gesagt ein Resonator, im einfachsten Falle mit nur einer Eigenschwingung. Irgendein komplizierter Schwingungsvorgang „erregt" den „Resonator" mit jeder einzelnen seiner sinusförmigen Teilschwingungen. Jede dieser Teilschwingungen zwingt dem Resonator Schwingungen ihrer eigenen Frequenz auf. Die Amplitude dieser erzwungenen Schwingung wird dabei keineswegs nur durch die Amplitude dieser Teilschwingung im erregenden Wellenzug bestimmt. Denn der Resonator reagiert auf Teilschwingungen gleicher Amplitude, aber verschiedener Frequenz durchaus nach Maßgabe seiner eigenen, durch seine Eigenfrequenz und Dämpfung bestimmten Resonanzkurve. Er zeichnet eine Schwingung im Bereich seiner Eigenfrequenz gegenüber solchen aus abliegenden Frequenzbereichen in viel zu großem Maßstabe auf. Das ist der erste Fehler. Der zweite Fehler liegt in einer falschen Wiedergabe der Phasen.

Die Amplitude eines Resonators ist gegenüber der des Erregers stets phasenverschoben. Die Amplitude der erzwungenen Schwingung bleibt hinter der Amplitude der erregenden Schwingung um einen Phasenwinkel zurück. Dieser Phasenwinkel hat für die verschiedenen Teilschwingungen des erregenden Schwingungsvorgangs ganz verschiedene Größen zwischen 0° und 180°. Er wird dabei durch die aus Abb. 355 bekannte Gesetzmäßigkeit bestimmt: Teilschwingungen sehr kleiner Frequenz werden phasenrichtig wiedergegeben, Teilschwingungen jedoch aus dem Resonanzbereich des Registrierapparates um 90° phasenverschoben. Eine solche Phasenverschiebung führt aber schon bei ganz einfachen, nur aus zwei Teilschwingungen zusammengesetzten Kurvenzügen zu einer vollständigen Umgestaltung der ganzen Kurvenform! Man vergleiche die Abb. 303 und 304 auf S. 170.

Wir geben zur Abschreckung ein Schulbeispiel einer durch und durch verfehlten Registrieranordnung: In Abb. 360 soll die

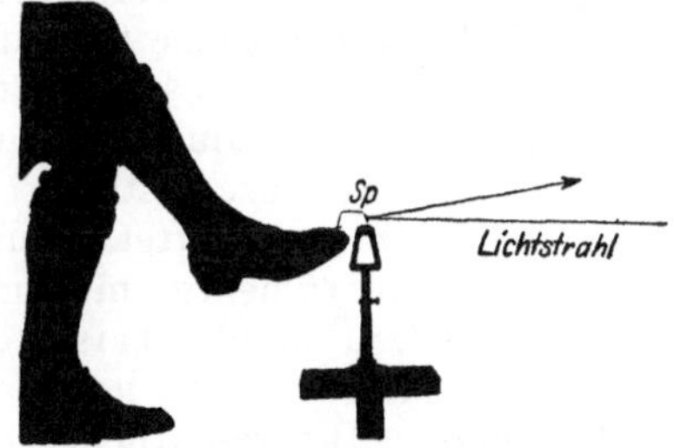

Abb. 360. Schulbeispiel einer verfehlten Registrierung der Blutdruckkurve.

Blutdruckkurve eines Menschen registriert werden. Als „Schreibhebel" dient der rechte, über das linke Knie geschlagene Unterschenkel. Zur Erregung dieses „Resonators" dient die periodische Aufblähung der großen Kniekehlenarterie. Die Fußspitze ist mit einem kleinen, um eine Achse drehbaren Spiegel Sp verbunden. Über diesen Spiegel werfen wir einen Lichtstrahl auf den Beobachtungsschirm. Unterwegs ist in den Strahlengang noch ein rotierender Spiegel eingeschaltet. Er verwandelt das zeitliche Nacheinander

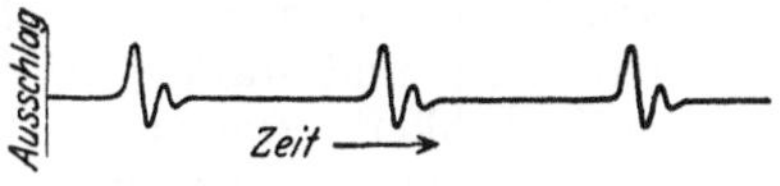

Abb 361. Ein „registrierter" Kurvenzug.

in ein räumliches Nebeneinander. Wir registrieren auf diese Weise einen sehr schönen Kurvenzug, Abb. 361. Er läßt sich auch photographisch fixieren. Er hat nur einen Nachteil: er gleicht der wirklichen Blutdruckkurve nicht im geringsten! Richtig wiedergegeben wird nur die Periodendauer des Blutdrucks.

Ähnlich, wenn auch nicht ganz so grob, wird bei vielen Registrierungen gesündigt.

Bei einer einwandfreien Registrierung hat man nach obigen Darlegungen zweierlei zu verhindern:

1. Die Bevorzugung von Amplituden einzelner Teilschwingungen in bestimmten Frequenzbereichen.

2. Phasenverschiebungen der einzelnen Teilschwingungen gegeneinander.

Die erste Forderung ist verhältnismäßig einfach zu erfüllen. Man hat nach Abb. 354 die Eigenfrequenz n_0 des Registrierapparates ungefähr gleich der höchsten zu registrierenden Frequenz n_{max} zu machen und außerdem hat man die Eigenschwingung des Registrierapparates sehr stark zu dämpfen. Die Kurve seiner erzwungenen Schwingung muß noch etwas flacher sein als die Kurve D in Abb. 354. Dadurch erhält man für alle Frequenzen zwischen $n = 0$ und n_{max} richtige Amplituden. Sollen jedoch auch die Phasen richtig wiedergegeben werden, so wird die Aufgabe erheblich erschwert. Man muß die Eigenfrequenz n_0 des Registrierapparates groß machen gegenüber allen in dem zu registrierenden Schwingungsvorgang vorkommenden Frequenzen n. Das entnimmt man der Abb. 355. Die Phasenverschiebung ist dort nur für sehr kleine Werte n/n_0 zu vernachlässigen.

Diese beiden Forderungen sind für Registrierungen im Bereiche kleiner Frequenzen (unter 20 sec^{-1}) durch mannigfache Anordnungen zu erfüllen. Mit einwandfreien Registrierinstrumenten für höhere Frequenzen (bis zu einigen Tausend sec^{-1}) ist es sehr trübe bestellt. Rein mechanische Lösungen sind nicht geglückt und müssen wohl heute als hoffnungslos gelten. Einwandfrei sind eigentlich nur die als „Oszillographen" (Schwingungsschreiber) bekannten elektrischen Registrierstrommesser. Ihr wesentlicher Teil ist bei der wichtigsten Ausführung eine gespannte (Abb. 362), vom Strom durchflossene Schleife in einem Magnetfeld NS. Sie trägt einen winzigen (0,5 mm²) Spiegel für photographische Registrierung. Ihre Grundfrequenz beträgt bei den besten Ausführungen ca. $2 \cdot 10^4 \text{sec}^{-1}$.

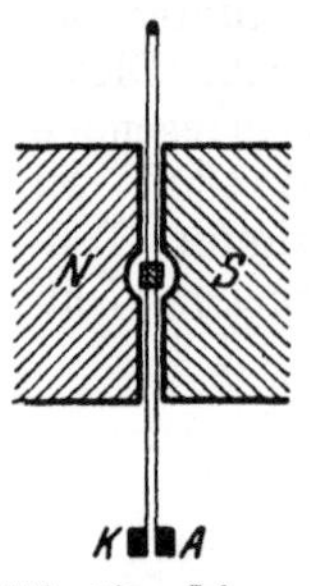

Abb. 362 Schema eines Oszillographen alterer Bauart

Das ganze System ist zur Erzielung der unerläßlichen Dämpfung in Öl eingebettet. Zur Benutzung dieses elektrischen Registrierinstrumentes muß man die zu registrierenden Schwingungen zunächst formgetreu in elektrische Stromschwankungen übersetzen. Dazu braucht man im Prinzip die heute aus dem Fernsprechbetrieb allgemein bekannten Mikrophone. Ihr wesentlicher Teil ist eine Membran, die einen in den Stromkreis eingeschalteten Kohlekontakt mehr oder minder fest aufeinander preßt und so durch verschiedene Übergangswiderstände die elektrische Stromstärke im Rhythmus der Membranschwingungen verändert. Durch diese und selbst sehr viel zweckmäßigere (Kondensator-)Mikrophone kommen jedoch in das Registrierproblem neue Schwierigkeiten hinein. Erstens vollführen die als „Tastorgane" benutzten Membranen ihrerseits erzwungene Schwingungen. Also muß man sie für formgetreue Schwingungswiedergabe selbst mit sehr hohen Eigenfrequenzen und starker Dämpfung bauen. Das ist aber nur auf Kosten der Empfindlichkeit erreichbar. Die dann noch mit ihnen erzielbaren Stromstärken reichen nicht mehr zum Betrieb eines Oszillographen aus. Infolgedessen muß man die elektrischen Ströme zuvor formgetreu verstärken. Das geschieht mit Hilfe der heute aus der Radiotechnik allgemein bekannten Elektronenröhren. Diese sind letzten Endes elektrische Umbildungen und großartige Vervollkommnungen einfacher, im nächsten Paragraphen behandelter mechanischer Anordnungen.

Wir haben die Schwingungswiedergabe mit Registrierapparaten sehr ausführlich behandelt. Das hatte zwei Gründe: Erstens bildet die formgetreue Aufzeichnung der Schwingungskurven die experimentelle Grundlage für zahlreiche akustische Probleme im engeren Sinne, wie die Erforschung der Sprache, der Musikinstrumente, der Raumakustik usw. Zweitens ist sie das anspruchsvollste Wiedergabeverfahren. Das für sie Gültige läßt sich mit sinngemäßer Einschränkung der Anforderungen für den Bau anderer Wiedergabeapparate, wie etwa Lautsprecher und Grammophone, verwerten.

Ähnliche Aufgaben wie bei den Registrierapparaten finden sich beim Bau der Beschleunigungsmesser oder „Seismographen" zur Aufzeichnung von Bodenschwingungen. Ein Seismograph für waagerechte Erdbebenschwingungen besteht beispielsweise aus einem auf den Kopf gestellten Schwerependel. Es wird durch geeignete Federn gehalten. Bei Schwingungen des Erdbodens befindet sich dies Pendel im beschleunigten Bezugssystem. Es wird durch Trägheitskräfte im Rhythmus der Bodenschwingungen den Federn entgegen bewegt und betätigt einen Schreibhebel mit großer Übersetzung (bis zu $5 \cdot 10^5$). Die unerläßliche Dämpfung dieses Pendels wird mit Luft- oder Flüssigkeitsbremsen erreicht.

Die Trägheitskräfte sind der Masse m des Pendels proportional. Deswegen benutzt man Massen bis zu etlichen 1000 kg. Außerdem macht man zur Erzielung großer Empfindlichkeit die Richtgröße der Federn sehr klein („Astasierung"). Damit wird jedoch nach Gleichung (27) (S. 33) die Eigenfrequenz n_0 des Seismographen außerordentlich klein. Sie liegt oft weit unterhalb der kleinsten zu registrierenden Frequenz n. Damit scheint man sich zunächst mit der einen der beiden Grundforderungen der Registriertechnik in Widerspruch zu setzen: Nach dieser soll ja die Eigenfrequenz aller Registrierapparate oberhalb der höchsten zu registrierenden Frequenz liegen (S. 196 oben).

Bei diesem Widerspruch handelt es sich um eine Frage des „Bezugssystems". In Abb. 352, also beim Grundversuch der erzwungenen Schwingungen, stand die kreisförmige Skala fest, der Hebel A bewegte sich als Erreger hin und her. In diesem Fall erhält man die Messungen der Abb. 352: Bei sehr kleinen Erregerfrequenzen ($n \ll n_0$) wurden die Amplituden des Resonators ebenso groß wie die des Erregers; bei sehr großen Erregerfrequenzen ($n \gg n_0$) wurden die Amplituden des Resonators praktisch gleich Null. — In einem zweiten Fall aber denken wir uns die Skala fest mit dem Erreger verbunden (sie soll sich also ebenso wie der Erregerhebel A um die Achse D hin und her drehen). In diesem zweiten Fall liefern die Messungen ein ganz anderes Ergebnis: Die an der Skala abgelesenen Resonatoramplituden werden für sehr kleine Frequenzen ($n \ll n_0$) gleich Null. Bei sehr großen Erregerfrequenzen aber werden die so abgelesenen Amplituden des Resonators ebenso groß wie die des Erregers, gemessen an einer ruhenden Skala. — Dieser zweite Fall ist bei den Seismographen oder Beschleunigungsmessern verwirklicht: Als Erreger dient der hin und her schwingende Boden; die Skala ist fest mit dem Boden verbunden und schwingt zugleich mit ihm hin und her.

§ 110. Schwingungswiedergabe mit mechanischer Verstärkung und Entdämpfung. Bei der üblichen Wiedergabe von Schwingungen mit rein mechanischen Mitteln muß die gesamte benötigte Energie von den wiederzugebenden Schwingungen geliefert werden. Bei Benutzung elektrischer Hilfsmittel liegt der Fall grundsätzlich anders: Die zur Betätigung der Wiedergabeorgane benötigte Energie wird von einer elektrischen Stromquelle geliefert. Die mechanischen Schwingungen brauchen diesen Energiezufluß lediglich in ihrem eigenen Rhythmus zu steuern. Dabei können die gesteuerten elektrischen Energiebeträge erheblich größer sein als die Energie der sie steuernden mechanischen Schwingungen. In diesem Fall liegt eine „Schwingungswiedergabe mit Verstärkung" vor. Im Prinzip kann man eine solche Verstärkung schon mit dem als Tastorgan benutzten Mikrophon erreichen. In praxi nimmt man jedoch die aus der Rundfunktechnik bekannten Elektronen-Verstärkerrohre zu Hilfe.

Die Schwingungswiedergabe mit Verstärkung gewinnt ständig an Bedeutung. Wir erwähnen Lautsprecher, Grammophone, Beobachtung von Herz- und Atemgeräuschen, Untersuchung von Musikinstrumenten usw. Deswegen soll eine rein mechanische Lösung dieser Aufgabe das Verständnis des Verfahrens in seinen Grundzügen erleichtern.

Bei dieser mechanischen Lösung wird die zur Wiedergabe benutzte Energie nicht einem elektrischen, sondern einem Wasserstrom entnommen. Dieser Wasserstrom wird durch die wiederzugebenden Schwingungen gesteuert. Das gelingt schon mit der primitiven, aus Abb. 363 ersichtlichen Anordnung. Ein Wasserstrahl fließt aus einer Glasdüse nahezu horizontal gegen eine stark gedämpfte gespannte Membran (z. B. Tamburin). Er bildet dabei einen ganz glatten Faden. Ein solcher fadenförmiger Strahl ist ein sehr labiles Gebilde (S. 144 u. 154). Durch winzige Bewegungen der Düse zerfällt sein Ende turbulent in zahllose Tropfen. Diese Tropfen erregen durch ihren Aufschlag die Membran

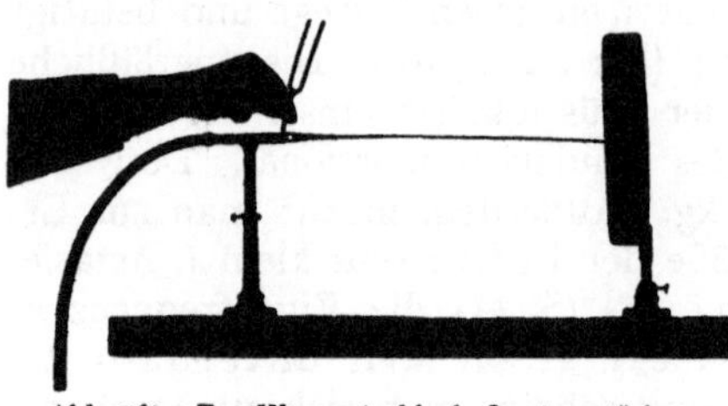

Abb. 363. Ein Wasserstrahl als Lautverstärker.

zu rasch abklingendem, weithin hörbarem Schwingen. So wird ein leiser Stoß gegen die Düse zu einem lauten Schlag verstärkt. Genau so werden die Schwingungen einer mit dem Stiel gegen die Düse gehaltenen kleinen Stimmgabel (Abb. 363) im größten Saal vernehmbar. Beim Abklingen der Stimmgabelamplitude rückt die Zerfallsstelle des Strahles allmählich weiter von der Düse fort. Dabei wird der von der Membran ausgehende Stimmgabelton leiser. In einem letzten Versuch halten wir eine Taschenuhr gegen die Düse. Ihr Ticken wird im größten Auditorium hörbar.

Die als Verstärker benutzten Elektronenröhren werden von der Technik in größtem Umfange auch zur Erzeugung ungedämpfter elektrischer Schwingungen angewandt. Das gleiche leistet unser mechanischer Verstärker für die Erzeugung ungedämpfter mechanischer Schwingungen. Man hat nur zwischen dem schwingungsfähigen Gebilde, hier also der Membran, und der Glasdüse eine „Rückkopplung" anzubringen. Man hat durch eine mechanische Verbindung die Schwingungen der Membran auf die Düse zu übertragen. Dann „steuert" die Membran den Zerfall des Wasserstrahles im Rhythmus ihrer Eigenfrequenz. Es genügt, auf die Membran und

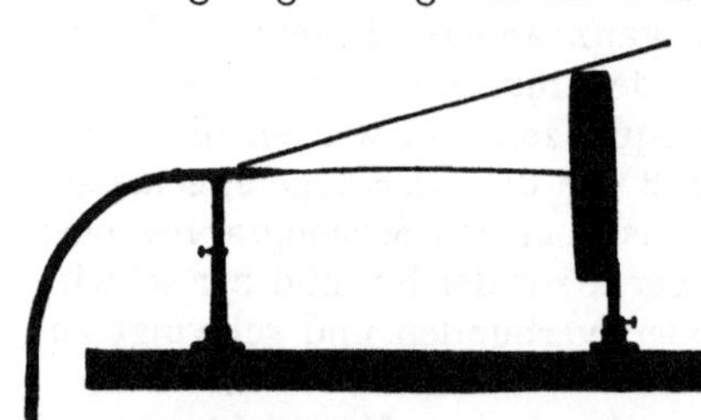

Abb 364. Ein Wasserstrahl erzeugt durch Selbststeuerung ungedampfte Schwingungen (Ruckkopplung).

die Düse gemäß Abb. 364 einen Metallstab zu legen. Sofort treten weithin tönende ungedämpfte Schwingungen auf. Ihre Frequenz kann man nach Belieben verändern. Man hat dazu nur der Membran durch Änderung ihrer mechanischen Spannung eine andere Eigenfrequenz zu geben.

Die älteren Verfahren der Schwingungswiedergabe kannten zur Erzielung großer Amplituden nur das Hilfsmittel der Resonanz. Das ist aber bei allen nicht rein sinusförmigen Schwingungen unzulässig. Denn es verzerrt die Schwingungsformen. Die neuzeitlichen Wiedergabeverfahren verschaffen sich große Amplituden auf dem Wege der „Verstärkung". Sie wenden das Hilfsmittel der Resonanz nur noch in den zulässigen Fällen an. In diesen aber bedienen sie sich dann meist noch eines sehr wirkungsvollen Kunstgriffes, der „Entdämpfung":

Die mit irgendwelchen erregenden Schwingungen erzielbaren Amplituden eines **Resonators** sind um so größer, je kleiner seine Energieverluste zwischen aufeinanderfolgenden Amplituden sind. Trotz sorgfältigster Bauart lassen sich diese Energieverluste durch Reibung, Stromwärme usw. nicht unter ein gewisses Minimum herunterdrücken. Aber man kann diese unvermeidbaren Energieverluste durch eine periodische Energiezufuhr beliebig weitgehend ersetzen. Dieser Ersatz muß vom Resonator selbst gesteuert werden. Sonst werden Phase und Frequenz nicht richtig getroffen. Mit einer derartigen Hilfsselbststeuerung läßt sich ein beliebiges schwingungsfähiges Gebilde mit winziger Dämpfung herstellen. Es kommt nach einer Stoßerregung erst nach einer ganz großen Anzahl von Eigenschwingungen zur Ruhe. Es hat ein kaum von 1 abweichendes Dämpfungsverhältnis und demgemäß nach Abb. 354 eine sehr spitze Resonanzkurve.

Das in diesem Paragraphen geschilderte Verstärkungs- und Entdämpfungsverfahren kann in den mannigfachsten Formen technisch verwirklicht werden. Die Hauptaufgabe ist die Vermeidung unzulässiger Verzerrungen der wiederzugebenden Schwingungen. In dieser Hinsicht haben sich die elektrischen Anordnungen mit Elektronenröhren allen andern weitaus überlegen erwiesen. Die Beschäftigung mit ihnen bildet einen wesentlichen Inhalt der Radiotechnik.

§ 111. Nichtlineare Zusammensetzung von Sinusschwingungen. Differenzschwingungen.

Nach den §§ 108 und 109 hat die Darstellung nicht-sinusförmiger Schwingungen durch sinusförmige Teilschwingungen weit mehr Wert als den einer formalen Beschreibung. Ein nicht-sinusförmiger Schwingungsvorgang verhält sich physikalisch wie ein in seinen Bestandteilen unabhängiges Gemisch einzelner Sinusschwingungen. In einem von ihm erregten Resonator addieren sich lediglich die durch die einzelnen Teilschwingungen erzwungenen Ausschläge.

Physikalisch ist diese Addition der Einzelausschläge an ein lineares Kraftgesetz des erzwungen schwingenden Pendels gebunden. Bei nichtlinearem Kraftgesetz zeigt der Resonator einseitig verzerrte Schwingungsbilder. Unter Einwirkung beispielsweise zweier Sinusschwingungen der Frequenz n_1 und n_2 vollführt er Schwingungen nach Art des aus Abb. 306 bekannten Bildes. Im Resonator wird eine dritte, neue Sinusschwingung erzeugt. Ihre Frequenz ist gleich der Differenz $(n_1 - n_2)$ der beiden ursprünglichen Sinusschwingungen. Man bekommt eine **Differenzschwingung**, gelegentlich auch „objektiver Differenzton" genannt.

Meist erfolgt die einseitige Verzerrung nicht streng nach dem einfachsten, der Abb. 306 zugrunde gelegten Schema. Es sind dann neben der „Differenzschwingung" noch andere, sogenannte Kombinationsschwingungen vorhanden. Ihre Frequenz berechnet sich nach dem Schema $n_k = a\,n_1 \pm b\,n_2$ (a und b kleine ganze Zahlen).

Bei rein mechanischen Schwingungen kommen diese Differenzschwingungen nur ganz vereinzelt vor. Bei den üblichen Amplituden lassen sich glücklicherweise alle beliebigen Kraftgesetze noch weitgehend durch ein lineares annähern (S. 34). Bei Benutzung elektrischer Hilfsmittel sind unbeabsichtigte Differenzschwingungen schon recht häufig, z. B. bei Benutzung der üblichen Kohlemikrophone.

Absichtlich kann man Differenzschwingungen mit jeder Art von Gleichrichterwirkung herstellen. Das heißt, man hat die Schwebungskurve in die aus Abb. 306 bekannte einseitig verzerrte Gestalt zu bringen.

Für eine Gleichrichtung mit rein mechanischen Mitteln kann man z. B. die auf S. 188 erwähnte intermittierende Strahlbildung von Flaschenresonatoren benutzen. Sehr viel bequemer sind jedoch Gleichrichtungen mit elektrischen Hilfsmitteln.

Für einen Schauversuch schicken wir zwei sinusformige Wechselströme der Frequenzen 50 und 70 sec^{-1} gleichzeitig durch den Elektromagneten eines Zungenfrequenzmessers (Abb. 358). Beide zeigt uns der Frequenzmesser an Alsdann schalten wir in den gemeinsamen Stromkreis einen der aus der Radio technik zur Akkumulatorenladung bekannten Kristallgleichrichter. Sofort erscheint (neben anderen) die Frequenz $n = 20$ sec^{-1}.

Diese mit elektrischen Hilfsmitteln erzielten Differenzschwingungen werden mannig fach ausgenutzt. Auf sie grundet sich z B. ein elegantes Verfahren zur Messung von Ampli tuden einzelner Sinusschwingungen in komplizierten Schwingungskurven. Man bringt mit einer Hilfs-Sinusschwingung einstellbarer Frequenz die jeweils zu untersuchende Teilsinus-schwingung zum Schweben mit einer bestimmten Schwebungsfrequenz n. Dann richtet man die Schwebungskurve gleich und mißt irgendwie die Amplitude des dadurch entstehenden Differenztones. Man hat meßtechnisch den großen Vorteil, lediglich Amplituden ein und derselben Frequenz n, namlich der des Differenztones, messen zu brauchen. Daher der Name „Analyse mit Frequenztransformation".

§ 112. Zwei gekoppelte Pendel und ihre erzwungenen Schwingungen.

Die Kopplung zweier Pendel haben wir bisher nur ganz kurz erwähnt. Wir haben in Abb. 318 zwei Elementarpendel aneinander gehakt. Strenger hat man drei verschiedene Arten der Pendelkopplung zu unterscheiden:

1. Beschleunigungskopplung (Abb. 365 a). Das eine Pendel hängt am andern Es befindet sich in einem be-schleunigten Bezugssystem und ist daher Tragheitskräften unter-worfen

2. Eine Kraftkopplung (Abbildung 365 b). Beide Pendel sind durch eine elastische Feder miteinander verknüpft.

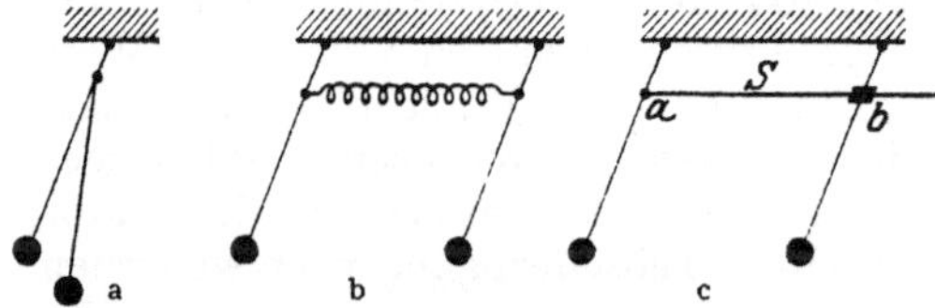

Abb. 365 a Beschleunigungskopplung, b Kraftkopplung, c Reibungskopplung. Bei der Reibungskopplung entstehen keine Schwebungen Das erste Pendel schaukelt das zweite auf, und fortan schwingen beide Pendel mit gleicher Amplitude und Phase

3. Reibungskopplung (Abbildung 365 c). Ein Teil des einen Pendels, z. B. die um a drehbare Schubstange S reibt an einem Teil des anderen Pendels, etwa in der drehbaren Muffe b.

Wir betrachten im folgenden nur die beiden ersten Fälle, also Beschleunigungskopplung und Kraftkopplung. Dabei soll jedes Pendel für sich allein wieder die gleiche Eigenfrequenz haben. Nach ihrer Kopplung sind in beiden Fallen die uns schon bekannten zwei Eigenfrequenzen vorhanden. Die niedrigere n_1 erhalt man beim gleichsinnigen, die höhere n_2 beim gegensinnigen Schwingen beider Pendelmassen. S. 176.

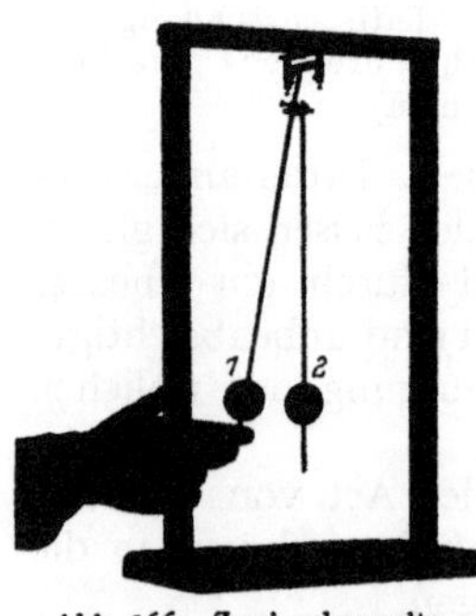

Abb 366. Zwei gekoppelte Schwerependel.

Jetzt kommt eine neue Beobachtung: Wir entfernen anfänglich nur das eine der beiden Pendel (Nr. 1) aus seiner Ruhelage und lassen es dann los (Abb. 366). Dabei tritt etwas Überraschendes ein Pendel Nr. 1 gibt allmählich seine ganze Energie an das zuvor ruhende Pendel Nr. 2 ab und schaukelt dieses zu großen Amplituden auf. Pendel 1 kommt dabei selbst zur Ruhe. Darauf beginnt dasselbe Spiel mit vertauschten Rollen

Diesen Vorgang können wir in zweifacher Weise beschreiben: Erstens als Schwebungen der beiden überlagerten Frequenzen n_1 und n_2 Zweitens als erzwungene Schwingungen im Resonanzfall. Das anfänglich in einem Umkehrpunkt losgelassene Pendel Nr. 1 eilt als Erreger dem Pendel Nr. 2 als Resonator um 90° phasenverschoben voraus Es beschleunigt Nr. 2 längs seines ganzen Weges mit richtigem Vorzeichen. Es selbst aber wird dabei durch die nach actio = reactio auftretende Gegenkraft gebremst. Wir haben erzwungene Schwingungen mit einer starken Rückwirkung des Resonators auf den Erreger.

Wir bringen noch drei weitere Beispiele gekoppelter Schwingungen:

1. An einem Kronleuchter hängt ein elektrischer Klingelknopf. Klingelschnur und Kronleuchter haben die gleiche Eigenfrequenz. Nach einem kleinen, kaum sichtbaren Anstoß des Kronleuchters beginnt der Klingelknopf Schwebungen großer Amplitude.

2. Eine an einer Schraubenfeder aufgehängte Kugel stellt gleichzeitig zwei schwingungsfähige Gebilde dar: Bei konstanter Drahtlänge ein Schwerependel mit seitlichen Winkelausschlägen. Bei senkrecht ruhender Schraubenfederachse ein Federpendel. Bei gleich bemessenen Frequenzen beider wechseln beide Einzelschwingungen infolge ihrer Kopplung fortgesetzt miteinander ab.

3. Eine stark gedämpfte Blattfeder sitzt als kleiner Reiter auf einer Stimmgabel. Die Anordnung ist aus Abb. 367 ersichtlich. Die Dämpfung der Blattfeder erfolgt in üblicher Weise durch ihre Fassung in Gummi. Feder und Gabel haben jede für sich die gleiche Frequenz.

Zunächst werde die Blattfeder durch eine aufgesetzte Fingerspitze am Schwingen verhindert Dann klingt die Stimmgabel nach einer Stoßerregung sehr langsam, etwa in einer Minute, ab. Man kann ihre Schwingungen mit Hilfe des Spiegels Sp weithin sichtbar machen. Dann wiederholt man den Versuch bei unbehinderter Blattfeder. Die Stimmgabel kommt nach einer Stoßerregung schon nach knapp einer Sekunde zur Ruhe. Die auf die angekoppelte Blattfeder übertragene Schwingungsenergie wird als Wärme in der Gummifassung vernichtet. Statt der lang andauernden Schwebungen bei ungedämpftem Pendel sieht man deren hier nur wenige. Bei günstigsten Abmessungen kann die Energie sogar schon bis zum ersten Schwingungsminimum vernichtet sein

Soweit die freien Schwingungen zweier miteinander gekoppelter Pendel In der Technik spielen erzwungene Schwingungen zweier gekoppelter Pendel eine wichtige Rolle. Wir beschränken uns auf ein einziges Beispiel, die Beseitigung von Schlingerbewegungen von Schiffen im Seegang.

Man denke sich in Abb. 367 die Stimmgabel als einen Dämpfer, die Blattfeder als ein in das Schiff eingebautes stark gedämpftes Pendel. Weiter denke man sich die einzelne Stoßerregung der Stimmgabel durch den periodischen Anprall der Wasserwogen ersetzt. Dann hat man schon das Prinzip. Konstruktiv realisiert man das stark gedämpfte Pendel durch eine Wassersäule in einem U-Rohr.

Abb 367 Stimmgabel mit aufgesetzter stark gedämpfter Blattfeder (Max Wienscher Versuch)

Das in Abb. 368 dargestellte Modell zeigt einen solchen „Schlingertank" auf einem pendelnd aufgehängten Brett mit dem Profil eines Dampferquerschnitts. Seine beiden Schenkel sind oben durch eine Luftleitung und den Drosselhahn H miteinander verbunden. Bei gesperrtem Hahn kann die Wassersäule nicht schwingen. Das Brett, also das Schiffsmodell, vollführt nach einer anfänglichen Kippung um 40° etwa 20 Schwingungen. Durch Aufdrehen des Hahnes kann man die Schwingungen der Wassersäule freigeben und zugleich in passender

Weise dämpfen. Diesmal kommt das Modell nach einer anfänglichen 40°-Kippung schon nach 2 bis 3 Schwingungen zur Ruhe.

Für eine genauere Behandlung dieses Vorganges hat man die ganze Kurve der erzwungenen Schwingungen des gekoppelten Systemes, also Schiff plus Schlingertank, für verschiedene Tankdämpfungen zu ermitteln. Dazu hat man das Modell zur Nachahmung des Seeganges auf eine Wippe zu setzen und diese

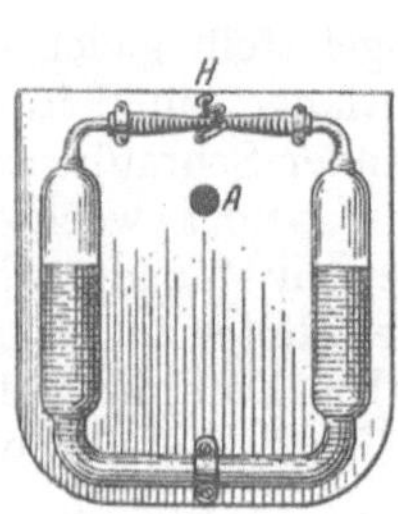

Abb 368   Modell eines Schlingertanks

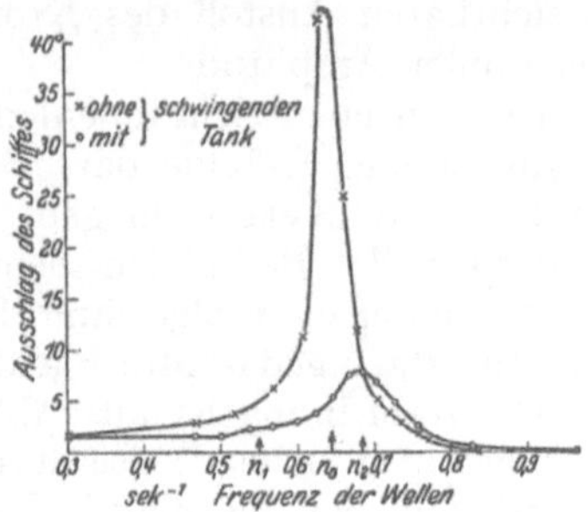

Abb 369   Eine Resonanzkurve des Schlingertankmodells.

durch eine Schubstange mit dem Exzenter eines langsam laufenden Motors zu verbinden. Miteinander nicht gekoppelt würden Schiff und Schlingertank an der gleichen Frequenz n_0 ihre Maximalamplitude zeigen. Durch die Kopplung (überwiegend Reibungskopplung) bilden sie ein System mit zwei Eigenfrequenzen n_1 und n_2. Die Resonanzkurven zeigen je nach der Konstruktion des Tankes zwei Maxima verschiedener Höhe. Die praktisch auf See vorkommenden Wellenfrequenzen müssen in den Frequenzbereich zwischen 0 und n_2 fallen.

XII. Wellen und Strahlung.

§ 113. Vorbemerkung. Jedes schwingungsfähige Gebilde besitzt eine Dämpfung. Es verliert zwischen aufeinanderfolgenden Amplituden Energie. Diese Verluste haben wir bisher der stets unvermeidbaren äußeren und inneren Reibung zugeschrieben. Das war aber nicht ausreichend. In der Mehrzahl der Fälle kommen namhafte Energieverluste durch Ausstrahlung fortschreitender Wellen hinzu. Unter fortschreitender Welle verstehen wir ganz allgemein die Ausbreitung eines Schwingungszustandes mit endlicher Geschwindigkeit; die Schwingung selbst kann beliebig gestaltet und selbst zu einem einfachen Stoßausschlag entartet sein. Fortschreitende Wellen sind uns in drei Formen bekannt: Erstens als Oberflächenwellen von Flüssigkeiten (§ 96); zweitens als elastische Quer-, Längs- und Drillwellen fester Körper (§§ 102 bis 104); drittens als elastische Längswellen in Flüssigkeiten und Gasen (§ 105).

In allen drei Fällen haben wir unsere Darstellung bisher auf die Ausbreitung dieser Wellen in Gebilden mit linearer Begrenzung (Wellenrinne, Drähte und Stäbe, Röhren) beschränkt. Diese Beschränkung soll jetzt fortfallen und die allseitige Ausbreitung der Wellen behandelt werden. Dabei ergibt sich ganz zwanglos eine Gliederung des Stoffes nach folgenden Fragen: Wie breiten sich fortschreitende Wellen allseitig aus? Warum insbesondere spricht man von einer Ausstrahlung der Wellen? Wie baut man gute Wellenstrahler? Wie baut man gute Wellenanzeiger oder Empfänger? — Wir beginnen in § 114 mit der Ausbreitung von Oberflächenwellen auf Flüssigkeiten, speziell auf Wasser.

§ 114. Ausbreitung von Wasseroberflächenwellen. Diese Wellen haben zwar nach § 96 eine verwickelte und keineswegs sinusförmige Gestalt. Ferner hängt ihre Fortpflanzungsgeschwindigkeit von der benutzten Wellenlänge ab, die Wasserwellen haben eine „Dispersion". Insofern bieten sie keineswegs einfache Verhältnisse. Aber die Ausbreitung dieser Oberflächenwellen erfolgt in einer Ebene. Das vereinfacht die Darstellung. Ihre Fortpflanzungsgeschwindigkeit ist gering. Das erleichtert die Beobachtung.

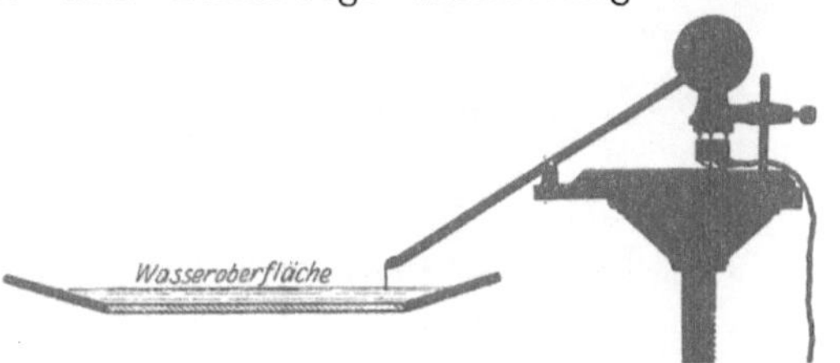

Abb. 370. Zur Projektion von Wasseroberflächenwellen. Rechts oben ein Elektromotor mit Exzenter. (THOMAS YOUNG 1807.)

Für die Herstellung der Wasserwellen dient die in Abb. 370 teils als Schattenriß, teils im Schnitt dargestellte Wellenwanne mit Zubehör. Ihre flach geböschten „Ufer" lassen die auftreffenden Wellen totlaufen und verhindern unerwünschte Reflexionen. Ein von unten durchfallender Lichtkegel entwirft ein Bild der Wellen auf dem Wandschirm.

Für etliche Versuche sollen die benutzten Wellenzüge nur eine ganz begrenzte Länge haben, d. h. nur aus wenigen Bergen und Tälern bestehen (z. B. Abb. 379). In diesen Fällen erzeugt man sie durch einmaliges Eintippen einer Bleistiftspitze oder dergleichen in die Wasseroberfläche. Für die Mehrzahl der Versuche jedoch benötigt man Wellenzüge unbegrenzter Länge. Zu ihrer Herstellung dient ein sinusförmig auf- und niederschwingender kleiner Tauchkörper. Seine Frequenz beträgt etwa 12 sec^{-1} Dann ist die Wellenlänge in Wirklichkeit rund 2 cm. Auf dem Schirm muß sie in ausreichender Vergrößerung erscheinen. — Jetzt kommen die Versuche.

Abb 371. Wasseroberflachenwellen
Diese sowie die Abb 372—384
photographische Positive

Bei schwingendem Stift sehen wir die Wellen als konzentrische, sich ständig erweiternde Kreise nach außen fortschreiten und die ganze Oberfläche durchlaufen. Das Wellenzentrum erscheint als eine punktförmige Strahlungsquelle (Abb. 371).

Durch Benutzung intermittierender Beleuchtung können wir die Geschwindigkeit dieser Wellen für unser Auge stroboskopisch (S. 9) nach Belieben verlangsamen. Durch geeignete Beleuchtungsfrequenz läßt sich sogar ihre Bewegungsrichtung für das Auge umkehren. Die Wellen laufen dann, ihre Ringdurchmesser ständig verkleinernd, konzentrisch auf den Mittelpunkt zu. Wir sprechen von einem Zusammenlaufen konvergenter Wellen in einem „Bildpunkt". — Soweit die unbehinderte Ausbreitung der Wellen.

Für die folgenden Versuche bringen wir Hindernisse in den Verlauf der Wellen. Sie bestehen aus Metallblechen. Die Beobachtungen stellen wir in zwei Reihen nebeneinander:

Die Wellen müssen durch einen Spalt hindurchgehen.

Die Wellen werden durch ein scheibenformiges Hindernis unterbrochen.

Die Spaltbreite ist gleich der Breite des Hindernisses. Beide sind groß gegen die Wellenlänge.

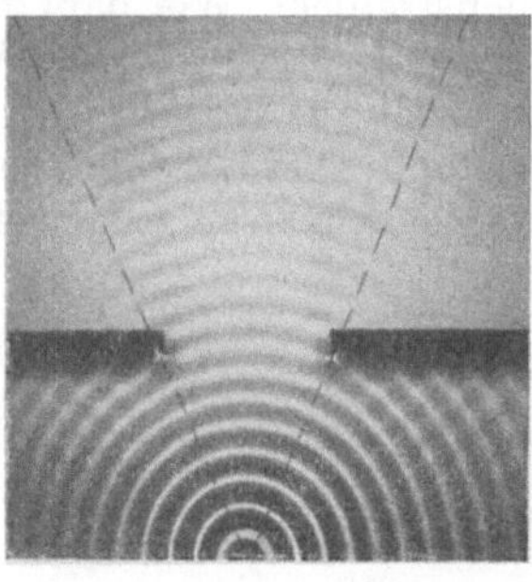

Abb 372[1]

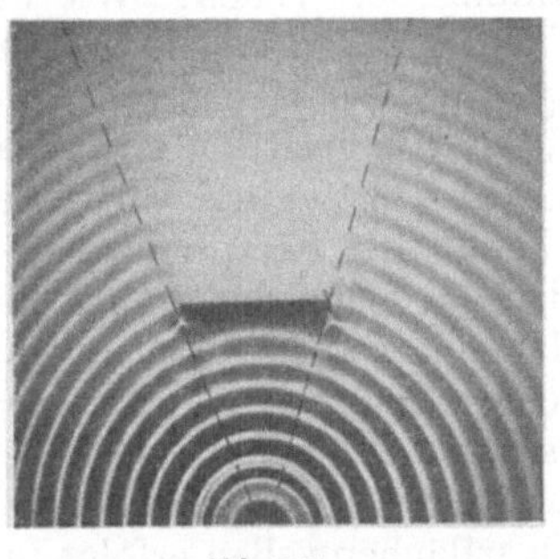

Abb. 373

Aus dem Wellenzug wird ein Bündel konzentrischer Wellen ausgeblendet.

Hinter dem Hindernis entsteht ein Schattenbereich[2].

Die Wellenzüge werden mit guter Näherung durch die nachträglich eingezeichneten geraden Linien oder „Strahlen" begrenzt. Die rückwärtigen Verlängerungen dieser Strahlen schneiden sich in der punktförmigen „Strahlungsquelle".

Bei genauerer Beobachtung sieht man die einzelnen Wellenberge und Täler an der Strahlengrenze nicht plötzlich abbrechen. Sie greifen vielmehr mit niedrigen und rasch abnehmenden Amplituden

nach rechts und links über die Grenzen des Wellenbündels heraus.

von rechts und links in den Schattenbereich herein.

---

[1] Man beachte die Reflexion der Wellen an dem Schirm. Sie tritt auch auf einer ganzen Reihe der folgenden Bilder mit großer Deutlichkeit hervor.

[2] Schattenwurf als einfachste „Abbildung" des Hindernisses.

Die Wellen werden über die geometrischen Strahlengrenzen hinweg „gebeugt".

Für die weiteren Beobachtungen wird nunmehr

der Spalt	das Hindernis

schmäler gemacht. Die Breite beträgt nur noch etwa das Dreifache der Wellenlänge. Die „Beugung" tritt sinnfällig in Erscheinung. Sie greift in den Abb. 374 und 375 erheblich über die nachträglich punktiert eingezeichneten Strahlen hinaus.

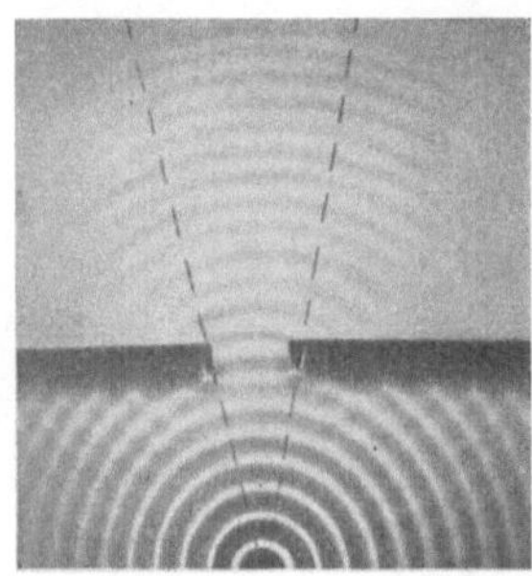

Abb 374

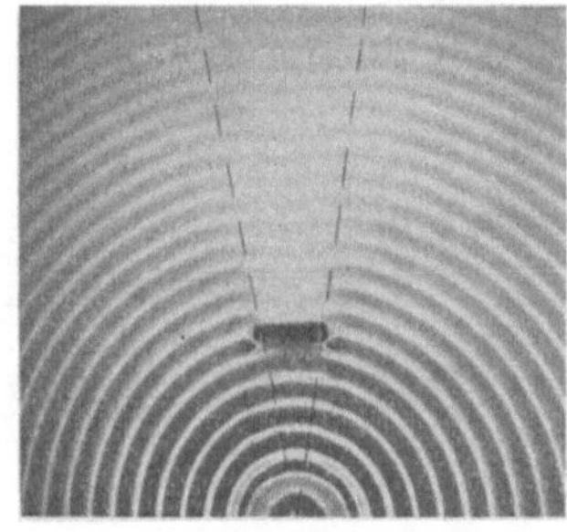

Abb. 375

Der Öffnungswinkel des Wellenbundels ist in Abb. 374 stark verbreitert. Seine Begrenzungen sind verwaschen.	Der Schattenbereich ist in Abb. 375 größtenteils von gebeugten Wellen erfüllt. Sie zeigen sich besonders in größerem Abstand vom Hindernis.

Bei Annäherung der Spalt- und Hindernisbreite an die Größenordnung der Wellenlänge ist also die geometrische Strahlenkonstruktion nur noch eine recht mäßige Näherung.

Bei weiterer Verkleinerung von Spalt- und Hindernisbreite verliert sie vollends jeden Sinn. Wir sehen

Abb 376

Abb. 377.

in Abb. 376 die Spaltbreite	in Abb. 377 die Hindernisbreite

ungefähr gleich groß wie die benutzte Wellenlänge gemacht.

Die Wellen erfüllen einen rund 90° betragenden Winkelbereich.	Es ist kein Schatten mehr vorhanden. Die Anwesenheit des Hindernisses verrat sich nur noch durch schwache Störungen des Wellenverlaufs in seiner nächsten Umgebung[1].

---

[1] Es wird die Grenze der Abbildungsmoglichkeit erreicht.

Im Übergang zum Grenzfalle machen wir die

| Spaltbreite | Hindernisbreite |

klein gegen die Wellenlänge. Wir benutzen dabei

| nach wie vor einen Wellenzug unbe- | einen ganz kurzen Wellenzug von nur |
| grenzter Länge. | wenigen Bergen und Tälern. |

Die Beobachtung ergibt sehr wichtige Befunde:

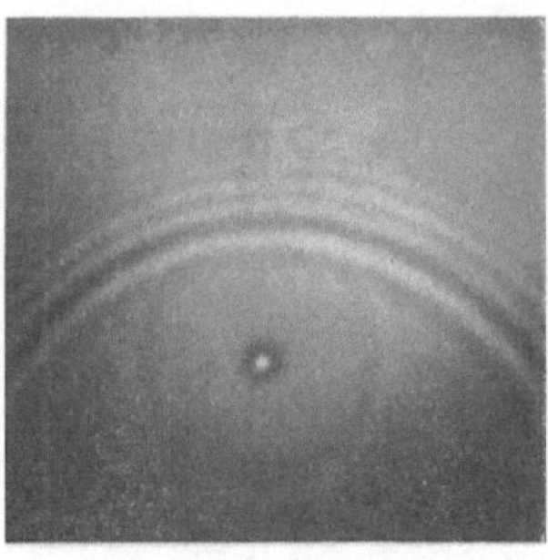

Abb. 378.

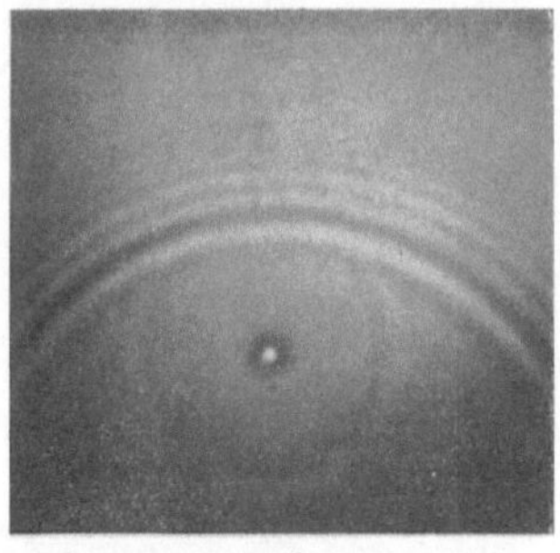

Abb. 379.

| Der Spalt in Abb. 378 | Das Hindernis in Abb. 379 |

wird zum Ausgangspunkt eines sich in Form von

| Halbkreisen | Vollkreisen |

ausbreitenden Wellenzuges. Beide ergeben sich also als Grenzfall der Beugung.
Man nennt sie in diesem Grenzfall „durch Streuung entstanden" oder „gestreut". Auch der Name „Elementarwellen" ist gebräuchlich. Ihre Amplitude sinkt mit abnehmender

| Spaltbreite | Hindernisbreite. |

Vorhanden sind sie aber bei beliebig kleinen geometrischen Abmessungen. Bei
hinreichender Amplitude der auffallenden Wellen sind sie unter allen Umständen
nachweisbar. Durch eine Zerstreuung der Wellen verraten selbst die winzigsten
Gebilde ihre Existenz[1].

Wir fassen zusammen: Man kann die Ausbreitung der Wellen und
ihre seitliche Begrenzung durch Hindernisse mit Hilfe einfacher
geometrischer Strahlen wiedergeben. Doch muß dabei eine unerläßliche Voraussetzung erfüllt sein: Die geometrischen Dimensionen B
(Spalt- und Hindernisbreiten) müssen groß gegenüber der verfügbaren Wellenlänge λ sein.

Der physikalische Sinn dieser geometrischen Darstellung des Wellenver-
laufs („geometrische Optik") soll durch zwei Beispiele erläutert werden. In
beiden ist eine den Wellenvorgang umschreibende geometrische Strahlenkonstruktion eingetragen.

1. Die Wellen laufen in Abb. 380 schräg gegen ein glattes, ebenes Hindernis.
Die mechanischen Fehler seiner Oberfläche (Kratzer, Buckel) sind klein gegen
die Wellenlänge. Das Wellenbündel wird „spiegelnd" reflektiert. Für jeden der
eingezeichneten Strahlen gilt das Reflexionsgesetz: Einfallswinkel = Reflexionswinkel. Links vor dem Spiegel sieht man die Überlagerung des direkten und des
reflektierten Wellenzuges. Oben hinter dem Spiegel sieht man den Schatten des
Spiegels mit seinen durch Beugung verwaschenen Rändern.

2. In flachem Wasser laufen Wellen langsamer als in tiefem [Gleichung (199)
auf S. 163]. Diese Tatsache benutzen wir zur Konstruktion einer „Flach-

---

[1] Ultramikroskopischer Nachweis.

wasserlinse". Wir bringen einen linsenförmigen Tauchkörper in die Wanne. Zwischen seiner Oberfläche und der des Wassers verbleibt nur ein Zwischen-

Abb. 380. Reflexion von Kreiswellen an einem Spiegel.

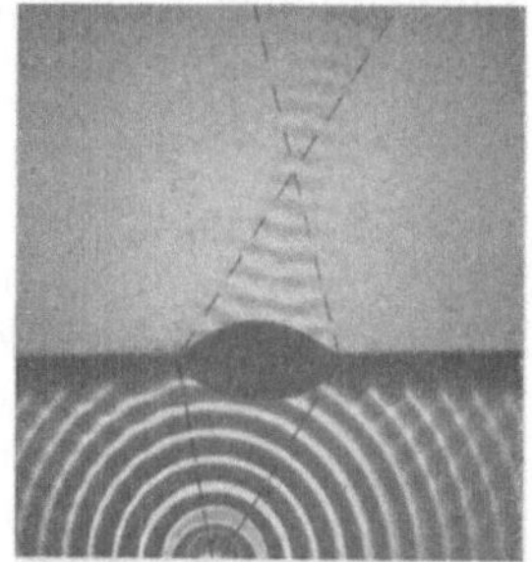

Abb. 381. Flachwasserlinse.

raum von etwa 2 mm. Die „Linse" ist beiderseits in einem Schirm „gefaßt" (Abb. 381). Die Wellen werden beim Passieren der dicken Linsenmitte am meisten verzögert, zum Rand hin jedoch weniger, entsprechend der abnehmenden Linsendicke. Infolge dieser Verzögerung wechselt die Krümmung der Wellen ihr Vorzeichen. Sie ziehen sich hinter der Linse konzentrisch auf den „Bildpunkt" (in Wirklichkeit also ein Gebiet von durchaus end-lichem Durchmesser!) zusammen und divergieren erst wieder hinter dem Bildpunkt.

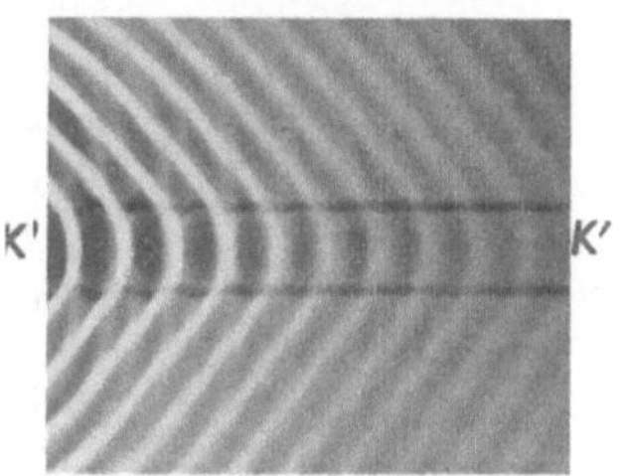

Abb. 382 Brechung und Machscher Winkel

Zur zeichnerischen Wiedergabe jedes Wellenbün-dels genügt in vielen Fällen ein einziger Strich, näm-lich die Achse des Bündels, genannt der Haupt-strahl. An diese beliebte Zeichenart anknüpfend nennt man oft ein Parallelwellenbündel kurz einen Strahl. So spricht man von Schallstrahlen und von Lichtstrahlen. Beide Worte sind gebräuchlich und bequem. Trotzdem wollen wir der Klarheit halber das Wort Strahl nur für die geometrischen Linien in den Zeichnungen anwenden.

Die großen Erfolge der „geometrischen Optik" verführen leicht dazu, die Anwendbar-keit der Strahlendarstellung zu überschätzen. Darum geben wir eins der wichtigsten Gesetze der Wellenausbreitung, nämlich das Bre-chungsgesetz, zunächst unabhängig von der Strahlendarstellung. Wir bringen es für einen der Fälle, in denen sich die Wellenausbreitung nicht mit Strahlen beschreiben läßt.

In Abb. 382 ist ein Kanal KK' beider-seits von Flachwasserbereichen umgeben. Links von K werden durch einen Tauch-

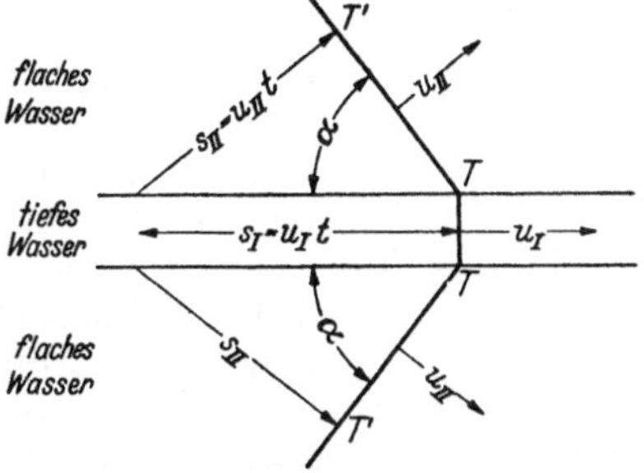

Abb 383. Zur Entstehung des Machschen Winkels

körper Wellen erzeugt: Jeder im Kanal laufende Wellenberg erzeugt beiderseits im Flachwasserbereich eine geradlinige Fortsetzung; es entstehen drei gegen-einander geneigte Wellenzüge mit geraden (also räumlich umgedeutet: ebe-nen) Wellenbergen mit Tälern.

Zur Erklärung dieses Vorganges ist in Abb. 383 der Weg eines einzelnen Wel-lenberges skizziert. Dieser Wellenberg läuft mit der Geschwindigkeit u_I nach rechts. Seine an die Kanalwände stoßenden Enden werden zum Ausgangspunkt von Elementarwellen (S. 206). Diese breiten sich kreisförmig aus, jedoch nun mit der kleinen, zum Flachwasser gehörenden Geschwindigkeit u_{II}. Die gemeinsame Tangente aller Elementarwellen liefert den **neuen geradlinigen Wellen**berg TT' (vgl Abb 308). Man entnimmt der Skizze die Beziehung

$$\sin\alpha = \frac{s_{II}}{s_I} = \frac{u_{II}}{u_I} . \tag{204}$$

Das Verhältnis $u_I\,u_{II} = n$ nennt man die „Brechzahl"; der Winkel α heißt der „Machsche Winkel". Die Gleichung (204) stellt das allbekannte Brechungsgesetz dar, jedoch nicht für Strahlen, sondern für Wellen. Es spielt in dieser Form eine wichtige Rolle in der Seismik, in der Funkentelegraphie und im Flugzeugbau.

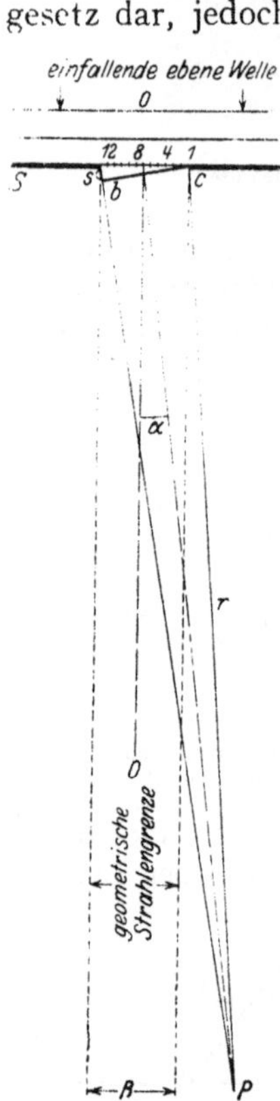
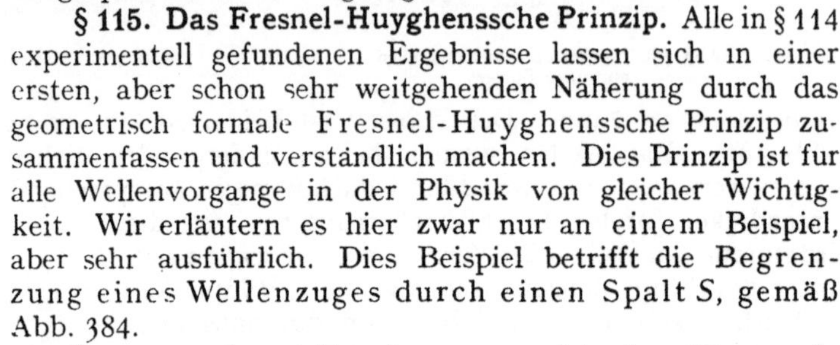

§ 115. Das Fresnel-Huyghenssche Prinzip. Alle in § 114 experimentell gefundenen Ergebnisse lassen sich in einer ersten, aber schon sehr weitgehenden Näherung durch das geometrisch formale Fresnel-Huyghenssche Prinzip zusammenfassen und verständlich machen. Dies Prinzip ist für alle Wellenvorgange in der Physik von gleicher Wichtigkeit. Wir erläutern es hier zwar nur an einem Beispiel, aber sehr ausführlich. Dies Beispiel betrifft die Begrenzung eines Wellenzuges durch einen Spalt S, gemäß Abb. 384.

Der experimentelle Ausgangspunkt des Fresnel-Huyghensschen Prinzips ist die Existenz der in Abb. 378 und 379 vorgeführten Elementarwellen. Man denkt sich den Spalt in eine größere Zahl N gleichartiger Teilabschnitte zerlegt, 1, 2, 3 usw. Jeden dieser Teilabschnitte betrachtet man als Ausgangspunkt einer Elementarwelle, Nr. 1, Nr. 2 usw. Alle diese N Elementarwellen durchschneiden oder überlagern sich an jedem beliebigen, hinter der Spaltebene gelegenen Beobachtungspunkt P. Dabei addieren sich die Amplituden der Elementarwellen zu der wirklich im Punkte P auftretenden Gesamtamplitude. Bei dieser Addition ist das wesentliche der Gangunterschied zwischen den einzelnen Elementarwellen. Und zwar ist der größte vorkommende Gangunterschied $\Delta\lambda$ gleich der Wegstrecke s in Abb. 384, also gleich der Differenz der Abstände des Beobachtungspunktes P vom linken und vom rechten Spaltrand.

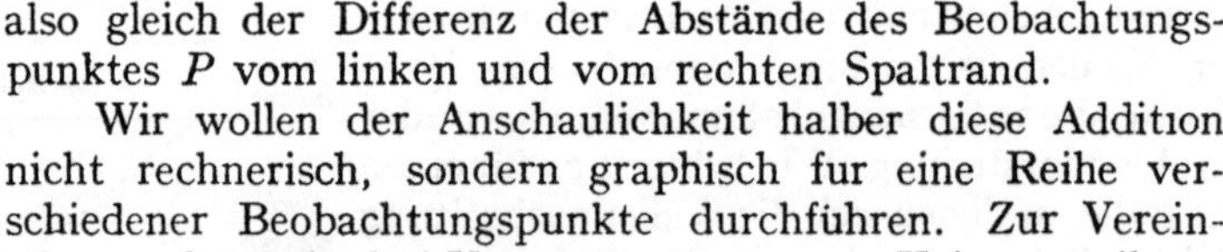

Abb. 384. Begrenzung einer ebenen Welle durch einen Spalt (**Fraunhofersche** Beugung). $\sphericalangle bcS = \alpha$.

Wir wollen der Anschaulichkeit halber diese Addition nicht rechnerisch, sondern graphisch für eine Reihe verschiedener Beobachtungspunkte durchführen. Zur Vereinfachung dieser Aufgabe machen wir drei Voraussetzungen Keine von ihnen beeinträchtigt irgendwie das Wesen der Sache.

1. Das Wellenzentrum oder die Strahlungsquelle soll sehr weit vom Spalt entfernt sein und auf seiner Symmetrielinie 0 0 liegen. — Dadurch werden die Wellenberge (schwarze Linien oben in Abb. 384) praktisch zu Geraden. Alle Punkte eines Wellenberges kommen im gleichen Augenblicke oder mit gleicher Phase in der Spaltebene an

2. Alle Beobachtungspunkte P sollen sehr weit vom Spalt entfernt in einer dem Spalt parallelen Ebene gelegen sein. — In diesem Grenzfall kann man den mit dem Radius r um P geschlagenen Kreisbogen $c\,b$ praktisch als Gerade betrachten. Es gilt für den größten zwischen zwei Elementarwellen vor-

kommenden Gangunterschied $\varDelta\lambda$ die geometrische Beziehung

$$s = \varDelta\lambda = B\sin\alpha \quad (B = \text{Spaltbreite}).\qquad(205)$$

Ferner kann man in diesem Grenzfall die Gangunterschiede $d\lambda$ je zweier benachbarter Elementarwellen als gleich betrachten und setzen

$$N\,d\lambda = \varDelta\lambda = B\sin\alpha$$

oder

$$d\lambda = \frac{B\sin\alpha}{N}.\qquad(206)$$

3. Als Zahl der Spaltabschnitte wählen wir $N = 12$. Mit nur 12 Elementarwellen erhalten wir schon eine vollauf ausreichende Genauigkeit.

Nunmehr fuhren wir die graphische Addition der zwolf Teilamplituden für etliche Beobachtungspunkte P durch. Für den Punkt P_0 auf der Symmetrielinie 0 0 des Spaltes sind

$$s = 0, \quad \alpha = 0, \quad \sin\alpha = 0. \quad d\lambda = 0.$$

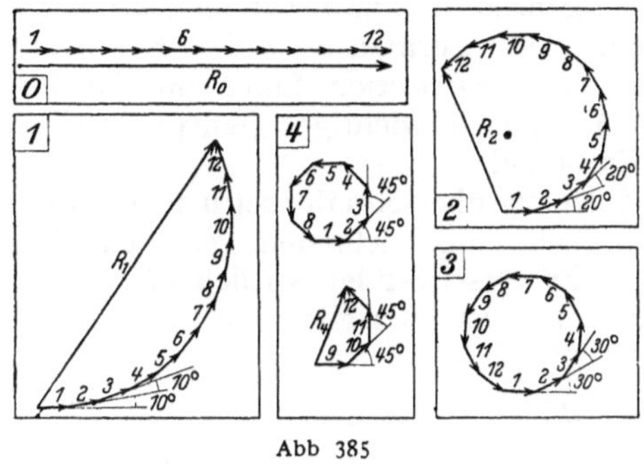

Abb 385

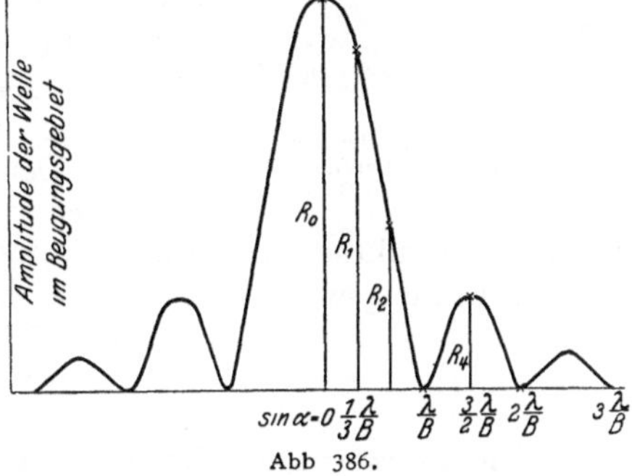

Abb 386.

Abb. 386. Das Amplitudengebirge bei Begrenzung eines ebenen Wellenzuges durch einen Spalt In Abb 385 die zur Konstruktion benotigten Hilfsfiguren. Die Strahlungsstarke der Welle ist dem Quadrat der Amplituden proportional Man hat daher fur einen Vergleich mit den Messungen (z. B Abb 401) die Ordinaten dieses Amplitudengebirges zu quadrieren

Also addieren sich alle 12 Amplitudenvektoren ohne Phasendifferenz nach dem Schema der Hilfsfigur 0. Ihre Summe oder Resultante ist als dicker Pfeil R_0 daneben gezeichnet und als Ergebnis in die Abb. 386 über dem Abszissenpunkt $\sin\alpha = 0$ eingetragen.

Fur den nächsten Punkt P_1 wählen wir $s = \dfrac{\lambda}{3}$, dann ist $\sin\alpha = \dfrac{\lambda}{3B}$ und der Gangunterschied je zweier benachbarter Elementarwellen $d\lambda = \dfrac{1}{12}\cdot\dfrac{\lambda}{3}$ oder im Winkelmaß $d\varphi = \dfrac{1}{12}\cdot 120° = 10°$.

Die Amplituden der 12 Elementarwellen addieren sich gemäß der Hilfsfigur 1. Als Resultante erhalten wir den Pfeil R_1. Er ist als Ergebnis der graphischen Addition in Abb. 386 über dem Abszissenpunkt $\sin\alpha = \dfrac{\lambda}{3B}$ eingetragen.

In dieser Weise fahren wir fort. Für den Punkt P_2 wahlen wir

$$s = \frac{2}{3}\lambda, \quad \text{also} \quad \sin\alpha = \frac{2}{3}\frac{\lambda}{B}, \quad d\lambda = \frac{1}{12}\cdot\frac{2}{3}\cdot\lambda, \quad d\varphi = 20°.$$

Die Hilfsfigur 2 gibt uns als Resultante den Pfeil R_2.

Für den nächsten Punkt wählen wir

$$s = \lambda, \quad \text{also} \quad \sin\alpha = \frac{\lambda}{B} \quad d\lambda = \frac{\lambda}{12}, \quad d\varphi = 30°.$$

Die Amplituden der 12 Elementarwellen addieren sich in der Hilfsfigur 3 zu einem geschlossenen Polygon. Ihre Resultante ist Null. Demgemäß haben wir in Abb. 386 beim Abszissenwert $\sin\alpha = \lambda/B$ einen Punkt auf der Abszissenachse einzutragen.

Endlich setzen wir

$$s = \frac{3}{2}\lambda, \quad \text{also} \quad \sin\alpha = \frac{3}{2}\frac{\lambda}{B}, \quad d\lambda = \frac{1}{12}\cdot\frac{3}{2}\cdot\lambda, \quad d\varphi = 45°.$$

Die graphische Addition erfolgt in der Hilfsfigur 4. Die Amplituden der ersten 8 Elementarwellen schließen sich zu einem Achteck, ihre Resultante ist Null. Die 9. bis 12. Amplitude ergeben ein halbes Achteck und somit die Resultante R_4.

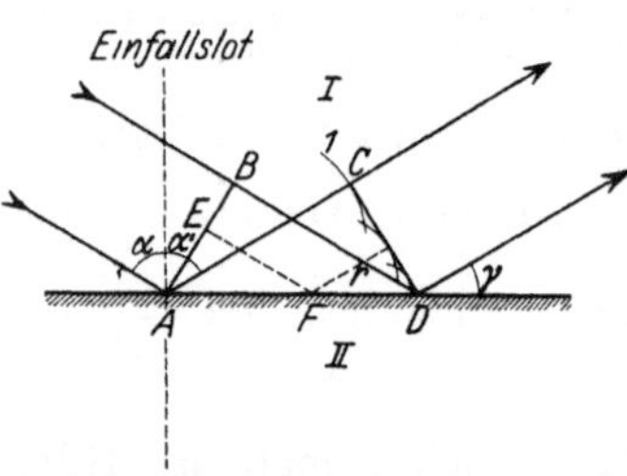

Abb. 387. Die Nebenwellenzuge bei der Begrenzung eines Parallelwellenbundels durch einen Spalt.

Für $s = 2\lambda$ oder $d\varphi = 60$ geben sowohl die Amplituden der Elementarwellen 1—6 wie 7—12 die Resultante Null, der Punkt bei $\sin\alpha = 2\lambda/B$ liegt in Abb. 386 wieder auf der Abszisse.

Das mag genügen. Wir können die Abb. 386 jetzt ohne weiteres ergänzen, und zwar symmetrisch nach beiden Seiten. Der Formalismus der Fresnel-Huyghensschen Konstruktion führt auf das für Wellen aller Art gleich wichtige „Amplitudengebirge". Es besagt:

1. Der Wellenzug überschreitet seitlich die Grenzen der gestrichelt eingezeichneten geometrischen Strahlenkonstruktion, er wird „gebeugt". Er verschwindet seitlich erst unter einem Ablenkungswinkel α, dessen Sinus $= \lambda/B$ ist. Es gilt

$$\boxed{\sin\alpha_{\min} = \frac{\lambda}{B}.} \tag{207}$$

2. Die geometrische Strahlenkonstruktion ist nur für kleine Werte des Verhältnisses λ/B eine befriedigende Näherung.

3. Im Beugungsgebiet finden sich außerhalb des Hauptwellenzuges noch weitere Wellenzuge in begrenzten Winkelbereichen.

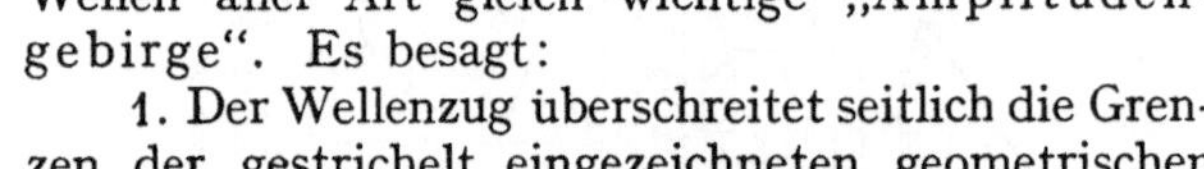

Alle drei Aussagen stimmen mit den Beobachtungen an Wasserwellen überein (Abb. 387). Man muß nur, wie bei der Herleitung vorausgesetzt, parallele statt divergierende Wellen durch den Spalt begrenzen lassen.

Wir haben in den Abb. 385 und 387 den Grenzfall einer „Fraunhoferschen Beugung" behandelt: Sowohl Strahlungsquelle wie Beobachtungsebene liegen sehr weit („unendlich") vom Spalt entfernt. Die einfallenden Wellenberge sind praktisch gerade Linien. In den Bildern des § 114 hingegen hatten wir den allgemeineren Fall einer „Fresnelschen Beugung" beobachtet: Die einfallenden Wellenberge waren Kreisbogen merklicher Krummung.

Abb. 388. Entstehung der Spiegelung nach dem Huyghensschen Prinzip. Die seitlichen Grenzen des Wellenzuges sind durch zwei Strahlen dargestellt.

Das erschwert bei der Darstellung nach dem Fresnel-Huyghensschen Prinzip ein wenig die graphische Addition der Elementarwellen-Amplituden. Es andert aber prinzipiell nicht das Geringste.

Das Fresnel-Huyghenssche Prinzip addiert die Amplituden der Elementarwellen unter Berücksichtigung ihrer gegenseitigen Phasendifferenz. Dies etwas zeitraubende Verfahren ist bei Einbeziehung der Beugungserscheinungen unerläßlich. Bei Kleinheit des Verhältnisses λ/B kann man jedoch die Beugung vernachlässigen und die Begrenzung des Wellenzuges durch geometrische Strahlen als gegeben betrachten. In diesem Grenzfall kann man sich auf das ursprungliche

Huyghenssche Prinzip beschränken. Es konstruiert die resultierende Welle als gemeinsame Tangente oder Umhüllende der Elementarwellen. Wir erläutern das für den Fall der „Spiegelung": Ein parallel begrenzter Wellenzug soll in der ebenen Grenzfläche zweier Medien („Spiegel") zurückgeworfen werden (Abb. 388).

AB ist ein Wellenberg vor, CD ein Wellenberg nach der Spiegelung. Die einzelnen Punkte der Grenzfläche werden als Ausgangspunkte der Elementarwellen betrachtet. Drei von diesen sind eingezeichnet, die vierte, von D ausgehend, hat noch keinen endlichen Wert ihres Radius r erreicht. Für jede Elementarwelle gilt die punktiert angedeutete Beziehung:

$$EF + r = BD.$$

Als Ergebnis dieser Konstruktion nach HUYGHENS erhalten wir das Reflexionsgesetz: **Bei der Spiegelung ist der Einfallswinkel gleich dem Reflexionswinkel.** — Dies ursprüngliche Huyghenssche Prinzip wird uns in § 122 bei der Erläuterung des Gitterspektralapparates nützlich werden.

§ 116. Dispersion der Wasseroberflächenwellen und Gruppengeschwindigkeit. In diesem Paragraphen führen wir die Darstellung der Oberflächenwellen auf Flüssigkeiten (z. B. Wasser) zu Ende. — Die Geschwindigkeit der Oberflächenwellen hängt von ihrer Wellenlänge ab, sie hat eine Dispersion. Für hinreichend flache Wellen von praktisch noch sinusförmigem Umriß kann man die Geschwindigkeit nach den S. 162 und 163 hergeleiteten Formeln berechnen. Die Abb. 388a gibt uns Zahlenwerte für die Geschwindigkeit von Wasserwellen in dem für Schauversuche in Frage kommenden Wellenlängenbereich.

Diese Dispersion der Wasseroberflächenwellen hat eine ebenso wichtige wie überraschende Konsequenz. Sie zwingt uns zu einer Unterscheidung von **Phasengeschwindigkeit** und **Gruppengeschwindigkeit**.

Zur Erläuterung dieser beiden Begriffe gehen wir, wie stets, von der **Beobachtung** aus. Wir machen uns in unserer Wellenwanne (Abb. 370) durch Eintippen des Tauchstiftes einen Wellenzug begrenzter Länge (vgl. Abb. 379, große Bogen, Wellenlänge etwa 2 cm, Amplitude wenige Millimeter).

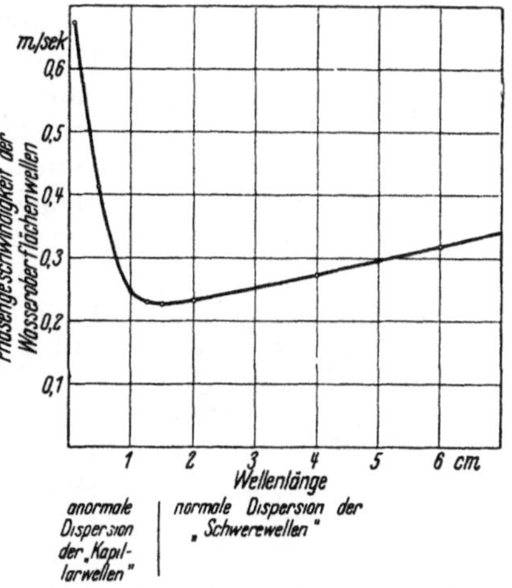

Abb. 388a. Geschwindigkeit flacher, praktisch noch sinusförmiger Oberflächenwellen auf Wasser für verschiedene, bei Schauversuchen benutzte Wellenlängen

Wir sehen den Wellenzug als Ganzes, die vorn und hinten durch ruhiges Wasser begrenzte „Gruppe", nur etwa halb so schnell vorrücken, wie die einzelnen Wellenberge innerhalb dieser Gruppe. Auch sehen wir, wenngleich zunächst noch ohne Verständnis, den Grund für das langsame Vorwärtskommen der Gruppe: Die Wellenberge sterben am Vorderende der Gruppe ab und gleichzeitig werden am Hinterende neue Wellenberge ausgebildet. So sehen wir hier direkt zwei verschiedene Geschwindigkeiten:

1. die **Gruppengeschwindigkeit**, die Geschwindigkeit von Anfang, Mitte oder Ende des Wellenzuges,

2. die Geschwindigkeit der einzelnen Wellenberge. Man nennt sie allgemein die **Phasengeschwindigkeit**.

In strengem Wortsinn gilt das Wort Phasengeschwindigkeit nur fur eine einfache Sinuswelle. Es bezeichnet die Geschwindigkeit einer bestimmten Phase, z. B. eines Wellenberges, in einem Sinuswellenzug unbegrenzter Länge und konstanter Amplitude, wie z. B. in Abb. 371 auf S. 204.

Wie kommt der Unterschied zwischen Phasen- und Gruppengeschwindigkeit zustande? Antwort: Man hat zur Messung der Wellengeschwindigkeit irgendeine Marke ins Auge zu fassen, entweder den Anfang oder das Ende des Wellenzuges, die Stelle kleinster oder größter Wellenberge od. dgl. Im Falle einer Dispersion laufen die einzelnen Teilsinuswellen des Wellenzuges verschieden rasch. Infolgedessen ist der Umriß des Wellenzuges, entstanden aus der Addition der einzelnen Teilsinuswellen, einem ständigen Wechsel unterworfen: Die benutzte Marke liegt nicht fest, sondern verschiebt sich gegenüber den einzelnen, mit ihrer Phasengeschwindigkeit vorrückenden Teilsinuswellen. Das sieht man deutlich an dem nun folgenden Beispiel. Es dient der quantitativen Behandlung der Gruppengeschwindigkeit. Für sie genügt schon die einfachste Wellengruppe, eine aus nur zwei Teilsinuswellen aufgebaute Schwebungskurve (Abb. 389, Teilbild A).

Ihre beiden Teilsinuswellen sind in den Teilbildern B und C schematisch skizziert. Die längere (B) soll die Geschwindigkeit c besitzen, die kürzere (C) die kleinere Geschwindigkeit[1] ($c - dc$). Innerhalb der Schwebungskurve selbst sind diese beiden sinusförmigen Bestandteile in keiner Weise als Individuen erkennbar, und daher ihre Phasengeschwindigkeiten nicht zu messen. Meßbar ist nur die Gruppengeschwindigkeit.

Als Marke wählen wir bequemerweise ein Maximum der Schwebungskurve. Es ist im Teilbild A mit dem Doppelpfeil 1 bezeichnet.

Dies Maximum liegt über den Wellenbergen γ und d (Teilbilder B und C). Nach einer Laufzeit Δt sind beide Maxima nach rechts vorgerückt, Das Maximum λ hat den Weg $s = c \cdot \Delta t$ zurückgelegt, das Maximum d den etwas kleineren Weg $(s - ds) = (c - dc)\Delta t$. Der Vorsprung $ds = dc \cdot \Delta t$ erreicht

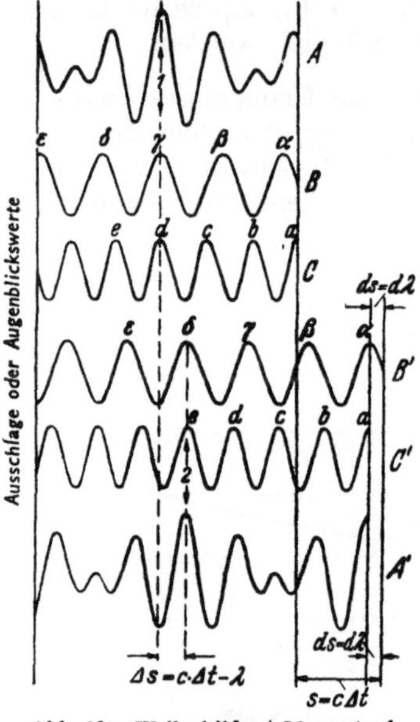

Abb 389. Wellenbilder („Momentaufnahmen") zur Erläuterung der Gruppengeschwindigkeit. $d\lambda = \Delta t \cdot dc$.

allmählich den Wert $d\lambda$. Dieser Fall ist in den drei unteren Teilbildern skizziert: Die Phasengleichheit liegt jetzt bei den Wellenbergen δ und e. D. h. das Maximum, die Marke der Wellengruppe, ist nicht um den Weg $c \cdot \Delta t$ vorgerückt, sondern nur um den kleineren Weg $\Delta s = (c \cdot \Delta t - \lambda)$. Demnach ist die Geschwindigkeit der Marke, die Gruppengeschwindigkeit,

$$c^* = \frac{c\Delta t - \lambda}{\Delta t}$$

oder, da $dc \cdot \Delta t = d\lambda$ gewählt worden war,

$$\boxed{c^* = c - \lambda \frac{dc}{d\lambda}.} \qquad (208)$$

Der Inhalt dieser Gleichung läßt sich — und zwar quantitativ! — gut mit einem Schauversuch erläutern. Der erforderliche Apparat soll an Hand der Abb. 390 beschrieben werden:

---

[1] Entsprechend der normalen Dispersion in der Optik.

Zwei Wellen verschiedener Länge werden durch die Schatten zweier Zahnkränze B und C dargestellt. Schwarze Zähne bedeuten Wellenberge, weiße Lücken Wellentäler. Diese „Wellen" laufen nicht wie in Abb. 389 auf gerader Bahn, sondern auf einer Kreisbahn. — Beide Zahnkränze werden hintereinander auf der gleichen Achse, unabhängig voneinander drehbar, angebracht. Dann sieht man im Schattenbild A die durch Überlagerung entstehende Schwebungskurve, sie zeigt uns im Beispiel vier Wellengruppen. Zum Antrieb der Zahnkränze dient ein langsam laufender Synchron-Elektromotor. Die Geschwindigkeiten c und $(c + dc)$ beider Wellenkränze können mit Schnurscheiben verschiedener Größen und elastischen Schnüren bequem eingestellt werden. Eine Marke Ph erlaubt, die Phasengeschwindigkeit einer einzelnen Welle mit einer Stoppuhr zu messen.

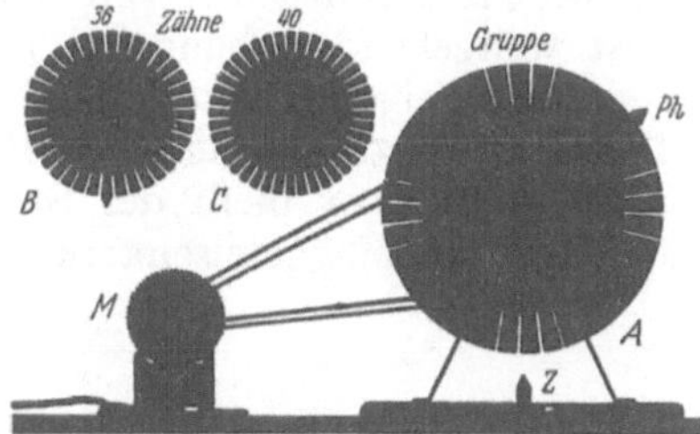

Abb 390 Zur quantitativen Vorführung der Gruppengeschwindigkeit. Näheres im Text Das „kastenförmige" Profil der Wellen stört hier ebensowenig wie bei anderen geometrischen Modellversuchen zur Wellenlehre, z. B. in Abb. 418 und bei den vielen Beispielen im Optikband, etwa den Abb 60/61.

Man kann nach Belieben der größeren Welle λ oder der kleineren $(\lambda - d\lambda)$ die größere Phasengeschwindigkeit geben. Im ersten Fall ist die Gruppengeschwindigkeit c^* kleiner als die Phasengeschwindigkeit c; die Phasenmarke Ph überholt die Gruppen. Im zweiten Falle überholen die Gruppen die Phasenmarke. Im Grenzfall $dc/d\lambda = 0$ laufen die Gruppen ebenso schnell wie die Phase. Im Grenzfall $cd\lambda = \lambda dc$ wird die Gruppengeschwindigkeit $c^* = 0$. Die Gruppen rühren sich nicht vom Fleck.

Für Wasserwellen von mehr als etwa 5 cm Wellenlänge berechnen wir aus Gleichung (198) v S 162

$$\frac{dc}{d\lambda} = \frac{1}{2c}\frac{g}{2\pi}; \quad \text{also} \quad \lambda\frac{dc}{d\lambda} = \frac{c}{2}.$$

Folglich ist nach Gleichung (208) die Gruppengeschwindigkeit $c^* = 0{,}5\,c$, d. h. gleich der halben Phasengeschwindigkeit. — Analog findet man für Wellenlängen unter etwa 2 cm (Kapillarwellen) nach der S. 163 genannten Ergänzung der Gleichung (198) $c^* = \frac{3}{2}c$, d. h. die Gruppengeschwindigkeit ist um 50 % höher als die Phasengeschwindigkeit.

Die Unterscheidung von Phasengeschwindigkeit und Gruppengeschwindigkeit ist keineswegs auf die Wasserwellen beschränkt. Sie spielt bei vielen Wellenvorgängen in der Optik und in der Elektrizitätslehre eine bedeutende Rolle.

§ 117. Elastische Längswellen in Luft. Schallwellen. Unter allen fortschreitenden elastischen Wellen sind für uns die Längswellen in Luft die wichtigsten. Wir haben sie bei linearer Begrenzung durch Röhren ausgiebig behandelt (§ 105). Bei Wegfall der seitlichen Begrenzungen breiten sich diese Längswellen von einem mehr oder minder „punktförmigen" Zentrum O her kugelsymmetrisch in den Raum hinein aus. Ein Ausschnitt aus einer Meridianebene zeigt uns in einem bestimmten Augenblick die in Abb. 390 dargestellte Verteilung von Luftdruck und -dichte. In den Gebieten dichter Schraffierung sind Luftdruck und -dichte größer als in der ruhenden Luft. Man nennt sie nach ihrer üblichen graphischen Darstellung Wellenberge. Entsprechend bedeuten Gebiete schwacher Schraffierung Wellentäler. In ihnen sind Luftdruck und -dichte kleiner als im Ruhezustand. Bei hohen Amplituden lassen sich die Dichtemaxima fortschreitender Schallwellen durch ihre Schatten in Momentphotographien sichtbar machen. Derartige Bilder finden sich in § 128. Angaben über die Größe der praktisch in Schallwellen vorkommenden Druckänderungen finden sich in § 129.

Die ganze, durch das Momentbild in Abb. 390a veranschaulichte Verteilung rückt kugelsymmetrisch nach außen mit einer Geschwindigkeit von rund

340 m/sec vor. Die Messung dieser Schallgeschwindigkeit erfolgt durch Messung von Laufweg und Laufzeit. Aus der großen Zahl angewandter Methoden führen wir experimentell nur eine vor. Sie benötigt einen Laufweg von nur wenigen Metern Länge. Sein Anfang und sein Ende werden durch je ein Mikrophon (S. 232) eingegrenzt. Diese Mikrophone betätigen beim Passieren der Schall-welle automatisch einen „Kurzzeitmesser" (Abb. 391). Dies kleine Instrument ist das einzig Bemerkenswerte an dem ganzen Versuch. In seinem Schattenriß sehen wir als wesentlichen Teil eine teilweise durchbrochene Aluminiumscheibe. Sie ist weitgehend reibungsfrei um eine horizontale Achse drehbar gelagert. Ihr eiserner Zeiger Z wird in der Ruhestellung durch den Elektromagneten 1 festgehalten. In dieser Stellung hält der Zeiger die Blattfeder F leicht gekrümmt nach unten. Dabei fließt der Strom des Elektromagneten durch einen durch Blattfeder und Magneteisenkern gebildeten Kontakt. Die Schallwelle kommt

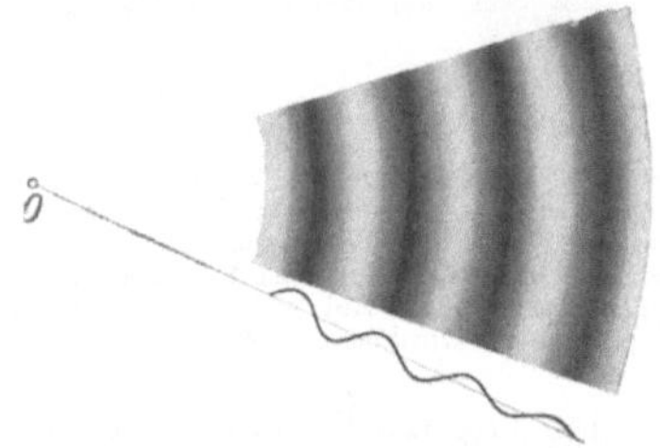

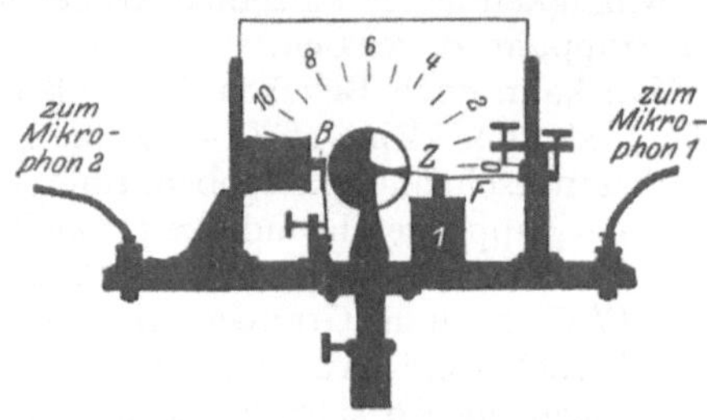

Abb. 390 a. Radialsymmetrischer Ausschnitt aus einer räumlichen Kugelwelle in Luft (Schallwelle) (Momentbild.)

Abb. 391. Ein Kurzzeitmesser (Behm).

von rechts und versetzt das Mikrophon 1 in erzwungene Schwingungen. Beim ersten Stromminimum passiert dreierlei:

1. Der eiserne Zeiger und die Blattfeder werden losgelassen.

2. Durch Lösen des erwähnten Federkontaktes wird der Stromkreis des Elektromagneten 1 endgültig unterbrochen.

3. Die Blattfeder entspannt sich auf kurzem Wege und erteilt während-dessen der Scheibe einen Drehimpuls.

Mit diesem Drehimpuls läuft die Scheibe mit konstanter Winkelgeschwindig-keit weiter. Nach einigen hundertstel Sekunden erreicht die Schallwelle das zweite Mikrophon. Dies gibt in seinem ersten Stromminimum die elektro-magnetisch gehaltene Bremse B frei und stoppt die rotierende Scheibe ab. Die Zeitmessung ist also hier wieder in ganz durchsichtiger Weise auf eine gleichförmige Rotation zurückgeführt. Die Skala wird am besten empirisch geeicht.

Die Kürze der benötigten Laufwege macht diese Methode auch zur Messung der Schallgeschwindigkeit in andern Gasen oder in Flüssigkeiten brauchbar. Denn man kann sie in Behältern von handlicher Größe anwenden. Meist ver-zichtet man jedoch bei anderen Substanzen auf absolute Messungen. Man be-gnügt sich mit einem Vergleich ihrer Schallgeschwindigkeit mit dem für Luft bekannten Wert. Eine dieser Vergleichsmethoden werden wir in § 129 erwähnen.

§ 118. Parallel begrenzte Bündel von Schallwellen in Luft. Beugung der Schallwellen. Die Oberflächenwellen auf Wasser geben uns von der Ausbreitung fortschreitender Wellen ein sehr anschauliches Bild. Die sich dort flächenhaft abspielenden Vorgänge ließen sich weitgehend durch die geometrisch-formale Kon-struktion des Fresnel-Huyghensschen Prinzips zur Darstellung bringen. Diese formale Konstruktion muß in sinngemäßer Übertragung auch für die räumliche

Ausbreitung elastischer Wellen Gültigkeit behalten. Es kann nicht von Belang sein, ob bei diesen Konstruktionen eine Sinuskurve das Profil einer Wasserwelle oder die graphische Darstellung einer Luftdruckverteilung bedeutet. Entscheidend muß auch bei der räumlichen Ausbreitung von Wellen das Verhältnis der Wellenlänge λ zur Größe B der benutzten Öffnungen und Hindernisse bleiben. Infolgedessen können wir bei der experimentellen Beobachtung der Schallwellenausbreitung in Luft mit größeren Schritten vorgehen als früher bei den Wasserwellen. Als Strahlungsquelle nehmen wir die auf S. 187 beschriebene kleine Pfeife. Ihre Wellenlänge wurde damals in einem Rohr zu rund 1,5 cm gefunden. Sie ist also sicher von der gleichen Größenordnung wie die Wellenlänge der Wasserwellen in der Wanne. Wir können die dort erprobten geometrischen Dimensionen ohne weiteres übernehmen.

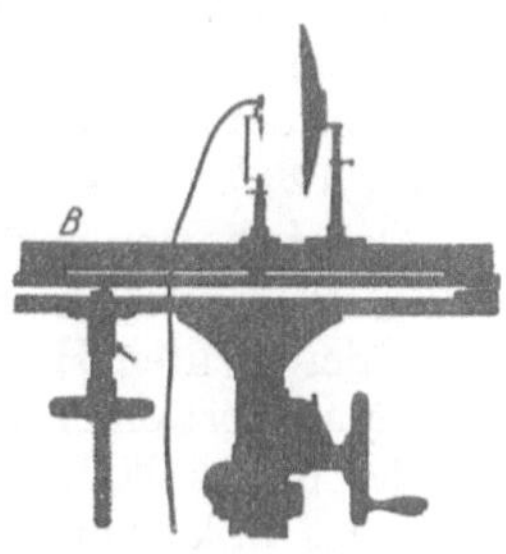

Abb 392 Ein Schallscheinwerfer Pfeife gemäß Abb. 348

Auf Grund dieser Überlegungen stellen wir zunächst einen „Schallscheinwerfer" (Abb. 392) her. Er soll ein parallel begrenztes Bündel von Schallwellen liefern oder, kürzer gesagt, ein Bündel ebener Schallwellen. Zu diesem Zweck benutzen wir den Parabolspiegel einer großen Autolampe auf der leicht dreh- und schwenkbaren optischen Bank B. Mit einem kleinen Glühlämpchen suchen wir in bekannter Weise den Brennpunkt dieses Spiegels auf: Das Bild des Glühfadens muß auf einer („unendlich") weit entfernten Wand scharf erscheinen. Mit Hilfe eines geeigneten Anschlages können wir dann die Gluhlampe durch die kleine Pfeife ersetzen und sie genau an die Stelle des Glühfadens bringen. Auch bei allen folgenden Versuchen werden wir uns dauernd dieser „optischen Justierung des Strahlenganges" bedienen.

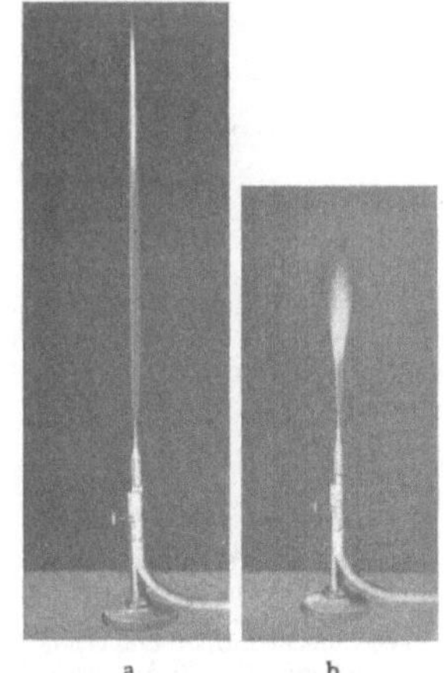

Abb 393 a Empfindliche Flamme, b desgl unter Einwirkung kurzer Schallwellen

Zum Nachweis der Schallwellen benutzen wir vorläufig eine empfindliche Flamme. Das ist eine lange Leuchtgasflamme mit passend eingestellter Strahlgeschwindigkeit (Abb. 393a). Ihr glatt und ruhig brennender Faden ist sehr „empfindlich": er reagiert auf mechanische Störungen sehr ahnlich dem empfindlichen Wasserstrahl in Abb. 363. Der glatte Faden zerfällt turbulent in eine kurze, unruhige, lebhaft rauschende Flamme (Abb. 393b)[1].

Mit der empfindlichen Flamme als Indikator läßt sich das scharf begrenzte Wellenbündel unseres Scheinwerfers vorführen. Man kann die Flamme mit dem Bündel direkt oder auf dem Umweg über einen Spiegel erreichen. Als solcher dient eine glatte Holz- oder Metallplatte. Sie ist um ihre lotrechte Achse drehbar aufgestellt. Das Reflexionsgesetz „Einfallswinkel gleich Reflexionswinkel" (S. 210) erweist sich streng erfüllt. Hindernisse im Strahlengang werfen Schatten. Nur müssen sie groß gegen die benutzte Wellenlänge von rund 1,5 cm sein. Um kleine Körper werden die Wellen herumgebeugt, Das zeigt man mit mannigfachen Objekten, einigen Fingern, der ganzen Hand usw.

---

[1] Diese Turbulenz tritt auch ein, wenn der Gasstrahl nicht brennt.

Diese Beugung der Schallwellen ist fur die Anwendung der Schallwellen im menschlichen Verkehr von größter Wichtigkeit. Die für die Sprache benutzten Wellenlängen haben in der Hauptsache die Größenordnung etlicher Dezimeter. Sie werden daher um die Hindernisse ublicher Größe zwischen Sprecher und Hörer herumgebeugt. Daneben werden im täglichen Leben die Störungen durch Schattenwurf größerer Hindernisse von den vielfachen Reflexionen der Schallwellen an den Zimmerwänden unschädlich gemacht. (Siehe auch § 129.)

Der Schattenwurf der Schallwellen läßt sich übrigens sehr hubsch ohne alle instrumentellen Hilfsmittel vorführen. Man reibe Daumen und Zeigefinger der rechten Hand gegeneinander in etwa 20 cm Abstand vor dem rechten Ohr. Man hört einen hohen, dem unserer Pfeife ähnlichen Ton. Dann halte man mit der linken Hand das rechte Ohr zu. Man hört nicht mehr das Geringste. Denn das linke Ohr liegt vollständig im Schallschatten.

§ 119. Das Schallradiometer. Zweck der §§ 120 bis 124. Fur unsere weiteren Versuche mit Schallstrahlen sind die Angaben der empfindlichen Flamme

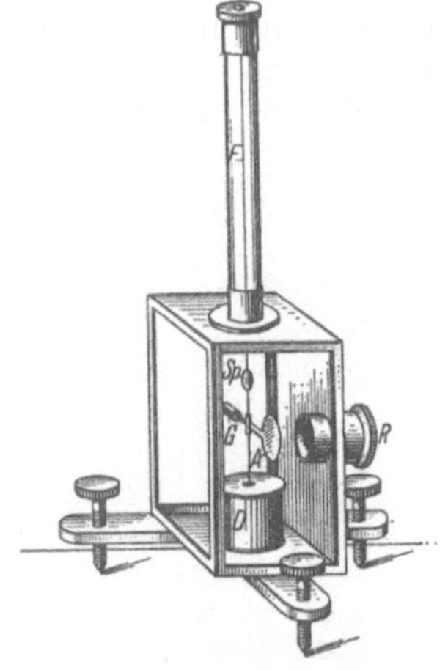

Abb 394 Schallradiometer.
A bestrahlte Platte aus dunnem Al; *R* Fenster zum Einlaß der Schallwellen, gegen storende Luftstromungen mit Verbandmull geschutzt, *G* Ausgleichkörper, *F* feines Bronzeband als Drillachse; *Sp* Spiegel fur den Lichtzeiger — Zeichenschema *R* in Abb 396 ff.

zu wenig quantitativ. Diesen Übelstand vermeidet ein anderer Schallempfänger, das „Schallradiometer". Eine Darstellung der „Akustik" ohne dies Meßinstrument gleicht etwa einer Elektrizitätslehre ohne einen Strommesser (Amperemeter).

Das Schallradiometer benutzt eine wenig bekannte, aber bedeutsame Tatsache: Jede von Schallwellen getroffene Fläche erfährt in Richtung der Schallwellen einen einseitigen Druck. Man nennt ihn den Strahlungsdruck der Schallwellen, und zwar in Analogie zum Strahlungsdruck des Lichtes (Optikband § 166). Dieser konstante einseitige Strahlungsdruck darf nicht mit dem sinusförmigen schwankenden Druck der Schallwellen verwechselt werden. (Eine dünne von Schallwellen getroffene Membran schwingt also nicht nur mit der Frequenz der Schallwellen, sondern sie wird außerdem in Richtung der Schallwellen einseitig ausgebeult!)

Zur Vorführung des Strahlungsdruckes benutzen wir gleich eine für Messungen geeignete Anordnung, ein einfaches „Schallradiometer". Es besteht aus einer Metallplatte *A* am Arm einer empfindlichen Drehwaage, Abb. 394. Die Schallwellen werden dem Instrument meist mit Hilfe eines Hohlspiegels zugeführt (vgl. Abb. 396). Die Platte *A* befindet sich angenähert in seinem Brennpunkt. Dies Schallradiometer ist sehr bequem zu handhaben. Seine Ausschläge sind dem Strahlungsdruck proportional. Der Strahlungsdruck ist der Leistung *W* der auffallenden Schallwellen proportional, also proportional der je Zeiteinheit auf die Metallplatte *A* fallenden Energie *W*. Leider müssen wir das hier als Tatsache hinnehmen, eine B·ʼ·ii·di·.·.· führt zu weit.

Wellen aller Art gewinnen in der heutigen Physik eine überragende Bedeutung. So entwickelt sich beispielsweise die ganze Atom- und Molekularphysik zur Zeit zu einer „Wellenmechanik". Allen Wellenvorgängen ist ein weitgehend übereinstimmender Formalismus gemeinsam. Dies ganze 12. Kapitel soll uns in erster Linie von diesem Formalismus der Wellenausbreitung eine einfache und

klare Vorstellung vermitteln. Die durch große Anschaulichkeit ausgezeichneten
Wasserwellen haben uns in dieser Richtung erhebliche Dienste geleistet. Sie
haben uns vor allem den Sinn der geometrischen Strahlenkonstruktionen
(geometrischer Optik) erläutert. Noch nützlicher werden sich uns jetzt die
kurzen Schallwellen erweisen. Mit dem Radiometer als einem quantitativen Indikator werden sie unsere Kenntnis der Wellenausbreitung erheblich erweitern.
Es läßt sich mit ihnen eine Unzahl lehrreicher Versuche ausführen, doch beschränken wir uns auf Tatsachen von besonderer Wichtigkeit. Sie bilden
den Gegenstand der drei folgenden Paragraphen.

§ 120. Die Brechung, Reflexion und Zerstreuung der Schallwellen durch Luftschichten verschiedener Dichte.

1. Brechung der Schallwellen durch
ein Prisma. Wellen, gleichgültig welcher Art, laufen
fast stets in verschiedenen Stoffen oder Medien mit
verschiedener (Phasen-) Geschwindigkeit. Das haben
wir schon bei den Oberflächenwellen auf Wasser behandelt und quantitativ mit Gleichung (204) dargestellt. Damals ließ sich die Wellenausbreitung nicht
mit Strahlen darstellen. Diese Beschränkung lassen
wir jetzt fallen. Dann führt die Änderung der Wellengeschwindigkeit zur Änderung der Strahlenrichtung
beim Passieren der Grenzfläche zweier Stoffe. Man
nennt sie allgemein „Brechung der Wellen".
Nach dem Huyghensschen Prinzip (S. 208) haben

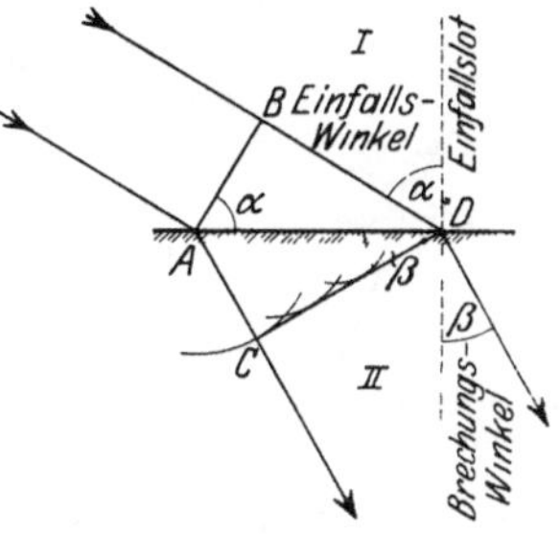

Abb 395. Entstehung der Brechung nach
dem Huyghensschen Prinzip.

wir uns vom Zustandekommen dieser Brechung das durch Abb. 395 erläuterte
Bild zu machen:

Ein parallel begrenztes Wellenbündel, hier dargestellt durch zwei Strahlen
am äußeren Rande, fällt schräg auf die Grenzfläche zweier Medien I und II.
AB ist ein Wellenberg im ersten, CD ein Wellenberg im zweiten Medium. CD ist
die Resultierende oder Umhüllende der gezeichneten, von der Grenzfläche ausgehenden Elementarwellen. Die Wege BD und AC sind innerhalb der gleichen
Zeit durchlaufen worden. Sie verhalten sich also wie die Geschwindigkeiten der
Wellen in beiden Medien

$$\frac{BD}{AC} = \frac{u_I}{u_{II}}.$$

Ferner entnimmt man der Abb. 395 die geometrische Beziehung

$$\frac{BD}{AC} = \frac{\sin\alpha}{\sin\beta}$$

und setzt für den konstanten Quotienten u_I/u_{II} der beiden Wellengeschwindig-
keiten den Buchstaben n. So erhält man das Brechungsgesetz:

$$\boxed{\frac{\sin\alpha}{\sin\beta} = n} \tag{209}$$

oder in Worten: Das Verhältnis

$$\frac{\text{Sinus des Einfallwinkels } \alpha}{\text{Sinus des Brechungswinkels } \beta}$$

ist gleich einer Konstanten n, genannt die Brechzahl. Die Brechzahl ist also
das Verhältnis der Phasengeschwindigkeit der Wellen in den beiden aneinander-
grenzenden Medien.

Zur Brechung von Schallwellen benutzen wir eine ebene Grenzfläche
zwischen Kohlensäure und Luft. Die Schallgeschwindigkeit in Kohlensäure

beträgt bei Zimmertemperatur rund 269 m/sec (etwa nach Abb. 340 bestimmt). Folglich berechnen wir als Brechzahl für den Übergang der Wellen
von Luft in CO_2

$$n_1 = \frac{340}{269} = 1{,}26,$$

von CO_2 in Luft

$$n_2 = \frac{269}{340} = 0{,}79.$$

Die Abb. 396 zeigt eine geeignete Versuchsanordnung: Ein Schallscheinwerfer (Abb. 392) liefert uns wieder mit guter Näherung ein parallel begrenztes Wellenbündel. Es wird in Abb. 396 mit einem strichpunktierten Hauptstrahl (Bündelachse) dargestellt. Dies Bündel ebener Schallwellen durchsetzt das mit CO_2 gefüllte Hohlprisma. Seine „durchlässigen Wände" bestehen aus Seidenstoff[1]. Der Schallsender H_1 Pf, das Hohlprisma und der große Blendschirm b_1 sind gemeinsam auf eine optische Bank montiert. Die Bank ist um die vertikale Achse A drehbar und der Drehwinkel δ

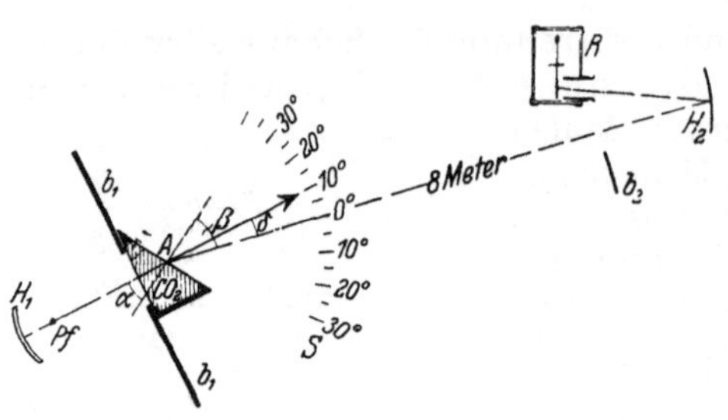

Abb 396. Brechung der Schallstrahlen in einem mit CO_2 gefüllten Prisma. Der spitze Winkel des Prismas ist $= \alpha$.

ist auf der Skala S abzulesen. Zum Nachweis der Schallwellen dient das etwa 8—10 m entfernte Schallradiometer R. Anfänglich benutzt man das Hohlprisma mit Luftfüllung, der Strahl geht ungebrochen hindurch. Nach Einfüllen der Kohlensäure findet man einen Ablenkungswinkel $\delta = 9{,}8°$. Für diese Brechung kommt nur die zweite Fläche in Frage.

Denn bei senkrechtem Einfall ist der Einfallswinkel $\alpha = 0$, folglich muß nach dem Brechungsgesetz [Gleichung (209)] auch der Brechungswinkel $\beta = 0$ sein. Bei senkrechtem Einfall gibt es keine Richtungsänderung.

Für die zweite Grenzfläche sind der Einfallswinkel α und der Brechungswinkel β skizziert. α beträgt bei der gewählten Prismenform $30°$. Man entnimmt der Skizze $\beta = \alpha + \delta$, also $\beta = 39{,}8°$. Daraus folgt

$$n = \frac{\sin 30°}{\sin 39{,}8°} = \frac{0{,}5}{0{,}64} = 0{,}78.$$

Der so experimentell gefundene Wert stimmt gut mit dem oben aus den Geschwindigkeiten in beiden Gasen berechneten überein.

Abb. 397. Der zur Herstellung einer vertikalen Heißluftschicht in Abb. 398 gebrauchte Gasbrenner

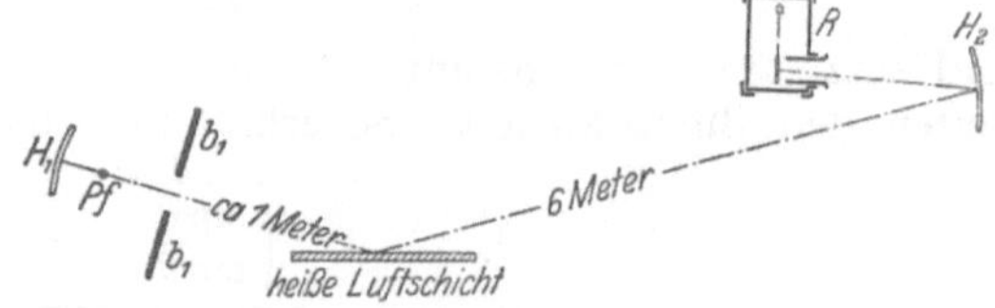

Abb. 398. Spiegelung eines Schallstrahles an einer heißen Luftschicht.

2. Die Reflexion der Schallwellen an der Grenze zweier Luftschichten ungleicher Dichte. Mit Hilfe eines kammförmigen Gasbrenners stellen wir uns eine leidlich ebene lotrechte Wand heißer Luft geringer Dichte her (Abb. 398). Sie reflektiert uns Wellenbündel des Schallscheinwerfers sehr deutlich, wenn auch nicht ganz so präzise wie ein Holz- oder Metallspiegel.

---

[1] Papier, Cellophan, Guttaperchahäute sind praktisch undurchlässig

3. **Zerstreuung der Schallwellen in Luft mit örtlichen Dichteschwankungen.** Wir richten den Schallstrahl des Scheinwerfers direkt auf das Radiometer und bringen dann die heißen Flammengase eines unregelmäßig hin und her geschwenkten Gasbrenners in den Strahlengang. Oder wir lassen im Strahlengang aus einer Gießkannenbrause gasförmige Kohlensäure ausströmen. In beiden Fällen werden die Wellen durch Reflexion und Brechung regellos nach allen Seiten gestreut. Das Radiometer

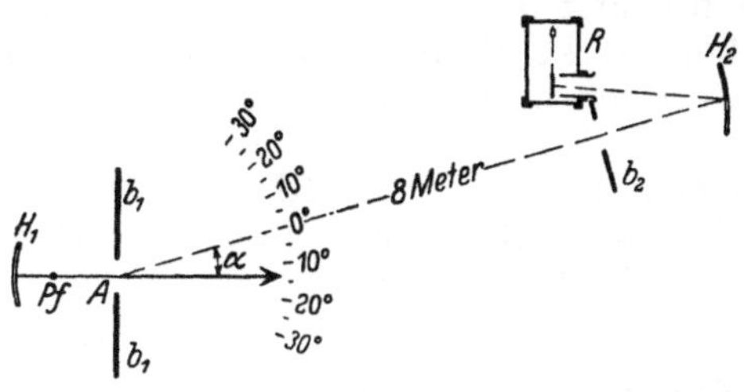

Abb. 399 Begrenzung ebener Schallwellen durch einen Spalt (Fraunhofersche Beugung). R Schallradiometer mit Auffangespiegel H_2.

Abb. 400. Der in Abb. 399 benutzte Beugungsspalt b_1 der Breite B.

zeigt nur noch einen ganz kleinen Ausschlag. Von dem ursprünglich scharf begrenzten Wellenbündel ist nichts mehr zu erkennen. Es ist durch die „Luftschlieren" oder das „trübe Medium" völlig zerstört.

Die Bedeutung dieser drei Versuche für die Ausbreitung der Schallwellen in unserer Atmosphäre liegt auf der Hand. Der zweite Versuch erklärt uns das „Luftecho", das Echo beim Fehlen fester Wände. Die beiden anderen Versuche machen uns die Größenschwankungen der Lautstärke weit entfernter Schallquellen verständlich. Nach dem dritten Versuch kann der Schall auf dem Wege zu unserm Ohr durch starke Temperatur- und Dichteungleichheiten der Luft zerstreut werden. Andererseits können Brechungen und Spiegelungen der Schallstrahlen das Erreichen unseres Ohres über weite Entfernungen begünstigen (Schall-Fata-Morgana).

§ 121. Begrenzung von Schallwellen durch einen Spalt. Die Abb. 399 zeigt uns eine ganz primitive Anordnung. Wir stellen in das Wellenbündel unseres oft benutzten Schallscheinwerfers eine Blende mit einem rechteckigen Loch. Seine Breite ist $B = 11,5$ cm. Die ganze Anordnung ist um eine durch die Spaltmitte gehende lotrechte Achse A drehbar. Der Dreh- oder Ablenkungswinkel α ist auf der Skala abzulesen. Die Pfeife hat 1,45 cm Wellenlänge (vgl. § 105), alles übrige ist aus der Abbildung ersichtlich.

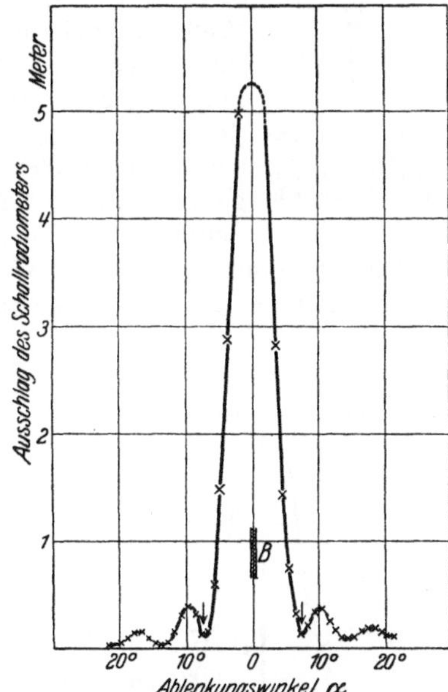

Abb 401. Das Fraunhofersche Beugungsbild (Schallgebirge) des in Abb. 399 dargestellten Spaltes für eine Wellenlänge von 1,45 cm. Der schraffierte Bereich B markiert die geometrischen Strahlgrenzen.

Die Abb. 401 gibt uns die Radiometerausschläge für verschiedene Ablenkungswinkel α. Die Ausmessung dieser ganzen Kurve Punkt für Punkt (Schallgebirge oder Wellengebirge genannt) erfordert immerhin etliche Zeit. Für knappe Vorlesungsversuche beschränkt man sich zweckmäßig auf eine abwechselnde Einstellung der einzelnen Maxima und Minima. Die ersten Minima liegen beiderseits um den Winkel $\alpha_{min} = 7,2°$ von der Mittellinie entfernt. Darauf berechnen wir nach Gleichung (207) v. S. 210

$$\lambda = 1,44 \text{ cm}$$

in bester Übereinstimmung mit früheren Messungen mit den Kundtschen Staubfiguren.

In Abb. 402 sind die gleichen Messungen in Polarkoordinaten dargestellt.
Der Fahrstrahl r bedeutet die Größe der Radiometerausschläge oder die Strahlungsstärke (Watt je Raumwinkel). Diese Darstellungsweise
wird von technischen Kreisen bevorzugt.

Endlich gibt uns Abb. 403 entsprechende Messungen mit
einem anderen Spalt ($B = 5$ cm) und entsprechend stärkerer
Beugung. Der Winkel $\alpha_{\min}$ des ersten Minimums ergibt sich
zu 17°. Daraus folgt

$$\lambda = 1{,}46\,\text{cm},$$

also wieder in guter Übereinstimmung mit dem eben genannten Wert.

Diese eindrucksvollen Versuche gehören zu den Grund-
versuchen der Wellenlehre. Das gleiche gilt von den in § 122
bis 124 folgenden.

§ 122. **Fraunhofersches Beugungsgitter mit vielen äquidistanten Spalten.** Auf das Gitter soll ein parallel begrenztes
Wellenbündel, also ein Bündel ebener Wellen, senkrecht auffallen. Die wesentlichen Erscheinungen sind bereits der einfachen graphischen Konstruktion in Abb. 404 zu entnehmen.
Jeder der 5 engen Gitterspalte wird zum Ausgangspunkt eines
elementaren Wellenzuges. Die Wellenberge sind schwarz ausgezogen eingezeichnet, die zwischen ihnen liegenden Täler weiß.
Senkrecht zu den durch die Pfeile *0, 1, 2* ... angedeuteten
Richtungen lassen sich an die Wellenberge der benachbarten gekrümmten Elementarwellen gemeinsame Tangenten legen. In ihnen addieren sich die Wellen-

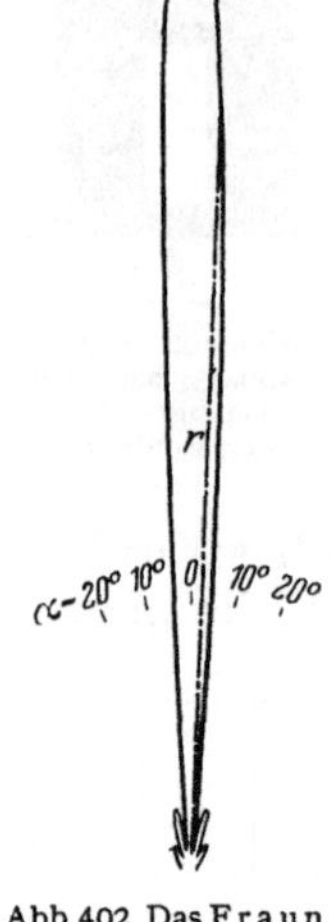

Abb 402 Das Fraun-
hofersche Beugungs-
bild der Abb 401, dar-
gestellt in Polarkoordi-
naten

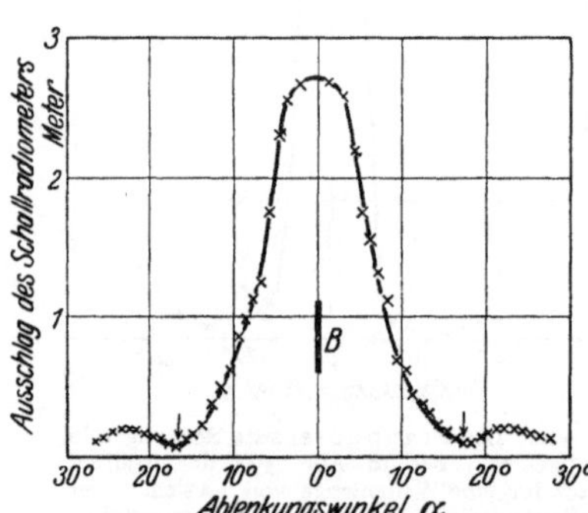

Abb 403 Das Fraunhofersche Beugungsbild
eines nur 5 cm breiten Spaltes b_1 in Abb. 400

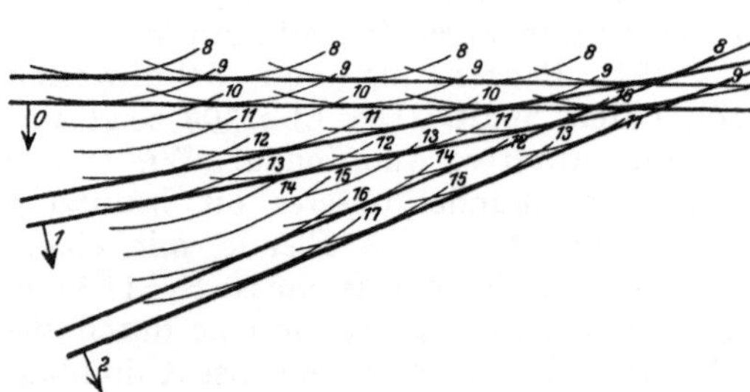

Abb 404   Fraunhofersches Beugungsgitter, erlautert mit den
Huyghensschen Elementarwellen.

berge der Elementarwellen wieder zu einem ungekrümmten oder „ebenen"
Wellenzug. In der Pfeilrichtung *0* ist der Gangunterschied je zweier benachbarter Wellen gleich Null. In den andern Richtungen *1, 2* usw. beträgt
dieser Gangunterschied je zweier benachbarter Elementarwellen ein ganz-
zahliges Vielfaches einer Wellenlänge, also 1λ, 2λ, 3λ und so fort. Genau die
gleiche Konstruktion hat man sich nach links ausgeführt zu denken.

Das eine auf das Gitter auffallende parallel begrenzte Wellenbündel wird
also beim Passieren des Gitters symmetrisch in eine ganze Reihe parallel

begrenzter Wellenbündel aufgespalten. Das mittelste bildet die geradlinige Verlängerung des einfallenden. Man nennt es das Bündel „nullter Ordnung". Die beiderseits seitlich abgelenkten nennt man die Bündel erster, zweiter, ...$m$ter Ordnung. Diese Bezifferung bringt also den Gangunterschied benachbarter Elementarwellen zum Ausdruck[1].

Die Ablenkungswinkel der Wellenbündel der einzelnen Ordnungen ergeben sich unmittelbar aus der Abb. 404 zu

$$\sin\alpha_1 = \lambda/d\,, \qquad \sin\alpha_2 = 2\,\lambda/d\,, \qquad \sin\alpha_m = m\,\lambda/d\,, \tag{211}$$

d ist dabei die „Gitterkonstante", d. h. der Abstand der Mittelpunkte benachbarter Spaltöffnungen. Die Ablenkungswinkel sind also für ein gegebenes Gitter ausschließlich durch die Wellenlänge λ des auffallenden Strahlenbündels bestimmt. Infolgedessen ist das Beugungsgitter ein Spektralapparat. Es zerlegt uns ein Gemisch gleichzeitig auffallender sinusförmiger Wellen räumlich in seine Bestandteile: Man denke sich in großem Abstand vom Gitter und parallel seiner Fläche eine Beobachtungsebene vorhanden. In dieser erscheinen die einzelnen Wellenlängen nach ihrer Größe oder ihren Frequenzen geordnet nebeneinander als ein Spektrum. Die kürzesten Wellen erscheinen am wenigsten,

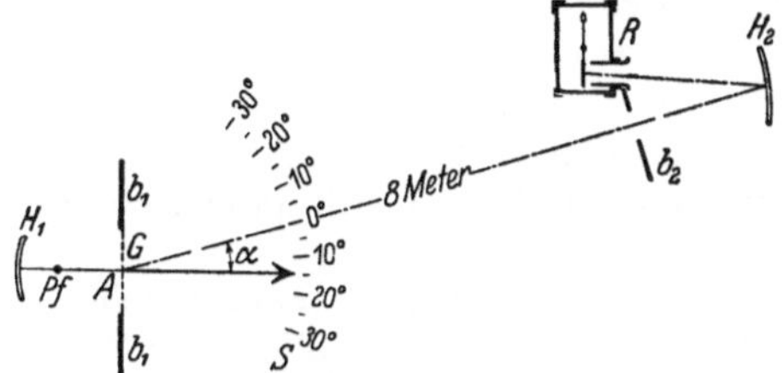

Abb. 405. Beugungsgitter für Schallwellen.

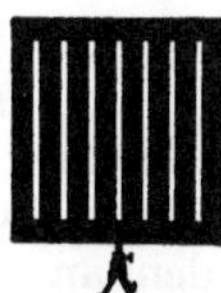

Abb 406 Das in Abb. 405 benutzte Fraunhofersche Beugungsgitter.

die größten am meisten abgelenkt. Im Gebiet größerer Winkelablenkungen kann es dabei allerdings zu einer Überschneidung der Spektra aus Wellenbündeln verschiedener Ordnung kommen. Das Schallradiometer als Wellenindikator erlaubt die Vorführung derartiger Spektra mit Schallwellen. Die Abb. 405 zeigt die wieder ganz primitive Versuchsanordnung: In der Abb. 404 hatten wir den senkrechten Einfall eines parallel begrenzten Bündels zugrunde gelegt. Ein solches Parallelstrahlenbündel stellen wir uns mit Hilfe unseres Schallscheinwerfers her. In seinen Strahlengang setzen wir ein Gitter aus Holzstäben. Es hat 7 Gitterspalte und eine Gitterkonstante von 5 cm (Abb. 406). Schallscheinwerfer und Gitter sind gleichzeitig um eine lotrechte, durch die Gitterebene gehende Achse A drehbar (Abb. 406). Dadurch kann man nacheinander die unter verschiedenen Winkeln α aus dem Gitter austretenden Wellenbündel auf das Radiometer richten. In der Abb. 407 finden wir so gewonnene Messungen zusammengestellt. Beim Winkel $\alpha = 0°$ trifft das unabgelenkte Bündel nullter Ordnung auf das Instrument. Dort gibt es den Maximalausschlag. Links und rechts folgen dann beiderseits zwei weitere Maxima unter dem Winkel 16,8° und 33,6°. Sie zeigen uns beiderseits das Spektrum der Pfeife in erster

---

[1] Wir haben hier nur das Huyghenssche Prinzip benutzt. Bei einer Addition der Elementarwellen nach dem Fresnel-Huyghensschen Prinzip findet man zwischen den einzelnen Ordnungen bei einem Gitter von N Spalten noch $N - 2$ niedrige Nebenmaxima, vgl. Optikband. Bei den in Abb. 407 folgenden Messungen liegen die erwähnten Nebenmaxima unterhalb der Meßgenauigkeit.

und zweiter Ordnung. Für Vorführungszwecke genügt vollauf eine wechselnde Einstellung auf die einzelnen scharfen Maxima und flachen Minima. Es sind verblüffend einfache Versuche. Dies Spektrum besteht also praktisch nur aus

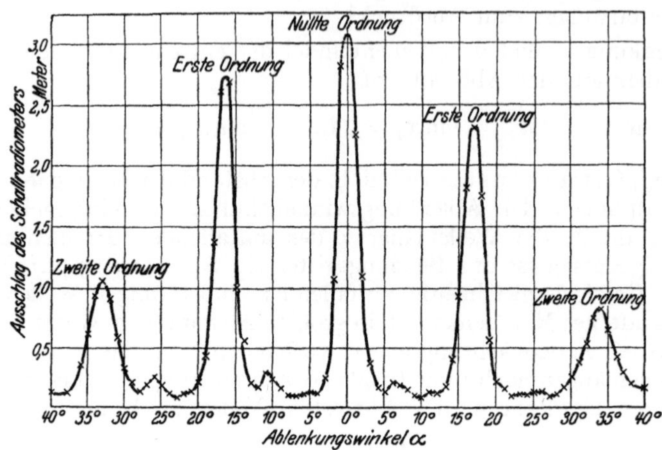

Abb. 407. Ein mit der Anordnung der Abb. 406 aufgenommenes Beugungsspektrum.

einer Spektrallinie. Ihre Wellenlänge beträgt nach Gleichungen (211) auf S. 221 berechnet 1,45 cm. Die Pfeife hat uns also in diesem Fall praktisch nur eine sinusförmige Welle geliefert.

§ 123. Die Glanzwinkel räumlicher Punktgitter. Vorversuche: Lichtbündel werden an einer ebenen und hinreichend glatt polierten Fläche unter

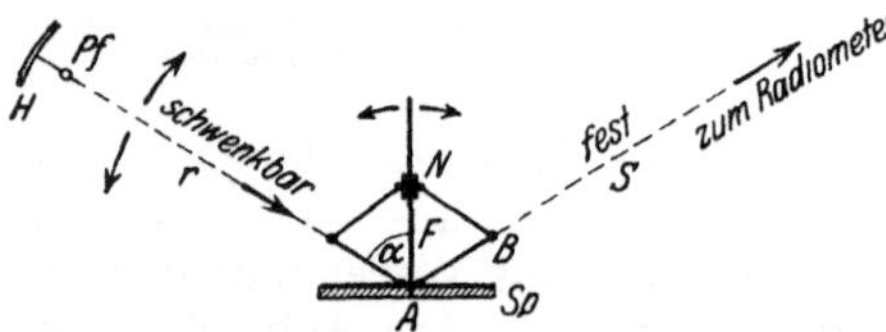

Abb. 408. Zur Vorführung des Reflexionsgesetzes bei konstanter Richtung des gespiegelten Strahles.

jedem Winkel gespiegelt. Es gilt das Reflexionsgesetz: Einfallswinkel gleich Reflexionswinkel (S. 210). Bei einer Bewegung von Lichtquelle oder Spiegel wechselt das gespiegelte Bündel im allgemeinen seine Richtung. Das weiß jedes Schulkind. Doch kann man die Bewegungen der Lichtquelle und des Spiegels gegeneinander ausgleichen. Dadurch gelangt man zu einer für die Vorführung und Prüfung des Reflexionsgesetzes bequemen Anordnung. Sie ist in Abb. 408 skizziert.

Sie erzeugt ein parallel begrenztes Lichtbündel mit einem kleinen Scheinwerfer *H Pf*. Dieser befindet sich am Ende des schwenkbaren Armes *r*. Die Drehachse des Armes steht bei *A* senkrecht zur Papierebene. Um die gleiche Achse ist auch der Spiegel *Sp* drehbar. Beide Drehbewegungen sind miteinander durch eine Parallelogrammführung gekoppelt. Der wesentliche Teil ist eine Schiebehülse *N* auf einer mit dem Spiegel starr verbundenen Führungsstange *F*. Von den vier Gelenken wird das eine, bei *B* befindliche, festgehalten. Bei einer Schwenkung des Armes *r* um den Winkel α dreht sich der Spiegel um den Winkel α/2. Daher bleibt das reflektierte Bündel *S* stehen, sofern das Reflexionsgesetz: Einfallswinkel gleich Reflexionswinkel erfüllt ist. Wir führen diese Anordnung mit Schallwellen vor. Wir benutzen unsern üblichen Schallscheinwerfer (Abb. 392) und als Spiegel ein ebenes Brett. Wir finden bei jedem beliebigen Einfallswinkel α eine starke Spiegelung.

Jetzt kommt ein zweiter Vorversuch: Wir ersetzen den Spiegel Sp durch ein ebenes Gitterwerk, z. B. das in Abb. 409 gezeigte Punktgitter aus Holzkugeln und dünnen Drähten. Wiederum finden wir bei jedem beliebigen Einfallswinkel α eine deutliche Spiegelung. Selbstverständlich ist die Strahlungsstärke (Watt/Raumwinkel) der reflektierten Wellen bei diesem weitmaschigen Gitterwerk viel geringer als bei dem undurchlässigen Spiegel in Abb. 408.

Das Huyghenssche Prinzip erklärt uns die Entstehung dieser Reflexion genau entsprechend der Abb. 388. Man betrachtet bei der geometrischen Konstruktion jeden Gitterpunkt als Ausgangspunkt einer Elementarwelle.

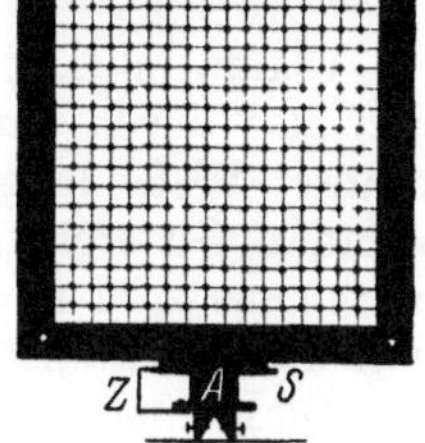

Abb 409. Flächenhaftes Punktgitter. Z = Zeiger für die Winkelgradskala S

Nach dem strengeren Fresnel-Huyghensschen Prinzip findet man beiderseits des regulär gespiegelten Strahles „nullter Ordnung" seitlich abgelenkte Wellenzüge 1., 2. usw. Ordnung (Kreuzgitterbeugungsspektrum in Reflexion) Wir können diese Feinheiten im Beugungsgebiet in diesem Fall wegen ihrer geringen Strahlungsstärke vernachlässigen

Jetzt kommt der Hauptversuch: Wir ersetzen das ebene Punktgitter durch ein räumliches. Es wird gemäß Abb. 410 aus mindestens drei oder vier äquidistanten ebenen Punktgittern zusammengestellt. Alle Gitterpunkte befinden sich in Ecken würfelförmiger Elementarzellen von 3 cm Kantenlänge, und diese „Gitterkonstante" d ist also nur wenig größer als die von uns benutzten Schallwellenlängen von 1,45 cm.

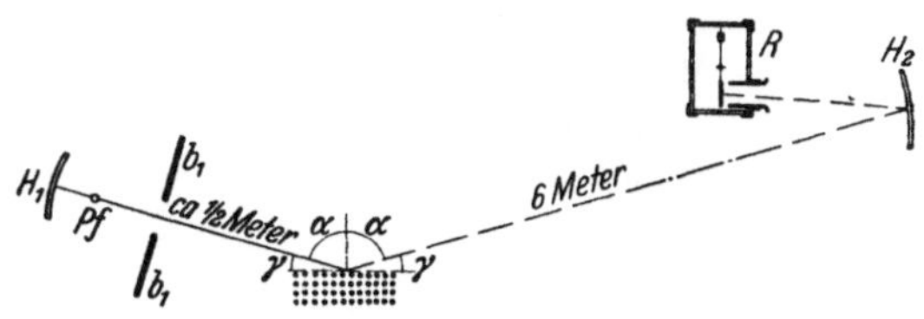

Abb 410 Glanzwinkel an räumlichen Punktgittern, vorgeführt mit Schallstrahlen.

Der Versuch gibt ein höchst wichtiges Ergebnis. Auch das räumliche Punktgitter reflektiert uns die Schallwellen nach dem Reflexionsgesetz. Aber diese Reflexion tritt nur bei einigen wenigen scharf begrenzten Einfallswinkeln ein, und zwar in unserm Beispiel bei

$$\alpha_1 = 61°,$$
$$\alpha_2 = 76°,$$

oder in andern Worten: Unser räumliches Punktgitter zeigt einige wenige scharf begrenzte „Glanzwinkel". So nennt man den Ergänzungswinkel des Einfallswinkels.

Also Glanzwinkel $\gamma_1 = 29°$.

Glanzwinkel $\gamma_2 = 14°$.

Die Entstehung dieser Glanzwinkel erklärt uns die geometrische Konstruktion in Abb. 411. Man braucht nicht einmal auf die Huyghensschen Elementarwellen zurückzugreifen.

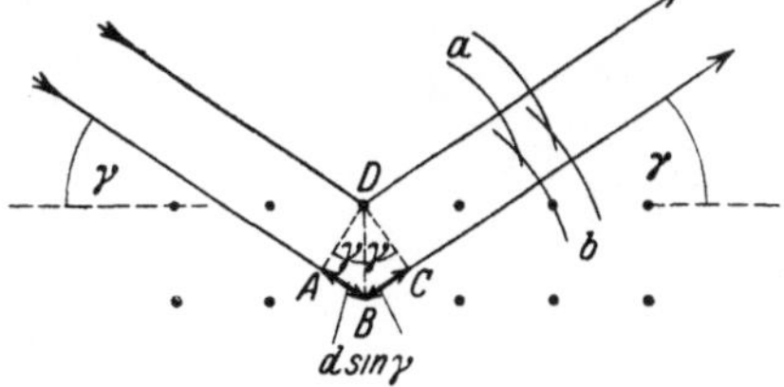

Abb. 411 Zur Entstehung des Glanzwinkels

Bei dieser Näherung machen wir auch hier die oben in Kleindruck erwähnten unerheblichen Vernachlässigungen.

Die von den einzelnen Gitterebenen reflektierten Wellen müssen gegeneinander Gangunterschiede gleich ganzzahligen Vielfachen der benutzten Wellenlängen haben. Sonst würden sich die Wellen gegenseitig schwächen oder aufheben.

Dieser Gangunterschied zwischen zwei benachbarten Schichten ist in Abb. 411 gleich den Wegen ABC. Sowohl AB wie BC ist gleich $d \cdot \sin\gamma$. Wir haben also als Bedingung des Glanzwinkels γ

$$m\lambda = 2d\sin\gamma \quad (n \text{ kleine ganze Zahl}). \tag{212}$$

Glanzwinkel γ, Wellenlänge λ und der Abstand d der einzelnen Gitterebenen sind also durch eine sehr einfache Beziehung miteinander verknüpft. Bei bekannter Wellenlänge lassen uns die experimentell ermittelten Glanzwinkel unbekannte Gitterebenenabstände d bestimmen. Unsere oben gegebenen Glanzwinkel führen uns so zu $d = 3{,}0$ bzw. $2{,}9$ cm, in guter Übereinstimmung mit der Konstruktion unseres kubischen Gitters.

Diese hier mit Schallwellen vorgeführten Glanzwinkel haben bei der Erforschung der Kristallgitter eine außerordentliche Bedeutung gewonnen. Als Wellen benutzt man die des Röntgenlichtes ($\lambda \sim 10^{-8}$ cm).

Selbstverständlich kann man mit unsern räumlichen Punktgittern auch Laue-Diagramme mit Schallwellen vorführen.

§ 124. Die Interferometer. Interferometer ist ein Sammelname für eine äußerlich sehr vielgestaltige Gruppe von Meßinstrumenten. Man benutzt sie

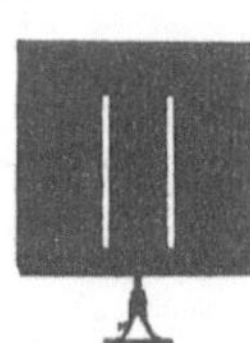

Abb 412 Doppelspalt für das in Abb 413 gezeigte Interferometer

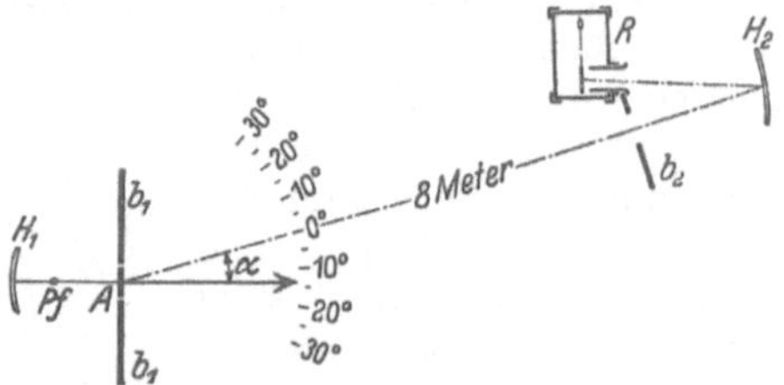

Abb. 413. Doppelspaltinterferometer (Th. Young 1807)

für alle irgendwie mit der Größe von Wellenlängen zusammenhängenden Präzisionsmessungen. Ihr Prinzip ist einfach: Man spaltet einen Wellenzug in zwei Teilwellenzüge auf. Diese läßt man verschiedene Wege durchlaufen. Dadurch erhalten sie einen Gangunterschied. Dann führt man sie wieder zusammen und bringt sie dadurch zur Überlagerung. Wir beschreiben zwei typische Ausführungsformen von Interferometern für Schallwellen.

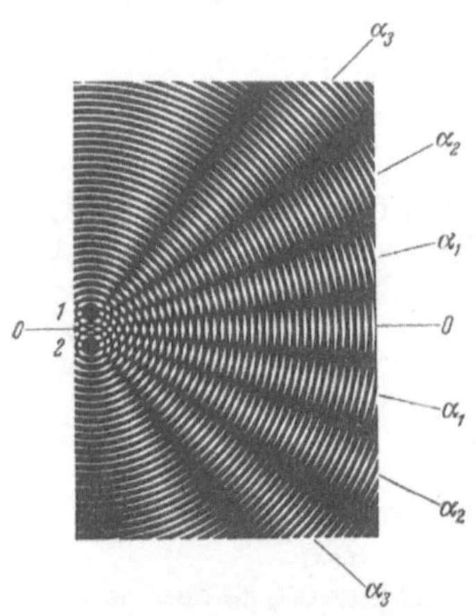

Abb 414 Wellenverlauf im Doppelspaltinterferometer. Modellversuch (Zwei aufeinandergelegte Glasplatten mit konzentrischen Kreisen)

1. Die Abb. 412 zeigt uns einen Doppelspalt. Er wird zusammen mit dem Schallscheinwerfer $H_1\,Pf$ auf eine Dreikantschiene (optische Bank) gesetzt. Diese Schiene ist um eine durch die Spaltebene gehende lotrechte Achse A drehbar. Die Spaltweite (ca. 1 cm) ist von der Größenordnung der Pfeifenwellenlänge. Infolgedessen treten aus beiden Spalten weitgeöffnete Wellenbündel aus. Man vergleiche etwa Abb. 376. Diese Wellenbündel durchschneiden sich nach Art des Modellversuches in Abb. 414. Schwarze Linien bedeuten Wellenberge, weiße Wellentäler.

In der Symmetrielinie $0\,0$ sehen wir die Wellenbewegung erhalten, d. h. eine periodische Folge schwarzer und weißer Linien. Beiderseits der Symmetrielinien hingegen findet sich ein System von „Interferenzstreifen". D. h. in bestimmten Winkelabständen fehlt der für die Welle charakteristische Wechsel schwarzer Wellenberge und weißer Wellentäler. Dort herrscht keine Wellenbewegung. Die beiden Wellenbewegungen heben sich gegenseitig auf. Das ist eine Folge des Gangunterschiedes s beider Wellen. Der Gangunterschied s hat die aus der Abb. 415 ersichtliche Bedeutung. Er beträgt in den Winkelabständen der Interferenzminima ein ungeradzahliges Vielfaches einer halben Wellenlänge, also $1\,\dfrac{\lambda}{2}$, $3\,\dfrac{\lambda}{2}$, $5\,\dfrac{\lambda}{2}$ usf. Infolgedessen fallen dort die Wellenberge des einen auf die Wellentäler des anderen Wellenzuges.

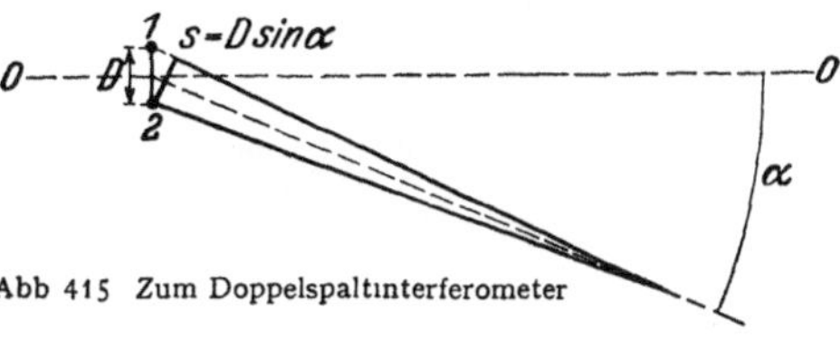

Abb 415 Zum Doppelspaltinterferometer

Beim Schwenken des Interferometers um die Achse A müssen die Ausschläge des Radiometers periodisch zwischen ihrem Höchstwert und (praktisch) Null wechseln. Das ist in der Tat der Fall. Die Abb. 416 gibt eine Beobachtungsreihe. Man findet beispielsweise das dritte Minimum unter dem Winkel $\alpha = 19{,}2°$. Dabei muß gelten $s = \frac{5}{2}\lambda$ und

$$\sin \alpha = \frac{\frac{5}{2}\lambda}{D}$$

Der Spaltabstand D war $= 11$ cm. Daraus berechnen wir für λ den Wert 1,45 cm. Die Ausmessung der gleichen Pfeifenwellenlänge in Abb. 407 hatte ebenfalls den Wert 1,45 ergeben.

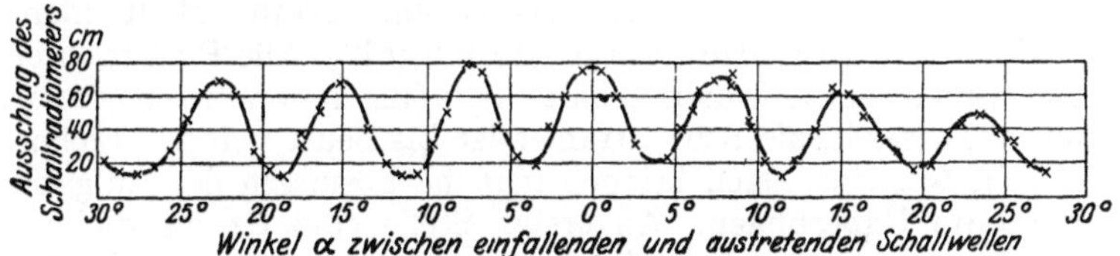

Abb 416. Messungen mit dem Doppelspaltinterferometer gemäß Abb 413

Eine zweite Interferometer-Ausführungsform wird durch Abb. 417 erläutert. Der eine Wellenzug (Nr. 1) geht direkt von der Pfeife Pf aus. Der zweite entsteht durch Reflexion des ersten an dem ebenen Spiegel (Metallblech) Sp. Der Gangunterschied beider Wellenzüge ist hier besonders einfach zu übersehen. Er ist durch den doppelten Abstand von Pfeife und Spiegel gegeben.

Für Gangunterschiede gleich einem geradzahligen Vielfachen der halben Wellenlänge haben wir beiderseits der Symmetrielinie (Pfeilrichtung) das in der Abb. 418 skizzierte Bild: Die Wellenbewegung bleibt erhalten, schwarze Berge und weiße Täler folgen periodisch aufeinander. Das in Richtung der Symmetrielinie aufgestellte Schallradiometer zeigt einen großen Ausschlag.

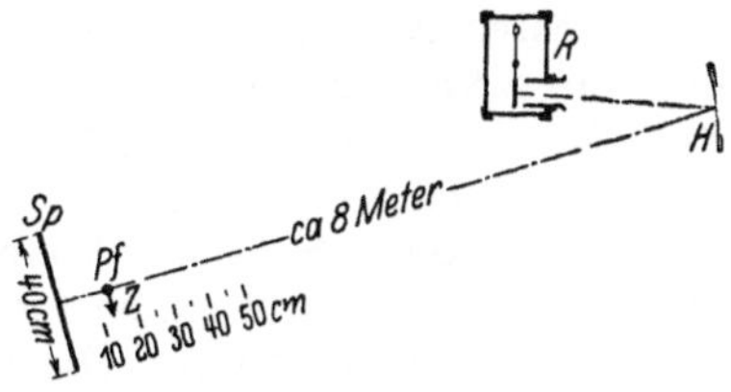

Abb 417. Interferometer mit bewegtem Spiegel.

Für Gangunterschiede gleich einem ungeradzahligen Vielfachen der halben Wellenlänge tritt an die Stelle der Abb. 418 die Abb. 419. Es fehlt die periodische Folge von Wellenbergen und -tälern, denn die Berge des einen fallen auf die Täler des anderen Wellenzuges. Der Radiometerausschlag muß praktisch auf Null zurückgehen. In Abb. 420 sind die Radiometerausschläge für verschiedene Spiegelabstände zusammengestellt. Die Minima folgen einander nach je einer Spiegelverschiebung von 0,72 cm; folglich ist $\lambda/2 = 0{,}72$ cm oder $\lambda = 1{,}44$ cm, in guter Übereinstimmung mit den oben ermittelten Werten.

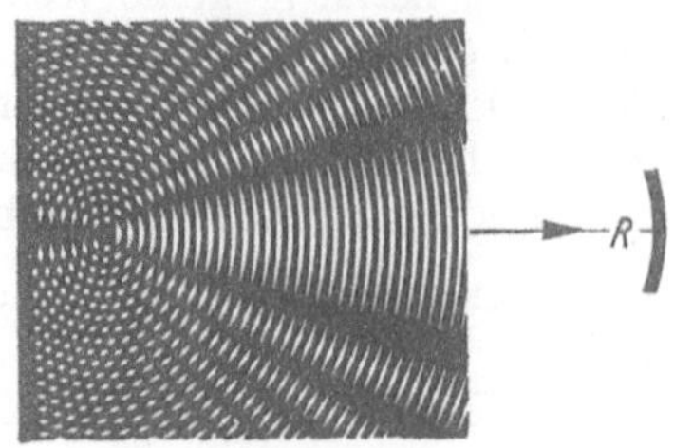

Abb 418 Zum Wellenverlauf im Interferometer mit bewegtem Spiegel Beide Wellen in der Beobachtungsrichtung in Phase.

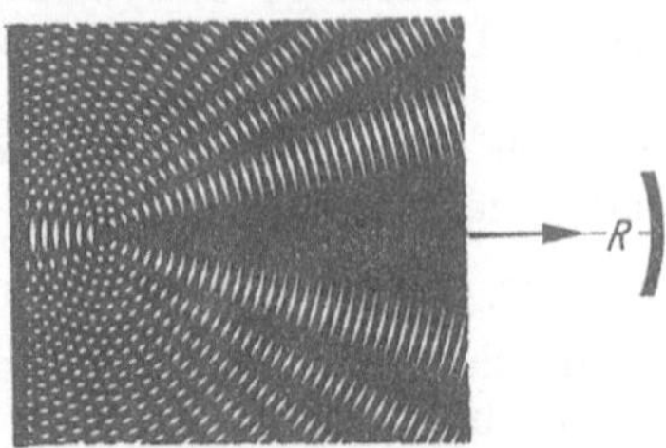

Abb 419 Wie Abb 418, jedoch beide Wellen in der Beobachtungsrichtung um 180° phasenverschoben

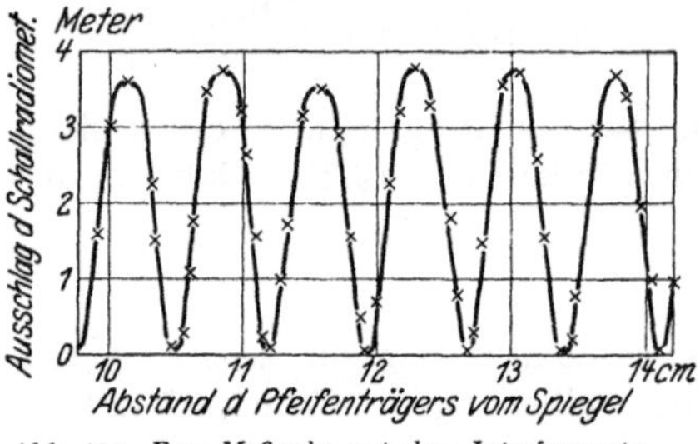

Abb 420 Eine Meßreihe mit dem Interferometer (Abb 417)

§ 125. Schallstrahler. In der Wellenwanne konnte man den Mechanismus der Wellenausstrahlung gut übersehen. Der Tauchkörper verdrängte das Wasser rhythmisch in der Frequenz seiner Vertikalschwingungen. Dieser Versuch läßt sich sinngemäß auf die räumliche Ausstrahlung elastischer Längswellen in Luft, Wasser usw. übertragen. Man soll eine Kugel ihr Volumen im Rhythmus von Sinusschwingungen verändern lassen. Dann erhält man einen „idealen" Schallstrahler, die „atmende Kugel". Alle Punkte ihrer Oberfläche schwingen phasengleich, man erhält eine völlig symmetrische Aussendung von Kugelwellen. Dieser ideale Schallstrahler ist bis heute von der Technik noch nicht verwirklicht worden. Doch bringen manche Lösungen der Aufgabe schon praktisch sehr gute Näherungen. An erster Stelle sind da die dickwandigen Behälter mit einer schwingenden Membranwand zu nennen. Die Membran wird am besten vom Kasteninnern aus elektromagnetisch angetrieben. Nach diesem Prinzip hat man für Wasserschallsignale mit Membranen von rund 50 cm Durchmesser eine Leistung der ausgestrahlten Wasserschallwellen bis zu $\frac{1}{2}$ Kilowatt erzielen können Allerdings darf man den Ausdruck „Membran" nicht gar zu wörtlich nehmen. Bei dem genannten Beispiel handelt es sich um eine Stahlplatte von etwa 2 cm Dicke.

In Luft führen wir einen analog gebauten Schallstrahler mit erheblich bescheideneren Abmessungen vor. Es ist eine technische Signalhupe nach Abnahme ihres Schalltrichters. Ihr Ton ist laut, aber im Hörsaal noch durchaus erträglich. Der von ihr ausgehende Luftwechselstrom läßt sich bequem mit Hilfe hydrodynamischer Kräfte nachweisen. Wir hängen in etlichen Dezimetern Abstand von unserer Schallquelle eine dünne Scheibe in Münzengröße drehbar auf. Sie trägt einen Spiegel für einen Lichtzeiger und wird durch einen kleinen Gazekäfig vor Zugluft geschützt. Die Flächennormale der Scheibe sei gegen die Laufrichtung der Wellen um einen Winkel ϑ von ungefähr 45° geneigt. Der Luftwechselstrom umströmt die Scheibe mit dem aus Abb. 264 bekannten Stromlinienbild. Die Scheibe erfährt ein Drehmoment $\mathfrak{M}$ und sucht sich senkrecht zur Strömungsrichtung einzustellen. Diese sogenannte Rayleigh-Scheibe kann als Meßinstrument dienen.

Es sei r der Radius der Scheibe und δ die auf Seite 230 definierte Schallenergiedichte Dann gilt

$$\delta = \tfrac{3}{4}\,\mathfrak{M}/r^3\,\sin 2\vartheta\,. \tag{213}$$

In der **einfachsten** Schwingungsform schwingen die Membranen eines Schallstrahlers längs ihrer ganzen Fläche phasengleich, sie zeigen außer am Rande keine Knotenlinie Überdies wollen wir in roher Annäherung ihre Amplituden auf dem ganzen Flächenquerschnitt als konstant betrachten. Dann haben wir physikalisch sehr ähnliche Bedingungen wie bei dem phasengleichen Austritt der Wellen aus der Spaltöffnung in Abb. 384. Wir können also unter Umständen die Ausbreitung der Wellen auf einen räumlichen Kegel beschränken, ähnlich dem in Abb. 402 gezeigten. Dazu muß der Durchmesser der Membran ein Mehrfaches der ausgestrahlten Wellenlänge betragen.

Leidliche Schallstrahler sind auch noch die offenen Enden schwingender kurzer dicker Luftsäulen. **Ganz schlechte Strahler** hingegen sind die in der Musik vielfältig verwandten **Saiten**.

In Abb. 421 soll die schwarze Scheibe den Querschnitt einer zur Papierebene senkrecht stehenden Saite bedeuten. Die Saite beginne gerade mit einer Schwingung in der Pfeilrichtung nach unten. Dadurch „verdrängt" sie, grob gesagt, die Luft auf der Unterseite und dort beginnt ein Wellenzug mit einem Wellenberg. Gleichzeitig hinterläßt die Saite, wieder grob gesagt, auf der Oberseite einen leeren Raum und dort beginnt ein Wellenzug mit einem Wellental. Beide Wellen haben in jeder Richtung gegeneinander praktisch 180° Phasendifferenz und heben sich fast ganz durch Interferenz auf. Daher ist die Saite ein ganz schlechter Strahler.

Abb. 421. Zur Strahlung einer Saite.

Fast die gleiche Überlegung gilt für eine **Stimmgabel**. Bei der gegenseitigen Näherung ihrer Zinken beginnt in ihrem Zwischenraum eine Welle mit einem Berg. Gleichzeitig beginnen auf den Außenseiten der Zinken Wellen mit einem Tal. Auch diese Wellenzüge interferieren miteinander und heben sich wegen ihrer wenig von 180° abweichenden Phasendifferenz praktisch weitgehend auf. Allerdings kann sich bei der verbleibenden Ausstrahlung einer Gabel bereits eine Abhängigkeit der Strahlungsstärke von der Richtung bemerkbar machen. Denn die Breitenausdehnung einer Stimmgabel ist im Gegensatz zur Saite nicht mehr so weitgehend neben der Länge der ausgestrahlten Welle zu vernachlässigen.

Für den praktischen Gebrauch muß man daher die Schwingungen der Saiten und Stimmgabeln zunächst auf gute Strahler übertragen. Man stellt zu diesem Zweck zwischen den Saiten oder Gabeln und irgendwelchen guten Strahlern eine geeignete mechanische Verbindung her. Mit ihrer Hilfe werden die guten Strahler zu erzwungenen Schwingungen erregt. Unter Umständen kann man dabei zur Erzielung großer Amplituden den Sonderfall der Resonanz benutzen. Man gibt dann dem Strahler eine geringe Dämpfung und gleicht seine Eigenfrequenz der der Gabel oder Saite an. Zur Erläuterung des Gesagten bringen wir folgende Beispiele:

1. In Abb. 422 wird ein Bindfaden rechts von der Hand gehalten. Über sein linkes Ende reiben zwei Finger hinweg. Dadurch gerät der Bindfaden als Saite ins Schwingen, aber er strahlt praktisch gar nicht. Dann knüpfen wir das rechte Fadenende an einen guten Strahler, etwa eine kurze Blech- oder Pappdose (Abb. 423). Jetzt werden die Schwingungen weithin hörbar ausgestrahlt.

2. Eine schwingende Stimmgabel klingt zwischen den Fingern gehalten leise, mit dem Stiel auf den Tisch gesetzt laut. Der gleichzeitig mit den Zinkenschwingungen auf und abwärts schwingende Gabelstiel erregt die Tischplatte, einen guten Strahler, zu erzwungenen Schwingungen.

3. Wir nehmen den Sonderfall der Resonanz zur Hilfe. Wir nähern die Zinke einer Stimmgabel einem oben offenen Glaszylinder. Seine Luftsäule soll

als guter Strahler dienen. Die Eigenfrequenz der Luftsäule hängt von ihrer Länge ab. Durch Einfüllen von Wasser können wir sie beliebig verkürzen. Bei angenäherter Gleichheit von Luftsäulen- und Gabelfrequenz erschallt ein weithin vernehmbarer Ton.

Für praktische Zwecke bringt man die Luftsäulen in einseitig offenen viereckigen Holzkästen unter. Es sind die sogenannten Resonanzkästen. Oft hört

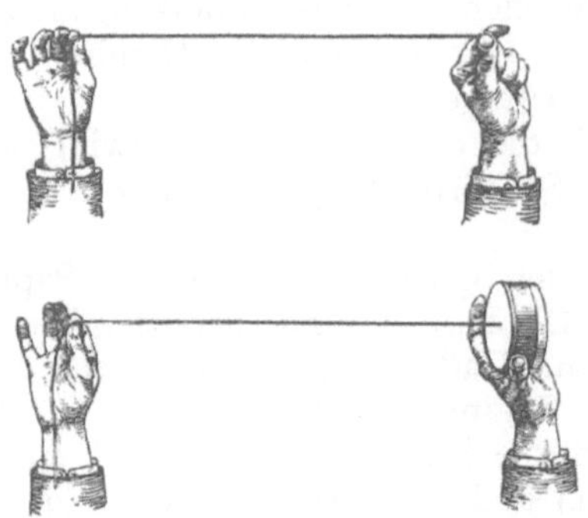

Abb 422 und 423 Ankopplung einer schlecht strahlenden Saite an eine gut strahlende Membran.

Abb. 424. Verbesserung der Strahlung einer Stimmgabel durch zwei seitliche Wande. (W Burstyn)

man, „die Schwingungen würden durch Resonanz verstärkt". Das ist eine ganz schiefe Ausdrucksweise. Wesentlich ist nur das verhältnismäßig gute Strahlungsvermögen des Kastens. Die Resonanz ist nur ein zur Übertragung der Schwingungen benutztes Hilfsmittel. Das kann man noch mit einem recht

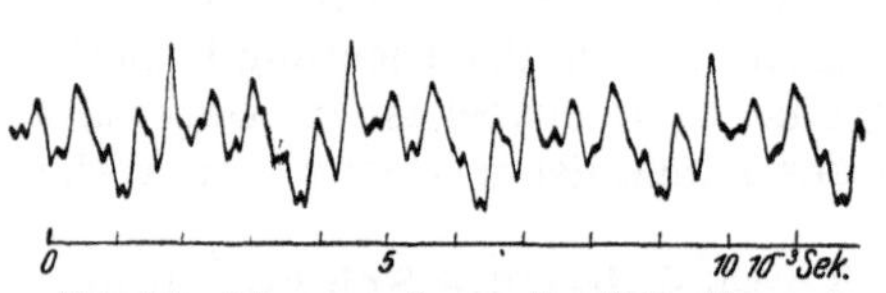

Abb 425. Schwingungskurve eines Geigenklanges. Aufnahme von H Backhaus

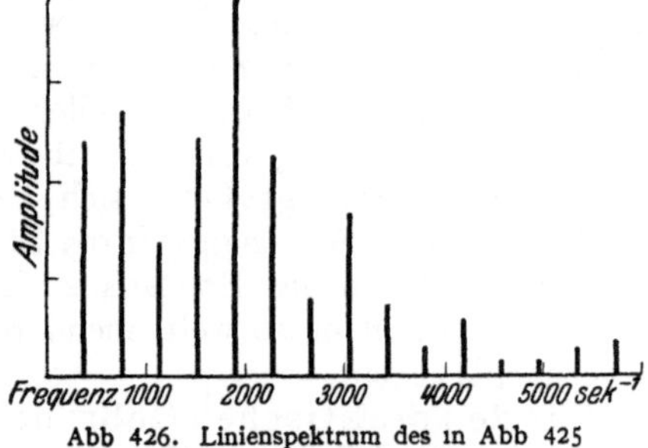

Abb 426. Linienspektrum des in Abb 425 wiedergegebenen Geigenklanges.

eindrucksvollen Versuch belegen. Man bringt eine Zinke einer Stimmgabel gemäß Abb. 424 in den Spalt zwischen zwei im Vergleich zur Wellenlänge nicht gar zu kleinen Wänden. Die Gabel ist weithin zu hören. Denn nunmehr wird die Interferenz der Wellen von Innen- und Außenseite der Gabelzinke erheblich vermindert und die Gabel dadurch zu einem leidlichen Strahler gemacht.

Bei den Musikinstrumenten, z. B. den Geigen, sind die Verhältnisse überaus verwickelt. Saiten und Geigenkörper bilden ein kompliziert gekoppeltes System (S. 200). Der Körper selbst hat eine ganze Reihe von Eigenfrequenzen. Bei der Erzeugung seiner erzwungenen Schwingungen werden daher bestimmte Frequenzen der Saitenschwingungen bevorzugt. Die Abb. 425 und 426 zeigen uns einen Geigenklang nebst zugehörigem Spektrum. Ein Geigenkörper ist überdies im Innern einseitig durch den Stimmstock versteift. Die Geigendecken sind als Membran betrachtet keineswegs klein gegen alle musikalisch benutzten Wellenlängen. Dadurch kommen stark bevorzugte Ausstrahlungsrichtungen zustande. Sehr viele Einzelheiten bleiben noch aufzuklären.

Mit der Erwähnung des Geigenproblems kommen wir zu der technisch wichtigen Unterscheidung primärer und sekundärer Schallstrahler.

Primäre Schallstrahler haben Schwingungen bestimmter spektraler Zusammensetzung herzustellen. Man billigt jedem einzelnen primären Schallstrahler, etwa jedem Musikinstrument, das Recht auf eine individuelle Gestalt seines Spektrums zu oder, physiologisch gesagt, auf einen bestimmten Klangcharakter. Ganz anders die sekundären Schallstrahler. Als ihr typischer Vertreter hat heute der Lautsprecher zu gelten. Ihnen ist die Auswahl der Frequenzspektra nicht freigestellt. Sie sollen die ihnen mechanisch (Grammophonwiedergabe) oder elektrisch (Lautsprecher) zugeführten Schwingungen ohne Bevorzugung einzelner Teilschwingungen ausstrahlen. Oft sagt man, ein Telephonhörer oder Lautsprecher solle „verzerrungsfrei" arbeiten. Das ist zum Glück eine Übertreibung. Eine verzerrungsfreie Wiedergabe einer Schwingungskurve bedeutet nicht nur eine richtige Wiedergabe ihrer einzelnen Amplituden, sondern auch deren gegenseitiger Phasen. Bei der Forderung einer auch phasengetreuen Wiedergabe wäre der Bau eines Lautsprechers eine überaus verwickelte Aufgabe. Ihre Lösung ist ja selbst bei den winzigen Massen der Oszillographenschleife nur bis zu Frequenzen von einigen Tausend pro Sekunde geglückt, und auch da nur unter weitgehendem Verzicht auf Empfindlichkeit. Aber hier kommt eine ganz fundamentale Eigenschaft unseres Ohres der Technik zu Hilfe: Das Ohr legt auf eine richtige Wiedergabe der Phasen auch nicht den geringsten Wert (S. 236). Eine verzerrungsfreie Wiedergabe im Sinne unseres Ohres heißt nur Wiedergabe der Teil-Amplituden in richtigem Größenverhältnis. Bei der Entwicklung des Rundfunks hat die Technik in der Entwicklung derartiger Lautsprecher große Fortschritte gemacht. Ein wichtiger Baubestandteil ist zum Beispiel eine gewölbte Papiermembran. Die häufigsten Ausführungsformen sind äußerlich aus dem Rundfunk bekannt. Allseitig befriedigende Lösungen stehen noch aus.

Ähnlich steht es noch immer mit der rein mechanischen Wiedergabe der Schwingungen durch die Membranen der Grammophone. Eine sehr nützliche, neuerdings im Handel erhältliche Schallplatte enthält Sinuskurven aller Frequenzen von 100 bis 6000 sec^{-1} in stetigem Übergang „eingeritzt". Dabei hat man das Produkt aus Nadelausschlag und Frequenz [vgl. Gleichung (219) auf S. 231] konstant gehalten. Eine derartige Platte sollte uns bei verzerrungsfreier Amplitudenwiedergabe durch ein Grammophon Schallwellen konstanter Energiedichte liefern. Sie sollte daher die spektrale Empfindlichkeitsverteilung des Ohres mit ihrem Maximum bei 2000 sec^{-1} vorführen lassen. Der Ton sollte bei der Frequenz 2000 sec^{-1} am lautesten klingen. Davon ist keine Rede. Man findet mehrere Frequenzbereiche großer Lautstärke, entsprechend den Eigenfrequenzen der Glimmermembran und eventuell des Schalltrichters. Auch bei der Grammophonwiedergabe scheint man ohne elektrische Hilfsmittel nicht mehr recht weiterzukommen. Die jedoch fuhren leicht zu ungleich besseren Ergebnissen.

Diese Ausfuhrungen über Schallstrahler, sowohl die primären wie die sekundären, sollen in keiner Weise erschöpfend sein. Sie sollen lediglich die Hauptprobleme erläutern. Nur ein Punkt soll noch erwähnt werden: Nicht nur bei den sekundären, sondern auch bei den primären Schallstrahlern gewinnen elektrische Hilfsmittel bei der Herstellung mechanischer Schwingungen dauernd an Bedeutung. Zu dem ältesten, auf S. 165 beschriebenen Verfahren sind neuerdings wertvolle neuere hinzugekommen. Wir beschränken uns auf die Aufzählung ihrer Namen:

1. Wechselstromgeneratoren mit sinusförmigen Kurven bis zu Frequenzen von 10^5 sec^{-1} (Elektrizitätslehre § 80)

2. Elektrische Schwingungskreise mit Elektronenrohr-Selbststeuerungen in beliebigem Frequenzbereich (Elektrizitätslehre § 147).

3. Differenzschwingungen derartiger Kreise.

§ 126. Energie des Schallfeldes, Schallwellenwiderstand. Die von den Schallsendern ausgestrahlte Energie breitet sich im Raume mit der Schallgeschwindigkeit c aus. Das von Schallenergie erfüllte Gebiet nennt man ein Schallfeld. Als Energiedichte δ dieses Feldes definiert man das Verhältnis

$$\delta = \frac{\text{Schwingungsenergie im Volumen } V}{\text{Volumen } V}$$

Die Wellen sollen schwach divergierend, aber praktisch noch als ebene Wellen, senkrecht auf eine Fläche F auffallen. Dann führen sie dieser Fläche in der Zeit t die Energie

$$W = \delta \cdot F c t$$

zu; d. h. die ganze zuvor im Volumen Fct enthaltene Energie. Die Fläche F wird „bestrahlt". Als ihre „Bestrahlungsstärke"[1] definiert man das Verhältnis

$$b = \frac{\text{einfallende Strahlungsleistung } \dot{W}}{\text{bestrahlte Fläche } F},$$

also

$$b = \frac{W}{tF} = \frac{\delta \cdot F c t}{tF} = \delta c.$$

So erhalten wir für die Bestrahlungsstärke b die wichtige Gleichung

$$b = \delta \cdot c. \tag{214}$$

Die Einheit der Bestrahlungsstärke ist Watt/m².

Die Schwingungsenergie im Schallfeld setzt sich additiv aus der Schwingungsenergie aller einzelnen, in Richtung der Schallfortpflanzungsrichtung schwingenden Luftteilchen zusammen.

Die Energie jeder Sinusschwingung kann man entweder als Höchstwert ihrer potentiellen Energie oder als Höchstwert ihrer kinetischen Energie berechnen. Man denke an ein einfaches Pendel. Beim Höchstausschlag ist die gesamte Energie nur in potentieller Form vorhanden, beim Passieren der Ruhelage nur in kinetischer Form. In allen Zwischenstellungen verteilt sich diese Gesamtenergie auf potentielle und kinetische Energie. Das gleiche gilt auch für sinusförmige Schallwellen.

Den Höchstwert der Geschwindigkeit der einzelnen Luftteilchen, d. h. die Geschwindigkeitsamplitude, nennen wir u_0. Die größte Abweichung des Luftdruckes von seinem Wert in der ruhenden Luft, d. h. die Druckamplitude der Schallwelle, nennen wir Δp_0. Dann enthält Luft vom Volumen V und der Dichte ϱ die kinetische Energie

$$W_{\text{kin}} = \tfrac{1}{2} \varrho \cdot V \cdot u_0^2$$

und die Schallenergiedichte

$$\delta = \tfrac{1}{2} \varrho u_0^2. \tag{215}$$

Von der potentiellen Energie ausgehend, erhalten wir nach kurzer Rechnung für die Schallenergiedichte

$$\delta = \frac{1}{2} \frac{(\Delta p_0)^2}{c^2 \cdot \varrho}. \tag{216}$$

---

[1] Näheres über die Bestrahlungsstärke und verwandte Begriffe findet man in § 28 des Optikbandes.

Herleitung: Anknüpfend an Gl (43) v. S. 48 bekommt man $W_{\text{pot}} = \frac{1}{2}\Delta V \cdot \Delta p$ und als Energiedichte $\delta = \frac{1}{2}\frac{\Delta V}{V}\Delta p$ Ferner ist $\frac{\Delta V}{V} = \frac{u_0}{c}$ und daher

$$\delta = \frac{1}{2}\frac{u_0}{c}\cdot \Delta p. \tag{217}$$

Gleichsetzen von (217) und (215) liefert

$$u_0 = \frac{\Delta p}{c\cdot \varrho}, \tag{218}$$

und Einsetzen dieses Wertes in (217) ergibt (216).

Bei jeder Sinusschwingung sind die Höchstgeschwindigkeit u_0 und der Höchstausschlag x_0 durch die Gleichung

$$u_0 = \omega\, x_0 \tag{23 v. S. 33}$$

(ω = Kreisfrequenz = Zahl der Schwingungen in 2π Sekunden, $\omega = 2\pi n$)

verknüpft. Dadurch erhalten wir für die Schallenergiedichte nach einen dritten, diesmal die Frequenz enthaltenden Ausdruck

$$\delta = \tfrac{1}{2}\varrho\,\omega^2 x_0^2. \tag{219}$$

Die obigen Gleichungen gelten keineswegs nur für Luft, sondern für jedes von Schallwellen durchsetzte Medium.

Alle drei Bestimmungsstücke der Luftschwingungen, nämlich die Höchstwerte der Geschwindigkeit u_0, der Druckänderung Δp_0, des Ausschlages x_0 sind der direkten Messung zugänglich.

1. Die Messung der Geschwindigkeit u_0 erfolgt mit Hilfe hydrodynamischer Kräfte. Man kann beispielsweise die in Abb. 342 vorgeführte Anziehung zweier Kugeln oder die aus Abb. 265 bekannte Drehung einer Rayleigh-Scheibe benutzen. Die Eichung kann in beiden Fällen mit einem Luftgleichstrom bekannter Geschwindigkeit vorgenommen werden. Denn die Kräfte sind unabhängig von der Frequenz. Doch läßt sich die Eichung auch rechnerisch ausführen.

2. Zur Messung der Druckänderung Δp_0 dienen meist erzwungene Schwingungen einer Manometermembran.

Man beobachtet ihre Amplituden am besten mit Spiegel und Lichtzeiger und eicht die Membran dann hinterher mit einem bekannten Druck ruhender Luft, d. h. mit der Frequenz Null.

Eigenfrequenz und Dampfung der Membran mussen richtig gewahlt werden. Es sind die gleichen Gesichtspunkte zu beachten wie beim Bau einwandfreier Registrierapparate (S 196).

3. Zur Messung des Höchstausschlages x_0 hat man winzige kugelförmige Staubteilchen in das Schallfeld zu bringen und ihre Pendelbahnen unter dem Mikroskop zu messen. Die kleinen Kugeln werden durch die innere Reibung des Gases mitgenommen (§§ 87 und 88). Sie haben eine nahezu ebenso große Amplitude (Höchstausschlag) wie die umgebenden Luftteilchen. Doch ist diese Methode nur bei großen Energiedichten δ anwendbar.

Mit diesen Methoden gemessene Zahlenwerte folgen in § 129.

Für die Schallgeschwindigkeit fanden wir früher

$$c = \frac{1}{\sqrt{\alpha\varrho}} \tag{203 v. S. 183}$$

(α = Dehnungsgröße, vgl. Tab. 3 auf S. 106, fur Gase findet man α auf S. 280).

Wir fassen (203) mit (218) zusammen und bekommen

$$\frac{\Delta p_0}{u_0} = c\cdot \varrho = \sqrt{\frac{\varrho}{\alpha}}. \tag{220}$$

Das Verhältnis von Druckamplitude zur Geschwindigkeitsamplitude nennt man **Schallwellenwiderstand**. Vgl. **§ 151** der Elektrizitätslehre.

§ 127. Schallempfänger. Bei den Schallempfängern hat man zwei Gruppen im Sinne von Grenzfällen zu unterscheiden, Druckempfänger und Geschwindigkeitsempfänger.

I. **Druckempfänger.** Die Mehrzahl der Druckempfanger besteht aus seitlich begrenzten Membranen. Zur seitlichen Begrenzung können Kapseln, Wände, Trichter usw. dienen. Beispiele: Mikrophone aller Art, das Trommelfell des Ohres, Schreibmembranen bei der veralteten, rein mechanischen Herstellung der Grammophonplatten.

Alle Druckempfanger vollfuhren im Schallfeld **erzwungene Schwingungen**. Ihre Amplituden sind von der Orientierung im Schallfeld unabhängig. Denn der Luftdruck ist eine von der Richtung unabhängige Große. Das zeigt uns jedes Barometer in unsern Wohnräumen. Ein solches Barometer ist letzten Endes auch nur ein Druckempfänger für Längswellen der Luft. Nur handelt es sich bei den Schwankungen des Luftdruckes meist um Schwingungsvorgange sehr kleiner Frequenz.

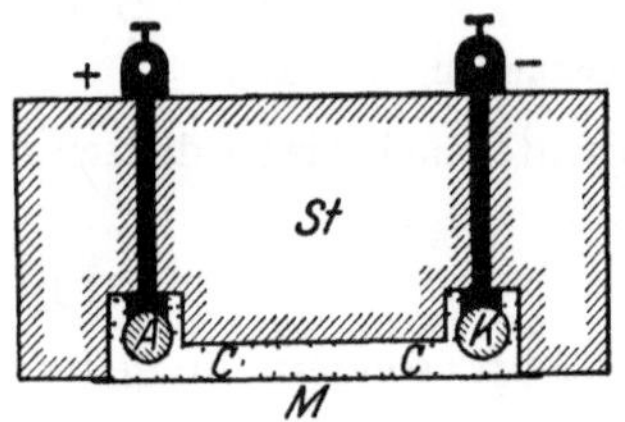

Abb 427　Mikrophon nach Reiss

Technisch ubertreffen heutigentags die Mikrophone alle andern Druckempfanger an Bedeutung. Auch hier hat der Rundfunk die Anforderungen außerordentlich erhoht. Man verlangt heutigentags von guten Mikrophonen weitgehend „verzerrungsfreie" Wiedergabe der Schallwellen in dem auf S. 229 erläuterten Sinne. Man verlangt in dem weiten Frequenzbereich von etwa 100 bis mindestens 10000 sec^{-1} eine Erhaltung der ursprünglichen Amplitudenverhältnisse. Wie bei allen erzwungenen Schwingungen kann diese Forderung auch hier nur unter weitgehendem Verzicht auf Empfindlichkeit erkauft werden.

Ein alteres, aber bewahrtes Mikrophon zeigt die Abb 427　M ist seine Aufnahmemembran aus dunnem Glimmer oder dergleichen. Ihre seitliche Begrenzung erfolgt durch den dicken Marmorklotz St. Der Raum hinter der Membran ist mit Kohlepulver ausgefullt. A und K sind die Stromzuleitungen, ebenfalls aus Kohle bestehend Im Gegensatz zu andern Kohlemikrophonen fließt also hier der elektrische Strom nicht senkrecht, sondern parallel der Membranflache. Noch besser sind elektrostatische Mikrophone mit winzigem Abstand zwischen der Membran und der zweiten, von engen Kanalen durchsetzten Kondensatorplatten (Elektr. Band Abb. 125). Das dunne Luftpolster und die Stromung in den engen Kanalen ergeben die erforderliche Dampfung.

Mit Hilfe guter, weitgehend frequenzunabhängiger Mikrophone baut man bequeme **Meßinstrumente zur Messung der Schalldruckamplitude** Δp_0. Der vom Mikrophon gesteuerte Strom wird mit Elektronenröhren verstärkt, irgendwie gleichgerichtet und mit einem Drehspulamperemeter gemessen. Meist wird die Skala des Strommessers gleich in Druckeinheiten geeicht, z. B. in 10^{-6} Bar $= 10^{-1}$ Großdyn/Meter^2.

II. **Geschwindigkeitsempfanger.** Bei Geschwindigkeitsempfängern wird die Geschwindigkeitsamplitude des Luftwechselstromes zur Erzeugung erzwungener Schwingungen benutzt. Am besten macht das ein experimentelles Beispiel klar.

In Abb. 428 ist ein dunnes Glashaar von etwa 8 mm Länge als kleine Blattfeder senkrecht zur Richtung der fortschreitenden Schallwellen gestellt (Mikroprojektion!). Periodische Änderungen des Luftdruckes sind ohne jede Einwirkung auf dies Haar. Hingegen nimmt der Luftwechselstrom das Haar in Richtung der schwingenden Luftteilchen durch innere Reibung mit und erregt es so zu erzwungenen Schwingungen (Zungenpfeife als Schallquelle, kleiner Abstand). Dies Haar ist ein typischer Geschwindigkeitsempfänger. Es zeigt uns zugleich eine wichtige und für den Geschwindigkeitsempfänger charakteristische Eigenschaft: Wir finden seine Amplituden von seiner Orientierung im Schallfeld abhängig. Der Wellenfortpflanzungsrichtung parallel gestellt bleibt das Haar in Ruhe.

Geschwindigkeitsempfänger können als „Richtempfänger" benutzt werden. Man denke sich zwei Haare beiderseits symmetrisch zur Längsachse eines bewegten Körpers orientiert. Bei geradem Kurs auf die Schallquelle sprechen beide Empfänger mit gleicher Amplitude an. Seitliche Abweichungen vom richtigen Kurs machen sich durch Ungleichheit der erzwungenen Amplituden bemerkbar.

Abb 428 Ein feines Glashaar als Bewegungsempfänger. In Wirklichkeit nur 0,028 mm dick.

Druck- und Geschwindigkeitsempfänger sind, wie erwähnt, Grenzfälle. Jede Impulsübertragung durch Druck verlangt eine Wand, die bei der Ausbildung des Druckes nicht merklich zurückweicht. Die erzwungenen Amplituden der Wand müssen klein gegen die Ausschläge x_0 der schwingenden Luft oder Wasserteilchen sein. Luft hat eine kleine Dichte ϱ und gibt daher große Ausschläge x_0 [vgl. Gl. (219) v. S. 231].
Daher lassen sich Druckempfänger zwar mit guter Annäherung für Luft, aber nur schlecht für Schallwellen in Wasser ausführen. Auch können Druckempfänger in Luft zu Geschwindigkeitsempfängern unter Wasser werden.

§ 128. Sonderfälle der Schallausbreitung. Bei allen Schwingungsvorgängen haben wir das lineare Kraftgesetz zugrunde gelegt. Praktisch bedeutet das, wie mehrfach erwähnt, eine Beschränkung auf „kleine" Amplituden. Lediglich in § 111 haben wir Sondererscheinungen bei nichtlinearem Kraftgesetz behandelt. Sie bestanden im Auftreten von „Differenzschwingungen".

In entsprechender Weise haben wir auch bei den Vorgängen der Wellenausbreitung stets den Grenzfall des linearen Kraftgesetzes vorausgesetzt. Praktisch haben wir uns auch bei den Wellen auf „kleine" Amplituden beschränkt. Bei großen Amplituden gibt es auch bei der Wellenausbreitung Sondererscheinungen.

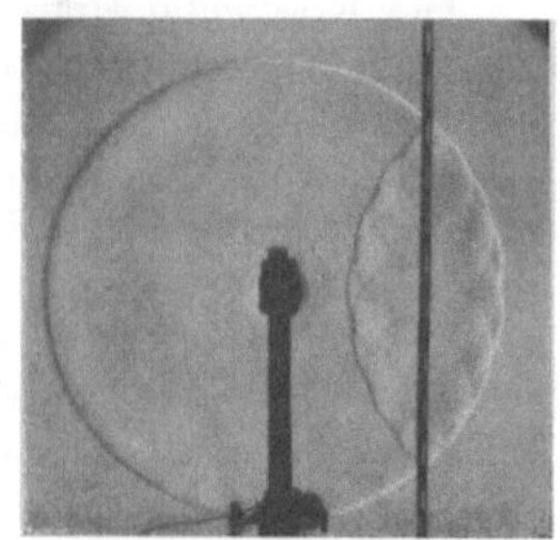

Abb 429 Reflexion einer Knallwelle an einem Sieb Diese sowie die beiden folgenden Bilder sind Aufnahmen von C. Cranz nach der Schlierenmethode.

Schallamplituden abnormer Größe, bis zu mehreren Atmosphären, entstehen durch die Detonationen der Explosivstoffe. Desgleichen lassen sich durch elektrische Funken große Druckamplituden erzeugen. In beiden Fällen haben wir es nicht mit Wellenzügen aus einer größeren Anzahl von Bergen und Talern zu tun. Es entsteht, bildlich gesprochen, nur ein ganz steiler Berg mit einem auf seiner Rückseite anschließenden flachen und noch etwas gewellten Tal. Infolge ihrer großen Luftdichte kann man die Wellenberge als Schattenbild photographieren. Die für ein solches Momentbild erforderliche seitliche Beleuchtung kurzer Dauer stellt man stets mit elektrischen Funken her.

Die Abb. 429 zeigt die so photographierte Knallwelle eines elektrischen Funkens. Rechts ist die Knallwelle gegen ein Sieb gelaufen und an ihm teilweise reflektiert worden. Das Bild dient zugleich noch einmal einer Erläuterung des Huyghensschen Prinzips. Sowohl die am Siebe reflektierte, wie die durch seine Maschen durchtretende Welle erscheint als Umhüllende einzelner Elementarwellen. Diese Schallwellen mit abnorm hohen Druckamplituden haben eine größere Geschwindigkeit als die normalen Schallwellen. Das zeigt man z. B. mit den Knallwellen zweier gleichzeitig uberspringender Funken ungleicher Stärke. In Abb. 430 befindet sich der stärkere Funke links. Seine Knallwelle hat in dem photographisch festgehaltenen Augenblick einen fast $\frac{1}{3}$ längeren Weg zurückgelegt als die des schwachen Funkens. Die Geschwindigkeit der linken Knallwelle muß also gegen 500 m/sec betragen haben. Das gleiche gilt fur den Mundungsknall der modernen Feuerwaffen. Wir sehen das Schattenbild eines solchen Mündungsknalls als SS in Abb. 431. In dem festgehaltenen Augenblick hat das Geschoß gerade den Mundungsknall überholt. Von seiner Spitze geht ein Geschoßknall als Kopfwelle aus Derartige Kopfwellen entstehen bei allen mit Überschallgeschwindigkeit bewegten Körpern. Ihr Öffnungswinkel ist gleich dem Machschen Winkel (S. 207).

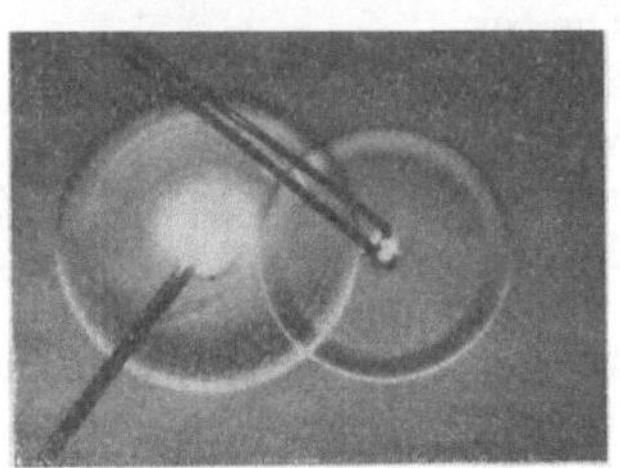

Abb 430 Abhangigkeit der Schallgeschwindigkeit von der Wellenamplitude.

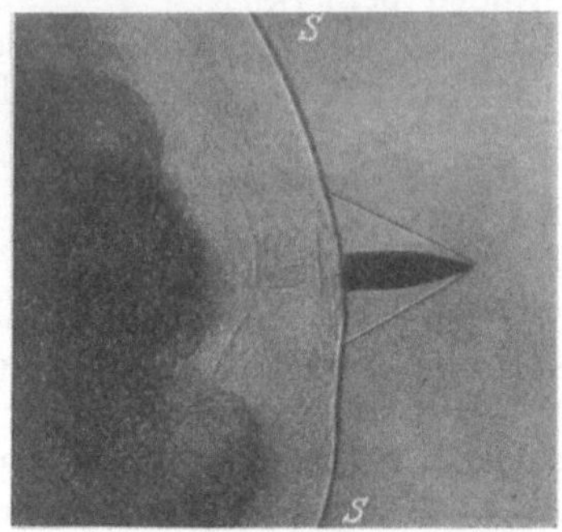

Abb 431 Mundungsknall eines Gewehrs und Kopfwelle des Geschosses (schwarze Wolke = Pulvergase)

Ein bekanntes Beispiel ist der Knall einer Peitsche. Selbstverständlich nehmen die Druckamplituden bei Funken und Detonationen mit wachsendem Abstand von ihrem Entstehungsort ab. Dann sinkt auch die Schallgeschwindigkeit auf ihren normalen Wert.

Die Kopfwelle eines Geschosses war ein Beispiel für die Schallaussendung durch einen sehr rasch bewegten Körper. Bisher haben wir stillschweigend alle Schallstrahler und Schallempfänger als ruhend angenommen. Bei bewegten Strahlern und Empfängern tritt der Dopplereffekt auf. Die Abstandsverminderung während der Schallaussendung erhöht die vom Empfänger beobachtete Frequenz. Eine Abstandsvergrößerung wirkt im umgekehrten Sinne.

Bei einer quantitativen Betrachtung muß man den Fall der bewegten Schallquelle und den des bewegten Schallempfängers auseinanderhalten. Im Fall der mit der Geschwindigkeit u bewegten Schallquelle findet der ruhende Beobachter die Frequenz

$$n' = \frac{n}{1 \mp \dfrac{u}{c}} \, . \tag{220a}$$

Das Minuszeichen gilt für Abstandsverminderung.

Der bewegte Empfänger oder Beobachter findet die Frequenz

$$n'' = n\left(1 \pm \frac{u}{c}\right) . \tag{220b}$$

Das Pluszeichen gilt für Abstandsverminderung.

Dieser Dopplereffekt läßt sich mit einer rasch im Kreise herumgeführten Pfeife vorführen.

§ 129. Vom Hören. Das Hören und unser Gehörorgan sind ganz überwiegend Gegenstände physiologischer und psychologischer Forschung. Trotzdem wollen wir die für physikalische Zwecke wichtigsten Tatsachen kurz zusammenstellen. Man muß ja auch in der Optik wenigstens in großen Zügen die Eigenschaften des Auges kennen.

Unser Ohr reagiert auf mechanische Schwingungen in dem weiten Frequenzbereich von etwa $20\ sec^{-1}$ bis $20\,000\ sec^{-1}$. Das Ohr umfaßt also einen Spektralbereich von rund 10 Oktaven ($2^{10} = 1024$). Die obere Grenze sinkt mit steigendem Lebensalter.

Die spektrale Empfindlichkeitsverteilung des Ohres wird durch Abb. 432 veranschaulicht. Die Ordinaten geben sowohl die Druckamplituden Δp_0 wie die Bestrahlungsstärke b. Die Werte der Bestrahlungsstärke gelten für einen Querschnitt des freien, durch den Kopf nicht gestörten Schallfeldes, und zwar für eine Welle, die senkrecht auf das Gesicht des Hörers auffällt. Die Bedeutung der Phonzahlen wird auf Seite 236 erklärt. — Mit wachsender Bestrahlungsstarke ändert sich die spektrale Empfindlichkeitsverteilung, die Kurven werden flacher Bei weiterer Steigerung der Bestrahlungsstarke tritt an die Stelle des Hörens eine Schmerzempfindung.

Der Ausschlag unseres Schallradiometers (Abb. 394) war der Bestrahlungsstärke b des Ohres direkt proportional. Das Radiometer gehört zu den bequemen Meßinstrumenten mit **linearer** Skala. Die von unserem Ohr gehörte Lautstärke hingegen ist

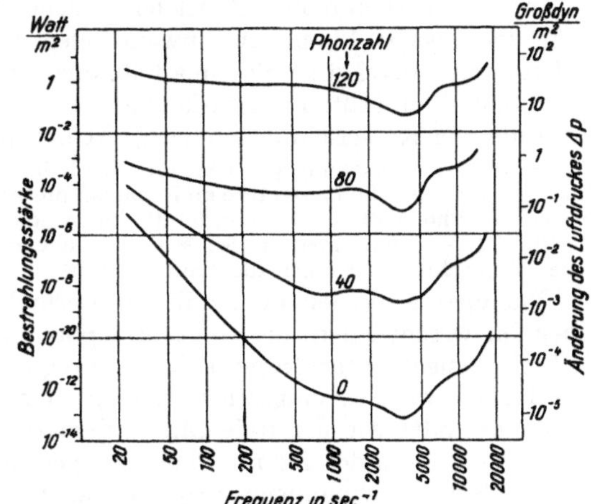

Abb 432. Kurven der spektralen Empfindlichkeit des Ohres bei verschiedenen Bestrahlungsstärken des Kopfes oder verschiedenen, durch Phonzahlen gekennzeichneten Lautstärken (vgl S.236). Die unterste Kurve beruht auf Druckmessungen unmittelbar vor dem Trommelfell, eine Übertragung auf das freie Schallfeld ist nicht frei von Willkur.

auch nicht angenähert der Bestrahlungsstärke b proportional. Im Bereich der Sprachfrequenzen (etwa 10^2 bis $10^4\ sec^{-1}$) bemerkt das Ohr überhaupt erst Änderungen der Bestrahlung um 10—20%. Unser Ohr ist, grob gesagt, ein Meßinstrument mit **logarithmisch** geteilter Skala. Infolgedessen ist unser Ohr bei physikalischen Messungen als quantitativer Wellenindikator schlechthin unbrauchbar. Ein Vergleich gehörter Lautstärken gibt uns ein ganz schiefes Bild vom Verhältnis der zu vergleichenden Strahlungsleistungen $\dot W$. Physikalische Beobachtungen an Schallwellen erfordern einen physikalischen Indikator, beispielsweise das Radiometer (Abb. 394). Sonst bleibt man auf dem Niveau elektrischer Schauversuche ohne Meßinstrumente.

In dieser Feststellung darf man aber keinesfalls eine Herabsetzung des Ohres erblicken. Im Gegenteil: das Ohr ist seiner eigentlichen Bestimmung vortrefflich angepaßt. Seine „logarithmische Empfindlichkeitsskala" ermöglicht im Bereiche schwacher gebeugter, reflektierter oder zerstreuter Schallwellen ein kaum minder gutes Hören als bei ungehinderter Wellenausbreitung. Ferner verhindert sie Überlastungen des Ohres. Das Ohr bewältigt im Frequenzbereich seiner Höchstempfindlichkeit Änderungen der Bestrahlungsstärke b von etwa $1:10^{12}$. Das ist eine erstaunliche Leistung.

Für technische Zwecke vergleicht man die Empfindung „Lautstärke" eines beliebigen Tones, Klanges oder Geräusches subjektiv mit der eines Tones der Frequenz $10^3 \, \text{sec}^{-1}$ und bestimmt für diesen als gleich laut eingestellten Bezugston die Größe

$$L = 20 \log \frac{\Delta p_0}{(\Delta p_0)_{\text{min}}} = 10 \log \frac{b}{b_{\text{min}}} \, . \tag{221}$$

Dabei ist Δp_0 die Druckamplitude der Schallwelle, b die von ihr erzeugte Bestrahlungsstärke (§ 126). Für den Nenner wird ein willkürlicher Wert vereinbart. Meist wählt man eine Druckamplitude $(\Delta p_0)_{\text{min}} = 2 \cdot 10^{-5}$ Großdyn/m² oder eine Bestrahlungsstärke $b_{\text{min}} \approx 10^{-12}$ Watt/m². Diese Werte entsprechen ungefähr der Hörschwelle des Ohres bei der Frequenz $n = 10^3 \, \text{sec}^{-1}$.

Die durch Gl. (221) definierte Größe L ist eine dimensionslose Zahl. Man multipliziert sie mit der Zahl 1 und erfindet für die Zahl 1 eine neue Vokabel, nämlich „Phon"[1]. So spricht man z. B. bei der täglichen Umgangssprache[2] von einer Lautstärke von etwa 50 Phon. In einwandfreiem Deutsch muß es natürlich heißen: Die Lautstärke beträgt im Phonmaß 50, oder die Phonzahl ist 50. — Der gesamte vom Phonmaß umfaßte Lautstärkenbereich geht etwa von 0 (Hörschwelle) bis 130 (Lärm in einer Kesselschmiede oder dicht neben einem Flugzeug).

Die Definitionsgleichung (221) besagt· Wird die Bestrahlungsstärke unseres Ohres verzehnfacht, so wachst die Lautstarke im Phonmaß um 10. — Beispiele: Eine sehr leise tickende Uhr hat im Phonmaß die Lautstarke 10, zehn solcher Uhren zusammen die Lautstärke $10 + 10 = 20$. — Ein knatterndes Motorrad hat im Phonmaß die Lautstarke 90, zehn solcher Motorrader zusammen die Lautstärke $90 + 10 = 100$.

Phonmesser werden in handlicher Form in den Handel gebracht. Sie bestehen im wesentlichen aus einem Telephon in Verbindung mit einem kleinen Wechselstromgenerator (Summer) der Frequenz $1000 \, \text{sec}^{-1}$. Die Stromstärke im Telephon wird so eingestellt, daß das Ohr am Telephon die gleiche Lautstärke empfindet wie das freie Ohr in dem zu messenden Schallfeld. Die Skala des Regelwiderstandes ist im Phonmaß geeicht.

Auf Sinusschwingungen reagiert das Ohr mit der Empfindung „Ton". Jeder Ton hat eine bestimmte Höhe. Die Tonhöhe ist eine Empfindungsqualität und als solche der physikalischen Messung unzugänglich. Trotzdem spricht man allgemein von der Frequenz eines Tones. Das ist eine zwar bequeme aber laxe Ausdrucksweise. Gemeint ist stets die Tonhöhe, wie sie einer Sinuswelle der angegebenen Frequenz entspricht.

Im günstigsten Frequenzbereich unterscheidet unser Ohr noch zwei um nur 0,3% verschiedene Frequenzen. Das Ohr hat also dort ein „spektrales Auflösungsvermögen" $n/\Delta n =$ rund 300. Das entspricht in der Optik der Leistung eines Prismas von rund 1 cm Basisdicke. Vgl. Optikband § 50.

Auf nicht-sinusförmige Schwingungen reagiert das Ohr mit der Empfindung „Klang". Ein Klang ist von Phasenunterschieden zwischen den einzelnen sinusförmigen Teilschwingungen völlig unabhängig. Das ist die fundamentale Entdeckung von GEORG SIMON OHM.

Jedem musikalischen Klang entspricht ein Linienspektrum von bestimmtem Bau, gekennzeichnet durch das Verhältnis der Frequenzen und Amplituden seiner Spektrallinien. Der Absolutwert der Grundfrequenz ist unerheblich. Zwei Sinusschwingungen angenähert gleicher Energiedichte geben bei einem Frequenzverhältnis von 1:2 immer das „Oktave" genannte Klangbild usf.

---

[1] Der Vergleich mit dem Ohr bewertet die Schallamplituden nach ihrer Wirkung auf das Sinnesorgan. Man kann naturlich auch die Druckamplitude Δp_0 einer sinusförmigen Schallwelle auf rein physikalischem Wege messen (S. 231/32) und in Gl. (221) einsetzen. In diesem Fall nennt man die zur Multiplikation benutzte Zahl 1 nicht „Phon", sondern „Dezibel". — Hoffen wir auf einen Wustmann redivivus!

[2] Bei ihr strahlt der Mund des 1 m entfernten Sprechers mit einer Leistung von $7 \cdot 10^{-6}$ Watt.

11. Bei den als **Vokalen** bezeichneten Klängen hingegen ändert sich der Bau des Linienspektrums merklich mit der Frequenz des Grundtones oder der entsprechenden „Stimmlage" (Baß, Tenor usw.). Doch findet man für die Hauptlinien (Formanten) stets angenähert gleiche Absolutwerte der Frequenz. Das allgemeine Schema eines Vokals ist durch die Abb. 309—314 gegeben: Die gedämpften Eigenschwingungen der Mundhöhle werden in rascher Stoßfolge durch Luftstöße aus dem Kehlkopf angeregt. Diese Stoßfrequenz bedingt die Grundfrequenz und

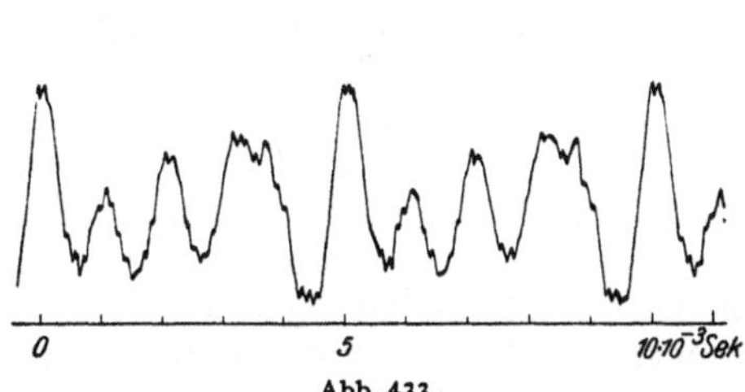

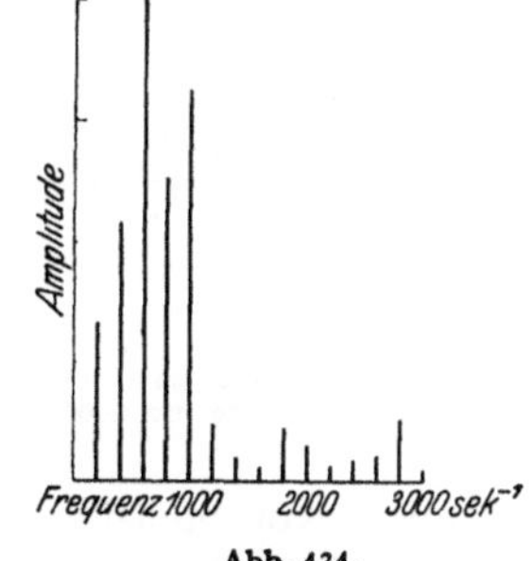

Abb. 433. Abb. 434.

Abb 433 u. 434. Vokal *a* einer Mannerstimme und ihr Linienspektrum bei einer Grundfrequenz von 200 sec^{-1}. Diese beiden sowie die folgenden Bilder 435—439 sind Aufnahmen von FERD. TRENDELENBURG.

somit die Stimmlage. Ein Wechsel dieser Grundfrequenz verschiebt zwar die Lage der Spektrallinien, doch bleiben sie in dem gleichen Frequenzbereich (Abb. 310, 312, 314)[1].

Abb. 433—438 zeigen einige recht einwandfrei registrierte Vokale mit ihren Linienspektren. Sowohl die Schwingungskurven wie ihre Spektra sind weniger

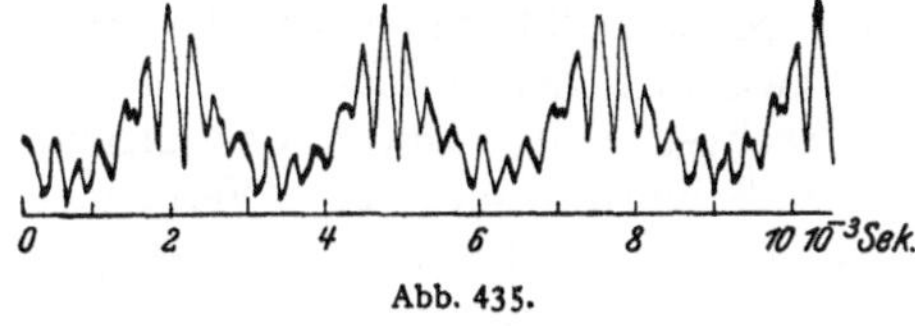

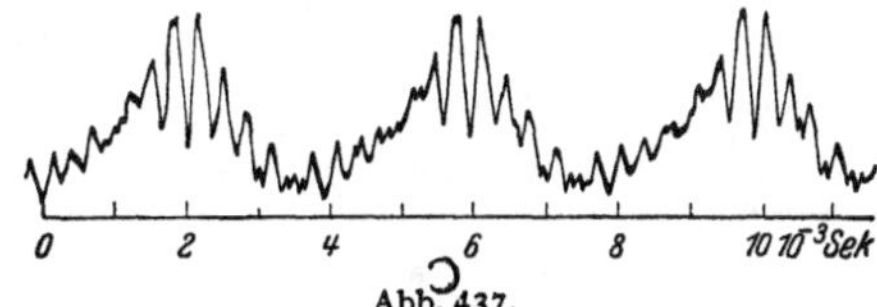

Abb. 435. Abb. 437.

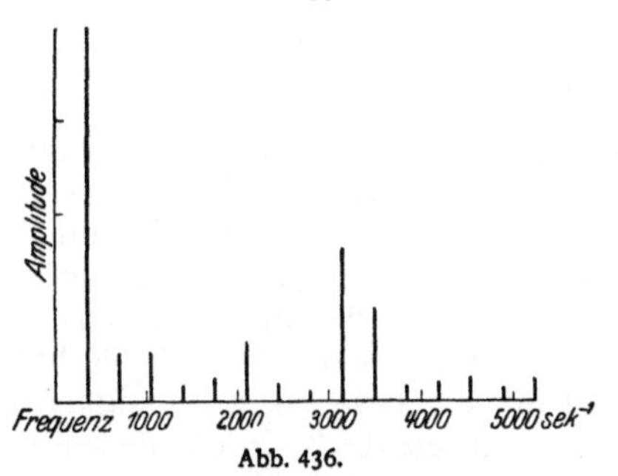

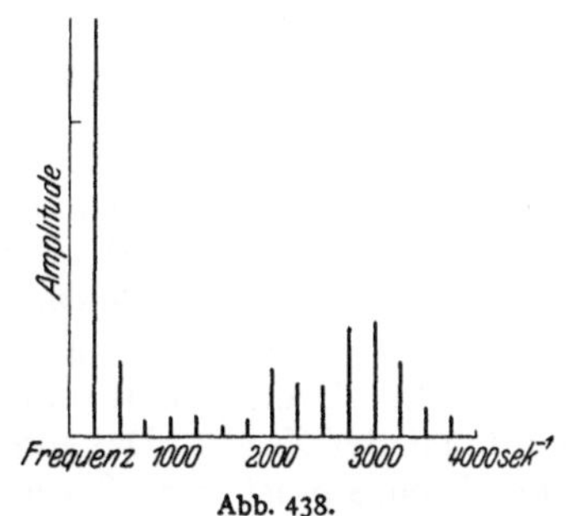

Abb. 436. Abb. 438.

Abb. 435 u. 436 Vokal *i* einer Frauenstimme in hoher Tonlage nebst Spektrum. Grundfrequenz etwa 350 sec^{-1}.

Abb 437 u. 438. Vokal *i* einer Frauenstimme in tiefer Tonlage nebst Spektrum. Grundfrequenz etwa 250 sec^{-1}.

einfach als in dem eben genannten Schema. Das ist jedoch nicht verwunderlich. Erstens ist die Mundhöhle kompliziert gestaltet und ihre Eigenschwingung, auch von der Dämpfung abgesehen, keineswegs sinusförmig. Das zeigt sich beispielsweise bei der *a*-Kurve der Abb. 433. Zweitens liefert der Kehlkopf keine reine Stoßerregung. Die Dauer seiner Luftstöße ist nicht klein gegen die Eigenschwingungsdauer der Mundhöhle. Der Kehlkopf läßt vielmehr die Luft als mehr oder

[1] Die Erzeugung der Vokale ist das Vorbild für ein in der Technik viel benutztes Verfahren der „Frequenzmultiplikation".

minder sinusförmigen Wechselstrom entweichen. Das sieht man in den Abb. 435 und 437. (Man nehme die Abb. 306 zu Hilfe!)

Trotz dieser Komplikationen liegen die Dinge bei den Vokalen noch erheblich einfacher als bei den Konsonanten. Wir beschränken uns auf die Wiedergabe einer S-Kurve ohne ihr außerordentlich linienreiches Spektrum (Abb. 439).

Die als Geräusche und als Knall bezeichneten Klänge werden durch Schwingungen von zeitlich sehr inkonstanter Kurvenform erzeugt.

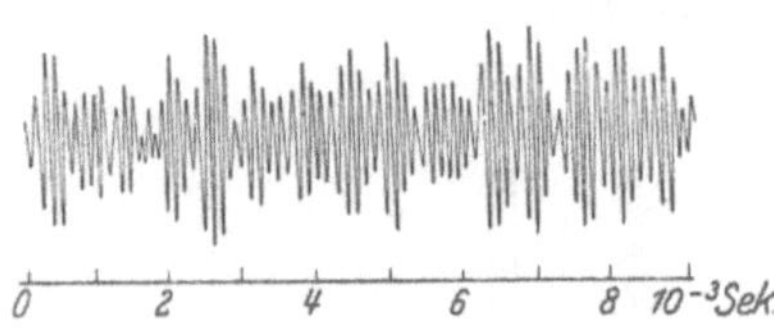

Abb. 439. Zischlaut, stimmloses s, Frequenzen hauptsächlich im Bereiche um 6000 sec^{-1}.

Zwei sinusförmige Schwingungen lassen bei hinreichender Energiedichte im Ohr „Differenztöne" auftreten. Man hört dann neben zwei Tönen der Frequenz n_2 und n_1 einen dritten Ton der Frequenz $n_2 - n_1$. Man kann Differenztöne gut mit Orgelpfeifen vorführen. Gelegentlich werden auch gehört, so der „Summationston" ($n_1 + n_2$) noch weitere „Kombinationstöne" oder der Ton ($2n_1 - n_2$).

Die An- und Abklingzeit des Ohres ist nur sehr schlecht bekannt. Sie scheint in der Größenordnung einiger 10^{-2} sec zu liegen.

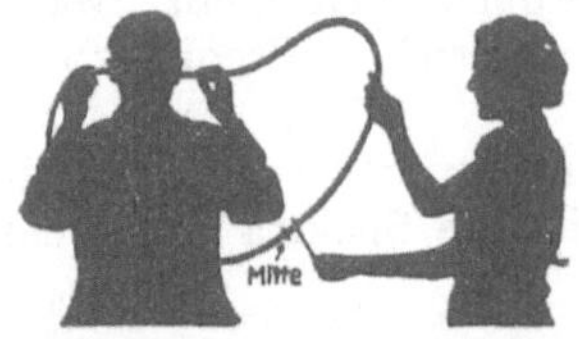

Abb. 439a. Zum Richtungshören: Man hält sich die beiden Enden eines etwa 2 m langen Gasschlauches in die Ohren und läßt einen Helfer auf den Schlauch klopfen. Die Schallrichtung weicht von der Medianebene des Kopfes ab, wenn die Klopfstelle um mehr als 0,5 cm von der Schlauchmitte entfernt liegt. Der Hörsinn reagiert also schon auf Laufzeitdifferenzen $\Delta t = 3 \cdot 10^{-5}$ sec. Bei $\Delta t = 60 \cdot 10^{-5}$ sec (entsprechend 20 cm Wegdifferenz, Kopfdurchmesser!) lokalisiert man die Schallquelle quer zur Medianebene.

Mit beiden Ohren kann man die Richtung der ankommenden Schallwellen erkennen. Am besten gelingt das bei Klängen und Geräuschen mit scharfem Einsatz oder mit Wiederholung charakteristischer Einzelheiten. Maßgebend dabei ist die Zeitdifferenz zwischen der Reizung des linken und des rechten Ohres durch das gleiche Stück der Schallwellenkurve. (Vergleiche Abb. 439a.) Bei Frequenzen von einigen 1000/sec kommen auch Unterschiede der Bestrahlungsstärke durch den Schattenwurf des Kopfes hinzu.

§ 130. Das Ohr. Der wesentlichste Teil unseres Gehörorgans ist das „innere Ohr", das im Felsenbein eingebaute, schneckenförmige Labyrinth. Ihm werden die mechanischen Wellen auf zwei Wegen zugeleitet· 1. über das Trommelfell und die anschließenden Gehörknöchelchen des Mittelohres, 2. durch die Weichteile und die Knochen des Kopfes. Der erste Weg ist nicht unentbehrlich. Man kann auch ohne Trommelfell und ohne Knöchelchen hören. Diese Teile haben lediglich folgenden Zweck: Das innere Ohr ist mit einer wäßrigen Flüssigkeit gefüllt, ihre Dichte ϱ ist rund 800mal größer als die der Luft. Infolgedessen sind die Höchstausschläge der Luftteilchen in einer Schallwelle $\sqrt{800} \approx 30$mal größer als die in der Körperflüssigkeit [Gl. (219) v. S. 231]. — Nun soll die Schallwelle mit einer gegebenen Energiedichte δ ungehindert, d. h. ohne Reflexionsverluste, in die Flüssigkeit des inneren Ohres eindringen. Zu diesem Zweck muß der Höchstausschlag x_0 auf rund $^1/_{30}$ herabgesetzt werden. Das geschieht durch das Trommelfell und das Hebelsystem der Gehörknöchelchen. Nach dieser Auffassung würden Trommelfell und Gehörknöchelchen für die ausschließlich im Wasser lebenden Säugetiere (Delphine und Wale) sinnlos sein. In der Tat hat keines dieser Tiere ein äußeres Ohr. Gehörgang, Trommelfell und Knöchelchen sind bis auf dürftigste Reste rückgebildet.

Die Leistungen des inneren Ohres können wir durch ein physikalisches Modell nachzuahmen suchen. Dies Modell hat die Gestalt eines Spektralapparates nach dem Schema des Zungenfrequenzmessers (Abb. 359). Man denke sich etwa 100 Blattfedern für den Frequenzbereich 250—500 sec^{-1}, 200 für den Bereich 500—1000 sec^{-1}, 300 für den Bereich 1000—2000 sec^{-1} usw. Dies auf HELMHOLZ zurückgehende Modell macht vor allem die dem Physiker wichtigste Tatsache verständlich: Es ist die Entdeckung von OHM, die völlige Einflußlosigkeit der Schwingungsphasen.

Durch die Nichtbeachtung der Phasen hat das Gehirn für jeden Klang sich nur ein Spektrum einzuprägen. Für das Klangbild der Oktave wäre es in unserm Modell das in Abb. 440 roh skizzierte Bild. Bei Berücksichtigung der Phasen müßte das Gehirn schon für diesen einfachen Klang eine ganze Reihe verschiedengestalteter Bilder „auswendiglernen": 1. das unten in Abb. 303 dargestellte, 2. das unten in Abb. 304 dargestellte und 3. etliche von uns nicht gezeichnete Zwischentypen. Das gilt schon von dem ganz einfachen, aus nur zwei Sinuswellen aufgebauten Klang der Oktave. Bei den üblichen, aus zahlreichen Sinuswellen aufgebauten Klängen (Worte!) würde man schon für ein und denselben Klang zu phantastischen Zahlen verschieden gestalteter Wellenkurven kommen. Unser Gehirn vollbringt fürwahr mit dem Behalten unseres Wortschatzes schon eine ungeheure Leistung, auch wenn es jedes Wort nur im Bilde eines Linienspektrums registriert. Bei Einbeziehung der Phasen aber hatte das Gehirn für jedes einzelne Wort abertausende ganz verschieden aussehende Wellenkurven zu behalten. Seine Leistungen würden sich schlechthin ins Gebiet der Mystik verlieren.

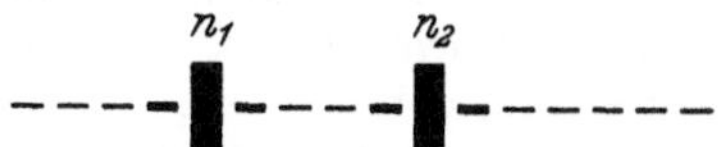

Abb 440 Schema für das Linienspektrum einer Oktave, aufgenommen von einem Zungenfrequenzmesser Die Dämpfung der Blattfedern ist berücksichtigt auch die Blattfedern beiderseits der Frequenzen n_1 und n_2 zeigen noch merkliche Amplituden

Des weiteren macht uns das Helmholtzsche Ohrmodell die Geringfügigkeit der Differenztöne verständlich. Differenztöne setzen Differenzschwingungen voraus. Fehlen diese in der Luft, so können sie nur im Korper entstehen. Die Entstehung einer Differenzschwingung erfolgt nach S. 171 durch einseitige Verzerrung des Wellenbildes. Diese wiederum setzt Abweichungen von der Linearität des Kraftgesetzes voraus. Diese Abweichungen sind jedoch bei kleinen Wellenamplituden in allen Stoffen sehr geringfügig. Infolgedessen können auch die Amplituden der Differenztöne im allgemeinen nur klein sein[1].

Diese beiden Beispiele für die Brauchbarkeit des Modells mögen genügen.

Das Labyrinth birgt in seinem schneckenförmigen Gang das Cortische Organ. Man findet es ausführlich in allen anatomischen und physiologischen Lehrbüchern beschrieben. Das Cortische Organ zeigt in seinem Aufbau in vieler Hinsicht eine überraschende Ähnlichkeit mit dem Zungenfrequenzmesser der Physik. Früher hielt man es für einen in winzigen Dimensionen ausgeführten Zungenfrequenzmesser. (Gesamtlänge rund 34 mm, „Blattfederlänge" von 0,04—0,5 mm ansteigend.) Neuerdings aber hat G. v. BÉKÉSY die Bewegungsvorgänge in der Schnecke direkt beobachten können. Dabei fand er erhebliche Abweichungen von dem einfachen Verhalten eines Zungenfrequenzmessers. Der Zungenfrequenzmesser kann daher nur als sehr brauchbares Modell bewertet werden.

---

[1] Infolge der logarithmischen Empfindlichkeitsskala unseres Ohres überschätzt man leicht die Amplituden der Differenzschwingungen.

C. Wärmelehre.

XIII. Grundbegriffe.

§ 131. Vorbemerkungen. Einige chemische Begriffe. Die Wärmelehre ist
für die gesamte Naturwissenschaft und Technik von grundlegender Bedeutung.
Ihre wichtigsten Sätze besitzen eine alles Naturgeschehen umfassende Geltung. —
Leider ist die Darstellung der Wärmelehre eine mißliche Aufgabe. Ihre Begriffs-
bildung ist schwierig. Sie kann sich nicht, wie die aller übrigen physikalischen
Gebiete, auf einfache qualitativ sofort übersehbare Experimente stützen, sondern
nur auf langwierige Messungen. Es gibt für Wärme nicht wie für Elektrizität
einwandfreie Isolatoren. Daher müssen immer Fehlerquellen berücksichtigt
werden. Das macht die experimentellen Anordnungen unübersichtlich und die
Auswertung der Ergebnisse mühsam und zeitraubend.

An die mathematischen Kenntnisse werden kaum höhere Ansprüche gestellt als in den übrigen Abschnitten dieses Buches. Erforderlich sind einige
Begriffe aus den Grundlagen der Chemie. Es sind die folgenden:

1. Moleküle sind aus Atomen der Elemente zusammengesetzt. Z. B. sind in
einem Wasserstoffmolekul zwei H-Atome miteinander verbunden. Bei Zimmertemperatur besteht Wasserstoff aus H -Molekülen, Quecksilberdampf hingegen
aus Hg-Atomen. Das Quecksilbermolekül ist einatomig. Molekül ist also der
übergeordnete Begriff. Er umfaßt sowohl mehratomige wie einatomige Moleküle.

2 Molekulargewichte (M) und Atomgewichte (A) sind — abweichend
vom übrigen wissenschaftlichen Sprachgebrauch — nicht etwa Kräfte, sondern
reine oder dimensionslose Zahlen. Als Definitionsgleichung benutzt man

$$\text{Molekulargewicht } (M) = \frac{\text{Masse } m \text{ eines Molekules}}{^1/_{16} \text{ Masse des Sauerstoffatoms.}}$$

In entsprechender Weise definiert man das Atomgewicht (A) mit der Masse m
eines Atoms.

3. Für chemische Zwecke hat man individuelle, d. h. nur für einzelne Stoffe
bestimmte Masseneinheiten geschaffen. Diese individuellen Masseneinheiten
sind gleich dem (M)-fachen irgendeiner allgemeinen Masseneinheit. Wir benutzen als allgemeine Masseneinheit die gesetzliche, nämlich das Kilogramm, für
uns ist also die individuelle Masseneinheit (M) kg, gesprochen Kilogramm-
Molekül oder kürzer Kilomol. Man merke sich also die Definitionsgleichung

$$\boxed{\begin{aligned} 1 \text{ Kilomol} &= (M) \text{ Kilogramm.} \\ 1 \text{ Kilogrammatom} &= (A) \text{ Kilogramm.} \end{aligned}} \qquad (222)$$

O_2 hat das Molekulargewicht (M) = 32, also ist für O_2 ein Kilomol = 32 kg. — Na hat
das Atomgewicht (A) = 23, also ist für Na 1 Kilogrammatom = 23 kg. Wie der Begriff
Molekül dem Begriff Atom, so ist auch die Masseneinheit Kilomol der Masseneinheit Kilogrammatom begrifflich ubergeordnet. Man spricht von Kilomol nicht nur bei mehratomigen,
sondern auch bei einatomigen Molekulen Man nennt daher 23 kg Natrium oft nicht 1 Kilogrammatom, sondern 1 Kilomol Natrium

4. Wir nehmen von einem beliebigen gasförmigen, flüssigen oder festen
Stoff eine beliebige Menge oder ein beliebiges Stück mit der Masse M, setzen

$$\frac{\text{Masse } M}{\text{Masse } m \text{ eines Molekules}} = \text{Zahl } n \text{ der Moleküle} \qquad (223)$$

und definieren

$$\boxed{\frac{\text{Zahl } n \text{ der Moleküle}}{\text{Masse } M} = \text{spezifische Molekülzahl } N.} \tag{224}$$

Die Zusammenfassung von (223) und (224) ergibt die wichtige Beziehung

$$\boxed{m = 1/N.} \tag{225}$$

In Worten: **Die Masse eines Moleküles ist gleich dem Kehrwert der spezifischen Molekülzahl.**

Der Zahlenwert von N wird entscheidend von der Wahl der Masseneinheit bestimmt. Eine allgemeine Masseneinheit, z. B. das Kilogramm, gibt für alle Stoffe verschiedene Zahlenwerte, man findet z. B.

$$\begin{array}{lll}
\text{für } H_2 & \text{mit } (M) = 2{,}016 & N = 2{,}98 \cdot 10^{26}/\text{kg}, \\
\text{für } NaCl & \text{mit } (M) = 58{,}03 & N = 1{,}03 \cdot 10^{25}/\text{kg}, \\
\text{für } Ag & \text{mit } (M) = 108 & N = 5{,}58 \cdot 10^{24}/\text{kg usw.}
\end{array}$$

Hingegen geben individuelle Masseneinheiten, z. B. Kilomole, für alle Stoffe den gleichen Zahlenwert; man erhält experimentell für alle Stoffe

$$\boxed{\text{spezifische Molekülzahl } N = \frac{6{,}02 \cdot 10^{26}}{\text{Kilomol}}} \tag{226}$$

Die übersichtlichsten Meßverfahren findet man in den §§ 105 und 142 des Elektrizitätsbandes und in § 151 dieses Bandes. Wichtige Anwendungsbeispiele sind auf S. 347 zusammengestellt.

Die Gl. (226) besagt in Worten: **Jeder Körper oder jede Menge mit der Masse 1 Kilomol besteht unabhängig von der chemischen Beschaffenheit aus $6{,}02 \cdot 10^{26}$ Molekülen. Darin liegt der große Vorteil der individuellen, von den Chemikern eingeführten Masseneinheiten. Sie verwenden, heißt: Meßergebnisse auf gleiche Anzahl von Molekülen beziehen.**

Den Sinn der individuellen Masseneinheiten erläutert man gut mit zwei Sorten von Stahlkugeln als Modellmolekülen. Die Massen der einzelnen Kugeln seien m_1 und m_2. Bekannt sei jedoch nur das Verhältnis

$$\frac{m_1}{m_2} = \frac{(M_1)}{(M_2)}, \text{ z. B. } \frac{m_1}{m_2} = \frac{25}{171}. \tag{a}$$

Darauf nehme man von beiden Kugelsorten je einen Haufen, dessen Masse gleich dem (M)fachen einer beliebigen Masseneinheit ist. Man nehme z. B. je (M) gramm, also 25 gramm kleine Stahlkugeln, 171 gramm große. Dann erhält der erste Haufen n_1 kleine Kugeln, der zweite n_2 große. Dabei gilt

$$\frac{n_1 m_1}{n_2 m_2} = \frac{(M_1) \text{ gramm}}{(M_2) \text{ gramm}}. \tag{β}$$

Die Zusammenfassung der Gl. (a) und (β) liefert $n_1 = n_2$, d. h. beide Haufen bestehen aus gleich viel Kugeln oder Modellmolekülen! Im Beispiel findet man experimentell durch Abzählen $n = 50$. Es ist daher das Verhältnis

$$\frac{\text{Zahl der Modellmoleküle}}{\text{Gesamtmasse der Modellmoleküle}} = N = \frac{50}{(M) \text{ gramm}} = \frac{5 \cdot 10^4}{(M) \text{ Kilogramm}} \text{ usw.}$$

Die Gleichung $m = 1/N$ liefert als Massen der einzelnen Modellmoleküle

$$m_1 = 0{,}5 \text{ gramm}, \quad m_2 = 3{,}42 \text{ gramm}.$$

5. In Mischungen zweier Stoffe A und B läßt sich der A-Gehalt durch verschiedene Gleichungen definieren. Die wichtigsten sind

$$\text{Gewichtsprozente} = 100 \frac{\text{Masse des Stoffes A}}{\text{Masse des Stoffes A und B}} \tag{227}$$

(beliebige, aber in Zähler und Nenner gleiche Masseneinheiten, wie Gramm, Kilogramm usw.).

$$\text{Molprozente} = \text{Kürzung für Molekülzahlprozente}$$
$$= 100 \, \frac{\text{Molekülzahl des Stoffes A}}{\text{Molekülzahl des Stoffes A und B}} . \qquad (228)$$

Molekülzahlen kann man nur in Einzelfallen durch Abzahlen bestimmen, z. B. bei radioaktiven Molekülen. Daher bestimmt man im allgemeinen die Molprozente mit der rechten Seite der Gl. (227), indem man für die Massen der Stoffe A und B deren individuelle Masseneinheiten, also Kilomole oder Mole, anwendet.)

§ 132. Eine neue Grundgröße, die Temperatur, und ihre Messung.
In der Mechanik arbeitet man allgemein mit drei Grundgrößen, alle Physiker benutzten Länge, Zeit und Masse. Für die Wärmelehre nimmt man ohne alle Ausnahme eine vierte Grundgröße hinzu, die Temperatur. Wie entsteht dieser Begriff?

In der Haut unserer Körperoberfläche und in einigen unserer Schleimhäute befinden sich außer den Druck- und Schmerzempfängern noch zwei weitere Sorten von Empfangsorganen. Die eine Sorte reagiert auf äußere Reize nur mit der Empfindung Wärme, die andere nur mit der Empfindung Kälte. Von diesen beiden Sinnesorganen geleitet, kann man Körper nach ihrer Fähigkeit, Wärme- oder Kältereize zu erzeugen,

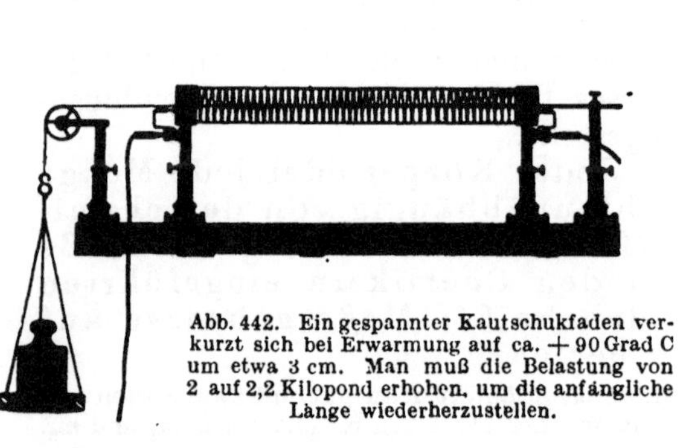

Abb. 442. Ein gespannter Kautschukfaden verkurzt sich bei Erwarmung auf ca. $+90$ Grad C um etwa 3 cm. Man muß die Belastung von 2 auf 2,2 Kilopond erhohen, um die anfängliche Länge wiederherzustellen.

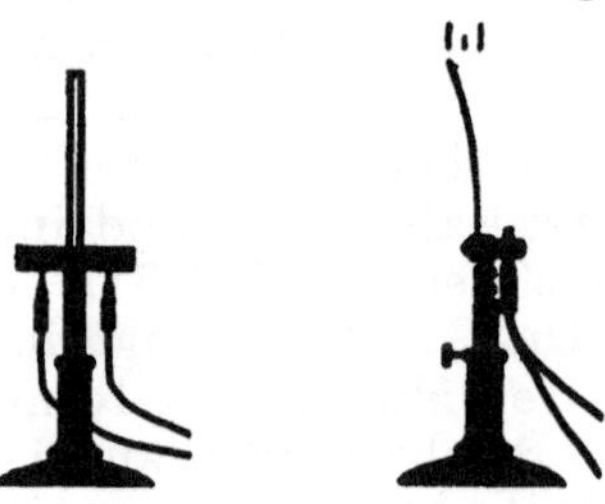

Abb. 443. Krummung eines elektrisch geheizten Bimetallstreifens Er besteht aus zwei aufeinandergeschweißten Blechen aus Nickel—Eisen, von denen das eine einen Zusatz von 6 Gewichtprozent Mangan enthalt.

in Reihen ordnen. Die „Ursache" dieser Reiz-Fähigkeit nennt man „Temperatur". Die so qualitativ definierte Temperatur bewährt sich als „Ursache" auch bei der Deutung zahlloser anderer, von unseren Empfindungen unabhängiger Erscheinungen. Änderungen der Temperatur ändern

1. die Abmessungen der Körper. Bei steigender Temperatur werden Metalldrähte länger, gespannte Kautschukfäden kürzer (Abb. 442), Bimetallstreifen krümmen sich (Abb. 443) und Gase dehnen sich aus;

2. die Lichtabsorption. Infolgedessen erscheint z. B. ein mit HgJ_2 getünchtes Blech bei kleinen Temperaturen gelblich, bei großen rot;

3. den elektrischen Widerstand der Metalle (Elektr.-Band § 114);

4. die elektrische Spannung zwischen zwei einander berührenden Metallen (Abb. 444, Thermoelement).

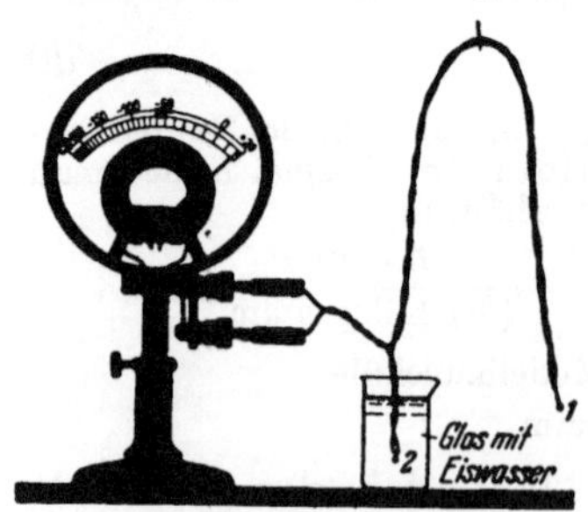

Abb. 444. Ein elektrisches Thermometer für Schauversuche. Es besteht aus zwei bei *1* und *2* zusammengelöteten Silber- und Konstantandrahten und einem elektrischen Spannungsmesser. Die Lötstelle *1* wird mit dem zu messenden Korper in Beruhrung gebracht, die Lotstelle 2 mit Eiswasser auf 0 Grad C gehalten.

Diese Liste ließe sich beliebig fortsetzen: Die Mehrzahl aller physikalischen und chemischen Erscheinungen zeigt eine Abhängigkeit von der Temperatur.

Mit jeder dieser Erscheinungen kann man grundsätzlich ein Meßverfahren für die Temperatur definieren und ein Meßinstrument, Thermometer genannt, konstruieren.

Im täglichen Leben, in Wissenschaft und Technik benutzt man die Volumenänderung flüssiger Körper. Hg-Thermometer und ihre hundertteilige Gradskala zwischen der Temperatur des schmelzenden Eises und des siedenden Wassers sind heute jedem Schüler bekannt. Hg-Thermometer sind brauchbar zwischen + 800 und — 39 Grad C. Für kleinere Temperaturen bis herab zu — 200 Grad C benutzt man Thermometer mit Pentanfüllung.

Hg-Thermometer bis 300 Grad sind evakuiert, für größere Temperaturen verhindert man das Verdampfen des Hg durch eine Stickstoffüllung mit Drucken bis etwa 100 Atmospharen. — Durch einen Zusatz von Thallium bleibt Hg bis — 59 Grad C flüssig und zur Temperaturmessung brauchbar.

Neben den Flüssigkeitsthermometern und außerhalb ihrer Grenzen benutzt man vorzugsweise elektrische Thermometer, also Thermoelemente gemäß Abb. 444, oder Widerstandsthermometer (Elektr.-Lehre § 114). Für hohe Temperaturen spielt die optische Temperaturmessung mit „Strahlungsthermometern" die wichtigste Rolle. Demgemäß werden ihre Grundlagen im Optikband (§ 163) eingehend behandelt.

Alle Thermometer werden heute mit Hilfe gesetzlich festgelegter und als „Fixpunkte" sicher reproduzierbarer Temperaturen geeicht. Die Fixpunkte (Tabelle 8) hat man mit überaus langwieriger, mühseliger Entwicklungsarbeit gewonnen. Dabei hat man sich von folgenden Gesichtspunkten leiten lassen:

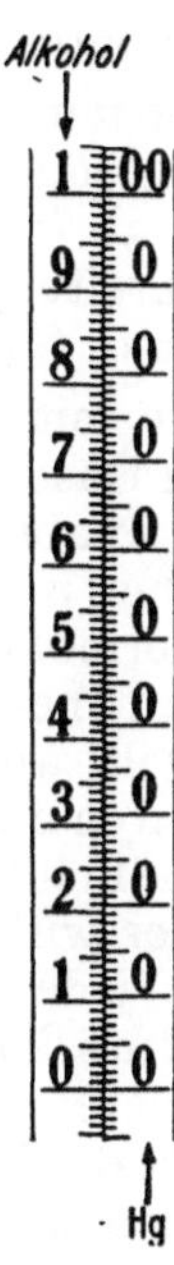

Abb. 445. Rechts die Skala eines Quecksilberthermometers mit einer gleichformigen Teilung zwischen 0 Grad und 100 Grad, links die Teilung eines mit Hilfe des Quecksilberthermometers geeichten Alkoholthermometers.

Tabelle 8. Einige für Eichungen wichtige Fixpunkte der 1927 gesetzlich festgesetzten Temperaturskala bei normalem Luftdruck (= 760 mm Hg-Saule). E = Erstarrungspunkt, Sb = Sublimationspunkt, Sm = Schmelzpunkt, Sd = Siedepunkt.

Wasserstoff	Sd	— 252,8 ⁰
Stickstoff	Sd	— 195,8 ⁰
Sauerstoff	Sd	— 183 ⁰
Schwefelkohlenstoff	E	— 112 ⁰
Kohlensaure	Sb	— 78,5 ⁰
Quecksilber	E	— 38,9 ⁰
Eis	Sm	0,00 ⁰
Wasser	Sd	+ 100 ⁰
Naphthalin	Sd	218 ⁰
Kadmium	E	321 ⁰
Schwefel	Sd	444,6 ⁰
Antimon	E	631 ⁰
Silber	E	961 ⁰
Gold	E	1063 ⁰
Platin	Sm	1770 ⁰
Wolfram	Sm	3400 ⁰

Als Meßgenauigkeit erreicht man

bis + 500 Grad C	0,05	Grad
bis + 1000 Grad C	0,5	Grad
bis + 2000 Grad C	4	Grad
bis + 3000 Grad C	20	Grad

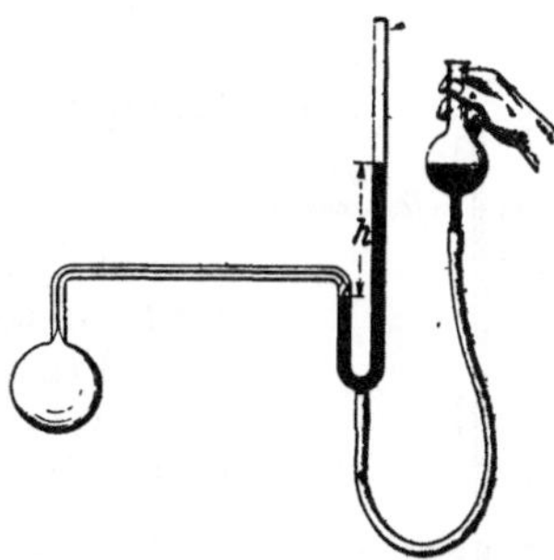

Abb. 446. Schema eines Gasthermometers Durch Nachfullen von Hg wird das Volumen des Gases konstant gehalten und die Hohe der Quecksilbersaule abgelesen. Sie liefert den Druck des Gases, und aus ihm berechnet man die Temperatur gemäß § 141.

Eine quantitative Definition der Temperatur mit einem Hg- oder allgemein Flüssigkeitsthermometer war trotz ihrer großen praktischen Brauchbarkeit nicht voll befriedigend. Das zeigt man am einfachsten an Hand der Abb. 445. Diese enthält rechts die Skala eines Hg-Thermometers in technischer Normalausführung und links daneben ein mit seiner Hilfe geeichtes Alkoholthermometer: In dem dargestellten Bereich ist nur die Teilung des Hg-Thermometers gleichförmig, die des Alkoholthermometers ungleichförmig.

Die mit der Volumenänderung von Flüssigkeiten definierte Temperaturmessung hängt also von der willkürlichen Wahl der thermischen Normalstoffe ab (also z. B. Hg und Glasart). Aus diesem Grunde hat man beim Fortschreiten der Meßtechnik das flüssige Hg durch verdünnte Gase ersetzt und Gasthermometer entwickelt (Abb. 446).

Die mit Gasthermometern definierte Temperatur ist, bei hinreichend kleinen Gasdichten, von der Natur des benutzten Gases schon sehr weitgehend unabhängig. Eine begrifflich voll befriedigende Temperaturdefinition muß aber nicht nur praktisch, sondern auch grundsätzlich von der Wahl der Thermometerstoffe unabhängig sein. Dies Ziel hat man gedanklich mit der „thermodynamischen Temperaturskala" erreicht. Sie wird in § 187 behandelt werden. Die Fixpunkte (Tabelle 8) dienen dem Zweck, die thermodynamische Skala experimentell zu verwirklichen. — Selbstverständlich beruht auch die thermodynamische (oder „Kelvinsche") Skala auf einer willkürlichen Vereinbarung. Maßgebend ist, wie bei der Vereinbarung jedes physikalischen Meßverfahrens, nur der Gesichtspunkt der Zweckmäßigkeit: Die mit dem Verfahren gemessenen Größen müssen mit anderen physikalischen Größen möglichst einfache, mathematisch formulierbare Zusammenhänge ergeben.

Wissenschaft und Technik haben uns mit dem Bau handlicher und zuverlässiger Thermometer verwöhnt, nicht minder wie etwa mit dem Bau der Taschenuhren und Amperemeter. Trotzdem darf die grundsätzliche Frage des Meßverfahrens und der Eichung der Instrumente nicht unerwähnt bleiben. Sonst übersieht man leicht die große, in der Entwicklung der Meßtechnik enthaltene Leistung.

§ 133. Wärmemenge, spezifische Wärme und Wärmekapazität. Der Begriff Temperatur reicht nicht aus, um die mit Temperaturänderungen verknüpften Vorgänge zu beschreiben. Das sieht man schon an einem einfachen Beispiel, nämlich dem Ausgleich der Temperatur zwischen zwei Körpern von verschiedener Temperatur und Beschaffenheit. — Die Temperaturen der Körper seien T_1 und T_2, ihre Massen M_1 und M_2 (Abb. 447). Beide Körper werden in innige Berührung gebracht, am einfachsten geht das mit der Durchmischung von Pulvern oder Flüssigkeiten. Dabei sollen weder chemische Umwandlungen eintreten noch Phasenänderungen, d. h. feste Stoffe sollen fest bleiben, flüssige flüssig usw. Nach der Mischung stellt sich eine zwischen T_1 und T_2 gelegene Temperatur T ein. Diese kann man aber nicht als Mittelwert darstellen, es gilt nicht die Beziehung

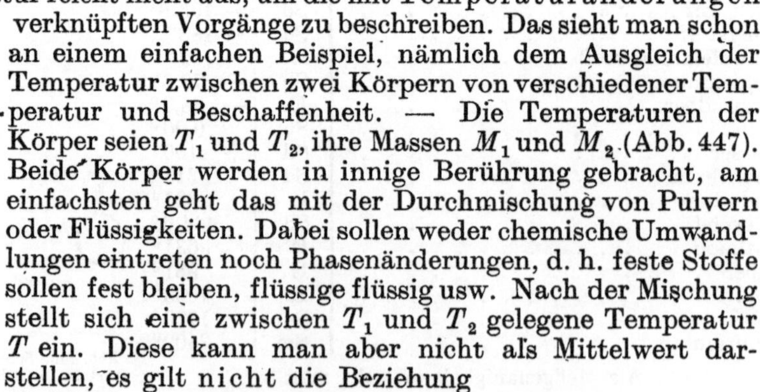

Abb. 447. Schema eines Wasserkalorimeters.

$$M_1 T_1 + M_2 T_2 = (M_1 + M_2)T$$

Man braucht vielmehr zur Darstellung der Beobachtungen zwei Faktoren c_1 und c_2 und muß schreiben

$$M_1 c_1 T_1 + M_2 c_2 T_2 = (M_1 c_I + M_2 c_2)\, T \tag{229}$$

oder umgeformt

$$c_1 M_1 \underbrace{(T_1 - T)}_{\substack{\text{Temperatur-}\\ \text{abnahme}}} = c_2 M_2 \underbrace{(T - T_2)}_{\substack{\text{Temperatur-}\\ \text{zunahme}}}.$$

$$c_1 M_1 \varDelta T_1 = c_2 M_2 \varDelta T_2 \tag{230}$$

Den Produkten $c M \varDelta T$ gibt man einen Namen, man definiert

$$\text{Wärmemenge } Q = c M \varDelta T \tag{231}$$

und schreibt statt (230) $Q_1 = Q_2$.

In Worten: Die infolge der Berührung vom heißen Körper 1 abgegebene Wärmemenge Q_1 ist gleich der vom kalten Körper 2 aufgenommenen Wärmemenge Q_2 (G. W. Richmann, 1711—1755).

Diese Wärmemenge behandelt man meßtechnisch zunächst wie eine Grundgröße. Ihre Einheit bekommt den Namen Kilokalorie. Diese definiert man durch zwei Festsetzungen: Erstens einigt man sich auf einen bestimmten Stoff, nämlich Wasser von 14,5 Grad C. Zweitens gibt man für diesen Stoff der Konstanten c in Gl. (231) einen willkürlichen Wert, nämlich

$$c_{\text{Wasser}} = 1{,}000 \, \frac{\text{Kilokalorie}}{\text{Kilogramm} \cdot \text{Grad}}.$$

1 Kilokalorie ist also die Wärmemenge, die $M = 1$ kg Wasser von 14,5 Grad um $\varDelta T = 1$ Grad erwärmen kann.

Nach Vereinbarung eines Meßverfahrens für die Wärmemenge bekommen jetzt auch die Faktoren c einen physikalischen Sinn. Sie bedeuten eine spezifische, d. h. auf andere Größen bezogene Wärme, nämlich

$$c = \frac{Q}{M \cdot \varDelta T}. \tag{232}$$

Das Produkt aus spezifischer Wärme c und Masse M des Körpers nennt man seine Wärmekapazität C. 36 kg Wasser = 2 Kilomol Wasser haben beispielsweise die Wärmekapazität $C = 36$ Kilokalorien/Grad.

§ 134. Wärmemenge als Energie. Erhaltung der Energie. Die stoffliche Auffassung der Wärmemenge wurde schon vor 1800 bekämpft. Graf Rumford erklärte die Wärme als eine unsichtbare Bewegung der Moleküle, kam jedoch trotz überzeugender Experimente (1798) nicht über eine qualitative Deutung hinaus. Eine quantitative Deutung mußte die Wärmemenge einer der bekannten mechanischen Größen gleichsetzen. Das gelang 1842 dem Arzt Robert Mayer. Er erkannte die Wesensgleichheit von Wärmemenge und mechanischer Arbeit. Außerdem berechnete Mayer aus Angaben des Schrifttums in äußerst scharfsinniger Weise den Umrechnungsfaktor vom kalorischen Maß der Arbeit auf das mechanische Maß (§ 143). Ein englischer Bierbrauer, J. P. Joule, verbesserte den Zahlenwert des Umrechnungsfaktors durch eigene, sehr genaue Messungen (1843). Robert Mayer vertrat als erster den Satz vom unzerstörbaren Bestand der Energie. Energie kann weder geschaffen werden noch verschwinden. Eine Energie kann stets nur von einer Form in eine andere umgewandelt werden. — Anders ausgedrückt: Keine Maschine kann Arbeit leisten, ohne daß ein anderer gleichwertiger Energiebetrag verschwindet. Oder kürzer: Es gibt kein perpetuum mobile erster Art. Das ist ein reiner Erfahrungssatz. Seine quantitative Fassung nennt man heute den I. Hauptsatz der Wärmelehre (§§ 138, 139).

Aus der Fülle der experimentellen Grundlagen bringen wir zwei Versuche in schematischer Darstellung:

In Abb. 448 wird Wasser (Masse m) durch einige Schaufelräder gerührt und dadurch erwärmt (Temperaturzunahme ΔT). Als Motor dient ein zu Boden sinkender Metallklotz. Seine potentielle Energie wird in eine Wärmemenge umgewandelt. Man findet für jedes Großdynmeter mechanischer Energie eine Wärmemenge von $2,39 \cdot 10^{-4}$ Kilokalorien. Das ist das **kalorische Äquivalent** der mechanischen Arbeit. Wir schreiben

1 Kilokalorie = 4185 Großdynmeter oder Wattsekunden.

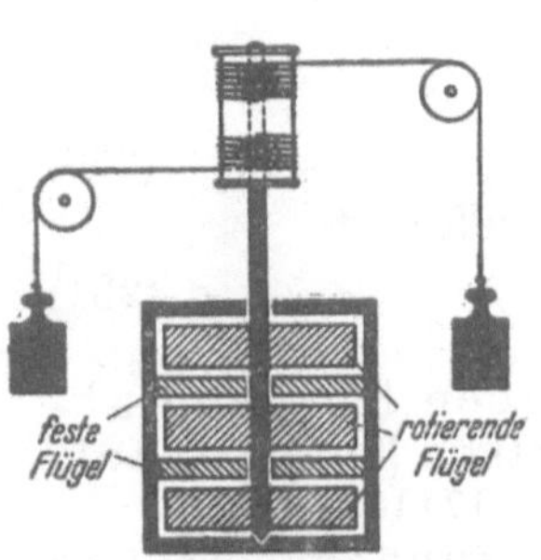

Abb. 448. Umwandlung mechanischer Arbeit in Wärmeenergie. Schema des Versuches von J. P. JOULE. Für Messungen im Praktikum erzeugt man die Wärme meist durch Reibung zwischen geschmierten Grenzflachen zweier Kupferklotze. Die spezifische Wärme von Cu ist rund 10 mal kleiner als die von Wasser.

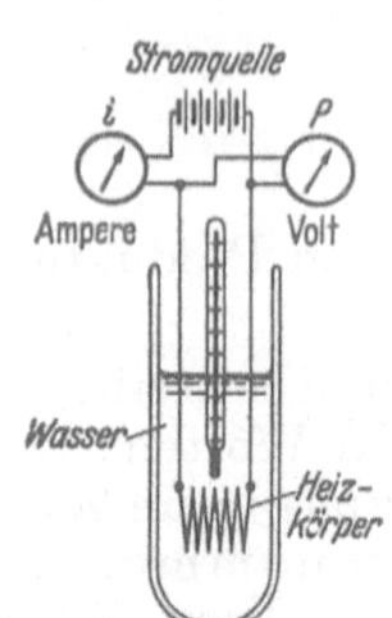

Abb. 449. Umwandlung elektrischer Energie in Wärmeenergie. Eine kleine, für gute Durchmischung unentbehrliche Rührvorrichtung ist nicht gezeichnet. Einfacher Praktikumsversuch.

In Abb. 449 wird eine Wassermenge (Masse m) durch einen kleinen elektrischen Heizkörper in der Zeit t um ΔT erwärmt. Dabei wird die elektrische Energie

$$W = I \cdot P \cdot t$$

(I = Strom im Heizkörper, gemessen in Ampere; P = Spannung zwischen den Enden des Heizkörpers, gemessen in Volt; t = Flußzeit des Heizstromes, gemessen in Sekunden; also die Energie W gemessen in Voltamperesekunden oder Wattsekunden.)

in eine Wärmemenge umgewandelt. Man findet für jede Voltamperesekunde oder Wattsekunde eine Wärmemenge von $2,39 \cdot 10^{-4}$ Kilokalorien. Wieder schreiben wir

$$\boxed{1 \text{ Kilokalorie} = 4185 \text{ Wattsek.} = 1,16 \cdot 10^{-3} \text{ Kilowattstunden.}} \tag{233}$$

Auf Grund dieser und vieler ähnlicher Messungen betrachten wir 1 Kilokalorie als eine im Grunde entbehrliche Energieeinheit. Wir werden sie wenig benutzen, sondern meistens auch die Wärmemenge genannte Energie in Wattsekunden, der internationalen Energieeinheit, messen. Dann ist die **spezifische Wärme des Wassers** nicht mehr $c_{\text{Wasser}} = 1$ Kilokalorie/kg · Grad, sondern

$$\boxed{c_{\text{Wasser}} = 4,185 \cdot 10^3 \, \frac{\text{Wattsek.}}{\text{kg Grad}} = 7,55 \cdot 10^4 \, \frac{\text{Wattsek.}}{\text{Kilomol} \cdot \text{Grad}}.} \tag{234}$$

Die Erwärmung von 1 kg Wasser um 1 Grad bedeutet also eine Energiezufuhr von 4185 Wattsekunden.

Der Rückblickende vermag die Leistung wissenschaftlicher Pioniere nie mehr in vollem Umfange zu würdigen. So gilt auch die Wesensgleichheit der Wärmemenge mit den übrigen Energieformen längst als „selbstverständlich", sie ist Allgemeingut geworden. Heute definiert man geradezu als Energie alles, durch das man einem Körper Wärme zuführen kann. Man spricht nicht nur von den verschiedenen Formen der mechanischen und elektrischen Energien, sondern auch von chemischen Energien und Strahlungsenergien. Denn Strahlungen aller Art können in bestrahlten Körpern absorbiert werden und diese dabei erwärmen.

§ 135. Latente Wärmen (JOSEF BLACK, 1762). Bei unseren bisherigen Experimenten erfuhren die Stoffe keinerlei Umwandlungen. Feste Körper blieben fest, flüssige flüssig, gasförmige gasförmig. Auch die Zusammensetzung der

Stoffe blieb ungeändert, sowohl ihr chemischer als auch ihr kristalliner oder mikrokristalliner Aufbau. Diese Beschränkung lassen wir jetzt fallen. Es werden Umwandlungen von einer Phase in eine andere zugelassen. Dann kann ein Stoff eine Energie in Form einer Wärmemenge oder kürzer: „in Wärmeform" aufnehmen oder abgeben, ohne seine Temperatur zu ändern. In diesem Falle nennt man die Wärmemenge latent. Wir bringen drei wichtige Beispiele:

I. Spezifische Verdampfungs- und Kondensationswärme. In Abb. 450 ist ein Behälter teilweise mit Wasser gefüllt und dann luftleer gepumpt worden. An den Behälter ist ein Druckmesser M angeschlossen und ein einstellbares Federventil. Außerdem ist der Behälter mit einer elektrischen Heizvorrichtung versehen.

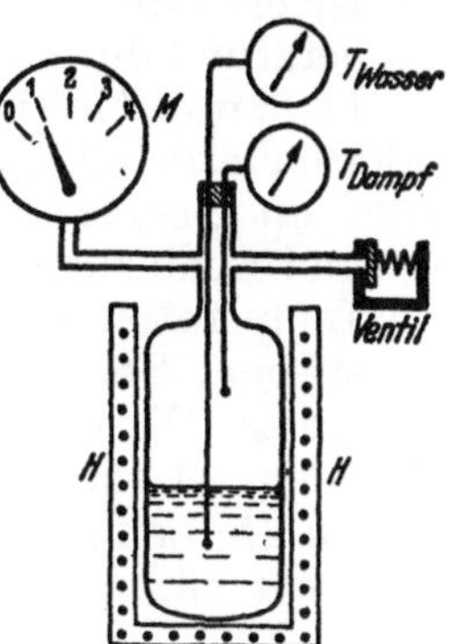

Abb. 450. Zur Messung der Verdampfungswarme. Schema. Das Manometer zeigt 1 Atm., falls seine Zuleitung frei mit der Zimmerluft in Verbindung steht. Es mißt also den ganzen Druck des Dampfes, nicht nur seinen Überschuß über den normalen Luftdruck. H = elektrischer Ofen. Als Federventil eignet sich die für O_2-Bomben gebräuchliche Form.

Nach Einschalten des Stromes erwärmt sich das Wasser, und mit steigender Temperatur wächst der Druck des Dampfes. Der Dampf steht dauernd mit dem Wasser in Berührung und „im Gleichgewicht". Man nennt den Druck dieses Dampfes den Sättigungsdruck. Zahlenwerte findet man in der Abb. 517, § 172. Bei einem bestimmten Dampfdruck p öffnet sich das Ventil, der Dampf entweicht in stetigem Strome. Von diesem Augenblick an bleibt die Temperatur sowohl des Wassers wie des Dampfes konstant, beide Temperaturen sind nach wie vor gleich. — Folgerung: Der entweichende Dampf muß dauernd ersetzt werden, es muß dauernd Wasser in Dampf umgewandelt werden. Die zugeführte Energie wird für den Vorgang der Verdampfung gebraucht und im Dampf ohne Temperaturerhöhung, also latent, gespeichert. — Die verdampfte Wassermenge ergibt sich proportional der zugeführten Energie. Dann bildet man das Verhältnis

$$r = \frac{\text{in Wärmeform zugeführte Energie}}{\text{Masse der verdampften Flüssigkeit}} \qquad (235)$$

und nennt es spezifische Verdampfungswärme. Die Abb. 459, S. 253 gibt einige Zahlenwerte, und zwar für die Dampfbildung zwischen 0 und 374 Grad C.

Jede verdampfende Flüssigkeit entzieht ihrer Umgebung Energie in Wärmeform. Darauf beruhen mannigfache Kältemaschinen. Im Laboratorium benutzt man oft die in Abb. 451 skizzierte Kühlflasche. Sie besteht aus Glas und enthält flüssiges Chloräthyl (Siedetemperatur = 13,1 Grad C. Dampfdruck bei 18 Grad C = 1,26 Kilopond/cm²). Die Flüssigkeit wird durch den Druck ihres Dampfes aus einem kleinen Hebelventil ausgespritzt. Die vom Strahl getroffene Fläche muß die Verdampfungswärme liefern, und dadurch kühlt sie sich ab. So kann man im Laboratorium bequem Temperaturen unter 0 Grad C erzeugen. In der Medizin benutzt man dieses Hilfsmittel, um durch Einfrieren eine örtliche Unempfindlichkeit gegen Schmerz zu erzeugen. (Man bespritze schwarzes Papier, behauche es und beobachte die Reifbildung.)

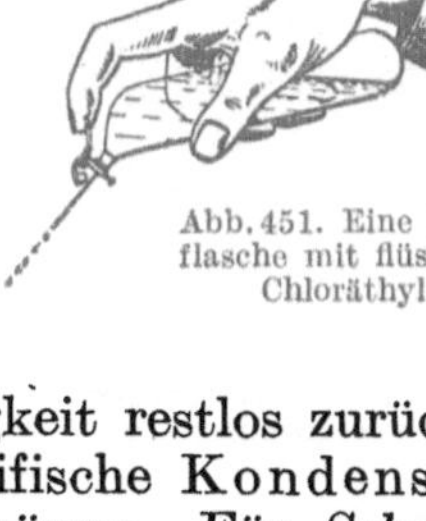

Abb. 451. Eine Kühlflasche mit flüssigem Chloräthyl.

Die im Dampf latent gespeicherte Energie läßt sich bei der Rückbildung des Dampfes in die Flüssigkeit restlos zurückgewinnen. Bis auf das Vorzeichen ist also die „spezifische Kondensationswärme" gleich der spezifischen Verdampfungswärme. Für Schauversuche leitet man Wasserdampf in ein mit kaltem Wasser gefülltes Kalorimetergefäß (Thermosflasche). Dort kondensiert er sich, und dabei wird das Wasser erwärmt. Aus der Menge des Wassers und der Steigerung seiner Temperatur läßt sich die Kondensationswärme berechnen.

II. Spezifische Schmelz- und Kristallisationswärme. Ein Kalorimetergefäß enthält 0,5 kg Wasser und 0,125 kg Eisbrocken, und zwar beide mit einer Temperatur von 0 Grad C. Darauf wird 1 kg Wasser von 10 Grad C hinzugefügt. Nach einigen Minuten stellen wir den Erfolg fest: Die Temperatur des Gemisches ist nach wie vor 0 Grad, sie ist also nicht angestiegen. Statt dessen ist alles Eis in Wasser verwandelt worden. — Folgerung: Die mit dem Wasser zugeführte Wärmemenge ($4,19 \cdot 10^4$ Wattsekunden) ist für den Schmelzvorgang verbraucht und dadurch latent geworden. Derartige Versuche liefern, quantitativ ausgeführt, die spezifische Schmelzwärme eines Stoffes, definiert durch das Verhältnis

$$\chi = \frac{\text{in Wärmeform zugefuhrte Energie}}{\text{Masse des geschmolzenen Stoffes}}. \tag{236}$$

Die Tabelle 9 gibt Zahlenwerte als Beispiele, und zwar wieder für normalen Luftdruck.

Die in der Flüssigkeit latent enthaltene Energie läßt sich bei der Erstarrung der Flüssigkeit restlos zurückgewinnen. Die Kristallisationswärme ist bis auf das Vorzeichen mit der Schmelzwärme identisch.

Tabelle 9.

Stoff	Spezifische Warme um 18 Grad C		Spezifische Schmelzwärme	
	10^3 Wattsek. kg · Grad	Kilokalorien kg · Grad	10^5 Wattsek. kg	Kilokalorien kg
Aluminium . .	0,90	0,21	3,94	94
Kupfer	0,38	0,091	1,72	41
Blei	0,13	0,031	0,23	5,5
NaCl	0,88	0,21	5,2	124
Glas	0,8	0,19	—	—
Benzol	1,7	0,41	1,27	30
Wasser	4,19	1,0	3,35	80

Zur Vorführung einer Kristallisationswärme im Schauversuch eignet sich besonders das für die Photographie als Fixiersalz benutzte Natriumthiosulfat ($Na_2S_2O_3 \cdot 5\,H_2O$).

Der Schmelzpunkt dieses Salzes liegt bei + 48,2 Grad C. Man kann die Schmelze stark unterkühlen. Sie hält sich bei Zimmertemperatur tagelang. Beim „Impfen" mit einem kleinen Kristall beginnt die Kristallisation unter beträchtlicher Wärmeentwicklung. Man kann mit Hilfe dieser Wärme Äther verdampfen und diese Verdampfung mit einer Ätherflamme weithin sichtbar machen.

Technisch benutzt man diesen Vorgang zur Herstellung von Heizkissen. Man füllt das Salz in eine Gummiblase und schmilzt es in heißem Wasser. Bei der Abkühlung hält sich die Temperatur lange auf + 48 Grad C („Haltepunkt").

III. Spezifische Umwandlungswärme. In Abb. 452 wird ein kohlenstoffhaltiges Eisenblech (0,9 Gewichtsprozent C) elektrisch auf Gelbglut erhitzt. Nach Abschalten des Stromes kühlt es sich rasch ab und wird dabei dunkel. Beim Unterschreiten von $T \approx 720$ Grad C flammt es noch einmal hell auf: es verwandelt sich — und zwar durch Unterkühlung verzögert — eine γ-Eisen benannte Form des Eisens in ein Gemenge von kohlenstoffreiem α-Eisen und von Fe_3C (Cementit) umgewandelt. Dabei wird eine erhebliche Umwandlungswärme frei.

Abb. 452. Zur Vorführung einer Umwandlungswärme.

Durch die Einführung der latenten Wärme ist der Begriff Wärmemenge ganz wesentlich erweitert worden. Der Begriff Wärmemenge wurde zunächst mit der Temperaturänderung eines Stoffes definiert (§ 133), trotzdem aber jetzt (bei Zulassung von Phasenänderungen) auf Vorgänge ohne Temperaturänderung angewandt. Demgemäß soll der Begriff Wärmemenge oder Wärme von nun an nur noch eine Energieform kennzeichnen, die bei Ausschluß sonstiger Hilfsmittel ausschließlich mit Hilfe einer Temperaturdifferenz von einem Körper auf einen anderen übertragen werden kann. Dafür gibt es zwei Möglichkeiten: die Energieübertragung durch Leitung und die Energieübertragung durch Strahlung. Bei der Wärmeleitung berührt ein Körper einen zweiten von tieferer Temperatur, z. B. die Flamme den Kochtopf oder der elektrische Tauchsieder das Wasser. — Die Übertragung von Wärme durch Strahlung wird in den §§ 161—163 des Optikbandes eingehend behandelt.

Die gesperrt gedruckten Worte „bei Ausschluß sonstiger Hilfsmittel" sollen durch die Gegenüberstellung zweier Beispiele erläutert werden: In Abb. 453a wird ein heißer Gasbehälter I mit einem kalten II durch eine Metallstange M, d. h. durch einen guten Wärmeleiter, verbunden. Dabei wird T_1 kleiner, T_2 größer: Dem Behälter II wird von I Energie in Wärmeform zugeleitet. — In Abb. 453b haben beide Behälter je eine als Kolben verschiebbare Wand; diese beiden Kolben sind durch eine Glasstange, also einen Wärmeisolator, aneinandergekuppelt. Nach Auslösen irgendeiner Sperrklinke bewegen sich beide Kolben nach rechts. Dabei wird T_1 kleiner, T_2 größer. In diesem Fall ist die Energie

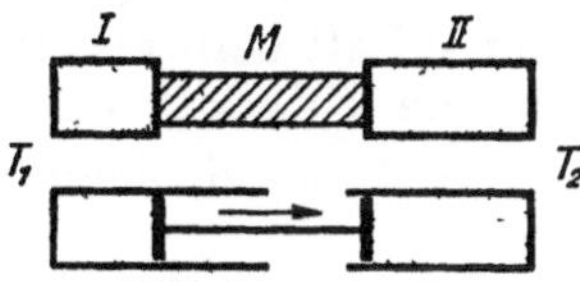

Abb. 453 a u. b. Zur Übertragung von Energie in Form von Wärme und in Form von Arbeit.

von I nach II nicht in Wärmeform übertragen worden, sondern in Form mechanischer Arbeit. Das ist durch das Hilfsmittel der beweglichen gekuppelten Kolben erreicht worden.

Auch bei der Reibung wird einem Körper Energie nicht in Wärmeform zugeführt, sondern in Form mechanischer Arbeit. Diese wird erst nachträglich in Wärmeform umgewandelt. Nützlich ist ein Beispiel: Ein Eisklotz wird von einem Motor in Drehung versetzt. Gegen diesen Klotz wird ein zweiter Eisklotz gepreßt. Das Eis schmilzt an der Berührungsfläche. Es tropft Wasser ab, jedoch nur mit der Temperatur von 0 Grad C. Die ganze, dem Eis zugeführte Reibungsarbeit wird in Wärme verwandelt. Diese bleibt aber als Schmelzwärme latent, es gibt keine Temperaturerhöhung.

XIV. I. Hauptsatz und Zustandsgleichungen.

§ 136. Ausdehnungsarbeit und technische Arbeit. Unser nächstes Ziel ist die quantitative Fassung des Satzes von der Erhaltung der Energie, also des ersten Hauptsatzes. Dieser und der folgende Paragraph dienen der Vorbereitung.

In der Mechanik fester Körper definiert man die Arbeit A als Produkt „Kraft in Richtung des Weges mal Weg", also $A = \int \mathfrak{K}\, ds$ (S. 47). Die Kraft $\mathfrak{K}$ läßt sich in Flüssigkeiten und Gasen durch das Produkt „Druck p mal Fläche F" ersetzen. Dann erhält man als Arbeit $A = \int p \cdot F \cdot ds$ oder, da $F\,ds = $ Volumenelement dV,

$$A = \int p \cdot dV. \qquad (237)$$

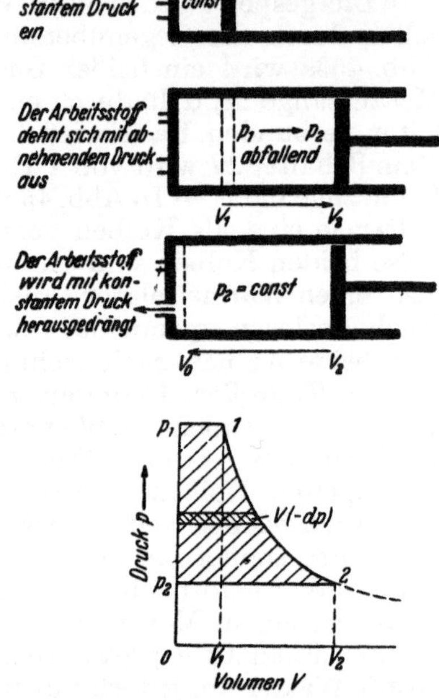

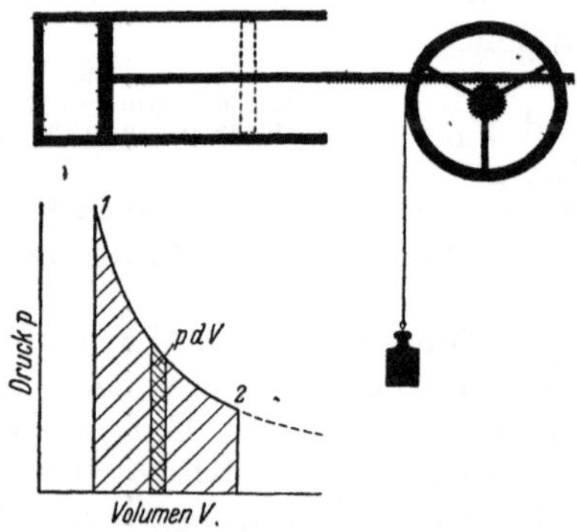

Abb. 454. pV-Diagramm zur Definition einer Ausdehnungsarbeit $\int p\,dV$. Schraffierte Fläche **unter** der Ausdehnungskurve. Der Arbeitsstoff leistet in diesem Beispiel außer Hubarbeit auch Beschleunigungsarbeit. Vgl. Abb. 520.

Abb. 455—458. pV-Diagramm zur Definition der technischen Arbeit $A_{\text{techn}} = -\int V\,dp$. Schraffierte Fläche **neben** der Ausdehnungskurve. Der Arbeitsstoff fließt, die Maschine M durchstromend, aus einem Behalter mit großem konstanten Druck p_1, z. B. einem Dampfkessel, in einen Behalter mit kleinem konstanten Druck, z. B. in einen Kondensator oder in die freie Atmosphäre.

Genau wie früher wollen wir auch diese Entstehung einer Arbeit durch eine Zeichnung veranschaulichen. Das geschieht in Abb. 454. Ein in einen Zylinder eingesperrter Stoff von **konstanter Masse** soll gegen den Kolben drücken; er soll ihn nach rechts verschieben, dabei das Volumen vergrößern und eine Arbeit leisten. Dann bleibt der Druck während der Kolbenbewegung nicht konstant, das ist durch die Kurve 1 ... 2 dargestellt. Die Ausdehnungsarbeit $\int_1^2 p\,dV$ ist gleich der schraffierten Fläche **unter** der Ausdehnungskurve.

In der Technik arbeiten alle Maschinen in periodischer Folge. Sie können ihre Arbeit nur mit Hilfe eines **strömenden** Arbeitsstoffes erzeugen. Für diesen Fall hat man den Begriff der **technischen Arbeit** A_{techn} geschaffen. Er soll an Hand der Abb. 455—458 erläutert werden. Diese Bilder zeigen oben den Zylinder einer Maschine mit einem Zu- und einem Abflußventil und einem Kolben.

Im ersten Zeitabschnitt einer Periode strömt der Arbeitsstoff mit konstantem Druck in den Zylinder ein. Er muß sich durch Vordrängen des Kolbens bis zur Stellung *1* Platz machen. Dabei gibt er die Verdrängungsarbeit $p_1 V_1$ an den Kolben ab. Im zweiten Zeitabschnitt ist das Zuflußventil geschlossen, der Arbeitsstoff dehnt sich aus und verschiebt den Kolben bis zur Stellung *2*; sein Druck sinkt von p_1 auf p_2. Dabei gibt er die Ausdehnungsarbeit $A = + \int_1^2 p\, dV$ an den Kolben ab. Im dritten Zeitabschnitt ist das Ausflußventil geöffnet, der Arbeitsstoff wird vom Kolben mit dem konstanten Druck p_2 herausgeschoben. Dabei wird ihm vom Kolben die Verdrängungsarbeit $p_2 V_2$ zurückgegeben.

Der Arbeitsstoff führt also dem Kolben zwei Arbeitsbeträge zu, nämlich $p_1 V_1$ und $\int_1^2 p\, dV$. Dem abfließenden Arbeitsstoff wird der Betrag $p_2 V_2$ mit auf den weiteren Weg gegeben. Somit liefert der Arbeitsstoff dem Kolben die technisch verwertbare oder kurz die **technische** Arbeit

$$A_{\text{techn}} = p_1 V_1 + \int_1^2 p\, dV - p_2 V_2 = -\int_1^2 V\, dp \qquad (238)$$

dargestellt in }	lotrechte Recht-	Fläche $V_1\,12\,V_2$	waagerechte	schraffierte Fläche
Abb. 458 }	eckflache	unter der Aus-	Rechteckflache	$p_1\,12\,p_2$
durch die }	$O\,p_1\,1\,V_1$	dehnungskurve	$O\,p_2\,2\,V_2$	neben der Ausdehnungskurve.

Soweit das spezielle, Zylinder und Kolben benutzende Beispiel. — In entsprechender Weise unterscheidet man allgemein zwei verschiedene Fälle:

1. Eine eingesperrte Arbeitsstoffmenge dehnt sich aus und gibt dabei nach außen ab die

$$\boxed{\textbf{Ausdehnungsarbeit } A = + \int_1^2 p\, dV.} \qquad (237)$$

2. Eine Arbeitsstoffmenge **durchströmt** eine beliebige Maschine, vergrößert dabei ihr Volumen von V_1 auf V_2 und vermindert dabei ihren Druck von p_1 auf p_2. Dabei führt sie nach außen ab die

$$\boxed{\textbf{technische Arbeit } A_{\text{techn}} = -\int_1^2 V\, dp.} \qquad (238)$$

Der Zusammenhang beider Arbeiten ergibt sich aus Gleichung (238) und lautet

$$A_{\text{techn}} = A + p_1 V_1 - p_2 V_2. \qquad (239)$$

§ 137. Thermische Zustandsgrößen, einfache und abgeleitete. Für jeden festen Körper und für jede abgegrenzte Menge eines flüssigen oder gasförmigen Stoffes können wir jederzeit drei Größen messen: das Volumen V, den Druck p und die Temperatur T. Diese drei Größen nennt man die **einfachen thermischen Zustandsgrößen**. Das Kennzeichen einer Zustandsgröße ist ihre Unabhängigkeit von der Vorgeschichte, d. h. von dem „Wege" vorangegangener Zustandsänderungen. Diese Unabhängigkeit fehlt anderen wichtigen Größen, z. B. der geleisteten Arbeit $A = \int p\, dV$. Das zeigt ein Beispiel: In Abb. 454 wird die geleistete Arbeit durch die schraffierte Fläche dargestellt. Diese Fläche hängt vom „Wege" ab, d. h. im Beispiel von dem Kurvenzug, der vom Zustand 1 zum Zustand 2 führt. — Zwischen den Zustandsgrößen besteht, wenn nur eine Phase vorliegt, eine eindeutige Beziehung, genannt die **thermische Zustandsgleichung**. Besonders einfach ist die der idealen Gase. — Eine thermische Zustandsgleichung bestimmt durch je zwei der Zustandsgrößen die dritte, und zwar unabhängig von allen in der Zwischenzeit erfolgten Zustandsänderungen. Voraussetzung ist nur: Keine der Zustandsänderungen darf die chemische oder sonstige, z. B. mikrokristalline, Beschaffenheit des Stoffes umgewandelt haben.

Der eindeutige Zusammenhang zwischen den drei einfachen thermischen Zustandsgrößen ist überaus seltsam und überraschend: Alle Körper oder Mengen, mit denen wir es in den Naturwissenschaften und in der Technik zu tun haben, bestehen ja aus einer ungeheuren Anzahl einzelner Moleküle. Ein Kubikmeter Zimmerluft z. B. enthält deren nicht weniger als $2,7 \cdot 10^{25}$! Über das Verhalten und das Schicksal dieser einzelnen Individuen wissen wir gar nichts. Für kein einziges von ihnen können wir in irgendeinem Zeitpunkt den Ort oder Größe und Richtung der Geschwindigkeit beobachten. Druck und Temperatur lassen sich für ein einzelnes Molekül nicht einmal definieren. Meßbar sind nur die der Gesamtheit der Moleküle eigentümlichen drei Zustandsgrößen V, p und T.

Außer den einfachen Zustandsgrößen gibt es auch abgeleitete. Jede von ihnen wird durch zwei einfache eindeutig bestimmt[1]). Als Beispiele nennen wir die innere Energie U, die Enthalpie J, die Entropie S und die freie Energie F. — Stets genügt ein einziges Paar der thermischen Zustandsgrößen, um alles in der Wärmelehre Meß- und Beobachtbare in seinen quantitativen Zusammenhängen zu erfassen! Über diese Erfahrungstatsache kann man sich gar nicht genug wundern.

§ 138. Innere Energie U und der I. Hauptsatz. Allgemeinem Brauch folgend bezeichnen wir die einem Körper in Wärmeform zugeführte Energie mit $+Q$. Sie kann die innere Energie U des Körpers um ΔU vermehren; das soll heißen: Sie kann im Inneren des Körpers gespeichert werden. Sie erhöht z. B. die Temperatur des Körpers, oder sie ändert seine Beschaffenheit (durch Schmelzen, durch Verdampfen, durch eine Umwandlung in eine andere Phase usw.). Außerdem aber kann ein Teil der in Wärmeform zugeführten Energie eine äußere Arbeit $+A$ leisten, d. h. nach außen abgeführt werden. Auch das kann in mannigfacher Weise geschehen, z. B. wie in einer Dampfmaschine, oder durch Vergrößerung einer Flüssigkeitsoberfläche (vgl. Oberflächenarbeit, § 78), oder durch Abgabe elektrischer Energie, z. B. beim Thermoelement.

Unter den verschiedenen Formen der äußeren Arbeit ist die Ausdehnungsarbeit (§ 136) von besonderer Bedeutung. Denn sowohl die Temperaturänderungen wie die Umwandlungen eines Stoffes (z. B. Verdampfen) erfolgen unter Volumenänderungen. So gelangen wir zu folgender Fassung für den **I. Hauptsatz**:

Allgemein	$$Q \quad = \quad \Delta U \quad + \quad A$$	(240)

| Für den Sonderfall der Ausdehnungsarbeit | $$Q \quad = \quad \Delta U \quad + \quad \int p\, dV$$
 in Wärmeform zugeführte Energie (keine Zustandsgröße) $=$ Zunahme der inneren Energie (Zustandsgröße) $+$ als äußere Arbeit abgeführte Energie (keine Zustandsgröße). | (241) |

Negative Vorzeichen bedeuten: in Wärmeform **abgeführte** Energie, **Abnahme** der inneren Energie, aber **Zuführung** äußerer Arbeit (z. B. durch Zusammendrückung des Körpers).

---

[1]) Man beachte Seite 345 unten.

Als Anwendung der Gleichung (241) zerlegen wir die Verdampfungswärme einer Flüssigkeit in zwei Teile, in die innere und die äußere Verdampfungswärme. Die Flüssigkeit soll bei konstantem Druck, nämlich dem Sättigungsdruck, verdampfen (Abb. 450). Die Zerlegung erfolgt an Hand der Gleichung (241) in folgender Weise:

$$\begin{array}{l}\text{in Wärmeform} \\ \text{zugeführte Energie } Q\end{array}\Big\} = \left\{\begin{array}{l}\text{Zunahme } \Delta U \text{ der inneren} \\ \text{Energie bei der Umwand-} \\ \text{lung Flüssigkeit} \rightarrow \text{Dampf}\end{array}\right\} + \left\{\begin{array}{l}\text{Verdrängungsarbeit} \\ A = p\,(V_{\text{Dampf}} - V_{\text{Flüssigkeit}})\end{array}\right.$$

oder nach Division mit der Masse

$$\begin{array}{c}\text{spezifische Verdampfungs-} \\ \text{wärme } r\end{array} = \begin{array}{c}\text{spezifische innere Ver-} \\ \text{dampfungswärme } \varrho\end{array} + \begin{array}{c}\text{spezifische äußere Ver-} \\ \text{dampfungswärme } \psi.\end{array} \quad (242)$$

Die innere Verdampfungswärme wird zur Erhöhung der inneren Energie U beim Übergang „Flüssigkeit $\rightarrow$ Dampf verbraucht. Dabei wird vor allem die potentielle Energie der Moleküle erhöht. Die äußere Verdampfungswärme ist erforderlich, um durch Verdrängungsarbeit gegen den Sättigungsdruck Platz für den neu entstehenden Dampf zu schaffen.

Zahlenbeispiel für Wasser: $T = 179$ Grad C; Sättigungsdruck p des Dampfes $= 10$ techn. Atmosphären $= 10$ Kilopond/cm$^2 = 9{,}81 \cdot 10^5$ Großdyn/m^2. Experimentell findet man die spezifische Verdampfungswärme $r = 482{,}9$ Kilokalorien/kg Dampf $= 0{,}56$ Kilowattstunden/kg Dampf. Das spezifische Volumen des Dampfes ist bei 179 Grad C $= 198{,}4 \cdot 10^{-3}$ m^3/kg, das des Wassers aber, nur $1{,}13 \cdot 10^{-3}$ m^3/kg. Es muß also die spezifische Verdrängungsarbeit

$$\frac{A}{M} = \frac{p}{M}(V_{\text{Dampf}} - V_{\text{Wasser}}) = 9{,}81 \cdot 10^5 \frac{\text{Großdyn}}{\text{m}^2}$$

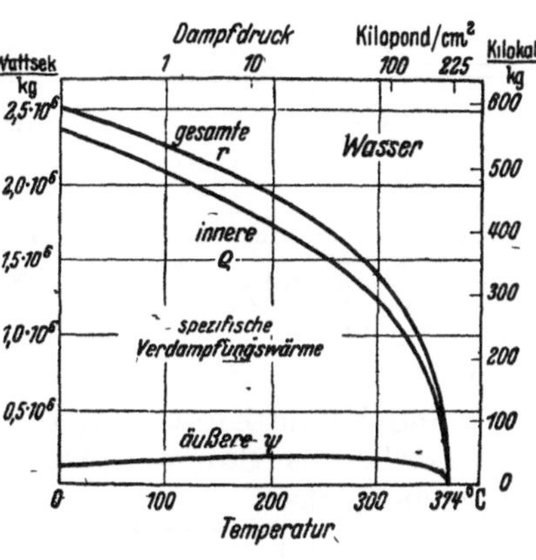

Abb. 459. Die spezifische Verdampfungswärme des Wassers setzt sich aus innerer und äußerer Verdampfungswärme zusammen. Oberhalb der kritischen Temperatur $T = 374$ Grad C sind Flüssigkeit und Dampf identisch (§ 166).

$$197{,}3 \cdot 10^{-3}\frac{\text{m}^3}{\text{kg}} = 1{,}93 \cdot 10^5 \frac{\text{Wattsek}}{\text{kg}} = 46{,}2\frac{\text{Kilokal.}}{\text{kg}}$$

als spezifische äußere Verdampfungswärme ψ geleistet werden. Sie beträgt also hier rund 10% der ganzen spezifischen Verdampfungswärme r.

Die entsprechende Zerlegung könnte man auch für die sog. Flüssigkeitswärme durchführen, d. h. für die Wärme, mit der man Wasser von 0 Grad C bis zu einer bestimmten Temperatur erwärmen kann. Aber das wäre praktisch bedeutungslos. Die Verdrängungsarbeit erreicht nirgends $1^0/_{00}$ der inneren Energie des Wassers. Wohl aber hat es Sinn, die Flüssigkeitswärme und die Verdampfungswärme des Wassers zur „Dampferzeugungswärme" zusammenzufassen. Das geschieht in Abb. 460.

§ 139. Die Enthalpie J und der I. Hauptsatz.

Bei vielen Anwendungen der Wärmelehre benutzt man, wie schon erwähnt, die Arbeitsleistung eines strömenden Arbeitsstoffes. Alle Fälle dieser

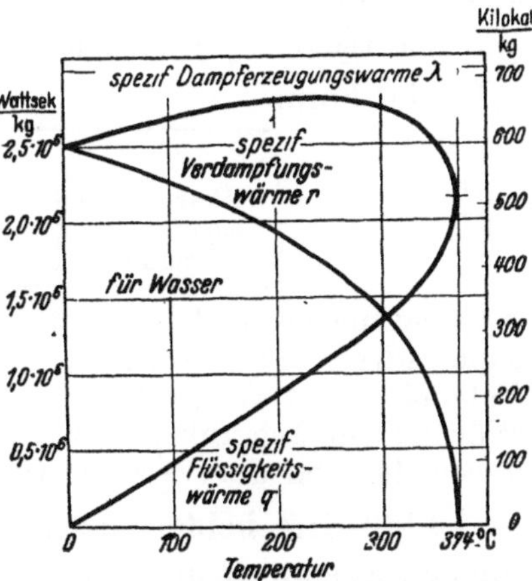

Abb. 460. Die Erzeugung von gesättigtem Dampf aus Wasser von Null Grad erfordert eine Dampferzeugungswärme λ. Ihr spezifischer, d. h. auf die Masse bezogener Wert setzt sich aus zwei Anteilen zusammen: der spezifischen Flüssigkeitswärme q für die Temperaturerhöhung des Wassers von 0 Grad bis T und der spezifischen Verdampfungswärme r, die Wasser bei der Temperatur T in gesättigten Dampf gleicher Temperatur verwandelt.

Art lassen sich auf das in Abb. 461 skizzierte Schema zurückführen: Der Arbeitsstoff **strömt** aus einem Behälter *I* durch eine Maschine oder einen Apparat *M* in einen Behälter *II*. Die beiden belasteten Kolben sollen die Aufrechterhaltung **konstanter** Drucke versinnbildlichen.

M kann z. B. eine Dampfmaschine ganz beliebiger Bauart sein oder ein Preßluftwerkzeug. Beide führen die technische Arbeit A_{techn} nach außen ab. — *M* kann ein Verdichter (Kompressor) sein und dem Arbeitsstoff die technische Arbeit — A_{techn} zuführen. — *M* kann ein Ruhrwerk sein und die Temperatur des Arbeitsstoffes erhöhen: Dabei wird dem Stoff Energie als Arbeit zugeführt. *M* kann aber auch eine Heiz- oder Kuhlvorrichtung sein und Energie in Warmeform zuführen oder abführen. Schließlich konnen verschiedene Möglichkeiten miteinander vereinigt werden, man kann z. B. einen Verdichter mit einer Kuhlung versehen.

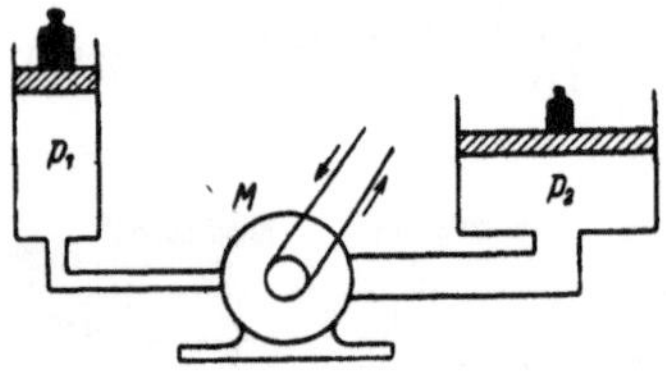

Für die Behandlung strömender Arbeitsstoffe ist der Begriff der **technischen Arbeit** eingeführt worden. Aus seiner Definitionsgleichung (239) von S. 251 folgt

Abb. 461. Zur Arbeitsleistung mit einem strömenden Arbeitsstoff. Die Bedeutung von *M* wird im Kleindruck des Textes erläutert. Eine hindurchströmende Arbeitsstoffmenge hat vor dem Eintritt in *M* das Volumen V_1 und den Druck p_1, nach dem Austritt aus *M* das Volumen V_2 und den Druck p_2.

$$A = A_{\text{techn}} - p_1 V_1 + p_2 V_2. \qquad (239a)$$

Diesen Wert setzen wir in den ersten Hauptsatz ein und bekommen

$$Q = U_2 - U_1 + A_{\text{techn}} - p_1 V_1 + p_2 V_2 \qquad (243)$$

oder
$$Q = (U_2 + p_2 V_2) - (U_1 + p_1 V_1) + A_{\text{techn}}. \qquad (244)$$

U, p und V sind **Zustandsgrößen**. Folglich sind es auch die in den Klammern stehenden Summen. Diesen Summen hat man den Namen **Enthalpie** J gegeben, also

$$\boxed{\begin{array}{ccccc} J & = & U & + & pV \\ \text{Enthalpie} & = & \text{innere Energie} & + & \text{Verdrängungsarbeit.} \end{array}} \qquad (245)$$

Die Enthalpie ist eine neue, viel benutzte, energetische **Zustandsgröße**. Man braucht sie vor allem bei **strömenden** Arbeitsstoffen da, wo man bei eingesperrten die innere Energie U anwendet. Mit der Enthalpie J und der technischen Arbeit $A_{\text{techn}} = -\int_1^2 V \, dp$ bekommt der **I. Hauptsatz** (244) die Form

$$\boxed{\begin{array}{ccccc} Q & = & \Delta J & - & \int V \, dp \\ \begin{array}{c}\text{in Warmeform}\\ \text{zugefuhrte}\\ \text{Energie}\end{array} & = & \left\{\begin{array}{c}\text{Zunahme}\\ \text{der}\\ \text{Enthalpie}\end{array}\right\} & + & \left\{\begin{array}{c}\text{nach außen ab-}\\ \text{gefuhrte (!) tech-}\\ \text{nische Arbeit.}\end{array}\right\} \end{array}} \qquad (247)$$

Anwendungsbeispiel: Bei der Herstellung eines Dampfes unter seinem Sättigungsdruck ist p konstant (Abb. 450). Bei konstantem p ist $\int V \, dp = 0$. Folglich liefert Gl. (247) $Q = \Delta J$, in Worten: die für die Verdampfung in Wärmeform zugeführte Energie, also kurz die Verdampfungswärme, ist gleich der von der Verdampfung bewirkten Vermehrung der Enthalpie.

§ 140. Die beiden spezifischen Wärmen c_p und c_v. Im Besitz der inneren Energie U und Enthalpie J können wir jetzt den Begriff der spezifischen Wärme in eine physikalisch einwandfreie Form bringen. — Bisher haben wir als spezifische Wärme eines Stoffes definiert das Verhältnis

$$c = \frac{\text{in Wärmeform zugeführte Energie } Q}{\text{Masse } M \cdot \text{Temperaturzunahme } dT}. \qquad (231)$$

Die in Wärmeform, z. B. mit elektrischer Heizung, zugeführte Energie findet bei konstantem Volumen oder bei konstantem Druck eine ganz verschiedenartige Verwendung. Bei konstantem Volumen, erzwungen durch hinreichend starre Gefäßwände, wird die Temperatur erhöht und dadurch nur die innere Energie U des Körpers vergrößert. Bei konstantem Druck aber kann sich der Körper während der Temperaturerhöhung ausdehnen. Zur Vergrößerung seiner inneren Energie kommt also eine Verdrängungsarbeit hinzu. Mit anderen Worten: Bei konstantem Druck tritt an die Stelle der inneren Energie U die Enthalpie $J = U + pV$.

Demgemäß muß man zwei Arten von spezifischen Wärmen definieren. Erstens eine spezifische Wärme c_v bei konstant gehaltenem Volumen, also

$$c_v = \left(\frac{\text{Zunahme } dU \text{ der inneren Energie}}{\text{Masse } M \cdot \text{Temperaturzunahme } dT}\right)_{V \,=\, \text{const}}$$

oder

$$c_v = \frac{1}{M} \cdot \left(\frac{\partial U}{\partial T}\right)_{V \,=\, \text{const}} \tag{248}$$

Zweitens eine spezifische Wärme c_p bei konstant gehaltenem Druck, also

$$c_p = \left(\frac{\text{Zunahme } dJ \text{ der Enthalpie}}{\text{Masse } M \cdot \text{Temperaturzunahme } dT}\right)_{p \,=\, \text{const}}$$

oder

$$c_p = \frac{1}{M} \cdot \left(\frac{\partial J}{\partial T}\right)_{p \,=\, \text{const}} \tag{249}$$

Als Differenz der beiden spezifischen Wärmen ergibt sich

$$c_p - c_v = \frac{1}{M}\left[p + \left(\frac{\partial U}{\partial V}\right)_{T \,=\, \text{const}}\right] \cdot \left(\frac{\partial V}{\partial T}\right)_{p \,=\, \text{const}}. \tag{250}$$

Herleitung: Es ist $J = U + pV$. Folglich kann man statt Gleichung (249) schreiben:

$$c_p = \frac{1}{M}\left[\frac{\partial U}{\partial T} + p\left(\frac{\partial V}{\partial T}\right)\right]_{p \,=\, \text{const}}. \tag{251}$$

Im allgemeinen hängt die innere Energie U eines Stoffes sowohl von T wie von V ab. Daher erhält man

$$dU = \left(\frac{\partial U}{\partial T}\right)_{V \,=\, \text{const}} dT + \left(\frac{\partial U}{\partial V}\right)_{T \,=\, \text{const}} dV.$$

und daraus

$$\left(\frac{\partial U}{\partial T}\right)_{p \,=\, \text{const}} = \left(\frac{\partial U}{\partial T}\right)_{V \,=\, \text{const}} + \left(\frac{\partial U}{\partial V}\right)_{T \,=\, \text{const}} \left(\frac{\partial V}{\partial T}\right)_{p \,=\, \text{const}} \tag{252}$$

Die Zusammenfassung von (248), (251) und (252) liefert (250).

So weit die nunmehr einwandfreien Definitionen. Für einen sinnvollen **Vergleich** der spezifischen Wärmen verschiedener Stoffe muß man **individuelle Masseneinheiten** benutzen, z. B. Kilomole. Dann handelt es sich bei den verschiedenen Stoffen um die gleiche Anzahl von Molekülen, bei Benutzung von Kilomolen also um je $6{,}02 \cdot 10^{26}$ Moleküle. Zur Umrechnung bedient man sich der Beziehung

$$1 \text{ kg} = \frac{1}{(M)} \text{ Kilomol.} \tag{222 \; v. S. 240}$$

Die Grundversuche zur Definition der spezifischen Wärme (§ 133) werden im Bereich der Zimmertemperatur ausgeführt. Mit elektrischer Energiezufuhr lassen sich die entsprechenden Versuche bequem in anderen Temperaturbereichen ausführen. Dabei findet man die spezifischen Wärmen auch nicht mehr näherungsweise konstant. Die Abb. 462 und 463 zeigen typische Beispiele. Die spezifische Wärme c_p sinkt anfänglich langsam, später jäh mit sinkender Temperatur.

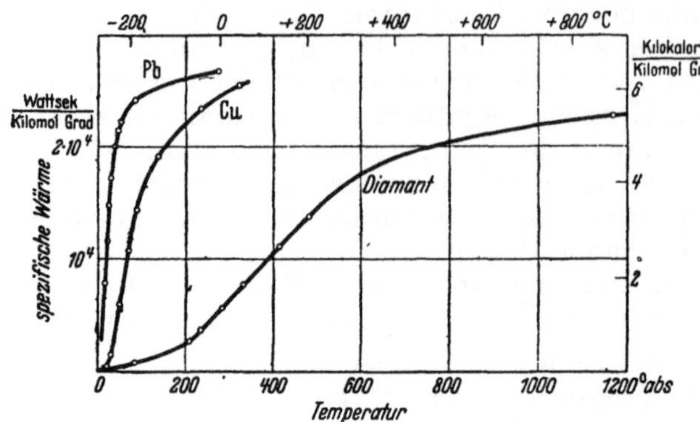

Abb. 462. Die spezifische Wärme c_p in ihrer Abhängigkeit von der Temperatur. Bei „einfachen" Stoffen wie Al, Cu, Pb, Diamant läßt sich die spezifische Wärme durch die gleiche Funktion des Verhältnisses T_{abs}/Θ darstellen. Dabei nennt man den Beiwert Θ die charakteristische Temperatur des Stoffes. Bei anderen Stoffen, z. B. Graphit und $PbCl_2$, braucht man die gleiche Funktion von $(T_{\text{abs}}/\Theta)^n$. Die absolute Zählung der Temperatur wird in § 141 definiert.

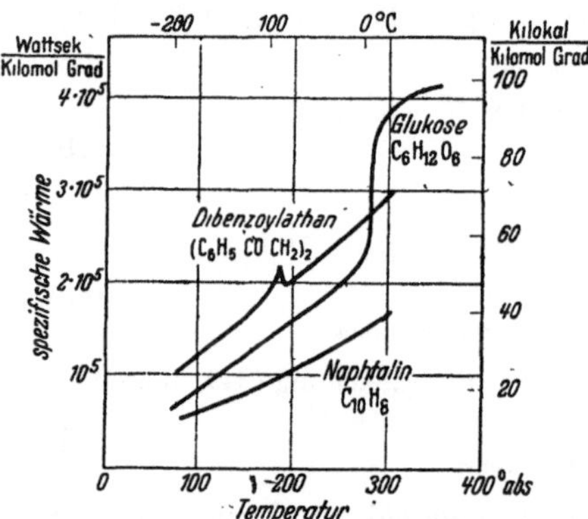

Abb. 463. Einfluß der Temperatur auf die spezifische Wärme c_p organischer Stoffe.

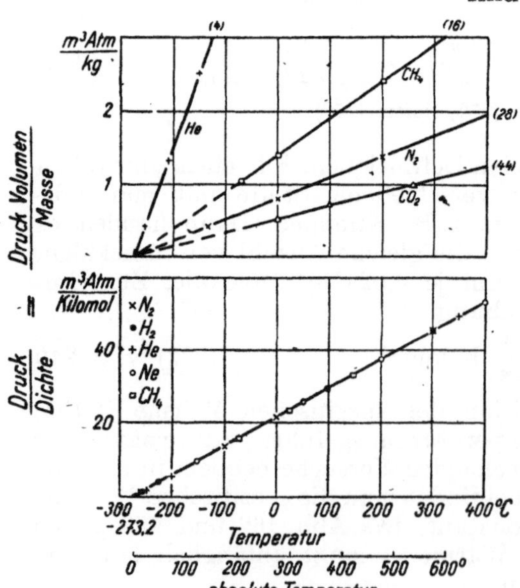

Auch die spezifische Wärme des Wassers ist keineswegs ganz unabhängig von der Temperatur. Infolgedessen muß man die grundlegenden Definitionen für spezifische Wärmen und Wärmemengen auf den kleinen Temperaturbereich von 14,5—15,5 Grad C beschränken.

§ 141. Thermische Zustandsgleichung idealer Gase. Absolute Temperatur.

Eine wesentliche Klärung hat die Wärmelehre durch die Untersuchung der Gase erfahren, und zwar anknüpfend an die thermische Zustandsgleichung idealer Gase. — Wir haben bisher nur das „ideale Gasgesetz"

$$pV/M = \text{const} \qquad \text{Gl. (160) v. S. 130}$$

für den Sonderfall konstanter Temperatur kennengelernt. Für Luft von 0 Grad C findet man das Verhältnis Druck/Dichte

$$\left(\frac{pV}{M}\right)_{\text{0 Grad C}} = 7,74 \cdot 10^{-1} \frac{m^3 \text{ Atmosph.}}{kg}$$

$$= 22,4 \frac{m^3 \text{ Atmosph.}}{\text{Kilomol}}.$$

Dies Verhältnis Druck/Dichte hat man in weiten Temperaturbereichen gemessen, und zwar nicht nur für Luft, sondern auch für viele andere ideale Gase. Einige Ergebnisse sind in Abb. 464 dargestellt. Im oberen Teilbild wird das Kilogramm als Masseneinheit benutzt: Man findet für alle idealen Gase gerade Linien; die Neigung dieser Geraden ist von Gas zu Gas verschieden, aber die

Abb. 464. Zur Zustandsgleichung idealer Gase und zur Definition der absoluten Temperatur. Die kleinen eingeklammerten Zahlen am Rande des oberen Teilbildes sind die Molekulargewichte der Gase. Folglich ist z. B. für N_2 1 Kilomol = 28 kg.

Verlängerung aller Geraden schneidet die Abszissenachse im gleichen Punkt, nämlich bei — 273,2 Grad.

Im unteren Teilbild werden individuelle Masseneinheiten, und zwar Kilomole, benutzt. Das bringt eine wesentliche Vereinfachung: Nunmehr wird die Neigung der Geraden für alle idealen Gase die gleiche; man kann durch die Meßpunkte für die verschiedenen Gase nur noch eine einzige gerade Linie hindurchlegen. Ihr Schnittpunkt mit der Abszisse bei — 273,2 Grad C bleibt derselbe. Damit ist — 273,2 Grad C als eine ausgezeichnete Temperatur festgelegt. Man benutzt sie, unter Beibehaltung der bisherigen Gradgröße, als Nullpunkt einer neuen Temperaturzählung. Man definiert eine neue, absolut genannte Temperatur

$$T_{abs} = T + 273{,}2 \text{ Grad.} \tag{253}$$

Ihre Skala ist ebenfalls unter der Abszisse in Abb. 464 eingetragen. Mit der absoluten Temperatur lassen sich die Beobachtungen (Abb. 464) in eine sehr einfache Form bringen. Man erhält als thermische Zustandsgleichung eines idealen Gases $pV/M = RT_{abs}$ oder

$$\boxed{pV = M \cdot RT_{abs}} \tag{254}$$

(M = Masse des im Volumen V eingesperrten Gases, vgl. S. 347).

Gebräuchlich und oft zweckmäßig sind auch die Fassungen

$$\boxed{pV_s = RT_{abs}} \quad (254\,\text{a}) \quad \text{und} \quad \boxed{p = \varrho\, RT_{abs}} \tag{254\,b}$$

($V_s = V/M$ = spezifisches Volumen und $\varrho = M/V$ = Dichte des Gases).

Der Proportionalitätsfaktor R wird Gaskonstante genannt. Er ergibt sich experimentell als Neigung der Geraden in Abb. 464. Die Dimension der Gaskonstante R ist $\dfrac{\text{Energie}}{\text{Masse} \cdot \text{Temperatur}}$. Der Zahlenwert von R wird entscheidend von der Wahl der Masseneinheit bestimmt. Eine allgemeine Masseneinheit, in den Beispielen das Kilogramm, gibt für alle Gase verschiedene Zahlenwerte (vgl. S. 347). Hingegen geben individuelle Masseneinheiten, in den Beispielen die Kilomole, für alle idealen Gase gleiche Zahlenwerte; man findet experimentell

$$\boxed{R = 0{,}0821 \frac{\text{m}^3 \cdot \text{Atmosph.}}{\text{Kilomol} \cdot \text{Grad}} = 8{,}31 \cdot 10^3 \frac{\text{Wattsek}}{\text{Kilomol} \cdot \text{Grad}} \cdot} \tag{255}$$

Bisher haben wir die Menge des eingesperrten Gases durch seine Masse M gemessen. Mit gleichem Recht kann man die Menge durch die Zahl n der eingesperrten Moleküle messen. Die Masse eines einzelnen Moleküles sei m, also die Masse des Gases $M = nm$. Wir setzen zur Kürzung $k = Rm$ und erhalten für die thermische Zustandsgleichung idealer Gase eine vierte Fassung, nämlich

$$\boxed{pV = nkT_{abs}} \tag{256}$$

(n = Zahl der im Volumen V eingesperrten Moleküle).

Die hier neu auftretende Konstante k, also das Produkt Rm, ist im Gegensatz zu R und m selbst für alle Gase gleich groß: Die Molekülmasse $m = M/n$ ist gleich dem Kehrwert der spezifischen Molekülzahl $N = n/M = 6{,}02 \cdot 10^{26}/\text{Kilomol}$ (S. 241). Also

oder
$$k = Rm = R/N = 8{,}31 \cdot 10^3 \frac{\text{Wattsek}}{\text{Kilomol Grad}} \cdot \frac{1\ \text{Kilomol}}{6{,}02 \cdot 10^{26}}$$

$$\boxed{k = Rm = R/N = 1{,}38 \cdot 10^{-23}\ \text{Wattsek/Grad}} \qquad (257)$$

($N = n/M$ = spezifische Molekülzahl = $6{,}02 \cdot 10^{26}$/Kilomol; $m = M/n$ = Masse eines Moleküles = N^{-1} = 1 Kilomol/$6{,}02 \cdot 10^{26}$).

Diese universelle Konstante k wird meistens Boltzmann-Konstante genannt (Begründung in § 178).

Nach Gl. (256) wird der Druck p im Volumen V bei gegebener Temperatur von der Zahl n, nicht von der Art der eingesperrten Moleküle bestimmt. Damit gelangt man zu Daltons Gesetz der Teildrucke. In Abb. 465 sind zwei verschiedene (chemisch nicht miteinander reagierende) Gase in zwei gleich große Kammern mit den Drucken p_1 und p_2 einge-

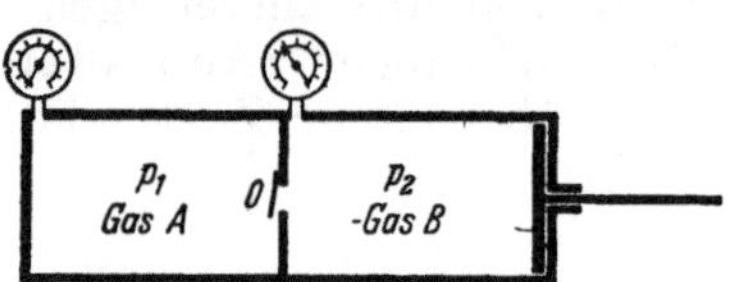

Abb. 465. Schema zur Addition der Teildrucke.

sperrt. Mit einem Kolben wird das Gas der einen Kammer durch ein Ventil O in die zweite Kammer hineingeschoben und die Temperatur dabei konstant gehalten. — Erfolg: In der zweiten Kammer herrscht jetzt der Druck $p = p_1 + p_2$. Die beiden Drucke p_1 und p_2 addieren sich als „Teildrucke" zu einem Gesamtdruck p.

Zahlenbeispiel zu Daltons Gesetz: Bei der Temperatur des menschlichen Körpers, also $+37$ Grad C, setzt sich der Luftdruck p in der Lunge eines Menschen am Erdboden aus folgenden Teildrucken zusammen[1]):

Gas	Stickstoff	Sauerstoff	Kohlensäure	Wasserdampf
Teildruck	56,8	10,5	4,0	4,7 cm Hg-Säule

In einer Höhe von 22 km beträgt der Luftdruck nur noch 4,7 cm Hg-Säule. Ebenso groß aber ist schon bei der Körpertemperatur für sich allein der Dampfdruck des Wassers. Infolgedessen wird der Teildruck der übrigen Gase in der Lunge gleich Null. Die Lunge eines Menschen ist dann nur noch mit Wasserdampf gefüllt und daher keine Atmung mehr möglich. Bei noch kleineren Drucken gerät der menschliche Körper ins Sieden, d. h. der Wasserdampfdruck wird größer als der Luftdruck.

Sieden bedeutet die Bildung von Dampfblasen im Innern einer Flüssigkeit. Es tritt ein, sobald der Dampfdruck den von außen auf der Flüssigkeit lastenden Druck erreicht, also z. B. den Atmosphärendruck. Das führt zusammen mit dem Daltonschen Gesetz zu überraschenden Schauversuchen:

1. Bei normalem Luftdruck siedet Wasser bei 100 Grad C, Tetrachlorkohlenstoff (CCl_4) bei 76,7 Grad C. — Man schichte diese beiden Flüssigkeiten übereinander und erhitze sie in einem Wasserbad: Dann beginnt das Sieden an der Grenzschicht schon bei 65,5 Grad C! — Grund: Bei dieser Temperatur hat Wasser einen Dampfdruck von 192 mm Hg-Säule, CCl_4 einen Dampfdruck von 568 mm Hg-Säule. Diese beiden addieren sich nach DALTON als Teildrucke zum Gesamtdruck von 760 mm Hg-Säule, und daher können Blasenbildung und Sieden beginnen.

---

[1]) Die Lungenluft ist also erheblich reicher an CO_2 als die Außenluft. Das Verhältnis von CO_2 zu O_2 beträgt fast 0,4. In großen Höhen atmet der Mensch tiefer und schneller. Trotzdem nimmt dies Verhältnis mit wachsender Höhe noch weiter zu, weil der Körper je Zeiteinheit auch in großen Höhen ebensoviel Kohlensäure produziert wie am Erdboden. Man kann daher die Zusammensetzung der Lungenluft in verschiedenen Höhen nicht allein nach physikalischen Gesichtspunkten berechnen.

2. Man taucht ein mit Luft gefülltés Reagensglas in eine flache Schale mit Äther. Sogleich blubbert Luft aus der Öffnung heraus, sie wird durch den Teildruck des Ätherdampfes verdrängt.

§ 142. Bestimmung des Molekulargewichts (M) aus der Dampfdichte ρ. Aus den §§ 79 und 141 folgt: Bei hinreichend hoher Temperatur gilt für jeden dampfförmigen Stoff das ideale Gasgesetz

$$pV = MRT_{abs} \quad \text{oder} \quad p = \varrho RT_{abs} \qquad (254) \text{ v. S. } 257$$

(M = Masse des im Volumen V enthaltenen Dampfes, $\varrho = M/V$ = Dichte des Dampfes beim Druck p und der Temperatur T_{abs}).

Wir setzen für die Gaskonstante den gemessenen Wert

$$R = 0{,}082 \frac{\text{Liter} \cdot \text{Atm}}{\text{Mol} \cdot \text{Grad}}, \qquad (255) \text{ v. S. } 257$$

benutzen für die individuellen Masseneinheiten die Definitionsgleichung

$$1 \text{ Mol} = (M) \text{ Gramm} \qquad (222) \text{ v. S. } 240$$

und erhalten so für das Molekulargewicht (§ 131)

$$(M) = 0{,}082 \frac{\text{Liter} \cdot \text{Atm.}}{\text{Gramm} \cdot \text{Grad}} \cdot \frac{\varrho T_{abs}}{p}. \qquad (a)$$

Um das Molekulargewicht (M) eines Stoffes in Dampfform zu bestimmen, braucht man also nur seine Dichte ϱ nach irgendeinem beliebigen Verfahren (z. B. Abb. 229) bei bekanntem Druck p und bekannter Temperatur T_{abs} zu messen.

Zahlenbeispiel für CCl_4. Bei $p = 70$ cm Hg-Säule und $T_{abs} = 350$ Grad mißt man $\varrho = 4{,}95$ Gramm/Liter. Ferner ist 1 Atm = 76 cm Hg-Säule. Einsetzen dieser Werte in Gl. (a) ergibt

$$(M) = 0{,}082 \frac{\text{Liter} \cdot 76 \text{ cm Hg-Saule}}{\text{Gramm} \cdot \text{Grad}} \cdot \frac{4{,}95 \text{ Gramm} \cdot 350 \text{ Grad}}{\text{Liter } 70 \text{ cm Hg-Saule}} = 155.$$

§ 143. Kalorische Zustandsgleichungen der idealen Gase. Gay-Lussacscher Drosselversuch. Die abgeleiteten thermischen Zustandsgrößen, also die innere Energie U und die Enthalpie J, sind durch die drei einfachen thermischen Zustandsgrößen p, V und T eindeutig bestimmt. Je eine der letzteren läßt sich durch die beiden anderen ersetzen. Infolgedessen ist éine abgeleitete Zustandsgröße durch zwei einfache Zustandsgrößen eindeutig festgelegt. Das geschieht in den kalorischen Zustandsgleichungen. Für die Aufstellung der kalorischen Zustandsgleichungen braucht man die Gleichung (252) von S. 255. Sie enthält die Abhängigkeit der inneren Energie einer Stoffmenge von ihrem Volumen bei konstanter Temperatur, also die Größe

$$\left(\frac{\partial U}{\partial V} \right)_{T = \text{const}}.$$

Diese muß für jeden Stoff experimentell ermittelt werden. Für Gase kann man die in Abb. 466 skizzierte Anordnung benutzen: Zwei Stahlflaschen I und II befinden sich in einem Wasserkalorimeter (Thermometer, Wärmeisolation und Rührwerk sind nicht mitgezeichnet). I enthält Luft von hohem Druck (z. B. 150 Atm), II ist leer. Beim Öffnen des Verbindungshahnes verkleinert das Gas seinen Druck, ohne eine nutzbare Arbeit A abzugeben. Eine solche Entspannung nennt man Drosselung. Bei dieser Drosselung bleibt die Temperatur des Kalorimeters praktisch ungeändert. Als Ganzes betrachtet hat das Gas weder seine Temperatur geändert noch Wärme Q aus dem Kalorimeter aufgenommen. Wir haben also im ersten Hauptsatz $Q = \Delta U + A$ sowohl die vom Gas abgegebene (kurz „äußere") Arbeit A als auch die aufgenommene Wärme Q gleich Null zu setzen. Daher ergibt sich $\Delta U = 0$, d. h. die innere Energie des Gases hat sich bei der Entspannung nicht geändert. **Die innere Energie U eines idealen Gases ist bei konstanter Temperatur von Volumen und Dichte unabhängig.** Oder in Formelsprache

$$\left(\frac{\partial U}{\partial V}\right)_{T\,=\,\text{const}} = 0. \qquad (257\,\text{a})$$

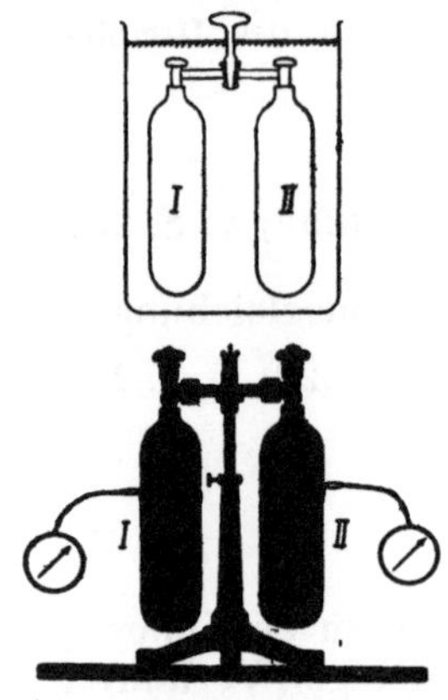

Abb. 466. Drosselversuch von L. J. GAY-LUSSAC (1807): Die innere Energie eines idealen Gases ist von seinem Volumen unabhängig. — Oben Schema, unten Schauversuch. Je Flasche $V = 2$ Liter; $M = 4,52$ kg; Wärmekapazität 0,5 Kilokalorie/Grad.

Bei Präzisionsmessungen findet man bei höheren Ausgangsdrucken eine geringfügige Abkühlung (aber nie eine Erwärmung!).

Im Schauversuch verfolgt man den Vorgang besser etwas mehr ins einzelne. Man benutzt die Flaschen selbst als Kalorimeter, indem man sie mit je einem elektrischen Thermometer verbindet. Beim Öffnen des Verbindungsweges dehnt sich die Luft in I aus: Sie erzeugt einen Strahl und leistet dabei eine Beschleunigungsarbeit A. Die äquivalente Wärme Q_I entzieht sie den Wänden der Flasche I, die Temperatur von I sinkt um ΔT_I. Die kinetische Energie des Strahles wird in der Flasche II durch Verwirbelung und innere Reibung in Wärme verwandelt; die Temperatur von II steigt daher um ΔT_{II}. Praktisch findet man $\Delta T_I = \Delta T_{II}$ im Beispiel ≈ 7 Grad. Folglich ist die von der Luft in I aufgenommene Wärme ebenso groß, wie die in II wieder abgegebene. Die Luft hat also auch in diesem Schauversuch insgesamt keine Wärme aufgenommen und keine nutzbare Arbeit abgegeben. Somit hat auch hier die Änderung von Volumen, Druck und Dichte die innere Energie des **idealen** Gases nicht geändert.

Aus dem Drosselversuch von GAY-LUSSAC folgern wir zweierlei:

1. Die innere Energie U eines idealen Gases enthält keine vom Abstand zwischen den Molekülen abhängige potentielle Energie. Daher darf man in idealen Gasen die Kräfte zwischen den Molekülen als verschwindend klein vernachlässigen.

2. Die innere Energie eines idealen Gases wird nur von der Temperatur bestimmt, also nicht mehr von zwei, sondern nur von einer einfachen Zustandsgröße. Folglich können wir auf S. 255 in Gleichung (248) die Bedingung $V = $ const streichen und ebenso $p = $ const in Gleichung (249), weil auch pV nur von T abhängt. Dann bekommen wir

$$M c_v = \frac{\partial U}{\partial T} \text{ oder } U = M \cdot c_v T + U_0 \qquad (258)$$

und

$$M c_p = \frac{\partial J}{\partial T} \text{ oder } J = M \cdot c_p T + J_0. \qquad (259)$$

Jede Energie kann von einem willkürlich vereinbarten Nullwert aus gezählt werden; man denke an die potentielle Energie eines gehobenen Steines. So können wir U_0 und J_0, die innere Energie des idealen Gases und seine Enthalpie beim absoluten Nullpunkt als Nullwert vereinbaren[1]).

---

[1] Die Größe der Konstanten U_0, also die innere Energie eines Stoffes beim absoluten Nullpunkt, ist heute gut bekannt. Sie ist gleich der Masse multipliziert mit dem

Dann bekommen wir für ein ideales Gas die beiden einfachen kalorischen Zustandsgleichungen

$$\text{innere Energie} \quad U = M \cdot c_v \cdot T_{abs}, \tag{260}$$

$$\text{Enthalpie} \quad J = M \cdot c_p \cdot T_{abs}. \tag{261}$$

Man übersehe nicht die wesentliche Voraussetzung: Bei der Integration der Ausgangsgleichungen (258) und (259) sind c_v und c_p als konstant angenommen worden.

Enthalpie J und innere Energie U unterscheiden sich um die Größe pV. Für ein ideales Gas der Masse M ist diese $= M \cdot R\,T_{abs}$. Also bekommen wir

$$M\,(c_p - c_v)\,T_{abs} = M\,R\,T_{abs}$$

oder

$$\boxed{c_p - c_v = R.} \tag{262}$$

In Worten: Für jedes ideale Gas ist die Differenz seiner beiden spezifischen Wärmen gleich seiner Gaskonstanten.

Zahlenbeispiel für Sauerstoff, Molekulargewicht $(M) = 32$, daher $32\ \text{kg} = 1$ Kilomol.

Entweder mit Kilogramm als Masseneinheit

$$c_p - c_v = 0{,}218\ \frac{\text{Kilokal}}{\text{kg} \cdot \text{Grad}} - 0{,}156\ \frac{\text{Kilokal}}{\text{kg} \cdot \text{Grad}} = 0{,}062\ \frac{\text{Kilokal}}{\text{kg} \cdot \text{Grad}} = 1{,}98\ \frac{\text{Kilokal}}{\text{Kilomol} \cdot \text{Grad}} = R$$

oder mit Kilomol als Masseneinheit

$$c_p - c_v = 6{,}97\ \frac{\text{Kilokal}}{\text{Kilomol} \cdot \text{Grad}} - 4{,}99\ \frac{\text{Kilokal}}{\text{Kilomol} \cdot \text{Grad}} = 1{,}98\ \frac{\text{Kilokal}}{\text{Kilomol} \cdot \text{Grad}} = R\,(\text{vgl. S. 347}).$$

Man kann die Energien links und rechts in Gleichung (262) in verschiedenen Einheiten messen, z. B. links in Kilokalorien, rechts in Großdynmetern. Das Verhältnis $(c_p - c_v)/R$ gibt dann den Umrechnungsfaktor von der einen Energieeinheit in die andere. Auf diese Weise hat ROBERT MAYER zuerst den Umrechnungsfaktor berechnet, damals eine zweifellos großartige Leistung.

§ 144. Druckluftmotor und Gasverdichter (Kompressor). Wir haben soeben die Sonderstellung der idealen Gase betont: Ihre kalorischen Zustandsgleichungen für U und J enthalten im Gegensatz zu denen aller übrigen Stoffe nur eine von den drei einfachen Zustandsgrößen. Das führt zu überraschenden Folgerungen: Als Beispiel bringen wir zunächst den Druckluftmotor. Als solcher genügt eine kleine Spielzeugmaschine (Abb. 467). Die Druckluft wird einem Behälter I entnommen.

Beim Betrieb dieses Motors wollen wir zwei verschiedene Fälle verwirklichen. Im ersten soll die austretende, entspannte Luft die gleiche Temperatur haben wie die eintretende. Das ist nur mit einer Wärmezufuhr zum Motor zu erreichen, am bequemsten mit einer elektrischen Heizung. Dann arbeitet der Motor ohne eine Temperaturänderung oder „isotherm".

Abb. 467. Druckluftmotor.

Wie ist die Arbeitsweise dieses Motors zu deuten? Ohne nähere Überlegung wird man sagen: Die im Behälter I zusammengepreßte Luft ist einer gespannten Feder vergleichbar. Sie hat bei der Zusammendrückung im Verdichter (Kompressor) Energie in sich aufgenommen und gibt sie nun, wie eine Feder bei der Entspannung, wieder ab. Dieser einfache Vergleich von Druckluft mit einer gespannten Feder ist aber abzulehnen. Luft verhält

---

Quadrat der Lichtgeschwindigkeit (vgl. El.-Band § 160). U_0 ist also sehr groß. Sie beträgt für 1 Kilomol $= 2$ kg Wasserstoff $1{,}8 \cdot 10^{17}$ Wattsek $= 5 \cdot 10^{10}$ Kilowattstunden.

sich auch bei höheren Drucken noch wie ein ideales Gas, und für ein
solches ist die innere Energie bei konstanter Temperatur von Druck und
Dichte unabhängig. Zweitens darf man bei Druckluft im Gegensatz zur
Feder während der Bewegung nicht die Energie in Wärmeform vernachlässigen; man muß sie vielmehr als wesentlich in den Vordergrund stellen.
Das geschieht in der folgenden Überlegung: Die Abb. 467 entspricht dem
allgemeinen Schema der Abb. 461. Nur ist der Behälter II durch die freie
Atmosphäre ersetzt. Wir haben also die Gleichung (247) von S. 254 anzu-
wenden. Sie besagt

$$-\int V dp \quad = \quad Q \quad - \quad \varDelta J \tag{247}$$

nach außen vom Motor $\left\{\ \right\}$ dem Arbeitsstoff aus der $\left\{\ \right\}$ Zunahme der Enthalpie des
abgeführte technische $\left\{=\right\}$ Umgebung in Wärmeform $\left\{-\right\}$ Arbeitsstoffes beim Durch-
Arbeit $\left\{\ \right\}$ zugeführte Energie $\left\{\ \right\}$ strömen der Maschine.

In unserm Falle besteht der Arbeitsstoff aus Luft. Die Enthalpie einer
Luftmenge [Gl. (261)] ist bei konstanter Temperatur konstant. Also ist
$\varDelta J = 0$ und aus Gleichung (247) folgt

$$-\int V dp = Q; \tag{263}$$

in Worten: Die ganze vom isotherm arbeitenden Druckluftmotor nach
außen abgeführte technische Arbeit entstammt überhaupt nicht der Druckluft! Sie wird vielmehr der Maschine in Wärmeform von der Umgebung
(z. B. Heizvorrichtung) zugeführt.

Im zweiten Fall lassen wir die Heizung fort und versehen den Motor
mit einer guten Wärmeisolation (Wattepackung). Es soll nach Möglichkeit
jede Zufuhr einer Wärmemenge Q zum Motor verhindert werden. Nunmehr
ist die Temperatur T_2 der austretenden Luft erheblich niedriger als die der
einströmenden T_1. Das kann man an jedem Preßlufthammer beobachten.
— Deutung: In diesem Fall ist in Gleichung (247) $Q = 0$ zu setzen. Es
verbleibt

$$-\int V dp \quad = \quad -\varDelta J = M \cdot c_p (T_2 - T_1) \tag{264}$$

nach außen vom Motor abgeführte $\left.\right\}$ $=$ $\left\{\right.$ Abnahme der Enthalpie der Luft
technische Arbeit $\left.\right\}$ $\left\{\right.$ beim Durchströmen der Maschine.

Die ganze Arbeitsleistung des Motors entsteht aus einer Verminderung
der Enthalpie der Druckluft. Die Luft strömt kalt ab und ersetzt erst später
ihren Enthalpieverlust durch Wärmezufuhr aus der Umgebung.

Die Enthalpieverkleinerung in einem gegen Wärmezufuhr isolierten Motor benutzt
man zur Abkühlung von Gasen, z. B. bei der Verflüssigung des Heliums. Man spricht
dann von einer Verflüssigung durch äußere Arbeit (vgl. § 171).

Für den Gasverdichter (Kompressor) gilt das Umgekehrte wie für den
Motor. Erfolgt also die Verdichtung bei konstant gehaltener Temperatur,
so wird die ganze in den Verdichter von der Arbeitsmaschine hereingesteckte
Arbeit als Wärme an das Kühlwasser des Verdichters abgegeben. Bei un-
genügender Kühlung muß die Arbeitsmaschine die Enthalpie der Druckluft
erhöhen, und der dadurch bedingte Mehraufwand geht hinterher bei der Abkühlung der Druckluft im Aufbewahrungsbehälter nutzlos verloren.

In § 188 werden wir die Arbeitsleistung bei der isothermen Entspannung von Druckluft benutzen, um zur Zustandsgröße „freie Energie"
zu gelangen.

§ 145. Messung der spezifischen Wärmen einiger Gase. Im § 143 haben
wir die beiden spezifischen Wärmen eines Gases, also c_p und c_v, benutzt.

Leider ist nur eine von ihnen sicher zu messen, nämlich c_p, die spezifische Wärme bei konstantem Druck.
— Das Grundsätzliche des Meßverfahrens wird durch die Abb. 468 erläutert. Ein stetiger Gasstrom fließt durch eine Rohrschlange S in einem Kalorimetergefäß. Die Temperatur des Gases wird vor und hinter dem Kalorimeter gemessen, desgleichen die Masse M der hindurchgeströmten Gasmenge. Die im Kalorimeter abgegebene und durch Temperaturerhöhung gemessene Wärmemenge ist dann

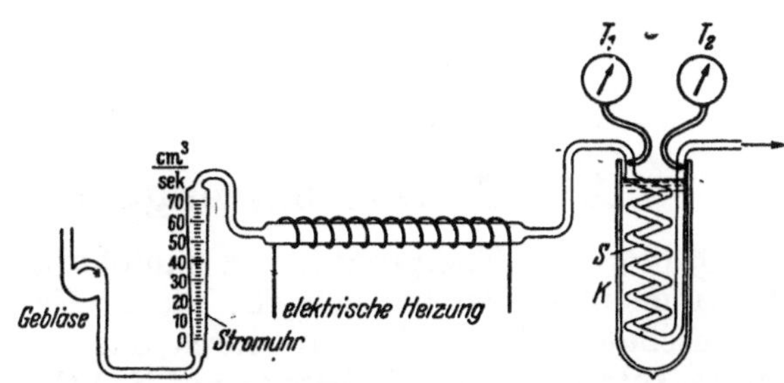

Abb. 468. Schema zur Messung der spezifischen Wärme von Gasen bei konstantem Druck. R ist eine Stromuhr (Gasmesser) nach dem „Rotax"-Prinzip: In einem schwach kegelformig erweiterten Glasrohr befindet sich ein Schwimmer mit kurzen propellerartigen Flügeln. Der Schwimmer steigt um so hoher, je größer das in der Zeiteinheit vorbeistromende Gasvolumen ist.

$= c_p \cdot M \cdot (T_1 - T_2)$. Messungen dieser Art eignen sich als Praktikumsaufgabe, im Schauversuch wirken sie langweilig. Die Tabelle 10 gibt einige so gemessene spezifische Wärmen.

Messungen von c_v, der spezifischen Wärme bei konstantem Volumen, sind eine mißliche Sache. Die Wärmekapazität der Behälter ist größer als die der in ihnen eingesperrten zu untersuchenden Gase. Die Korrektionsgrößen werden im allgemeinen größer als die zu messenden Größen. Das läßt sich nur vermeiden, wenn man die Meßdauer auf sehr kleine Zeiten (unter 10^{-2} Sekunden) beschränkt. Infolgedessen benutzt man zur Bestimmung von c_v meistens einen mittelbaren Weg. Man mißt das Verhältnis $\varkappa = c_p/c_v$ und berechnet mit seiner Hilfe c_v aus c_p. So sind die ebenfalls in Tabelle 10 aufgeführten Werte erhalten.

Tabelle 10.

Gas	Dichte bei 18 Grad C und $1\dfrac{\text{Kilopond}}{\text{cm}^2}$ $\dfrac{\text{kg}}{\text{m}^3}$	Molekulargewicht (M)	Spezifische Wärme bei 18 Grad C				$\dfrac{c_p}{c_v}$
			c_p	c_v	c_p	c_v	
			$\dfrac{10^3 \text{ Wattsek}}{\text{kg} \cdot \text{Grad}}$		$\dfrac{\text{Kilokalorien}}{\text{kg} \cdot \text{Grad}}$		
He	0,162	4	5,24	3,16	1,25	0,755	1,66
H_2	0,082	2	14,3	10,1	3,40	2,42	1,41
N_2	1,13	28	1,04	0,745	0,248	0,178	1,40
O_2	1,30	32	0,913	0,654	0,218	0,156	1,40
CO_2	1,99	44	0,85	0,654	0,203	0,156	1,30
NH_3	0,69	17	2,22	1,72	0,530	0,410	1,29
Luft	1,17	29	1,004	0,72	0,240	0,172	1,40

In § 148 findet man den Inhalt dieser Tabelle in kurzer Form zusammengefaßt.

Für die Messung von $\varkappa = c_p/c_v$ gibt es etliche gute Verfahren. Wir könnten sie ohne weiteres an dieser Stelle bringen, es sind alle erforderlichen Vorkenntnisse vorhanden. Aber wir wollen zunächst abbrechen und die bisher eingeführten, reichlich formalen Begriffe durch eine molekulare Veranschaulichung ergänzen. Das geschieht in den §§ 146—148.

XV. Wärme als ungeordnete Bewegung.

§ 146. Die Temperatur im molekularen Bilde. Einige thermische Zustandsgrößen lassen sich für ideale Gase in recht erfreulicher Weise veranschaulichen, und zwar durch das molekulare Bild. Die Grundlage dieses Bildes haben wir bereits auf S. 131 kennengelernt. Dort wurde für den Druck der idealen Gase die Gleichung

$$p = \tfrac{1}{3}\, \varrho\, u^2 \qquad\qquad (165)\ \text{v. S. 132}$$

$$(\varrho = \text{Dichte des Gases})$$

hergeleitet.

Für die experimentell gefundene Zustandsgleichung idealer Gase kennen wir die Form

$$p = \varrho R T_{\text{abs}}. \qquad\qquad (254\,\text{b})\ \text{v. S. 257}$$

Ferner ist

$$R m = k \qquad\qquad (257)\ \text{v. S. 258}$$

$$(m = \text{Masse eines Moleküles}; \ k = \text{BOLTZMANN-Konstante}).$$

Die Zusammenfassung der Gl. (165), (254b) und (257) liefert

$$m u^2 = 3\, k T_{\text{abs}}. \qquad\qquad (265)$$

u^2 ist der Mittelwert eines Geschwindigkeitsquadrates, also steht links das Doppelte der kinetischen Energie W_{kin} eines Moleküles. Es gilt somit für diese

$$W_{\text{kin}} = \tfrac{3}{2}\, k T_{\text{abs}}. \qquad\qquad (267)$$

Diese Gleichung sagt aus: **Die mittlere kinetische Energie W_{kin} jedes Moleküls eines beliebigen idealen Gases ist proportional seiner absoluten Temperatur und unabhängig von seiner chemischen Beschaffenheit, seiner Masse m oder seinem Molekulargewicht (M). Oder umgekehrt: Die Temperatur eines Gases wird bestimmt durch die kinetische Energie W_{kin} seiner Moleküle.** — Aus den beiden Gleichungen (265) und (257) folgt für die Geschwindigkeit der Gasmoleküle ein Mittelwert

$$u = \sqrt{3 k T_{\text{abs}}/m} = \sqrt{3\, R T_{\text{abs}}}. \qquad\qquad (265\text{a})$$

Wir bringen einige Anwendungen dieser Gleichungen:

I. Diffusion von Gasen durch enge Öffnungen. In Abb. 469 ist ein Gas unter dem Druck einer Hg-Säule in einem Behälter eingesperrt. Es kann oben durch eine winzige Öffnung ($\varnothing \approx {}^1/_{100}$ mm) entweichen. Man findet bei gegebener Temperatur das in der Zeit t entweichende Gasvolumen proportional

$$\sqrt{\frac{1}{\text{Molekulargewicht } (M)}}.$$

Man benutzt diesen Vorgang daher zum Vergleich von Molekulargewichten

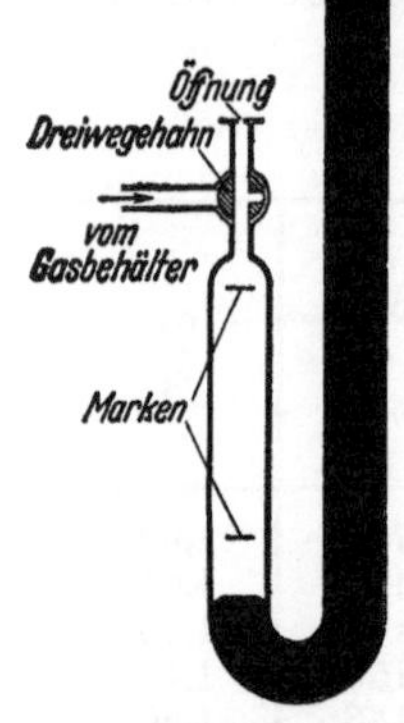

Abb. 469. Vergleich von Molekulargewichten nach R. BUNSEN. Man mißt die Zeit, innerhalb derer das Hg links von der unteren zur oberen Marke ansteigt.

von Gasen (R. Bunsen). Deutung: Die eingesperrten Gasmoleküle treffen bei ihrer ungeordneten Bewegung um so häufiger auf die Öffnung, je größer ihre Geschwindigkeit u ist. Für diese Geschwindigkeit gilt die Gleichung (265a). In ihr ist die Molekülmasse m, dem Molekulargewicht (M) des Gases proportional, die Gaskonstante R hingegen proportional dem Kehrwert von (M); es ist ja $R = 8{,}31 \cdot 10^3$ Wattsek/(M) kg · Grad. Also liefern beide Formen der Gl. (265)

$$u = \frac{\text{const}}{\sqrt{(M)}}. \tag{268}$$

Zahlenbeispiel zu Abb. 469. Man vergleicht Luft und Wasserstoff. Die Ausströmungs-Zeiten verhalten sich wie

$$\sqrt{\frac{(M)_{\text{Luft}}}{(M)_{\text{H}_2}}} = \sqrt{\frac{29}{2}} = 3{,}81.$$

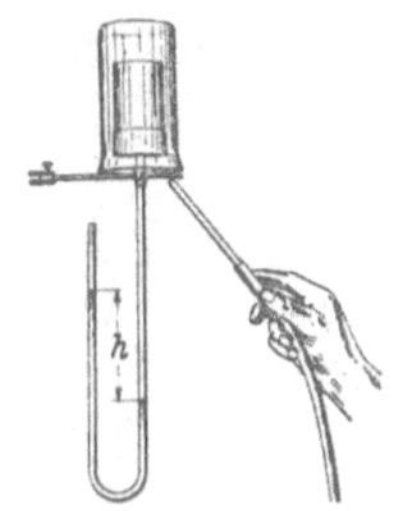

Abb. 470. Zur Diffusion durch einen Tonzylinder.

Für Schauversuche ersetzt man die eine kleine Öffnung des vorigen Versuches durch die poröse Wand eines Tonzylinders (Abb. 470). Unten ist ein Wassermanometer angeschlossen. Über den porösen Zylinder wird ein weites Becherglas gestülpt. In dieses wird Wasserstoff (Leuchtgas) eingeleitet. Sofort steigt der Druck im Tonzylinder jäh in die Höhe. Grund: Die H_2-Moleküle diffundieren in größerer Zahl in den Tonzylinder hinein, als die rund 4mal langsameren Luftmoleküle heraus. Nach einigen Sekunden wird der Wasserstoff abgestellt und das Becherglas entfernt. Gleich darauf hat sich der Überdruck im Tonzylinder in einen Unterdruck verwandelt. Die eingesperrten H_2-Moleküle diffundieren in größerer Zahl heraus, als die zum Ersatz einrückenden Luftmoleküle hinein.

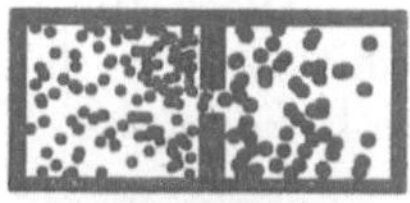
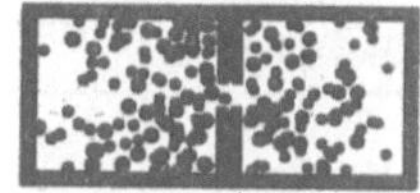

Abb. 471. Vorführung der Diffusion mit zwei Stahlkugel-Modellgasen. Lichtbilder, oben Trennwand geschlossen, links nur kleine, rechts nur große Moleküle. — Unten Trennwand geöffnet, die Diffusion hat begonnen

Bei der großen Wichtigkeit der Diffusionsvorgänge ist ein Modellversuch mit dem Stahlkugelgas nicht überflüssig. Die Abb. 471 zeigt die von S. 131 bekannte Anordnung, jedoch in der Mitte durch einen engen Kanal unterteilt. Außerdem sind auf beiden Seiten schwingende Stempel zur Aufrechterhaltung der künstlichen Wärmebewegung vorhanden. Im Druck kann leider nur ein Momentbild festgehalten werden. Es gibt nur eine ganz schwache Vorstellung von der lebendigen Wirkung dieses Schauversuches.

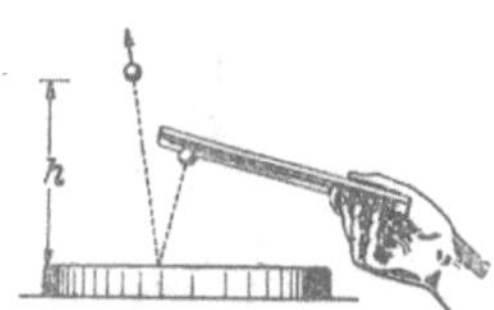

Abb. 472. Modellversuch zur Erwärmung eines Gases beim Zusammendrucken (HARALD SCHULZE).

II. Temperaturänderung bei Volumenänderung. Jedes Gas erwärmt sich beim Zusammendrücken, beim Ausdehnen kühlt es sich ab. Grund: Bei der Ausdehnung werden die Moleküle an einer zurückweichenden Wand reflektiert, und dadurch wird ihre Geschwindigkeit herabgesetzt. Beim Zusammendrücken rückt die Wand vor. Die an ihr reflektierten Moleküle erfahren eine Vergrößerung ihrer Geschwindigkeit. Das kann man gut mit einem einzelnen Stahlkugel-Molekül vorführen. Man läßt es in Abb. 472 aus der Höhe h auf eine Glasplatte aufprallen. Es fliegt, elastisch reflektiert, wieder nach oben. Währenddessen bewegt eine Hand eine zweite kleinere Glasplatte abwärts. Nunmehr wird die aufsteigende Kugel an einer ihr entgegenkommenden Wand reflektiert, sie fliegt mit vergrößerter Geschwindigkeit abwärts. Das Spiel wiederholt sich noch einige Male, dann fliegt die Kugel an der Glasplatte vorbei und weit über ihre Anfangshöhe h hinaus.

III. Der absolute Nullpunkt-der Temperatur. Die Temperatur
— 273,2 Grad C wird häufig als der absolute Nullpunkt der Temperatur
bezeichnet. Dieser Name führt zu vielen Mißverständnissen. Um sie zu
verhindern, bringen wir im folgenden einen Scherz:

Die Aufgabe sei, für statistische Zwecke die Masse einer großen
Anzahl angenähert gleichalter Männer zu ermitteln. Für die Wägungen
werden Normal-Klötze mit den Massen..... 68 kg, 69 kg, 70 kg, 71 kg, ...
hergestellt. Diese „großen" Zahlenwerte werden als lästig abgelehnt. Deswegen wird — vielleicht sogar gestützt auf historische Tradition — die
Beschriftung aller Klötze um je 70 kg kleiner gewählt. Der 70 kg-Klotz
erhält die Aufschrift 0 kg, der 71 kg-Klotz die Aufschrift +1 kg, der
69 kg-Klotz die Aufschrift —1 kg, usw. Bei dieser Bezifferung der kg-
Skala liegen die Massen der Männer im allgemeinen zwischen + 10 kg
und — 10 kg.

Diese für den Sonderzweck als bequem eingeführte Bezifferung erweitern wir dann später für Wägungen anderer Objekte. Dabei ergibt
sich folgender Vergleich:

alte Bezifferung	100 kg	10 kg	1 kg	10^{-1} kg	10^{-3} kg	10^{-6} kg = 1mg
neue Bezifferung	+30 kg	—60 kg	—69 kg	—69,9 kg	—69,999 kg	—69,999 999 kg

Man nähert sich beim Übergang zu immer kleiner werdenden Massen
asymptotisch dem Grenzwert — 70 kg, dem absoluten Nullpunkt der
Masse. — Dieser Vergleich zeigt wohl deutlich, warum eine zweckmäßige
Bezifferung der Skalen für Massen, Temperaturen, Druck usw. mit Null
beginnt und nur positive Werte benutzt.

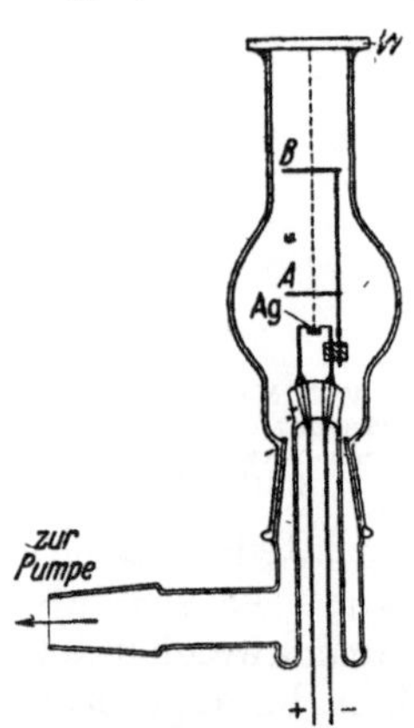

Abb. 473. Herstellung von Molekulstrahlen.

IV. Das Modellgas (z. B. Abb. 240) benutzt
Stahlkugeln mit der Masse $m \approx 10^{-4}$ kg und Geschwindigkeiten $u \approx 1$ m/sec. Diese könnten durch eine echte
Wärmebewegung erst bei $T \approx 10^{18}$ Grad entstehen. —
In wirklichen Gasen, z. B. Helium, könnte man Geschwindigkeiten von 1 m/sec erst bei $T < 10^{-4}$ Grad
erhalten.

§ 147. Geschwindigkeitsverteilung und mittlere
freie Weglänge der Gasmoleküle. Angesichts ihrer grundsätzlichen Bedeutung hat man die Geschwindigkeit der
Gasmoleküle bei verschiedenen Temperaturen unmittelbar gemessen. Dazu benutzt man „Molekülstrahlen".
In Abb. 473 wird ein kleiner Silberklotz Ag in einer elektrisch geheizten Wanne aus Molybdänblech verdampft.
Der hochevakuierte Glasbehälter enthält zwei Spalte A
und B. Sie blenden aus den in allen Richtungen fliegenden
Dampfmolekülen ein scharf begrenztes Bündel aus. Dies
Bündel wird auf der kühlen Wand W aufgefangen. Dort bilden die Moleküle
einen recht scharf begrenzten spiegelnden Fleck. Seine Gestalt entspricht
dem gestrichelten Strahlenverlauf. Im übrigen bleiben die Gefäßwände
oberhalb der Blende B niederschlagsfrei. Zur Messung der Geschwindigkeit setzt man die ganze Anordnung auf ein rasch umlaufendes Karussell.
Dann hat man die gleichen Verhältnisse wie früher bei der Messung der

Geschwindigkeit einer Pistolenkugel: Die Moleküle werden durch Coriolis-kräfte seitlich abgelenkt, und aus der Größe der Ablenkung ergibt sich ihre Geschwindigkeit [Gl. (103), S. 92].

Die Durchführung dieser Messungen ergab ein lange zuvor erwartetes Ergebnis: Die Geschwindigkeit der Moleküle ist bei jeder Temperatur um einen statistischen Mittelwert verteilt. Zwei Beispiele sind in Abb. 474 dargestellt.

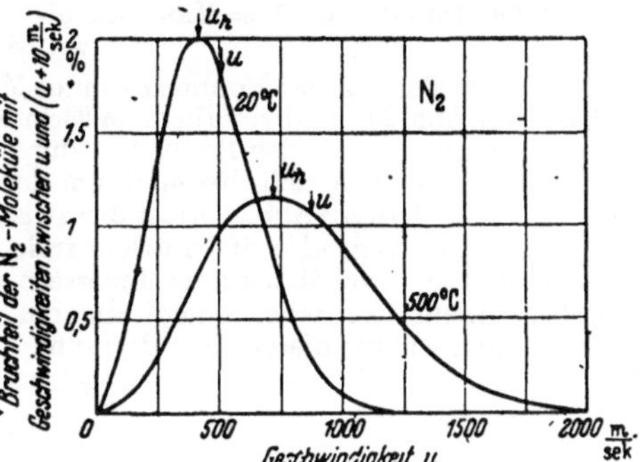

Abb. 474. Zur Geschwindigkeitsverteilung von Gasmolekülen. Stickstoff. Molekulargewicht $(M) = 28$;

$$m = \frac{1}{N} = \frac{28 \text{ kg}}{6{,}02 \cdot 10^{26}} = 4{,}65 \cdot 10^{-26} \text{ kg};$$

$k = 1{,}38 \cdot 10^{-23}$ Wattsek/Grad, 1 Wattsek = 1 Groß-dynmeter = 1 kgm²/sec², also fur $T_{abs} = 293°$ $u_h = 417$ m/sec und die „mittlere" Geschwindigkeit $1{,}22 \cdot u_h = 509$ m/sec. Diese ist durch einen Pfeil u markiert.

Die Verteilung der Geschwindigkeit auf die einzelnen Werte läßt sich durch ein von MAXWELL hergeleitetes „Verteilungsgesetz" darstellen. Es liefert den Bruchteil dn/n der Moleküle, deren Geschwindigkeit zwischen u und $(u + du)$ gelegen ist. Das Maxwellsche Verteilungsgesetz lautet:

$$\boxed{\frac{dn}{n} = \frac{4\,u^2}{\sqrt{\pi}} \left(\frac{m}{2\,k\,T_{abs}}\right)^{3/2} e^{-\frac{1/2\,m\,u^2}{k\,T_{abs}}}\,d\,u.} \tag{269}$$

Eine nahere Erörterung der Gleichung (269) ergibt: Dem Maximum der Kurve in Abb. 474 entspricht eine am häufigsten vorkommende oder wahrscheinlichste Geschwindigkeit

$$u_h = \sqrt{2\,k\,T_{abs}/m} = \sqrt{2\,RT_{abs}}. \tag{270}$$

Als arithmetisches Mittel aller Geschwindigkeiten erhalt man die durchschnittliche Geschwindigkeit

$$u_d = \frac{2}{\sqrt{\pi}}\,u_h = 1{,}13\,u_h. \tag{271}$$

Sie ist also etwas größer als die häufigste Geschwindigkeit.

Anfänglich hatten wir einen Mittelwert u der Geschwindigkeit eingefuhrt, definiert durch die Gleichung

$$u = \sqrt{3\,k\,T_{abs}/m} = \sqrt{3\,R\,T_{abs}}. \tag{265} \text{ v. S. 265}$$

Dieser Mittelwert der Geschwindigkeit u ist also um den Faktor $\sqrt{\tfrac{3}{2}} = 1{,}22$ größer als die haufigste Geschwindigkeit u_h und $\frac{1{,}22}{1{,}13} = 1{,}08$ mal größer als die Durchschnittsgeschwindigkeit u_d. — Die Unterschiede zwischen haufigster, durchschnittlicher und mittlerer Geschwindigkeit sind also praktisch belanglos.

Jetzt ist das molekulare Bild eines Gases nahezu vollständig. Es fehlt nur noch der Begriff der freien Weglänge. So nennt man die geradlinige Flugstrecke eines Moleküles zwischen zwei aufeinanderfolgenden Zusammenstößen mit anderen Gasmolekülen. Für die mittlere freie Weglänge λ gilt

$$\lambda = \frac{1}{4\,\pi\,\sqrt{2}\,r^2\,N\varrho} \tag{272}$$

(r = Radius eines Moleküls, ϱ = Dichte und N = spezifische Molekülzahl eines Gases).

So hat z. B. Stickstoff unter physikalischen Normalbedingungen die mittlere freie Weglänge $\lambda \approx 8 \cdot 10^{-8}$ m.

Herleitung: In einem Volumen V seien n Gasmoleküle des Volumens $v = \tfrac{4}{3}r^3\pi$ enthalten. Das einzelne Molekül wird also in erster Näherung als Kugel vom Radius r betrachtet. Der auf ein einzelnes Molekul entfallende Raum

$$V/n = 1/N_v = 1/N\varrho \qquad (273)$$

(N_v = Molekülzahldichte, ϱ = Massendichte und N = spezifische Molekülzahl des Gases, vgl. S. 347)

ist sehr viel größer als das Volumen v eines Moleküls, also $V/n \gg v$ (man vergleiche die Abb. 240 und vor allem im Elektrizitätsband Abb. 55). Diesen ihm zur Verfügung stehenden Raum V/n durchfliegt das Molekül auf gerader Bahn. Man kann sich diesen Raum daher als gestreckten Zylinder vorstellen. Seine Länge (Abb. 475) ist der zwischen zwei Zusammenstößen frei durchflogene Weg, also die mittlere freie Weglänge λ. Sein Durchmesser muß gleich zwei Moleküldurchmessern sein, also $= 4r$; sonst kann ein Molekül nicht frei neben einem anderen vorbeifliegen (s. Abb. 475). Somit erhalten wir für diesen Zylinderraum

$$V/n = 4\,r^2\pi \cdot \lambda \qquad (274)$$

oder mit Gl. (273)

$$\lambda = \frac{1}{4\,r^2\pi N\varrho}. \qquad (275)$$

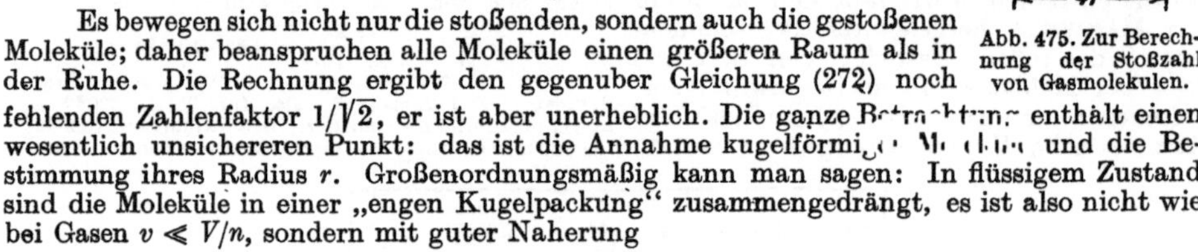

Abb. 475. Zur Berechnung der Stoßzahl von Gasmolekülen.

Es bewegen sich nicht nur die stoßenden, sondern auch die gestoßenen Moleküle; daher beanspruchen alle Moleküle einen größeren Raum als in der Ruhe. Die Rechnung ergibt den gegenüber Gleichung (272) noch fehlenden Zahlenfaktor $1/\sqrt{2}$, er ist aber unerheblich. Die ganze Betrachtung enthält einen wesentlich unsichereren Punkt: das ist die Annahme kugelförmiger Moleküle und die Bestimmung ihres Radius r. Größenordnungsmäßig kann man sagen: In flüssigem Zustand sind die Moleküle in einer „engen Kugelpackung" zusammengedrängt, es ist also nicht wie bei Gasen $v \ll V/n$, sondern mit guter Näherung

$$v = \frac{V}{n} = \frac{1}{N\varrho} \qquad (276)$$

(N = spezifische Molekülzahl und ϱ = Dichte der Flüssigkeit).

Zahlenbeispiel: Flüssiger Stickstoff [Molekulargewicht (M) = 28] hat die Dichte $\varrho =$ 790 kg/m³ und die spezifische Molekülzahl

$$N = \frac{6 \cdot 10^{26}}{\text{Kilomol}} = \frac{6{,}02 \cdot 10^{26}}{28\ \text{kg}} = \frac{2{,}14 \cdot 10^{25}}{\text{kg}}.$$

Einsetzen dieser Werte in Gleichung (276) liefert als Volumen eines Stickstoffmoleküls $v = 5{,}9 \cdot 10^{-29}$ m³. Aus diesem Volumen v des kugelförmig angenommenen Stickstoffmoleküls erhält man als Molekülradius $r = 2{,}4 \cdot 10^{-10}$ m. Mit diesem Werte für den Molekülradius r folgt aus Gleichung (275) die mittlere freie Weglänge des Stickstoffs unter normalen physikalischen Bedingungen zu $\lambda \approx 5 \cdot 10^{-8}$ m.

§ 148. Spezifische Wärmen im molekularen Bilde. Das Gleichverteilungsprinzip. Die für ein- und zweiatomige ideale Gase gemessenen spezifischen Wärmen (Tab. 10 v. S. 263) lassen sich in folgender Weise zusammenfassen:

Molekülart	Beispiele	Spezifische Wärme		$\varkappa = c_p/c_v$
		c_p bei konstantem Druck	c_v bei konstantem Volumen	
einatomig	{ Hg-Dampf } { Edelgase }	$\tfrac{5}{2}R$	$\tfrac{3}{2}R$	1,67
zweiatomig	{ H_2, O_2, N_2 } { CO, HCl }	$\tfrac{7}{2}R$	$\tfrac{5}{2}R$	1,40

Bei der Benutzung der Masseneinheiten Kilomol ist dabei

$$R = 1{,}98\,\frac{\text{Kilokalorien}}{\text{Kilomol} \cdot \text{Grad}} = 8{,}31 \cdot 10^3\,\frac{\text{Wattsek}}{\text{Kilomol} \cdot \text{Grad}}. \qquad (255)\ \text{v. S. 257}$$

Dieser Zusammenhang zwischen den spezifischen Wärmen und der Gaskonstante R ist im molekularen Bilde folgendermaßen zu deuten (A. Naumann 1867): Wir erinnern an die Definitionsgleichung der beiden spezifischen Wärmen idealer Gase, nämlich

$$c_v = \frac{1}{M}\left(\frac{\partial U}{\partial T}\right), \tag{248}$$

$$c_p = \frac{1}{M}\left(\frac{\partial J}{\partial T}\right) = c_v + R. \tag{249}$$

Für ein ideales einatomiges Gas muß der von Wärmebewegung herrührende „thermische" Anteil der inneren Energie U ganz überwiegend aus der kinetischen Energie W_{kin} der geradlinigen Bewegung der Moleküle bestehen, also kurz aus ihrer Translationsenergie. Wir fanden für ein einzelnes Molekül

$$W_{kin} = \tfrac{3}{2}\,k T_{abs} = m\,\tfrac{3}{2}\,R T_{abs}. \tag{267 v. S. 264}$$

Eine Gasmenge mit der Masse $M = nm$ bekommt also thermisch die innere Energie

$$U = n W_{kin} = M \cdot \tfrac{3}{2}\,R T_{abs}. \tag{280}$$

Folglich ist nach der Gleichung (248) und (249)

$$c_v = \frac{3}{2}\,R;\quad c_p = \frac{5}{2}\,R;\quad \frac{c_p}{c_v} = 1{,}67.$$

Ein einatomiges Molekül hat drei „Freiheitsgrade" zur Verfügung. D. h. die Geschwindigkeit seiner geradlinigen Bahn (Translation) besteht allgemein aus drei Komponenten in je einer Richtung des Raumes. Auf jeden einzelnen dieser drei Freiheitsgrade entfällt also für das einzelne Molekül die thermische Energie

$$W_{therm} = \tfrac{1}{2}\,k T_{abs} \tag{281}$$

$(k = R \cdot m = \text{Boltzmannkonstante} = 1{,}38 \cdot 10^{-23}\ \text{Wattsek/Grad};$

$$m = N^{-1} = 1\ \text{Kilomol}/6 \cdot 10^{26}).$$

In entsprechender Weise entfällt auf jeden einzelnen der drei Freiheitsgrade für eine Gasmenge der Masse $M = nm$ die thermische Energie

$$W_{therm\,M} = n W_{therm} = M \cdot \tfrac{1}{2}\,R T_{abs} \tag{282}$$

$$(R = k/m = 8{,}31 \cdot 10^3\ \text{Wattsek/Kilomol} \cdot \text{Grad}).$$

Ein zweiatomiges Molekül ist ein hantelförmiges Gebilde. Dieses kann um zwei zueinander und zur Hantelachse senkrechte Richtungen rotieren (vgl. Optikband § - 145)[1]. Dadurch kommen zwei weitere Freiheitsgrade hinzu. Diese neuen Freiheitsgrade betrachtet man den alten als gleichwertig. Das nennt man das Prinzip der statistischen Gleichverteilung. Damit liefert die Wärmebewegung für die insgesamt 5 Freiheitsgrade eines zweiatomigen Gases bei der Temperatur T_{abs} die innere Energie

$$U = M \tfrac{5}{2}\,R T_{abs}. \tag{283}$$

Folglich ist nach den Gleichungen (248) und (249)

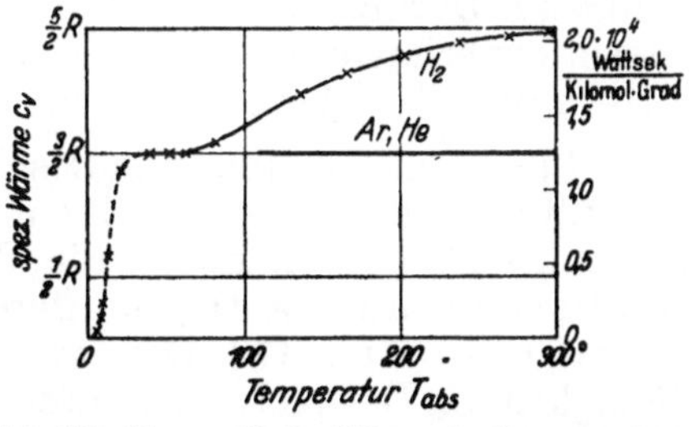

Abb. 476. Die spezifische Wärme des Wasserstoffs in ihrer Abhängigkeit von der Temperatur. $R =$ Gaskonstante, Gl. (255) v. S. 257. Zum Vergleich sind Messungen an zwei einatomigen Gasen beigefügt. Im gestrichelten Bereich ist H_2 flüssig und fest, vgl. Abb. 462.

$$c_v = \frac{5}{2}\,R;\quad c_p = \frac{7}{2}\,R;\quad \frac{c_p}{c_v} = 1{,}40.$$

Durch diese Erfolge hat das Gleichverteilungsprinzip eine wesentliche experimentelle Stütze erhalten. Aber man darf es unter allen Umständen nur als die Idealisierung eines Grenzfalles betrachten, erlaubt im Bereich großer Temperaturen. Das zeigen die in Abb. 476 dargestellten Messungen.

---

[1] Die Rotation um die Langsachse kommt nicht in Betracht, Trägheitsmoment und kinetische Energie sind zu klein.

Sie betreffen die spezifische Wärme eines zweiatomigen Gases (H_2) bei verschiedenen Temperaturen. Die spezifische Wärme c_v hat bei großen Temperaturen den Wert von $\approx \frac{5}{2} R$, bei kleinen Temperaturen aber fällt sie ab und erreicht schließlich den Wert $\frac{3}{2} R$, also den Wert für einatomige Moleküle. — Deutung: Bei sinkender Temperatur kommen die Rotationen allmählich zur Ruhe; es verbleibt nur wie bei den einatomigen Molekülen die Translation. — An dieser Stelle kommt man mit den Methoden der „klassischen Physik" nicht mehr weiter. Man muß die fundamentale, von PLANCK entdeckte Naturkonstante $h = 6{,}62 \cdot 10^{-34}$ Watt $\cdot$ sec^2 zu Hilfe nehmen. Die Bedeutung dieser Konstante für die Rotationen mehratomiger Moleküle wird im Optikband, § 145, eingehend behandelt.

Wir fassen den wesentlichen Inhalt der §§ 146—148 zusammen: Die idealen Gase haben die Möglichkeit gegeben, die Zustandsgrößen Temperatur und innere Energie in anschaulicher Weise zu deuten. Die unmittelbar meßbaren Zustandsgrößen Temperatur und Druck entstehen durch die ungeordnete oder thermische Bewegung der Moleküle (§ 146). Sie ergeben sich als statistische Mittelwerte einer ungeheuren Anzahl von Individuen (Moleküle). Über ein einzelnes Molekül lassen sich nur statistische Aussagen machen. Nach dem Gleichverteilungssatz darf man sagen: Im statistischen Mittel besitzt jedes Molekül für jeden seiner Freiheitsgrade bei der Temperatur T_{abs} die thermische Energie

$$\boxed{W_{\text{therm}} = \tfrac{1}{2} k T_{\text{abs}}.} \tag{281}$$

Die mit den Begriffen Wärme und Temperatur erfaßte thermische Energie der Moleküle verschwindet also beim absoluten Nullpunkt. Bei $T_{abs} = 0$ ist die ungeordnete Bewegung der Moleküle zur Ruhe gekommen.

Die Boltzmannsche Konstante k haben wir bisher mit Hilfe der spezifischen Molekülzahl N berechnet, also aus dem Verhältnis Molekülzahl/Masse. N mußte also als bekannt vorausgesetzt werden, und zwar auf Grund elektrischer Beobachtungen (El.-Band, § 105 und 142). Das ist unbefriedigend. Darum soll k in § 150 mit den uns schon jetzt verfügbaren Hilfsmitteln experimentell bestimmt werden. Der nächste Paragraph dient zur Vorbereitung für diese Aufgabe.

§ 149. Osmose und osmotischer Druck. Osmose bedeutet ursprünglich Diffusion durch poröse Trennwände. Trennt eine Wand zwei Stoffe, die verschieden rasch durch die Wand hindurchdiffundieren, so entsteht vorübergehend eine Druckdifferenz. Am bekanntesten ist dieser Versuch für zwei Gase, Abb. 470. Der entsprechende Versuch gelingt auch mit zwei Flüssigkeiten. Beispiel: Man taucht ein mit Alkohol gefülltes, mit einer Schweinsblase verschlossenes Glasgefäß in reines Wasser: Die Membran wölbt sich nach außen (NOLLET 1748). Auch in diesem Fall hält sich die Druckdifferenz nur vorübergehend. Osmotische Erscheinungen finden sich auch bei einer Diffusion zwischen Lösung und Lösungsmittel. In diesem Fall läßt sich ein Grenzfall realisieren; man kann die Wand semipermeabel machen, d. h. durchlässig für das Lösungsmittel und undurchlässig für den gelösten Stoff. In diesem Fall führt die Diffusion zu einer dauernden Druckdifferenz zwischen Lösung und Lösungsmittel. Diese Erscheinung ist es, auf die man heute das Wort Osmose beschränkt.

Semipermeable Wände werden in vollkommenster und mannigfachster Form von lebenden Zellwänden verwirklicht. Die beste künstliche Herstellung bleibt die von MORITZ TRAUBE 1867 angegebene Membran aus Ferrocyankupfer. Ihre Herstellung ist einfach: Man bringt z. B. einen Tropfen konzentrierter Kupfersulfatlösung auf die Oberfläche einer schwach

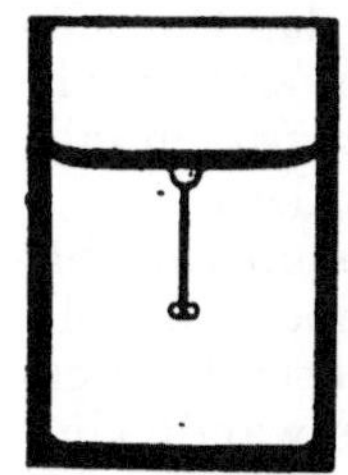

Abb. 477. Zur Aufblähung einer Lösung durch osmotischen Druck. Die unter der Oberfläche hängende Blase erscheint im Bilde zu hell. Am unteren Ende der abwärts sinkenden Schliere sieht man einen Wirbelring.

konzentrierten Lösung von gelbem Blutlaugensalz. Dann bildet sich eine an der Oberfläche hängende häutige Blase aus Ferrocyankupfer. Sie bläht sich rasch durch Wasseraufnahme auf, die Lösung in ihrer Umgebung wird wasserärmer und sinkt infolge ihres größeren spezifischen Gewichtes als sichtbare Schliere (Schattenbild) zu Boden (Abb. 477).

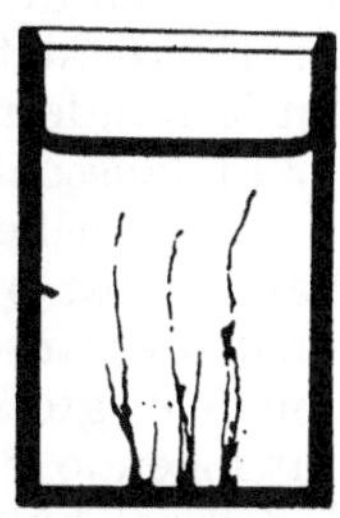

Abb. 478. Der osmotische Druck erzeugt pflanzenähnliche Gebilde.

Bei geeigneten Anordnungen erfolgt die Aufblähung mit einer Vorzugsrichtung. Man werfe z. B. einige kleine Kristalle aus Ferrochlorid ($FeCl_2$) auf den Boden einer mit Ferrocyankalilösung (30g $K_4Fe(CN)_6 \cdot 3H_2O$ in 1 Liter Wasser) gefüllten Küvette: Im Laufe einer halben Stunde wachsen pflanzenähnliche Gebilde bis zur Oberfläche (Abb. 478).

Derartige Versuche und ihre quantitativen Fortbildungen lassen sich zusammenfassend an Hand der Abb. 479a beschreiben. Wir sehen zwei durch eine semipermeable Wand W getrennte Kammern. Beide sind mit einem Kolben vom Querschnitt F abgeschlossen. Beide Kammern enthalten ein Lösungsmittel (schraffiert), z. B. Wasser, und die linke Kammer außerdem noch gelöste Moleküle (schwarze Punkte). Eine derartige Anordnung befindet sich nicht im Gleichgewicht: Beide Kolben bewegen sich nach links, der linke wird herausgedrängt, der rechte hereingezogen.

Deutung: Die gelösten Moleküle benehmen sich qualitativ wie ein Gas, ihre thermische Bewegung erzeugt einen Druck; man nennt ihn „osmotischen Druck" p_{os}. Dieser osmotische Druck schiebt den linken Kolben heraus und bläht dadurch die Lösung auf. Diese Aufblähung durch den osmotischen Druck ist aber nur möglich, wenn aus der rechten Kammer Wasser nachströmen kann und der rechte Kolben hereingezogen wird.

Den osmotischen Druck p_{os} kann man auf zwei Weisen messen (Teilbild b): Entweder läßt man den linken Kolben eine Feder pressen oder den rechten Kolben eine Feder dehnen. In beiden Fällen entsteht eine die Bewegung des linken Kolbens behindernde Kraft[1] $\Re$. Nach hinreichender Verformung einer der Federn findet die Aufblähung der Lösung ihr Ende; es ist $\Re/F = p_{os}$ geworden und Gleichgewicht eingetreten.

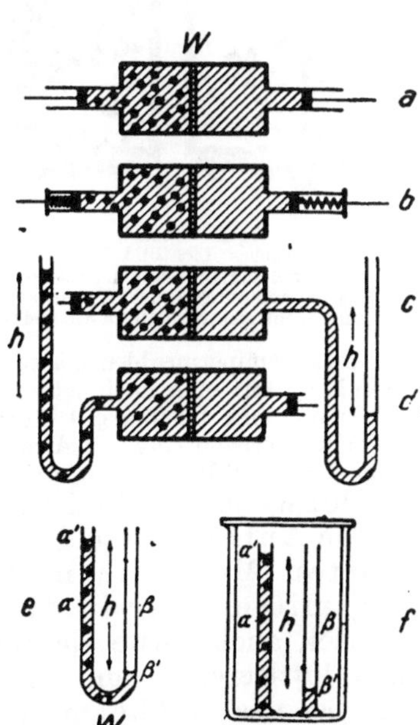

Abb. 479. Zur Aufblähung einer Lösung durch den osmotischen Druck.
Man kann die in den beiden Teilbildern c und d skizzierten Anordnungen zusammenfassen und den Behältern den gleichen Querschnitt geben wie den Manometerrohren; dann entsteht ein einfaches U-Rohr, das am tiefsten Punkt durch eine semipermeable Wand W abgeteilt ist. Die links befindliche Lösung steigt, das rechts befindliche Wasser sinkt (Teilbild e).

---

[1] Wasser hat eine erhebliche Zerreißfestigkeit (§ 78), darf also einfach wie eine starre Verbindung zwischen beiden Kolben betrachtet werden. Vgl. auch § 174.

Durch Anfügen einer Feder ist jeder der beiden Kolben in einen **Druckmesser (Manometer)** verwandelt worden. — Die einfachste Form eines Druckmessers ist und bleibt ein **Flüssigkeitsmanometer**. In ihm wird der Kolben durch eine freie Oberfläche, die Federkraft durch das Gewicht der Flüssigkeitssäule ersetzt. Man kann daher nach Belieben eine der in den Teilbildern c und d skizzierten Anordnungen benutzen. In beiden gibt der Endausschlag h des Manometers den gesuchten osmotischen Druck.

In manchen praktisch besonders wichtigen Fällen ist die semipermeable Wand selbst **beweglich**. Diese Fälle lassen sich leicht mit einem Modellversuch veranschaulichen (Abb. 480). Kleine Stahlkugeln bedeuten Wassermoleküle, große die Moleküle des gelösten Stoffes. Die Außenwände sind schwingende Stempel, sie erzeugen die ungeordnete Wärmebewegung der Modellmoleküle. Die Trennung zwischen beiden Kammern ist siebartig durchbohrt und für die kleinen Modellmoleküle passierbar. Eine Schneckenfeder gibt dieser „semipermeablen" Trennwand eine **Ruhelage** in der Mittelstellung. Sind nur kleine Moleküle vorhanden, so verharrt die Trennwand in der Mittelstellung, Teilbild A. Werden der linken Kammer große Moleküle hinzugefügt, so drängt ihr „osmotischer" Druck die Trennwand nach rechts, Teilbild B: Die linke Kammer wird durch den Druck der großen Moleküle aufgebläht. In beiden Teilbildern A und B kann man mit einer beliebigen Verteilung der kleinen Moleküle anfangen, z. B. alle in der linken oder alle in der rechten Kammer: Stets stellen sich dieselben Gleichgewichtslagen A oder B wieder ein.

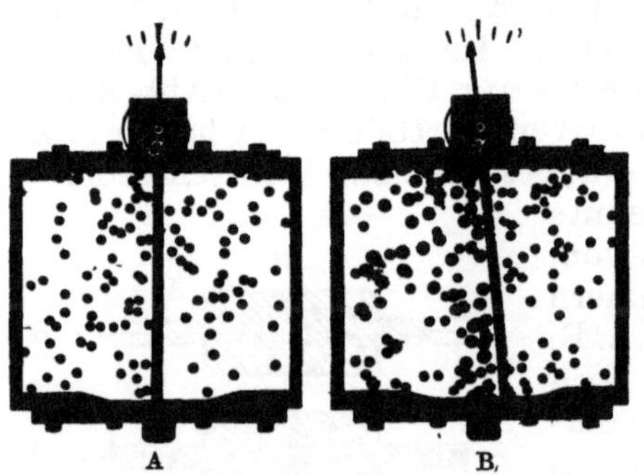

Abb. 480 A u. B. Modellversuch zur Entstehung des osmotischen Druckes. Lichtbild. Beiderseits der Achse a sieht man den äußersten Gang der Schneckenfeder. Die Bewegung der halbdurchlässigen Trennwand wird durch eine nicht sichtbare Ölbremse gedämpft.

Dieser Modellversuch erklärt z. B. das Verhalten roter Blutkörperchen in Wasser. Ihre Aufblähung erfolgt durch eine Ausdehnung ihrer semipermeablen elastischen Hülle. Schließlich platzt die Hülle. Um dieses zu verhindern, darf man nach schweren Blutverlusten nie reines Wasser in die Adern einfüllen, sondern nur eine Lösung mit einem osmotischen Druck, wie er im Innern der roten Blutkörperchen herrscht ($p_{os} = 7$ Atm. entsprechend einer Kochsalzlösung mit der Ionenkonzentration $c = 2 \cdot 0{,}16$ Kilomol/m³).

Der wesentliche Punkt bei allen osmotischen Erscheinungen ist die Aufblähung der Lösung. Sie tritt immer ein, wenn die gelösten Moleküle nicht aus der Lösung austreten, das Lösungsmittel aber in die Lösung eintreten kann. Diese Bedingung läßt sich auch ohne sichtbare semipermeable Wand erfüllen; man kann einen luftleeren Raum als „semipermeabel" benutzen. Das geschieht z. B. bei der **isothermen Destillation**.

Wir sehen in Abb. 479f einen luftleeren Behälter und in ihm zwei zylindrische Gefäße. Der linke enthält die Lösung, z. B. LiCl in Wasser, der rechte das Lösungsmittel, z. B. Wasser. Anfänglich waren beide Zylinder gleich hoch gefüllt, die Oberflächen lagen bei α und β. Im Laufe einiger Tage bläht sich die Lösung auf, es entsteht eine Niveaudifferenz (sicherer Schauversuch!); ihr stationärer Endwert sei h. Dann ist der vom Gewicht der Flüssigkeitssäule h erzeugte Druck gleich dem osmotischen Druck p_{os}, also

$$p_{os} = h \cdot \varrho_L \cdot g \qquad (284)$$

$(\varrho_L = $ Dichte der Lösung, $g = $ Fallbeschleunigung).

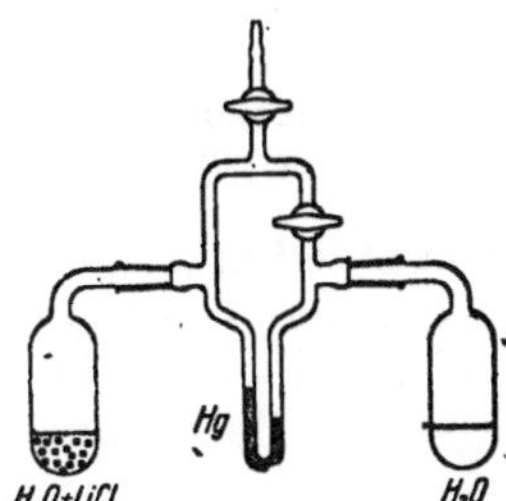

Abb. 481. Der Dampfdruck einer Lösung ist kleiner als der des reinen Lösungsmittels. Der obere Hahn dient zum Auspumpen der Luft, der untere zur Herstellung des anfänglichen Druckausgleiches.

Deutung: Über beiden Oberflächen befindet sich gesättigter Dampf. Er besteht in beiden Fällen nur aus Molekülen des Lösungsmittels, aber der Sättigungsdruck p_L über der Lösung ist kleiner als der Sättigungsdruck p_0 über dem reinen Lösungsmittel (Schauversuch in Abb. 481). Infolgedessen prasseln in Abb. 479f je Zeiteinheit mehr Wassermoleküle auf die Oberfläche a auf, als aus ihr entweichen, d. h. es destilliert Wasser von β nach a herüber.

Wann findet dieser Vorgang ein Ende? Antwort: Der zur Beobachtungstemperatur gehörende Sättigungsdruck p_0 des Wasserdampfes gilt für den Dampf unmittelbar über der Wasseroberfläche. Mit wachsender Höhe sinkt er gemäß der barometrischen Höhenformel. In der Höhe h über der Wasseroberfläche beträgt er nur noch

$$p_h = p_0\, e^{-\frac{\varrho_0\, g\, h}{p_0}} \qquad (168)\ \text{v. S. 136}$$

(ϱ_0 = Dichte des Wasserdampfes über der Wasseroberfläche).

Ist mit wachsender Höhe h der Dampfdruck p_h gleich dem über der Oberfläche a' herrschenden Dampfdruck p_L der Lösung geworden, so prasseln je Zeiteinheit auf a' nicht mehr Moleküle auf, als entweichen; die Aufblähung findet ihr Ende.

An Hand dieses Grenzfalles wollen wir den Zusammenhang zwischen osmotischem Druck und Dampfdruck herleiten. Zu diesem Zweck setzen wir $p_h = p_L$ und setzen ferner gemäß Gl. (284) $h = p_{\mathrm{os}}/\varrho_L g$. Dann ergibt sich

$$\frac{p_L}{p_0} = e^{-\frac{\varrho_0\, p_{\mathrm{os}}}{p_0\, \varrho_L}}. \qquad (285)$$

Ferner betrachten wir den Wasserdampf näherungsweise als ideales Gas (§ 79), setzen

$$p_0 = \varrho_0 R T_{\mathrm{abs}} \qquad (254\,\mathrm{b})\ \text{v. S. 257}$$

und erhalten

$$\ln \frac{p_L}{p_0} = -\frac{\varrho_0\, p_{\mathrm{os}}}{\varrho_0\, R T_{\mathrm{abs}}\, \varrho_L}$$

oder

$$p_{\mathrm{os}} = R T_{\mathrm{abs}}\, \varrho_L \ln \frac{p_0}{p_L} \approx R T_{\mathrm{abs}}\, \varrho_L \frac{p_0 - p_L}{p_L}. \qquad (286)$$

Direkte Messungen des osmotischen Druckes sind umständlich und zeitraubend. Die eben hergeleitete Gl. (286) gibt ein bequemes indirektes Verfahren. Man vergleicht den Sättigungsdruck p_L der Lösung mit dem Sättigungsdruck p_0 des reinen Lösungsmittels und berechnet den osmotischen Druck mit Hilfe der Gl. (286). Dabei mißt man meistens nicht die Sättigungsdrucke p_L und p_0 von Lösung und Lösungsmittel, sondern die zugehörigen Siedetemperaturen T_L und T_0. Dann gilt für den osmotischen Druck die einfache Beziehung

$$p_{\mathrm{os}} = \varrho_L \cdot r\, \frac{T_L - T_0}{T_{0,\,\mathrm{abs}}} \qquad (286\,\mathrm{a})$$

(ϱ_L = Dichte der Lösung, für sehr verdünnte Lösungen $\approx$ Dichte des Lösungsmittels; T_0 = Siedetemperatur und r = spezifische Verdampfungswärme des Lösungsmittels. — Benutzt man für ϱ_L die Einheit Kilogramm/m³ (= Gramm/Liter) und für die Einheit von r Wattsekunden/Kilogramm, so erhält man p_{os} in der Einheit Großdyn/m².)

Alle direkten und indirekten Messungen des osmotischen Druckes ergeben bei verdünnten Lösungen (Größenordnung Zehntel Mol/Liter) ein überraschend einfaches Ergebnis: Für die Moleküle des gelösten Stoffes gilt die thermische Zustandsgleichung idealer Gase[1]:

---

[1] Daher benutzt man den osmotischen Druck oft, um das Molekulargewicht (M) eines gelösten Stoffes zu bestimmen. Man setzt für R den Wert

$$R = 8{,}31 \cdot 10^3\, \frac{\text{Großdyn} \cdot \text{meter}}{(M)\, \text{Kilogramm} \cdot \text{Grad}}$$

und erhält für das Molekulargewicht

$$(M) = 8{,}31 \cdot 10^3\, \frac{\text{Großdyn} \cdot \text{meter}}{\text{Kilogramm} \cdot \text{Grad}} \cdot \frac{M}{V} \cdot \frac{T_{\mathrm{abs}}}{p_{\mathrm{os}}}$$

(M/V = Massenkonzentration c der Lösung, gemessen in Kilogramm/m³ (= Gramm/Liter) und p_{os} in Großdyn/m², vgl. Gleichung (286a).)

$$p_{os} V = M R T_{abs} \quad \text{oder} \quad p_{os} = c R T_{abs}. \qquad (287)$$

(M = Masse des im Volumen V enthaltenen gelösten Stoffes, also M/V = Massenkonzentration c. Für $c = 0{,}1$ Kilomol/m³ $= 0{,}1$ Mol-Liter und $T = 0$ Grad C. ist der osmotische Druck $p_{os} = 2{,}24$ physikalische Atmosphären.)

Das Auftreten derselben Zustandsgleichung unter verschiedenartigen Bedingungen ist sehr lehrreich. Man erkennt: Die Zustandsgleichung beruht letzten Endes auf den statistischen Gesetzmäßigkeiten der thermischen Massenerscheinungen, insbesondere auf der grundlegenden Beziehung

$$W_{therm} = \tfrac{1}{2} k T_{abs}.$$

§ 150. Physikalische Moleküle. Experimentelle Bestimmung der Boltzmannschen Konstanten k und der spezifischen Molekülzahl N.

Beim osmotischen Druck in Zuckerlösungen u. dgl. sind alle an der Wärmebewegung beteiligten Individuen noch Moleküle im Sinne des Chemikers. Zuckermoleküle sind zwar schon sehr viel größer als Gasmoleküle, aber es sind noch chemisch einheitliche Gebilde. — Jetzt kommt eine neue experimentelle Erfahrung: Die statistischen Gesetzmäßigkeiten der Wärmebewegung gelten nicht nur für chemische Moleküle; sie gelten auch für erheblich gröbere und chemisch nicht mehr einheitliche Gebilde, wie etwa staubförmige Schwebeteilchen in Flüssigkeiten und Gasen. Daher wird der Begriff Molekül in der Physik sehr viel weiter gefaßt als in der Chemie. Der Physiker nennt jedes an der statistischen Gleichverteilung der Wärmeenergie beteiligte Individuum ein Molekül. Ein physikalisches Molekül braucht also keineswegs unsichtbar zu sein, man denke an das eindrucksvolle Bild der Brownschen Molekularbewegung (S. 118). Auch auf physikalische Moleküle darf man die thermische Zustandsgleichung idealer Gase anwenden, oder ihre Grundlage, die Gleichung $W_{therm} = \tfrac{1}{2} k T_{abs}$. Das soll in folgendem gezeigt werden.

Jedermann kennt das Verhalten einer durch Schwebeteilchen getrübten Flüssigkeit: Im Laufe der Zeit klärt sich die Flüssigkeit, die Schwebeteilchen „setzen sich am Boden ab". Dabei bilden gröbere Teilchen eine scharf begrenzte Schicht, feinere jedoch eine verwaschene, nach oben allmählich dünner werdende Wolke. — Deutung: Die Teilchen werden durch ihr Gewicht (vermindert um den statischen Auftrieb!) nach unten gezogen; aber die ungeordnete Wärmebewegung der Teilchen wirkt der Abwärtsbewegung entgegen[1]). Infolge dieses Wettstreites verteilen sich die Teilchen längs der Höhe ebenso wie die Moleküle der Luft in der Atmosphäre. Die Abb. 482 zeigt das für

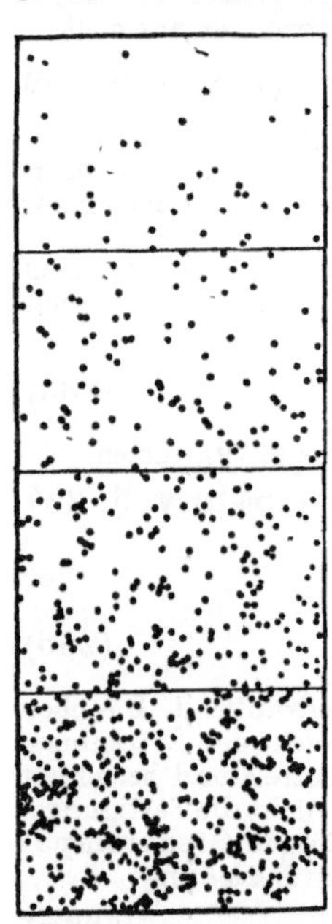

Abb. 482. Dichteverteilung von Schwebeteilchen in Wasser. Zeichnung nach Photogramm von J. PERRIN. Durch sind hier vier waagerechte Schnitt mit einem Hohenabstand h von je 10 μ. Die Teilchen sind Gummiguttkorner von 0,6 μ Durchmesser und der Dichte $\varrho = 1210$ kg/m³. Die Masse eines Teilchens ist gleich $1{,}25 \cdot 10^{-16}$ kg oder seine wirksame Masse nach Berucksichtigung des Auftriebes $m = 2{,}17 \cdot 10^{-17}$ kg.

[1]) Jedes Schwebeteilchen stößt in rascher, ungeordneter Folge mit den unsichtbaren Molekülen der Flüssigkeit zusammen. In jeder Zeitspanne $\varDelta t$ zwischen zwei solchen Zusammenstößen hat jedes Schwebeteilchen im Mittel die kinetische Energie

$$\tfrac{1}{2} m u^2 = \tfrac{3}{2} k T_{abs} \qquad (267) \text{ v. S. 264}$$
$$(m = \text{Masse des Schwebeteilchens}).$$

Leider reicht die Zeitspanne $\varDelta t$ auch nicht im entferntesten aus, um eine Geschwindigkeitsmessung auszuführen. Sonst könnte man u direkt messen, in Gl. (267) einsetzen und so k bestimmen. Vgl. später § 158.

Gummigutt-Schwebeteilchen von 0,6 μ Durchmesser in Wasser. Die Momentbilder geben die Verteilung der Teilchen in vier mit je 10 μ Höhenabstand aufeinanderfolgenden waagerechten Schichten. Die Folge dieser Bilder stimmt weitgehend mit einem Längsschnitt durch unsere Modellgasatmosphäre überein, also mit der Abb. 240 v. S. 137.

Schon diese qualitative Übereinstimmung ist sehr überzeugend. Entscheidend aber wird die quantitative Auswertung.

Wir haben früher die Verteilung der Moleküle im Schwerefeld mit Hilfe der barometrischen Höhenformel dargestellt. Sie lautete

$$\frac{p_h}{p_0} = e^{-\frac{\varrho_0 g h}{p_0}} \qquad (168) \text{ v. S. 136}$$

(p_h = Druck in der Höhe h, p_0 = Druck und ϱ_0 = Dichte des Gases in der Höhe Null). Jetzt ersetzen wir das Verhältnis der beiden Drucke durch das Verhältnis der Molekülzahldichten. Wir schreiben

$$\frac{p_h}{p_0} = \frac{N_{v,h}}{N_v} = \frac{\text{Teilchenzahl}/\text{Volumen in der Höhe } h}{\text{Teilchenzahl}/\text{Volumen in der Höhe Null}}, \qquad (288)$$

außerdem verknüpfen wir Druck und Dichte durch die thermische Zustandsgleichung idealer Gase. Wir schreiben diese in der Form

$$p_0 = \varrho_0 R T_{\text{abs}} = \varrho_0 \frac{k}{m} \cdot T_{\text{abs}} \qquad (254\,\text{b}) \text{ und } (257) \text{ v. S. 257}$$

(R = Gaskonstante, k = Boltzmann-Konstante, m = Masse eines Molekules) und erhalten die barometrische Höhenformel in der Gestalt

$$\frac{N_{v,h}}{N_v} = e^{-\frac{m g h}{k T_{\text{abs}}}}. \qquad (289)$$

Diese Gleichung enthält, auf chemische Moleküle angewandt, zwei Unbekannte, nämlich m und k. Bei physikalischen Molekülen aber ist die Masse m bekannt. (Aus Durchmesser und Dichte.) Infolgedessen kann man k bestimmen, indem man die Teilchenzahlen n in Höhenabständen h auszählt. Das ist zuerst von J. PERRIN (1909) durchgeführt worden. Die Masse der einzelnen Schwebeteilchen war $m = 2,17 \cdot 10^{-17}$ kg (vgl. Satzbeschriftung zu Abb. 482); die Masse eines H-Atomes beträgt nur $1,65 \cdot 10^{-27}$ kg. Folglich hatten diese winzigen Schwebeteilchen ein „Molekulargewicht" $(M) = 1,3 \cdot 10^{10}$. In Luft $[(M) = 29]$ sinken Druck p und Dichte ϱ für je 5,4 km Höhenzunahme auf die Hälfte. Für die physikalischen Moleküle, die Schwebeteilchen, erfolgte der gleiche Abfall schon nach einer Höhenzunahme von $\dfrac{29}{1,3 \cdot 10^{10}} \cdot 5,4 \cdot 10^6$ mm $\approx 0,01$ mm $= 10\,\mu$. Man betrachte Abb. 482.

Der aus der Höhenverteilung von Schwebeteilchen gefundene Wert der Boltzmannschen Konstante k und der spezifischen Molekülzahl $N = R/k$ stimmt sehr befriedigend mit den auf elektrischem Wege gemessenen Werten überein.

Ein Konzentrationsgefälle von Schwebeteilchen läßt sich noch auf mancherlei andere Weise herstellen. Sehr häufig ersetzt man das Gewicht durch die Zentrifugalkraft (§ 85, 1). Mit neuzeitlichen Baustoffen kann man Zentrifugalbeschleunigungen bis zum 10^6 fachen der Erdbeschleunigung herstellen (Drehfrequenz $\approx$ 1800 sec^{-1} bei rund 900 m/sec Umfangsgeschwindigkeit und 8 cm Radius). Dann ist also g in Gl. (289) durch $10^6\,g$ zu ersetzen. Auf diese Weise kann man schon große chemische Moleküle wie Schwebeteilchen anreichern („Ultrazentrifuge").

§ 151. Bestimmung der Boltzmannschen Konstanten k aus der Brownschen Bewegung.

Der Begriff der physikalischen Moleküle findet bei den sichtbaren, staubförmigen Schwebeteilchen noch keineswegs die Grenze seiner Anwendbarkeit. Wir greifen auf den Schauversuch in Abb. 480

zurück. Dort war die Trennwand zweier Gasbehälter um die Achse a drehbar gelagert. Ihre Ruhelage wurde durch eine Schneckenfeder bestimmt. Die Einstellung unter dem Anprall der Modellmoleküle gab keinen festen Endwert, sondern zeigte dauernd lebhafte, völlig regellose Schwankungen. Deutung: In diesem Modellversuch ist die bewegliche Wand als physikalisches Molekül zu betrachten, die regellosen Schwankungen ihrer Einstellung entsprechen der Brownschen Bewegung eines Schwebeteilchens. Sie entstehen durch die statistischen Unregelmäßigkeiten in den Stößen der Modellmoleküle.

Jetzt verkleinern wir die Masse und das Trägheitsmoment Θ des drehbaren Systems erheblich und ersetzen die Stahlkugel-Modellmoleküle durch Luftmoleküle. So gelang n wir etwa zu einem kleinen drehbar aufgehängten Spiegel (Abb. 483). Seine Drehungen werden mit einem Lichtzeiger auf einer Skala beobachtet. Das System kommt nie zur Ruhe, in Abb. 483 ist seine Bewegung während 20 Minuten photographisch registriert worden. Die Daten sind angegeben. Man beachte vor allem die Schwingungsdauer T des Systems: Sie ist viel größer als der zeitliche Abstand zweier einander folgender Umkehrpunkte.

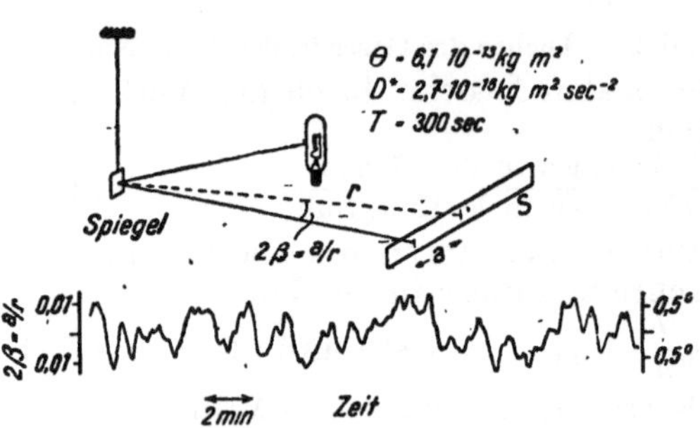

Abb. 483. Nullpunktsschwankungen eines drehbar aufgehangten Systems mit sehr kleinem Trägheitsmoment Θ und sehr kleiner Winkelrichtgröße D^* (Registrierkurve von E. KAPPLER. Das kontinuierliche Spektrum derartiger Schwankungskurven wird in einem weiten Frequenzbereich durch eine der Abszissenachse parallele Gerade dargestellt, vgl. Abb. 449 der Optik).

Das drehbare System hat für die potentielle Energie nur einen Freiheitsgrad. Einem Ausschlag β entspricht die potentielle Energie

$$W_{\mathrm{pot}} = \tfrac{1}{2} D^* \beta^2 \qquad\qquad (290)$$

[D^* = Winkelrichtgröße, meßbar nach Gl. (92) v. S. 67.]

Im zeitlichen Mittel muß diese potentielle Energie gleich der thermischen Energie der stoßenden Moleküle sein, also $= W_{\mathrm{therm}} = \tfrac{1}{2} k T_{\mathrm{abs}}$. So ergibt sich

$$D^* \overline{\beta^2} = k T_{\mathrm{abs}}. \qquad\qquad (291)$$

Diese Gleichung enthält außer k nur meßbare Größen, somit gibt die Brownsche Bewegung des Systems die Möglichkeit, k nach Gl. (291) auf experimentellem Wege zu bestimmen.

Aus den in Abb. 483 registrierten Bewegungen erhält man mit längeren Beobachtungsreihen $\overline{\beta^2} = 1{,}47 \cdot 10^{-5}$ und daraus $k = 1{,}38 \cdot 10^{-23}$ Wattsek/Grad.

§ 152. Die thermisch bedingte Empfindlichkeitsgrenze von Meßinstrumenten. Wir wiederholen: Ein drehbar aufgehängtes System mit kleinem Trägheitsmoment Θ und kleiner Richtgröße D^* besitzt keine feste Ruhelage. Sein Nullpunkt wandert rastlos in ungeordneter Bewegung hin und her (Abb. 483). Das System beteiligt sich als „physikalisches Molekül" an der Massenerscheinung der thermischen Bewegung der Moleküle. — Diese Tatsache begrenzt bei der Konstruktion wichtiger Instrumente die erzielbare Höchstempfindlichkeit. Das soll ein hier folgendes Beispiel zeigen. Es setzt einige elementare Kenntnisse aus der Elektrizitätslehre voraus.

Ein Drehspul-Strommesser (Galvanometer) möge sich innerhalb der Zeit t gerade aperiodisch einstellen, d. h. ohne Hin- und Herschwingen und ohne Kriechen. Hat das drehbare System seinen Endausschlag erreicht, so ist der Spule während der Einstellzeit t die Energie

$$W = I^2 R_s t \tag{292}$$

(W in Wattsekunden, Strom I in Ampere, Widerstand R_s der Drehspule in Ohm) zugeführt worden. Diese Energie wird größtenteils in Wärme verwandelt. Außerdem aber wird die potentielle Energie des drehbaren Systems vergrößert, seine Bandfeder wird gespannt. Die dazu erforderliche Spannarbeit A ist von gleicher Größenordnung wie W. Je nach Bau- und Benutzungsart liegt A zwischen etwa $0{,}1\,W$ und $0{,}2\,W$. Die Herleitung führt hier zu weit. Wir wollen im folgenden mit $A \approx 0{,}13\,W$ rechnen. Durch die thermische Bewegung erhält das System die Energie

$$W_\text{therm} = \tfrac{1}{2} k \cdot T_\text{abs}. \tag{281 v. S. 270}$$

Die auf elektrischem Wege zugeführte Spannarbeit A muß mindestens ebenso groß sein wie diese thermische Energie W_therm. Sonst gibt es keinen erkennbaren Ausschlag. Somit liefert Gleichsetzen von W_therm und $0{,}13\,W$ die kleinste zur Anzeige eines Stromes erforderliche Energie

$$I_\text{min}^2 R_s t \approx 4\,k T_\text{abs}$$
$$(k = 1{,}38 \cdot 10^{-23}\,\text{Wattsek/Grad})$$

oder die Leistung

$$I_\text{min}^2 R_s \approx 4\,k T_\text{abs}/t. \tag{293}$$

An sich kann man diese zur Anzeige erforderliche Minimalleistung mit einem beliebig kleinen Strom zuführen. Man muß die Temperatur T_abs des Laboratoriums sehr klein, den Widerstand R_s des Strommessers und seine Einstellzeit t sehr groß machen. — Die Laboratoriumstemperatur ist innerhalb enger Grenzen gegeben; sie ist praktisch die Zimmertemperatur $T_\text{abs} = 291$ Grad. So bleiben nur der Widerstand R_s des Strommessers und die Einstellzeit t frei wählbar. Ein Widerstand $R_s = 2000$ Ohm und eine Einstellzeit $t = 20$ sec sind schon für viele Zwecke unbequem groß. (Sie gelten für das im Elektrizitätsband in Abb. 75 dargestellte Spiegelgalvanometer.) Diese Werte liefern in Gl. (293) eingesetzt

$$I_\text{min} = 6 \cdot 10^{-13}\ \text{Ampere}.$$

Der von diesem Strom hervorgerufene Ausschlag würde also nicht größer sein als der von der thermischen Bewegung erzeugte. Dann kann von Messen keine Rede mehr sein. Der kleinste noch meßbare Strom muß die statistisch schwankenden Ausschläge der thermischen Bewegung erheblich, um mindestens das 5fache, übertreffen. So gelangt man zu

$$I_\text{min} = 3 \cdot 10^{-12}\ \text{Ampere}.$$

Kleinere Ströme lassen sich im Laboratorium von Zimmertemperatur nicht mehr mit dem genannten Spiegelgalvanometer messen. Die thermische Bewegung des drehbaren Systems oder, anders gesagt, seine Brownsche Bewegung, setzen ihm diese Schranke. — Das Entsprechende gilt für andere Instrumente, z. B. für Rundfunkempfänger, unser Ohr usw.

§ 153. Statistische Schwankungen und Individuenzahl.

Die Abb. 484 zeigt oben ein Momentbild unseres Stahlkügel-Modellgases (§ 80, Belichtungszeit $\approx 10^{-5}$ sec). Das ganze Volumen ist durch Tuschestriche in 16 Volumina aufgeteilt. Die gleichen Volumina sind unten noch

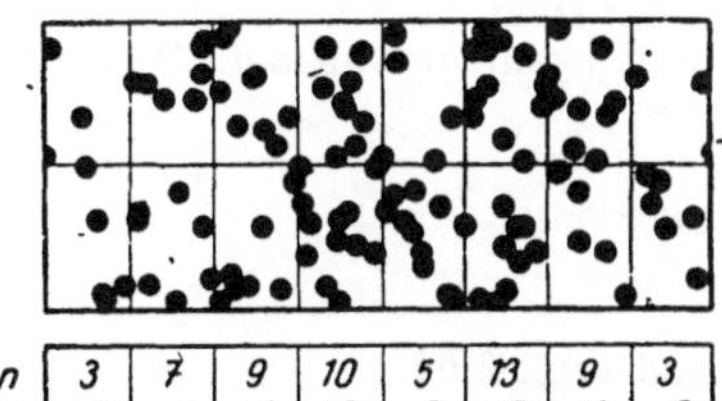

n	3	7	9	10	5	13	9	3
Δn	-5	-1	+1	+2	-3	+5	+1	-5
$(\Delta n)^2$	25	1	1	4	9	25	1	25
n	5	7	8	11	12	9	5	6
Δn	-3	-1	0	+3	+4	+1	-3	-2
$(\Delta n)^2$	9	1	0	9	16	1	9	4

$$\text{Mittel } \bar{n} \approx 8;\quad \overline{(\Delta n)^2} \approx 8{,}8$$
$$\varepsilon^2 = \frac{\overline{(\Delta n)^2}}{(\bar{n})^2} = \frac{8{,}8}{8^2} \approx 14\%;\quad \frac{1}{\bar{n}} = \frac{1}{8} \approx 12\%$$

Abb. 484. Zur experimentellen Herleitung der Gl. (295).

einmal gezeichnet und in jedem ist die Zahl der gerade anwesenden Moleküle vermerkt. Als Mittel findet man $n \approx 8$, die Einzelwerte zeigen jedoch erhebliche Schwankungen, definiert durch die Gleichung

$$\varepsilon = \frac{\text{Abweichung } \Delta n \text{ des Einzelwertes vom Mittelwert}}{\text{Mittelwert } n}. \tag{294}$$

Die Werte von Δn sind in Abb. 484 ebenfalls eingezeichnet und schließlich auch die Werte von $(\Delta n)^2$. Wir bilden den Mittelwert des Schwankungsquadrates, also $\overline{\varepsilon^2}$, und finden aus einer genügenden Anzahl derartiger Versuche

$$\boxed{\overline{\varepsilon^2} = \frac{1}{n}} \tag{295}$$

In Worten: Der Mittelwert des Schwankungsquadrats ist gleich dem Kehrwert der Zahl der beteiligten Individuen.

Dieser hier empirisch gefundene Zusammenhang gilt ganz allgemein, z. B. für das von n Gasmolekülen beanspruchte Volumen, für die Dichte eines Gases, für die zeitlichen Schwankungen beim Zerfall radioaktiver Atome (Elektr.-Lehre, § 143, Abb. 442) usw.

Wir geben den Beweis für die Dichteschwankungen eines idealen Gases. In einem großen Volumen eines solchen denken wir uns ein Teilvolumen V in einen Zylinder eingesperrt und an der einen Seite mit einem frei beweglichen Kolben abgeschlossen. Diesen Kolben betrachten wir als physikalisches Molekül. Als solches nimmt der Kolben am statistischen Spiel der Warmebewegung teil.

Komprimiert der regellos her und hin schwankende Kolben das Volumen V um ΔV, so bekommt er dadurch die potentielle Energie

$$W_{\text{pot}} = -\tfrac{1}{2}\Delta p \cdot \Delta V. \tag{296}$$

Diese muß im zeitlichen Mittel $= \tfrac{1}{2}k\,T_{\text{abs}}$ sein, also

$$\tfrac{1}{2}k\,T_{\text{abs}} = -\tfrac{1}{2}\Delta p \cdot \Delta V. \tag{297}$$

Nun gilt

$$\Delta p = \frac{dp}{dV}\Delta V + \ldots$$

oder nach nach Einsetzen in (297)

$$(\Delta V)^2 = -\frac{k\,T_{\text{abs}}}{dp/dV}. \tag{298}$$

Das Gasgesetz [(256) v. S. 257] liefert für den Nenner

$$\frac{dp}{dV} = -\frac{n\,k\,T_{\text{abs}}}{V^2},$$

also

$$\left(\frac{\Delta V}{V}\right)^2 = \frac{1}{n}. \tag{299}$$

Links steht die Schwankung des von den n eingesperrten Molekülen erfüllten Raumes. Statt dessen kann man auch die Molekülzahldichte $N_v = n/V$ einfuhren. Es gilt $N_v \cdot V = n = \text{const}$, also

$$\Delta N_v\,V + N_v\,\Delta V = 0 \tag{300}$$

oder

$$\frac{\Delta N_v}{N_v} = -\frac{\Delta V}{V} \tag{301}$$

und schließlich

$$\left(\frac{\Delta N_v}{N_v}\right)^2 = \left(\frac{\Delta \varrho}{\varrho}\right)^2 = \frac{1}{n}$$

($\varrho = $ Dichte $= $ Masse/Volumen, vgl. S. 347).

§ 154. Das Boltzmannsche Theorem. Wir greifen auf die barometrische Höhenformel

$$\frac{N_{v,h}}{N_v} = e^{-\frac{mgh}{k\,T_{\text{abs}}}} \tag{289 v. S. 275}$$

zurück. Das Produkt mgh hat eine einfache physikalische Bedeutung: es ist die Differenz ΔW der potentiellen Energien eines Moleküls im Schwerefeld in zwei um die Höhe h getrennten Niveaus. So erhalten wir

$$\frac{N_{v,\,h}}{N_v} = e^{-\frac{\Delta W}{k\,T_{\text{abs}}}}.\qquad(303)$$

($N_{v,\,h}$ = Molekülzahl/Volumen in der Höhe h; N_v = Molekülzahl/Volumen in der Ausgangs-höhe. Die mit dem Index h versehenen Moleküle übertreffen die übrigen um den Energiebetrag ΔW.)

Dies hier in einem Sonderfall hergeleitete Boltzmannsche Theorem gilt ganz allgemein. Es gibt für alle im thermischen Gleichgewicht befindlichen Vorgänge das Zahlenverhältnis der Moleküle, deren Energien sich in einem beliebigen Kraftfelde um den Energiebetrag ΔW unterscheiden. —

Im Rahmen dieser Einführung müssen einige Hinweise auf die Anwendungsmöglichkeiten der sehr allgemeinen Gleichung (303) genügen. Mit ihrer Hilfe lassen sich z. B. beschreiben:

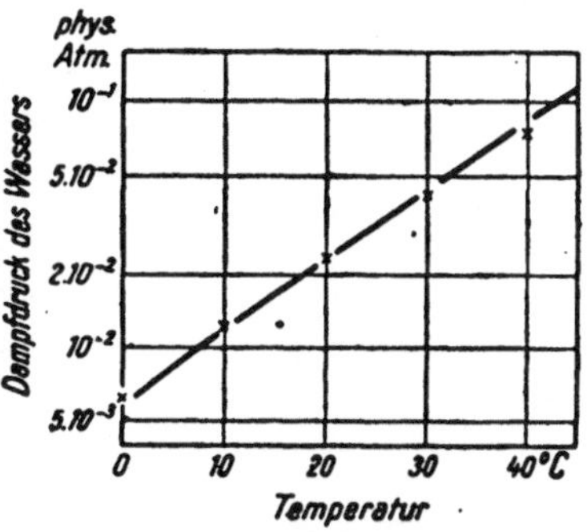

Abb. 485. Abhängigkeit des Sättigungsdruckes, von Wasser von der Temperatur. × gemessen, ausgezogene Linie berechnet.

Die Abhängigkeit des Dampfdrucks eines Stoffes von der Temperatur. Dann bedeutet ΔW die spezifische Verdampfungswärme pro Molekül (Abb. 485).

Die statistischen Schwankungen. Dann bedeutet z. B. beim drehbar aufgehängten Spiegel (§ 151) ΔW, die Spannbarkeit $\tfrac{1}{2} D^* \beta^2$.

Die Maxwellsche Geschwindigkeitsverteilung (§ 147). Dann bedeutet ΔW die kinetische Energie eines Moleküls.

Die Abhängigkeit des Gleichgewichts einer chemischen Reaktion von den Konzentrationen der Reaktionspartner (Massenwirkungsgesetz). Dann bedeutet ΔW die Wärmetönung der Reaktion pro Molekül.

Die Abhängigkeit der elektrischen Leitfähigkeit eines nicht metallischen Elektronenleiters von der Temperatur. Dann bedeutet ΔW die Abtrennarbeit eines Elektrons von seinem Partner.

Die Elektronenemission eines glühenden Körpers. Dann bedeutet ΔW die Austrittsarbeit eines Elektrons.

Die spektrale Energieverteilung der Strahlung des schwarzen Körpers. Dann bedeutet ΔW die Energie $h\nu$ eines Lichtquants der Frequenz ν.

Bei der besonderen Wichtigkeit der Gl. (303) geben wir noch eine allgemeine anschauliche Herleitung:

Es sollen zwei Moleküle mit den Energien W_1 und W_2 in statistischem Spiel der Wärmebewegung elastisch zusammenstoßen und nach dem Stoß die Energien W_1' und W_2' besitzen. Dann ist
$$W_1 + W_2 = W_1' + W_2'.\qquad(306)$$
Im statistischen Gleichgewicht muß in dieser Gleichung die Zahl der Übergänge $\overrightarrow{N}$ von links nach rechts gleich der Zahl der Übergänge $\overleftarrow{N}$ von rechts nach links sein. Wir bezeichnen mit $N(W)$ die Zahl der Moleküle mit der Energie W. Dann ist

$$\overrightarrow{N} = \text{const } N(W_1) \cdot N(W_2),$$
$$\overleftarrow{N} = \text{const } N(W_1') \cdot N(W_2').\qquad(307)$$

Beide Konstanten betrachten wir als gleich; das ist eine plausible und später durch den Erfolg gerechtfertigte Annahme. Mit ihr folgt aus Gl. (307)

$$N(W_1) \cdot N(W_2) = N(W_1') \cdot N(W_2').\qquad(308)$$

Jetzt muß eine Funktion $N(W)$ gesucht werden, die die Gl. (306) und (308) gleichzeitig erfüllt. Das ist der Fall für den Ansatz

$$N(W) = N_0 \cdot e^{\,a\,W}. \tag{309}$$

Er macht aus Gl. (308)

$$N_0^2 \cdot e^{a(W_1 + W_2)} = N_0^2 \cdot e^{a(W_1' + W_2')},$$

also bei Gültigkeit von Gl. (306) eine Identität. Ferner folgt aus Gl. (309)·

$$\frac{N(W_1)}{N(W_2)} = e^{a(W_1 - W_2)}. \tag{310}$$

Endlich liefert der Vergleich mit Gl. (289), dem Sonderfall der Barometerformel, $a = -1/k\,T_{\mathrm{abs}}$. Damit ergibt sich allgemein

$$\frac{N(W_1)}{N(W_2)} = e^{-\dfrac{W_1 - W_2}{k\,T_{\mathrm{abs}}}}. \tag{303a}$$

XVI. Transportvorgänge, insbesondere Diffusion und Wärmeleitung.

§ 155. Vorbemerkung. Wir haben schon zweimal Diffusionsvorgänge behandelt, und zwar beide Male im Zusammenhang mit dem molekularen Bilde der Wärme (§ 74 und § 146). In diesem Kapitel soll einiges über die quantitative Behandlung der Diffusion gebracht werden, und im Anschluß daran etwas über die verwandten Probleme der Wärmeleitung und des Wärmetransportes. — Anfänger werden manches überschlagen. Es handelt sich zwar um praktisch bedeutsame Probleme, aber ihre quantitative Erfassung ist, ähnlich wie bei der technisch so wichtigen äußeren Reibung, noch wenig befriedigend.

§ 156. Diffusion und Durchmischung. Am Anfang muß der Begriff Diffusion sauber gegenüber anderen Durchmischungsvorgängen abgegrenzt werden. — Zunächst denken wir uns zwei verschiedene, aber mischbare Flüssigkeiten übereinandergeschichtet (vgl. Abb. 205 auf S. 119), die untere hat die größere Dichte. Die anfänglich scharfe Grenze wird allmählich verwaschen, erst im Laufe vieler Wochen tritt eine vollständige Durchmischung beider Flüssigkeiten ein. In diesem Fall handelt es sich um eine echte Diffusion, die gegenseitige Durchmischung beider Molekülsorten ist lediglich eine Folge der molekularen Wärmebewegung.

Im zweiten Falle sollen im Innern der Flüssigkeiten lokale Dichteunterschiede vorhanden sein, entstanden z. B. durch lokale Erwärmung: dann entstehen auf- und absteigende, noch ziemlich übersichtlich verlaufende Strömungen. Eine solche „freie Konvektion" fördert die Durchmischung außerordentlich, neben ihr kann die echte Diffusion praktisch bedeutungslos werden.

Das letztere gilt in gesteigertem Maße in einem dritten Fall. In ihm wird eine Konvektion „erzwungen": mit Hilfe bewegter fester Körper werden turbulente Strömungen erzeugt, am einfachsten mit irgendeinem Rührwerk.

Um die echte Diffusion allein beobachten zu können, muß man also die Konvektion in ihren beiden Formen, die freie und die erzwungene, durch geeignete Versuchsanordnungen ausschalten. Man läßt z. B. Flüssigkeiten und Gase von kleiner Dichte auf solchen von größerer Dichte „schwimmen" und vermeidet peinlich die Entstehung lokaler Temperaturdifferenzen. Am einfachsten ist es, die eine Molekülsorte in fester Phase zu verwenden.

§ 157. I. Ficksches Gesetz und Diffusionskonstante. Wir greifen auf Abb. 470 zurück und schematisieren sie in Abb. 485a: Ein Gas, z. B. H_2, soll durch eine poröse Trennwand der Dicke x hindurchdiffundieren. Zu beiden Seiten der Trennwand und in ihren Kanälen soll sich als „Lösungsmittel" Luft befinden. Die Trennwand soll nur die Ausbildung störender Konvektionen verhindern.

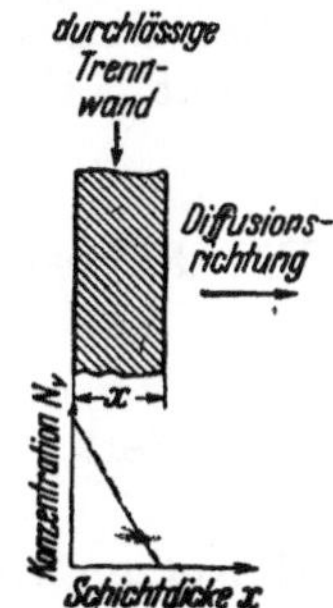

Abb. 485 a. Zur Herleitung der Gl. (311).

Wir definieren, wie immer, als Molekülkonzentration das Verhältnis

$$N_v = \frac{\text{Zahl } n \text{ der gelösten Moleküle}}{\text{Volumen } V \text{ der Lösung}} \qquad \text{(vgl. S. 347)}$$

Vor der Wand werde die Molekülkonzentration $N_{v,a}$ aufrechterhalten, hinter der Wand werden alle hindurchdiffundierten Moleküle sogleich auf eine beliebige Weise beseitigt. Dann entsteht im Innern der Wand das Konzentrationsgefälle

$$\frac{\Delta N_v}{\Delta x} = \frac{N_{v,a}}{x}.$$

Man mißt die Zahl Δn der in der Zeit Δt durch die Fläche F hindurchdiffundierenden Moleküle und findet experimentell den „Molekülstrom"

$$\boxed{\frac{\Delta n}{\Delta t} = D F \frac{\Delta N_v}{\Delta x}.} \qquad (311)$$

In Worten: Der Strom der diffundierenden Moleküle ist dem Konzentrationsgefälle proportional (Ficksches Gesetz). Der Proportionalitätsfaktor D wird Diffusionskonstante genannt.

Soweit der empirische Tatbestand. Das molekulare Bild führt zu einer Deutung und erlaubt es, die Diffusionskonstante D in einfachen Fällen zu berechnen.

Die diffundierenden (chemischen oder physikalischen) Moleküle werden von den Molekülen ihrer Umgebung („des Lösungsmittels") ständig gestoßen. Auf jedes einzelne wirkt im zeitlichen Mittel in der Diffusionsrichtung eine Kraft $\mathfrak{K}$ und bewegt es gegen den Reibungswiderstand der Umgebung mit einer Geschwindigkeit u. Das erfordert die Leistung

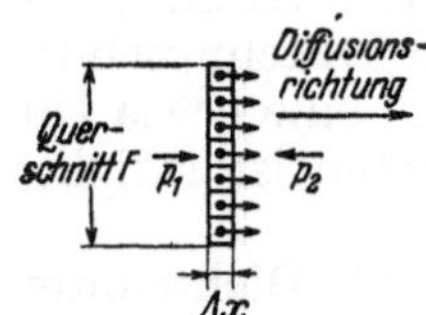

Abb. 486. Zum Mechanismus des Fickschen Gesetzes.

$$\dot{W} = u\,\mathfrak{K}. \qquad (71) \text{ v. S. 59}$$

Sie wird dauernd als Wärme an die Umgebung zurückgegeben. — Das Verhältnis

$$v = u/\mathfrak{K} \qquad (312)$$

nennt man „mechanische Beweglichkeit". So gilt z. B. für kugelförmige Moleküle

$$v = (6\pi r\eta)^{-1} \qquad (175) \text{ v. S. 143}$$

(r = Radius des Moleküls; η = Zähigkeitskonstante der Umgebung, also des Lösungsmittels).

Die Abb. 486 soll eine dünne Schicht des Lösungsmittels senkrecht zur Diffusionsrichtung darstellen. Der Querschnitt der Schicht sei F, ihre Dicke Δx. Sie enthalte $n = N_v F \Delta x$ gelöste Moleküle (schwarze Punkte). An jedem einzelnen greift die Kraft $\mathfrak{K}$ an. Diese Kraft läßt sich durch einen osmotischen Druck $\Delta p = (p_1 - p_2)$ ersetzen, der gegen den Flächenabschnitt F/n drückt. Es gilt die Beziehung

$$\mathfrak{K} = \Delta p \cdot F/n = \frac{1}{N_v} \frac{\Delta p}{\Delta x}. \qquad (313)$$

Für den osmotischen Druck gilt das Gasgesetz

$$p = \frac{n}{V} k T_{\text{abs}} = N_v k T_{\text{abs}}. \qquad (256) \text{ v. S. 257}$$

Es liefert

$$\Delta p = \Delta N_v k T_{\text{abs}}, \qquad (314)$$

Einsetzen von (313) und (314) in (312) liefert

$$\mathfrak{K} = \frac{u}{v} = \frac{k T_{\text{abs}}}{N_v} \cdot \frac{\Delta N_v}{\Delta x}$$

oder mit der Kürzung

$$\boxed{\text{Diffusionskonstante } D = v k T_{\mathrm{abs}}} \qquad (315)$$

$$u = \frac{D}{N_v} \frac{\Delta N_v}{\Delta x}. \qquad (316)$$

Mit dieser „Diffusionsgeschwindigkeit" u sollen in der Zeit Δt durch die Fläche $F \,\Delta n$ Moleküle hindurchdiffundieren. Dann gilt

$$\Delta n = \Delta t \cdot F u N_v \qquad (317)$$

oder für die Diffusionsgeschwindigkeit

$$u = \frac{1}{F} \cdot \frac{\Delta n}{\Delta t} \cdot \frac{1}{N_v}. \qquad (318)$$

Endlich fassen wir (316) und (318) zusammen und erhalten das oben empirisch gefundene I. Ficksche Gesetz

$$\frac{\Delta n}{\Delta t} = D F \frac{\Delta N_v}{\Delta x}. \qquad (311)\ \text{v. S. } 282$$

Die Diffusionskonstante D hat die Dimension [Weg²/Zeit], die Tabelle 11 gibt einige Zahlenwerte.

Tabelle 11.

diffundiert		bei der Temperatur Grad C	mit der Diffusions-konstanten D $\dfrac{\mathrm{m}^2}{\mathrm{sec}}$	und ein einzelnes Molekul entfernt sich in einem Tag von seinem Aus-gangsort um
H_2	} in Luft bei	0	$6{,}4 \cdot 10^{-5}$	3,3 m
O_2	} $p = 76$ cm Hg {	0	$1{,}8 \cdot 10^{-5}$	1,8 m
Harnstoff . . .	}	15	10^{-9}	13 mm
Kochsalz . . .	} in Wasser {	10	$9{,}3 \cdot 10^{-10}$	13 mm
Rohrzucker . .	}	18,5	$3{,}7 \cdot 10^{-10}$	8 mm
Gold	in geschmolzenem Blei	490	$3{,}5 \cdot 10^{-9}$	25 mm
Gold	in festem Blei	165	$4{,}6 \cdot 10^{-12}$	0,9 mm
H_2	} in einem KBr-Kristall {	680	$2{,}3 \cdot 10^{-8}$	6 cm
Kalium als Farb-zentren	}	650	$5{,}2 \cdot 10^{-8}$	9,5 cm

Oft handelt es sich um die Diffusion elektrisch geladener (chemischer oder physikalischer) Moleküle. Diese „Elektrizitätsträger" bekommen in einem elektrischen Felde während ihrer Diffusion eine Vorzugsrichtung, und dadurch bilden sie einen elektrischen Leitungsstrom. So entstehen z. B. Ionenströme und Elektronenströme in Flüssigkeiten, in Gasen und in festen Körpern. In günstigen Fällen kann man diesen gerichteten Diffusionsvorgang unmittelbar mit dem Auge verfolgen. Das wird in der „Elektrizitätslehre" in Abb. 358 für Ionen und in Abb. 378 für Elektronen vorgeführt.

Man bezieht die Beweglichkeit v_e der Elektrizitätsträger nicht auf die Einheit der Kraft, sondern auf die Einheit der elektrischen Feldstärke, also $\mathfrak{E} = \text{Kraft } \mathfrak{K}/\text{Ladung } e$, gemessen in Volt/m. So erhalten wir als elektrische Beweglichkeit

$$v_{\mathrm{e}} = \frac{u}{\mathfrak{E}} = \frac{u \cdot e}{\mathfrak{K}} = e \cdot v_{\mathrm{mech}} \qquad (331)$$

Die Anwendung des Fickschen Gesetzes setzt die Kenntnis der Konzentrationsgefälle $\Delta N_v/\Delta x$ voraus. Dieses läßt sich für einen stationären Zustand (Abb. 485a) leicht bestimmen, gelingt aber auch mit guter Näherung bei vielen nur angenähert stationären (quasistationären) Vorgängen. Ein

Beispiel dieser Art ist in Abb. 487 skizziert. Ein fester Körper Y enthält n Moleküle einer Sorte A im Volumen V, ihre Konzentration ist also $N_v =$ n/V. Man denke an eine feste Lösung, z. B. von Thalliumatomen in einem KBr-Kristall. In diesen festen Körper sollen von links n^* Moleküle eines Gases hineindiffundieren, z. B. von Br_2; sie sollen sich dabei an der Diffusionsfront mit n Molekülen A vereinigen, und dadurch für den weiteren Diffusionsverlauf ausscheiden. Um welchen Weg x rückt die Diffusionsfront mit der Zeit t vor?

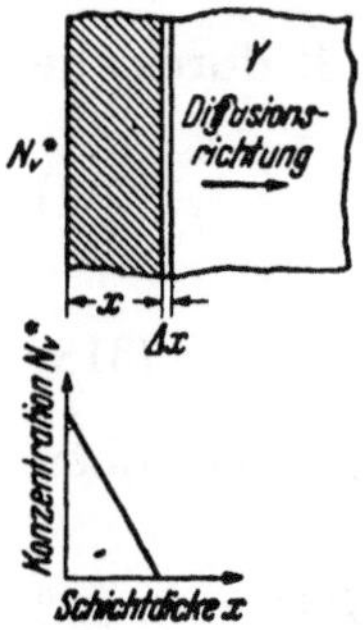

Im Volumen $F\,dx$ befinden sich $dn = N_v \cdot F\,dx$ Moleküle der Sorte A, also gilt

$$\frac{dn^*}{dt} = N_v \cdot F \cdot \frac{dx}{dt}. \qquad (335)$$

Man kann diesen Vorgang mit sehr guter Näherung noch als stationär behandeln. D. h. man darf dx neben x vernachlässigen und den Vorgang noch als praktisch ortsfest behandeln. Infolgedessen tritt die bereits chemisch umgewandelte Schicht der Dicke x an die Stelle der Trennwand in Abb. 485a. Die Konzentration der diffundierenden Moleküle ist links vor dieser Schicht N_v^*, rechts hinter ihr, also an der Diffusions- oder Reaktionsfront, gleich Null. So gilt für das Diffusionsgefälle näherungsweise wiederum

$$\frac{\Delta N_v^*}{\Delta x} = \frac{N_v^*}{x}. \qquad (336)$$

Wir wenden die Gl. (311) auf die n^* Moleküle an und erhalten mit (335) und (336)

$$N_v \cdot \frac{dx}{dt} = D\,\frac{N_v^*}{x}. \qquad (337)$$

Die Integration liefert

$$x^2 = 2 \cdot \frac{N_v^*}{N_v} \cdot D \cdot t \qquad (338)$$

und damit als Antwort auf die oben gesperrt gedruckte Frage:

$$\boxed{\frac{x^2}{t} = D \cdot \text{const}} \qquad (339)$$

(const = reine Zahl).

Ihr Inhalt läßt sich in dem obengenannten Beispiel, also beim Eindiffundieren von Br_2 in einen Tl-haltigen KBr-Kristall, vorführen. Die vorher braune Schicht x wird klar, weil die gebildeten TlBr-Moleküle farblos sind (vgl. Optikband, S. 273, Anm. 2). — Die Gleichung (339) spielt bei oberflächlichen Reaktionen mit Metallen, d. h. bei ihrem „Anlaufen“, eine wichtige Rolle.

§ 158. Nichtstationäre Diffusion. Bei den beiden Anwendungsbeispielen für das Ficksche Gesetz wurde die Molekülkonzentration der diffundierenden Moleküle am vorderen Ende des Diffusionsweges konstant gleich Null gehalten. Im allgemeinen ist aber das Diffusionsgebiet nur auf der hinteren Seite, also der Eintrittsseite, scharf begrenzt. Nur dort haben die eindiffundierenden Moleküle eine feste Konzentration $N_{v,a}$. Dann ändert sich die räumliche Verteilung der diffundierenden Moleküle im Laufe der Zeit, der Vorgang ist nicht mehr stationär. Diese Änderung der Molekülkonzentration in jedem Raumgebiet ergibt sich aus der Differenz der je Zeiteinheit hinein- und herausdiffundierenden Moleküle.

Abb. 487. Lineares Konzentrationsgefälle bei der Diffusion mit chemischem Umsatz.

Man .erhält aus Gl. (311) im Grenzübergang

$$\frac{1}{F} \cdot \frac{\partial n}{\partial t} = D \left[\left(\frac{\partial N_v}{\partial x} \right)_1 - \left(\frac{\partial N_v}{\partial x} \right)_2 \right] = D \cdot \frac{\partial^2 N_v}{\partial x^2} \cdot \Delta x .$$

Nun ist $F \Delta x = V$ das Volumen des betrachteten Raumgebiets und $\frac{\partial n}{V} = \partial N_v$. Damit erhält man als Differentialgleichung der Diffusion

$$\frac{\partial N_v}{\partial t} = D \cdot \frac{\partial^2 N_v}{\partial x^2} . \tag{340}$$

Diese Differentialgleichung nennt man das II. FICKsche Gesetz.

Auch für einen nichstationären Diffusionsvorgang bringen wir, allerdings ohne Ableitung, ein Beispiel. In ihm ist zur Zeit $t = 0$ die Konzentration im ganzen Gebiet gleich Null. Vor diesem Gebiet hat sie den Wert $N_{v,a}$, und dieser wird während des ganzen Diffusionsverlaufes konstant erhalten. Wie wächst der Abstand x zwischen dem Ort einer bestimmten Konzentration $N_{v,x}$ und der Eintrittsstelle $x = 0$? Antwort: Wiederum

gilt $\boxed{\dfrac{x^2}{t} = D \cdot \text{const.}}$ (339) v. S. 284

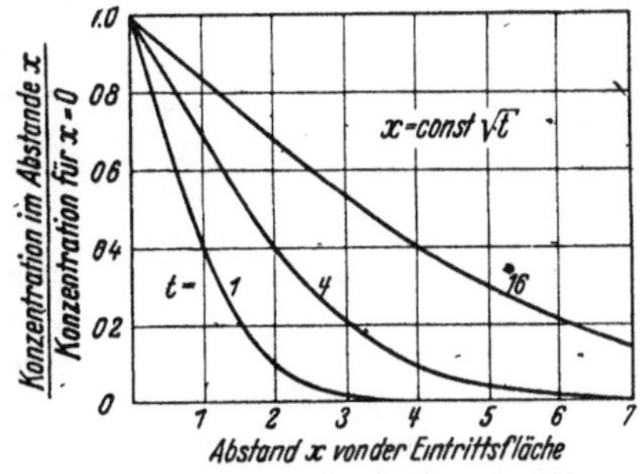

Die Aussage dieser Gleichung wird in Abb. 488 graphisch dargestellt: Die zu verschiedenen Zeiten gehörenden Konzentrationsverteilungen bleiben einander ähnlich. Sie lassen sich durch eine passende Wahl des Zeitmaßstabes zur Deckung bringen.

Abb 488. Von der Zeit abhängiges Diffusionsgefälle. Die von einer bestimmten Konzentration, z. B 40 % des Anfangswertes $N_{v,a}$, zuruckgelegten Wege x verhalten sich wie die Wurzeln aus den Diffusionszeiten, z. B. wie $1 \cdot 2 : 4$.

Im Falle der Brownschen Bewegung beobachtet man die Diffusion nicht als Massenerscheinung, sondern als Einzelvorgang. Man verfolgt nicht das Vorrücken einer bestimmten Konzentration, sondern das Vorrücken eines Einzelteilchens. Man mißt, wie sich der Abstand x dieses „physikalischen Moleküls" von einem beliebigen Anfangsort an mit wachsender Zeit t allmählich vergrößert. In diesem Fall findet man als Konstante der Gl. (339) die Zahl 2. Es gilt also

$$\boxed{\frac{x^2}{t} = 2 D.} \tag{341}$$

Im Falle kugelförmiger Teilchen darf man D mit Hilfe der Gl. (315) und (175) v. S. 282 berechnen. Man erhält

$$\frac{x^2}{t} = \frac{k \cdot T_{\text{abs}}}{3 \pi \eta r} \tag{342}$$

(r = Radius der Teilchen, η = Zähigkeitskonstante der Flüssigkeit).

Auch diese Gleichung kann man benutzen, um die Boltzmannsche Konstante $k = 1{,}38 \cdot 10^{-23}$ Wattsek/Grad experimentell zu bestimmen.

§ 159. Thermodiffusion.

Recht verwickelt gestaltet sich die Diffusion bei Anwesenheit eines Temperaturgefälles. Dann bedarf es keines Konzentrationsgefälles, um eine Diffusion einzuleiten. Die Teilchen wandern in Richtung des Temperaturgefälles. Beispiele: Von einem Heizkörper steigt warme Luft nach oben, zwischen ihr und der kalten Zimmerwand herrscht ein Temperaturgefälle. Der Staub reichert sich vor der Wand an, die Wand wird durch einen Staubstreifen beschmutzt. — Beim Kochen wandern kleine Kohleteilchen aus den heißen Flammengasen an den Boden des Topfes und überziehen ihn mit einer Rußschicht. Diese „Thermodiffusion" hat K. CLUSIUS mit großem Erfolge zur Trennung von Molekülgemischen, insbesondere von Isotopen, benutzt. Sein „Trennrohr" besteht aus einem langen, senkrechten Glasrohr mit einem elektrisch geheizten Draht in der Rohrachse. Das warme Gasgemisch steigt in der Nachbarschaft der Rohrachse nach oben, das kalte sinkt vor der ·Rohrwand nach unten. Die Moleküle mit dem großen Molekulargewicht diffundieren bevorzugt radial nach außen und werden von dem absteigenden Gasstrom im unteren Teil des Rohres angereichert.

§ 160. Allgemeines über Wärmeleitung und Wärmetransport. Für die Wärmeleitung gilt weitgehend das gleiche wie für die Diffusion. Auch hier muß man die echte Wärmeleitung durch molekulare Vorgänge von dem meist überwiegenden Wärmetransport durch freie und erzwungene Konvektion unterscheiden.

Die Abb. 489 zeigt ein Beispiel für den Wärmetransport durch Wärmekonvektion. Auf einer heißen Metallplatte befindet sich eine Flüssigkeitsschicht von etwa 3 mm Dicke und über ihr die kühle Zimmerluft. Der Flüssigkeit sind Aluminiumflitter als Schwebeteilchen beigefügt, um die freie Konvektion der Flüssigkeit sichtbar zu machen. Sie zeigt eine verwickelte, wabenförmige Unterteilung.

Ein· Wärmetransport mit erzwungener Konvektion findet sich am Kühler eines jeden Automobiles.

Eine wichtige und lehrreiche Anwendung des Wärmetransportes durch Leitung und Konvektion zeigt der „Gegenströmer".

Im Laboratorium muß man gelegentlich die Temperatur eines strömenden Stoffes vorübergehend ändern, z. B., um in einer Flüssigkeit eine chemische Reaktion zu beschleunigen oder eine Flüssigkeit durch Destillation zu reinigen. Dann benutzt man das in Abb. 490 skizzierte Schema·: links wird dem strömenden Stoff durch eine Heizvorrichtung Wärme ·zugeführt, rechts wird ihm diese Wärme durch eine Kühlvorrichtung wieder entzogen. Eine solche Einrichtung ist bequem, aber unwirtschaftlich. Die ganze bei a zugeführte Wärmeleistung geht bei b an das Kühlwasser verloren.

Diese für technische Aufgaben untragbare Energievergeudung läßt sich vermeiden, im idealisierten Grenzfall sogar vollständig. Dazu dient der 1857 von WILHELM SIEMENS ersonnene Gegenströmer. Sein Prinzip ist in Abb. 491 skizziert. Links oben strömt die Flüssigkeit, z. B. Wasser von Zimmertemperatur T_1, ein, unten in dem kugelförmigen Behälter hat es eine Temperatur T_2, sagen wir 80 Grad C; oben rechts strömt das Wasser mit Zimmertemperatur T_1

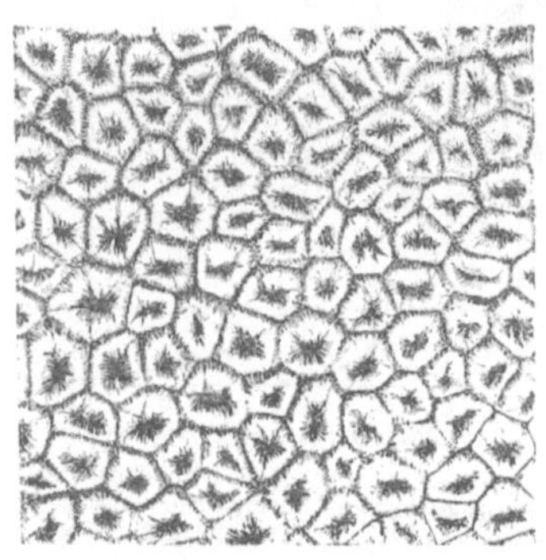

Abb. 489. Konvektiver Wärmetransport durch viele zellenförmig unterteilte Strömungen in einer Flüssigkeitsschicht. Die Zellen deformieren sich gegenseitig zu meist sechseckiger Form, gelegentlich mit einer den Bienenwaben kaum nachstehenden Gleichförmigkeit. In jeder Zelle steigt die Flüssigkeit an der Innenseite aufwärts, an der Außenseite abwärts. Die Strömung ist völlig stationär. Zerstört man sie durch Umrühren, so entsteht im Bruchteil einer Minute eine neue.

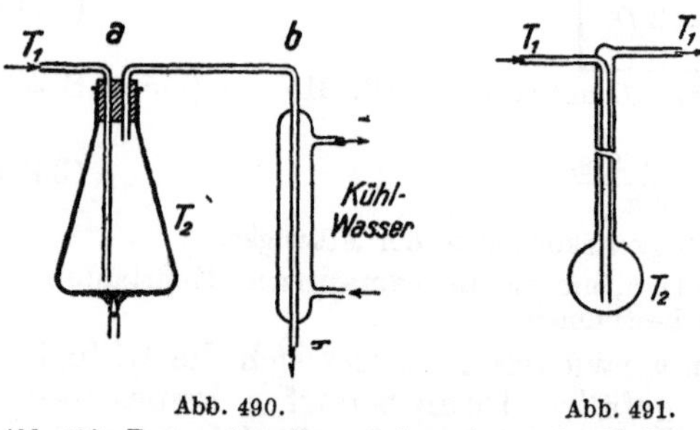

Abb. 490.   Abb. 491.

Abb. 490. Temperaturänderung eines strömenden Stoffes mit Vergeudung von Energie.

Abb. 491. Schematische Skizze eines Gegenstromers. Temperaturänderung eines strömenden Stoffes ohne Vergeudung von Energie.

wieder ab. Im Prinzip muß man der strömenden Flüssigkeit nur bei der Inbetriebnahme des Apparates Wärme zuführen, im Beispiel das Wasser in der Kugel auf 80 Grad erwärmen. Von da an ist eine weitere Wärmezufuhr im Prinzip entbehrlich. Das in dem äußeren Rohr aufwärts strömende Wasser gibt dem im Innenrohr abwärts strömenden Wasser Wärme ab. Bei hinreichender Länge der Leitungen erfolgt die „Auswechslung der Temperatur" bei winzigen Temperaturdifferenzen. In jeder Höhe ist das aufwärts strömende Wasser nur unmerklich wärmer als das neben ihm abwärts strömende.

In Wirklichkeit funktioniert kein Gegenströmer ohne Leistungszufuhr. Erstens sind Verluste durch Wärmeleitung in der Längsrichtung der Rohrleitungen nicht zu vermeiden[1]). Infolgedessen muß man stets eine Leistung durch Heizung zuführen, aber viel weniger als in Abb. 490. Zweitens muß die Strömung in den Rohrleitungen turbulent erfolgen, um einen guten Wärmeaustausch zu ergeben. Die Aufrechterhaltung einer turbulenten Strömung ist aber nur durch die Leistung einer Pumpe oder dergleichen möglich.

Kurz zusammengefaßt: Im idealisierten Grenzfall löst der Gegenströmer eine wichtige technische Aufgabe: er ermöglicht es, ohne eine dauernde Energiezufuhr die Temperatur eines strömenden Stoffes vorübergehend zu ändern.

§ 161. Stationäre Wärmeleitung. Die echte Wärmeleitung läßt sich mit geringem Aufwand in festen Körpern beobachten. Bei Gasen und Flüssigkeiten muß man, ebenso wie bei der Diffusion, die Konvektion durch geeignete Versuchsbedingungen ausschalten.

Die formale Behandlung der Wärmeleitung gleicht der der Diffusion. Es möge in der Zeit Δt durch die Fläche F die Wärmemenge ΔQ hindurchtreten, und zwar bei einem Temperaturgefälle $\Delta T/\Delta x$. Dann gilt für den „Wärmestrom"

$$\frac{\Delta Q}{\Delta t} = \lambda F \frac{\Delta T}{\Delta x}. \qquad (343)$$

In Worten: Der Wärmestrom ist dem Temperaturgefälle proportional. Der Proportionalitätsfaktor λ wird spezifische Wärmeleitfähigkeit genannt. Die Tabelle 12 gibt einige Zahlenwerte.

Für Schauversuche verwandelt man den Wärmestrom zweckmäßig in einen Gasstrom. Man benutzt z. B. die in Wärmeform hindurchgeflossene Energie zum Verdampfen von flüssiger Luft und mißt die Stromstärke der Luft mit einer Stromuhr (vgl. auch Abb. 497).

Tabelle 12.

Stoff	Spezifische Warmeleitfahigkeit in Kilokalorien meter · sec · Grad
Silber	10^{-1}
Eisen	$1,2 \cdot 10^{-2}$
Chromnickel (90% Ni) .	$4,2 \cdot 10^{-3}$
Glas	$\approx 2 \cdot 10^{-4}$
Holz	$\approx 4 \cdot 10^{-5}$
Kork	$\approx 8 \cdot 10^{-6}$
Steinsalz	$2,3 \cdot 10^{-3}$
Silberbromid	$2,9 \cdot 10^{-4}$
Wasser	$1,3 \cdot 10^{-4}$
Benzol	$3,7 \cdot 10^{-5}$
Wasserstoff	$4,2 \cdot 10^{-5}$
Sauerstoff	$5,8 \cdot 10^{-6}$

§ 162. Nichtstationäre Wärmeleitung läßt sich wieder nur mit Hilfe einer Differentialgleichung behandeln. Sie ist analog gestaltet wie für die Diffusion, sie lautet für eine auf eine Richtung beschränkte Wärmeleitung

$$\frac{\partial T}{\partial t} = \frac{\lambda}{\varrho c} \cdot \frac{\partial^2 T}{\partial x^2}. \qquad (344)$$

Dabei ist λ die durch Gl. (343) definierte spezifische Wärmeleitfähigkeit, ϱ

---

[1]) Man kann sie durch sehr lange, spiralig aufgewickelte Leitungen vermindern.

die Dichte des Stoffes und c seine spezifische Wärme. Das Verhältnis $\lambda/\varrho c$ wird spezifische **Temperaturleitfähigkeit** genannt.

Wir bringen nur ein Beispiel für einen nichtstationären Fall der Wärmeleitung. Es entspricht dem in Abb. 488 behandelten Diffusionsvorgang.

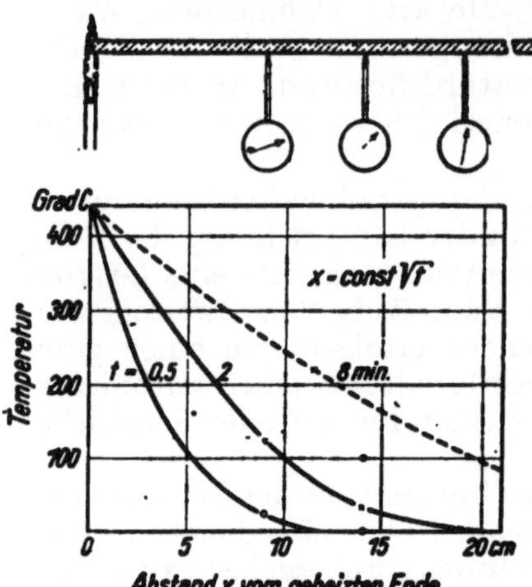

Abb. 492. Roher Schauversuch zur Vorführung eines von der Zeit abhängigen Temperaturgefälles. Eisenstab von 8 mm Durchmesser und 1 m Länge ohne alle Wärmeisolation. Die von einer bestimmten Temperatur zurückgelegten Wege verhalten sich wie die Wurzeln aus den Zeiten.

In Abb. 492 soll zur Zeit $t = 0$ die Temperatur T in einem Metallstab überall die gleiche sein. Dann wird sie möglichst momentan am linken Ende auf den Wert T_1 erhöht und die dadurch längs des Stabes nacheinander auftretende Temperaturverteilung beobachtet. Die Abbildung 492 zeigt das Ergebnis, es stimmt formal mit dem der Konzentrationsverteilung bei der nichtstationären Diffusion überein: Der Abstand x zwischen dem Ort einer bestimmten Temperatur T_x und der Eintrittsstelle $x = 0$ wächst wieder proportional mit der Wurzel aus der Zeit. Die zu verschiedenen Zeiten gehörenden Temperaturverteilungen bleiben einander ähnlich. Sie lassen sich durch eine passende Wahl des Zeitmaßstabes zur Deckung bringen.

§ 163. Die Transportvorgänge in Gasen und ihre Unabhängigkeit vom Druck.

In Gasen und Flüssigkeiten ist die Verwandtschaft von Diffusion und Wärmeleitung anschaulich zu übersehen. Bei der Diffusion handelt es sich um das statistisch ungeordnete Vorrücken der Moleküle; die Wärmeleitung läßt sich kurz als Diffusion der kinetischen Energie der Moleküle beschreiben. In Abb. 493 habe die links befindliche Wand eine höhere Temperatur als das angrenzende Gas. Dann wird die angrenzende Gasschicht als erste erwärmt, d. h. ihre Moleküle vermehren ihren Besitz an kinetischer Energie. Durch diesen Erwerb sind sie vor den Molekülen der übrigen Schichten ausgezeichnet. Eine Auszeichnung irgendwelcher Art kann aber bei einem statistischen Geschehen in einer großen Masse von Individuen nicht aufrechterhalten bleiben. Die ausgezeichneten Moleküle müssen daher bei den thermischen Zusammenstößen mit den übrigen einen Teil ihrer kinetischen Energie opfern. So diffundiert allmählich kinetische Energie in die rechts gelegenen Gasschichten herein.

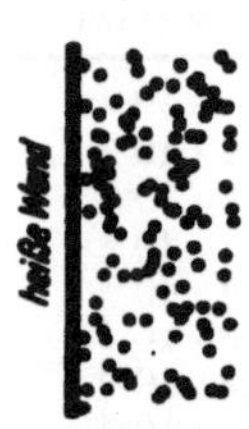

Abb. 493. Zum Mechanismus der Wärmeleitung in Gasen.

In ganz entsprechender Weise können wir eine dritte, von uns bisher noch nicht molekular gedeutete Erscheinung verständlich machen, die **innere Reibung**. In Abb. 494 werde die linke Wand mit einer Geschwindigkeit u nach oben bewegt. Die Moleküle der angrenzenden Schicht bekommen beim Anprall eine Vorzugsrichtung nach oben und daher einen zusätzlichen Impuls $m u$ nach oben. Das ist durch kleine Pfeile angedeutet. Durch diesen einseitigen Zusatzimpuls werden die Moleküle der Grenzschicht vor den übrigen Schichten ausgezeichnet. Diese Auszeichnung kann im statistischen Geschehen

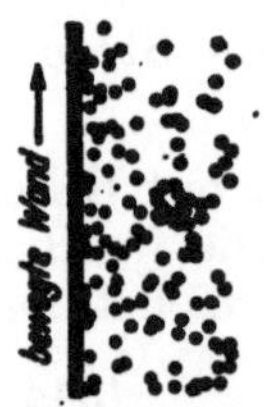

Abb. 494. Zum Mechanismus der inneren Reibung in Gasen.

nicht erhalten bleiben; so diffundiert allmählich ein nach oben gerichteter Zusatzimpuls in die rechts gelegenen Gasschichten und bewegt diese, wenn auch langsamer, in Richtung der linken Wand. **Die innere Reibung läßt sich daher kurz als Diffusion des Impulses der Moleküle beschreiben.**

Im gleichen Sinn wie Diffusion und Wärmeleitung wirkt die Konvektion in Gasen und Flüssigkeiten, insbesondere die durch turbulente Bewegungen erzeugte: Die Konvektion bewirkt ebenfalls einen Transport von Molekülen und von kinetischer Energie. — Das Entsprechende gilt für die innere Reibung. Auch ihre Wirkung, der Transport von Impuls, wird durch Konvektion, insbesondere eine turbulente, stark vergrößert. Das ist schon aus § 89 bekannt.

Die Verwandtschaft von Diffusion, Wärmeleitung und innerer Reibung tritt durch ein gemeinsames Merkmal klar hervor: Alle diese Erscheinungen sind in weiten Bereichen vom Druck unabhängig. Diese überraschende Tatsache zeigt man am einfachsten für die innere Reibung.

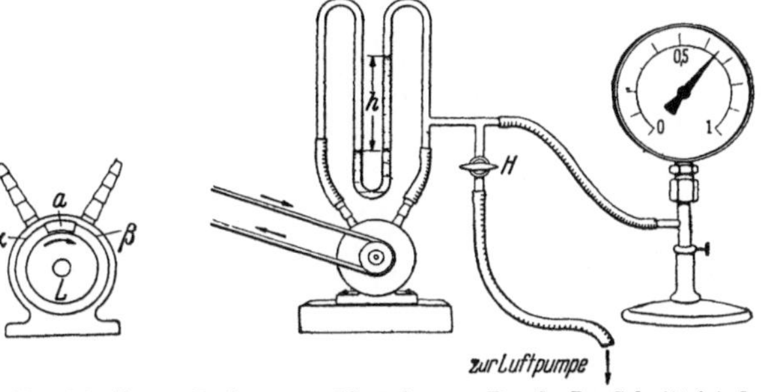

Abb. 495. Innere Reibung unabhangig vom Druck. Im Schnitt ist der Zwischenraum zwischen der umlaufenden Trommel und dem Gehause der Übersichtlichkeit halber zu groß gezeichnet.

In Abb. 495 dreht sich ein innerer Zylinder in einem äußeren. Ihr Abstand beträgt etwa 1 mm, abgesehen von dem Segment a. Dort ist der Abstand etwa 0,2 mm. Während der Drehung wird die Luft durch innere Reibung im Drehsinn mitgenommen. So entsteht zwischen den Gebieten α und β ein Druckunterschied, z. B. von 20 cm Wassersäule. Darauf pumpt man einen großen Teil der Luft, $^4/_5$ oder noch mehr, heraus. Trotzdem zeigt das Manometer nach wie vor den gleichen Druckunterschied von 20 cm Wassersäule.

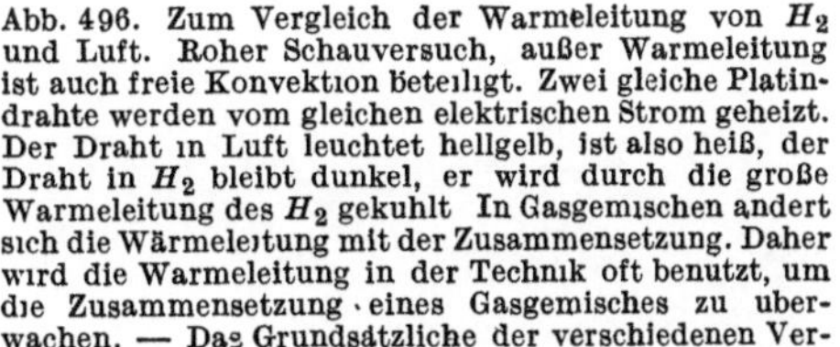

Abb. 496. Zum Vergleich der Warmeleitung von H_2 und Luft. Roher Schauversuch, außer Warmeleitung ist auch freie Konvektion beteiligt. Zwei gleiche Platindrahte werden vom gleichen elektrischen Strom geheizt. Der Draht in Luft leuchtet hellgelb, ist also heiß, der Draht in H_2 bleibt dunkel, er wird durch die große Warmeleitung des H_2 gekühlt. In Gasgemischen andert sich die Warmeleitung mit der Zusammensetzung. Daher wird die Warmeleitung in der Technik oft benutzt, um die Zusammensetzung eines Gasgemisches zu überwachen. — Das Grundsätzliche der verschiedenen Verfahren laßt sich leicht mit der obigen Anordnung vorführen.

Abb. 497. Roher Schauversuch zur Unabhängigkeit der Wärmeleitung eines Gases vom Druck. Der Wärmestrom fließt aus dem heißen Wasserbad durch den Gasmantel zum Äther und erzeugt einen Strom von Ätherdampf. Als Maß seiner Stärke dient die Höhe eines oben brennenden Flämmchens. Man findet sie in weiten Grenzen vom Druck im Gasmantel unabhängig.

Die Unabhängigkeit der Wärmeleitung vom Druck des Gases ist ebenfalls unschwer vorzuführen, Näheres unter Abb. 497.

So weit die Tatsachen. Ihre molekulare Deutung lautet folgendermaßen: Die durch die Flächeneinheit diffundierende Menge (an Masse, Impuls oder kinetischer Energie) ist proportional der Molekülzahldichte N_v. Sie ist ferner proportional der mittleren freien Weglänge λ der Moleküle, d. h. ihrem zwischen zwei Zusammenstößen durchlaufenen Weg (§ 147). N_v steigt, λ sinkt propor-

19

tional mit dem Gasdruck. Daher bleibt die Diffusion jeder Art in Gasen vom Druck unabhängig.

Wasserstoff hat eine sehr große freie Weglänge, nämlich unter Normalbedingungen $\lambda = 1{,}4 \cdot 10^{-7}$ m. Daher ist Wasserstoff durch besonders hohe Wärmeleitung ausgezeichnet (vgl. Abb. 496). Bei sehr kleinen Drucken verliert der Begriff der mittleren freien Weglänge λ seinen Sinn: Die freien Flugstrecken der Moleküle werden größer als der Abstand der Gefäßwände. Die Moleküle schwirren zwischen den Wanden hin und her. Der ubertragene Impuls oder die übertragene Energie wird dann um so kleiner, je geringer die Dichte des Gases ist. Das ist die Grundlage der Thermosflaschen, der luftleer gepumpten doppelwandigen Glas- oder Metallgeräte.

XVII. Zustandsänderungen von Gasen und Dämpfen.

§ 164. Zustandsänderungen idealer Gase. Durch die vorangehenden Paragraphen haben die thermischen Zustandsgrößen für den ·einfachen Grenzfall idealer Gase einen anschaulichen Sinn bekommen. Das erleichtert das Verständnis der jetzt folgenden, mehr formalen Darlegungen.

Zwischen den drei einfachen Zustandsgrößen Druck, Volumen und Temperatur besteht für jede Stoffmenge ein Zusammenhang. Er wird durch eine **thermische Zustandsgleichung** dargestellt.

Die ·abgeleiteten Zustandsgrößen, die innere Energie U und die Enthalpie J hängen im allgemeinen von **zwei** der einfachen Zustandsgrößen ab. Der Zusammenhang wird durch **kalorische Zustandsgleichungen** dargestellt.

An 3. Stelle müssen jetzt endlich die Gleichungen für die Zustandsänderungen gebracht werden. Diese Änderungen stellt man allgemein im pV/M-Diagramm dar, und die Gleichungen der Zustandsänderungen ergeben den Zusammenhang zwischen zwei der einfachen Zustandsgrößen. Leider haben diese Gleichungen nur für den Grenzfall idealer Gase hinreichende Einfachheit. Für diese unterscheidet man allgemein fünf Zustandsänderungen.

I. Die isotherme Zustandsänderung. Sie erfolgt bei konstant gehaltener Temperatur. Ihre Gleichung kennen wir bereits unter dem Namen ideales Gasgesetz

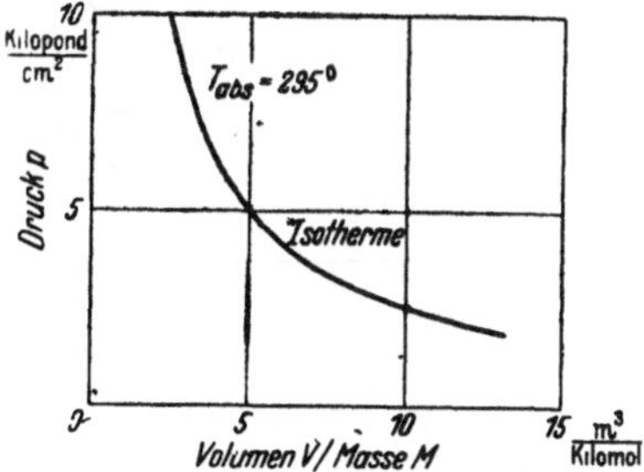

Abb. 498. Eine Isotherme bei + 22 Grad C.

$$pV/M = \text{const.} \quad (160) \text{ v. S: } 130$$

und daraus

$$\frac{dp}{dV} = -\frac{p}{V} \qquad (160\,\mathrm{a})$$

Auch die Entstehung des Druckes durch die ungeordnete Wärmebewegung ist uns geläufig. Die graphische Darstellung der Gleichung (160) liefert **Hyperbeln**. Eine solche „Isotherme" genannte Kurve ist in Abb. 498 gezeichnet. Ein Übergang von einem Zustand 1 in einen Zustand 2, also eine isotherme Ausdehnung, liefert die **äußere Arbeit** A. Dabei bleibt die innere Energie U des Gases ungeändert. Daher muß die nach außen abgeführte Arbeit A durch eine Zuführung von Energie in Wärmeform ersetzt werden. Quantitativ gilt

$$\boxed{A = Q = MRT_{\mathrm{abs}} \ln\frac{V_2}{V_1} = MRT_{\mathrm{abs}} \ln\frac{p_1}{p_2}.} \qquad (345)$$

Es wird also die ganze in Wärmeform zugeführte Energie Q in äußere Arbeit verwandelt (§ 144).

Herleitung:

$$A = \int_1^2 p\,dV; \qquad p = M\frac{RT_{\mathrm{abs}}}{V}; \qquad A = MRT_{\mathrm{abs}}\int_1^2 \frac{dV}{V} = MRT_{\mathrm{abs}} \ln\frac{V_2}{V_1}.$$

Bei einer isothermen **Verdichtung** sind Zähler und Nenner in Gleichung (345) zu vertauschen. Die äußere Arbeit A ist also negativ, sie muß

19*

dem Gase zugeführt werden. Gleichzeitig muß der Gasmenge ein Energiebetrag in Wärmeform entzogen werden, also $-A = -Q$.

　II. Die isobare Zustandsänderung. Sie erfolgt bei konstant gehaltenem Druck. Ihre Gleichung lautet

$$\frac{T_\text{abs}}{V} = \text{const}, \qquad (346)$$

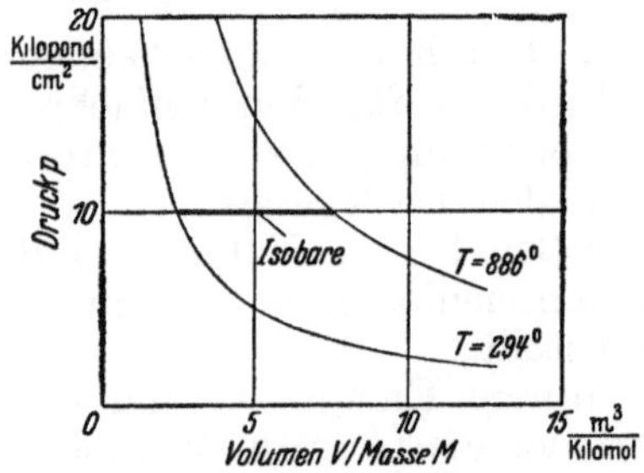

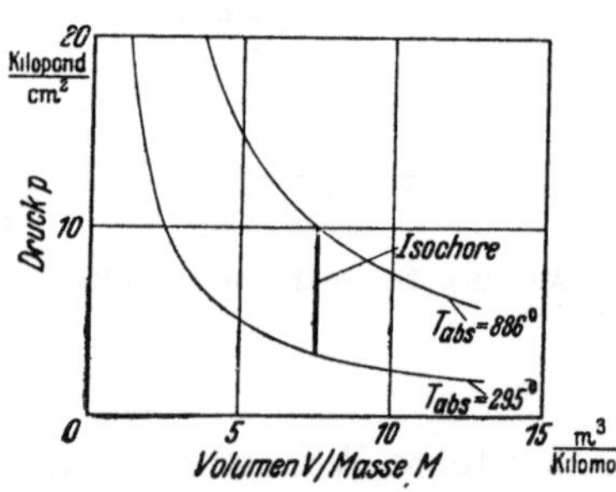

Abb. 499. Eine Isobare zwischen zwei dünn
gezeichneten Isothermen.

d. h. das Volumen wächst proportional mit
der Temperatur (Abb. 499). Der Übergang
vom Zustand 1 zum Zustand 2 wird durch
eine den Abszissen parallele Gerade dargestellt. Bei der isobaren Ausdehnung
leistet das Gas die Arbeit

$$A = p(V_2 - V_1) = M R (T_2 - T_1). \qquad (347)$$

Bei der Ausdehnung wächst die Enthalpie
des Gases um den Betrag $\varDelta J = M c_p (T_2 - T_1)$,
und dieser muß dem Gas in Wärmeform zu-
geführt werden. Das Verhältnis von abgeführter Arbeit zu zugeführter
Wärme ist

$$\frac{A}{Q} = \frac{M R (T_2 - T_1)}{M c_p (T_2 - T_1)} = \frac{R}{c_p} = \frac{c_p - c_v}{c_p} \qquad (348)$$

oder mit $\varkappa = c_p / c_v$

$$\frac{A}{Q} = \frac{\varkappa - 1}{\varkappa}. \qquad (349)$$

Bei isobarer Volumenverkleinerung muß
der entsprechende Wärmebetrag durch eine
Kühlung abgeführt werden.

　III. Die isochore Zustandsänderung. Sie erfolgt bei konstant gehaltenem Volumen. Ihre Gleichung lautet

$$\frac{T_\text{abs}}{p} = \text{const}. \qquad (350)$$

Abb. 500. Eine Isochore zwischen zwei dünn
gezeichneten Isothermen.

Druck und Temperatur sind bei isochorer
Zustandsänderung einander proportional.
Der Übergang vom Zustand 1 zum Zustand
2 wird durch eine den Ordinaten parallele
Gerade dargestellt (Abb. 500). Es muß Ener-
gie in Wärmeform zugeführt werden. Sie
dient restlos zur Erhöhung der inneren
Energie um den Betrag

$$\varDelta U = M \cdot c_v (T_2 - T_1). \qquad (351)$$

Arbeit wird nicht abgeführt, das Volumen
bleibt ja konstant.

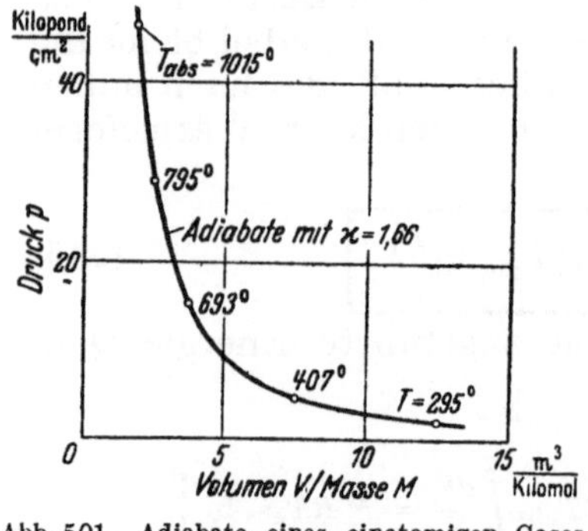

　IV. Die adiabatische Zustandsänderung. Sie erfolgt ohne Wärmeaustausch mit der Umgebung, also
$Q = \text{Null}$. Sie spielt in Physik und Technik
eine bedeutsame Rolle. Bei der Ausdehnung sinkt der Druck nicht nur wegen der
Volumenzunahme, sondern gleichzeitig

Abb. 501. Adiabate eines einatomigen Gases
mit ϰ = 1,66.

wegen der mit ihr verknüpften Abkühlung. Die „Adiabate" genannte
Kurve (Abb. 501) fällt also steiler ab als eine Hyperbel. Ihre Gleichung

lautet
$$\boxed{p \cdot V^{\varkappa} = \text{const}}$$ (352)

(Poissonsches Gesetz).

Zur Herleitung dient die Abb. 502. Die adiabatische Ausdehnung kann ersetzt werden durch eine Ausdehnung 1—3 bei konstantem Druck (isobar) und eine Drucksenkung 3—2 bei konstantem Volumen (isochor). Auf dem Wege 1—3, bei der isobaren Volumenzunahme, muß dem Gase die Warmemenge $Q_{1-3} = M c_p dT_{p\,=\,\text{const}}$ zugeführt werden. Auf dem Wege 3—2, bei der isochoren Druckabnahme, muß dem Gase die Warmemenge $Q_{3-2} = M c_v dT_{V\,=\,\text{const}}$ entzogen werden. Die Summe beider Warmemengen muß Null sein, insgesamt soll ja bei der adiabatischen Zustandsanderung keine Warme zugefuhrt werden. Also bekommen wir

$$c_p (dT)_{p\,=\,\text{const}} = - c_v (dT)_{V\,=\,\text{const}}.$$ (353)

Die beiden Temperaturanderungen ergeben sich aus der thermischen Zustandsgleichung der idealen Gase, also aus $pV = MRT_{\text{abs}}$. Man bekommt

$$(dT)_{p\,=\,\text{const}} = \frac{p\,dV}{M \cdot R} \quad \text{und} \quad (dT)_{V\,=\,\text{const}} = \frac{V\,dp}{M \cdot R}$$ (354)

oder

$$\frac{(dT)_{V\,=\,\text{const}}}{(dT)_{p\,=\,\text{const}}} = \frac{V\,dp}{p\,dV}.$$ (355)

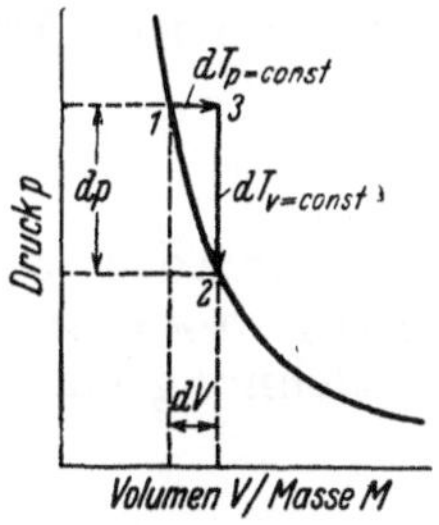

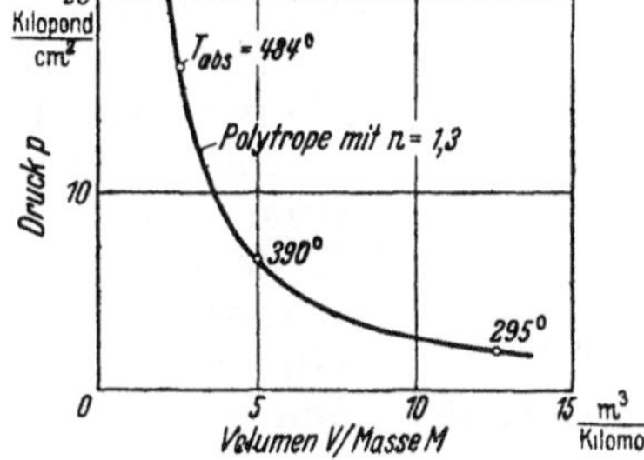

Abb. 502. Zur Herleitung des Adiabatenexponenten.

Weiter bekommt man mit der Gleichung (353)

$$\frac{dp}{dV} = - \frac{c_p}{c_v} \cdot \frac{p}{V} = - \varkappa \cdot \frac{p}{V}.$$ (356)

In Worten: Auf der Adiabaten ist die Druckanderung $\varkappa$-mal so groß als auf der Isothermen [Gl. (160a) v. S. 291].

Aus Gleichung (356) folgt durch Integration

oder
$$\ln p + \varkappa \ln V = \ln \text{const}$$
$$p V^{\varkappa} = \text{const}.$$ (352)

Weitere, für adiabatische Zustandsänderungen wichtige Gleichungen finden sich in dem jetzt folgenden Abschnitt V.

V. Die polytrope Zustandsänderung. Sie erfolgt bei einer für adiabatische Zustandsänderung nicht ausreichenden Wärmeisolation. Bei der Ausdehnung sinkt der Druck wegen der Volumenzunahme und der mit ihr verknüpften Abkühlung. Wegen der unzureichenden Wärmeisolation ist diese Abkühlung aber geringer als bei adiabatischer Ausdehnung. Infolgedessen fällt die Polytrope genannte Kurve (Abb. 503) weniger steil ab als eine Adiabate. Ihre Gleichung ist die Potenzkurve

$$p V^n = \text{const}.$$ (357)

Bei unvollkommenem Wärmeschutz darf man also den Exponenten n nicht $= \varkappa$ setzen, sondern man muß einen kleineren

Abb 503. Eine Polytrope eines mehratomigen Gases.

Wert benutzen. So heißt es z. B. statt Gleichung (356): Auf einer Polytrope ist die Druckänderung n-mal so groß als auf einer Isothermen.

Mit Hilfe der Gleichungen

$$p_1 V_1 = M \cdot R T_{\text{abs}(1)} \quad \text{und} \quad p_2 V_2 = M \cdot R T_{\text{abs}(2)}$$ (254) v. S. 257

erhält man aus der Gleichung (357) die für Anwendungen nützlichen Beziehungen

$$\left(\frac{T_2}{T_1}\right)_{\text{abs}} = \left(\frac{V_1}{V_2}\right)^{n-1} = \left(\frac{p_2}{p_1}\right)^{\frac{n-1}{n}}$$ (358)

und für die bei der Ausdehnung abgegebene äußere Arbeit

$$A = \frac{p_1 V_1}{n-1}\left[1 - \left(\frac{p_2}{p_1}\right)^{\frac{n-1}{n}}\right] = M \cdot \frac{R}{n-1} \cdot (T_1 - T_2),$$
$$A = \frac{p_1 V_1 - p_2 V_2}{n-1}. \qquad\qquad\qquad (359)$$

Die technische Arbeit A_{techn} ist in diesem Falle n-mal so groß, also z. B.

$$A_{\text{techn}} = \frac{n}{n-1}\, p_1 V_1 \left[1 - \left(\frac{p_2}{p_1}\right)^{\frac{n-1}{n}}\right]. \qquad (360)$$

Für adiabatische Zustandsänderungen ist in all diesen Gleichungen $n = \varkappa = c_p/c_v$ zu setzen. So wird z. B. die bei der adiabatischen Ausdehnung nach außen abgegebene Arbeit

$$\boxed{A = M \cdot c_v (T_1 - T_2).} \qquad\qquad (359\,\text{a})$$

Herleitung von (359) und (360)

$$A = \int_1^2 p\,dV = \int_1^2 \text{const}\, V^{-n} \cdot dV = \text{const}\,\frac{V_2^{1-n} - V_1^{1-n}}{1-n}. \qquad (361)$$

Weiter hat man nach Gleichung (357) const $= p_1 V_1^n = p_2 V_2^n$ und nach Gleichung (254) $pV = M R T_{\text{abs}}$ zu setzen und umzuformen.

Von (359) gelangt man zu (360) mit Hilfe der Definitionsgleichung (239) v. S. 251.

§ 165. Anwendungsbeispiele. Messung von $\varkappa = c_p/c_v$. Die in § 164 beschriebenen Zustandsänderungen spielen bei zahllosen Anwendungen eine Rolle.

Wir müssen uns auf wenige Beispiele beschränken.

I. Messung eines Polytropenexponenten n. In Abb. 504 sind einige Liter Luft in einem Glasbehälter mit geringem Überdruck p_1 (100 mm Wassersäule) eingesperrt. Der Hahn wird geöffnet und sofort geschlossen, wenn der Überdruck verschwunden ist. Die Ausdehnung ist polytrop erfolgt (Kurve 1 bis 2 in Abb. 505), die Wärmeisolation eines Glasbehälters ist nicht vollkommen. Die Luft hat sich nicht so stark abgekühlt wie bei adiabatischer Ausdehnung, also bei vollkommenem Wärmeschutz. Trotzdem ist erheblich weniger Luft entwichen als bei isothermer Ausdehnung. Infolgedessen steigt der Druck (auf der Isochore 2 bis 3), wenn die Luft allmählich wieder Zimmertemperatur annimmt. Es stellt sich wieder ein Überdruck p_3 ein, im Beispiel $p_3 = 23$ mm

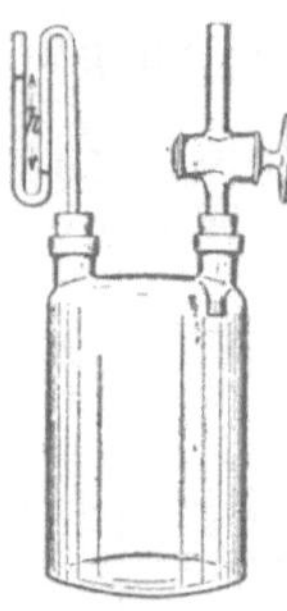

Abb. 504. Zur Messung eines Polytropenexponenten n.

Wassersäule. Den Punkt 3 würden wir bei langsamer isothermer Ausdehnung sogleich erhalten können. Wir müßten dann nur genau die gleiche Luftmenge abströmen lassen wie bei der raschen polytropen Ausdehnung.

Die Druckänderungen sind klein gegen den ganzen Luftdruck. Infolgedessen dürfen wir sowohl die Polytrope wie die Isotherme in Abb. 505 als kurze gerade Linien zeichnen. Diesem Bilde entnehmen wir

polytrope Druckabnahme $(dp)_{\text{polytr}} = p_1$,
isotherme Druckabnahme $(dp)_{\text{isoth}} = p_1 - p_3$.

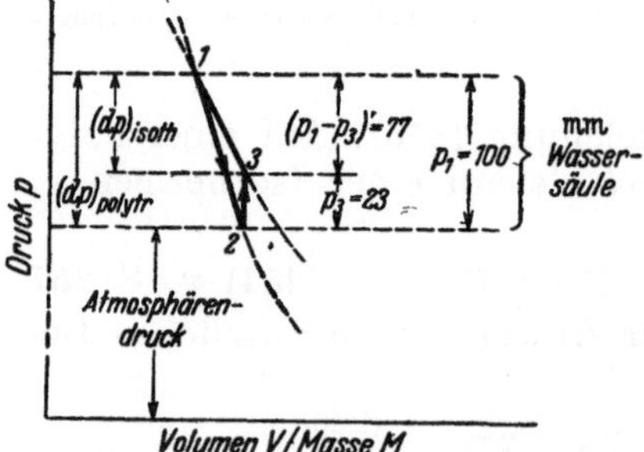

Abb. 505. Zur Messung eines Polytropenexponenten in Abb. 504.

Nach S. 293 ist das Verhältnis beider der gesuchte Polytropenexponent n, also

$$\frac{d\,p_{\text{polytr}}}{d\,p_{\text{isoth}}} = n\,.$$

Im Beispiel ist $n = \dfrac{100}{100-23} = 1{,}3$. Die Luft hat sich also in Abb. 504 mit dem Polytropenexponenten $n = 1{;}3$ ausgedehnt.

II. Messung des Adiabatenexponenten $\varkappa = c_p/c_v$ aus der Schallgeschwindigkeit. Bei einwandfreier Wärmeisolation kann die Ausdehnung in Abb. 504 adiabatisch erfolgen. Der gemessene Exponent n muß dann also gleich dem Adiabatenexponenten $\varkappa_{\text{Luft}} = 1{,}40$ werden. Tatsächlich versucht man oft, $\varkappa$ auf diese Weise zu messen. Es ist aber nicht einfach, jede störende Wärmezufuhr auszuschalten. — Das erreicht man leichter bei sehr rasch verlaufenden Ausdehnungsvorgängen. Diese finden sich in den Schallwellen, fortschreitenden sowohl wie stehenden. Man kann $\varkappa$ mit großer Sicherheit aus der Schallgeschwindigkeit ermitteln. Für diese gilt allgemein

$$c_{\text{Schall}} = \frac{1}{\sqrt{\varrho\,\alpha}}\,. \tag{203} \text{ v. S. 183}$$

Dabei ist ϱ die Dichte des Stoffes, α seine Dehnungsgröße definiert durch die Gleichung (116) v. S. 105

$$\alpha = \frac{dl}{l}\,\frac{1}{dp}\,, \quad \text{für Gase entsprechend} \quad \alpha = -\frac{dV}{V}\cdot\frac{1}{dp}\,. \tag{362}$$

Für adiabatische Ausdehnung $(n = \varkappa)$ gilt nach S. 293

$$\frac{dV}{dp} = -\frac{1}{\varkappa}\frac{V}{p}\,, \tag{356}$$

also

$$\alpha = \frac{1}{\varkappa\,p}\,. \tag{363}$$

Einsetzen von (363) in (203) ergibt

$$c = \sqrt{\varkappa\cdot\frac{p}{\varrho}} = \sqrt{\varkappa R T_{\text{abs}}}\,. \tag{364}$$

Zahlenbeispiel: Bei 18 Grad C und $p = 1$ physikal. Atm. $= 1{,}013\cdot10^5$ Großdyn/m² hat Luft die Dichte $= 1{,}215$ kg/m³. Als Schallgeschwindigkeit mißt man $c = 342$ m/sec; daraus folgt $\varkappa = 1{,}40$. Die Schallgeschwindigkeit mißt man gern bei bekannter Frequenz mit Hilfe stehender Wellen („Kundtsche Staubfiguren" S. 187).

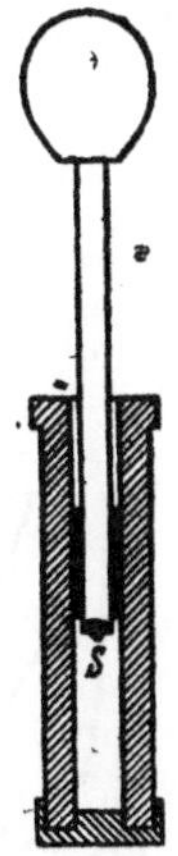

III. Erzeugung hoher Temperaturen durch polytrope Zusammendrückung. Vor Einführung der europäischen Zündhölzer benutzte man im Malayischen Archipel, insbesondere in Borneo, die Feuerpumpe, oft auch pneumatisches Feuerzeug genannt (Abb. 506): Ein Kolben wurde in einen Holzzylinder hineingestoßen; dabei wurde die Luft erhitzt und ein am Boden des Kolbens angeheftetes Stückchen Feuerschwamm entzündet. Heute benutzt man den gleichen Vorgang in den Dieselmotoren zur Zündung des eingespritzten Brennstoffes.

Abb 506 Eine aus Glas nachgebildete malayische Feuerpumpe. Statt des Schwammes S kann man am Boden des Stempels etwas mit Schwefelkohlenstoff angefeuchtete Watte anbringen. Dann führt die Verdichtungswärme zum Aufflammen des Luftdampfgemisches.

Auf welchen Bruchteil seines Anfangsvolumens muß man ein solches Gemisch zusammendrücken, um eine Temperatur von 500 Grad C zu erreichen? Der schlechten Wärmeisolation halber soll mit dem Polytropenexponenten $n = 1{,}36$ gerechnet werden.

Man benutzt Gleichung (358) v. S. 293.

(V_1 = Anfangsvolumen, V_2 = Endvolumen, T_1 = Zimmertemperatur = 291 Grad abs.,
T_2 = 773 Grad abs.)

$$\left(\frac{T_2}{T_1}\right)_{abs} = \left(\frac{V_1}{V_2}\right)^{0,36} ; \quad \frac{773}{291} = 2{,}66; \quad \log 2{,}66 = 0{,}36 \log \frac{V_1}{V_2} ;$$

$$\frac{0{,}425}{0{,}36} = 1{,}18 = \log \frac{V_1}{V_2} ; \quad \frac{V_1}{V_2} = 15{,}1.$$

Das Volumen muß also auf rund $^1/_{15}$ verkleinert werden.

§ 166. Zustandsänderungen realer Gase und Dämpfe. Für die Gleichungen der verschiedenartigen Zustandsänderungen (Isotherme, Adiabate usw.) wurde die thermische Zustandsgleichung idealer Gase benutzt. Die realen Gase befolgen diese Gleichung nur mit mehr oder minder guter Näherung. Bei Dämpfen werden die Abweichungen erheblich und oft sehr groß. Aus diesem Grunde sind vor allem die Isothermen realer Gase sehr eingehend untersucht worden. Ihr Verlauf ist in allen Fällen qualitativ der gleiche. Für CO_2 läßt er sich auch im Schauversuch mit geringem Aufwand vorführen. Die Abb. 507 zeigt die Versuchsanordnung, die Abb. 508 die Ergebnisse in einem maßstäblichen pV/M-Diagramm.

Bei Temperaturen über 80 Grad C sind die Isothermen noch Hyperbeln. Sie lassen sich noch mit der Gleichung pV/M = const darstellen. Bei $+40$ Grad C ist bereits eine erhebliche Verzerrung der Kurve erfolgt. Bei $+31$ Grad C hat die Isotherme einen Wendepunkt mit horizontaler Tangente: In der Umgebung dieses „kritischen Punktes" ist der Druck vom Volumen des eingesperrten Gases unabhängig. Die Zustandsgrößen heißen an diesem Punkt die kritischen. Es ist für CO_2 die kritische Temperatur

$$T_k = 31 \text{ Grad C,}$$

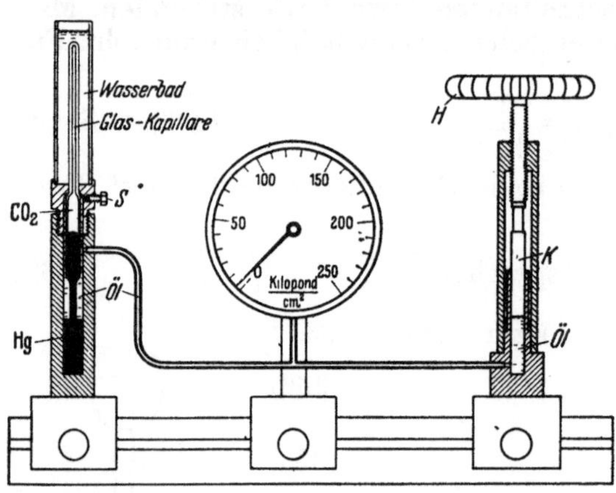

Abb. 507. Zur Untersuchung von Zustandsanderungen. Halbschematisch. S wird beim Fullen des Apparates gebraucht.

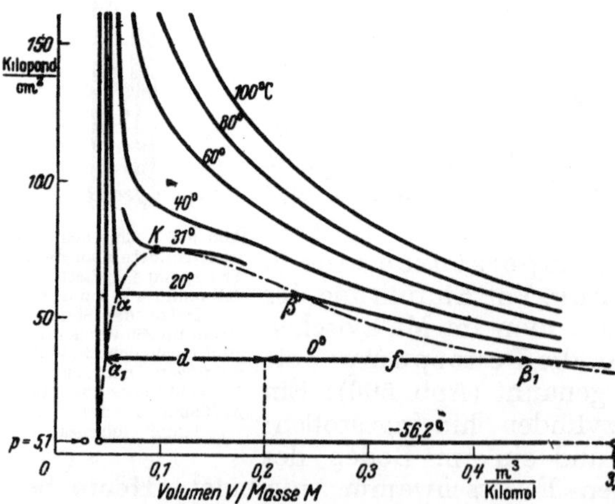

Abb. 508. Maßstäbliches pV-Diagramm der Kohlensaure (THOMAS ANDREWS, Chemiker in Belfast, 1813—1885). Bei Null Grad C hat die Flussigkeit das spezifische Volumen $(V/M)_f$ = 0,048 m³/Kilomol (Abszisse von a_1) und der Dampf das spezifische Volumen $(V/M)_d$ = 0,46 m³/Kilomol (Abszisse von β_1).

der kritische Druck $p_k = 75$ Kilopond/cm², das kritische spezif. Volumen $(V/M)_k = 0{,}095$ m³/Kilomol. Beispiele für weitere Stoffe finden sich in Tab. 14, S. 300.

Unterhalb der kritischen Temperatur ändern sich die Erscheinungen von Grund auf. Verfolgen wir die Isotherme bei $+20$ Grad C, und zwar bei großem spezifischem Volumen beginnend, also unten rechts: Anfänglich steigt der Druck mit abnehmendem Volumen bis zum Werte 59,2 Kilopond/cm². Bei weiterer Volumenverkleinerung bleibt der Druck konstant, Kurvenstück β α. Längs dieses Kurvenstückes ändert sich die Beschaffenheit der Kohlensäure: Ein wachsender Bruchteil wird durch eine Oberfläche von dem übrigen Teil abgetrennt, d. h. „verflüssigt". Beim Punkte a ist alles flüssig und keine Oberfläche mehr vorhanden. Eine weitere Volumenabnahme führt zu einem jähen Druckanstieg: die flüssige Kohlensäure ist erheblich weniger zusammendrückbar als die gasförmige.

Den gleichen Verlauf zeigen alle übrigen Isothermen unterhalb des kritischen Punktes K. Die Endpunkte ihrer geradlinigen horizontalen Stücke sind links durch eine gestrichelte, rechts durch eine strichpunktierte „Grenzkurve" verbunden. Beide treffen sich im kritischen Punkt K. Sie begrenzen den Bereich, in dem der flüssige und der dampfförmige Zustand nebeneinander bestehen. Links von der gestrichelten Grenzkurve gibt es nur Flüssigkeit, rechts von der strichpunktierten Grenzkurve nur Dampf. Oberhalb des kritischen Punktes K verliert die Unterscheidung von Dampf und Flüssigkeit ihren Sinn.

Für die geradlinigen Stücke der Isothermen liefern die Abszissen der Endpunkte, z. B. a und β, die spezifischen Volumina V_s des flüssigen und des dampfförmigen Anteils, Beispiel unter Abb. 508.

Für jede Füllung und Temperatur eines Behälters (im skizzierten Beispiel für 0,2 m³/Kilomol und 0 Grad C) gibt das Verhältnis Länge f/Länge d das Verhältnis Masse der Flüssigkeit/Masse des Dampfes. — Bei der kritischen Füllung mit $V/M = 0{,}095$ m³/Kilomol und bei 0 Grad C sind

$$\left.\begin{array}{l} 89\% \text{ der Masse} \triangleq 45\% \text{ des Volumens flüssig} \\ 11\% \text{ der Masse} \triangleq 55\% \text{ des Volumens dampfförmig} \end{array}\right\} \text{vgl. Abb. 510.}$$

Die linke Grenzkurve endet bei einem Druck von 5,1 Kilopond/cm² mit einem als Kreis markierten Punkt. Unterhalb dieses Druckes ist die Kohlensaure fest. Für den gleichen Druck ist links noch ein weiterer Kreis eingetragen, ein dritter ist weit rechts außerhalb des Bereiches auf der Isotherme von $-56{,}2$ Grad C zu suchen. Auf diese Kreispunkte werden wir bei der Behandlung des Tripelpunktes zurückkommen.

Für Wasser, den heute immer noch wichtigsten Arbeitsstoff, sind einige Sonderbezeichnungen gebräuchlich. Man bezeichnet Wasserdampf im Zustand außerhalb der Grenzkurve als überhitzten Dampf, auf der Grenzkurve als trocken gesättigten Dampf, innerhalb der Grenzkurve als Naßdampf.

Der Naßdampf ist ein Gemisch von Wasserdampf und feinsten Wassertröpfchen. Er erscheint dem Auge als weißer Nebel oder als weiße Wolke. Überhitzter und gesättigter Wasserdampf sind ebenso unsichtbar wie etwa Zimmerluft. In ihnen fehlen die feinen, das Licht zerstreuenden schwebenden Wassertröpfchen (Optikband § 103). — Der Laie denkt bei Wasserdampf fast immer nur an diesen sichtbaren Naßdampf (Nebel).

Die Technik spricht von einem spezifischen Dampfgehalt des nassen Dampfes. Damit bezeichnet sie das Verhaltnis

$$x = \frac{\text{Masse des trocken gesattigten Dampfes}}{\substack{\text{Masse des Dampfes und der in ihm schwe-}\\\text{benden Wassertröpfchen}}} = \left(\frac{d}{d+f}\right) \text{ in Abb. 508.} \qquad (364\,\text{a})$$

Auf der linken Grenzkurve ist $x = 0$, auf der rechten ist $x = 1$.

§ 167. Unterscheidung von Gas und Flüssigkeit. Die Isothermen der Kohlensäure (Abb. 508) führen zu einigen wichtigen Folgerungen. In Abb. 509 sind nur zwei der Isothermen dargestellt, nämlich für $T = 20$ Grad C und für 40 Grad C. Außerdem sind die beiden Grenzkurven eingezeichnet,

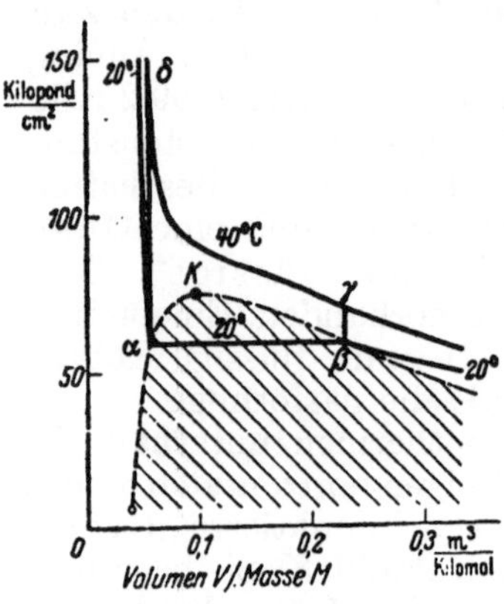

Abb. 509. Zur Unterscheidung von Gasen und Flüssigkeiten. Ein den kritischen Punkt K umfassender Kreisprozeß zwischen zwei Isothermen der Kohlensäure. Grenzkurve links gestrichelt, rechts strichpunktiert.

und der von ihnen umfaßte Bereich ist schraffiert. In ihm bestehen Flüssigkeit und Gas neben einander. Wir beginnen beim Zustand a und vergrößern das Volumen des eingesperrten Gases. Dabei wird bei konstantem Druck ein wachsender Bruchteil von dem übrigen Teil durch eine Oberfläche abgegrenzt, d. h. „verdampft". Beim Zustandspunkt β ist alle Kohlensäure verdampft und keine Oberfläche mehr vorhanden. Dann steigern wir bei konstantem Volumen ($V_s = 0{,}227$ m³/Kilomol) die Temperatur bis $+40$ Grad C und drücken darauf das Gas bis zum Ausgangsvolumen ($V_s = 0{,}057$ m³/Kilomol) isotherm zusammen. Dabei steigt der Druck bis auf etwa 150 Kilopond/cm². Von nun an halten wir das Volumen konstant, kühlen bis auf $+20$ Grad C herunter und gelangen wieder zum Ausgangspunkt a. Erfolg: Wir haben keinerlei Bildung einer Oberfläche gesehen, auch keine Nebelbildung, d. h. keine Ausscheidung flüssiger Kohlensäure in Form kleiner schwebender Tröpfchen. Trotzdem ist die gesamte Kohlensäure jetzt wieder eine Flüssigkeit geworden. Sie zeigt eine charakteristische Eigenschaft jeder Flüssigkeit: Sie läßt sich auch bei einer Drucksteigerung auf einige hundert Kilopond/cm² nicht merklich zusammenpressen.

Man kann den ganzen geschlossenen Weg auch in umgekehrter Richtung durchlaufen, also in der Reihenfolge a, δ, γ, β, a. Dann sieht man keine Oberfläche verschwinden und trotzdem, beim Punkte β beginnend, eine neue Oberfläche entstehen.

Ergebnis: Im allgemeinen erfolgen Phasenwechsel mit unstetigen Änderungen der physikalischen Eigenschaften, z. B. der Übergang fest $\longleftrightarrow$ flüssig: Die beiden Phasen sind in ihrem ganzen Existenzbereich durch eine Grenzkurve getrennt (Abb. 516/17). Der Phasenwechsel flüssig $\longleftrightarrow$ gasförmig hingegen erfolgt stetig oberhalb der kritischen Temperatur; in Abb. 516/17 endet die gestrichelte Grenzkurve im kritischen Punkt.

Eine Flüssigkeit kann nicht für sich allein, d. h. in einem sonst leeren Raum bestehen[1]. Die Oberfläche ist für sie keine den Zusammenhalt sichernde Hülle. Eine Oberfläche entsteht nur als Abgrenzung zwischen zwei Phasen des gleichen Stoffes. Auf ihrer Außenseite muß sich der gleiche Stoff als gesättigter Dampf befinden, rein oder vermischt mit einem anderen Gas, etwa Zimmerluft. Nur dann gibt es ein Gleichgewicht. Nur dann wechseln je Zeiteinheit gleich viel Moleküle in beiden Richtungen aus der einen in die andere Phase hinüber. Bei Wasser von Zimmertemperatur sind es rund 10^{22} Moleküle je Sekunde und je cm²! Durch dieses statistische Gleichgewicht wird das Anwachsen der einen Phase auf Kosten der anderen verhindert.

---

[1] Im Weltenraum können Flüssigkeiten mit sehr großer Masse durch ihre gegenseitige Anziehung (Gravitation) zusammengehalten werden. Sie sind dann aber stets von einer Dampfatmosphäre umgeben.

Auf S. 135 hatten wir als Diffusionsgrenze zwischen zwei chemisch verschiedenen Gasen als eine Art Oberfläche kennengelernt. Mit gleichem Recht darf man jetzt die Oberfläche einer Flüssigkeit als Diffusionsgrenze bezeichnen. Sie trennt zwei chemisch gleiche Stoffe mit physikalisch verschiedenen Phasen.

Sehr nett zeigt man diese Dinge mit drei gleich großen, aber mit verschiedenen Mengen von CO_2 gefüllten Glasrohren (Abb. 510). Bei einer Temperatursteigerung steigt die Oberfläche im Rohre *I*, im Rohre *III* sinkt sie, im Rohre *II* erreicht die Oberfläche bei der kritischen Temperatur die Mitte des Rohres und dort verschwindet sie: d. h. bei der kritischen Temperatur sind die spezifischen Volumina der gasförmigen und der flüssigen Phase gleich geworden, beide Phasen unterscheiden sich nicht mehr.

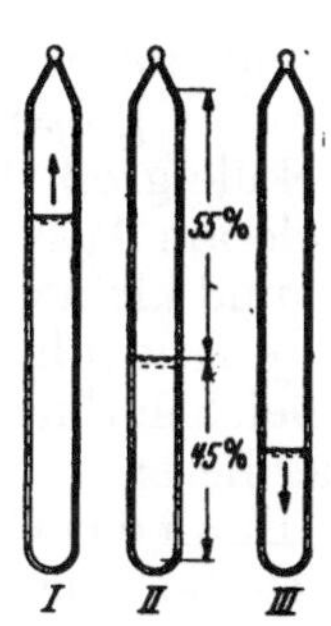

Abb 510 Zum Phasenwechsel von CO_2 bei steigender Temperatur. In *I* wird alles flüssig (alsdann Explosionsgefahr!), in *III* verdampft alles. In *II* aber läßt sich der stetige Übergang bei der kritischen Temperatur verfolgen. *II* veranschaulicht die kritische Fullung bei 0 Grad C, vgl. S. 297.

Beim Abkühlen tritt die Oberfläche in der Mitte des Rohres wieder auf[1]). Ihr Erscheinen kündigt sich durch eine flimmernde Nebelschicht an: Im statistischen Spiel der Wärmebewegung tritt der Phasenwechsel bald hier, bald dort auf[2]), es entstehen kleine und zunächst unbeständige Tropfen. Erst bei großen Tropfenzahlen je Raumeinheit schließen sie sich zu einer Oberfläche zusammen (vgl. Optikband, § 99).

§ 168. Die van der Waalssche Zustandsgleichung realer Gase.
Alle in Abb. 508 dargestellten Isothermen lassen sich, abgesehen von den geradlinigen Stücken innerhalb der beiden Grenzkurven, mit guter Näherung durch eine Gleichung dritten Grades, die van der Waalssche Zustandsgleichung, darstellen. Sie lautet:

$$\left(p + \frac{a}{V_s^2} \right) (V_s - b) = R T_{abs} \tag{365}$$

($V_s = V/M$ = spezifisches Volumen des Gases).

a und b sind zwei für die betreffende Molekülsorte charakteristische Konstanten. Für jedes ideale Gas genügt eine individuelle Konstante, nämlich R, für jedes reale Gas hingegen braucht man deren mindestens drei. Einige Werte für a und b sind in der Tabelle 14 (S. 300) zusammengestellt.

Beim kritischen Punkt verläuft die Isotherme im pV_s-Diagramm der Abszisse parallel, und außerdem hat sie dort einen Wendepunkt. Daher gelten die Beziehungen

$$\left[\frac{\partial p}{\partial V_s} \right]_k = 0 \quad (366) \qquad \text{und} \qquad \left[\frac{\partial^2 p}{\partial V_s^2} \right]_k = 0. \quad (367)$$

Aus diesen beiden Gleichungen erhält man

$$a = 3\,[V_s^2\,p]_k \quad (368) \qquad \text{und} \qquad b = \tfrac{1}{3}\,[V_s]_k . \quad (369)$$

Die in der Tabelle 14 zusammengestellten Werte der Konstanten a und b sind so gewählt, daß sie die van der Waalssche Zustandsgleichung (365) den gemessenen Isothermen in einem möglichst weiten Bereich anpassen. Mit den so bestimmten Werten von a und b wird die Beziehung (368) gut, die Beziehung (369) aber nur mit recht mäßiger Näherung erfüllt. Für CO_2 mißt man z. B. $V_s = 0{,}095$ m³/Kilomol, hingegen findet man laut Tabelle 14 $3b = 0{,}129$

---

[1]) Nur dort hat das spezifische Volumen im Schwerefeld der Erde gerade den kritischen Wert, uber der Mitte ist es größer, unter der Mitte kleiner.

[2]) Beim kritischen Punkt ist $dp/dV_s = 0$ oder $dV_s/dp = \infty$. D. h. es genügen schon minimale lokale Änderungen des Druckes, um merkliche Änderungen des spezifischen Volumens oder seines Kehrwertes, der Dichte, hervorzurufen.

m³/Kilomol. Die van der Waalssche Zustandsgleichung stellt eben nur eine Näherung dar. Strenggenommen verlangt jedes Gas infolge der individuellen Eigenschaften seiner Moleküle eine eigene Zustandsgleichung. Man darf von einer viele individuelle Eigenschaften vernachlassigenden Zustandsgleichung ja nicht zuviel verlangen!

Die van der Waalssche Zustandsgleichung unterscheidet sich von der einfachen der idealen Gase durch die Zusatzglieder a/V_s^2 und b. Ihre physikalische Bedeutung ist leicht zu übersehen. Beginnen wir mit dem Glied a/V_s^2. Bei großem spezifischem Volumen V_s ist der mittlere Abstand der Moleküle groß. Die Moleküle werden allein durch den Druck der Behälterwände am Auseinanderfliegen gehindert. Bei kleinem spezifischen Volumen aber und kleinen Abständen zwischen den Molekülen kann sich eine wechselseitige Anziehung zwischen den Molekülen bemerkbar machen. Sie wirkt im gleichen Sinne wie der von außen wirkende Druck p und ist daher diesem zu addieren.

Dann das Glied b. Die Gleichung $p \cdot V_s = $ const wurde für ein Modellgas hergeleitet. Als Volumen für das thermische Getümmel der Moleküle wurde dabei das Volumen V des ganzen Behälters angenommen. Bei kleinem spezifischem Volumen des Gases darf man das spezifische Volumen $V_{s,m}$ der Moleküle selbst[1]) nicht mehr vernachlässigen, wie man das bei idealen Gasen tut. Man muß das spezifische Volumen des Gases um eine Größe verkleinern, die dem spezifischen Volumen seiner einzelnen Moleküle[1]) proportional ist. Man muß also statt V_s schreiben $V_s - $ const $\cdot V_{s,m}$ mit der Kürzung const $V_{s,m} = b$. (Die Konstante ist ≈ 4.)

Tabelle 14.

Stoff	Molekulargewicht (M)	Kritische Daten			van der Waalssche	
		Temperatur $T_{kı}$ in Grad C	Druck $p_{kı}$ in Kilopond/cm²	spezifisches Volumen $[V_s]_{kı}$ in m³/Kilomol	Konstante a in Kilopond/cm² · m⁶/Kilomol²	Konstante b in m³/Kilomol
H_2	2,02	$-$ 240	13,2	0,065	1,94	0,022
He	4	$-$ 268	2,34	0,058	0,035	0,024
H_2O	18	$+$ 374	225	0,055	5,65	0,031
N_2	28	$-$ 147	34,8	0,090	1,39	0,039
O_2	32	$-$ 119	51,4	0,075	1,40	0,032
CO_2	44	$+$ 31	75	0,096	3,72	0,043
SO_2	64	$+$ 157	80	0,096	6,97	0,056
Hg	200	$\approx +$ 1450	$\approx$ 1100	$\approx$ 0,040	0,84	0,017

§ 169. Der Joule-Thomsonsche Drosselversuch. Im Besitz der van der Waalsschen Zustandsgleichung greifen wir auf den Drosselversuch von Gay-Lussac (§ 143) zurück. In diesem Fundamentalversuch vergrößert eine abgegrenzte Gasmenge ihr Volumen bei konstant bleibender innerer Energie U: das Gas nimmt weder Wärme aus seiner Umgebung auf, noch gibt es Arbeit an seine Umgebung ab. Nach erfolgter Entspannung werden die Temperaturdifferenzen zwischen den einzelnen Teilen der Gasmenge (linke und rechte Flasche in Abb. 466) ausgeglichen. Die Endtemperatur des Gases ist im idealisierten Grenzfall gleich, in Wirklichkeit stets ein wenig kleiner als die Ausgangstemperatur. Diese geringfügige Temperaturabnahme deutet man als Folge einer „inneren" Arbeitsleistung: bei der Entspannung wird der mittlere Abstand zwischen den Molekülen entgegen ihrer gegen-

---

[1]) Es ist definiert als Verhältnis Volumen eines einzelnen Moleküls/Masse eines einzelnen Moleküls.

seitigen Anziehung vergrößert und dadurch potentielle Energie gespeichert. Das kann nur auf Kosten der kinetischen Energie geschehen, d. h. die Temperatur des Gases muß bei konstant bleibender innerer Energie sinken.

In Wirklichkeit erfolgt die kleine Temperaturabnahme sogar bei etwas zunehmender innerer Energie, weil man eine Wärmeabgabe des Behälters an das sich abkühlende Gas nicht verhindern kann. Infolgedessen mißt man die Abkühlung etwas zu klein. — Um diese Fehlerquelle herabzusetzen, haben J. P. JOULE und WILLIAM THOMSON (der spätere Lord KELVIN) die Drosselung einer abgegrenzten Gasmenge mit konstant bleibender innerer Energie ersetzt·durch die Drosselung eines Gasstromes mit konstant bleibender spezifischer Enthalpie J/M.

Ihre Versuchsanordnung Abb. 511 fällt unter das allgemeine Schema von Abb. 461 v. S. 254. M bedeutet bei JOULE und THOMSON eine Drosselstelle, etwa eine enge Öffnung oder die engen Kanäle eines porösen Körpers. — „Drosselung" bedeutet die Entspannung eines Gases ohne Abgabe nutzbarer Arbeit ($A_{\text{techn}} = 0$). Hier ist die Drosselstelle überdies thermisch gut isoliert, also erfolgt auch keine Wärmeaufnahme aus der Umgebung, d. h. $Q = 0$. So· gibt der I. Hauptsatz $Q = \varDelta J + A_{\text{techn}}$ uns $\varDelta J = 0$. Also ist auch die spezifische Enthalpie J/M des Gases vor und hinter der Drosselstelle gleich.

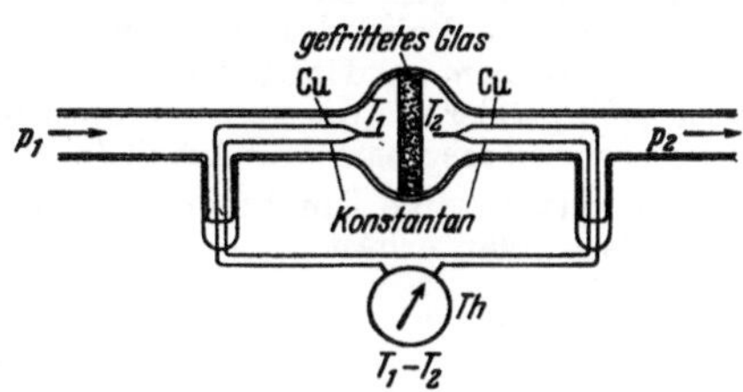

Abb 511. Zum Drosselversuch von Joule-Thomson (1853). Die poröse Trennwand besteht aus gefrittetem Glaspulver. Sie ist fest mit den Glaswänden verschmolzen. Die beiden Thermoelemente sind gegeneinander geschaltet, das Temperaturmeßinstrument Th gibt daher die Differenz der beiden Temperaturen.

Nun der experimentelle Befund: Im stationären Zustande hat der Gasstrom im allgemeinen vor und hinter der Drosselstelle verschiedene Temperaturen T_1 und T_2. Bei mäßigen Druckdifferenzen $p_1 - p_2$ ist das Verhältnis

$$\left(\frac{\text{Temperaturabnahme } \varDelta T}{\text{Druckabnahme } \varDelta p}\right)_{J\,=\,\text{const}}$$

konstant. Einige Meßergebnisse sind in der Abb. 512 graphisch dargestellt. Meist ist das Verhältnis positiv, d. h. die Entspannung bewirkt eine Abkühlung. Doch kommen in bestimmten Temperaturbereichen auch Erwärmungen vor, z. B. in Luft von 220 Atm oberhalb einer „Inversionstemperatur" von etwa 230 Grad C (Punkt b in Abb. 512).

Der im Einzelfall beobachtete Joule-Thomson-Effekt $\varDelta T/\varDelta p$ muß sich demnach additiv aus zwei Anteilen zusammensetzen, einer Abkühlung und einer Erwärmung. Meist überwiegt die Abkühlung, zuweilen aber auch die Erwärmung.

Um beide Anteile zu deuten, beginnen wir mit dem Strom eines idealen Gases. Eine Gasmenge der Masse M möge die Drosselstelle passieren. Beim Druck p_1 sei ihr Volumen V_1. Bei ihrer Entspannung wird weder innere noch äußere Arbeit geleistet. Für die Leistung innerer Arbeit fehlt die Voraussetzung, nämlich Anziehungskräfte zwischen den

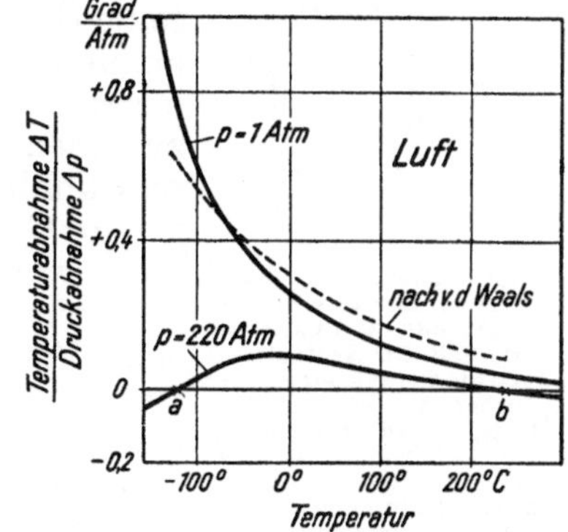

Abb. 512. Messungen des Joule-Thomson-Effektes bei verschiedenen Temperaturen und Anfangsdrucken p_1.

Molekülen. — Die gesamte äußere Arbeit ist Null: Die dem Gase links vom Kompressor zugeführte Verdrängungsarbeit $p_1 V_1$ ist ebenso groß wie die rechts vom Gase abgegebene Verdrängungsarbeit $p_2 V_2$. Beide sind $M R T_{\text{abs}}$, ihre Differenz also Null. Die Zustandsgleichung idealer Gase liefert keine Temperaturänderung bei der Drosselung. Abkühlung und Erwärmung bei der Drosselung müssen also mit den in der van der Waalsschen Gleichung für reale Gase hinzukommenden Korrektionsgliedern in Zusammenhang stehen.

Das Korrektionsglied a/V_s^2 erklärt die Abkühlung bei der Drosselung, und zwar sowohl durch Leistung von innerer wie von äußerer Arbeit. Die innere Arbeit entsteht ebenso wie oben im Versuch von Gay-Lussac. Die außere Arbeit kommt folgendermaßen zustande: Infolge des Gliedes a/V_s^2 ist bei gleicher Molekülzahldichte N_v der Druck eines realen Gases kleiner als der eines idealen Gases. Je größer die Verdichtung, desto mehr bleibt der Druck hinter dem des idealen Gases zurück. Daher ist die dem verdichteten realen Gase vom Kompressor zugeführte Verdrängungsarbeit $p_1 V_1$ kleiner als die vom entspannten Gase abgegebene Verdrängungsarbeit $p_2 V_2$. Das Gas leistet also die äußere Arbeit $(p_2 V_2 - p_1 V_1)$, und daher kühlt es sich ab.

Das Korrektionsglied b erklärt die Erwärmung bei der Drosselung. Infolge des Gliedes b ist bei gleicher Molekülzahldichte N_v der Druck eines realen Gases größer als der eines idealen. Beim idealen Gas ist $p = \tfrac{1}{3} u^2/V_s$, beim realen $p = \tfrac{1}{3} u^2/(V_s - b)$ (vgl. §81). Daher ist die dem verdichteten realen Gase vom Kompressor zugeführte Verdrängungsarbeit $p_1 V_1$ größer als die vom entspannten Gase abgegebene Verdrängungsarbeit $p_2 V_2$. Dem Gase wird insgesamt die Arbeit $(p_1 V_1 - p_2 V_2)$ zugeführt, und daher erwärmt es sich.

Die quantitative Durchrechnung dieser Gedankengänge führt nicht zu befriedigenden Ergebnissen. Man erhält

$$\frac{\Delta T}{\Delta p} = \frac{1}{c_p}\left(\frac{2a}{RT}\right) - b. \tag{369a}$$

Die Rechnung liefert eine falsche Abhängigkeit des Effektes von der Temperatur (vgl. die gestrichelte Kurve in Abb. 512). Vor allem aber liefert sie überhaupt keine Abhängigkeit des Effektes vom Druck, — in krassem Widerspruch zur Erfahrung (Abb. 512). Die van der Waalssche Zustandsgleichung ist, wie schon einmal betont, nur eine Näherung, man darf von ihren Anwendungen nicht zuviel verlangen.

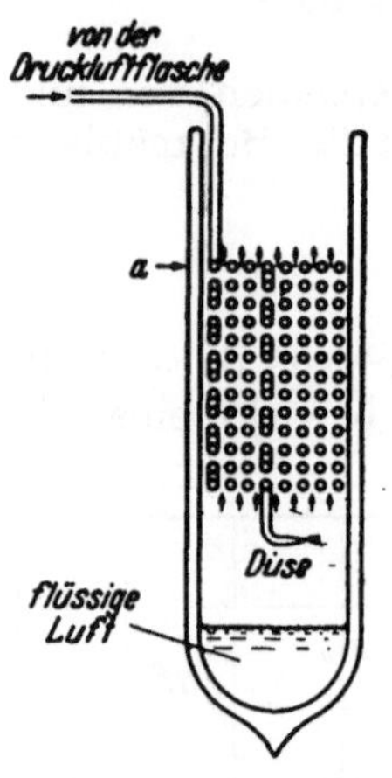

Abb. 513. Schauversuch zur Verflüssigung der Luft nach LINDE. Der abgekühlte, aber nicht verflüssigte Teil der Luft strömt zwischen den Windungen der Kupferrohrschnecken nach oben ins Freie. Dabei wird die eintretende Luft vorgekühlt. „Gegenströmer". Das Kupferrohr ist außen 2 mm, innen 1 mm weit. Die Düse besteht aus dem breit geklopften Ende.

§ 170. Herstellung kleiner Temperaturen und Gasverflüssigung im Laboratorium. Auf der Abkühlung durch den „Joule-Thomson-Effekt" beruht ein sehr wichtiges Verfahren zur Verflüssigung von Gasen, insbesondere von Luft und von Wasserstoff. Die Abb. 513 zeigt im Schauversuch die Verflüssigung von Luft. Gut getrocknete Luft von etwa 150 Atm. Druck durchströmt eine eng gewickelte, mehrlagige Kupferspirale in einer durchsichtigen Thermosflasche. Am unteren Ende befindet sich eine feine Öffnung, die Drosselstelle. Das entspannte und gekühlte Gas kann die Thermosflasche oben verlassen. Auf dem Wege dahin strömt es außen zwischen den Windungen der Kupferspirale hindurch und kühlt dabei selbst wärmer werdend das nachfolgende Gas (Siemenssches Gegenstromverfahren). Nach wenigen Minuten hat das gedrosselte entspannte Gas seine Siedetemperatur erreicht. Nunmehr beginnt seine Verflüssigung bei konstant bleibender Temperatur; man sieht einen erst nebelförmigen, dann zusammenhängenden Flüssigkeitsstrahl; er füllt rasch den unteren Teil der Thermosflasche. — Dabei wird aber nur ein kleiner Bruchteil x des einströmenden Gases verflüssigt ($x \approx 0{,}1$). Der überwiegende Bruchteil $(1 - x) \approx 0{,}9$ muß wieder herausströmen, um die Kondensationswärme der gebildeten Flüssigkeit herauszuschaffen.

Nach dem gleichen Verfahren erzeugt man im physikalischen Laboratorium flüssigen Wasserstoff. Zur Vorkühlung benutzt man flüssige Luft. Glücklicherweise kann man sehr reinen Wasserstoff in den handelsüblichen Druckbomben beziehen. Sonst würden sich die Kupferspiralrohre dauernd durch Lufteis verstopfen.

Zur Verflüssigung von Helium verdichtet man das Gas in einem Kupferbehälter Cu auf etwa 100 Atmosphären (Abb. 514). Dann wird es mit Hilfe erst von flüssigem, dann von festem Wasserstoff auf etwa 10 Grad abs. abgekühlt. (Einzelheiten in der Satzbeschriftung.) Schließlich wird das Helium adiabatisch auf 1 Atmosphäre entspannt. Dabei werden etwa $^2/_3$ des Heliums verflüssigt, weil die Wärmekapazität des Kupferbehälters unter 10 Grad abs. verschwindend klein ist. Man erreicht so eine Temperatur von 4,3 Grad abs. Durch Abpumpen des Heliums kommt man bis zu etwa 1,3 Grad abs. herunter. Zur Temperaturmessung dient ein kleines mit Helium gefülltes Gasthermometer. Sein Gefäß Th ist an den Kupferbehälter angeschweißt. Es steht durch ein Kapillarrohr mit einem Federmanometer M in Verbindung, und die Skala des Manometers wird mit der Dampfdruckkurve des He in Graden geeicht. Der Versuchskörper, z. B. ein Kristall K, befindet sich, mit Kupferbacken gehalten, am Boden des Heliumbehälters. Einzelheiten, wie z. B. die Beobachtungsfenster, sind nicht gezeichnet.

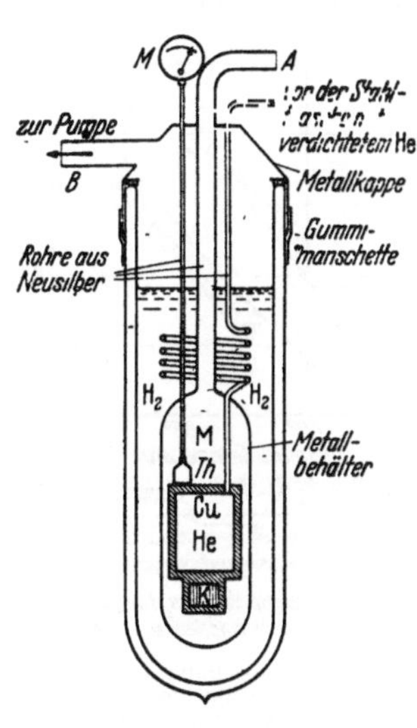

Abb. 514. Verflüssigung von Helium nach dem Cailletet-Simonschen Verfahren. — Zur Vorkühlung des He im Hochdruckbehälter Cu wird flüssiger Wasserstoff benutzt. Um die nötige Wärmeleitung zu erzielen, wird in den umgebenden Behälter M etwas Helium eingefüllt. So erreicht man zunächst eine Abkühlung des gasförmigen Heliums auf 20 Grad abs. Dann wird der Wasserstoff durch die Öffnung B abgepumpt. Dadurch verdampft er lebhaft, und seine Temperatur sinkt bis zu seinem Erstarrungspunkt, d. h. 10 Grad abs. Schließlich wird das He aus dem Behälter M herausgepumpt und dadurch die Wärmeleitung zwischen Cu und M unterbunden. Nun kann mit der langsamen adiabatischen Entspannung begonnen und das Helium verflüssigt werden.

Noch kleinere Temperaturen lassen sich nicht mehr durch Ausdehnung von Gasen und Verdampfung von Flüssigkeiten erreichen. Man benutzt dann ein anderes Verfahren, nämlich die Abkühlung paramagnetischer Kristalle bei der Entmagnetisierung. Geeignet ist z. B. Chromalaun. Ein solcher Kristall (K in Abb. 514) wird im Felde eines großen Elektromagneten auf etwa 1,3 Grad abs. abgekühlt. Dann wird das Magnetfeld entfernt, der Kristall also entmagnetisiert. Dabei sinkt seine Temperatur auf etwa $^1/_{10}$ Grad abs. — Grund: Das Verschwinden der Magnetisierung bedeutet eine Vergrößerung der molekularen Unordnung. Der zum geordneten, also magnetisierten Zustand gehörende Betrag an thermischer Energie wird bei Herstellung der Unordnung unterteilt. Dadurch wird der Energiebetrag der einzelnen molekularen Freiheitsgrade kleiner, d. h. die Temperatur kleiner.

§ 171. Technische Verflüssigung und Entmischung von Gasen.

Die Verflüssigung von Gasen, speziell von Luft, hat eine große wirtschaftliche Bedeutung. Die verschiedenen Verfahren unterscheiden sich hauptsächlich durch die Art der Vorkühlung. Oft benutzt man eine Abkühlung durch adiabatische Entspannung in einer Kolbenmaschine oder Turbine: Dann kann man die vom Gas abgegebene Arbeit nutzbringend verwerten. — Die letzte Abkühlung bis zur Verflüssigung wird fast immer mit dem Joule-Thomson-Effekt bewirkt, also nach dem Schema der Abb. 513. Nur bei dem Claude-Verfahren wird das vorgekühlte Gas benutzt, um stark komprimierte Luft bis zur Verflüssigung abzukühlen. Die Ausbeute an flüssiger Luft ist bei allen Verfahren angenähert die gleiche; sie beträgt etwa

1,33 Liter/Kilowattstunde (statt der im Idealfall möglichen Ausbeute von 5,3 Liter/Kilowattstunde).

Man braucht die technische Gasverflüssigung ganz überwiegend als Hilfsmittel für die Entmischung von Gasen, speziell für die Zerlegung der Luft in Sauerstoff und Stickstoff. Stickstoff wird hauptsächlich für die Ammoniaksynthese gebraucht (Kunstdünger!), Sauerstoff vor allem zum Schweißen, neuerdings vereinzelt auch schon für Hochöfen. — Die für die Zerlegung der Luft notwendige Arbeit ist im Idealfall sehr gering, nämlich 0,014 Kilowattstunde/m³. Diese Arbeit ist nur erforderlich, um die beiden Gase von ihren Partialdrucken bis zum Druck einer Atmosphäre zu verdichten.

Jede Gastrennung wird durch die Wärmebewegung der Moleküle erschwert. Deswegen kühlt man die Luft vorübergehend bis zur Verflüssigung und trennt das Gemisch bei kleiner Temperatur. Eine vorübergehende Kühlung kann prinzipiell ohne Energieaufwand erfolgen, wenn man Gegenströmer zur Auswechslung der Temperaturen benutzt (§ 160).

Das eigentliche Trennverfahren ist unter dem Namen „Rektifikation" bekannt. Seine Grundlage bildet der in Abb.515 dargestellte Tatbestand: Bei gleicher Temperatur hat Luft (wie viele andere Gemische zweier verschiedener Stoffe) in flüssiger und gasförmiger Phase eine verschiedene Zusammensetzung. In Molprozenten besteht z. B. Luft bei 83 Grad abs.

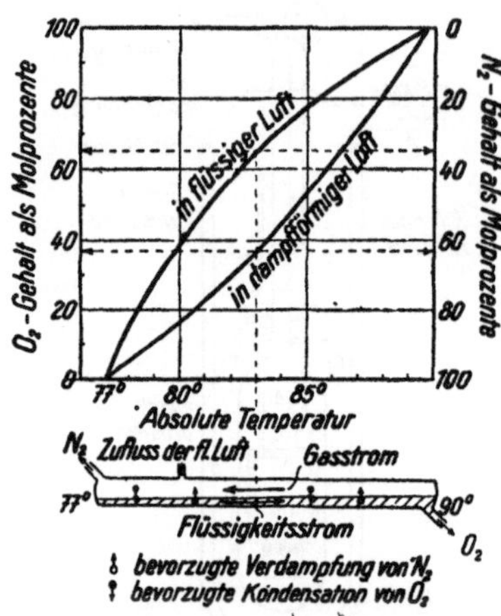

Abb 515. Zur Entmischung von Luft durch Rektifikation. Die Definition der Molprozente findet sich auf S 242. Die schwache Neigung des Rohres in obigem Schema soll andeuten, daß der Flussigkeitsstrom durch sein Gewicht aufrechterhalten wird. Die technischen Rektifikationssaulen stehen vertikal und der reine Sauerstoff wird unten flussig abgezapft.

in der flüssigen Phase   aus 65% O_2 und 35% N_2,
in der gasförmigen Phase   aus 37% O_2 und 63% N_2.

Das Wesentliche einer Rektifikation ist in Abb. 515 dargestellt: Ein Strom der flüssigen und der gasförmigen Phase laufen, einander innig berührend, in entgegengesetzter Richtung durch ein Rohr, in dessen Längsrichtung ein Temperaturgefälle aufrechterhalten wird. Die Flüssigkeit strömt in Richtung zunehmender Temperatur. Aus dem Flüssigkeitsstrom entweicht bevorzugt der schon bei 77 Grad abs. siedende Stickstoff, aus dem Gasstrom kondensiert sich bevorzugt der schon bei 90 Grad abs. flüssige Sauerstoff. Bei hinreichend langsamer Strömung stellen sich an jeder Stelle des Rohres die beiden ihrer Temperatur entsprechenden Gleichgewichte ein. Z. B. haben im Rohrabschnitt mit der Temperatur 83 Grad abs. die flüssige und die gasförmige Phase die schon oben genannte, in der Abbildung durch gestrichelte Pfeile markierte Zusammensetzung.

In den technischen Ausführungen der Rektifikationsanlagen sorgt man vor allem für eine innige Berührung und wechselseitige Durchdringung der beiden gegenläufigen Ströme. Die Ausbeute an reinem Sauerstoff beträgt bei guten Anlagen rund 2 m³/Kilowattstunde (statt der im Idealfalle möglichen Ausbeute von 14 m³/Kilowattstunde).

§ 172. Dampfdruck und Temperatur. Tripelpunkt. Das pV/M-Diagramm eines Stoffes (z. B. von CO_2 in Abb. 508) läßt einen wichtigen Zusammenhang schlecht erkennen, nämlich die Abhängigkeit des Dampfdruckes von der Temperatur. Dieser Zusammenhang wird besser in einem pT-Diagramm dargestellt. Es findet sich für CO_2 in Abb. 516 und für Wasser in Abb. 517. In beiden Bildern sind die Ordinaten nach Zehnerpotenzen fortschreitend geteilt.

Diese Schaubilder enthalten je drei Kurven. Jeder Punkt einer Kurve bestimmt ein zusammengehöriges Wertepaar von Druck und Temperatur. Allein bei diesen Wertepaaren sind zwei Phasen des Stoffes nebeneinander beständig, also miteinander im Gleichgewicht.

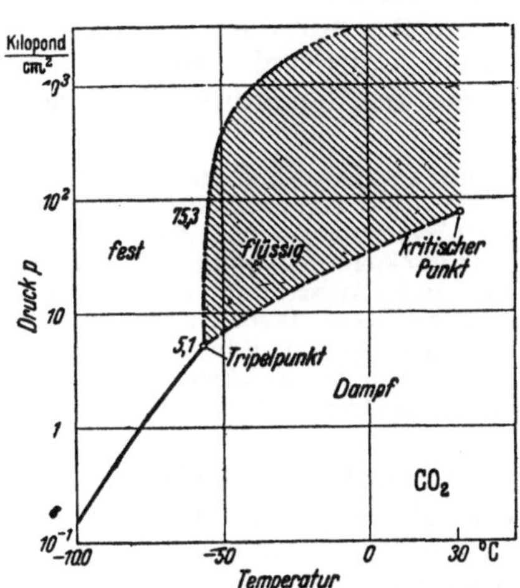

Abb. 516. Dampfdruckkurven von CO_2. Bei einer linearen statt der hier benutzten logarithmischen Teilung der Ordinatenachse würden die Kurven steil nach oben ansteigen.

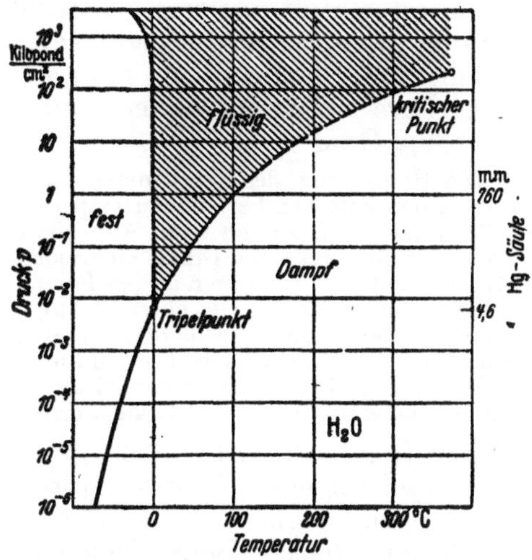

Abb. 517. Dampfdruckkurven von Wasser. Im Tripelpunkt schneiden sich auch hier alle drei Kurven mit verschiedener Neigung. Man vergleiche Abb. 518.

Die gestrichelte Kurve gibt den zur Verflüssigung des Dampfes erforderlichen Druck; es ist der Sättigungsdruck der Flüssigkeit. Die ausgezogene Kurve gibt den zur Verfestigung des Dampfes, also zur Reifbildung erforderlichen Druck; es ist der Sättigungsdruck des Eises. Die dritte Kurve endlich, die strichpunktierte, gibt den zum Schmelzen des Eises erforderlichen Druck.

Man kann die beiden Abbildungen auch nach einer Drehung um 90 Grad betrachten und so den Druck in die Abszissenachse verlegen. Dann bekommt man für jeden Druck mit der gestrichelten Kurve die Siedetemperatur der Flüssigkeit, mit der ausgezogenen die Sublimationstemperatur des Eises und mit der strichpunktierten die Schmelztemperatur des Eises. Diese ist unter 500 Atm. nur wenig vom Druck abhängig. Bei CO_2 steigt, bei Wasser sinkt die Schmelztemperatur etwas mit wachsendem Druck.

Alle drei Kurven haben je einen Punkt gemeinsam, den sog. Tripelpunkt. Die Daten lauten für den Tripelpunkt

bei CO_2 $T = -56{,}2$ Grad C; $p = 5{,}1$ Kilopond/cm²
bei H_2O $T = 0{,}0074$ Grad C; $p = 4{,}6$ mm Hg-Säule.

Am Tripelpunkt — aber nur am Tripelpunkt — können alle drei Phasen fest, flüssig und dampfförmig nebeneinander bestehen. Sie sind im Gleichgewicht, keine der drei Phasen wächst auf Kosten der beiden anderen. In

Abb. 508 auf S. 296 blieben die drei mit Kreisen markierten Punkte unerklärt. Ihre Bedeutung ist jetzt klar. Sie entsprechen dem Tripelpunkt. Sie geben bei der Temperatur von $-56{,}2$ Grad C und dem Druck $p = 5{,}1$ Kilopond/cm² das spezifische Volumen

$$\text{der festen } CO_2 \qquad = 0{,}034 \text{ m}^3/\text{Kilomol},$$
$$\text{der flüssigen } CO_2 \qquad = 0{,}041 \text{ m}^3/\text{Kilomol},$$
$$\text{der dampfförmigen } CO_2 = 3{,}22 \text{ m}^3/\text{Kilomol}.$$

Außerhalb des Tripelpunktes können, wie schon erwähnt, höchstens zwei Phasen nebeneinander bestehen; längs der ausgezogenen Kurve also nur ein fester Stoff und sein gesättigter Dampf. Bei Drucken unter 4,6 mm Hg-Säule kann Eis nicht mehr schmelzen, sondern nur noch sublimieren (verdunsten). Ebenso kann man bei normalem Luftdruck keine flüssige Kohlensäure erzeugen, sondern nur CO_2-Schnee, das bekannte Trockeneis von $-79{,}2$ Grad C.

Die Herstellung des Trockeneises ist sehr einfach: Die CO_2-Flaschen des Handels werden in den Fabriken bei Zimmertemperatur mit einem Druck von etwa 50 Atmosphären gefüllt, enthalten also dann nach Abb. 508 ein Gemisch von flüssiger und dampfförmiger Kohlensäure. Man läßt den Inhalt einer solchen Flasche in einen dickwandigen Tuchbeutel einströmen und zum Teil durch dessen Poren entweichen. Beim Ausströmen aus der Öffnung des Hahnes bildet das CO_2-Gas einen Strahl, und dabei leistet es eine Beschleunigungsarbeit, also eine äußere Arbeit. Außerdem wird durch den Joule-Thomson-Effekt eine innere Arbeit geleistet, d. h. eine Arbeit gegen die Anziehung zwischen den Molekülen. Aus beiden Gründen kühlt sich das Kohlendioxyd ab, bis die zum Dampfdruck von 1 Atmosphäre gehörende Temperatur von -79 Grad C erreicht ist.

Der Inhalt der Abb. 516/517 bildet die Grundlage der Gibbsschen Phasenregel für ein „Einstoff-System": die Zahl der frei verfügbaren Zustandsgrößen ist gleich 3 vermindert um die Anzahl der im Gleichgewicht befindlichen Phasen. Beim Gleichgewicht aller drei Phasen eines Stoffes ist keine seiner Zustandsgrößen mehr frei verfügbar, man ist an die Werte seines Tripelpunktes gebunden. — Beim Gleichgewicht von zwei Phasen eines Stoffes kann man noch über eine der beiden Zustandsgrößen p oder T frei verfügen; die andere muß man dann den Kurven des pT-Diagrammes entnehmen. — Um nur eine Phase eines Stoffes zu erhalten, kann man die beiden Zustandsgrößen p und T nach Belieben auswählen, es ist jedes Paar p und T zulässig, man ist nicht mehr an die auf den Kurven liegenden Punkte gebunden.

§ 173. Behinderung des Phasenwechsels flüssig → fest. Unterkühlte Flüssigkeiten. Die Schmelztemperatur jedes nicht amorphen Stoffes (S. 103) ist bei gegebenem Druck eine für den Stoff durchaus charakteristische und scharf bestimmbare Größe. Man kann die Schmelztemperatur nicht überschreiten, ohne daß der Körper schmilzt, d. h. seine jeweils oberflächlichen Schichten flüssig werden. Anders in umgekehrter Richtung: Man kann den Schmelzpunkt erheblich unterschreiten, ohne daß die Phasenumwandlung flüssig → fest erfolgt: Flüssigkeiten lassen sich stark „unterkühlen".

Man tauche eine Kochflasche mit staubfreiem Wasser in ein Flüssigkeitsbad von -20 Grad C, schüttele oder rühre, vermeide jedoch Spritzer. So kann man leicht Wasser von etwa -10 Grad C herstellen. Kleinere Wassermengen, einige Zehntelgramm, kann man bis -33 Grad unterkühlen. Die verschiedenen Erstarrungstemperaturen werden durch die Anwesenheit verschiedener als „Kerne" wirkender submikroskopischer Fremdkörper bestimmt. Die an diesen Kernen eingeleitete Kristallisation führt stets zur Bildung von hexagonalem Eis.

Winzige Wassertropfen lassen sich sogar bis − 72 Grad C unterkühlen; man muß zuvor die als Kristallisationskerne wirkenden Fremdkörperchen durch mehrfaches Kristallisieren und Schmelzen erschöpfen. Es entsteht dann ein kubisch kristallisiertes Eis mit einem Schmelzpunkt von −70 Grad. — Die Natur der Kristallisationskerne bleibt noch zu erforschen.

Die Dampfdruckkurve einer unterkühlten Flüssigkeit setzt die der normalen Flüssigkeit stetig fort (vgl. Abb. 518, einen vergrößerten Ausschnitt aus Abb. 517).

§ 174. Behinderung des Phasenwechsels flüssig ←→ dampfförmig. Zerreißfestigkeit der Flüssigkeiten.

Der Phasenwechsel dampfförmig → flüssig läßt sich ebenfalls durch Ausschaltung von „Kernen" behindern. Man kann gesättigte Dämpfe stark unterkühlen, am einfachsten durch adiabatische Entspannung. Auch hier kann man, wie beim Kristallisieren,

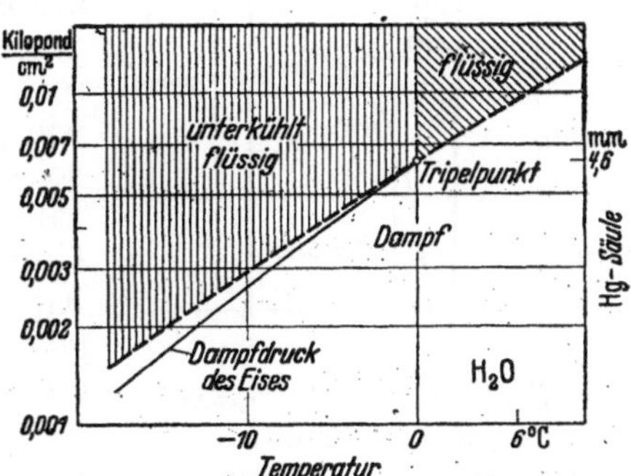

Abb. 518. Dampfdruckkurve von unterkühltem Wasser (gestrichelt). Zum Vergleich ist die Dampfdruckkurve des Eises als dünne, ausgezogene Linie beigefugt.

den Phasenwechsel nachträglich durch Einbringen von Kernen einleiten. Als solche eignen sich, neben vielem anderen, Ionen beliebiger Herkunft. An diesen Kernen entwickeln sich Oberflächen, es entstehen Nebeltropfen (vgl. Elektr.-Band, S. 141, Nebelkammer von C. T. R. Wilson zum Nachweis ionisierender Strahlen).

Ferner läßt sich auch der Phasenwechsel flüssig → dampfförmig durch Ausschaltung von Kernen stark behindern. Für einen Schauversuch füllt man doppelt destilliertes Wasser in ein mit heißer Chromschwefelsäure gut gereinigtes Reagenzglas und erhitzt es langsam in einem Ölbad. So kann das Wasser Temperaturen von etwa 140 Grad C erreichen, ohne zu sieden. Es bleibt bei einer ruhigen, oberflächlichen Verdampfung. Dann aber setzt plötzlich im Innern des Wassers eine stürmische Umwandlung in Dampf ein. Der Inhalt des Glases wird explosionsartig herausgeschleudert. Das Sieden von Wasser kann so eine recht gefährliche Angelegenheit werden. Deswegen muß man in der Praxis den „Siedeverzug" nach Möglichkeit verhindern. Der einfachste Schutz ist geringe Sauberkeit des Gefäßes. Einwandfreier ist der Zusatz einiger kleiner scharfkantiger Körper. Diese erleichtern als Kerne die Bildung phasentrennender Oberflächen, also die Bildung von Dampfblasen im Innern der Flüssigkeit.

Zur Bildung solcher Oberflächen in Flüssigkeiten ist keineswegs immer eine Temperaturerhöhung erforderlich. Man kann die Flüssigkeit auch zerreißen. Dazu braucht man Zugspannungen bis zur Größenordnung 100 Kilopond/cm² (§ 78). Besteht Aussicht, diese Werte durch weitere Ausschaltung störender Kerne noch zu erhöhen? Die van der Waalssche Gleichung bejaht diese Frage:

Die Abb. 519 zeigt uns im pV/M-Diagramm zunächst die Isotherme des Wassers für 300 Grad C. Sie ist, ebenso wie die beiden Grenzkurven $\alpha'' K$ und $K \beta$, experimentell bestimmt worden. Die Isotherme zeigt den normalen Verlauf, also ist es längs des geradlinigen Kurvenstückes $\alpha' \beta'$ zur Ausbildung einer Oberfläche gekommen. Dort sind also zwei Phasen vorhanden und infolgedessen die van der Waalssche Gleichung nicht anwendbar.

Durch weitgehende Beseitigung der Kerne kann man aber die Entstehung einer Oberfläche und damit das geradlinige Stück der Isotherme unterdrücken. In diesem Fall liegt nur eine Phase vor, und daher darf man die van der Waalssche Gleichung auch zwischen den Grenzkurven anwenden. Das ist im Kurvenzug $\alpha\gamma\varepsilon\delta\beta$ geschehen. Es ist die für 18 Grad C berechnete vollständige Isotherme. Sie stellt, wie jede Anwendung der van der Waalsschen Gleichung, eine Näherung dar. Der Punkt α z. B. müßte bei α'' auf der linken Grenzkurve liegen. — Trotzdem bleibt ein Ergebnis gesichert: die Isotherme führt bei gewissen Werten des spezifischen Volumens auf negative Drucke, auf Zugspannungen über 10^3 Kilopond/cm^2! Also muß kernfreies Wasser von 18 Grad C eine Zug- oder Zerreißfestigkeit dieser Größenordnung besitzen.

Die Zerreißfestigkeit aller Flüssigkeiten sinkt mit steigender Temperatur; sie verschwindet bei einem oberen Grenzwert. Auch dieser experimentellen Tatsache wird die van der Waalssche Gleichung gerecht: bei $T = 27/32\ T_\mathrm{krit}$ liegt der Punkt γ der Isotherme auf der V_s-Achse, also bei der Zugspannung Null.

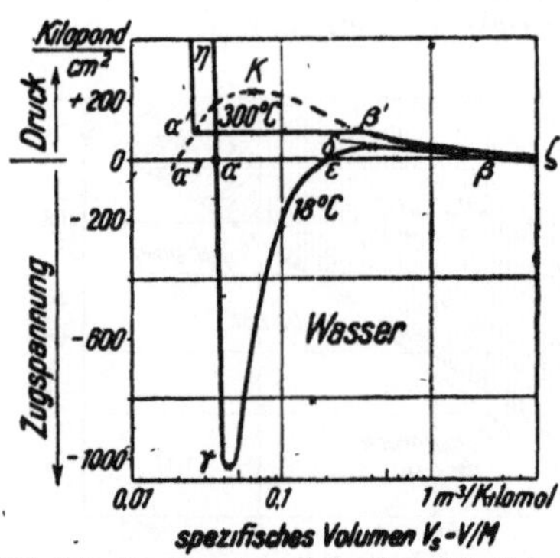

Abb. 519. Zur Berechnung der Zerreißfestigkeit „kernfreien Wassers" mit Hilfe der van der Waalsschen Gleichung. — Zur Ergänzung des Textes noch folgende Angaben: In kernhaltigem Wasser würde das geradlinige Stück $\alpha\beta$ der 18 Grad-Isotherme praktisch mit der Abszissenachse zusammenfallen; der Sättigungsdruck des Wassers beträgt ja bei 18 Grad nur 16 mm Hg-Säule. Die Abszisse mußte zur Platzersparnis logarithmisch geteilt werden. Daher sind die Flächen unter dem Kurvenstück $\varepsilon\delta\beta$ und über dem Kurvenstück $\alpha\gamma\varepsilon$ nicht, wie bei linearer Abszissenteilung, gleich groß. — Dem Kurvenstück $\gamma\delta$ können keine stabilen Zustände entsprechen; in ihnen führt eine Vergrößerung des spezifischen Volumens zu einer Verkleinerung des Zuges.

VIII. Die Zustandsgröße Entropie.

§ 175. Reversible Vorgänge. Alle mechanischen, elektrischen und magnetischen Vorgänge, bei denen keine Wärme auftritt, sind reversibel. Das bedeutet: Diese Vorgänge können durch eine bloße Umkehr des Weges rückgängig gemacht werden; ihr Ausgangszustand kann wiederhergestellt werden, ohne daß dabei in einem der beteiligten Körper eine dauernde Zustandsänderung zurückbleibt. Beispiele:

Eine mechanische oder elektrische Schwingung verläuft reversibel, sie stellt in periodischer Folge den Ausgangszustand wieder her.

Der freie Fall einer Stahlkugel ist ebenfalls reversibel, doch verlangt die Wiederherstellung des Ausgangszustandes eine Hilfsvorrichtung, z. B. die harte Stahlplatte in Abb. 94 auf S. 51. Mit ihr kann die beschleunigte Bewegung ebensogut aufwärts wie abwärts erfolgen! Dabei erfährt die Stahlplatte keine dauernde Veränderung, sie dient nur vorübergehend als Speicher potentieller Energie.

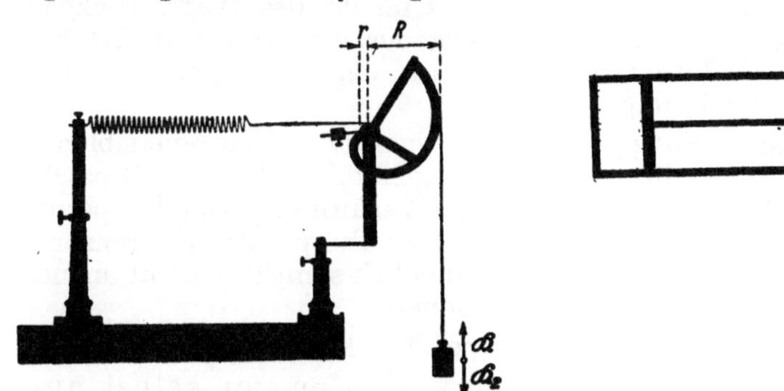

Abb. 520a. Quasistatische Entspannung einer gespannten Feder.

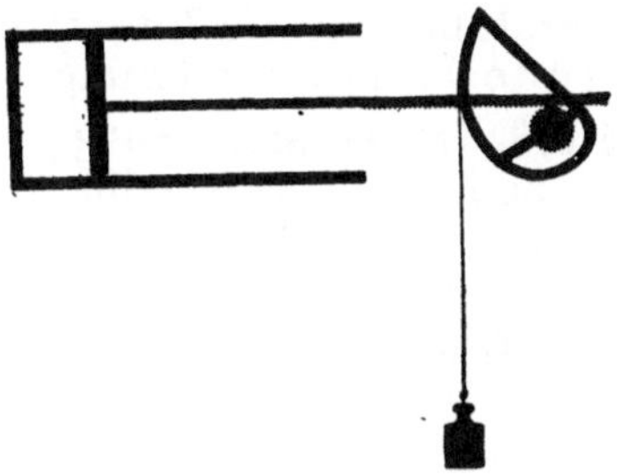

Abb. 520b. Quasistatische Entspannung eines Arbeitsstoffes, z. B. Druckluft.

Ein weiterer reversibler Vorgang ist in Abb. 520a dargestellt. Die Kraft $\mathfrak{K}$ einer gespannten Feder und ein Gewicht $\mathfrak{K}_2$ sind dauernd nahezu im Gleichgewicht; das wird mit einer stetig veränderlichen Hebelübersetzung erreicht. Dann vermag ein beliebig kleiner Unterschied zwischen $\mathfrak{K}$ und $\mathfrak{K}_2$ die Bewegung in dem einen oder anderen Sinne einzuleiten. Der Ausgangszustand kann so jederzeit wiederhergestellt werden. Dieser Vorgang muß beliebig langsam verlaufen, also praktisch ohne Beschleunigung. Ein solcher Vorgang heißt „quasistatisch". Wir definieren also einen quasistatischen Vorgang kurz als eine Folge von Gleichgewichtszuständen.

Bei vielen physikalischen Vorgängen tritt neben mechanischer, elektrischer und magnetischer Energie auch Energie in Wärmeform auf. Auch die unter Mitwirkung von Wärme verlaufenden Vorgänge sind reversibel, wenn sie quasistatisch sind.

Als erstes Beispiel zeigt die Abb. 520b die quasistatische Ausdehnung eines Gases oder Dampfes. Die veränderliche Übersetzung muß dem Gase oder Dampfe angepaßt werden.

Als zweites Beispiel nennen wir die quasistatische Umwandlung einer Flüssigkeit in ihren gesättigten Dampf. Wir sehen in Abb. 521 B einen Zylinder mit einem Kolben. Unterhalb des Kolbens befindet sich eine Flüssigkeit und zwischen der Oberfläche und dem Kolben ihr gesättigter Dampf. Der Kolben wird durch ein Gewichtsstück belastet, oberhalb des Kolbens ist der Zylinder luftleer gepumpt. Der Druck läßt sich durch Wahl des Gewichtes praktisch gleich dem Sättigungsdruck machen. Dann steigt der Kolben entweder ganz langsam und verwandelt die ganze Flüssigkeit in Dampf, Fall A; oder er sinkt ganz langsam und verwandelt den ganzen Dampf in Flüssigkeit, Fall C. Als Wärmespeicher dient dabei die Umgebung. Auch die Wärmeaufnahme bei der Verdampfung, die Wärmeabgabe bei der Kondensation erfolgen hier quasistatisch und daher reversibel. Es genügen beliebig kleine Temperaturdifferenzen, um den Vorgang in der einen oder in der anderen Richtung

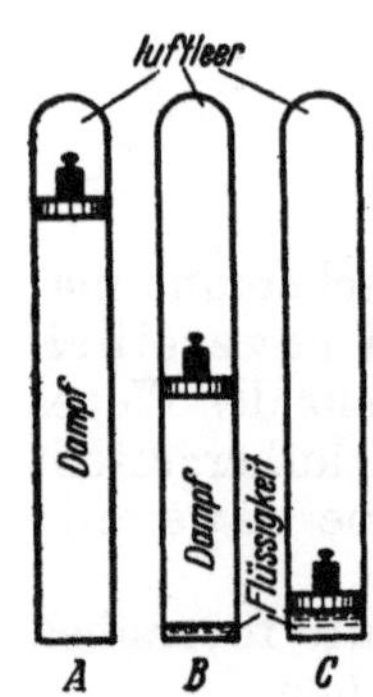

Abb. 521. Zur reversiblen Verdampfung schematisch

Zusammenfassung: Alle reversiblen Vorgänge sind durch drei Merkmale gekennzeichnet: Reversible Vorgänge lassen sich (nötigenfalls mit geeigneten Hilfsvorrichtungen) durch bloße Umkehr des Weges rückgängig machen. Die Wiederherstellung ihres Ausgangszustandes erfordert keine Energiezufuhr, und sie hinterläßt in keinem der beteiligten Körper eine dauernde Zustandsänderung.

§ 176. Irreversible Vorgänge. Den Gegensatz zu den reversiblen Vorgängen bilden die irreversiblen. Zu ihnen gehören Diffusion, Drosselung, äußere und innere Reibung, die plastische Verformung von Körpern, die Wärmeleitung bei nicht verschwindend kleinen Temperaturdifferenzen, der Wärmeübergang durch Strahlung, und schließlich sämtliche nicht unendlich langsam verlaufenden chemischen Reaktionen.

Irreversible Vorgänge sind durch drei Merkmale gekennzeichnet:

1. Alle irreversiblen Vorgänge verlaufen von selbst nur in einer Richtung. Das zeigen alltägliche Erfahrungen. Nie kehren die in die Zimmerluft hineindiffundierten Moleküle eines Duftstoffes freiwillig in die offenstehende Parfümflasche zurück. Nie wird ein durch Luftreibung gebremster Körper durch die Luftmoleküle wieder beschleunigt, so daß er seine anfängliche Geschwindigkeit zurückerhält. Nie opfert die Luft einen Teil ihrer inneren Energie, um unsere Wohnung oder gar den Dampfkessel einer Lokomotive zu heizen. Ein Stein fällt von oben herunter, prallt in unelastischem Stoß auf den Boden und bleibt dort liegen. Nie erleben wir die Umkehr dieses Vorganges: Kein Mensch hat einen solchen Stein eines Tages wieder aufwärts steigen sehen. Mit dem I. Hauptsatz sind die aufgezählten Möglichkeiten durchaus vereinbar, aber die Moleküle nutzen diese Möglichkeiten nicht aus. Sie sind zwar stets für die Teilung eines großen Besitzes zu haben, nie aber entschließen sie sich freiwillig zur Anhäufung eines großen Besitzes zugunsten eines einzelnen, ausgezeichneten Individuums (Parfümflasche, Stein usw.).

2. Bei allen irreversiblen Vorgängen wird eine Arbeit vergeudet, d. h. die an sich bestehende Gelegenheit, eine nutzbare Arbeit zu gewinnen, wird versäumt; statt nutzbarer Arbeit wird nur Wärme erzeugt. Beispiele:

In Abb. 466, S. 260 wird ein Gas durch Drosselung entspannt. Dabei wird Arbeit vergeudet: Man hätte in die Verbindungsleitung der beiden Stahlflaschen eine Turbine einschalten und während des Druckausgleiches Arbeit gewinnen können. Statt ihrer aber wird in der rechten Flasche nur Wärme erzeugt.

Ein Stein kann den Erdboden erreichen, ohne ihn zu erwärmen. Er kann, mit einer geeigneten Vorrichtung verbunden, eine nützliche Arbeit verrichten, statt seine kinetische Energie beim Aufprall auf den Boden als Wärme zu vergeuden.

3. In abgeschlossenen Systemen führen irreversible Vorgänge zu dauernden Zustandsänderungen. Wohl kann man auch nach dem Ablauf eines irreversiblen Vorganges den Ausgangszustand wiederherstellen, und zwar durch Zuführung der zuvor vergeudeten Arbeit, — jedoch nur unter einer ganz wesentlichen Einschränkung: Es darf kein „abgeschlossenes System" vorliegen, d. h. die Arbeit muß den beteiligten Körpern von außen zugeführt und überschüssige Wärme muß nach außen abgegeben werden. Man muß z. B. die oben genannte Turbine unter Arbeitsaufwand rückwärts als Pumpe antreiben oder den Stein durch Muskelarbeit wieder anheben. Dabei werden außerhalb des Systems Treibstoffe verbrannt oder Nahrungsmittel verbraucht, also der Zustand irgendwelcher Körper außerhalb des Systems dauernd geändert.

Die Existenz irreversibler Vorgänge ist eine Erfahrungstatsache. Sie ist durch viele Bemühungen unglücklicher Erfinder völlig gesichert. Ein solcher Erfinder kann z. B. versuchen, die Moleküle zu überlisten. Denkbar ist die in Abb. 522 skizzierte Anordnung: Sie soll die Gleichverteilung der Temperatur in einem Gase ohne Aufwand von Arbeit rückgangig machen. Das Gas in der linken Halfte des Behalters soll heiß werden, das rechts befindliche kalt. Das linke soll dann den Kessel einer Dampfmaschine heizen, das rechte soll den Abdampf im Kondensator kühlen. Wie geht unser Erfinder vor? Er bohrt in die Trennwand zwischen beiden Behältern ein Loch und verschließt es einseitig mit einer aus feinen Haaren gebildeten Reuse. Sein Plan ist jetzt folgender: Die Geschwindigkeit der Moleküle ist statistisch verteilt. Nur die schnellsten Moleküle sollen sich, von rechts kommend, durch die Reuse hindurchzwängen, die langsamen sollen zurückprallen. So können die schnellen Moleküle mit ihrem Besitz an kinetischer Energie uber die Grenze hinüber gelangen. Jenseits der Grenze heißt es zwar, mit den übrigen teilen. Aber so wächst doch wenigstens der mittlere Besitz in der linken Kammer. Ihre Temperatur steigt und die der rechten sinkt. — Woran scheitert diese „Erfindung"? Antwort: An der Brownschen Bewegung der Reusenhaare. Die Haare mussen so fein sein, daß sie von schnellen Molekülen bewegt werden können. Bei dieser Feinheit aber nehmen sie selbst, als „physikalische Molekule" (§ 150) am statistischen Spiel der Warmebewegung teil. Die Reuse öffnet und schließt sich im statistischen Wechsel. Oft ist sie gerade dann offen, wenn ein unerwünschtes, an kinetischer Energie armes Molekül die Grenze passieren will. So wird im Mittel nichts erreicht, beide Behälter behalten die gleiche Temperatur.

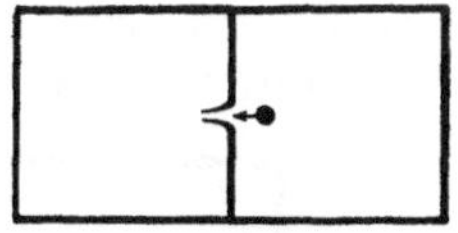

Abb. 522. Zur Irreversibilität des Temperaturausgleichs.

§ 177. Messung der Irreversibilität mit Hilfe der Zustandsgröße Entropie S.

Völlig irreversible Vorgänge sind häufig. Völlig reversible hingegen stellen idealisierte Grenzfälle dar; alle wirklichen Vorgänge sind nur teilweise reversibel, sie enthalten immer irreversible Anteile. Infolgedessen entsteht die Notwendigkeit, die Größe der Irreversibilität zu messen. Dazu muß man an die Merkmale irreversibler Vorgänge anknüpfen, also die vergeudete Arbeit oder die dauernden Zustandsänderungen in einem abgeschlossenen System. Das geht am einfachsten, wenn bei einem Vorgang nur einer der beteiligten Körper eine dauernde Zustandsänderung erfährt. Das so erhaltene Ergebnis läßt sich dann hinterher verallgemeinern.

Ein solcher einfacher Vorgang ist die Drosselung (Abb. 523). Ein Gas war anfänglich im Volumen V_1 eingesperrt. Danach ist die Trennwand geöffnet worden und die Moleküle sind in den leeren Raum ($V_2 - V_1$) hineingelaufen. Dabei ist anfänglich Beschleunigungsarbeit geleistet worden, und

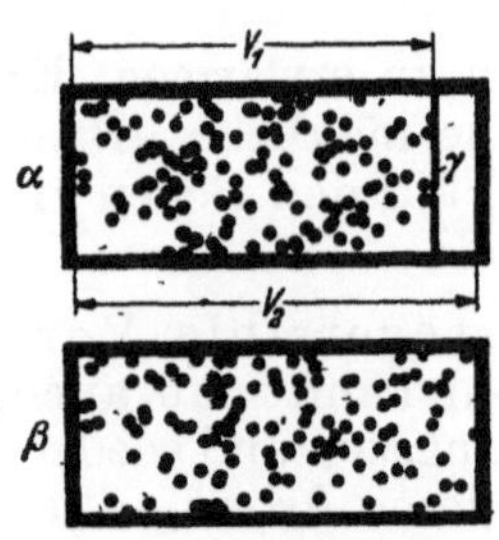

dadurch sind anfänglich Strömungen, Wirbel und Temperaturdifferenzen entstanden. Aber Wärmeaustausch und innere Reibung bewirken bald einen Ausgleich. Dann ist das Gas als Ganzes wieder in Ruhe. Nur schwirren die Moleküle jetzt in dem größeren Raum V_2 herum. Die Temperatur ist in V_2 die gleiche wie zuvor in V_1 (§ 143).

Dieser irreversible Vorgang läßt sich in eine übersichtlichere Form bringen. Zu diesem Zweck trennen wir den Vorgang der Ausdehnung örtlich von dem der Wärmezufuhr und der inneren Reibung. So benutzen wir in Gedanken die in Abb. 524 roh skizzierte Anordnung. Der mit Gas gefüllte

Abb. 523. Irreversible Entspannung eines Gases, Drosselung (Modellversuch).

Zylinder steht im Wärmeaustausch mit einem großen Behälter, z. B. einem Wasserbad mit der Temperatur $T_{abs(1)}$. Beide gemeinsam bilden (wie zuvor der Behälter in Abb. 523) ein nach außen abgeschlossenes, d. h. vor Wärmeaustausch mit der Umgebung geschütztes System. Das Gas soll sich quasistatisch und isotherm ausdehnen. Dabei entzieht es dem Wasserbad in Wärmeform die Energie

$$Q_1 = T_{abs(1)} \cdot MR \ln \frac{V_2}{V_1}. \qquad (345) \text{ v. S. 291}$$

Diese Energie wird mittels eines Kolbens restlos in mechanische Arbeit umgewandelt, also $A = Q_1$. Diese Arbeit betätigt ein Rührwerk. Dabei wird

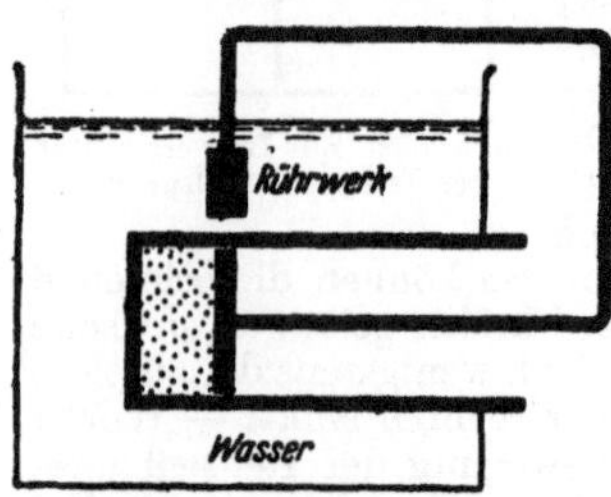

sie durch Verwirbelung und Reibung vergeudet, d. h. in Wärme umgewandelt an das Wasserbad zurückgegeben. Am Schluß des irreversibel abgelaufenen Vorganges ist also der Zustand des Wasserbades völlig ungeändert geblieben. Geändert ist nur der Zustand des Gases. Man muß also die Irreversibilität des ganzen Vorganges mit einer Zustandsgröße des Gases messen können.

Abb. 524. Zur Messung der Irreversibilität.

Zur Gewinnung dieser Zustandsgröße läßt sich hier, weil die Ausdehnung quasistatisch erfolgte[1]), die vergeudete Arbeit A und die entsprechende, vom Gas in Wärmeform aufgenommene Energie Q_1 mit gleichem Rechte heranziehen. Allein kann aber keine der beiden Größen in Frage kommen, denn weder A noch Q_1 sind Zustandsgrößen:

Das zeigen wir, indem wir die Entspannung des Gases bei gleichem Anfangs- und Endzustand auf einem anderen „Wege" vornehmen: Zu diesem Zweck entziehen wir dem ganzen System (Abb. 524) vor Beginn der Entspannung mit einer Hilfsvorrichtung reversibel eine Wärmemenge Q und erniedrigen dadurch seine Temperatur auf $T_{abs(2)}$. Dann folgt die langsame isotherme Entspannung bei dieser Temperatur, und wir erhalten für

---

[1]) Andernfalls würde die vom Gas aus dem Wasserbad aufgenommene Wärme Q kleiner ausgefallen sein als die vergeudete Arbeit A.

die quasistatisch aufgenommene Wärme (und die gleich große vergeudete
Arbeit) diesmal nur den kleineren Betrag

$$Q_2 = T_{abs(2)}\, MR \ln \cdot \frac{V_2}{V_1}\,.$$

Am Schluß führen wir dem ganzen System reversibel die zuvor entnommene
Wärmemenge Q wieder zu und stellen die Ausgangstemperatur $T_{abs(1)}$
wieder her.

Also gleicher Anfangszustand, nämlich V_1 und $T_{abs(1)}$, und gleicher
Endzustand, nämlich V_2 und $T_{abs(1)}$, trotzdem sind Q_1 und Q_2 verschieden,
weil der „Weg" verschieden war! — Hingegen ist das Verhältnis

$$\frac{\text{quasistatisch aufgenommene Wärme } Q}{\text{Temperatur } T_{abs} \text{ bei der Aufnahme}}$$

in beiden Fällen das gleiche, nämlich

$$\frac{Q_1}{T_{abs(1)}} = \frac{Q_2}{T_{abs(2)}} = MR \ln \frac{V_2}{V_1}\,. \tag{370}$$

Dieses Verhältnis ist vom Wege unabhängig, also eine **Zustandsgröße**. Diese Zustandsgröße benutzen wir zur Messung der Irreversibilität,
sie bekommt einen eigenen Namen, nämlich **Entropie**.

Bei der potentiellen Energie eines Körpers oder bei seiner inneren
Energie bleibt der Nullpunkt stets willkürlich, man kann stets nur Änderungen dieser Größe messen. Genau so ist es bei der Zustandsgröße Entropie. Auch ihr Nullpunkt ist willkürlich. Der von uns untersuchte Sonder-
vorgang, die irreversible Entspannung bei konstanter Temperatur, liefert
nur einen Beitrag zu einer schon vorhandenen Entropie. Denn selbstverständlich hat das ideale Gas schon vorher mehr als einmal irgendwelche
Wärmemengen bei irgendwelchen Temperaturen aufgenommen oder abgegeben. Daher definiert man schließlich Entropiezunahme

$$\boxed{\Delta S = S_2 - S_1 = \frac{Q}{T_{abs}} = \frac{\text{quasistatisch aufgenommene Wärme}}{\text{absolute Temperatur bei der Aufnahme}}\,.} \tag{371}$$

Wir wollen die Brauchbarkeit der Definitionsgleichung einer ersten
Prüfung unterziehen. Wir wiederholen in Abb. 525 den Versuch mit der
isothermen Ausdehnung eines idealen Gases, jedoch diesmal in reversibler
Weise: Die vom Gas in Wärmeform auf-
genommene Energie Q_1 wird als potentielle Energie einer gehobenen Last gespeichert und nicht, durch Reibung vergeudet, dem großen Wasserbad zurückgegeben. Das Gas hat also am Schluß
des Versuches eine Wärmemenge quasistatisch aufgenommen ($+Q_1$), das Wasserbad hat eine Wärmemenge quasistatisch
abgegeben ($-Q_1$). Nach der Definitionsgleichung (371) hat also bei diesem reversiblen Vorgang sich die Entropie des
idealen Gases um $+\dfrac{Q_1}{T_{abs(1)}}$ geändert, die

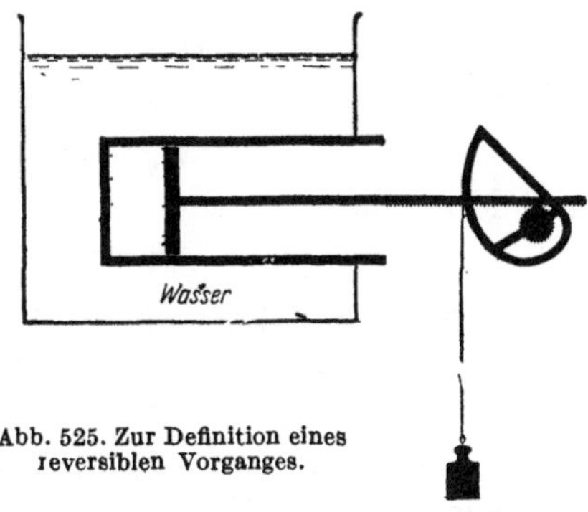

Abb. 525. Zur Definition eines
reversiblen Vorganges.

des Wasserbades um $-\dfrac{Q_1}{T_{abs(1)}}$. Für den reversiblen Vorgang ist also

$$\sum \frac{Q}{T_{abs}} = 0\,. \tag{372}$$

Das ist ein zweifellos sinnvolles Ergebnis: **Ein reversibler Vorgang er-**

gibt in einem nach außen abgeschlossenen, d. h. vor Energieaustausch mit der Umgebung geschützten, System keine Änderung der Entropie. Wir dürfen also für ein solches System Gl. (372) fortan als Kennzeichen eines reversiblen Vorganges benutzen.

Als Gegenbeispiel wählen wir die Wärmeleitung, also einen irreversiblen Vorgang. Er soll in einem ebenfalls aus zwei Teilen gebildeten System erfolgen. Die Wärmemenge Q wird bei der hohen Temperatur $T_{abs\,(1)}$ abgegeben, bei der tiefen Temperatur $T_{abs\,(2)}$ aufgenommen. Dabei sinkt die Entropie des heißen Körpers um $Q/T_{abs\,(1)}$, die des kalten wächst um den größeren Betrag $Q/T_{abs\,(2)}$. Die Differenz $Q/T_{abs\,(2)} - Q/T_{abs\,(1)} = \Delta S$ ist also positiv. Diese Entropiezunahme ΔS des Systems ist ein eindeutiges Maß für die Irreversibilität des beobachteten Leitungsvorganges.

§ 178. Die Entropie im molekularen Bild. Die Entropie nimmt unter den übrigen Zustandsgrößen keinerlei Sonderstellung ein. Man kann auch nicht auf diese Zustandsgröße verzichten. Die Existenz irreversibler Vorgänge ist eine Tatsache der Erfahrung, und folglich mußte für die Messung der Irreversibilität ein geeignetes Maß geschaffen werden. — Wir haben dieses Maß, die Entropie, zunächst für einen Sonderfall hergeleitet. Trotzdem werden wir die Definitionsgleichung

$$\Delta S = \frac{Q}{T_{abs}} \qquad\qquad (371)\ \text{v. S. 313}$$

ganz allgemein anwenden. Um das zu rechtfertigen, soll die Bedeutung des Verhältnisses Q/T_{abs} im molekularen Bilde klargestellt werden. Dabei wird sich die Zustandsgröße Entropie ebensogut „veranschaulichen" lassen wie andere Zustandsgrößen, nämlich Temperatur, Druck, innere Energie und Enthalpie. Eine solche Veranschaulichung gelingt immer nur unter den einfachen Verhältnissen idealer Gase.

Wir knüpfen abermals an die Abb. 523 an und denken an ihre Verwirklichung im Modellversuch. Das kleine Volumen V_1 ist der x-te Teil des großen Volumens V_2. Im Volumen V_2 soll sich zunächst nur ein einziges Molekül befinden. Dieses kann man mit Sicherheit, also der Wahrscheinlichkeit $w_2 = {}^1/_1$ irgendwo im Volumen V_2 antreffen, aber nur mit der Wahrscheinlichkeit $w_1 = 1/x$ im x-ten Teil, also im Volumen V_1; d. h. bei x Beobachtungen trifft man es im statistischen Mittel einmal im Volumen V_1. Für 2 Moleküle sind die Wahrscheinlichkeiten, beide Moleküle gleichzeitig in V_2 oder in V_1 anzutreffen,

$$w_2 = \frac{1}{1}\,; \qquad w_1 = \left(\frac{1}{x}\right)^2\,;$$

für 3 Moleküle

$$w_2 = \frac{1}{1}\,; \qquad w_1 = \left(\frac{1}{x}\right)^3\,;$$

für die $N \cdot M$ Moleküle einer Masse M

$$w_2 = \frac{1}{1}\,; \qquad w_1 = \left(\frac{1}{x}\right)^{NM} \qquad\qquad (373)$$

Das Verhältnis $W = w_2 : w_1$ gibt an, wieviel mal wahrscheinlicher alle Moleküle gleichzeitig in V_2 statt in V_1 angetroffen werden. Wir bekommen

$$W = x^{NM}$$

oder

$$\ln W = N \cdot M \cdot \ln x. \qquad\qquad (374)$$

Dann setzen wir die spezifische Molekülzahl $N = R/k$ [Gl. (282) v. S. 269] und $x = V_2/V_1$ und erhalten

$$k \cdot \ln W = MR \ln \frac{V_2}{V_1}$$

oder zusammen mit Gleichung (370) und (371)

$$\boxed{\varDelta S = \frac{Q}{T_{\text{abs}}} = k \cdot \ln W.}$$

(375)

Die bei der irreversiblen Entspannung eines idealen Gases eintretende Zunahme der Entropie läßt sich also auf das Verhältnis zweier Wahrscheinlichkeiten zurückführen. Dazu braucht man die universelle Konstante $k = 1{,}38 . 10^{-23}$ Wattsek/Grad. Eine Zunahme der Entropie bedeutet einen Übergang in einen Zustand von größerer Wahrscheinlichkeit. In Abb. 523 ist die Ansammlung aller Gasmoleküle im Teilvolumen V_1 nicht unmöglich, sondern nur äußerst unwahrscheinlich. Das gilt schon für die wenigen Moleküle unseres Modellgases (Abb. 523) und a fortiori für die ungeheuer großen Molekülzahlen eines wirklichen Gases. Der Zusammenhang von Entropie und Wahrscheinlichkeit ist von Ludwig Boltzmann (1844—1906) erkannt worden. Daher trägt die Konstante k seinen Namen.

Man denke sich Eis und Wasser von 0 Grad C. Im Eis sind die Moleküle mit großer Regelmäßigkeit in Form eines Kristallgitters angeordnet, also in einem sehr unwahrscheinlichen Zustand; im Wasser bilden die Moleküle einen regellosen Haufen, dabei befinden sie sich in einem recht wahrscheinlichen Zustand. Infolgedessen ist die Entropie des Wassers erheblich größer als die einer gleich großen Menge Eis. Trotzdem verwandelt sich ein gegen Warmezufuhr geschützter Eisklotz nicht einmal zu einem Teil in Wasser. Das wurde das ganze System in einen außerst unwahrscheinlichen Zustand führen. Es müßte sich ein Teil des Eises unter 0 Grad C abkühlen, um für den Rest die erforderliche Schmelzwarme zu liefern. Dadurch würde sich die Entropie des ganzen abgeschlossenen Systems verkleinern: die Entropie des Eises mußte durch Warmeabgabe unterhalb von 0 Grad C mehr abnehmen, als die Entropie des Wassers durch Warmeaufnahme bei 0 Grad C zunehmen.

Noch anschaulicher ist vielleicht ein anderes Beispiel. In Form dieses Textes zusammengestellt, befinden sich die Lettern in einem sehr unwahrscheinlichen Zustand; sie haben daher eine viel kleinere Entropie als irgendwie regellos in einen Kasten hineingeschuttet. Trotzdem gehen die fur diesen Text zusammengestellten Lettern keineswegs spontan in den viel wahrscheinlicheren Zustand eines ungeordneten Haufens über; denn dieser Übergang mußte uber einen äußerst unwahrscheinlichen Zwischenzustand erfolgen: Etliche Lettern müßten als „physikalische Moleküle" auf Kosten der übrigen extrem hohe Werte ihrer thermischen Energie erhalten und mit ihrer Hilfe die Nachbarn uberspringen.

§ 179. Beispiele für die Berechnung von Entropien. Durch Beispiele und Anwendungen wird man stets am schnellsten mit einem neuen physikalischen Begriff vertraut. Deswegen berechnen wir zunächst die Zustandsgröße Entropie für einige wichtige Fälle und bringen dann in § 180 die ersten Anwendungen der so gewonnenen Werte. — Zur Messung der Zustandsgröße Entropie muß man stets quasistatische, also reversible Wärmezufuhr benutzen; das geht aus der Definition dieser Zustandsgröße in § 177 klar hervor.

I. Entropiezunahme beim Schmelzen. Ein Körper habe die Masse M und die spezifische Schmelzwärme χ. Sein Schmelzpunkt sei T_{abs}. Der Schmelzvorgang erfolge in einer Umgebung von nur unmerklich höherer Temperatur. Die Schmelzwärme $M . \chi$ soll also praktisch bei der Temperatur des Schmelzpunktes, d. h. reversibel, aufgenommen werden. In diesem Fall wächst die Entropie des schmelzenden Körpers um den Betrag

$$\varDelta S = \frac{M \cdot \chi}{T_{\text{abs}}}.$$

(376)

Zahlenbeispiel fur Wasser bei normalem Luftdruck:

$$T_{\text{abs}} = 273 \text{ Grad}; \quad \chi = 80 \text{ Kilokalorien/kg} = 3{,}35 \cdot 10^5 \text{ Wattsek/kg}.$$

Somit spezifische Entropiezunahme

$$\frac{\Delta S}{M} = 1{,}22 \cdot 10^3 \,\frac{\text{Wattsek}}{\text{kg} \cdot \text{Grad}} = 2{,}2 \cdot 10^4 \,\frac{\text{Wattsek}}{\text{Kilomol} \cdot \text{Grad}}$$

Für Quecksilber lauten die entsprechenden Zahlen

$$T_{\text{abs}} = 234{,}1 \text{ Grad}; \qquad \chi = 2{,}8 \,\frac{\text{Kilokalorie}}{\text{kg}}\,;$$

$$\frac{\Delta S}{M} = 10^4 \,\frac{\text{Wattsek}}{\text{Kilomol} \cdot \text{Grad}}.$$

Beim reversiblen Schmelzen sinkt die Entropie des Wärmebehälters um ebensoviel, wie die des schmelzenden Körpers zunimmt; also bleibt, wie bei jedem reversiblen Vorgang in einem abgeschlossenen System, der Gesamtbetrag der Entropie ungeändert. — Das Entsprechende gilt für die jetzt folgenden Beispiele.

II. Entropiezunahme beim Erwärmen. Ein Stoff der Masse M werde von der absoluten Temperatur $T_{\text{abs}(1)}$ auf die absolute Temperatur $T_{\text{abs}(2)}$ erwärmt. Dabei wird die Wärmemenge nacheinander in kleinen Teilbeträgen bei wachsenden Temperaturen, also reversibel zugeführt. Man erhält daher als Entropiezunahme des erwärmten Körpers

$$\Delta S = \frac{\Delta Q_1}{T_{\text{abs}(1)}} + \frac{\Delta Q_2}{T_{\text{abs}(2)}} + \cdots = \sum \frac{\Delta Q_n}{T_{\text{abs}(n)}}, \tag{377}$$

$$\Delta S = M \left(\frac{c_{p_1} \Delta T}{T_{\text{abs}(1)}} + \frac{c_{p_2} \Delta T}{T_{\text{abs}(2)}} + \cdots \right) = M \sum \frac{c_{p_n} \Delta T}{T_{\text{abs}(n)}}, \tag{378}$$

oder im Grenzübergang und bei praktisch noch konstanter spezifischer Wärme

$$\Delta S = M \cdot c_p \int_1^2 \frac{dT}{T_{\text{abs}}} = M \cdot c_p \ln \left(\frac{T_2}{T_1} \right)_{\text{abs}}. \tag{379}$$

Zahlenbeispiel für Wasser bei der Erwärmung vom Schmelzpunkt bis zum Siedepunkt unter normalem Luftdruck:

$$T_{\text{abs}(1)} = 273 \text{ Grad}; \qquad T_{\text{abs}(2)} = 373 \text{ Grad}.$$

$$\ln \frac{373}{273} = 2{,}30 \cdot \log 1{,}368 = 0{,}312,$$

$$c_p = 4{,}19 \cdot 10^3 \,\frac{\text{Wattsek}}{\text{kg} \cdot \text{Grad}}, \qquad (234) \text{ v. S. } 246$$

$$\frac{\Delta S}{M} = 1{,}31 \cdot 10^3 \,\frac{\text{Wattsek}}{\text{kg} \cdot \text{Grad}} = 2{,}36 \cdot 10^4 \,\frac{\text{Wattsek}}{\text{Kilomol} \cdot \text{Grad}}.$$

Entsprechende Zahlen für andere Temperaturen findet man in der Tabelle 15. Diese Zahlen spielen in der Technik eine große Rolle. Zur Vereinfachung der Darstellung setzt man die

Tabelle 15. Spezifische Zustandsgrößen für Wasser.

Temperatur	Dampfdruck	Flüssig			Gesättigter Dampf		
		Volumen V	Enthalpie J	Entropie S	Volumen V	Enthalpie J	Entropie S
		Masse	Masse	Masse	Masse	Masse	Masse
	$\dfrac{\text{Kilopond}}{\text{cm}^2}$	$\dfrac{\text{m}^3}{\text{kg}}$	$\dfrac{\text{Kilokalorien}}{\text{kg}}$	$\dfrac{\text{Kilokalorien}}{\text{kg} \cdot \text{Grad}}$	$\dfrac{\text{m}^3}{\text{kg}}$	$\dfrac{\text{Kilokalorien}}{\text{kg}}$	$\dfrac{\text{Kilokalorien}}{\text{kg} \cdot \text{Grad}}$
Grad C							
17,2	0,02	0,001	17,3	0,061	68,3	605	2,08
59,7	0,2	0,001	59,6	0,198	7,79	623	1,89
99,1	1	0,001	99,1	0,310	1,73	638	1,76
151	5	0,0011	152	0,442	0,382	656	1,63
211	20	0,0012	216	0,582	0,101	668	1,52
310	100	0,0014	334	0,799	0,0185	651	1,34
374	225	0,0037	484	1,03	0,0037	527	1,10

Als Bezugspunkt für Enthalpie und Entropie sind 0 Grad C gewählt.

spezifische Entropie des flüssigen Wassers bei 0 Grad und normalem Luftdruck willkürlich gleich Null. Wir werden bei Angabe gemessener Werte diesem Brauche folgen.

III. Entropiezunahme beim Verdampfen. Troutonsche Regel. Die Flüssigkeit habe die Masse M und die spezifische Verdampfungswärme r. Die Verdampfung erfolge unter dem Sättigungsdruck bei der zugehörigen Sättigungstemperatur T_{abs}. Dann gilt für die Entropiezunahme

$$\Delta S = \frac{M \cdot r}{T_{abs}}. \tag{380}$$

Zahlenbeispiel: Für Wasser bei normalem Luftdruck ist $T_{abs} = 373$ Grad und $r = 2{,}26 \cdot 10^6$ Wattsek/kg, also ist die spezifische Entropiezunahme

$$\frac{\Delta S}{M} = \frac{2{,}26 \cdot 10^6 \, \text{Wattsek}}{\text{kg } 373 \text{ Grad}} = 6{,}06 \cdot 10^3 \, \frac{\text{Wattsek}}{\text{kg} \cdot \text{Grad}} = 1{,}09 \cdot 10^5 \, \frac{\text{Wattsek}}{\text{Kilomol} \cdot \text{Grad}}.$$

Werte von sehr ähnlicher Größe findet man beim Verdampfen sehr vieler anderer Stoffe. Das ist der Inhalt der „Pictet-Troutonschen Regel". (R. PICTET 1876.)

Bei der Umwandlung von Eis in Wasser war die spezifische Entropiezunahme fast 5 mal kleiner als bei der Umwandlung von Wasser in Dampf. Bei der Umwandlung von flüssigem Wasser von 0 Grad C in gesättigten Dampf von 100 Grad C steigt die spezifische Entropie des Wassers um

$$\frac{\Delta S}{M} = (2{,}36 \cdot 10^4 + 10{,}9 \cdot 10^4) \, \frac{\text{Wattsek}}{\text{Kilomol} \cdot \text{Grad}} = 1{,}33 \cdot 10^5 \, \frac{\text{Wattsek}}{\text{Kilomol} \cdot \text{Grad}}.$$

beim Erwärmen nach (II)   beim Verdampfen (nach III)

Derartige Zahlenwerte findet man für verschiedene Temperaturen in der Tabelle 15. Man nennt sie die spezifische Entropie des Dampfes.

IV. Entropieänderungen bei Zustandsänderungen idealer Gase. Wir gehen im pV/M-Diagramm (Abb. 526) in zwei Schritten vom Zustand 1 zum Zustand 2. Zunächst führen wir auf dem Wege $1 \to 3$ Wärme bei konstantem Druck zu und auf dem Wege $3 \to 2$ Wärme bei konstanter Temperatur. Dabei wird die Wärme längs des Weges $3 \to 2$ restlos als Arbeit wieder abgegeben. So erhalten wir mit Gl. (231) von S. 245 und (345) von S. 291

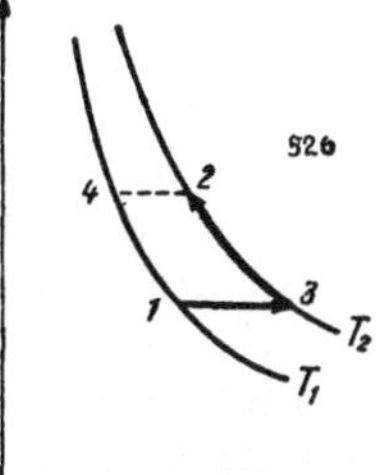

Abb. 526. Zur Berechnung der Entropie idealer Gase.

$$\Delta S = M \int_1^3 \frac{c_p \, dT}{T_{abs}} + \frac{M R T_{abs} \ln \frac{p_3}{p_2}}{T_{abs}} \tag{381}$$

Nun ist $T_3 = T_2$, $p_3 = p_1$.

Somit ergibt sich als Zunahme der spezifischen Entropie

$$\frac{\Delta S}{M} = c_p \ln \left(\frac{T_2}{T_1}\right)_{abs} - R \ln \frac{p_2}{p_1}. \tag{384}$$

Die spezifische Entropie eines idealen Gases wächst also mit
steigender Temperatur und sinkt mit steigendem Druck. — Bei
der Herleitung dieser Gleichung hätte man den Übergang vom Zustand 1
in den Zustand 2 auch auf einem beliebigen anderen Wege vollziehen können,
z. B. in den zwei Schritten $1 \rightarrow 4$ und $4 \rightarrow 2$. Die Entropie ist eine Zustandsgröße, also von der Art des Überganges unabhängig.

V. Druckluft als Arbeitsstoff. Druckluft kann Arbeit leisten.
Nach einer isothermen Entspannung auf Atmosphärendruck hat sie diese
Fähigkeit verloren. Die spezifische innere Energie der Luft ist ungeändert
geblieben, und trotzdem ist die Luft als Arbeitsstoff wertlos geworden.
Diese Entwertung beruht ausschließlich auf einer Zunahme
ihrer spezifischen Entropie. Es gilt bei einer isothermen Entspannung

$$\frac{\Delta S}{M} = R \cdot \ln \frac{p_1}{p_2}. \tag{385}$$

Zahlenbeispiel für Luft. Vor der Entspannung $p_1 = 150 \ \dfrac{\text{Kilopond}}{\text{cm}^2}$, nach der Ent-

spannung $p_2 = 1 \ \dfrac{\text{Kilopond}}{\text{cm}^2}$; $\ln \dfrac{p_1}{p_2} = \ln 150 = 2{,}302 \cdot \log 150 = 5{,}02$. Also

$$\frac{\Delta S}{M} = 5{,}02 \cdot 8{,}31 \cdot 10^3 \ \frac{\text{Wattsek}}{\text{Kilomol} \cdot \text{Grad}} = 4{,}17 \cdot 10^4 \ \frac{\text{Wattsek}}{\text{Kilomol} \cdot \text{Grad}} \approx 10 \ \frac{\text{Kilokalorien}}{\text{Kilomol} \cdot \text{Grad}} \cdot$$

Druckluft hat eine kleinere spezifische Entropie als Zimmerluft.
Darin besteht ihr Wert, und nicht etwa in einer Speicherung von Energie.
Wir warnen noch einmal vor dem oberflächlichen Vergleich von Druckluft
mit einer gespannten Feder. Fortsetzung in § 188.

**§ 180. Anwendung der Entropie auf reversible Zustandsänderungen
in abgeschlossenen Systemen.** Wir haben die Zustandsgröße Entropie eingeführt, um für einen nicht reversiblen Vorgang den Grad seiner Irreversibilität quantitativ zu erfassen. Damit ist aber die Bedeutung dieser Zustandsgröße durchaus nicht erschöpft. Die Entropie ist ein wichtiges Hilfsmittel
auch für die Behandlung reversibler Vorgänge: Verlaufen reversible Vorgänge adiabatisch, d. h. ohne Wärmeaustausch mit der Umgebung, so bleibt
die Summe der Entropien aller beteiligten Körper ungeändert. Von dieser
Konstanz der Entropie bei reversiblen adiabatischen Vorgängen
wird oft Gebrauch gemacht.

Zunächst zeigt uns die Abb.
527 im pV/M-Diagramm eines idealen Gases einige Adiabaten für eine
reversible, d. h. ohne Drosselung erfolgende Entspannung: Neben jeder
Adiabate ist der konstante Wert der
zugehörigen spezifischen Entropie
vermerkt. — Dann bringen wir drei
wichtige Anwendungsbeispiele:

I. Der Dampfspeicher. Die
Abb. 528 zeigt einen Dampfspeicher.
Es ist ein thermisch gut isolierter
Behälter, nahezu gefüllt mit heißem

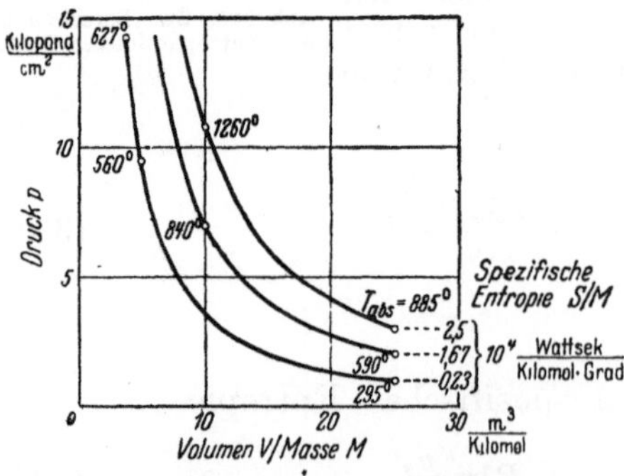

Abb. 527. Adiabaten als Kurven konstanter Entropie.
Als Bezugspunkt der Entropie ist Null Grad C und nor-
maler Luftdruck gewählt.

Wasser der· Temperatur T_1. Über dem Wasser befindet sich gesättigter Dampf mit dem Druck p_1. Beim Öffnen des Hahnes strömt der Dampf zur Arbeitsleistung in eine Maschine, z. B. in die einer „feuerlosen Lokomotive". Durch die Dampfabgabe sinken Temperatur und Druck allmählich auf die Werte T_2 und p_2. Welcher Bruchteil x des Wassers wird dabei in Dampf verwandelt?

Der Vorgang verläuft reversibel und adiabatisch, also bleibt die gesamte Entropie bei der Verdampfung eines Teiles des Wassers ungeändert. — Wir nehmen an, daß in der Maschine kondensiertes Wasser in den Speicher zurückgelangt. — Das flüssige Wasser der Masse M besitze bei der Temperatur T_1 die Entropie S_1. Bei seiner Abkühlung auf T_2 bleibt der Bruchteil $M\,(1-x)\cdot$ flüssig und behält die Entropie $(1-x)\,S_2$. Außerdem ist Wasserdampf mit der Masse $M\,x$ gebildet, und dieser hat bei der Temperatur T_2 die Entropie $x\,S_2'$.

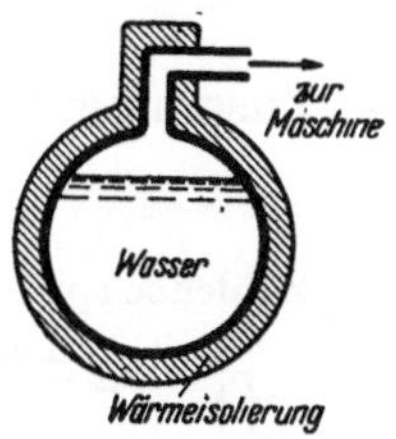

Abb. 528. Schema eines Dampfspeichers. Die bekannteste Ausführung ist der Ruths-Speicher. Er dient in Elektrizitätswerken zur Deckung von Belastungspitzen.

Gleichsetzen der Entropien vor und nach der Verdampfung gibt

$$S_1 = (1-x)S_2 + x\,S_2'.$$

Der Unterschied der Entropien des Dampfes und des Wassers erklärt sich durch die Zufuhr der Verdampfungswärme $r\,M$, es gilt

$$\underset{\text{Dampf}}{S_2'} - \underset{\text{Wasser}}{S_2} = \frac{r}{T_{\text{abs}(2)}} \cdot M. \qquad (380)\ \text{v. S. } 317$$

Aus der Zusammenfassung beider Gleichungen ergibt sich der verdampfte Bruchteil zu

$$x = \frac{S_1 - S_2}{M} \cdot \frac{T_{\text{abs}(2)}}{r}. \qquad (386)$$

Zahlenbeispiel (vgl. Tab. 15).

$$p_1 = 20\,\frac{\text{Kilopond}}{\text{cm}^2}; \qquad T_1 = \frac{211{,}4 \text{ Grad C}}{484{,}6 \text{ Grad abs.}}; \qquad \frac{S_1}{M} = 0{,}582\,\frac{\text{Kilokal.}}{\text{kg Grad}};$$

$$p_2 = 5\,\frac{\text{Kilopond}}{\text{cm}^2}; \qquad T_2 = \frac{151{,}1 \text{ Grad C}}{424{,}3 \text{ Grad abs}}; \qquad \frac{S_2}{M} = 0{,}442\,\frac{\text{Kilokal.}}{\text{kg Grad}}.$$

Spezifische Verdampfungswärme des Wassers bei $T_2 = 151$ Grad C

$$r = 505\,\frac{\text{Kilokal.}}{\text{kg}}.$$

Ergebnis: $x = 0{,}117$. — D. h. der Speicher hat 11,7% seines Wasserinhaltes in Dampf verwandelt und an die Maschine abgegeben.

II. Nebelbildung bei adiabatischer Entspannung. Wasserdampf mit dem Sättigungsdruck p_1 dehne sich adiabatisch aus, und dabei sinke sein Druck auf p_2. Welcher Bruchteil y des Wassers wird als Nebel abgeschieden? Dieser Fall spielt in der Wetterkunde eine große Rolle. Man denke an aufwärts gerichtete Ströme von warmer Luft.

Vor der Ausdehnung und der Abkühlung gehört zum Sättigungsdruck p_1 eine Temperatur T_1. Bei dieser Temperatur besitze Wasserdampf der Masse M die Entropie S_1. Während der Ausdehnung und Abkühlung wird der Bruchteil y der ganzen Masse in flüssiges Wasser (Nebeltropfen) verwandelt. Dabei vermindert sich die Dampfmenge auf $M\,(1-y)$, und sie behält bei der Temperatur T_2 die Entropie $(1-y)\,S_2$. Außerdem ist Wasser mit der Masse $M\,y$ gebildet worden. Es hat bei der Temperatur T_2 die

Entropie $y\,S'_2$. Gleichsetzen der Entropien vor und nach der Kondensation ergibt

$$S_1 = (1 - y)\,S_2 + y\,S'_2.$$

Ferner gilt

$$\underset{\text{Dampf}}{S_2} - \underset{\text{Wasser}}{S'_2} = \frac{r}{T_{\text{abs}(2)}} \cdot M. \tag{380} \text{ v. S. 317}$$

Die Zusammenfassung beider Gleichungen ergibt

$$y = \frac{S_2 - S_1}{M} \cdot \frac{T_{\text{abs}(2)}}{r}. \tag{386a}$$

Zahlenbeispiel für Wasserdampf:

$$p_1 = 0,2\,\frac{\text{Kilopond}}{\text{cm}^2}; \qquad T_1 = \begin{array}{l}59,7 \text{ Grad C}\\333 \text{ Grad abs.}\end{array}; \qquad \frac{S_1}{M} = 1,89\,\frac{\text{Kilokal.}}{\text{kg Grad}}.$$

$$p_2 = 0,02\,\frac{\text{Kilopond}}{\text{cm}^2}; \qquad T_2 = \begin{array}{l}17,1 \text{ Grad C}\\290,3 \text{ Grad abs}\end{array}; \qquad \frac{S_2}{M} = 2,08\,\frac{\text{Kilokal.}}{\text{kg Grad}}.$$

Die spezifische Verdampfungswärme des Wassers ist bei $T_2 = 17,1$ Grad C

$$r = 586\,\frac{\text{Kilokal.}}{\text{kg}}.$$

Ergebnis:

$$y = 0,094;$$

d. h. 9,4% des gesättigten Dampfes haben sich als Nebel abgeschieden.

III. **Temperaturänderung bei reversibler adiabatischer Volumenänderung.** Für sie geben wir ohne Ableitung die Thomsonsche Gleichung

$$\boxed{\left(\frac{dT}{dp}\right)_{s\,=\,\text{const}} = \frac{T_{\text{abs}}\,\alpha}{\varrho\,c_p}} \tag{387}$$

($\varrho = M/V =$ Dichte, $\alpha =$ thermischer Ausdehnungskoeffizient, definiert durch die Gleichung $\alpha = \Delta V/V\Delta T$).

Die meisten Stoffe dehnen sich bei steigender Temperatur aus, es ist $\alpha > 0$ und daher nach (387) auch $dT/dp > 0$. Diese Stoffe werden also durch eine Drucksteigerung erwärmt.

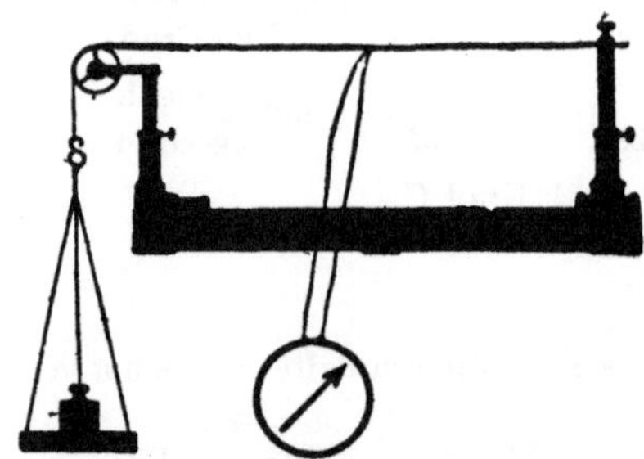

Abb. 528a. Adiabatische Dehnung (Volumenzunahme) von Kautschuk führt zur Erwärmung, adiabatische Entspannung (Volumenabnahme) zur Abkühlung. — Typisch für alle Stoffe, z. B. auch Muskelfasern, mit sehr großen Molekülen, deren Gestalt und Orientierung durch elastische Verformung verändert wird.

Manche Stoffe aber, z. B. Kautschuk in Abb. 442, verkleinern ihr Volumen bei steigender Temperatur, bei ihnen ist $\alpha < 0$. Diese Stoffe werden durch Druckzunahme abgekühlt, durch Druckabnahme erwärmt. Das läßt sich mit Kautschuk gut vorführen, Kautschuk erwärmt sich durch Zug (Abb. 528a). — Deutung: Im Kautschuk bewirkt der Zug eine parallele Ausrichtung langer, zuvor zusammengeknäulter Moleküle, schafft also einen Zustand vergrößerter Ordnung; dadurch wird bei praktisch konstanter innerer Energie die Entropie verkleinert. Ein reversibler adiabatischer Vorgang verlangt aber konstante Entropie; folglich muß die von der Wärmebewegung herrührende Entropie zunehmen, also die Temperatur steigen. Diese Temperaturänderungen fehlen in Stoffen mit kleinen Molekülen, wie z. B. in Metallen. In ihrem Kristallgitter verändern elastische Verformungen nur die Abstände zwischen den Molekülen, nicht aber die molekulare Ordnung. So wird die innere Energie geändert, aber nicht die Entropie.

§ 181. Das *JS*- oder Mollier-Diagramm nebst Anwendungen. Gasströmung mit Überschallgeschwindigkeit.

Bisher haben wir die Zustände von Stoffen nur im pV/M-Diagramm dargestellt. Als Ordinate wurde der Druck, als Abszisse das spezifische Volumen, also V/M, benutzt. Mit gleichem Recht kann man aber auch andere Zustandsgrößen paarweise anwenden, sowohl einfache wie abgeleitete. Als eine aus vielen Möglichkeiten bringen wir in Abb. 529 ein *JS*-Diagramm, und zwar für Luft. Die Ordinate gibt die spezifische Enthalpie, also J/M, die Abszisse die spezifische Entropie, also S/M. Die Werte der Ordinaten sind nach Gleichung (261) v. S. 261, die der Abszissen nach Gleichung (384) v. S. 317 berechnet. In beiden Fällen ist die Temperaturabhängigkeit der spezifischen Wärmen berücksichtigt worden.

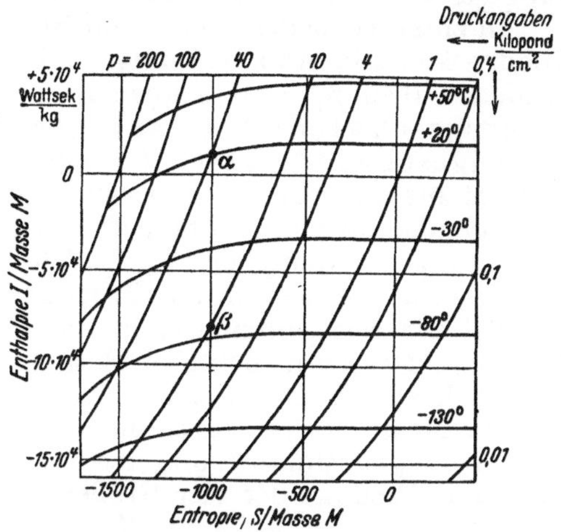

Abb. 529. Ausschnitt aus dem *JS*- oder Mollier-Diagramm der Luft. R. MOLLIER hat 1904 die Enthalpie als Ordinate von Zustandsdiagrammen eingeführt. Die Werte der Enthalpie und der Entropie sind auf technische Normalbedingungen bezogen, also auf Null Grad C und einen Luftdruck von 1 Kilopond/cm².

In einem *JS*-Diagramm sind die Adiabaten gerade Linien und der Ordiantenachse parallel. Die Isothermen sind nur bei kleinen Drucken gerade Linien, und dann der Abszissenachse parallel. — Im pV/M-Diagramm waren Isobaren und Isochoren gerade Linien; im *JS*-Diagramm sind diese Linien gleichen Druckes und gleichen Volumens gekrümmt. Eingezeichnet sind in Abb. 529 nur einige Isobaren für Drucke zwischen 0,01 und 200 Kilopond/cm².

Das *JS*-Diagramm spielt bei adiabatischen Zustandsänderungen strömender Stoffe eine große Rolle. Es gibt die Möglichkeit, die mit der Zustandsänderung erreichbare technische Arbeit ohne Rechnung zu bestimmen. Man braucht nur eine Ordinatendifferenz abzulesen. Wir bringen im folgenden ein physikalisch und technisch gleich bedeutsames Anwendungsbeispiel. Es betrifft die adiabatische Ausströmung eines Gases aus einem Behälter.

Als Beispiel wählen wir Luft. Die Luft soll in einem Kessel einen hohen, konstant gehaltenen Druck p_1 besitzen. Sie soll durch eine Öffnung, Düse genannt, ausströmen und in einen Raum von kleinerem Druck p_2 eindringen. Bei der Entspannung soll die Luft Beschleunigungsarbeit leisten und sich selbst eine kinetische Energie erteilen. Wie hängt die dabei erzielte Geschwindigkeit u mit Anfangs- und Enddruck zusammen?

Bei einem adiabatischen Vorgang wird keine Energie in Wärmeform mit der Umgebung ausgetauscht. Infolgedessen ist Q in der Gleichun des I. Hauptsatzes gleich Null zu setzen. Es verbleibt für die Arbeit der strömenden Luft

$$J_1 - J_2 = A = \tfrac{1}{2} M u^2. \qquad\qquad (247)\ \text{v. S. 254}$$

Die Enthalpiedifferenz $J_1 - J_2$ ist unmittelbar im *JS*-Diagramm der Luft (Abb. 529) abzulesen. Die Luft habe im Kessel den Druck $p_1 = 40$ Atm. und die Temperatur $T = 20$ Grad C. Ihr Zustand wird in Abb. 529 durch den Punkt α dargestellt. Die adiabatische Entspannung möge bis zum Enddruck $p_2 = 10$ Atm. führen. Dann ist der Endzustand der Luft in Abb. 529 durch den Punkt β dargestellt. Die Höhendifferenz zwischen α und β gibt die von der Entspannung erzeugte Abnahme der Enthalpie. Es ist

$$\frac{J_1 - J_2}{M} = 9,6 \cdot 10^4 \frac{\text{Wattsek}}{\text{kg}}.$$

Einsetzen dieses Wertes in Gleichung (247) liefert als End- oder Mündungsgeschwindigkeit $u = 438$ m/sec.

In entsprechender Weise sind Strömungsgeschwindigkeiten für andere Enddrucke p_2 in Abb. 530 dargestellt. Als konstanter Anfangsdruck wird in allen Fällen $p_1 = 40$ Kilopond/cm² benutzt. — Ergebnis: Die Strömungsgeschwindigkeit kann erheblich größer werden als die Schallgeschwindigkeit c (= 340 m/sec bei Zimmertemperatur). Doch kommt man nicht über einen oberen Grenzwert u_{max} hinaus. Im Beispiel, also für einen Anfangsdruck $p_1 = 40$ Kilopond/cm², ist die größte Mündungsgeschwindigkeit $u_{\text{max}} \approx 760$ m/sec. Dieser Höchstwert. wird erreicht, wenn die Luft in ein Vakuum ausströmt.

Bei der Entspannung sinkt die Dichte der Luft, also das Verhältnis $\varrho = M/V$. Das wird für unser Beispiel in Abb. 531 dargestellt. Die Werte sind nach Gleichung (352) v. S. 293 berechnet worden.

Die Masse M der ausströmenden Luft ist der Flußzeit t, der Dichte ϱ, dem Stromquerschnitt F und der Geschwindigkeit u proportional. Sie wird durch das Produkt der vier Größen bestimmt, also

$$M = t \cdot \varrho \cdot F \cdot u. \tag{388}$$

Das Verhältnis
$$i = \frac{\text{Masse } M \text{ des ausströmenden Gases}}{\text{Zeit } t} \tag{389}$$

definieren wir hier als Stromstärke und erhalten

$$\frac{F}{i} = \frac{\text{Stromquerschnitt}}{\text{Stromstärke}} = \frac{1}{\varrho u}. \tag{390}$$

Dies Verhältnis ist für unser Beispiel in der Abb. 532 dargestellt. Wir wollen ihren Inhalt ausführlich erörtern und dabei die beiden anderen Schaubilder zu Hilfe nehmen. Dann finden wir folgendes:

In Abb. 530 entfernt sich die Kurve der Geschwindigkeit bis zu etwa 70 m/sec kaum von der Ordinatenachse. Daher entspricht den kleinen Geschwindigkeiten auf der Dichte-Kurve in Abb. 531 ein fester Punkt, nämlich der auf der Ordinatenachse: Die Dichte ϱ ist also bis zu. etwa $^1/_5$ Schallgeschwindigkeit konstant (§ 86). Gase verhalten sich bei „kleinen“ Geschwindigkeiten wie nichtzusammendrückbare Flüssigkeiten: Das Verhältnis $\frac{\text{Querschnitt } F}{\text{Stromstärke } i}$ sinkt in Abb. 532 mit wachsenden Werten von u. — Ganz anders aber bei großen Geschwindigkeiten: Jetzt sinkt die Dichte ϱ rasch mit wachsender Geschwindigkeit. Infolgedessen wird in Gleichung (390) die Zunahme von u durch eine Abnahme von ϱ ausgeglichen, das Verhältnis F/i wird vorübergehend konstant (in Abb. 532). Später übertrifft sogar die Abnahme von ϱ die Zunahme von u, das Verhältnis F/i steigt wieder an. Im Minimum ist die Strömungsgeschwindigkeit gleich der Schallgeschwindigkeit

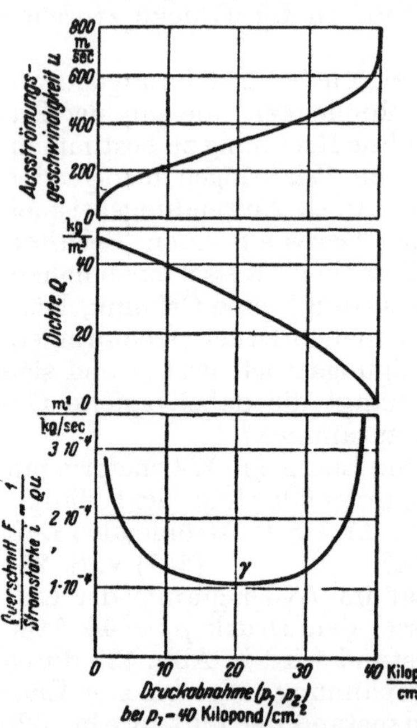

Abb. 530—532. Zum Ausstromen eines Gases aus einer Düse. Alle drei Kurven gelten für einen Anfangsdruck $p_1 = 40$ Kilopond/cm².

$$c = \sqrt{\varkappa R T_{abs}}\,.$$ (364) v. S. 295

(Das Minimum von F/i wird erreicht, wenn $p_2/p_1 = [2/(\varkappa + 1)]^{\varkappa/(\varkappa - 1)}$ geworden ist; für Luft also beim Außendruck $p_2 = 0,53\,p_1$. — $T_{abs} =$ Temperatur des adiabatisch entspannten Gases im engsten Querschnitt.)

Das läßt sich allgemein herleiten, ist aber auch qualitativ zu übersehen: ist durch eine hinreichende Verminderung des äußeren Druckes p_2 im engsten Stromquerschnitt die Schallgeschwindigkeit erreicht, so kann eine weitere, „stromabwärts" erfolgende Drucksenkung sich nicht mehr auswirken. Sie kann ja nur mit Schallgeschwindigkeit fortschreiten, vermag also nicht dem Strome entgegen in den engsten Querschnitt einzudringen.

Bei Anwendung einer einfachen Düse (Abb. 533) fällt der kleinste Stromquerschnitt mit der Mündung zusammen. **Folglich kann in der Mündung einer einfachen Düse die Geschwindigkeit höchstens gleich der Schallgeschwindigkeit werden.** Soll die Mündungsgeschwindigkeit die Schallgeschwindigkeit übersteigen, so muß man die Düse hinter ihrer engsten Stelle kegelförmig erweitern (Abb. 534). Man muß den Düsenquerschnitt an jeder Stelle dem von der Stromstärke i beanspruchten Querschnitt F anpassen. Dann kann das Gas aus der Mündung der Düse mit der vollen, nach dem *JS*-Diagramm möglichen Geschwindigkeit austreten. Im engsten Teil der Düse bleibt die Geschwindigkeit nach wie vor die Schallgeschwindigkeit; daher bleibt auch die Stromstärke i dieselbe, wie zuvor ohne die kegelförmige Erweiterung.

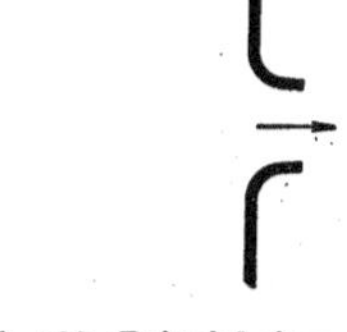

Abb. 533. Beispiel einer einfachen, für die Herstellung von Überschallgeschwindigkeit unbrauchbaren Düse.

Das Gas verläßt die erweiterte Düse als parallel begrenzter Strahl. Ungenügend erweiterte Düsen liefern einen kegelförmig geöffneten Strahl; außerdem treten vor der Öffnung stationäre, d. h. ortsfeste Schallwellen auf. Zu stark erweiterte Düsen geben eine andere Verwicklung: Die Strömung schmiegt sich nur noch anfänglich der Düsenwand an und reißt dann ab. Bis zu der Abreißstelle sinken Druck und Dichte stetig. An der Abreißstelle aber steigen beide jäh auf hohe und praktisch konstante Werte. Derartige Übergänge erfolgen in „Verdichtungsstößen". Das sind stationäre, also ortsfeste **Knallwellen.** Sie liegen teils senkrecht, teils schräg zur Strömungsrichtung. Man kann sie wie die gleichartigen Kopfwellen der Geschosse (Abb. 431) gut in Schlierenbildern vorführen und mit einer Flüssigkeitsströmung in einem flachen Strombett nachahmen. Der Wassersprung der Hydraulik

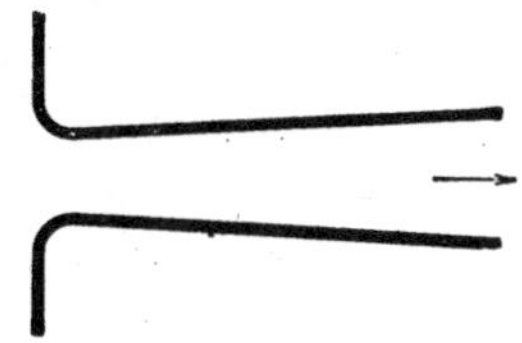

Abb. 534. Laval-Düse zur Erzeugung von Überschallgeschwindigkeit in ausströmenden Gasen und Dämpfen (C. G. P. DE LAVAL, 1845—1913, Schweden).

Abb. 535. Hydraulischer Wassersprung. Zur Veranschaulichung eines Verdichtungsstoßes in einem mit Überschallgeschwindigkeit strömenden Gase. Die Strömungsgeschwindigkeit u ist größer als die Geschwindigkeit c der Oberflächenwellen [Gleichung (198) v. S. 163]. Infolgedessen kann sich die bei dem Hindernis auftretende Störung nicht stromaufwärts bemerkbar machen.

(Abb. 535) entspricht durchaus dem Verdichtungsstoß der Gase bei großer Geschwindigkeit.

Leider führen die recht interessanten und technisch neuerdings außerordentlich wichtigen Einzelheiten hier zu weit. Es sei auf die Darstellungen der Gasdynamik verwiesen.

§ 182. *JS*-Diagramm des Wassers. In der Technik braucht man ständig das *JS*-Diagramm des Wassers und seines Dampfes. Wir bringen daher in

Abb. 536 einen Ausschnitt. Er enthält außer Adiabaten, Isobaren und Isothermen auch den kritischen Punkt K und die beiden sich in ihm treffenden Grenzkurven. Die linke ist wieder gestrichelt, die rechte wieder strichpunktiert. Zwischen diesen Grenzkurven sind gesättigter Dampf und Flüssigkeit nebeneinander beständig. Der flüssige Anteil wird durch die Kurven gleicher x-Werte angegeben. $x = 0,8$ bedeutet 80% dampfförmig, 20% flüssig [Gleichung (364a) v. S. 297]. Auf der linken Grenzkurve ist $x = 0$, also alles flüssig; auf der rechten ist $x = 1$, es ist nur gesättigter Dampf vorhanden. Die Abb. 536 soll vor allem die technisch übliche Form eines JS-Diagrammes vorführen. Außerdem aber sollen zwei einfache Beispiele seine Anwendung erläutern. Beide betreffen die Drosselung, also die irreversible Entspannung ohne Leistung äußerer Arbeit (Abb. 511). Die Enthalpie bleibt konstant.

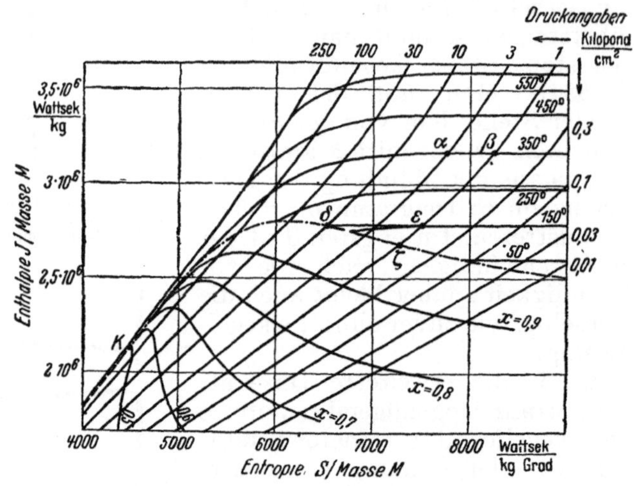

Abb. 536. Ausschnitt aus dem JS-Diagramm des Wassers. Die vom Verein Deutscher Ingenieure herausgegebenen Ausführungen bringen die einzelnen Zustandskurven in sehr viel kleineren Abständen. Adiabaten = Isentropen, also die der Ordinate parallelen Geraden gleicher spezifischer Entropie. Isobaren = Kurven gleichen Druckes, Isothermen = Kurven gleicher Temperatur. Zwischen den beiden (gestrichelten und strichpunktierten) Grenzkurven fallen Isobaren und Isothermen zusammen. Beide sind dort schräge gerade Linien. Die unten befindliche Doppelskala erlaubt es, aus der abgelesenen Enthalpiedifferenz unmittelbar die Strömungsgeschwindigkeit u zu entnehmen.

1. Drosselung eines ungesättigten Dampfes bei kleinem Druck. Der Dampf habe vor der Drosselstelle einen Druck von 3 Kilopond/cm² und eine Temperatur von 350 Grad C. Dann ist sein Zustand durch den Punkt a in Abb. 536 dargestellt. Die Entspannung erniedrige den Druck auf 1 Kilopond/cm², die Waagerechte konstanter Enthalpie führt zum Zustandspunkt β. Er liegt auf der gleichen Isothermen, folglich hat sich die Temperatur durch die Entspannung ohne Arbeitsleistung nicht geändert. Hier verhält sich der Wasserdampf noch als ideales Gas, die Drosselung vergrößert nur seine spezifische Entropie.

2. Drosselung eines gesättigten Dampfes. Der Ausgangszustand liege bei δ auf der strichpunktierten Grenzkurve. Der Dampf sei also gesättigt, sein Druck 10 Kilopond/cm², seine Temperatur 180 Grad C. — Der Drosselvorgang entspanne ihn auf 1 Kilopond/cm², die Waagerechte konstanter Enthalpie führt zum Punkt ε. Dabei sinkt die Temperatur auf 150 Grad C. Aber trotzdem ist der Dampf überhitzt worden; seine spezifische Enthalpie ist im Punkte ε etwa $2{,}77 \cdot 10^6$ Wattsek/kg geblieben, während gesättigter Dampf von gleichem Druck (Punkt ζ) nur eine spezifische Enthalpie von etwa $2{,}68 \cdot 10^6$ Wattsek/kg besitzt.

XIX. Umwandlung von Wärme in Arbeit.
II. Hauptsatz.

§ 183. Wärmekraftmaschinen und II. Hauptsatz. Die Technik hat die Wärmekraftmaschinen geschaffen. Die wichtigsten Ausführungsformen, die Dampfmaschinen und die Verbrennungsmotore, sind heute jedermann bekannt. Allen Wärmekraftmaschinen sind zwei Merkmale gemeinsam: Erstens **vermitteln** sie durch einen bestimmten Vorgang den Übergang von Wärme von einem heißen zu einem kalten Körper. Zweitens **wiederholen** sie diesen Vorgang **in periodischer Folge.** (Der Anfangszustand der Maschinen wird in periodischer Folge wiederhergestellt, bei den Dampfturbinen z. B. durch den Kreislauf des Arbeitsstoffes. Vermindert wird nur der Brennstoffvorrat.)

Ohne die Zwischenschaltung einer Maschine kann Energie von einem heißen zu einem kalten Körper nur „in Wärmeform" oder, kürzer gesagt, „als Wärme" übertragen werden, d. h. durch Leitung oder durch Strahlung (§ 135). Beide Vorgänge sind irreversibel, bei beiden wird keine Wärme in Arbeit verwandelt.

Mit Zwischenschaltung einer Wärmekraftmaschine kann ein Teil Q der bei großer Temperatur $T_{\mathrm{abs}\,(1)}$ aufgenommenen Wärme Q_1 in Arbeit A verwandelt werden. Der Rest $Q_1 - Q = Q_2$ muß bei der kleinen Temperatur $T_{\mathrm{abs}\,(2)}$ wieder abgegeben werden. Begründung: Bliebe kein Rest, wäre $A = Q_1$, so könnte man die gewonnene Arbeit A nachträglich durch Reibung in Wärme zurückverwandeln und dabei dem heißen Körper wieder zuführen: In der nächsten Periode würde dann dieser irreversible Vorgang, nämlich die Reibung, ohne Arbeitsaufwand rückgängig gemacht werden. Das ist nach unserer Kenntnis irreversibler Vorgänge und ihrer molekularen Deutung (§ 178) ausgeschlossen. Damit entsteht die Frage: Welcher Teil Q der bei der großen Temperatur $T_{\mathrm{abs}\,(1)}$ als Wärme Q_1 aufgenommenen Energie kann in Arbeit A verwandelt werden? Welcher Rest $Q_1 - Q = Q_2$ muß bei der kleinen Temperatur $T_{\mathrm{abs}\,(2)}$ wieder in Wärmeform abgegeben werden? Oder kürzer: Wie groß ist das Verhältnis

$$\eta = \frac{A}{Q_1} = \frac{Q_1 - Q_2}{Q_1}, \tag{391}$$

genannt der **thermische Wirkungsgrad?** — Die Antwort geht von einer alltäglichen Erfahrung aus: Irreversible Vorgänge wie Reibung und Wärmeverluste durch Leitung **vermindern** den Wirkungsgrad jeder Wärmekraftmaschine. **Folglich muß man alle irreversiblen Vorgänge vermeiden, um den Höchstwert des Wirkungsgrades zu erreichen.** Oder positiv ausgedrückt: Der gesamte Vorgang der Wärmeübertragung durch die Maschine muß in reversibler Weise erfolgen, wenn man den größten, überhaupt möglichen Wirkungsgrad η_{ideal} erreichen will. — Die Definitionsgleichung eines reversiblen Vorganges lautet:

$$\frac{Q_1}{T_{\mathrm{abs}\,(1)}} = \frac{Q_2}{T_{\mathrm{abs}\,(2)}} \qquad\qquad \text{(372) v. S. 313}$$

oder in Worten: Die Summe der Entropieänderungen muß Null sein. Die Zusammenfassung der Gleichungen (372) und (391) ergibt

$$\eta_{\text{ideal}} = \frac{A}{Q_1} = \frac{T_1 - T_2}{T_{\text{abs}(1)}} . \tag{392}$$

Der größte theoretisch mögliche Wirkungsgrad η einer **Wärmekraft-maschine** ist demnach von allen Einzelheiten ihrer Bauart und ihrer Wirkungsweise unabhängig. Wesentlich ist nur die Ausschaltung aller irre-versiblen Vorgänge und maßgebend allein die Größe der oberen und der unteren Temperatur, bei der die Wärmemenge Q_1 quasistatisch aufgenommen und die Wärmemenge $Q_2 = Q_1 - A$ quasistatisch abgegeben wird.

Die Gleichung (392) nennt man den II. Hauptsatz der Wärmelehre, sie ist eine seiner quantitativen Fassungen. Sein wesentlicher Inhalt ist 1824 von dem Franzosen SADI CARNOT gefunden worden. Carnots Überlegungen gingen noch von der Annahme eines Wärmestoffes aus. Die heutige Deu-tung der Gleichung (392) und die Erkenntnis ihrer umfassenden Geltung verdankt man vor allem RUDOLF CLAUSIUS (1822—1888).

Für $T_1 = T_2$ werden nach Gleichung (392) sowohl η_{ideal} wie A gleich Null. Darauf stützt sich die bekannte, von M. PLANCK herrührende Fassung des II. Hauptsatzes. Sie lautet: „Es ist unmöglich, eine **periodisch** funktio-nierende Maschine zu konstruieren, die weiter nichts bewirkt als Hebung eines Gewichtsstückes und eine entsprechende Abkühlung eines Wärme-reservoirs." Eine solche Maschine wird oft „perpetuum mobile zweiter Art" genannt, und daher heißt es: Es gibt kein perpetuum mobile zweiter Art.

Einmalig ist der eben genannte Vorgang ohne weiteres möglich, z. B. bei der Ausdehnung eines Gases in einem Zylinder, Abb. 525. Bei isothermer Entspannung der Luft wird sogar die ganze aus der Umgebung in Warmeform aufgenommene Energie restlos in Arbeit ver-wandelt! Vgl. § 164.

Der II. Hauptsatz der Wärmelehre ist ein reiner Erfahrungssatz. Das geht aus der obigen Darstellung klar hervor. Er beruht auf den Erfolgen der Technik, auf ihren Erfah-rungen beim Bau der Wärmekraftmaschinen.

§ 184. **Der Heißluftmotor** wurde früher im Kleingewerbe und als Spielzeug benutzt, heute ist er praktisch ohne Bedeutung; er zeigt aber besonders klar das Wesentliche einer Wärmekraftmaschine, also die Vermittlung des Wärmeüberganges zwischen einem heißen und einem kalten Körper durch einen periodisch bewegten Arbeitsstoff. Deswegen wollen wir seine Bauart an Hand der halbschematischen Abb. 538 erläutern und ihn sodann mehrfach benutzen, um den Inhalt der Gleichung (392) experimentell vorzuführen. Die beiden Wärme-

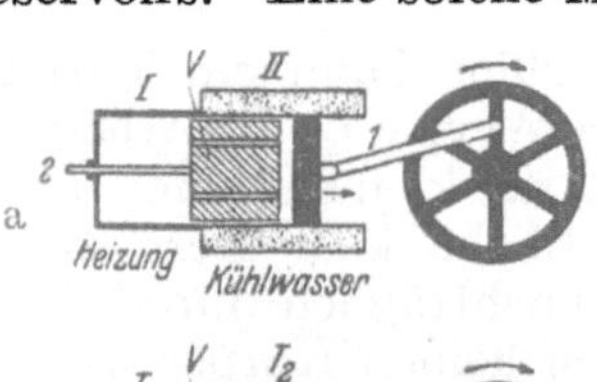

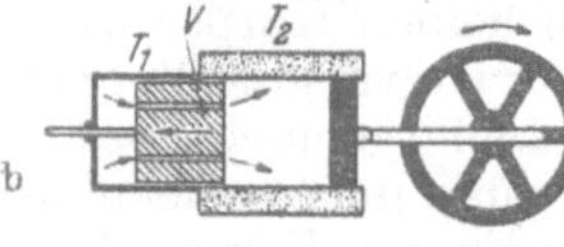

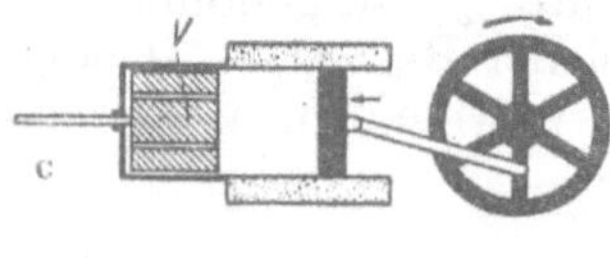

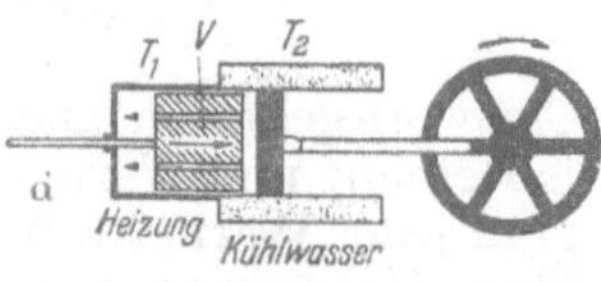

Abb. 538. Zur Wirkungsweise eines Heißluftmotors. Bei *a* und *c* befindet sich der Verdranger, bei *b* und *d* der Kolben in einer Umkehr-Ruhestellung.

behälter mit den Temperaturen T_1 und T_2 umfassen die linke und die rechte Hälfte eines Zylinders. Im Zylinder befindet sich außer dem Kolben eine Trommel V; sie ist in der Längsrichtung mit Kanälen versehen. Diese Trommel wird von der Kurbelwelle mit Hilfe eines nicht gezeichneten Gestänges im Zy-linder hin und her geschoben, und zwar mit einer Phasenverschiebung von etwa 90 Grad gegen den Kolben. Dabei erfüllt die Trommel eine doppelte Aufgabe. Erstens wirkt sie als Verdränger: sie schafft den Arbeitsstoff, ein eingesperrtes Gas, am einfachsten Luft, abwechselnd zum heißen und zum kalten Wärmebehälter. Zweitens wirkt sie als Wärmespeicher. Während der Verdrängung muß die Luft durch ihre Kanäle hindurchströmen; dabei entzieht die Trommel der nach rechts strömenden Luft Wärme (Teilbild b) und gibt der nach links strömenden Wärme zurück (Teilbild d). Die Wirkungsweise dieser Wärmekraftmaschine wird in den vier Teilbildern erläutert. Bei a hat sich die Luft unter Wärmeaufnahme bei großer Temperatur T_1 isotherm ausgedehnt und dabei den Kolben nach rechts bewegt. Bei b schafft der Verdränger die Luft zum kalten Behälter hinüber. Unterwegs wird sie in den Kanälen auf T_2 abgekühlt. Bei c wird der Kolben vom Schwungrad nach links geschoben und die Luft unter Wärmeabgabe bei der kleinen Temperatur T_2 isotherm zusammengedrückt. Bei d schafft der Verdränger die verdichtete Luft in den heißen Behälter zurück. Unterwegs wird sie in den Kanälen auf T_1 angewärmt. Hinterher kann ein neuer Zyklus beginnen: Die verdichtete Luft nimmt wieder bei großer Temperatur Wärme auf; dabei dehnt sie sich isotherm aus und drückt den Kolben nach rechts. Nach einer Vierteldrehung ist wieder der Zustand a erreicht.

Im idealisierten Grenzfall muß die von der Maschine geleistete Arbeit

$$A = Q_1 \frac{T_1 - T_2}{T_{\text{abs}(1)}} \qquad (392) \text{ v. S. } 326$$

sein. Dabei bedeutet Q_1 die bei der großen Temperatur unter Ausdehnung aufgenommene Wärme. Die Aufnahme erfolgt im idealisierten Grenzfall isotherm. Dann ist

$$Q_1 = M \cdot R\,T_{\text{abs}(1)} \ln \frac{p_1}{p_2} \qquad (345) \text{ v. S. } 291$$

(M = Masse der Luft, p_1 und p_2 = Druck vor und nach der isothermen Ausdehnung). Die Zusammenfassung von (345) und (392) ergibt

$$A = M R \ln \frac{p_1}{p_2} (T_1 - T_2)$$

oder

$$A = \text{const} (T_1 - T_2). \qquad (393)$$

In Worten: Die vom Heißluftmotor geleistete Arbeit wird nur von der Temperaturdifferenz $T_1 - T_2$ bestimmt. Diese Behauptung läßt sich leicht in einem Schauversuch bestätigen. Die Abb. 539 zeigt einen kleinen Heißluftmotor im Schattenriß. Die obere Zylinderhälfte wird mit Wasser von $+20$ Grad C umspült, die untere wird abwechselnd in ein Glyzerinbad von $+220$ Grad C und in flüssige Luft von -180 Grad C getaucht. In beiden Fällen ist die Temperaturdifferenz die gleiche, nämlich 200 Grad: Tatsächlich läuft die Maschine in beiden Fällen mit der gleichen Drehfrequenz, sie entwickelt also je Zeiteinheit die gleiche (hier nur zur Überwindung der Lagerreibung verbrauchte) Arbeit.

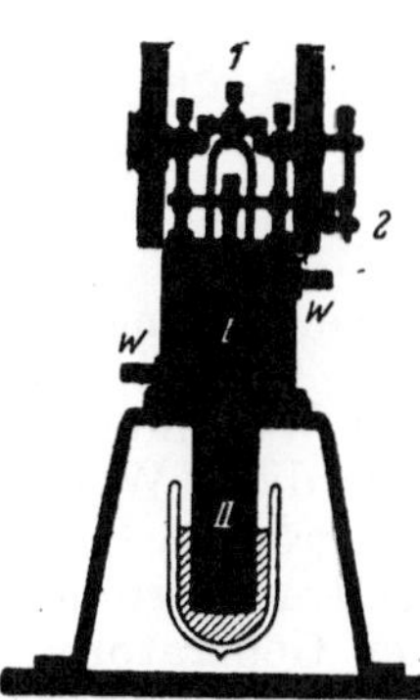

Abb. 539 Zur Prufung der Gl. (393) mit einem kleinen Heißluftmotor. Die Kurbel 2 bewegt den in Abb. 538 skizzierten Verdranger V. Die Rohrstutzen W dienen zur Zu- und Ableitung des Wassers von Zimmertemperatur. Die untere Zylinderhälfte wird in diesem Fall mit flussiger Luft gekuhlt, sie ist daher als die kältere mit II bezeichnet.

§ 185. Einschaltung: Verschiedene Ausführungsformen von Wärmekraftmaschinen. Die Entwicklung der Kolbenmaschinen schließt an den Bau der Wasserpumpen an. Pumpen mit Zylindern, Kolben und Ventilen waren schon im klassischen Altertum bekannt. Für die Physik ist die Anwendung dieser Pumpen für Gase besonders wichtig geworden (§ 82).

Die Entwicklung der Gas- und Dampfturbine knüpft an die der Wasserturbinen an. Diese haben trotz einzelner Vorläufer erst seit 1833 praktische Bedeutung gewonnen. Die Wasserkraftturbinen bestehen aus zwei Gruppen, den Gleichdruckturbinen einerseits, den Überdruck- oder Reaktionsturbinen andererseits.

Bei den Gleichdruckturbinen wird die gesamte Energie des Wassers vor seinem Eintritt in den Läufer in kinetische Form gebracht. Es spritzt ein Strahl gegen ein Schaufelrad. Seine relative Geschwindigkeit w gegenüber dem Läufer bleibt dem Betrage nach konstant, ändert aber seine Richtung um etwa 150^0 (w_2 statt w_1 in Abb. 540). Die Umfangsgeschwindigkeit u des Läufers wird rund halb so groß gewählt wie die Geschwindigkeit c_1 des auftreffenden Strahles. Infolgedessen verläßt das Wasser den Läufer mit einer ganz kleinen Geschwindigkeit c_2; es hat also praktisch seine gesamte kinetische Energie an den Läufer abgegeben. Derartige Gleichdruckturbinen sind schon für Fallhöhen von 1750 m ausgeführt worden. Man hat mit einem einzigen Wasserstrahl Leistungen über $3 \cdot 10^4$ Kilowatt erzeugt.

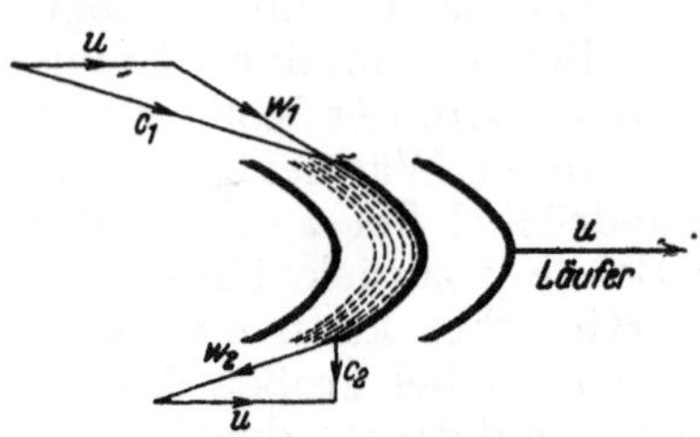

Abb. 540. Drei Schaufeln einer Gleichdruckturbine mit den Geschwindigkeitsdreiecken. c_1 und c_2 Geschwindigkeit des Wassers gegenüber dem Erdboden, w_1 und w_2 gegenüber den Schaufeln des Läufers. In den praktisch ausgeführten Freistrahl- oder Pelton-Turbinen trifft der Strahl tangential auf den Läufer, die Schaufeln sind paarweise symmetrisch zur Strahlrichtung angeordnet.

Bei den Überdruck- oder Reaktionsturbinen erfolgt die Umwandlung der potentiellen Energie des Wassers in kinetische nur zum Teil vor dem Läufer. Die Relativgeschwindigkeit w gegenüber dem Läufer wird noch innerhalb des Läufers vergrößert. Man hält also vor dem Läufer einen größeren Druck aufrecht als hinter ihm. Infolgedessen kann

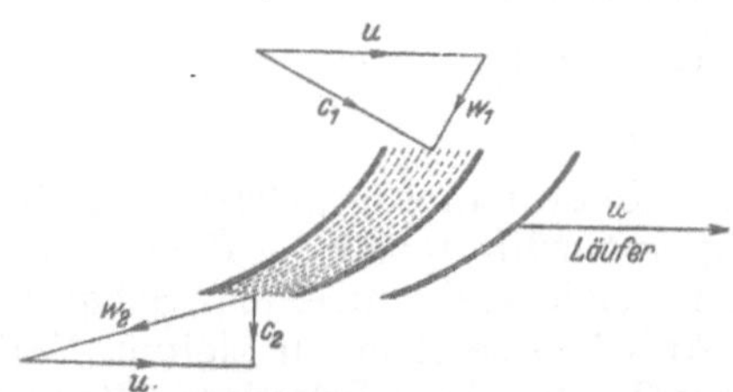

Abb. 541. Geschwindigkeitsdreieck einer Überdruckturbine (z. B. des Segnerschen Wasserrades, Rasensprenger).

Abb. 542. Der Läufer einer Francis-Turbine.

die Umfangsgeschwindigkeit des Läufers, ebenso wie bei einer Windmühle, ein Vielfaches der Eintrittsgeschwindigkeit c_1 betragen. Auf diese Weise können bei gegebenen Fallhöhen und Leistungen erheblich größere Umfangsgeschwindigkeiten erzielt werden als mit einer Gleichdruckturbine. Das ist z. B. für den Antrieb schnell laufender elektrischer Generatoren wesentlich. Technisch erreicht man die Zunahme der Durchflußgeschwindigkeit w gegenüber dem Läufer durch Gestaltung und Stellung der Schaufeln. Ihr Zwischenraum ist auf der Eintrittsseite größer als auf der Austrittsseite (Abb. 541).

Das Wasser kann eine Überdruckturbine entweder senkrecht zur Läuferachse oder in Richtung der Läuferachse durchströmen. Deswegen unterscheidet man Radial- und Axialturbinen. Sehr oft benutzt man Zwischenformen, so bei der weitverbreiteten Francis-Turbine (Abb. 542). Das Wasser strömt aus einem feststehenden Leitwerk senkrecht zur Achse ein, oft auf einer Spiralbahn, und durchströmt den Läufer in einer räumlichen Schraubenbahn.

Überdruckturbinen werden heute schon mit mehr als 10^5 Kilowatt-Leistung hergestellt. Sie erreichen, ebenso wie die Gleichdruckturbinen, Wirkungsgrade uber 90%.

Bei den als Wärmekraftmaschinen benutzten Turbinen unterscheidet man ebenfalls Gleichdruckturbinen und Überdruck- oder Reaktionsturbinen. Bei ihrem Bau muß man auf die Abhängigkeit der Gasdichte vom Druck Rücksicht nehmen. Es sind die in § 181 behandelten Dinge zu beachten. Der Fallhöhe des Wassers entspricht eine Abnahme der spezifischen Enthalpie des Dampfes. Diese kann bei modernen Turbinen $^1/_3$ Kilowattstunde/kg betragen. Ihr entspricht eine Fallhöhe von 122 km (!). Daher würde bei einer adiabatischen Entspannung in einer Stufe eine Geschwindigkeit von rund 1,5 km/sek entstehen. Aus diesem Grunde müssen Dampfturbinen in mehrere hintereinander geschaltete Stufen unterteilt werden. Die heutigen Bauarten der Gleichdruckturbinen gehen auf DE LAVAL (1883) zurück, die der Überdruckturbinen auf PARSONS (1884).

Als Arbeitsstoff der Turbinen benutzt man bis heute ganz überwiegend Wasserdampf, in Ausnahmefällen mit einem vorgeschalteten Kreislauf von Hg-Dampf. Der Wasserdampf wird im Anschluß an die Verdampfung „überhitzt", d. h. in ungesättigten Dampf, also in ein Gas, verwandelt. Man geht bis zu Temperaturen von rund 500 Grad C. Bei vielen neuzeitlichen Kesseln fehlt die herkömmliche Trommel.

Dampfturbinen werden heute schon für Leistungen über 10^5 Kilowatt gebaut. In diesen großen Ausführungen erreichen sie heute einen praktischen Wirkungsgrad[1]) von etwa 30%, und zwar unter Bedingungen, bei denen der theoretisch mögliche Wirkungsgrad ((Gl. 392) v. S. 326) einige 40% beträgt. Mit Kolben-Dampfmaschinen erreicht man nur selten 10% als praktischen Wirkungsgrad.

Neben den Dampfmaschinen haben sich in den letzten Jahren die Verbrennungskraftmaschinen in großem Umfange durchgesetzt. Bei den Dampfmaschinen erfolgt die Wärmeaufnahme und die Wärmeabgabe des Arbeitsstoffes außerhalb der Zylinder. Im Kessel (T_1) wird Wasser in Dampf verwandelt und Wärme aufgenommen; im Kondensator (T_2) oder in der freien Atmosphäre (d. h. bei Auspuff, wie bei Lokomotiven) wird Dampf in Wasser verwandelt und Wärme abgegeben. Beide Vorgänge verlaufen bei konstanten Temperaturen. — Die Verbrennungskraftmaschinen verwenden als Arbeitsstoff Luft mit einem kleinen Zusatz (unter 21 Molprozenten) von gasförmigen Verbrennungsprodukten gasförmiger oder flüssiger Brennstoffe (Leuchtgas, Benzin, Rohöle usw.). Die Wärme wird durch eine Verbrennung im Kopf des Cylinders aufgenommen. Das Volumen der Verbrennungskammer sei V_1. Bei der Verbrennung, also bei der Wärmeaufnahme steige die Temperatur bis $T_{abs(1)}$. Beim Herausdrücken des Kolbens dehnt sich der Arbeitsstoff adiabatisch auf das Cylindervolumen V_2 aus. Dabei kühlt er sich ab auf die Temperatur

$$T_{abs(2)} = T_{abs(1)} \left(\frac{V_1}{V_2}\right)^{\varkappa - 1} \qquad \text{(358) v. S. 293}$$

$$[(\varkappa = \text{Adiabatenexponent, fur Luft } (\varkappa - 1) \approx 0{,}4.]$$

Der nicht in Arbeit verwandelte Rest der Wärmemenge wird mit den Auspuffgasen an die Außenluft abgegeben. Dabei sinkt die Temperatur von $T_{abs(2)}$ bis zur Außentemperatur. Wir setzen, um Mittelbildungen für die Temperatur zu vermeiden, $T_{abs(1)}$ und $T_{abs(2)}$ in die Gl. (392) v. S. 326 ein und erhalten als größten theoretisch möglichen Wirkungsgrad

---

[1]) definiert als das Verhältnis der nutzbaren, an der Maschinenwelle abgenommenen Leistung zu der durch die Verbrennung im Kesselfeuer in Wärmeform erzeugten Energie.

$$\eta_{\text{ideal}} \approx \frac{T_1 - T_2}{T_{\text{abs}(1)}} = 1 - \left(\frac{V_1}{V_2}\right)^{\varkappa\,-\,1}.$$

Je kleiner V_1/V_2, desto kälter die Auspuffgase und desto besser der Wirkungsgrad.

In einer kleinen Verbrennungskammer kann die erforderliche Luft- und Brennstoffmenge nur mit starker Kompression untergebracht werden. Komprimiert der Kolben ein Luft-Brennstoff-Gemisch (Nicolaus Otto 1876), so kann man, weil sonst vorzeitige Entflammung eintritt $V_2/V_1 \approx 8$ nicht überschreiten. Ihm entspricht ein Wirkungsgrad $\eta_{\text{ideal}} = 57^0/_0$. Komprimiert der Kolben die Luft allein, und wird der Brennstoff nachträglich eingespritzt (Rudolf Diesel, ab 1893), so kann man heute bis $V_2/V_1 \approx 16$ gehen. Dem entspricht $\eta_{\text{ideal}} = 67^0/_0$.

Otto- und Dieselmotore benutzen in den Brennkammern angenähert die gleichen Temperaturen $T_{\text{abs}(1)} \approx 1900$ Grad. Aber der Dieselmotor kann mit $V_2/V_1 \approx 16$ die Temperatur $T_{\text{abs}(2)}$ der Auspuffgase kleiner machen, als der Otto-Motor mit $V_2/V_1 \approx 8$. Die praktischen Wirkungsgrade sind beim Otto-Motor $\approx 30^0/_0$, beim Dieselmotor $\approx 35^0/_0$.

§ 186. Wärmepumpe und Kältemaschine. In Abb. 539 benutzten wir einen Heißluftmotor als übersichtliche Wärmekraftmaschine. Oben befand sich der warme, unten der kalte Behälter. An Hand dieses speziellen Versuches können wir ein allgemeines, für jede Wärmekraftmaschine gültiges Schema aufstellen, Abb. 543. Es idealisiert den Grenzfall völliger Reversibilität. — Ein Arbeitsstoff bewegt sich in periodischer Folge zwischen zwei Wärmebehältern I und II von verschiedener Temperatur. Dabei vermittelt er den Übergang von Wärme vom wärmeren Behälter I zum kälteren Be-

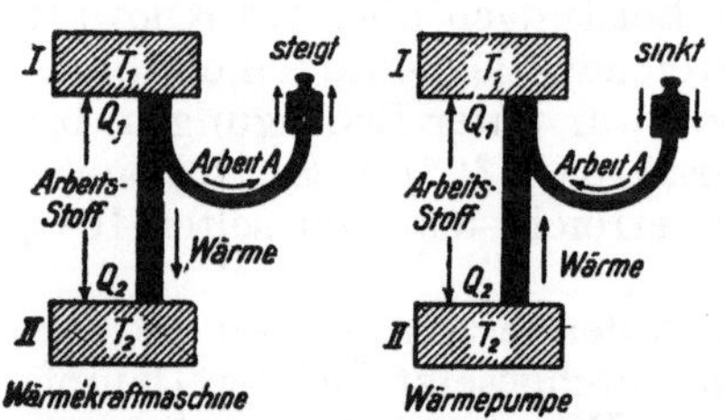

Abb. 543 und 544. Die Warmepumpe (Kaltemaschine) als Umkehr der Warmekraftmasch ne.

hälter II. Der Arbeitsstoff nimmt bei der größeren Temperatur T_1 eine Wärmemenge Q_1 auf. Bei der kleineren Temperatur T_2 liefert er eine kleinere Wärmemenge Q_2 ab. Die Differenz $Q_1 - Q_2$ wird als nutzbare Arbeit A abgegeben; im Schema wird sie als potentielle Energie einer gehobenen Last gespeichert. Der Vorgang findet sein Ende, wenn der Wärmetransport die Temperaturdifferenz ausgeglichen, also $T_1 = T_2$ gemacht hat.

Läßt sich der Temperaturausgleich zwischen den Körpern I und II wieder rückgängig machen, kann man I auf Kosten von II erwärmen? Selbstverständlich! Man muß lediglich die von der Maschine zuvor gelieferte Arbeit A wieder aufwenden[1]) und die Maschine rückwärts laufen lassen. Dabei wirkt sie nicht mehr als Wärmekraftmaschine, sondern als Wärmepumpe.

Das zeigen wir zunächst experimentell. In Abb. 545 wird unsere kleine Heißluft-

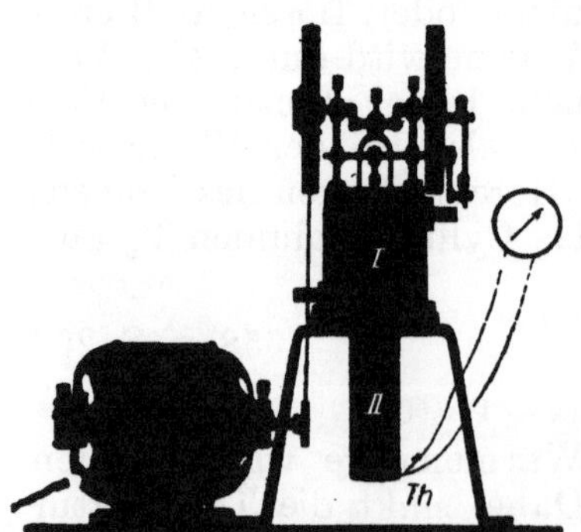

Abb. 545. Ein kleiner Heißluftmotor als Warmepumpe (Kältemaschine) benutzt.

---

[1]) Für die Praxis ist die genannte Arbeit A natürlich als der theoretisch denkbare Mindestwert zu betrachten, weil die praktisch ausführbaren Maschinen im Gegensatz zum idealisierten Schema nur unvollkommen reversibel arbeiten.

maschine durch einen Elektromotor angetrieben: Dabei wird die untere Zylinderhälfte II abgekühlt, die obere entsprechend erwärmt. Nach kurzer Zeit ist bereits eine Temperaturdifferenz $T_1 - T_2 = 10$ Grad hergestellt; es ist unter Arbeitsaufwand Wärme aus II nach I „heraufgepumpt" worden.

Dieser Versuch führt zugleich zum idealisierten Schema aller Wärmepumpen, Abb. 544. Man vergleiche es mit dem danebenstehenden Schema aller Wärmekraftmaschinen, es bedarf dann keiner weiteren Erläuterung.

Meist werden Wärmepumpen unter den Namen „Kältemaschinen" angewandt. Als Kältemaschinen sollen sie einen abgegrenzten Raum II, z. B. einen Kühlschrank im Haushalt, gegenüber seiner Umgebung I, z. B. Zimmerluft, abkühlen. Als Wärmepumpen im engeren Sinne sollen sie einen abgegrenzten Raum I, z. B. ein Wohnzimmer, gegenüber seiner Umgebung II, z. B. der freien Atmosphäre, erwärmen. Je nach der Verwendungsart ist der Wirkungsgrad zu definieren. Wir tun es wieder für den idealisierten Grenzfall völliger Reversibilität. Dann erreicht die erforderliche Arbeit ihren kleinsten Wert. Es gilt für die Kältemaschine

$$\eta_{ideal} = \frac{\text{bei kleiner Temp. } T_{abs(2)} \text{ von der Maschine aufgenommene Wärme } Q_2}{\text{erforderliche Arbeit } A} = \frac{Q_2}{Q_1 - Q_2}$$

oder mit
$$\frac{Q_1}{Q_2} = \left(\frac{T_1}{T_2}\right)_{abs}, \qquad (372) \text{ v. S. 313}$$

$$\eta_{ideal} = \frac{Q_2}{A} = \frac{T_{abs(2)}}{T_1 - T_2}. \qquad (394)$$

Für die Wärmepumpe gilt

$$\eta_{ideal} = \frac{\text{bei großer Temperatur } T_{abs(1)} \text{ von der Maschine abgegebene Wärme } Q_1}{\text{erforderliche Arbeit } A} = \frac{Q_1}{Q_1 - Q_2}$$

oder mit (372)
$$\eta_{ideal} = \frac{Q_1}{A} = \frac{T_{abs(1)}}{T_1 - T_2}. \qquad (395)$$

Technische Einzelheiten führen zu weit. Wir müssen uns mit ein paar Hinweisen begnügen:

1. Aus Gleichung (394) folgt die Grundregel jeder Kältetechnik: Um einen Körper auf die kleine Temperatur T_2 abzukühlen, soll der Arbeitsstoff Wärme nie bei einer unter T_2 gelegenen Temperatur aufnehmen. Je kleiner T_2, desto kleiner der Wirkungsgrad nach Gleichung (394). Kurz: Man soll Sekt nicht mit flüssiger Luft kühlen.

2. Gase sind als Arbeitsstoffe für Kältemaschine und Wärmepumpe wenig geeignet. Man kann das Volumen von Gasen praktisch nicht ohne Temperaturänderungen, also nicht isotherm ändern; der Wärmeaustausch mit der Umgebung erfolgt zu langsam. Deswegen benutzt man Dämpfe (NH_3 oder CO_2) an Stelle von Gasen. Ihr Volumen läßt sich beim Verdampfen und Verflüssigen leicht isotherm verändern.

3. Ein Zahlenbeispiel zu Gleichung (395). Es soll ein Wohnhaus mit einer Wärmepumpe geheizt werden. Die von der Maschine aufgenommene Wärme soll der Außenluft entnommen werden. Bei einer Außentemperatur von Null Grad C soll eine Innentemperatur von 20 Grad C aufrechterhalten werden. Also $T_{abs(1)} = 293$ Grad, $T_{abs(2)} = 273$ Grad. Dann ergibt Gleichung (395) für den idealisierten Grenzfall völliger Reversibilität

$$\eta_{ideal} = \frac{Q_1}{A} = \frac{293}{293 - 273} = \frac{293}{20} = 14{,}7\,!$$

Heute erwärmen wir unsere Wohnräume mit elektrischen Heizkörpern. Das ist äußerst bequem, aber unrentabel: Wir erhalten für eine Kilowattstunde nur 860 Kilokalorien. Physikalisch einwandfreier wäre ein anderes

Verfahren: Man sollte die elektrische Energie benutzen, um Wärme von draußen in sein Haus „hereinzupumpen". Dazu würde in unserem Beispiel rund 7 % der sonst erforderlichen elektrischen Leistung genügen! D. h. wir würden mit dem Aufwand einer Kilowattstunde rund 12 000 Kilokalorien in unser Wohnzimmer hereinschaffen können! Leider sind Wärmepumpen umfangreich und kostspielig. Darum werden sie heute erst selten ausgeführt, aber ihre weitere Einbürgerung ist zur Schonung unserer Energievorräte dringend zu wünschen.

§ 187. Die thermodynamische Definition der Temperatur. Wir haben die Carnotsche Gleichung (392) bisher nur auf technische Fragen angewandt. Sie hat aber auch für die Physik sehr große Bedeutung. Sie enthält keinerlei Stoffkonstanten. Also kann man mit ihrer Hilfe ein Meßverfahren der absoluten Temperatur unabhängig von allen stofflichen Eigenschaften definieren (vgl. § 132 Schluß). Man hat nur die eine der beiden Temperaturen T_1 oder T_2 mit einer willkürlichen Zahl festzulegen, z. B. T_2. Dann ist die andere durch den thermischen Wirkungsgrad einer völlig reversibel arbeitenden Maschine eindeutig bestimmt. Man braucht nur den Wirkungsgrad einer solchen Maschine zu messen, um die unbekannte Temperatur T_1 zu erhalten. Das hat als erster WILLIAM THOMSON, der spätere Lord KELVIN (1824—1907), erkannt. Deswegen nennt man die so physikalisch einwandfrei definierte Temperatur oft die Kelvinsche. Praktisch ist sie mit der durch gute Gasthermometer definierten Temperatur identisch.

§ 188. Erzeugung von Arbeit durch isotherme Vorgänge. In periodischer Folge wiederholt kann kein isothermer Vorgang Wärme in nutzbare Arbeit verwandeln. Diese fundamentale Erfahrung ist uns aus § 183 bekannt. Hingegen spielt die isotherme Umwandlung von Wärme in Arbeit durch einmalig, also unperiodisch ablaufende Vorgänge eine äußerst wichtige Rolle. Wir wollen ihre quantitative Behandlung kurz

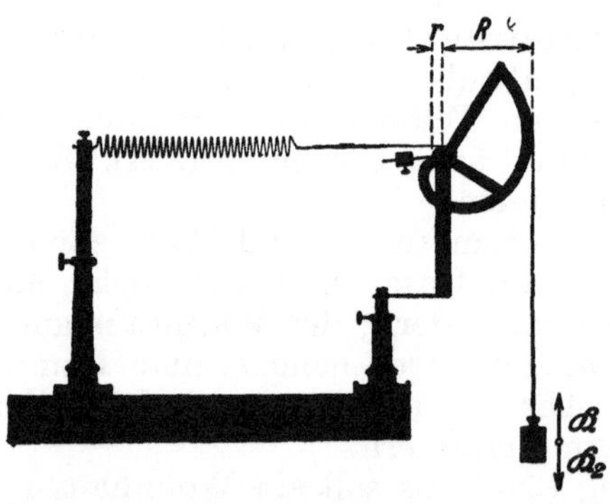
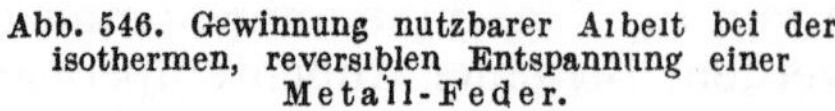

Abb. 546. Gewinnung nutzbarer Arbeit bei der isothermen, reversiblen Entspannung einer Metall-Feder.

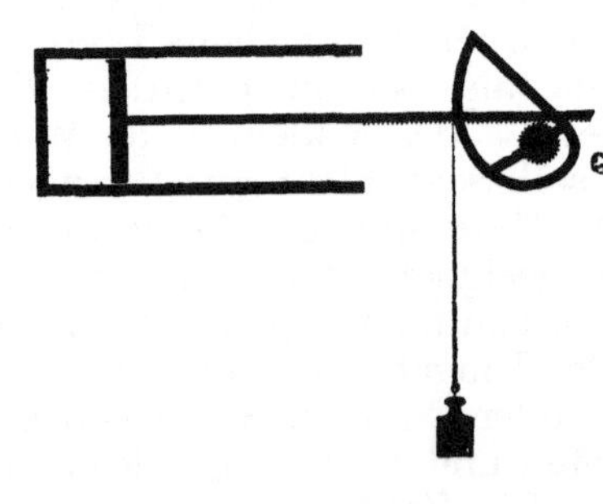

Abb. 547. Gewinnung nutzbarer Arbeit bei der isothermen, reversiblen Entspannung von Druckluft.

erläutern. Dabei knüpfen wir an die Abb. 546 und 547 an, d. h. an zwei uns schon bekannte Versuche: In beiden wird bei konstanter Temperatur, also isotherm, eine nutzbare Arbeit (Hubarbeit) gewonnen. Beide Vorgänge verlaufen quasistatisch; irreversible Anteile, wie z. B. Reibung, sind im Sinne idealisierter Grenzfälle ausgeschaltet. Infolgedessen liefern beide Versuche den Höchstbetrag der nutzbaren Arbeit. Wir bezeichnen ihn in diesem Paragraphen mit einem fetten A.

Wie ausnahmslos, gilt auch für diese reversibel gewonnene Arbeit der *I.* Hauptsatz, der Satz von der Erhaltung der Energie. Er liefert

$$A = Q - \Delta U \qquad\qquad (240) \text{ v. S. } 250$$

In den beiden Versuchen ist nun je ein Grenzfall schematisiert:

In Abb. 546 entspannt sich eine Metallfeder; sie vermindert ihre elastische, also innere, Energie um ΔU. Hingegen kommt Energie in Wärmeform überhaupt nicht ins Spiel, also $Q = 0$. Auch ist der ganze Vorgang — selbstredend nur im Sinne eines idealisierten Grenzfalles — von der Temperatur völlig unabhängig. Wir befinden uns noch auf dem Boden der reinen Mechanik. Es gilt $A = -\Delta U$. D. h. die nutzbare Arbeit A entsteht ausschließlich durch eine Abnahme der inneren Energie U der Feder.

Ganz anders in Abb. 547. Hier entspannt sich Druckluft. Ihre innere Energie ist von der Dichte unabhängig (Drosselversuch von GAY-LUSSAC § 143); folglich ist $\Delta U = 0$. Die ganze, in nutzbare Arbeit umgesetzte Energie wird restlos von der Umgebung (Zimmerluft) in Wärmeform geliefert, also $A = Q$. Die Druckluft vermittelt nur dieses Geschäft (§ 144). Außerdem hängt diesmal der ganze Vorgang entscheidend von der Temperatur ab. Bei der Temperatur T_{abs} liefert die einmalige, reversible, isotherme Entspannung der Druckluft von p_1 auf p_2 die Arbeit

$$A = M\,RT_{\mathrm{abs}} \ln \frac{p_1}{p_2} \qquad\qquad (345) \text{ v. S. } 291$$

und bei der größeren Temperatur $T_{\mathrm{abs}} + dT$ die Arbeit

$$A + dA = MR(T_{\mathrm{abs}} + dT) \ln \frac{p_1}{p_2}.$$

Die Differenz beider Arbeiten ergibt

$$\frac{dA}{dT} = MR \ln \frac{p_1}{p_2} \qquad\qquad (396)$$

Bei der Entspannung wächst die Entropie der Druckluft um den Betrag

$$\Delta S = \frac{Q}{T_{\mathrm{abs}}} = MR \ln \frac{p_1}{p_2} \qquad\qquad (385) \text{ v. S. } 318$$

Somit erhalten wir aus Gl. (385) für die auf reversiblem Wege isotherm gewonnene nutzbare Arbeit die Temperaturabhängigkeit

$$\frac{dA}{dT} = \Delta S = \frac{Q}{T_{\mathrm{abs}}} \qquad\qquad (397)$$

Diese Gleichung ist nichts weiter als eine andere Fassung des *II.* Hauptsatzes.

Begründung: Wendet man Gl. (397) auf eine periodisch arbeitende Maschine an, z. B. den Heißluftmotor in § 184, so gelangt man in wenigen Schritten zu Gl. (392) v. S. 326.

Soweit die getrennte Behandlung der beiden Grenzfälle (Abb. 546 und Abb. 547). Im allgemeinen sind beide Fälle miteinander vereinigt: Bei isothermen Umwandlungen ändert sich die innere Energie U und außerdem wird Wärme Q aus der Umgebung aufgenommen oder an sie abgegeben.

Nun kommt etwas ganz Wesentliches: Der *I.* Hauptsatz (siehe oben Gl. 240) macht keine Aussage über die beiden einzelnen Posten der rechts stehenden Summe; er läßt offen, wie groß die an einer isothermen Arbeitsleistung beteiligte Wärme ist und welches Vorzeichen sie hat, d. h. ob sie von dem Arbeit liefernden System aufgenommen oder abgegeben wird. —

Diese beiden wichtigen Fragen beantwortet uns erst der *II*. Hauptsatz in der Form der Gl. (397); sie gibt, etwas umgeschrieben,

$$Q = T_{\text{abs}}\, \Delta S = \frac{d A}{d T}\, T_{\text{abs}} \tag{398}$$

Den so vom *II*. Hauptsatz nach Größe und Vorzeichen festgelegten Wert von Q setzen wir in den *I* Hauptsatz (Gl. 240 v. S. 333) ein. Dann ergibt sich

$$\boxed{\begin{aligned} A &= T_{\text{abs}} \left(\frac{d A}{d T}\right)_{v\,=\,\text{const}} - \Delta U \\ \text{oder} \quad & \\ A &= T_{\text{abs}} \Delta S - \Delta U. \end{aligned}} \tag{399}$$

In dieser „Helmholtzschen Gleichung" stehen rechts nur Zustandsgrößen, und daher ist auch A, die maximale, bei einem reversiblen isothermen Vorgang gewinnbare Arbeit, ebenfalls eine Zustandsgröße. Oft schreibt man für die rechts stehende Differenz zur Kürzung

$$(T_{\text{abs}} \Delta S - \Delta U) = - \Delta F \tag{400}$$

und bezeichnet F als „freie Energie". Sie ist eine neue abgeleitete Zustandsgröße. Durch Einsetzen von (400) in (399) erhält die Helmholtzsche Gleichung die kurze Form

$$A = - \Delta F = - (F_2 - F_1), \text{ in Worten:} \tag{401}$$

Die bei einem reversiblen isothermen Vorgang maximal gewinnbare Arbeit ist gleich der Abnahme der Zustandsgröße „freie Energie". Die Differenz

$$\Delta U - \Delta F = T_{\text{abs}} \frac{d A}{d T} \tag{402}$$

wird als „gebundene" Energie in Wärme verwandelt.

Verläuft ein isothermer Vorgang nicht bei konstantem **Volumen**, sondern bei konstantem **Druck** (z. B. in Abb. 547 unter dem äußeren Luftdruck) so ist in der Arbeit A die Verdrängungsarbeit $p \Delta V$ mit enthalten. Man muß sie abziehen, wenn man sie, wie oft der Fall, nicht verwerten kann.

Man braucht die freie Energie überall dort, wo isotherme Zustandsänderungen unter Abgabe oder Aufnahme von Wärme erfolgen. Beispiele: Dichteänderungen von Gasen, Schmelzen, Verdampfen, (§ 179) chemischer Umsatz, elastische Verspannung von Stoffen mit großen Molekülen, die bei der Verspannung ihre Gestalt verändern (z. B. Kautschuk, Muskelfasern, § 180, III), Magnetisierung und Elektrisierung aller Stoffe mit den Begleiterscheinungen der Volumenänderungen in magnetischen und elektrischen Feldern, genannt Magnetostriktion und Elektrostriktion.

Beispiel: Eine Stahlflasche mit der Masse 64 kg und dem Volumen 42 Liter enthält bei 190 Atmosphären 9,6 kg = 0,33 kilomol Druckluft von Zimmertemperatur. Bei der isothermen Entspannung vermindert sich ihre freie Energie um 1,2 Kilowattstunden. Ein elektrischer Akkumulator mit etwa gleicher Masse vermindert bei der Entladung seine freie Energie um etwa 2 Kilowattstunden.

§ 189. Anwendungen der Helmholtzschen Gleichung. Die freie Energie und die Helmholtzsche Gleichung spielen in der physikalischen Chemie eine überragende Rolle. Man behandelt mit ihrer Hilfe rein thermodynamisch, d. h. mit Zustandsgrößen, alle Probleme, die man in atomistischer Betrachtungsweise mit dem Boltzmannschen Theorem (§ 154) bearbeitet. Wir beschränken uns auf zwei Beispiele:

Im ersten Beispiel wird die Erzeugung von Arbeit durch eine chemische Stromquelle, ein sogenanntes Element, behandelt.

Diese Arbeit erscheint als Produkt der Spannung P (Volt) und der Ladung q (Amperesekunden) der am chemischen Umsatz beteiligten Atome. Es gilt

$$A = Pq. \tag{405}$$

Jetzt sind drei Fälle zu unterscheiden.

Fall 1: $\qquad \dfrac{dA}{dT} = q \cdot \dfrac{dP}{dT} = 0,$ $\qquad\qquad\qquad$ (406)

d. h. die Spannung P ist von der Temperatur unabhängig. — Dann gilt

$$A = \underbrace{Pq = F_1 - F_2}_{\substack{\text{abgegebene} \\ \text{Arbeit}}} = \underbrace{-\varDelta U = U_1 - U_2}_{\substack{\text{Abnahme der} \\ \text{inneren Energie}}} \tag{407}$$

Eine gute Näherung für diesen Fall findet sich im Elektr.-Bande auf S. 290. Dort wird die Spannung eines umkehrbaren Daniell-Elementes berechnet. Die Reaktion, Bildung von Kupfer aus $CuSO_4$ und Verwandlung von Zink in $ZnSO_4$, liefert als Wärmetönung

$$\frac{-\varDelta U}{M} = 2,06 \cdot 10^{-8} \frac{\text{Wattsek}}{\text{Kilomol}}.$$

Die zweiwertigen Atome des Kupfers und des Zinks tragen je eine Ladung von $2 \cdot 9,65 \cdot 10^7 \dfrac{\text{Amperesek}}{\text{Kilomol}}$. Also ergibt sich als Arbeit/Masse im elektrischen Maß

$$\frac{A}{M} = 2 \cdot 9,65 \cdot 10^7 \frac{\text{Amperesek}}{\text{Kilomol}} \cdot (\text{Spannung } P) = 2,06 \cdot 10^8 \frac{\text{Wattsek}}{\text{Kilomol}}.$$

Daraus folgt $P = 1,07$ Volt gegen $1,09$ Volt der Beobachtung. Die ganze Warmetönung wird in elektrische Arbeit verwandelt. Es wird weder Warme abgegeben noch aufgenommen. Gegen Wärmeaustausch geschützt behalt das Element wahrend des Betriebes seine Temperatur.

Fall 2: $\qquad \dfrac{dA}{dT} = q \dfrac{dP}{dT} < 0,$ $\qquad\qquad\qquad$ (408)

d. h. die Spannung P sinkt mit wachsender Temperatur. Dann wird

$$Pq = F_1 - F_2 = T_{\text{abs}} \, q \frac{dP}{dT} + U_1 - U_2. \tag{409}$$

Die Spannung wird kleiner als die aus der Wärmetönung allein berechnete. Ein Teil der Wärmetönung der Reaktion wird als Wärme an die Umgebung abgegeben. Gegen Wärmeaustausch geschützt erwärmt sich das Element im Betriebe.

Fall 3: $\qquad \dfrac{dA}{dT} = q \dfrac{dP}{dT} > 0,$ $\qquad\qquad\qquad$ (410)

d. h. die Spannung steigt mit wachsender Temperatur. In diesem Fall wird die Spannung P größer als die aus der Wärmetönung allein berechnete. Ein solches Element entnimmt einen Teil der abgegebenen Arbeit einer Wärmezufuhr aus seiner Umgebung. Gegen Wärmeaustausch geschützt kühlt sich das Element im Betriebe ab.

Im zweiten Beispiel behandeln wir Sonderfälle, in denen die äußere Arbeit lediglich in einer Ausdehnungsarbeit $p\varDelta V$ bei konstantem Druck besteht. Dann ist

$$\left(\frac{dA}{dT}\right)_{v\,=\,\text{const}} = \frac{dp}{dT} \cdot \varDelta V \tag{411}$$

(Der Index $v = $ const soll andeuten, daß die Volumenänderung $(V_1 - V_2)$ bei der Temperaturänderung konstant gehalten wird.)

Durch Einsetzen dieses Wertes in die Gl. (397) v. S. 333 erhalten wir aus dem II. Hauptsatz die nach Clausius und Clapeyron benannte Gleichung

$$\boxed{\left(\frac{dT}{dp}\right)_{v\,=\,\text{const}} = \frac{T_{\text{abs}}}{Q} \, \varDelta V.} \tag{412}$$

Anwendungsbeispiel:

Abhängigkeit der Schmelztemperatur vom Druck. Q bedeutet die Schmelzwärme. — Bei manchen Stoffen steigt die Schmelztemperatur mit wachsendem Druck. Beispiele: Wachs oder CO_2 (Abb. 516). Es ist also $dT/dp > 0$. Dann muß nach Gl. (412) auch $\varDelta V > 0$ sein, d. h. diese Stoffe müssen sich beim Schmelzen ausdehnen.

Bei anderen Stoffen sinkt die Schmelztemperatur mit wachsendem Druck. Beispiel: Wasser (Abb. 517). In diesem Fall ist $dT/dp < 0$. Also muß nach Gl. (412) $\varDelta V < 0$ sein, d. h. diese Stoffe müssen sich beim Schmelzen zusammenziehen. Beide Aussagen stimmen mit der Erfahrung überein.

§ 190. Der Mensch als isotherme Kraftmaschine. Die Wirkungsweise unserer Muskeln ist im einzelnen noch nicht aufgeklärt. Die Energiezufuhr erfolgt durch die Oxydation unserer Nahrungsmittel. Dabei findet man für

$$
\left.
\begin{array}{lr}
\text{Butter} \dots\dots\dots\dots\dots & 9{,}1 \\
\text{Haferflocken} \dots\dots\dots\dots & 4{,}2 \\
\text{Reis} \dots\dots\dots\dots\dots\dots & 3{,}9 \\
\text{Brot} \dots\dots\dots\dots\dots\dots & 2{,}3 \\
\text{Kartoffeln} \dots\dots\dots\dots\dots & 0{,}9
\end{array}
\right\} \;\; \frac{\text{Kilowattstunden}}{\text{Kilogramm}}\;.
$$

Im Ruhezustande wird das Leben eines Erwachsenen durch eine Leistung von rund 80 Watt aufrechterhalten. D. h. sein Körper braucht eine Energiezufuhr von rund 2 Kilowattstunden je Tag. Bei Leistung mechanischer Arbeit muß die Energiezufuhr auf 3 bis 4 Kilowattstunden je Tag gesteigert werden, bei Schwerarbeitern sogar bis zu 6 Kilowattstunden je Tag. Im Mittel braucht ein Mensch im Jahr eine Energiezufuhr von nur etwa 1300 Kilowattstunden (Großhandelswert etwa 13 Reichsmark!).

Der Wirkungsgrad der Muskeln ist im allgemeinen etwa 20%, durch Training können 37% erreicht werden. Infolgedessen können die Muskeln unmöglich als Wärmekraftmaschinen arbeiten. Bei einer Außentemperatur von $T_2 = 20$ Grad C $= 293$ Grad abs. müßte dann nach Gleichung (392) v. S. 326 im Körperinneren eine Temperatur $T_1 = +192$ Grad C verfügbar sein. Somit kommt nur eine **isotherme** Erzeugung der Muskelarbeit in Frage. Dabei werden rund 60 bis 80% der auf chemischem Wege zugeführten Energie in Wärme verwandelt! Arbeit, z. B. Bergsteigen, macht warm. (Bei diesen Zahlen ist nicht etwa der Ruhebedarf des Körpers, sein „Grundumsatz" von 2 Kilowattstunden je Tag mitgerechnet.)

Bei verfeinerter Beobachtung muß man bei der Arbeitsleistung der Muskeln zwei Vorgange unterscheiden. Während des einen entsteht die Kraft; dieser Vorgang ist der Entspannung einer Feder oder der Entladung eines Akkumulators vergleichbar: Es wird ein Vorrat an potentieller Energie in mechanische Arbeit verwandelt. Dabei kann der Wirkungsgrad 90% erreichen. Hinterher folgt dann, bildlich gesprochen, ein neues „Aufziehen" der Feder oder Wiederaufladen des Akkumulators. Dieser zweite Vorgang kann im Gegensatz zum ersten nur bei Anwesenheit von O_2 erfolgen. Er benutzt eine Oxydation, hat einen kleinen Wirkungsgrad und liefert viel Warme.

Unsere Muskeln leisten ihre Arbeit keinesfalls auf reversiblem Wege. Sie tun das ebensowenig wie die Wärmekraftmaschinen der Technik. Eine reversible Arbeitsleistung ist zu schwerfällig und zu langsam. Die reversible Arbeitsleistung ist ein Ideal, aber auch dieses Ideal ist, wie so manches andere, nicht erstrebenswert.

Verbesserungen,

die aus äußeren Gründen nicht im Text eingefügt werden konnten.

S. 18 unten ist anzufügen:

§ 13 a. Die Unterscheidung physikalischer Größen und ihrer Zahlenwerte. Im Handel ist der Preis jedes Gegenstandes eine „Größe", d. h. ein Produkt aus einem Zahlenwert und einer Einheit. Z. B. kostet ein Hut 10 RM, ein Bleistift 10 Pfg. Niemand wird beide Preise als gleich betrachten. Das Verhältnis beider Preise ist vielmehr

$$\frac{10\ \text{RM}}{10\ \text{Pfg}} = \frac{10 \cdot 100\ \text{Pfg}}{10\ \text{Pfg}} = 100.$$

Das gleiche gilt in der Physik: Weg s, Zeit t, Geschwindigkeit u, Beschleunigung b, Frequenz n usw. sind Größen, Produkte aus einem Zahlenwert und einer Einheit. Eine Geschwindigkeit $u = 7$ ist sinnlos. Sinn hat erst eine Angabe wie etwa $u = 7\ \text{m/sec}$. Durch Verwechselung physikalischer Größen (z. B. Weg $s = 5$ km und Geschwindigkeit $u = 5$ km/Stunde) mit ihren Zahlenwerten (im Beispiel Zahlenwert des Weges $= 5$ und Zahlenwert der Geschwindigkeit $= 5$) entstehen weitverbreitete, aber falsche Definitionen, wie z. B. „die Geschwindigkeit ist der in der Zeiteinheit (oder gar der in einer Sekunde!) zurückgelegte Weg". Die Geschwindigkeit ist kein Weg, sondern ein Verhältnis Weg/Zeit.

S. 30. Für § 20 benutze man die folgende Fassung:

§ 20. Das d'Alembertsche Prinzip. In vielen Fällen kann ein Körper sich nicht frei in beliebigen Richtungen bewegen, seine Bahn ist durch irgendwelche Führungen, z. B. Schienen oder Gelenke, vorgeschrieben. Als einfachstes Beispiel zeigt die Abb. 111a eine längs einer starren Stange verschiebbare durchbohrte Kugel. In solchen Fällen kann eine auf den Körper wirkende oder „eingeprägte" Kraft $\Re_2$ den Körper nur mit einer Komponente $\Re = m\mathfrak{b}$ beschleunigen; der Rest, die Komponente $\Re_2 - \Re = \Re_2 - m\mathfrak{b}$ geht verloren: die „verlorene" Kraft dient nur zu einer unmerklich kleinen elastischen Verformung der Führungsstange. Durch sie entsteht die „Zwangskraft" $\Re_1$, die der verlorenen Kraft das Gleichgewicht hält. Die Aussage: „Zwangskraft und verlorene Kraft halten sich das Gleichgewicht", nennt man das d'Alembertsche Prinzip. Es gilt ganz allgemein für beliebig viele Körper, die unter sich mit Stangen, Hebeln, Fäden usw. verbunden sind. Es ist für die Lösung technischer Probleme unentbehrlich. Bei der Berechnung der verlorenen Kräfte hat man die beschleunigenden Kräfte $\Re = m\mathfrak{b}$ vektoriell von den eingeprägten Kräften abzuziehen, oder $(-m\mathfrak{b})$ der eingeprägten Kraft vektoriell zu addieren. Aus diesem Grunde benutzt man für die Größen $(-m\mathfrak{b})$ häufig besondere Namen, z. B. Massenkraft, Trägheitswiderstand oder d'Alembertsche Kraft.

Bei frei beweglichen Körpern fehlen die Zwangskräfte und damit auch die verlorenen Kräfte; das d'Alembertsche Prinzip bekommt dann die einfache Form der Grundgleichung der Mechanik $\Re - m\mathfrak{b} = 0$.

Bei Benutzung der Worte d'Alembertsche Kraft, Massenkraft oder Trägheitswiderstand für das Produkt $(-m\mathfrak{b})$ besagt diese Gleichung dann z. B. beim freien Fall: die Beschleunigung erfolgt so, daß in jedem Augenblick das Gewicht des Körpers und die d'Alembertsche Kraft einander entgegengesetzt gleich sind, ihre Summe also während der Beschleunigung gleich Null bleibt.

Dieser Sprachgebrauch bedeutet also eine wesentliche Erweiterung des Kraftbegriffes: man verzichtet auf das zweckmäßige, in diesem Buch konsequent durchgeführte Übereinkommen, Kräfte als Ursache der Beschleunigung zu betrachten, also z. B. beim frei fallenden Körper sein Gewicht.

S. 59. Man streiche Abb. 111 und benutze ab Z. 30 v. o. folgenden Text:

Wie aber entsteht die Antriebskraft für Luft- und Wasserfahrzeuge mit Motorantrieb? Antwort: Der Motor packt mit Propellern, Schaufelrädern oder anderen gleichwertigen Einrichtungen einen Teil des umgebenden Mediums (Wasser oder Luft) und beschleunigt ihn nach hinten. Dabei wirkt auf die Fahrzeuge eine vorwärtsgerichtete Kraft $\Re_1$.

Als Beispiel denke man sich ein Paddelboot; es fahre gegenuber dem Ufer mit der konstanten Geschwindigkeit $\mathfrak{u}$ nach rechts. Als Motor dient ein Mann. Er beschleunigt mit einer Paddel Wasser nach links und erteilt dem Wasser damit gegenüber dem Ufer die Geschwindigkeit $\mathfrak{u}'$ nach links. In der Zeit t soll Wasser mit der gesamten Masse M beschleunigt werden. Es führt den Impuls $M\,\mathfrak{u}'$ nach links. In der gleichen Zeit bekommt das Boot in der Fahrtrichtung, also nach rechts, den

$$\text{Kraftstoß} \qquad\qquad \Re_1 t = M\,\mathfrak{u}' . \qquad\qquad\qquad (72)$$

$$\text{Die Kraft} \qquad\qquad \Re_1 = M\,\mathfrak{u}'/t \qquad\qquad\qquad (73)$$

ist die Antriebskraft. Sie wird gebraucht, um die Fahrgeschwindigkeit trotz der Widerstände konstant zu erhalten. Dabei leistet die Kraft $\Re_1$ in der Zeit t die Arbeit $W_1 = \Re_1 t\mathfrak{u}$, oder nach Gl. (73)

$$W_1 = M\,\mathfrak{u}\,\mathfrak{u}' . \qquad\qquad\qquad (74)$$

Gleichzeitig bekommt das nach links beschleunigte Wasser die kinetische Energie $W_2 = \frac{1}{2} M\,(\mathfrak{u}')^2$. Der Motor muß die Summe beider Energien, also W_1 und W_2 liefern, als Nutzarbeit aber wird nur der Posten W_1 verwertet. Damit ergibt sich als Wirkungsgrad

$$\eta = \frac{W_1}{W_1 + W_2} = \frac{M\,\mathfrak{u}\,\mathfrak{u}'}{M\,\mathfrak{u}\,\mathfrak{u}' + \frac{1}{2} M\,\mathfrak{u}'^2} = \frac{1}{1 + \frac{1}{2}\,\dfrac{\mathfrak{u}'}{\mathfrak{u}}} \qquad (75)$$

Man muß also die Geschwindigkeit $\mathfrak{u}'$ des nach hinten abströmenden Wassers klein machen, um einen guten Wirkungsgrad zu erreichen. Dann aber muß nach Gl. (73) M, die Masse des nach hinten beschleunigten Wassers groß werden, um die erforderliche Antriebskraft $\Re_1$ zu erhalten. Bei Schrauben- und Raddampfern ist das rückwärts beschleunigte Wasser als deutlich abgegrenzter, quirlender Strahl gut zu sehen.

Für Flugzeuge gilt das Gleiche. Meistens wird der rückwärts gerichtete Luftstrahl mit Propellern hergestellt, doch benutzt man neuerdings für diesen Zweck auch Gebläse verschiedener Bauart („Strahlantrieb").

Ein Raketenantrieb bringt nichts grundsätzlich Neues, nur werden die nach hinten beschleunigten Stoffe nicht aus der Umgebung geschöpft, sondern als Ladung mitgeschleppt. Daher besitzt die Ladung für einen ruhenden Beobachter schon bei konstanter Fluggeschwindigkeit $\mathfrak{u}$ Impuls und Energie. Das muß man bei der quantitativen Behandlung berücksichtigen. Man findet dann als Wirkungsgrad

$$\eta = \frac{\mathfrak{u}\,(\mathfrak{u} + 2\,\mathfrak{u}')}{(\mathfrak{u} + \mathfrak{u}')^2} \qquad\qquad\qquad (76)$$

($\mathfrak{u}$ in der Fahrtrichtung, $\mathfrak{u}'$ ihr entgegen positiv gezählt).

Sachverzeichnis.

Das Wort „Körper" entnimmt die Physik ohne Definition der Sprache des täglichen Lebens. Das gleiche tut sie mit dem Wort „Menge". Wirtschaft und Technik verwenden es vorzugsweise für irgendwie abgegrenzte Pulver, Flüssigkeiten und Gase und benutzen für quantitative Angaben die Waage. Genau so verfahren Chemie und Physik. Auch sie verwenden die Masse als Maß einer abgegrenzten Stoffmenge. Dabei spricht man, wie im täglichen Leben, z. B. kurz von einem Kilogramm Salz, statt in unnötiger Strenge von einer Salzmenge mit der Masse 1 Kilogramm. —. Vgl. auch § 131.

Die in der Wärmelehre gebrauchten Zustandsgrößen lassen sich, abgesehen von Druck und Temperatur, nur für Körper und für abgegrenzte Mengen bestimmen. Für Stoffe, also z. B. für Wasser, für Kupfer, für ein Gas usw. kann man nur spezifische Zustandsgrößen angeben, z. B. statt des Volumens V das spezifische Volumen $V_s = V/M$, statt der Entropie S die spezifische Entropie S/M, usw. (M = Masse als Mengenmaß). Doch ist der physikalische Sprachgebrauch oft lax. Die Worte Stoff, Gas und Flüssigkeit usw. werden häufig der Kürze halber auch für abgegrenzte Mengen angewandt, wenn diese Bedeutung aus dem Zusammenhang ersichtlich ist. So spricht man z. B. vom Gewicht eines Dampfes, statt vom Gewicht einer Dampfmenge. Das wird nicht mißverstanden.

Einheiten und wichtige Konstanten.

Längen-Einheiten.

1 Mikron $= 1\,\mu = 10^{-6}$ m 1 Millimikron $= 1\,m\mu = 10^{-9}$ m

1 Angströmeinheit $= 1\,\text{ÅE} = 10^{-10}$ m 1 X-Einheit $= 1\,\text{XE} = 10^{-13}$ m

1 Parsec $= 3,08 \cdot 10^{16}$ m $= 3,26$ Lichtjahre

Kraft-Einheiten.

1 Großdyn $= 1$ kg $\cdot$ m/sec$^2 = 10^5$ dyn $= 0,102$ Kilopond

1 Kilopond $= 9,81$ Großdyn 1 Millipond $= 0,98$ dyn

Druck-Einheiten.

1 Großdyn/m$^2 = 10^{-5}$ Bar $= 1,02 \cdot 10^{-5}$ Kilopond/cm^2

$\qquad\qquad = 10,2 \cdot 10^{-6}$ techn. $= 9,87 \cdot 10^{-6}$ physikal. Atmosphären

1 techn. Atm. $= 1$ Kilopond/cm$^2 = 9,81 \cdot 10^4$ Großdyn/m$^2 = 735,6$ mm Hg-Saule

1 physikal. Atmosphäre $= 760$ mm Hg-Saule $= 10,33$ m Wassersäule

$\qquad\qquad = 1,033$ Kilopond/cm$^2 = 1,013 \cdot 10^5$ Großdyn/m^2

1 bar $= 10^6$ dyn/cm$^2 = 10^5$ Großdyn/m$^2 = 750,06$ mm Hg-Saule

1 engl. Pfund/Zoll$^2 = 6,9 \cdot 10^3$ Großdyn/m$^2 = 7,03 \cdot 10^{-2}$ Kilopond/cm^2

1 mm Hg-Saule $= 1$ Torr $= 1,333 \cdot 10^2$ Großdyn/m$^2 = 1,36 \cdot 10^{-3}$ Kilopond/cm^2

1 mm Wassersäule $= 9,81$ Großdyn/m^2

Energie-Einheiten.

1 Großdynmeter $= 1$ Wattsek $= 0,102$ Kilopondmeter $= 2,39 \cdot 10^{-4}$ Kilokal.

1 Kilokalorie $= 4,185 \cdot 10^3$ Wattsek. $= 1,16 \cdot 10^{-3}$ Kilowattstunden $= 427$ Kilopondmeter

1 Kilowattstunde $= 3,67 \cdot 10^5$ Kilopondmeter $= 36,7$ techn. Atm. m$^3 = 860$ Kilokal.

1 eVolt $= 1$ Elektronenvolt $= 1,60 \cdot 10^{-19}$ Wattsekunden

Ruhenergie des Elektrons $\qquad m_0 \cdot c^2 = 5,11 \cdot 10^5$ Elektronenvolt

Ruhenergie des Protons $\qquad m_H \cdot c^2 = 9,42 \cdot 10^8$ Elektronenvolt

Ruhenergie von 1 Kilogramm $\qquad 1 \cdot$ kg $\cdot c^2 = 25 \cdot 10^9$ Kilowattstunden

Wichtige Konstanten.

Elektrische Elementarladung $e = 1,60 \cdot 10^{-19}$ Amperesekunden

Ruhmasse des Elektrons $m_0 = 9,11 \cdot 10^{-31}$ kg

Spezifische Elektronenladung $e/m_0 = 1,759 \cdot 10^{11}$ Amperesek./kg

Atomgewicht des Neutrons $= 1,00895$ Atomgewicht des Protons $= 1,0076$

Masse des Protons $m_H = 1,673 \cdot 10^{-27}$ kg

Plancksche Konstante $h = 6,62 \cdot 10^{-34}$ Watt $\cdot$ sec^2

Boltzmannsche Konstante $k = 1,38 \cdot 10^{-23}$ Wattsek/Grad $= 8,7 \cdot 10^{-5}$ e.Volt/Grad

Gravitationskonstante $\gamma = 6,68 \cdot 10^{-11}$ Großdyn $\cdot$ m^2/kg^2

Influenzkonstante $\varepsilon_0 = 8,859 \cdot 10^{-12}$ Amperesekunden/Voltmeter

Induktionskonstante $\mu_0 = 1,256 \cdot 10^{-6}$ Voltsekunden/Amperemeter

Lichtgeschwindigkeit $c = (\varepsilon_0\mu_0)^{-\frac{1}{2}} = 2,998 \cdot 10^8$ m/sec

Bohrsches Magneton $\mathfrak{m}_B = \mu_0 e h / 4\pi m_0 = 1,15 \cdot 10^{-29}$ Voltsekundenmeter

Kleinster Bahnradius des H-Atomes $= \varepsilon_0 h^2 / \pi m_0 e^2 = 0,53 \cdot 10^{-10}$ m

Rydbergfrequenz $Ry = e^4 m_0 / 8\,\varepsilon_0^2 h^3 = 3,29 \cdot 10^{15}$ sec^{-1}

Sommerfeldsche Feinstrukturkonstante $\alpha = e^2 / 2\varepsilon_0 h c = 1/137$

$$= \frac{\text{Geschwindigkeit } u \text{ des Elektrons in der kleinsten H-Bahn}}{\text{Lichtgeschwindigkeit } c}$$

Oft gebrauchte Gleichungen.

$$\text{Spezif. Molekulzahl } N = \frac{\text{Molekülzahl } n}{\text{Masse } M} = \frac{6{,}02 \cdot 10^{26}}{\text{Kilomol}}$$

[Individuelle Masseneinheit Kilomol $= (M)$ Kilogramm; $(M) =$ Molekulargewicht, Zahl]

$$\text{Masse } m \text{ eines Moleküles} = 1/N$$

Beispiel für O_2: Molekulargewicht $(M) = 32$; daher fur O_2 1 Kilomol $= 32$ kg. Also

$$m_{O_2} = \frac{1 \text{ Kilomol}}{6{,}02 \cdot 10^{26}} = \frac{32 \text{ kg}}{6{,}02 \cdot 10^{26}} = 5{,}32 \cdot 10^{-26} \text{ kg}$$

$$\text{(Massen-)Dichte } \varrho = \frac{\text{Masse } M}{\text{Volumen } V}$$
$$\text{Molekulzahldichte } N_v = \frac{\text{Molekülzahl } n}{\text{Volumen } V} \quad \Big\} \; N_v = \varrho N$$

Beispiel fur Al: Atomgewicht $(A) = 27$; daher fur Al 1 Kilomol $= 27$ kg. Somit

entweder
$$\varrho = 2700 \frac{\text{kg}}{\text{m}^3} \text{ und } N = \frac{6{,}02 \cdot 10^{26}}{27 \text{ kg}} = \frac{2{,}23 \cdot 10^{25}}{\text{kg}}$$

oder
$$\varrho = \frac{2700}{27} \frac{\text{Kilomol}}{\text{m}^3} = 100 \frac{\text{Kilomol}}{\text{m}^3} \text{ und } N = \frac{6{,}02 \cdot 10^{26}}{\text{Kilomol}} \quad \Big\} \; N_v = \varrho N = 6 \cdot 10^{28}/\text{m}^3$$

$$\text{Massenkonzentration } c = \frac{\text{Masse des gelosten Stoffes}}{\text{Volumen der Lösung}}$$
$$\text{Molekulkonzentration } N_v = \frac{\text{Zahl der gelosten Molekule}}{\text{Volumen der Lösung}} \quad \Big\} \; N_v = c N$$

Fur ideale Gase

$$\text{Dichte } \varrho = \frac{\text{Masse } M}{\text{Volumen } V} = 0{,}0447 \frac{\text{Kilomol}}{\text{m}^3}$$
$$\text{Spezif. Volumen} = \frac{\text{Volumen } V}{\text{Masse } M} = 22{,}4 \frac{\text{m}^3}{\text{Kilomol}} \quad \Big\} \begin{array}{l} \text{fur } T = 0 \text{ Grad C.} \\ p = 760 \text{ mm Hg-Säule} \end{array}$$

Beispiele fur Luft: 1 Kilomol $= 29$ kg; $\varrho_{\text{Luft}} = 0{,}0447 \cdot 29$ kg/m$^3 = 1{,}293$ kg/m^3

Thermische Zustandsgleichung

$$pV = M \cdot RT_{\text{abs}}$$

($M =$ Gesamtmasse des im Volumen V eingesperrten Gases)

$$\text{Gaskonstante } R = \frac{\text{Druck } p \cdot \text{Vol. } V}{\text{Masse } M \cdot \text{Temp. } T} = 8{,}31 \cdot 10^3 \frac{\text{Wattsek}}{\text{Kilomol} \cdot \text{Grad}}$$

$$= 1{,}98 \frac{\text{Kilokalorien}}{\text{Kilomol} \cdot \text{Grad}} = 0{,}0821 \frac{\text{m}^3 \cdot \text{Atmosph.}}{\text{Kilomol} \cdot \text{Grad}} = 0{,}0821 \frac{\text{Liter} \cdot \text{Atmosph.}}{\text{Mol} \cdot \text{Grad}}$$

Anwendungsbeispiel:

Sauerstoff hat das Molekulargewicht $(M) = 32$; daher ist für O_2 1 Kilomol $= 32$ Kilogramm. Eine O_2-Menge mit der Masse $M = 64$ Kilogramm $= 2$ Kilomol befindet sich bei 27 Grad C, also $T_{\text{abs}} = 300$ Grad, in einem Volumen $V = 300$ Liter $= 0{,}3$ m^3. Wie groß ist der Druck des O_2? — Antwort: Man erhält

entweder mit **Kilomol** als Masseneinheit und $R = 0{,}0821 \dfrac{\text{m}^3 \cdot \text{Atmosph.}}{\text{Kilomol} \cdot \text{Grad}}$

$$p = \frac{MRT_{\text{abs}}}{V} = \frac{2 \text{ Kilomol} \cdot 0{,}0821 \text{ m}^3 \cdot \text{Atmosph.} \cdot 300 \text{ Grad}}{\text{Kilomol} \cdot \text{Grad} \cdot 0{,}3 \text{ m}^3} = 164 \text{ Atmosph.}$$

oder mit **Kilogramm** als Masseneinheit und $R = \dfrac{0{,}0821 \text{ m}^3 \cdot \text{Atmosph.}}{32 \text{ Kilogramm} \cdot \text{Grad}}$

$$p = \frac{MRT_{\text{abs}}}{V} = \frac{64 \text{ Kilogramm} \cdot 0{,}0821 \text{ m}^3 \cdot \text{Atmosph.} \cdot 300 \text{ Grad}}{32 \text{ Kilogramm} \cdot \text{Grad} \cdot 0{,}3 \text{ m}^3} = 164 \text{ Atmosph.}$$

Winkelmessung.

Ebene Wınkel werden allgemeın durch das Verhältnıs $\dfrac{\text{Bogenlänge } b}{\text{Radiụs }}$ gemessen, räumliche Wınkel durch das Verhältnıs $\dfrac{\text{Kugelflächenstück } f}{(\text{Radıus } r)^2}$. Demnach werden alle Winkel durch dımensionslose Zahlen gemessen.

Das mıt dem Zeichen ˚ geschriebene Wort Grad ist nur eine dem Dutzend entsprechende Zähleinheit, definiert durch dıe Gleichung

$$° = \frac{2\,r\,\pi/360}{} = \frac{\pi}{180} = 0{,}0175$$

Daher ıst z. B. $\alpha = 100°$ ıdentisch mıt $\alpha = 100 \cdot 0{,}0175 = 1{,}75$.

Die Einheit aller Winkel ist dıe Zahl 1. Als Einheit eınes ebenen Wınkels nennt man die Zahl 1 oft zweckmäßig Radiant (gekürzt Rad, englisch Radian), als Einheit des räumlichen Winkels (Radiant)². Mit diesem Namen der Zahl 1 kann man zum Ausdruck bringen, daß in der Dimensıon einer physikalischen Größe ein Winkel enthalten ist. Das ist wichtig, wenn eıne Dimensioņ als kurzgefaßte Meßvorschrift dienen soll. — Die Gleichung 1 Radiant $= 57{,}3°$ formuliert die Identität

$$1\ \text{Radıant} = 57{,}3 \cdot 0{,}0175 = 1.$$

Ein Kegel mıt dem Öffnungswınkel $2\,u$ schneidet aus eıner um seine Spıtze beschriebene Kugel ḍas Flächenstück $f = 2\,r^2\pi\,(1 - \cos u)$ heraus.

Für $u = 32{,}8°$, wird der räumliche Winkel $\varphi = 1 = \text{Rad}^2$. Er schneıdet aus deṙ Kugel das Flächenstück $f = r^2$, also den Bruchteil $r^2/4\pi r^2 = {}^1/4\pi = 7{,}96\,°/_0$ ḥeraus.

Nebenbegriffe.

Abgeleitete physikalische Begriffe müssen nach allgemeiner Auffassung unabhängig von speziellen Einheiten definiert werden. Trotzdem finden sich im Schrifttum noch viele entbehrliche, nur mit Hilfe spezieller Einheiten definierbare *Nebenbegriffe*. — In allen folgenden Beispielen bedeutet (M) das Molekulargewicht als dimensiönslose Zahl. — (M) gramm wird Mol genannt.

$$Molvolumen = \frac{\text{Volumen}}{\text{Masse}} \cdot (M)\ \text{gramm} = \text{spezif. Volumen} \cdot (M)\ \text{gramm}$$

$$Molwärme = \frac{\text{Wärmemenge}}{\text{Masse Temp.}} \cdot (M)\ \text{gramm} = \text{spezif. Wärme} \cdot (M)\ \text{gramm}$$

$$Loschmidtzahl = \frac{\text{Molekülzahl}}{\text{Masse}} \cdot (M)\,\text{gramm} = \text{spezif. Molekülzahl} \cdot (M)\,\text{gramm}$$

Neuerdings findet man im Schrifttum die Stoffmenge neben Länge, Masse usẉ. wie eine weitere (stillschweigend eingeführte) Grundgröße behandelṭ. Für ihre Einheit benutzt man leideŕ das früher für (M) Gramm eingeführte Wort Mol mit der Festsetzuńg: Die Einheitsstoffmenge 1 Mol enthält ẹbenso viele Moleküle wie 32 g Sauerstoff. Die nicht mit der Grundgröße Masse, sondern mit der Stoffmenge als Grundgröße gebildeten Größen müssen natürlich eigene Namen und Buchstaben erhalten. Als solche benutzt man Namen und Buchstaben der alten Nebenbegriffe.

Beispiele: Man schreibt (Nebenbegriffe *kursiv* gedruckt)

nicht mehr　　$Molwärme\ C = 6\ \dfrac{\text{cal}}{\text{Grad}}$,　sondern Molwarme $C = 6\ \dfrac{\text{cal}}{\text{Mol} \cdot \text{Grad}}$

nicht mehr　　$Molvolumen\ v = 22{,}4$ Liter,　sondern Molvolumen $v = 22{,}4\ \dfrac{\text{Liter}}{\text{Mol}}$

nicht mehr　　$Loschmidtzahl\ L = 6{,}02 \cdot 10^{23}$,　sondern Loschmidtzahl $L = \dfrac{6{,}02 \cdot 10^{23}}{\text{Mol}}$

Zur Umrechnung der ṃit der alten Grundgröße Masse gebildeten Größen auf die mit der neuen Grundgröße Stoffmenge gebildeten Größen dient ein „Molgewicht" genanntes Verhältnis Masse/Stoffmenge $= (M)$ Gramm/Mol